水体污染控制与治理科技重大专项"十三五"成果系列丛书

重点行业水污染全过程控制技术系统与应用标志性成果

流域地表水环境质量基准技术手册

刘征涛　闫振广　等 编著

化学工业出版社

·北京·

内 容 简 介

本书是国家科技重大水专项实施中水质基准研究的部分成果总结，主要介绍了流域水体优控污染物的筛选方法、水质基准受试生物筛选、保护淡水水生生物水质基准技术、保护河口水生生物水质基准技术、保护人体健康水质基准技术、水生态基准技术、沉积物基准技术、水质基准向水质标准转化技术等内容，体现了从"十一五"到"十三五"水专项相关课题的研究进展。

本书具有较强的技术性和针对性，可供从事环境基准研究、水环境评价等领域的技术人员和科研人员参考，也可供高等学校环境科学与工程、水资源与水文学及相关专业师生查阅。

图书在版编目（CIP）数据

流域地表水环境质量基准技术手册/刘征涛等编著. —
北京：化学工业出版社，2020.5
ISBN 978-7-122-36397-8

Ⅰ.①流… Ⅱ.①刘… Ⅲ.①流域-地面水-水环境质量评价-技术手册 Ⅳ.①X824-62

中国版本图书馆 CIP 数据核字（2020）第 040542 号

责任编辑：刘兴春 刘兰妹 　　　　　　装帧设计：张 辉
责任校对：边 涛

出版发行：化学工业出版社（北京市东城区青年湖南街 13 号 邮政编码 100011）
印　装：北京盛通商印快线网络科技有限公司
787mm×1092mm 1/16 印张 26¼ 字数 607 千字 2020 年 9 月北京第 1 版第 1 次印刷

购书咨询：010-64518888 　　　　　　售后服务：010-64518899
网　　址：http://www.cip.com.cn
凡购买本书，如有缺损质量问题，本社销售中心负责调换。

定　价：180.00 元

《流域地表水环境质量基准技术手册》
编著人员

刘征涛　闫振广　朱　琳　祝凌燕　王遵尧　孙　成
李正炎　王晓南　周俊丽　郑　欣　李　霁　冯剑丰
张彦峰　王鹏远　陈　静　潘晓雪　王书平　范俊韬
高祥云　陈　金　林　亚　刘培源　范　博　孙乾航
黄　轶

前 言

环境基准是在特定条件和用途下环境因子（污染物质或有害要素）对生态系统不产生有害效应的最大剂量或水平。环境基准研究以环境暴露、毒理效应与风险评估为核心，揭示环境因子对生态安全影响的客观规律，研究结果不仅是制定和修订环境标准的理论基础和科学依据，也是构建国家环境风险防范体系的重要基石。从揭示的客观规律来看，环境基准具有普适性，但由于自然地理和生态系统构成等方面的差异，导致环境基准呈现一定的地域特殊性，各国应根据实际情况开展针对性研究。

环境基准研究起始于 19 世纪末，发达国家相关工作开展较早，现已形成相对完整的环境基准体系，为环境标准的制定和颁布奠定了科学基础。我国相关工作起步较晚，早期主要是翻译国外的相关著作和零星的一些研究。从"十一五"起，在系列国家课题的支持下，我国开始对水质基准进行系统的研究，迄今取得了显著进展。特别是 2015 年起实施的《中华人民共和国环境保护法》第 15 条提出"国家鼓励开展环境基准研究"，使得作为环境管理重要组成部分的环境基准工作在法律层面得以明确，为逐步建立健全国家环境基准体系、推动环境基准工作健康发展提供了制度保障。

为加强和规范环境基准工作，原环境保护部（现生态环境部）发布了《国家环境基准管理办法（试行）》（公告 2017 年第 14 号）。为规范我国环境基准制定程序、技术和方法，原环境保护部陆续发布了《淡水水生生物水质基准制定技术指南》（HJ 831—2017）、《人体健康水质基准制定技术指南》（HJ 837—2017）和《湖泊营养物基准制定技术指南》（HJ 838—2017）三项国家环境保护标准。2019 年成立了"国家生态环境基准专家委员会"，陆续发布了重金属镉、氨氮、苯酚等代表性污染物的淡水水生生物水质基准，以及基于分区的总氮、总磷湖泊营养物基准，代表着我国水质基准的研究又取得了实质性突破。

本书是国家科技重大水专项实施中水质基准研究的部分成果总结，主要包括保护淡水水生生物水质基准、人体健康水质基准、沉积物基准和水生态学基准的技术方法和案例研究，体现了从"十一五"到"十三五"水专项相关课题的研究进展，相关研究任务主要由中国环境科学研究院、南开大学、南京大学和中国海洋大学承担。本书由刘征涛、闫振广等编著，具体分工如下：第1章由周俊丽编著；第2章由郑欣、范俊韬、王书平、闫振广编著；第3章由孙成、闫振广、林亚、孙乾航、黄轶编著；第4章由李正炎编著；第5章由刘征涛、王晓南、李霁、高祥云、陈金、范博编著；第6章由朱琳、冯剑丰编著；第7章由祝凌燕、张彦峰编著；第8章由王遵尧、陈静、潘晓雪、闫振广、刘培源编著。全书最后由闫振广和王鹏远统稿，刘征涛定稿。

限于编著者水平和编著时间，书中存在不足和疏漏之处在所难免，敬请读者提出宝贵意见。

编著者
2019 年 12 月

目录

第3章　保护淡水水生生物水质基准技术

第4章　保护河口水生生物水质基准技术

第5章　保护人体健康水质基准技术

第6章　水生态基准技术

第1章　流域水体优控污染物的筛选方法

1.1　概　　述

流域优控污染物指从流域水环境众多有毒有害化学污染物中筛选出的一些量大、面广、毒性强，对人体健康和生态平衡危害大的，并具有潜在环境威胁，被选择列入控制名单的有毒污染物。随着环境中有毒有害化学品不断被发现，研究者对于化学品危害与风险评估越来越关注。在过去的几十年，国内外研究者开始对化学品毒性和环境效应进行研究，并通过风险评估的方法来对污染物危害进行定量评价[1-4]。污染物优先筛选系统的出现则是在风险评估的基础上对污染物进行排序和得分计算，该系统综合了化学品毒性效应（人与环境）和潜在暴露状况，最大化地表现其潜在危害程度，并能对评估的化学品危害进行排序，确立优先名单[5-11]。与流域水环境基准研究相适应的优控污染物筛选技术是根据不同流域水环境参数、水体用途、敏感受体以及周边工农业发展情况，提出预期的污染频谱，与现场污染物检测相结合，确定特定流域水环境需要优先研究和制定水环境基准的污染物名单。

1.2　技术流程

综合国内外研究，筛选优先控制污染物主要遵循以下原则[12,13]：

① 优先选择的污染物应具有较大的生产量、使用量或排放量；

② 污染物广泛存在于环境中，具有较高的检出率，且化合物在环境中的稳定性较高；

③ 优先选择具有环境与健康危害性，在水中难以降解，在生物体中有积累性，具有水生生物毒性的污染物；

④ 优先选择已经具备一定基础条件，存在可用于定性鉴定和定量的化学标准物质，且可以监测的污染物；

⑤ 采取分期分批建立优先控制污染物名单的原则。

结合各国家和地区的优先污染物筛选程序及我国实际情况，初步确立我国流域水环境优控污染物筛选程序如图1-1所示。

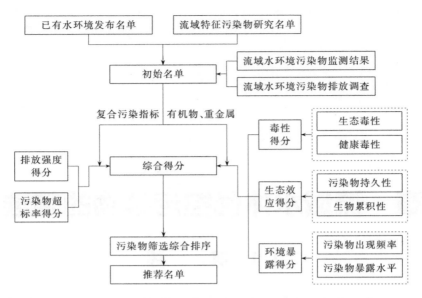

图 1-1　我国流域水环境优控污染物筛选的技术流程

1.3　技术方法

1.3.1　初始名单的确定

优控污染物筛选程序中第一步为确立流域水环境优控污染物筛选的初始名单。国内外优控污染物筛选初始名单的确立方法大致分为三类:一是以各官方名单为依据确立初始名单[11,14-16];二是以实际监测到的污染物名单作为筛选的初始名单[17];三是在各官方颁布的名单基础上结合监测数据及事故报告等综合分析确立初始名单。

本研究在确定流域优控污染物初始名单时主要考虑以下几方面:

① 各国优控污染物名单,如 EPA 126 种优先控制污染物名单、ATSDR 的 275 种有害物质优先名单、欧盟的 45 类优先污染物名单及中国水环境中优先控制污染物黑名单等;

② 结合流域特点,对流域重点监控企业进行统计,分析其主要产业类型,分析可能进入环境的主要污染物;

③ 结合流域污染状况调查中检测结果及流域相关文献报道结果;

④ 对污染事故报告进行统计归总。

1.3.2　评价参数的选择

各国家和地区在优控污染物筛选评价参数的选择上存在一定差异。

① USEPA 考虑到的污染物环境与健康危害性表征参数主要包括急性毒性、慢性毒性、毒性产生的环境效应和生物效应(降解性和积累性)、检出频率、检出限等。

② ATSDR 在计算污染物总得分时主要包括出现频率得分、污染物的毒性得分及人群的暴露潜势得分[17]。

③ 欧盟对候选污染物在各成员国的检出频次做了要求，其暴露得分的计算包括两部分：一是基于监测数据的暴露得分；二是基于模型的暴露得分。而在效应评估中既考虑了污染物的直接毒性效应，又考虑了其间接效应（即生物富集潜力及致癌性、致突变性、生殖毒性等)[11,14-16]。

④ 我国早期颁布的 68 种优控污染物的筛选主要考虑因素包括污染物在环境中的检出率、产品产量、"三致"（致畸、致癌、致突变）毒性、慢性毒性、急性毒性、水生生物毒性、生物降解性及监测条件的可行性等[18]。

总的来说，国内外研究过程中均考虑了污染物在环境中的毒性效应及检出频率等。

评价优控污染物对环境潜在危害性大小最主要的参数为污染物的暴露状况、持久性、生物累积性、毒性和长距离迁移能力。因此，在对污染物进行综合评价时应考虑其对环境及人类潜在危害性大小的各个因素，评估终点能直接或间接反映污染物毒性、持久性、暴露状况、生物累积性、污染物迁移能力等方面。初步确立的我国流域水环境优控污染物筛选程序中包含了暴露评价、生态效应评价和毒性评价三部分，其内容基本涵盖了上述评价参数，评估终点包括水生生物毒性 LC_{50}、大鼠 LD_{50}、致癌性、慢性毒性 MED、BCF、持久性、暴露浓度、检出率等。

1.3.3　数据来源的筛选

污染物筛选中涉及大量暴露、毒性等数据，需要对相关数据进行收集、汇总及筛选。主要包括两大类：一类是污染物的暴露状况数据，主要包括污染物在流域各环境介质中的检出率、检出浓度及一些流域污染调查相关文献中报道的污染物种类及暴露量等数据；另一类是污染物毒性数据，主要指污染物评价过程中涉及的各理化指标和毒性参数的取值，主要通过国外一些较完善的数据库获得，本土生物的毒性数据则主要通过相关文献报道获得。

为了保证数据的科学性，需要对数据的可靠性进行评价，从而筛选出可用的数据。

数据可靠性的判断依据主要包括：

① 是否使用国际、国家标准测试方法和行业技术标准，操作过程是否遵循良好实验室规范；

② 对于非标准测试方法的实验，所用实验方法是否科学合理；

③ 实验过程和实验结果的描述是否详细；

④ 文献是否提供了原始数据。

1.3.4　优控污染物筛选综合评分方法

1.3.4.1　有机物及重金属筛选的评分方法

有机物、重金属综合得分（R）计算选用参数有 3 个：a. 污染物毒性效应得分 S_{Tox}；b. 污染物环境暴露得分 S_{Exp}；c. 污染物生态效应得分 S_{Eco}。3 个参数各自最高得分为 600 分，三者得分之和即为该污染物的总分，总分高者优先顺序在前。

得分最高为 1800 分，其中污染物毒性效应得分 S_{Tox}（总分 600 分）、污染物环境暴

露得分 S_{Exp}（总分 600 分）、污染物生态效应得分 S_{Eco}（总分 600 分），三项之和为最终得分。即：

最终得分（总分 1800 分）＝ S_{Tox}（总分 600 分）＋ S_{Exp}（总分 600 分）＋ S_{Eco}（总分 600 分）

（1）污染物毒性效应得分

毒性效应得分评价参数包括水生生物急性毒性、哺乳动物急性毒性、哺乳动物慢性毒性和致癌性四大项。毒性作用终点与数据筛选条件如表 1-1 所列。

表 1-1　毒性作用终点与数据筛选条件

效应/参数	毒性作用终点		数据筛选条件
水生生物急性毒性	鱼类	半数致死浓度（LC$_{50}$）	96h 急性毒性试验，优先选择流水式试验数据，若无则选择静态或半静态试验数据，受试生物优先选择流域本土生物，若无则以实验室常规试验生物毒性数据为基础确定一毒性范围，以毒性范围最大值的 75% 作为最终水生生物急性毒性 LC$_{50}$ 值
	藻类	半数致死浓度（LC$_{50}$）	
	溞类	半数致死浓度（LC$_{50}$）	
哺乳动物急性毒性	大鼠	半数致死剂量（LD$_{50}$）	受试生物为大鼠，14d 急性毒性试验，以经口染毒作为唯一染毒途径，当存在多个毒性数据时取保守值作为最终的毒性值
哺乳动物慢性毒性	最小作用剂量（MED）及其他特殊效应		计算方法依据 TS 计算中关于慢性毒性的计算，涵盖了慢性毒性、致突变性、致畸、生殖毒性等多项特殊毒性效应
致癌性	致癌性评级		基于 EPA 和 IARC(International Agency for Research on Cancer)有关致癌物的分类

根据不同的分级计算方法确定其各部分的 TS 值（Toxicity Score），然后以较小的 TS 值作为最终的 TS$_{min}$ 值，再通过 2/3 累积指数法对数据进行转化得到污染物毒性效应得分 S_{Tox}（表 1-2）。水生生物急性毒性分级方法如表 1-3 所列。哺乳动物急性毒性分级方法如表 1-4 所列。

表 1-2　2/3 累积指数衰减法

TS 值	序号	累积序号 (Cumulative Ordinal Rank,COR)	2/3^{COR}	S_{Tox} 得分 2/3^{COR}×600
1	0	0	1.0000	600
10	1	1	0.6667	400
100	2	3	0.2963	178
1000	3	6	0.0878	53
5000	4	10	0.0173	10

表 1-3　水生生物急性毒性分级

类别	LC$_{50}$ 分级	TS 值
无毒	100mg/L≤LC$_{50}$	5000
低毒	10mg/L≤LC$_{50}$<100mg/L	1000
中毒	1mg/L≤LC$_{50}$<10mg/L	100
高毒	0.1mg/L≤LC$_{50}$<1mg/L	10
剧毒	LC$_{50}$<0.1mg/L	1

表 1-4　哺乳动物急性毒性分级

类别	口试	皮肤	吸入	TS 值
无毒	$100mg/kg \leqslant LD_{50}$	$40mg/kg \leqslant LD_{50}$	$400ppm \leqslant LC_{50}$	5000
低毒	$10mg/kg \leqslant LD_{50} < 100mg/kg$	$4mg/kg \leqslant LD_{50} < 40mg/kg$	$40ppm \leqslant LC_{50} < 400ppm$	1000
中毒	$1mg/kg \leqslant LD_{50} < 10mg/kg$	$0.4mg/kg \leqslant LD_{50} < 4mg/kg$	$4ppm \leqslant LC_{50} < 40ppm$	100
高毒	$0.1mg/kg \leqslant LD_{50} < 1mg/kg$	$0.04mg/kg \leqslant LD_{50} < 0.4mg/kg$	$0.4ppm \leqslant LC_{50} < 4ppm$	10
剧毒	$LD_{50} < 0.1mg/kg$	$LD_{50} < 0.04mg/kg$	$LC_{50} < 0.4ppm$	1

注：$1ppm = 10^{-6}$，下同。

　　慢性毒性作用基于通过不断变化的环境介质所引起的最小作用剂量（minimum effective dose，MED）和其他特殊作用类型（如肝坏死、致畸等）两个主要特性。

　　慢性毒性 TS 值依据剂量等级值（rating value by dose，RV_d）与效应等级值（rating value based on effect，RV_e）的乘积分级确定，如表 1-5 所列。

表 1-5　慢性毒性分级

类别	综合得分($RV_d \times RV_e$)	TS 值
无毒	1~5	5000
毒低	6~20	1000
中毒	21~40	100
高毒	41~80	10
剧毒	81~100	1

　　为了保持数据的一致性，将动物试验得到的 MEDs 通过体重比值转化为人类 MEDs，然后根据人类 MEDs 通过图 1-2 得到 RV_d 值[17]。图 1-2 中，$lgMED < -3$ 时，$RV_d = 10$；$-3 < lgMED < 3$ 时，$RV_d = 1.5lgMED + 5.5$；$lgMED > 3$ 时，$RV_d = 1$。

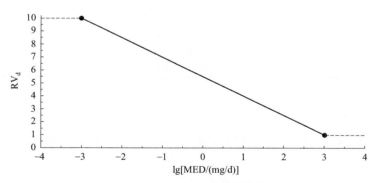

图 1-2　MED 与 RV_d 的剂量效应关系曲线

　　转化为人类体重下的 MEDs 时按下列公式计算：

　　动物的作用剂量为 mg/d：人类的 $MEDs =$ 动物的 $MEDs \times \left(\dfrac{70kg}{动物重量}\right)^{1/3}$

　　动物的作用剂量为 $mg/(kg \cdot d)$：人类的 $MEDs =$ 动物的 $MEDs \times \left(\dfrac{动物重量}{70kg}\right)^{2/3} \times 70kg$

　　当未明确表明化合物慢性毒性时，可通过生殖毒性、基因毒性、致畸、致突变等毒性效应来评估其慢性毒性得分。其他特殊毒性效应的得分根据 RV_e 值进行计算，RV_e 值根据毒性作用的严重程度分为 10 个级别，如表 1-6 所列。

表 1-6　毒性效应分级

RVe级别	作用效果
1	发生酶诱变和其他生化变化，但未发生病理及体重方面改变
2	发生酶诱变、亚细胞增殖或其他细胞器的变化，但没有其他明显变化
3	发生增生、肥大或萎缩，但器官重量未发生变化
4	发生增生、肥大或萎缩，同时器官重量发生变化
5	发生可逆的细胞变化：混浊肿胀、水肿或者脂肪变化
6	发生坏死或化生，但器官功能未发生明显变化。出现一些神经病变但未发生行为、感觉或生理活动的改变
7	发生坏死、萎缩、肥大或化生，同时可检测到器官功能的衰减，一些神经病变伴随着行为、感觉或生理活动的改变
8	坏死、萎缩或化生伴随明显的器官功能障碍，一些神经病变伴随行为、感觉和机动性能的总体改变，一些生殖能力衰减，一些胎儿毒性的证据
9	伴随严重器官功能障碍的明显病理变化，任何神经病变伴随行为和自主控制能力的丧失，感知能力的丧失，生殖功能障碍，一些母体毒性引起的致畸效应
10	死亡或明显的寿命缩短，非母体毒性引起的致畸效应

致癌性得分分级方法以 EPA 或 IARC 分级方法作为评价标准。根据流行病学和动物试验建立起的依据权重方法和 EPA 或 IARC 分级方法对致癌性进行分级，如表 1-7 所列。

表 1-7　致癌性分级

组别	潜在级别		
	1（极高）	2（中等）	3（极低）
A	高（1）	高（1）	中（10）
B	高（1）	中（10）	低（100）
C	中（10）	低（100）	低（100）
D	未进行危害排名，采用其他指标来确定其 TS 值		
E	未进行危害排名，采用其他指标来确定其 TS 值		

注：（ ）内数据是得分。

（2）污染物环境暴露得分

污染物环境暴露得分包括污染物检出频率得分（S_{DF}）和污染物暴露浓度得分（S_E）两部分。

$$环境暴露得分\ S_{Exp}=0.3S_{DF}+0.7S_E$$

污染物检出频率得分：是以污染物在各介质中的检出频率的算术平均值，再乘以 600 得到。

污染物在不同介质中的检出频率计算方法如下：

$$污染物在水体中的检出频率\ D_W=\frac{污染物在检测点位水体中的出现频次}{水体的检测点位数}$$

$$污染物在沉积物中的检出频率\ D_S=\frac{污染物在检测点位沉积物中的出现频次}{沉积物的检测点位数}$$

$$污染物在生物体的检出频率 D_B = \frac{污染物在生物检测样本中的出现频次}{生物的检测样本数}$$

$$污染物检出频率得分 S_{DF} = 0.3 \times \frac{(D_W + D_S + D_B)}{3} \times 600$$

污染物暴露浓度得分：以各检测点位检出浓度取其几何平均值以减小极端值的影响，然后将不同介质下测得的污染物浓度采用几何分级法分别进行分级[19]，用等比级数定义分级标准，共分5级再进行赋值。计算公式为：

$$a_n = a_1 q^n$$

式中　a_n——平均暴露浓度最大值，其中 $n=5$；

　　　a_1——平均暴露浓度最小值；

　　　q——等比常数。

按上述公式，将水体、沉积物和生物体中定量检出的各种有机污染物的平均浓度区间分为5个区间，浓度从低到高赋值为5000、1000、100、10、1。最后采用2/3累积指数衰减法确定其得分 S_E。

如某流域水体中污染物浓度范围为 $0.001 \sim 600 mg/L$，则 $a_n = 600$，$a_1 = 0.001$，$n = 5$，代入上式得 $q = 14.30969$，分级结果如表1-8所列（不同介质分开进行分级计算）。

表1-8　污染物暴露浓度分级赋值方法

序号	浓度范围/(mg/L)	赋值	S_W
1	$0.001 \sim 0.0143$	5000	10
2	$0.0143 \sim 0.2048$	1000	53
3	$0.2048 \sim 2.9302$	100	178
4	$2.9302 \sim 39.4907$	10	400
5	$39.4907 \sim 600$	1	600

$$污染物暴露浓度得分 S_E = 0.7 \times 600 \times \frac{(S_W + S_S + S_B)}{3}$$

式中　S_W、S_S、S_B——污染物在水体、沉积物和生物体中的暴露浓度得分。

（3）污染物生态效应得分

污染物生态效应得分包括污染物持久性得分（S_{HL}）和生物累积性得分两部分（S_{BCF}）。

$$环境生态效应得分 S_{Eco} = S_{HL}(300 分) + S_{BCF}(300 分)$$

污染物持久性得分：以污染物在环境中的衰减速率进行分级，以环境介质半衰期进行评估。

生物半衰期数据筛选受试生物优先级为：a. 试验检测数据＞模型估算数据；b. 当存在多个同一级别数据时，取半衰期最大值的75%作为污染物最终的半衰期；c. 未查到有效的生物半衰期试验数据时，以 PBT Profiler 模型估算的环境介质半衰期进行评估；d. 环境介质半衰期优先级为水、沉积物、土壤、空气。如表1-9所列。

表 1-9　半衰期分级

类别	环境介质半衰期	S_{HL}
A	半衰期≤4d	5
B	4d<半衰期≤20d	26.5
C	20d<半衰期≤50d	89
D	50d<半衰期≤100d	200
E	半衰期>100d	300

污染物生物累积性：目前，国际上还没有关于生物富集因子（Bioconcentration factor，BCF）统一的评级标准，本标准中关于污染物在生物体内的生物富集因子 BCF 的分级方法参考 Baun 等提出的分级方法[20]，对于未找到 BCF 值的污染物以 lgK_{ow} 值替代[21]。

由于现阶段可获得的生物富集试验数据有限，数据的筛选：选择鱼类试验数据，试验周期≥28d，试验数据优先于模型估算数据，确定一数据范围后取最大值的 75% 作为最终的 BCF 值。如表 1-10 所列。

表 1-10　生物富集因子（BCF）得分

类别	BCF	lgK_{ow}	S_{BCF}
A	BCF≤100 即 lgBCF≤1	lgK_{ow}<3 或者 分子量>700	5
B	100<BCF≤1000 即 1<lgBCF≤2	3≤lgK_{ow}<4 且 分子量<700	26.5
C	1000<BCF≤10000 即 2<lgBCF≤3	4≤lgK_{ow}<5 且 分子量<700	89
D	10000<BCF≤100000 即 3<lgBCF≤4	lgK_{ow}≥5 且 分子量<700	200
E	BCF>100000 即 lgBCF>4	无 lgK_{ow} 值 且 分子量<700	300

由于重金属的持久性及生物累积性较强对结果影响较大，因此在排序过程中将重金属与有机污染物分别进行排序。

1.3.4.2　复合污染指标筛选的评分方法

通过污染物超标率和污染物排放强度反映污染物的环境负荷。

复合污染指标总得分(1800 分)＝污染物超标率得分(900 分)＋污染物排放强度得分(900 分)

复合污染指标及标准值如表 1-11 所列。

表 1-11　复合污染指标及标准值

序号	评价指标	Ⅰ类水标准(GB 3838—2002)/(mg/L)
1	化学需氧量	15
2	生化需氧量	3
3	高锰酸盐指数	2
4	氨氮	0.15
5	总磷	0.02 (湖、库 0.01)
6	总氮	0.2
7	氰化物	0.005
8	挥发酚	0.002
9	石油类	0.05

（1）复合污染指标超标率得分

复合污染指标超标率(%)＝超标次数/有效监测次数×100

复合污染指标超标率得分如表 1-12 所列。

表 1-12　复合污染指标超标率得分

级别	污染物超标率百分比分级/%	分值/分
1	>75.0	900
2	50.1~75.0	720
3	25.1~50.0	540
4	10~25.0	360
5	0~10.0	180

（2）复合污染指标源排放强度得分

如表 1-13 所列。

表 1-13　复合污染指标源排放强度得分

级别	污染物年度排放总量占年排放总量的百分比[①]/%	分值/分
1	>20.0	900
2	10~20.0	720
3	5~10.0	540
4	1~5.0	360
5	<1.0	180

① 污染物排放量的数据可参考全国污染源普查结果。

1.3.5　优控污染物名单的确定及更新

运用上述方法对流域污染物初选名单中所列污染物进行定量筛选及排序，然后根据下列原则将排序结果整合为最终的优先控制污染物名单。名单每 5 年进行一次更新。

去除流域定性检测中未检出且在文献中未见报道的污染物，并将下方污染物上移，然后根据以下污染物名单的确定原则，确立污染物的最终名单[22]：

① 已被严格限制或禁用的污染物如果排名较靠前，则应排除是否为沉积物二次污染引起，如不是则直接将该物质列入优先控制污染物名单；

② 若某一污染物主要以某种物质的副产物或代谢产物存在于环境中，则该物质的源物质应列入名单；

③ 若某一新兴污染物在流域工业产业中已被广泛使用，但监测浓度数据不多，且相对较低，毒性效应与生态效应得分相对较高，也应列入优先控制名单；

④ 在流域内已发生大范围的污染事件，被公认为流域内重要污染物的，应直接列入名单。

参　考　文　献

[1]　Richard D M，Jhih-Shyang S，Sessions S L，et al. Comparative risk assessment：an international comparison of methodologies and results [J]. Journal of Hazardous Materials，2000，78（1-3）：19-39.

[2]　Du X，Li X，Luo T，et al. Occurrence and aquatic ecological risk assessment of typical organic pollutants in water of Yangtze River estuary [J]. Procedia Environmental Sciences，2013，18：882-889.

[3]　Anabela R，Isabel F，Isolina G，et al. A Risk Assessment Model for Water Resources：Releases of dangerous and hazardous substances [J]. Journal of Environmental Management，2014，140：51-59.

［4］　Slater D，Jones H. Environmental risk assessment and the environment agency ［J］. Journal of Hazardous Materials，1999，65：77-91.

［5］　Davis G A，Swanson M，Jones S. Comparative Evaluation of Chemical Ranking and Scoring Methodologies ［EB/OL］. ［2014-5-12］. http：//isse. utk. edu/ccp/pubs/pdfs/CECRSM. pdf.

［6］　Guillén D，Ginebreda A，Farré M，et al. Prioritization of chemicals in the aquatic environment based on risk assessment：Analytical，modeling and regulatory perspective ［J］. Science of the Total Environment，2012，440：236-252.

［7］　Hughes K，Paterson J，Meek M E. Tools for the prioritization of substances on the Domestic Substances List in Canada on the basis of hazard ［J］. Regulatory Toxicology and Pharmacology，2009，55：382-393.

［8］　Friederichs M，Frainzle O，Salski A. Fuzzy clustering of existing chemicals according to their ecotoxicological properties ［J］. Ecological Modelling，1996，85：27-40.

［9］　Hansen B G，Van Haelst A G，van Leeuwen K，et al. Priority Setting For Existing Chemicals：European Union Risk Ranking Method ［J］. Environmental Toxicology and Chemistry，1999，18 (4)：772-779.

［10］　Snyder E，Snyder S，Giesy J，et al. SCRAM：A scoring and ranking system for persistent，bioaccumulative，and toxic substances for the North American Great Lakes. Part I：Structure of the scoring and ranking system ［J］. Environmental Science and Pollution Research，2000，7 (1)：52-61.

［11］　Klein W，Denzer S，Herrchen M，et al. Revised proposal for a list of priority substances in the context of the Water Frame Directive (COMMPS procedure) ［EB/OL］. ［2014-5-12］.

［12］　Bu Q，Wang D，Wang Z. Review of Screening Systems for Prioritizing Chemical Substances ［J］. Critical Reviews in Environmental Science and Technology，2013，43：1011-1041.

［13］　Zandt van de，van Leeuwen. A Proposal for Priority Setting of Existing Chemical Substances ［M］. Ministry of Housing，Physical Planning and the Environment，Directorate-General of Environmental Protection，The Hague，1992.

［14］　European Commission，Priority substances under the Water Framework Directive ［EB/OL］. ［2015-3-2］. http：//ec. europa. eu/ environment/water/water-dangersub/pri_substances. htm.

［15］　Lerche D，Sørensen P B，Larsen H S，et al. Comparison of the combined monitoring-based and modelling-based prioritysetting scheme with partial order theory and random linear extensions forranking of chemical substances ［J］. Chemosphere，2002，49 (6)：637-649.

［16］　Pavan M，Worth A. Comparison of the COMMPS priority settings cheme with total and partial algorithms for ranking of chemical substances ［EB/OL］. ［2014-5-12］. https：//eurl-ecvam. jrc. ec. europa. eu/laboratories-research/predictive_toxicology/information-sources/qsar-document-area/Ranking_of_COMMPS_substances. pdf.

［17］　Agency for Toxic Substances and Disease Registry. Support document to the 2013 priority list of hazardous substances that will be the subject of toxicological profiles ［EB/OL］. ［2014-5-12］.

［18］　周文敏，傅德黔，孙宗光. 中国水中优先控制污染物黑名单的确定 ［J］. 环境科学研究，1991，4 (6)：9-12.

［19］　王莉，王玉平，卢迎红，等. 辽河流域浑河沈阳段地表水重点控制有机污染物的筛选 ［J］. 中国环境监测，2005，21 (6)：59-62.

［20］　Baun A，Eriksson E，Ledin A，et al. A methodology for ranking and hazard identification of xenobiotic organic compounds in urban stormwater ［J］. Science of the Total Environment，2006，370：29-38.

［21］　Klein W. Revised proposal for a list of priority substances in the context of the water framework directive (COMMPS Procedure)，Fraunhofer-Institut，Declaration ref.：98/788/3040/DEB/E1.

［22］　穆景利，王菊英，张志锋. 我国近岸海域优先控制有机污染物的筛选 ［J］. 海洋环境科学，2011，30 (1)：114-117.

第2章 水质基准受试生物筛选

2.1 概　　述

水质基准受地域性的影响，在不同的区域，其代表性物种和生态系统结构都不相同，敏感受试生物的筛选是水质基准研究的关键环节，各国都规定了水质基准受试生物的种类[1-4]，但对于敏感受试生物的筛选研究国内外均未见报道，即使是水质基准技术先进的美国也仅在1985年发行的水生生物基准制定技术指南[1]中罗列了北美受试生物名录，但对于众多物种的污染物敏感性则未见分析和说明。我国水生生物的种类繁多，为更加科学合理地保护我国水生生物，需根据我国生物区系特征，确定推导水质基准的物种选择。

根据我国淡水生物区系特征，结合美国和欧盟推导水质基准的物种选择，初步提出我国保护水生生物水质基准所需要的物种选择范围，具体到以科为单位。

① 硬骨鱼纲中的鲤科。我国淡水鱼类以鲤科为主，鲤科占1/2以上，因此推导水质基准必须包括鲤科鱼类。

② 硬骨鱼纲中的另一科，最好在经济价值或生态学上具有重要意义。

③ 两栖动物纲的一科，如蟾蜍科。

④ 浮游动物中节肢动物门的一科。

⑤ 浮游动物中轮虫动物门的一科。

⑥ 底栖动物中节肢动物门的一科，如摇蚊科等。

⑦ 底栖动物中环节动物门的一科。

⑧ 一种最敏感的大型水生植物或浮游植物。

2.2 技术流程

水生生物基准本土受试生物的筛选主要包括4个步骤：a. 代表性本土水生生物的确定；b. 本土受试生物的筛选；c. 本土受试生物的物种敏感度评价；d. 淡水水生生物基准本土受试生物的确定。水生生物基准本土受试生物的筛选步骤如图2-1所示。

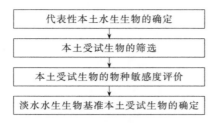

図 2-1　水生生物基准本土受试生物的筛选步骤

2.3　技术方法

2.3.1　代表性本土水生生物的确定

首先对我国特定区域的本土生物进行生物调查，主要参考资料包括《中国动物志》[5]《中国脊椎动物大全》[6]《中国生物物种名录》[7] 及各地方生物志等。结合美国、欧盟等国家和地区推导水质基准的物种选择范围和考虑因素，物种需要按照以下几点选择：

① 受试物种在我国地理分布较为广泛，在纯净的养殖条件下能够驯养、繁殖并获得足够的数量，或在某一地域范围内有充足的资源，确保有均匀的群体可供毒性试验；

② 具有重要生态学意义，受试生物应是区域生态系统的重要组成部分和生态类群代表，并能充分代表水体中不同生态营养级别及其关联性；

③ 选择具有良好代表性的本土物种，根据区域生物调查结果，充分考虑区域特色物种；

④ 具有相对丰富的生物学资料，应考虑受试物种的个体大小和生活史长短；

⑤ 选择容易获得且实验室容易培养的本土物种；

⑥ 在人工驯养、繁殖时应保持遗传性状稳定。

2.3.2　本土受试生物的筛选

水生态系统的敏感性取决于敏感物种。根据区域代表性本土水生生物的名单，进一步筛选敏感受试生物。

① 根据代表性本土生物名单，搜集筛查数据库及公开发表的文献，分析代表生物的毒性数据，选择毒性数据数量相对丰富的生物。为保证对物种敏感性做出正确评价，搜集评价的污染物毒性数据至少涉及 3 种污染物。

毒性数据主要为淡水水生生物毒性数据，数据来源：a. 国内外毒性数据库；b. 本土物种实测数据；c. 公开发表的文献或报告，例如 Web of Science，以及中国知网CNKI 等。

对筛选得到的代表性本土生物进行毒性数据搜集，数据筛选原则参照《淡水水生生物水质基准制定技术指南》[8]。

② 对筛选得到的合格急性毒性数据进行整理，计算同一物种的毒性值的几何平均值（SMAV）。

③ 对于每种生物，获得各污染物毒性大小的排序，筛选出排序前 3 位即是该生物的毒性最大的污染物类别。

2.3.3 本土受试生物的物种敏感度评价

利用物种敏感度分布法确定生物物种敏感性，基本步骤如下所述。

① 针对毒性最大的污染物，选择对同类别各物种比较敏感的污染物，参考数据筛选原则，重新筛选各污染物的急性生物毒性数据。

② 对再次筛选得到的合格急性毒性数据进行分析与排序，使用 SSD 法对同一物种的不同污染物的 SMAV 从小到大进行排序，获得生物对各污染物的敏感度分布状况。

③ 根据各物种在对应的污染物种敏感性分布曲线中的累积频率进行敏感性评价：a. 根据保护 95% 生物的污染物浓度为水质基准值，受试生物的敏感性排序小于 5%，可将该生物视为非常敏感；b. 物种敏感性排序不超过 15% 和 30% 的生物为敏感和较敏感物种；c. 敏感性排序超过 50% 的物种定为不敏感物种。

2.3.4 淡水水生生物基准本土受试生物的确定

① 选择敏感和较敏感的生物（累积频率不超过 30%）作为基准的敏感受试生物。

② 对于毒性数据缺乏，不能对其敏感性进行评价的物种，但其符合 2.3.1 代表性本土水生生物确定的其他原则，也可推荐作为生态毒性测试的受试生物。

综合上述条件①、②确定特定区域的淡水水生生物基准本土受试生物。

2.4 我国本土淡水水生生物受试物种筛选

2.4.1 本土鱼类基准受试生物筛选

鱼类作为水生生态系统中的消费者，在生态系统中扮演着重要的角色，也是环境污染物毒性效应研究的理想试验动物，美国、澳大利亚、欧盟等发达国家和地区的水质基准技术中均要求使用鱼类的毒性数据以加强对鱼类的保护，对于水生生物基准，美国规定至少选择来自 3 门 8 科的水生生物，其中至少包含 2 种鱼类，我国共有淡水（包括沿海河口）鱼类约 1050 种。

主要依据《中国脊椎动物大全》《中国经济动物志——淡水鱼类》、各地方动物志（如《太湖鱼类志》[9]）及公开发表的相关文献，对我国本土鱼类区系的分布进行梳理。首先依据物种分布的广泛性，筛选在我国两个流域以上有分布的本土物种；然后综合考虑数据丰度、区域代表性、生态学意义、经济价值等因素。

参照水生生物基准的数据筛选原则，筛查数据库及公开发表的文献中各类污染物对本土代表性鱼类的急性毒性数据。对每种鱼的急性毒性数据筛选排序，分别得到最敏感的 3 种污染物，毒性最大的污染物主要分为农药、氯酚类、重金属和分子氨。其中，农药包括菊酯类、有机磷和有机氯农药等；重金属包括铜、镉和无机汞。

搜集筛选 17 种鱼类毒性最大的 18 种污染物的急性毒性数据，绘制各污染物的鱼类敏感性分布曲线，根据设定的物种敏感度与累积频率关系，计算得出各种鱼对相应污染物的累积频率以及相应的鱼类敏感度，计算结果及相应的鱼类敏感性判断见表 2-1。

表 2-1　我国本土鱼类对污染物的累积频率及敏感性

鱼类	毒性最大的污染物	累积频率/%	物种敏感性
鲤鱼	硫丹	83.33	不敏感
	福美双	14.29	敏感
	氰戊菊酯	12.50	敏感
草鱼	氯氰菊酯	25.00	敏感
	硫丹	33.33	较不敏感
	溴氰菊酯	50	不敏感
鲢鱼	甲氰菊酯	12.50	敏感
	溴氰菊酯	28.57	较敏感
	抗霉素 A	71.43	不敏感
鳙鱼	敌敌畏	13.63	敏感
	氧化乐果	28.57	较敏感
	镉	7.14	敏感
鲫鱼	溴氰菊酯	21.42	较敏感
	甲氰菊酯	25.00	较敏感
	无机汞	11.76	敏感
麦穗鱼	三唑磷	7.14	敏感
	溴氰菊酯	57.14	不敏感
	毒死蜱	39.13	较不敏感
泥鳅	敌敌畏	9.09	敏感
	阿维菌素	30.77	较不敏感
	铜	30.00	较敏感
黄颡鱼	敌敌畏	4.55	非常敏感
	氧化乐果	14.29	敏感
	无机汞	17.65	较敏感
黄鳝	氯氰菊酯	8.33	敏感
	溴氰菊酯	64.33	不敏感
	阿维菌素	46.15	较不敏感
鳜鱼	氰戊菊酯	81.25	不敏感
	无机汞	35.29	较不敏感
	分子氨	9.09	敏感

通过鱼类敏感性分析，以上 10 种本土鱼类作为对应的污染物水环境基准研究的受试物种。

2.4.2　本土甲壳类基准受试生物筛选

甲壳类属无脊椎动物，是节肢动物门中的第 3 个大纲，主要可分为浮游甲壳类和底栖类甲壳类两大类，澳大利亚、加拿大以及荷兰等国家在推导本国水生生物水质基准时要求必须有甲壳类动物的毒性数据，USEPA 则明确规定在推导本国水生生物基准时要求具备"三门八科"生物毒性数据，包括浮游甲壳类和底栖甲壳类动物各 1 科。

通过查阅《中国经济动物志》[5] 及各类公开发表的文献，依据筛选代表性本土生物的方法，选择具有代表性的浮游和底栖甲壳类动物。

参照数据筛选原则，对筛选得到的代表性浮游甲壳生物进行毒性数据搜集，浮游甲壳类动物的急性毒性试验指标为 48h LC_{50} 或 EC_{50}，底栖甲壳类动物是 96h LC_{50} 或 EC_{50}；对 15 种浮游甲壳动物的毒性最大的前 30 种污染物和 6 种底栖甲壳类毒性最大的前 15 个污染物的毒性数据进行分类，包括有机磷化合物、有机氯化合物、重金属、富营养物、苯系物和酯类化合物（图 2-2、图 2-3）。

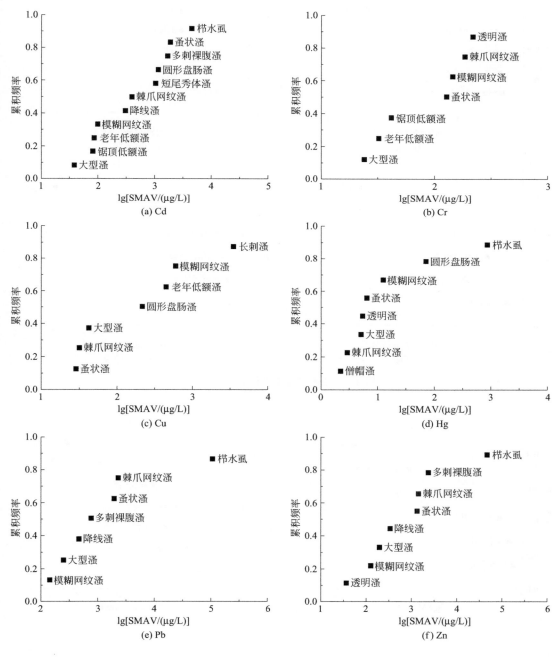

图 2-2

第 2 章　水质基准受试生物筛选

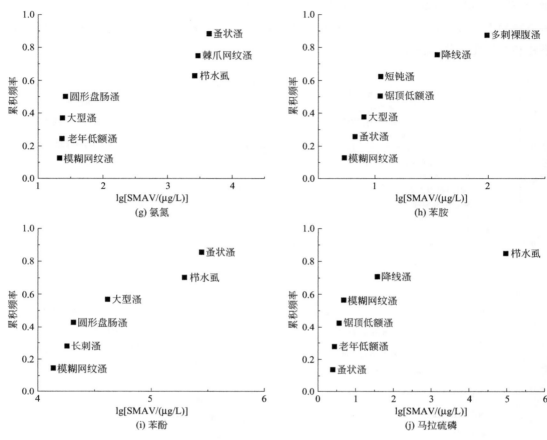

图 2-2　浮游甲壳类物种敏感性分布

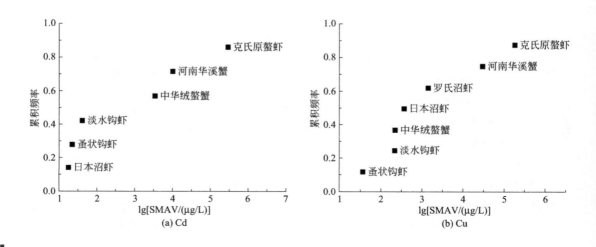

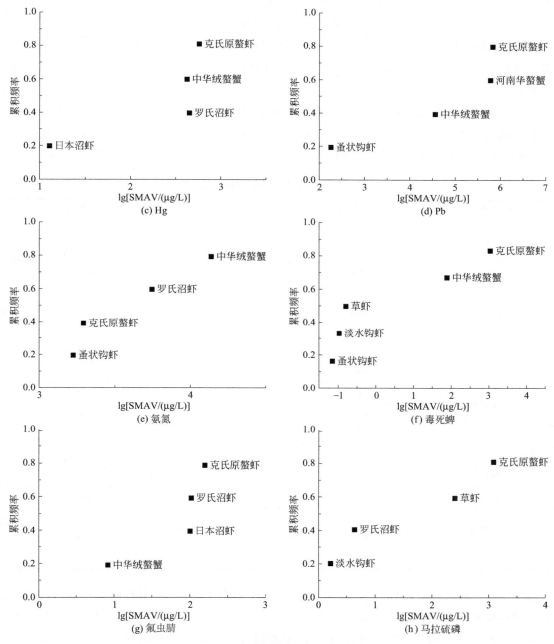

图 2-3 底栖甲壳类物种敏感性分布

通过对各污染物的物种敏感性分析，提出大型溞、溞状溞、锯顶低额溞、僧帽溞、透明溞、蚤状钩虾和日本沼虾可作为重金属基准研究的受试生物；在推导有机污染物和富营养物质氨氮的水生生物基准时，蚤状钩虾、淡水钩虾、中华绒螯蟹可为理想的基准受试生物。

2.4.3　本土两栖类基准受试生物筛选

USEPA 在 1985 年制定的《推导保护水生生物及其用途的水质基准技术指南》中，

17

将两栖动物的生态毒性数据作为推导水生生物基准时推荐使用的物种数据种类之一，加拿大对于长期暴露基准和短期暴露基准的推导都明确指出最好具备两栖动物的毒性数据。《中国两栖动物图鉴》[10] 中记载了302种（亚种），分隶59属（亚属）、11科、3目。依据公开发表的文献对我国本土两栖动物的分布进行调查，主要参考资料为《中国两栖动物图鉴》。

依据毒性数据筛选原则对12种两栖动物的急性毒性数据进行筛选，获得毒性最大的污染物包括5种农药、9种杀虫剂、3种除草剂以及甲基-3-正辛基咪唑溴化物等，还包括4种重金属。对其中数据较为丰富的15种污染物进行物种敏感性分析，结果见表2-2。

表2-2　本土两栖动物的物种敏感性分析

两栖动物	化学物质	累积频率/%	物种敏感性
黑斑侧褶蛙	吡虫啉	82	不敏感
	杀草丹	57	不敏感
六趾蛙	马拉硫磷	1.01	非常敏感
	乐果	71	不敏感
虎纹蛙	硫丹	28.5	较敏感
黑眶蟾蜍	硫丹	77	不敏感
	氯化汞	25	较敏感
	硝酸银	15	敏感
斑腿树蛙	丁草胺	74、	不敏感
	敌敌畏	85	不敏感
泽陆蛙	丁草胺	61	不敏感
	敌敌畏	80.6	不敏感
湖侧褶蛙	保棉磷	52	不敏感
棘胸蛙	丙溴磷	27	较敏感
饰纹姬蛙	氯化镉	60.8	不敏感
	敌敌畏	51.6	不敏感
中国林蛙	双硫磷	87	不敏感

表2-2显示黑眶蟾蜍对重金属硝酸银、氯化汞敏感，六趾蛙对有机磷农药马拉硫磷敏感，棘胸蛙对杀虫剂丙溴磷敏感，虎纹蛙对农药硫丹敏感，但是考虑六趾蛙、虎纹蛙已列入《濒危野生动植物种国际贸易公约》，黑眶蟾蜍已列入IUCN易危种，不适于作为基准研究受试生物，因此推荐棘胸蛙作为杀虫剂水质基准研究受试生物。

2.4.4　本土软体动物基准受试生物筛选

通过查阅《中国经济动物志——淡水软体动物》《中国经济软体动物》[11] 及各类已公开发表的文献，筛选出具有本土代表性的淡水软体动物，对筛选出来的12种软体动物进行急性毒性数据筛选与分析排序，得到针对每种软体动物毒性最大的1~3种污染物。对12种软体动物毒性最大的污染物共有27种，其中14种农药类、4种重金属类和9种常规污染物，其中可以作出物种敏感性分布曲线的只有 22 种污染物。按照物种敏感性数值的分级，将各软体动物在物种敏感度分布曲线中的累积频率和敏感性列于表 2-3。

表 2-3   12 种软体动物的物种敏感性分析

软体生物	污染物	累积频率/%	物种敏感性
中国圆田螺	多效唑	33	较不敏感
中华圆田螺	重铬酸钾	33	较不敏感
	2,4,6-三氯酚	82	不敏感
	硝基苯	64	不敏感
梨形环棱螺	硫酸铜	49	较不敏感
	氯化镉	66	不敏感
放逸短沟蜷	三苯基锡醋酸盐	38	较不敏感
	地乐酚	21	较敏感
	福美铁	43	较不敏感
瘤拟黑螺	氯氰菊酯	95	不敏感
	润滑油基础油	84	不敏感
静水椎实螺	三丁基氧化锡	86	不敏感
	六氯丁二烯	46	较不敏感
	氨氮	8	敏感
印度扁蜷螺	印楝素	67	不敏感
	苯酚	77	不敏感
	印楝油	75	不敏感
尖膀胱螺	毒死蜱	50	不敏感
	高效氯氟氰菊酯	93	不敏感
福寿螺	灭多威	67	不敏感
	马拉硫磷	88	不敏感
三角帆蚌	重铬酸钾	37	较不敏感
河蚬	抗霉素	85	不敏感
	氯硝柳胺乙醇胺盐	64	不敏感
	亚硝酸钠	3	非常敏感

物种敏感性分析表明，放逸短沟蜷可作为理想的农药水质基准研究受试生物，静水椎实螺和河蚬可为理想的氨氮等常规污染物的基准受试生物。

2.4.5   本土环节动物基准受试生物筛选

环节动物是水体大型底栖动物的主要组成部分，在水质基准推算中也是重要物种。USEPA 提出的水质基准"最少毒性数据需求——3 门 8 科"中明确提出可选一种环节动物。我国环节动物种类较多，物种分布区域差别较大，对污染物敏感性差异显著。

参照物种筛选原则，根据《中国动物图谱环节动物》[12]《中国经济昆虫志》[13] 筛选出毒性数据较多且在我国分布较为广泛的代表性环节动物 8 种，包括 6 种寡毛纲及 2

种蛭纲物种。通过查找 ECOTOX 毒性数据库和 CNKI 数据库，搜集 8 种环节动物的急性毒性数据。依据数据筛选原则对数据进行筛选并排序，选择对各物种毒性最大的 3 种污染物，共筛选得到 20 种污染物，分别属于有机锡化合物、表面活性剂、重金属和农药四类。

对筛选出来的 20 种污染物再次搜集相关急性毒性数据，按照数据筛选原则筛选合格的毒性数据，计算各代表性环节动物在对应污染物物种敏感性分布中的累积频率，进而分析各自物种敏感性。结果如表 2-4 所列，按照化合物的类别进行物种敏感性分析。

表 2-4   8 种环节动物对目标污染物的物种敏感性

物种	污染物种类	累积频率/%	物种敏感性
正颤蚓	三丁基氧化锡	1.64	非常敏感
	铜	1.30	非常敏感
	三丁基锡产生的环烷酸	33.33	不敏感
霍甫水丝蚓	林丹	69.49	不敏感
	五氯酚钠	75.68	不敏感
	氯化汞	80.37	不敏感
苏氏尾鳃蚓	高锰酸钾	4.54	非常敏感
	毒死蜱	69.88	不敏感
	硫酸锌	9.02	敏感
尾盘虫	十六烷基三甲基氯化铵	50.00	不敏感
	直链烷基苯磺酸	21.74	较敏感
	C14~C15 链烷醇聚醚-7	57.14	不敏感
仙女虫	铜	31.17	较不敏感
	五氯酚钠	25.50	较敏感
	氯化汞	48.60	不敏感

分析得到 4 种环节动物可作为相关污染物的水质基准研究的受试生物：正颤蚓可作为三丁基氧化锡和重金属铜水质基准研究受试生物；苏氏尾鳃蚓可作为重金属水质基准研究受试生物；尾盘虫可作为表面活性剂水质基准研究受试生物；仙女虫可作为有机氯农药水质基准研究受试生物。

2.4.6　本土水生昆虫基准受试生物筛选

水生昆虫是水体大型底栖动物的主要组成部分，水生昆虫在水质基准推算中也是必需的物种。USEPA 提出的水质基准"最少毒性数据需求——3 门 8 科"中，明确提出必须包含 1~2 种水生昆虫的毒性数据。

根据《中国经济昆虫志》[13]《中国昆虫生态大图鉴》[14] 筛选出具有代表性的我国本土水生昆虫，得到在我国分布较为广泛的 5 种代表性水生昆虫，即四节蜉、扁蜉、羽摇蚊、长跗摇蚊、黄翅蜻（表 2-5）。

表 2-5　水生昆虫对目标污染物的物种敏感性

水生昆虫种属	污染物	累积频率/%	物种敏感性
四节蜉	氯氰菊酯	9.76	敏感
	噻虫啉	20.00	较敏感
	乐果	10.64	敏感
扁蜉	乐果	21.28	较敏感
	丙唑灵	16.67	较敏感
	2,4-滴丙酸	33.33	较不敏感
羽摇蚊	林丹	41.53	较不敏感
	滴滴涕	63.93	不敏感
	氯硝柳胺乙醇胺盐	92.31	不敏感
长跗摇蚊	异狄氏剂	52.33	不敏感
	二氯苯醚菊酯	32.84	较不敏感
	甲基对硫磷	30.59	较不敏感
黄翅蜻	甲萘威	5.56	敏感
	兹克威	3.13	敏感
	呋喃丹	1.79	敏感

对 5 种水生昆虫的急性毒性数据筛选排序，分别得到毒性最大的 3 种污染物；筛选得到的 15 种污染物均为农药类化合物，分别为有机氯类、有机磷类、氨基甲酸酯类、拟除虫菊酯、酰胺类、氯代烟碱类杀虫剂和三唑类杀菌剂七类农药。

通过对本土代表性水生昆虫的物种敏感性分析，表明水生昆虫对农药敏感，可作为相关污染物的基准研究受试生物，筛选出 3 种水生昆虫作为水质基准研究的受试生物：黄翅蜻可作为氨基甲酸酯类农药水质基准研究的受试生物；四节蜉可作为拟除虫菊酯、有机磷类、氯代烟碱类农药水质基准研究的受试生物；扁蜉可作为类杀菌剂、有机磷类、酰胺类农药水质基准研究的受试生物。

2.4.7　本土其他典型无脊椎基准受试生物筛选

轮虫广泛分布于各类淡水水体中，在沿海及河口地区也有分布，种类众多，仅我国已确定的种类有 450 余种，而且数量极大，是鱼类等水生动物的理想开口饵料。水螅是腔肠动物门的代表，淡水水螅分布广泛，涡虫属扁形动物门，多数为淡水种。

依据公开发表的文献对我国轮虫、水螅、涡虫的分布进行调查，获得萼花臂尾轮虫、褶皱臂尾轮虫、四齿腔轮虫、龟甲轮虫、褐水螅、绿水螅、普通水螅、日本三角涡虫，对 8 种代表性物种的急性毒性数据筛选排序，得到这 8 种代表性生物毒性最大的污染物共 12 种，包括 4 种重金属、3 种农药、2 种有机锡化物、2 种表面活性剂、1 种吡啶胺类杀菌剂。

8 种代表性轮虫、水螅、涡虫对污染物的累积频率及敏感性如表 2-6 所列。

表 2-6　8种代表性轮虫、水螅、涡虫对污染物的累积频率及敏感性

物种名称	化学物质	累积频率/%	物种敏感性
萼花臂尾轮虫	氟啶胺	6.67	敏感
	Ag^+	18.9	较敏感
	三正丁基氢锡	65.0	不敏感
褶皱臂尾轮虫	Cu^{2+}	2.60	较敏感
	三正丁基氢锡	80.0	不敏感
	Hg^{2+}	25.6	较敏感
四齿腔轮虫	五氯酚钠	7.59	敏感
	Cu^{2+}	54.1	不敏感
	十二烷基硫酸钠	2.60	非常敏感
龟甲轮虫	五氯酚钠	5.06	敏感
	敌百虫	15.9	较敏感
	2,3,4,6-四氯苯酚	50.0	不敏感
褐水螅	三丁基氧化锡	6.90	敏感
	Hg^{2+}	26.2	较敏感
	Cu^{2+}	23.1	较敏感
绿水螅	三丁基氧化锡	13.8	敏感
	Cd^{2+}	0.560	非常敏感
	Cu^{2+}	8.47	敏感
普通水螅	Hg^{2+}	6.25	敏感
	Cu^{2+}	10.4	敏感
	Cd^{2+}	49.2	较不敏感
日本三角涡虫	氟啶胺	26.7	较敏感
	十二烷基苯磺酸钠	7.14	敏感
	四氯化碳	6.67	敏感

　　基于对本土代表性的轮虫、水螅、涡虫的物种敏感性分析，筛选出分属轮虫动物门、腔肠动物门和扁形动物门的4科5属的敏感性物种作为相关污染物水质基准研究中备选的受试生物。

2.4.8　本土大型水生植物基准受试生物筛选

　　依据《中国植物志》[15]《水生生物学》[16]及相关文献，对我国本土常见大型水生植物的分布进行整理，并筛选出具有代表性的本土大型水生植物。如表 2-7 所列。

表 2-7　大型水生植物对污染物的累积频率及敏感性

水生植物	化学物质	累积频率/%	物种敏感性
篦齿眼子菜	2,4-D	1.2	非常敏感
菹草	2,4-D	10.8	敏感
浮萍	2,4-D	53.0	不敏感

水生植物	化学物质	累积频率/%	物种敏感性
槐叶苹	2,4-滴二甲胺盐	8.5	敏感
穗状狐尾藻、浮萍	特丁净	55.3,76.3	不敏感
紫萍	百草枯	7.8	敏感
浮萍	百草枯	98.0	不敏感
黑藻	苄嘧磺隆	12.5	敏感
穗状狐尾藻	敌草隆	37.5	较不敏感
浮萍	敌草隆	68.8	不敏感
黑藻	氟啶酮	7.4	敏感
菹草、紫萍	甲磺隆	7.7,11.5	敏感
穗状狐尾藻、金鱼藻、浮萍	甲磺隆	15.4,23.1,26.9	较为敏感
篦齿眼子菜	利谷隆	2.1	非常敏感
浮萍、金鱼藻	利谷隆	6.4,8.5	敏感
菹草	利谷隆	17	较为敏感
金鱼藻	氯化铜	7.4	敏感
紫萍	氯化铜	92.6	不敏感
浮萍、紫萍	扑草净	55.2,58.6	不敏感
浮萍	铊	4.3	非常敏感
穗状狐尾藻	特丁津	27.6	较为敏感
金鱼藻、浮萍	特丁津	31,44.8	较不敏感
菹草、紫萍	特丁津	51.7,58.6	不敏感
篦齿眼子菜	异丙甲草胺	1.9	非常敏感
金鱼藻、槐叶苹	异丙甲草胺	11.1,14.8	敏感
浮萍	异丙甲草胺	22.2	较为敏感

2.4.9 本土浮游藻类受试生物筛选

水生植物是水生态系统结构的重要组成部分，对于保持水生态系统的完整性不可或缺。在推算水质基准过程中，由动物毒性试验数据分析得到的水质基准不足以保护水生植物，美国、加拿大等国家都要求有 1 种水生植物的毒性数据，因此推导水质基准时除了需要利用大量的水生动物毒性数据，必须进行植物毒性试验。藻类是水生植物类群中的重要组成部分，广泛存在于各种水体之中，种类多，数量大。

2006 年科学出版社出版的《中国淡水藻志》[17] 一书记载了 13 个门类的 1572 种淡水藻类。对 ECOTOX 及公开发表的文献的污染物毒性数据进行筛选，通过 SSD 分析筛选基准研究的受试藻类生物。通过筛选，无植物毒性数据的污染物有 46 种，占 37.7%，植物毒性数据所占比例少于 10% 的污染物有 24 种，占 19.7%，说明有 1/2 以上的优先控制污染物的水生植物毒性数据不足，与水生动物的毒性数据相比，水生植物的毒性数据相对匮乏。

经过对污染物毒性数据的整理，比较污染物的动物急性、慢性毒性数据和植物毒性数据，筛选出对植物具有较高毒性的 5 种污染物，即 1,1,1-三氯乙烷、4-硝基苯酚、邻苯二甲酸丁苄酯、邻苯二甲酸二丁酯和 N-亚硝基二甲胺。1,1,1-三氯乙烷毒性数据里的植物均为藻类，并且以绿藻门为主，最敏感的物种为绿藻门的莱茵衣藻，累积频率为 8.33%；其余 3 种藻类的累积频率均大于 30%。4-硝基苯酚的毒性数据里藻类只有两种，分别属于绿藻门和硅藻门。对 4-硝基苯酚最敏感的生物为绿藻门的近头状伪蹄形藻，累积频率为 5%；硅藻门的四尾栅藻则对 4-硝基苯酚的敏感性很低。N-亚硝基二甲胺的毒性数据较少，并且植物和动物的 SMVs 都较高。毒性数据中植物仅有绿藻门的近头状伪蹄形藻和蓝藻门的水华鱼腥藻，两种藻类对 N-亚硝基二甲胺的敏感性均较高，最敏感的为近头状伪蹄形藻，累积频率为 14.29%。邻苯二甲酸丁苄酯的毒性数据中，包含了绿藻门、硅藻门和蓝藻门的多种藻类。绿藻门的近头状伪蹄形藻和杜氏盐藻的敏感性分别为最高和最低。邻苯二甲酸二丁酯的植物毒性数据中只包含了甲藻门和绿藻门的藻类，植物毒性数据分布跨度较大，但植物的 SMVs 与动物的相差不大。甲藻门的短裸甲藻对邻苯二甲酸二丁酯最敏感，累积频率为 4.17%。

莱茵衣藻对三氯乙烷，近头状伪蹄形藻对 4-硝基苯酚、N-亚硝基二甲胺、邻苯二甲酸丁苄酯和邻苯二甲酸二丁酯，舟型藻对邻苯二甲酸丁苄酯，尖头栅藻对邻苯二甲酸二丁酯都较为敏感，以上 4 种浮游藻类可以作为相关污染物基准研究的受试生物。受试物种名录见表 2-8。

2.4.10　本土其他受试生物推荐

由于我国特有种类很多，很多目前还不是毒理学试验常用物种，因此数据丰度不足，但分布范围广泛、生态价值高的本土物种推荐。

（1）鳗鲡（*Anguilla japonica*）

① 分类：脊椎动物门硬骨鱼纲鳗鲡目鳗鲡亚目鳗鲡科鳗鲡属。

② 推荐理由：其是一种江河性洄游鱼类，原产于海中，溯河到淡水内长大，后回到海中产卵。

分布广泛，在黄河、长江、闽江、韩江及珠江等流域，海南岛、台湾和东北等地均有分布；区域代表性，长江、钱塘江、闽江等的河口地段尤多，江浙两省的鳗苗资源约占全国的 1/2 以上。

（2）蛇鮈（*Saurogobio dabryi*）

① 分类：脊椎动物门硬骨鱼纲鲤形目鮈亚科蛇鮈属。

② 推荐理由：中下层小型鱼类，个体不大，但数量较多，体肥壮，味较美，食用鱼类，有一定经济价值；分布极广，从黑龙江向南直至珠江全国各主要水系均产此鱼。已有重金属对蛇鮈的急性毒性研究，易获得。

（3）乌鳢（*Ophiocephalus argus*）

① 分类：脊椎动物门硬骨鱼纲鳢形目鳢亚目乌鳢科鳢属。

② 推荐理由：我国的鳢科鱼类共有 7 个种，其中只有乌鳢是一个广布种，分布于全国各大水系，产量也最大，繁殖力强，经济价值高。

表 2-8 我国本土淡水水生生物受试物种名录（2019 版）

序号	物种名称	拉丁名	门	纲	目	科	属
1	鲤鱼	Cyprinus carpio	脊索动物门	硬骨鱼纲	鲤形目	鲤科	鲤鱼属
2	草鱼	Ctenopharyngodon idellus	脊索动物门	硬骨鱼纲	鲤形目	鲤科	草鱼属
3	鲢鱼	Hypophthalmichthys molitrix	脊索动物门	硬骨鱼纲	鲤形目	鲤科	鲢属
4	鳙鱼	Aristichthys nobilis	脊索动物门	硬骨鱼纲	鲤形目	鲤科	鳙属
5	鲫鱼	Carassius auratus	脊索动物门	硬骨鱼纲	鲤形目	鲤科	鲫属
6	麦穗鱼	Pseudorasbora parva	脊索动物门	硬骨鱼纲	鲤形目	鲤科	麦穗鱼属
7	泥鳅	Misgurnus anguillicaudatus	脊索动物门	硬骨鱼纲	鲤形目	鳅科	泥鳅属
8	黄颡鱼	Pelteobagrus fulvidraco	脊索动物门	硬骨鱼纲	鲶形目	鲿科	黄颡鱼属
9	黄鳝	Monopterus albus	脊索动物门	硬骨鱼纲	合鳃鱼目	合鳃鱼科	黄鳝属
10	鳜鱼	Siniperca chuatsi	脊索动物门	硬骨鱼纲	鲈形目	真鲈科	鳜属
11	鳗鲡	Anguilla japonica	脊索动物门	硬骨鱼纲	鳗鲡目	鳗鲡科	鳗鲡属
12	蛇鮈	Saurogobio dabryi	脊索动物门	硬骨鱼纲	鲤形目	鮈亚科	蛇鮈属
13	乌鳢	Ophiocephalus argus	脊索动物	硬骨鱼纲	鳢形目	乌鳢科	鳢属
14	哲罗鲑	Hucho taimen	脊索动物	硬骨鱼纲	鲑形目	鲑科	哲罗鱼属
15	棘胸蛙	Quasipaa spinosa	脊椎动物门	两栖纲	无尾目	蛙科	蛙属
16	中国林蛙	Rana chensinensis	脊索动物门	两栖纲	无尾目	蛙科	林蛙属
17	中华大蟾蜍	Bufo gargarizans	脊椎动物门	两栖纲	无尾目	蟾蜍科	蟾蜍属
18	泽蛙	Rana limnocharis	脊索动物门	两栖纲	无尾目	蛙科	蛙属
19	大型溞	Daphnia magna	节肢动物门	甲壳纲	双甲目	溞科	溞属
20	蚤状溞	Daphnia pulex	节肢动物门	甲壳纲	双甲目	溞科	溞属
21	僧帽溞	Daphnia cucullata	节肢动物门	甲壳纲	双甲目	溞科	溞属
22	透明溞	Daphnia hyaline	节肢动物门	甲壳纲	双甲目	溞科	溞属
23	锯顶低额溞	Simocephalus serrulatus	节肢动物门	甲壳纲	双甲目	溞科	低额溞属
24	模糊网纹溞	Ceriodaphnia dubia	节肢动物门	甲壳纲	双甲目	溞科	网纹溞属
25	蚤状钩虾	Gammarus pulex	节肢动物门	甲壳纲	端足目	钩虾科	钩虾属
26	淡水钩虾	Gammarus lacustrid	节肢动物门	甲壳纲	端足目	钩虾科	钩虾属
27	日本沼虾	Macrobrachium nipponense	节肢动物门	软甲纲	十足目	长臂虾科	沼虾属

序号	物种名称	拉丁名	门	纲	目	科	属
28	中华绒螯蟹	Eriocheir sinensis	节肢动物门	软甲纲	十足目	弓蟹科	绒螯蟹属
29	正颤蚓	Tubifex tubifex	环节动物门	寡毛纲	颤蚓目	颤蚓科	颤蚓属
30	苏氏尾鳃蚓	Branchiura sowerbyi	环节动物门	寡毛纲	单向蚓目	颤蚓科	尾鳃蚓属
31	尾盘虫	Dero sp.	环节动物门	寡毛纲	颤蚓目	仙女虫科	尾盘虫属
32	仙女虫	Nais sp.	环节动物门	寡毛纲	颤蚓目	仙女虫科	仙女虫属
33	黄翅蜻	Brachythemis contaminata	节肢动物门	昆虫纲	蜻蜓目	蜻科	黄翅蜻属
34	四节蜉	Baetis rhodani	节肢动物门	昆虫纲	蜉蝣目	四节蜉科	四节蜉属
35	扁蜉	Heptagenia sulphurea	节肢动物门	昆虫纲	蜉蝣目	扁蜉科	扁蜉属
36	放逸短沟蜷	Semisulcospira libertina	软体动物门	腹足纲	中腹足目	锥螺科	短沟蜷属
37	静水椎实螺	Lymnaea stagnalis	软体动物门	腹足纲	有肺目	椎实螺科	椎实螺属
38	河蚬	Corbicula fluminea	软体动物门	瓣鳃纲	真瓣鳃目	蚬科	蚬属
39	萼花臂尾轮虫	Brachionus calyciflorus	轮虫动物门	单巢纲	游泳目	臂尾轮虫科	臂尾轮虫属
40	四齿腔轮虫	Lecane quadridentata	轮虫动物门	单巢纲	单巢目	腔轮科	腔轮属
41	螺形龟甲轮虫	Keratella cochlearis	轮虫动物门	单巢纲	单巢目	臂尾轮虫科	臂尾轮虫属
42	褐水螅	Hydra oligactis	刺胞动物门	水螅纲	螅形目	水螅科	水螅属
43	绿水螅	Hydra viridis	刺胞动物门	水螅纲	螅形目	水螅科	水螅属
44	普通水螅	Hydra vulgaris	刺胞动物门	水螅纲	螅形目	水螅科	水螅属
45	日本三角涡虫	Dugesia japonica	扁形动物门	涡虫纲	三肠目	三角涡虫科	三角涡虫属
46	莱茵衣藻	Chlamydomonas reinhardtii	绿藻门	绿藻纲	团藻目	衣藻科	衣藻属
47	近头状伪蹄形藻	Pseudokirchneriella subcapitata	绿藻门	绿藻纲	绿球藻目	小球藻科	伪蹄形藻属
48	舟形藻	Navicula pelliculosa	硅藻门	羽纹纲	舟形藻目	舟形藻科	舟形藻属
49	尖头栅藻	Scenedesmus acutus	绿藻门	绿藻纲	绿球藻目	栅藻科	栅藻属
50	浮萍	Lemna minor	被子植物门	单子叶植物纲	天南星目	浮萍科	浮萍属
51	紫萍	Spirodela polyrrhiza	被子植物门	单子叶植物纲	天南星目	浮萍科	紫萍属
52	槐叶苹	Salvinia natans	蕨类植物门	薄囊蕨纲	槐叶苹目	槐叶苹科	槐叶苹属
53	菹草	Potamogeton crispus	被子植物门	单子叶植物纲	沼生目	眼子菜科	眼子菜属
54	黑藻	Hydrilla verticillata	被子植物门	单子叶植物纲	沼生目	水鳖科	黑藻属
55	金鱼藻	Ceratophyllum demersum	被子植物门	双子叶植物纲	毛茛目	金鱼藻科	金鱼藻属

（4）哲罗鲑（*Hucho taimen*）

① 分类：脊椎动物门硬骨鱼纲鲑形目鲑科哲罗鱼属。

② 推荐理由：为冷水性的纯淡水鱼类，我国鱼类以暖水性鱼类为主，但作为基准受试生物还应考虑冷水鱼类；分布于我国境内的黑龙江、图们江、额尔齐斯河等水系；哲罗鲑肉味鲜美，为珍贵鱼类，经济价值高；根据哲罗鱼的生活习性已有良好的养殖条件，易获得。

（5）中国林蛙（*Rana chensinensis*）

① 分类：脊索动物门两栖纲无尾目蛙科林蛙属。

② 推荐理由：分布范围广，包括黑龙江、吉林、辽宁、内蒙古、河北、山西、陕西、甘肃、青海、新疆、山东、江苏、四川、西藏；种群数量趋势稳定，无生存危机。

（6）中华大蟾蜍（*Bufo gargarizans*）

① 分类：脊索动物门两栖纲无尾目蟾蜍科蟾蜍属。

② 推荐理由：在我国分布广泛，分布于东北、华北、华东、华中、西北、西南年省区。

中国林蛙是毒理试验中常用的物种，其药用价值很高；并且对环境条件的要求较高，适合作为推导水质基准的物种。

（7）泽蛙（*Rana limnocharis*）

① 分类：脊索动物门两栖纲无尾目蛙科蛙属。

② 推荐理由：是一种最习见的小形蛙类；数量多，分布于河北、山东、西藏、江苏、浙江、安徽、福建、江西、河南、湖北、湖南、广东、广西、海南、四川、云南、贵州、陕西、甘肃。

由物种敏感度分析得出的敏感受试生物 10 类 48 种和数据丰度不足的推荐物种 7 种共同构成了本土淡水水生生物受试物种名录。

参 考 文 献

[1] US EPA. Guidelines for deriving numerical national water quality criteria for the protection of aquatic organisms and their uses（PB 85-227049）[R]. Washington DC：US EPA，1985，1-104.

[2] ECB. Technical guidance document on risk assessment：Part Ⅱ. environmental risk assessment [R]. Ispra，Italy：European Chemicals Bureau，European Commission Joint Research Center，European Communities，2003.

[3] CCME. Canadian water quality guidelines for the protection of aquatic life：introduction [R]. Winnipeg，Manitoba：Canadian Council of Ministers of the Environment，1999.

[4] ANZECC，ARMCANZ. Australian and New Zealand guidelines for fresh and marine water quality [R]. Canberra，Australia：Australian and New Zealand Environment and Conservation Council，Agriculture and Resource Management Council of Australia and New Zealand，2000.

[5] 伍献文，杨干荣，乐佩琦，等. 中国经济动物志 [M]. 北京：科学出版社，1979.

[6] 刘明玉，解玉洁，季达明. 中国脊椎动物大全 [M]. 沈阳：辽宁大学出版社，2000.

[7] 陈宜瑜. 中国生物物种名录 [M]. 北京：科学出版社，2012.

[8] HJ 831—2017.

[9] 倪勇，朱成德. 太湖鱼类志 [M]. 上海：上海科学技术出版社，2005.

[10] 中国野生动物保护协会. 中国两栖动物图鉴 [M]. 郑州：河南科学技术出版社，1999.

［11］ 齐仲彦. 中国经济软体动物 ［M］. 北京：中国农业出版社，1998：265.

［12］ 陈义. 中国动物图谱：环节动物 ［M］. 北京：科学出版社，1959.

［13］ 中国科学院中国动物志编辑委员会. 中国经济昆虫志 ［M］. 北京：科学出版社，1995.

［14］ 李元胜，张巍巍. 中国昆虫生态大图鉴 ［J］. 重庆：重庆大学出版社，2011.

［15］ 中科院中国植物志编辑委员会. 中国植物志 ［M］. 北京：科学出版社，2004.

［16］ 赵文. 水生生物学 ［M］. 北京：中国农业出版社，2005：1-528.

［17］ 魏印心，胡鸿钧. 中国科学院中国孢子植物志编辑委员. 中国淡水藻志 ［M］. 北京：科学出版社，2006.

第3章 保护淡水水生生物水质基准技术

3.1 概　　述

水生生物是生活在各类水体中的生物的总称。水生生物种类繁多,有各种微生物、藻类以及水生高等植物、各种无脊椎动物和脊椎动物。其生活方式也多种多样,例如有漂浮、浮游、游泳、固着和穴居等。水生生物可以为人类提供蛋白质和工业原料,具有重要的经济价值。

本部分的目的是介绍推导保护流域水生生物安全的水质基准方法,以保障特定流域多数物种和重要物种安全为原则,确保污染物的环境效应不会危害流域生物区系的各个营养级生物,不会改变水生生物物种的存活、繁殖性状以及水生生物群落的结构和功能特征,为此提供具有我国特色的水生生物基准制定程序、技术框架和方法。本技术方法适用于污染物,其保护对象是流域水生生物。

本部分所建议的基准推导过程的实施,需要充分考虑特定流域水生态系统特点与功能、生物多样性水平与保护目标、被保护水生生物暴露耐受与恢复能力以及长期暴露所导致的慢性效应等。

3.2　技术流程

水生生物基准的制定流程如图 3-1 所示,其关键是通过与基准相适应的生物测试物种辨析、生物测试方法建立、数值推导模型选择制定水生生物基准。制定水生生物基准的核心是基于风险的基准值推导。

水生生物基准制定技术主要包括流域代表水生生物筛选技术、水生生物毒理学数据获取技术和基准值推导技术。

(1) 流域代表性水生生物筛选技术

我国幅员辽阔,不同流域水环境生态特征、水环境承载力等因素差异很大。水生生物的区系分布具有很强的地域性,不同流域水环境中分布的水生生物及其代表物种的组成与结构存在较大差异;同时,由于不同流域水环境污染状况也具有不同特征,各流域不同类型的水生生物对水体中各种污染物的敏感性和耐受性也存

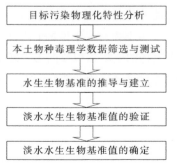

图 3-1　水生生物基准的制定流程

在差异。因此，在制定具有流域特征性的水环境质量水生生物基准时，需要根据各流域水环境生物区系特点，选择适当的本土代表性物种用于水生生物基准的推导，以使得基于流域水环境代表性水生生物而得出的基准推导值可以为大多数生物提供适当保护。

用于水质基准推导的水生生物物种的选择需要综合考虑流域水生生物种类分布及其特点、水生生物营养级构成与特征、本土代表生物物种类型与分布规律等诸多因素。根据不同流域水环境水生生物分布调查与记载资料，筛选出至少源于 3 门 6～8 科的流域土著生物作为水生生物基准推导的代表生物，用于目标污染物对水生生物剂量-效应关系的建立。经研究比较分析，我国目前流域水环境中分布的水生生物种类数量或有效物种试验数据较少时，或所选择的物种类型对于流域水环境具有充分的代表性时，用于水质基准推导的物种数量可以减少至 3 门 6 科。

（2）水生生物毒理学数据获取技术

流域水生生物毒理学数据获取技术包括目标物质（污染物）对水生生物毒性测试方法的确定与标准化、流域水生生物毒理学效应关键指标识别与优选方法、流域水环境水生生物基准指标体系构建等。

在选择了水质基准推导所需要的代表性水生生物的基础上，确定针对不同受试生物的毒理学终点指标，从相关文献资料中筛选符合要求的毒性数据，或选择适当的生物测试方法开展目标物质对代表性受试水生生物的毒性测试，用于基准值的计算与推导。

毒性测试方法可参照中华人民共和国国家标准、OECD 化学品毒性测试技术导则、美国 EPA 推荐方法等规范性文件。对于尚未建立标准方法的毒性测试，需要在基准值计算推导相关的方法学中详细描述。

（3）基准值推导技术

水生生物基准值推导技术包括毒理学数据分析、基准值推导、基准值校正与验证等过程。水质基准的推导与制定是一个复杂的过程，需要涉及生态毒理学与污染生态学的许多方面，包括目标物质对本土代表性水生生物的毒性效应数据，以及生物累积与生物降解代谢等污染生态效应的相关资料。

在获得足够的目标物质对本土水生动物急性毒性数据之后，可以估算最大急性耐受限值 1h 平均浓度，在此浓度 3 年不超过 1 次，有害物质短期暴露不会导致对水生动物的不可接受效应。污染物对水生动物慢性毒性数据用于估算 4d 最大慢性耐受限值平均浓度，在此浓度 3 年不超过 1 次，有害物质长期连续暴露不会导致对水生动物的不可接受效应。

污染物对水生植物的毒性数据用于确定对水生植物物种不造成有害效应的浓度范围，对水生生物的生物累积数据用于确定是否可能在可食用的水生生物体内残留，以及其残留量是否可能对食物链消费者产生危害。在获得足够数据后可对目标物质的水生生物基准值进行推导。

3.3　技术方法

3.3.1　基准推导数据来源

主要来源于国内外科学文献，美国水质基准技术文件、ECOTOX 毒性数据库和中国知网等。对于部分难于获得数据的本土生物应开展相应急性、慢性毒性试验获得毒性数据。

3.3.2 数据筛选原则

用于基准值制定的受试水生生物应主要为我国各流域水环境土著生物，也包括养殖业和旅游业的重要经济物种。毒性测试采用单一污染物和单一物种的毒性测试方法，且在毒性测试中需要设置符合要求的对照组。根据特定化学品和受试水生生物的特征选择适当的生物测试方式，对于挥发性或易降解污染物应使用流水试验。当污染物的生物毒性与硬度、pH 值等水质参数相关时，应随最终毒性数据报告上述试验条件。

数据收集后，应对所获得的数据进行评价和筛选，弃用一些有问题或有疑点的数据，如未设立对照组的、对照组的试验生物表现不正常的、稀释用水为蒸馏水的、试验用化合物的理化状态不符合要求的或试验生物曾经暴露于污染物中的，类似的试验数据都不能采用，至多用来提供辅助的信息。将不符合水质基准计算要求的试验数据剔除，其中包括非中国物种的试验数据、实验设计不科学或者不符合要求的试验数据等。如果可同时获取同一物种不同生命阶段（例如卵、幼体和成熟体）的毒性数据，应选择该物种最敏感生命阶段数据。另外，对于一些具有高度挥发性、水解或降解的物质，注重流水式试验的结果，尽量在试验过程中对试验物质浓度进行监控。

具体的数据筛选要求如下：

① 所选数据的实验方法要求与标准实验方法一致，并具有明确的测试终点、测试时间、测试阶段、暴露类型、数据来源出处等。例如实验中不能将去离子水或蒸馏水作为实验用水，实验过程中的各个理化参数需要严格控制。

② 根据物种拉丁名和英文名等检索物种的中文名称和区域分布情况，剔除非中国物种的数据（例如白鲑、美国旗鱼等）以及只在实验室养殖用于试验的生物数据（例如黑头软口鲦、斑马鱼等）。

③ 在急性毒性试验中，当受试生物为水蚤类动物时，试验水蚤的年龄应该小于 24h，试验用摇蚊幼虫应该是二龄或三龄。当既有 24h 又有 48h 实验数据时，保留 48h LC_{50} 或 EC_{50} 急性毒性试验指标；鱼类及其他生物是以 96h LC_{50} 或 EC_{50} 表示，也可以使用 48h 或 72h 的 LC_{50} 或 EC_{50} 来表示，同一个鱼类实验如果有 96h 数据时弃用 24h、48h 及 72h 数据。急性毒性试验期间不能喂食。

④ 在慢性毒性试验中，慢性毒性指标保留数据为 14d 以上 EC_{50} 或 LC_{50} 毒性测试终点值以及 NOEC 或 LOEC 慢性毒性测试终点值。如大型溞有 21d 标准测试时间数据时候，弃用 14d 和其他非标准测试时间的数据。

⑤ 当实验物种为藻类时，应该采用急性毒性试验，试验结果应以 96h LC_{50} 或 96h EC_{50} 来表示；当实验物种为水生维管束植物时，应该采用慢性毒性试验，试验结果应用长期的 LC_{50} 或 EC_{50} 来表示。

⑥ 生物富集实验必须在流水条件下进行，并且试验时间至少持续到明显的稳定阶段或 28d，试验结果用生物富集因子（BCF）或生物累积因子（BAF）表示。

⑦ 同一物种或终点有多个毒性数据时，用算术平均值；同属间用几何平均值。同种

或同属的急性毒性数据如果差异过大，应被判断为有疑点的数据而谨慎使用。若相同种或属间的数据相差 10 倍以上，则需舍弃部分或全部数据。

⑧ 按急性和慢性测试终点值进行分类，分别对急性、慢性毒性测试终点值进行数据筛选，按物种进行分类，去除相同物种测试终点值中的异常数据点，即偏离平均值 1～2 个数量级的离群数据。如相同物种的测试终点值有 3 个以上，其中 1 个值大于其他数据 10 倍以上，那么剔除此数据。

⑨ 如果一个重要物种的种平均急性值（SMAV）比计算的 FAV 还低，前者将替代后者以保护该重要物种。

3.3.3 污染物水质基准的推导

为了对水生生物有效保护，美国 EPA 将污染物的水质基准设定为双值，即基准最大浓度 CMC，亦称为急性毒性浓度；基准连续浓度 CCC，亦称慢性毒性浓度。污染物的双值基准需通过收集乃至实验获得一系列的急性、慢性毒性数据，然后通过排序、计算、推导获得。我国基准获取可参照发达国家技术方法，使用美国提出的排序法或者欧洲国家使用的物种敏感度分布曲线法（SSD 法）。SSD 法可以参照《淡水水生生物水质基准制定技术指南》（HJ 831—2017），下面主要论述美国排序法。

3.3.3.1 最终急性值（FAV）的计算

物种敏感度排序法是美国环保署推荐的水质基准制定的标准方法，它是把所获得属的毒性数据按从小到大的顺序进行排列，序列的百分数按公式 $P=R/(N+1)$ 进行计算，其中 R 是毒性数据在序列中的位置，N 是所获得的毒性数据量。选择靠近 5% 处的 4 个属就是 4 个最敏感属，然后根据式(3-1)～式(3-4) 可得出排序百分数 5% 处所对应的浓度，该浓度即为最终急性值（Final Acute Value，FAV），基准最大浓度 CMC＝FAV/2。它是基于最靠近排序百分数 5% 处 4 个属的毒性值及排序百分数，如果所得属的毒性数据量少于 59 个，那么靠近 5% 处的 4 个属就是 4 个最敏感属，计算中毒性值采用的是几何平均值，SSR 法计算 FAV 的具体步骤如下：

① 根据试验结果，求得受试生物的 48h LC_{50}（或 EC_{50}）或 96h LC_{50}（或 EC_{50}）。

② 求种平均急性值（Species Mean Acute Value，SMAV），SMAV 等于同一物种的 LC_{50}（或 EC_{50}）的几何平均值。

③ 求属平均急性值（Genus Mean Acute Value，GMAV），GMAV 等于同一属的 SMAV 的几何平均值。

④ 从高到低对 GMAV 排序。

⑤ 对 GMAV 设定级别，最低的为 1，最高的为 N。

⑥ 计算每个 GMAV 的权数 $P=R/(N+1)$。

⑦ 选择 P 最接近 0.05 的 4 个 GMAV。

⑧ 用选用的 GMAV 和 P，利用式(3-1)～式(3-4) 进行计算，即可得到 FAV。

$$S^2=\frac{\sum(\ln GMAV)^2-[\sum(\ln GMAV)]^2/4}{\sum P-(\sum\sqrt{P})^2/4} \tag{3-1}$$

$$L = \frac{\sum(\ln \text{GMAV}) - S(\sum\sqrt{P})}{4} \tag{3-2}$$

$$A = S(\sqrt{0.05}) + L \tag{3-3}$$

$$\text{FAV} = e^A \tag{3-4}$$

式中　GMAV——属急性毒性平均值；

　　　　P——选择 4 个属毒性数据的排序百分数；

　　　　e——自然常数。

3.3.3.2　最终慢值（FCV）的计算

最终慢值（Final Chornic Value，FCV）的计算方法有两种：一是当数据充足时，如 GMCV 数据接近或多于 10 个，按 SSR 法推荐，使用 FAV 相同的方法计算；二是当数据不足时候，采用最终急慢性比率（Final Acute Chronic Ratio，FACR）法，用公式 FCV＝FAV/FACR 计算。

FACR 急性慢性比终值，要用 3 个科生物的急性慢性比（ACR）计算获得。这 3 个科要符合下列要求：a. 至少一种是鱼；b. 至少一种是无脊椎动物；c. 推导淡水水质基准时，至少一种是急性敏感的淡水物种。本研究选择第一种方法进行 FCV 的推导。

3.3.3.3　最终植物值（FPV）

获取最终植物值（Final Plant Value，FPV）的目的是为了比较水生动物、植物对毒物的相对敏感性，以表明能充分保护水生动物及其用途的基准能否对水生植物及其用途起到相同的保护作用。植物毒性试验可以是藻类的 96h 毒性试验或水生维管束植物的慢性毒性试验，要求检测指标为生物学上重要的终点，取试验得出的结果中的最小慢性毒性值作为 FPV。但植物毒性试验方法及对其结果的解释都还没有很好的发展，因此该类试验可以相对少一些。

3.3.3.4　最终残余值（FRV）的计算

按照 EPA 指南与本章制定的水质基准推导方法，在推导水质慢性毒性基准时，一般还需要计算最终残余值（Final Residual Value，FRV），设置 FRV 的目的是防止化学物质经过生物积累后在生物体内超标而影响食用，同时也可以保护野生动物受到不可接受的影响。

污染物的 FRV 计算方法：

① 确定污染物的最大允许组织浓度（相关部门对鱼类、贝类等可食用部分的管理水平）。

② 求生物富集因子（Bioconcentration Factors，BCF），BCF＝组织中化学物质浓度/水体中化学物质浓度。试验应持续到明显的稳定状态或 28d 再计算。

③ 计算污染物的最终残留值：残留值＝最大组织允许浓度/BCF，取残留值的最低值即为 FRV。

3.3.4　淡水水生生物基准的验证

淡水水生生物基准的验证主要是将得出的长期基准值与本土生物的测试结果进行比

对，如果没有重要的本土生物的毒性值低于水质基准值则表明基准值是适用的。在验证水生生物基准的区域适用性的过程中，可以试用 WER 法。除此之外，也可以酌情使用微宇宙方法进行验证。

3.3.4.1 本土物种法

本土物种法为采样区域物种进行生态毒性试验，利用获得的区域物种毒性数据对水环境基准阈值进行验证。应用的一般前提是已经存在水环境基准阈值或者水质标准值。

具体技术步骤如下：

① 查询确定上一级目标污染物的水环境基准阈值或水质标准值，如流域水质基准阈值或者国家水质标准值。

② 选择重要的国家层面或区域层面物种，如重要经济或娱乐物种等。

③ 在实验室内采用配制水进行急性和慢性毒性试验，急性毒性试验终点为 LC_{50} 或 EC_{50}，慢性毒性试验终点为敏感终点的 NOEC 或 MATC。

④ 将获得急性和慢性毒性终点值分别与上一级的短期和长期水环境基准阈值或水质标准限值进行对比。如果测试物种的毒性值大于基准或标准值，表明基准值基本可靠，否则进行下一步。

⑤ 当区域物种的毒性值小于上一级基准或标准值时，搜集目标污染物的本土物种毒性数据，将其与测试获得的区域物种毒性数据合并，重新计算短期和长期的区域水环境基准。

3.3.4.2 水效应比法（WER 法）

水效应比法考虑了区域水质对水环境基准阈值的影响，当区域水质具有特殊性时尤为适用。

具体技术步骤如下所述。

（1）原水取样与粗过滤

取得目标区域的原水，并进行粗过滤：用尼龙网对取得的原水进行初步过滤，去掉原水中枯枝败叶、大型生物等较大体积的试验干扰物体。

（2）确定试验受试生物

水质基准阈值验证的受试水生生物至少需包括一种脊椎动物和一种无脊椎动物。建议采用国际标准受试生物，如斑马鱼和大型溞等。也可选择当地重要的或有代表性的物种。

（3）确定验证试验方法

测试方法参照 OECD、ASTM、USEPA 或我国颁布的标准毒性测试方法进行，在进行原水试验时应同时进行实验室配制水的平行毒性试验。

（4）WER 值的计算

WER＝$LC_{50原水}$/$LC_{50配制水}$，如果能获得 NOEC 等慢性值，也可以用慢性值的比值计算 WER 值。

（5）区域水质标准的计算

$$区域水质标准＝上一级水环境基准阈值 \times WER$$

通过上述验证步骤可以得到适合区域水环境的基准阈值。

3.4 保护淡水水生生物基准案例

3.4.1 保护水生生物水质基准——六价铬

3.4.1.1 概述

铬（Cr），单质为钢灰色金属，其是十四种有害的重金属之一。铬在自然界中无法以单质状态稳定的存在，而是以三价铬和六价铬两种价态稳定存在。铬的这两种价态有着几乎相反的性质，适量的三价铬可以降低人体血浆中的血糖浓度，提高人体胰岛素活性，促进糖和脂肪代谢，提高人体的应激反应能力等；而六价铬则是一种强氧化剂，具有强致癌、致畸、致突变作用，对生物体伤害较大[1]。由于铬的毒性较高，铬及其化合物已被列入我国水环境优先污染物黑名单。

通常认为六价铬的毒性比三价铬的毒性高 100 倍。由于六价铬具有较强的生物毒性，因此，对铬的生物毒性的研究主要以对六价铬生物毒性的研究为主。基于此，本章对我国淡水水生生物物种（包括我国本地物种及引进物种等）的六价铬毒性数据进行了分析研究，获得的淡水水生生物六价铬基准可为我国六价铬水质标准的制定提供参考。

3.4.1.2 六价铬水环境暴露状况

依据现行的我国地表水环境质量标准限值，六价铬的标准限值分别为 0.005mg/L（Ⅰ类）、0.01mg/L（Ⅱ类）、0.05mg/L（Ⅲ类）、0.1mg/L（Ⅳ类）和＞0.1mg/L（Ⅴ类）[2]。铬盐是重要的无机化工产品，广泛应用于化工、轻工、冶金、纺织、机械等行业。工业生产过程所产生的铬渣是铬污染的主要来源[3]。世界各国均有铬渣产生，但我国产生量最多，目前我国累积堆存超过 4.0×10^6 t[4]。目前铬污染在我国普遍存在，但相较于其他重金属元素，污染状况较轻，我国华东地区的铬污染相对比较严重[5]。

3.4.1.3 六价铬对我国淡水生物的毒性数据

从 ECOTOX 数据库检索六价铬对我国淡水生物的毒性数据，并结合一部分自测数据，依据《淡水水生生物水质基准制定技术指南》（HJ 831—2017）对获得的数据进行筛选，对获得的数据进行统计，得到用于六价铬水质标准制定的物种平均急性毒性值（SMAV）和物种平均慢性毒性值（SMCV），见表 3-1 和表 3-2。

表 3-1 六价铬对我国淡水生物的 SMAV 值

序号	物种	物种拉丁名	SMAV/(mg/L)
1	大型溞	*Daphnia magna*	0.0242
2	裸腹溞	*Moina australiensis*	0.02726
3	老年低额溞	*Simocephalus vetulus*	0.0323
4	溞状溞	*Daphnia pulex*	0.0363
5	同形溞	*Daphnia similis*	0.03781
6	普通水螅	*Hydra vulgaris*	0.03811

序号	物种	物种拉丁名	SMAV/(mg/L)
7	锯顶低额溞	*Simocephalus serrulatus*	0.0409
8	细小裸藻	*Euglena gracilis*	0.117
9	短钝溞	*Daphnia obtusa*	0.1184
10	微细异极藻	*Gomphonema parvulum*	0.15
11	近头状伪蹄形藻	*Pseudokirchneriella subcapitata*	0.183
12	青虾	*Macrobrachium nipponensis*	0.2937
13	尼罗罗非鱼	*Oreochromis niloticus*	0.329
14	多刺裸腹溞	*Moina macrocopa*	0.36
15	舟形藻	*Navicula seminulum*	0.3799
16	普通小球藻	*Chlorella vulgaris*	0.3981
17	阿氏颤藻	*Oscillatoria agardhii*	1.041
18	正颤蚓	*Tubifex tubifex*	1.733
19	穗状狐尾藻	*Myriophyllum spicatum*	4.181
20	椎实螺	*Lymnaea acuminata*	5.97
21	红眼旋轮虫	*Philodina roseola*	7.183
22	中华圆田螺	*Cipangopaludina cathayensis*	7.28
23	三角帆蚌	*Hyriopsis cumingii*	12.4
24	鲢鱼	*Hypophthalmichthy smolitrix*	13.16
25	夹杂带丝蚓	*Lumbriculus variegatus*	13.3
26	斑点叉尾鮰	*Ictalurus punctatus*	14.8
27	黄颡鱼	*Pelteobagrus fulvidraco*	15.79
28	锐角旋轮虫	*Philodina acuticornis*	21
29	虹鳟鱼	*Oncorhynchus mykiss*	25.05
30	青鳉	*Oryzias latipes*	26.45
31	孔雀鱼	*Poecilia reticulata*	34.50
32	黄金鲈	*Perca flavescens*	36.3
33	条纹狼鲈	*Morone saxatilis*	39.52
34	翠鳢	*Channa punctata*	47.06
35	黑框蟾蜍	*Duttaphrynus melanostictus*	49.29
36	三刺鱼	*Gasterosteus aculeatus*	53.28
37	刺盖太阳鱼	*Pomoxis annularis*	72.6
38	绿色太阳鱼	*Lepomis cyanellus*	100.52
39	银鲑	*Oncorhynchus kisutch*	103.24
40	鲫鱼	*Carassius auratus*	114.50
41	大鳞大马哈鱼	*Oncorhynchus tshawytscha*	126.43
42	蓝鳃太阳鱼	*Lepomis macrochirus*	161.26

表 3-2　六价铬对我国淡水生物的 SMCV 值

序号	物种	物种拉丁名	SMCV/(mg/L)
1	模糊网纹溞	*Ceriodaphnia dubia*	0.01
2	隆腺溞	*Daphnia carinata*	0.07071
3	老年低额溞	*Simocephalus vetulus*	0.1
4	大型溞	*Daphnia magna*	0.11
5	尼罗罗非鱼	*Oreochromis niloticus*	0.05
6	叉尾鲇	*Wallago attu*	0.25
7	翠鳢	*Channa punctata*	1.008
8	虹鳟鱼	*Oncorhynchus mykiss*	2.0
9	蓝鳃太阳鱼	*Lepomis macrochirus*	4.58
10	大口黑鲈	*Micropterus salmoides*	4.58
11	银鲫	*Carassius gibelio*	5.0
12	凤眼蓝	*Eichhornia crassipes*	19.62

3.4.1.4　六价铬水质基准推导

（1）短期水质基准

依据 HJ 831—2017，利用 China-WQC 软件，对表 3-1 中我国本地种及引进物种的急性毒性数据进行分布检验和非线性拟合，得到拟合结果见表 3-3。

表 3-3　六价铬急性毒性数据拟合结果

拟合函数	R^2	RMSE	SSE	K-S(p)	HC$_5$ /(mg/L)	短期基准值 /(mg/L)
Logistic	0.8843	0.0959	0.386	0.1158	0.0261	0.01305
Normal	0.9165	0.0814	0.2786	0.209	0.0245	0.01225

由表 3-3 可知，六价铬急性毒性数据符合 Logistic、Normal 分布［K-S(p)＞0.05］，不适用于 Log-Logisitic、Log-Normal 和 Extreme Value 分布（软件未显示拟合结果）。在符合分布的两种拟合函数中，以 Normal 函数拟合优度最佳（R^2＝0.9165），由此得到标准水质条件下我国六价铬的短期淡水水生生物基准值为 0.01225mg/L，此基准值含义为保护 95％的生物。所得的短期基准值 0.01225mg/L＜最敏感物种大型溞 0.0242mg/L，表明可以保护表 3-1 中所有的水生生物。

（2）长期水质基准

依据 HJ 831—2017，利用 China-WQC 软件，对表 3-2 中的我国本地种及引进物种的慢性毒性数据进行分布检验和非线性拟合，得到拟合结果见表 3-4。

表 3-4　六价铬慢性毒性数据拟合结果

拟合函数	R^2	RMSE	SSE	K-S(p)	HC$_5$ /(mg/L)	短期基准值 /(mg/L)
Logistic	0.8672	0.0968	0.1124	0.861	0.0135	0.00675
Normal	0.9066	0.0811	0.079	0.945	0.0129	0.00625

由表 3-4 可知，六价铬慢性毒性数据符合 Logistic、Normal 分布 [K-S(p)＞0.05]，不适用于 Log-Logisitic、Log-Normal 和 Extreme Value 分布（软件未显示拟合结果）。在符合分布的两种拟合函数中，以 Normal 函数拟合优度最佳（R^2＝0.9066），由此得到我国六价铬的长期淡水水生生物基准值为 0.00625mg/L，小于表 3-2 中所有的水生生物慢性毒性数据。

3.4.1.5　国内外六价铬水质基准/标准对比分析

各国发布的六价铬水质基准或标准值的汇总见表 3-5。

表 3-5　不同国家之间的六价铬水质基准/标准值

国家	基准类别	基准/标准值/(mg/L)
美国	短期基准	0.01602
	长期基准	0.01098
欧盟	慢性基准值	0.01
中国	Ⅰ类	0.005
	Ⅱ类	0.01
	Ⅲ类	0.05
	Ⅳ类	0.1
	Ⅴ类	＞0.1
本项目	短期标准	0.01225
	长期标准	0.00625

由表 3-5 可知，美国目前所施行的基准分为短期基准与长期基准两项，而欧盟仅实施慢性基准值一项。将我国现行的地表水标准与美国、欧盟水质基准相比，我国的地表水Ⅰ类和Ⅱ类标准值均高于或等于美国、欧盟现行的水质基准值。

本章所得的短期基准值与长期基准数值分别为 0.01225mg/L 与 0.00625mg/L，这两个值均低于美国、欧盟的现行标准。将本章所得基准值与我国现行的地表水标准相比，所得的短期基准与长期基准均高于地表水Ⅰ类浓度，短期基准低于地表水Ⅱ类标准值，长期基准高于地表水Ⅱ类标准值。说明本章所得的基准值对于我国地表水标准的修订具有一定的参考意义。另一方面，本章中所用的数据有限，后期可以通过对生物毒性数据的进一步扩充以获取更为准确的水质基准值。

3.4.2　保护水生生物水质基准——砷

3.4.2.1　概述

砷（As）在自然界中分布广泛，随着高强度的工农业生产和频繁的人类活动，我国地表水体中砷污染现象比较普遍。砷在地壳中含量不高，甚至低于一些稀有元素，具有低剂量高毒性、难降解性、形态多变性等特征，可沿食物链进入人体，对肠胃、心血管、神经系统等部位产生毒害，增加癌症发生率，现已被国际癌症研究机构和美国环保署人类有害物质信息库列为第一类致癌物[6]。饮料中含砷较低时（10～30mg/g），导致生长滞缓，怀孕减少，自发流产较多，死亡率较高。骨骼矿化减低，在羊和微型猪中还观察致心肌和骨骼肌纤维萎缩，线粒体膜有变化可破裂。砷在体内的生化功能还未确定，但研究提示砷可能在某些酶反应中起作用，以砷酸盐替代磷酸盐作为酶的激活剂，以亚砷酸盐的形式与巯基反应作为酶抑制剂，从而可明显影响某些酶的活性。有人观察到，在做血透析的患者其血砷含量减少，并可能与患者中枢神经系统紊乱、血管疾病有关。单质砷无毒性，砷化合物均有毒性。三价砷比五价砷毒性大，前者毒性约为后者的 60 倍。氢化砷被吸入之后会很快与红血球结合并造成不可逆的细胞膜破坏。低浓度时氢化砷会造成溶血，高浓度时则会造成多器官的细胞毒性。

地质条件中砷的自然丰度高，容易向地下水渗透，造成地下水污染，从而导致人们饮用水中砷超标[7,8]，也有因矿业、工业生产等引起的砷污染，如某些河流的砷浓度高。据统计与估算，我国有 1000 万人以上的饮用的水中砷超标。我国虽然水质标准中包含了砷、饮用水标准中也有砷的限值，但其制定基础基本上参照国外相关基准或标准。

3.4.2.2 砷的理化性质与环境行为

砷（As），俗称砒，是一种非金属元素，在化学元素周期表中位于第 4 周期、第 V A 族，原子序数 33。砷元素广泛存在于自然界，已经发现数百种砷矿物。砷与其化合物被运用在农药、除草剂、杀虫剂与许多种合金中。

砷分为有机砷及无机砷，有机砷化合物绝大多数有毒，有些还有剧毒。另外有机砷及无机砷中又分别分为三价砷（As_2O_3）及五价砷（$NaAsO_3$），在生物体内砷价态可互相转变。

伴随金属矿物的开采、选矿、冶炼以及砷矿物的自然风化，砷以原矿或砷的氧化物的形式逸散到周围环境中，对大气、水体、农作物等造成污染。人体摄入被砷污染的食品或吸入砷烟尘，除了导致急慢性砷中毒外，还可使多种癌症发病率上升。1979 年，国际癌症研究中心（IARC）确认无机砷是人类皮肤及肺的致癌物[9]。

3.4.2.3 砷的水环境暴露状况

近 10 多年来，我国频频发生严重的砷污染事件：2006～2009 年间，先后有湖南岳阳、贵州独山县、云南阳宗海、河南省商丘市、山东临沂市、云南红河州大屯海等近十个地区的水体因企业违规排污，导致砷浓度严重超标。有的地方自来水砷浓度超过国家标准 30～60 倍，有的湖泊砷浓度接近国家地表水 Ⅲ 类水标准的 600 倍，河流、湖泊、水库、泉水均遭到严重污染，致使当地居民饮水困难，粮食减产，砷中毒患者剧增，严重危害当地生态系统的安全。另外，我国 183 个湖泊、531 个水库的调查结果显示，其中有 5.5% 的湖泊和 1.6% 水库水质为 Ⅳ 类及劣 Ⅳ 类。As 含量的水平正逐年增高，污染已呈现较为严峻的态势[10]。

3.4.2.4 三价砷的本土生物毒性验证实验

（1）毒性试验所用化合物性质

由于受试化合物具有多种化合物形态，在对受试化合物的毒性数据进行收集时，选定的含三价砷物质可以包括如表 3-6 所列的两种。

表 3-6　受试化合物基本理化性质（三价砷）

中文名称	英文名称	CAS 号码	分子量	化学分子式
三氧化二砷	Arsenic trioxide	1327533	197.8	As_2O_3
亚砷酸钠	Sodium arsenite	7784465	129.9	$NaAsO_2$

（2）本土生物毒性测试

1）鲢鱼苗毒性试验　鲢鱼苗购买自南京市某水产养殖基地。鲢鱼系胚胎孵化生长20日龄左右，平均体长 15.0～20.0mm，平均体重约 0.05g。鱼类运回来后，将其放在实验室水族箱中驯养，鲢鱼鱼苗运回来后需要驯养 1 周以上。驯养期间每天换水并记录水温，可以通过加热棒控制水温，增氧泵曝气增氧。每天定时喂食 1～2 次，驯养过程中，及时清理食物残渣及粪便等杂物，试验前 2d 需要停止喂食，驯养期间死亡率不得超过 10%；随后从中选择规格基本一致、活跃、体质健康的个体，将试验对象随机分组。

在初步试验的基础上，用曝气自来水配制不同浓度梯度的三价砷试验溶液，基本上参照我国斑马鱼的毒性方法与美国 EPA 的方法[11-13] 开展毒性试验。试验结果如表 3-7 所列。

表 3-7　三价砷对鲢鱼苗的毒性试验结果

		亚砷酸钠/(mg/L)	24	26.4	29.04	31.94	35.14
		受试生物个数/个	10	10	10	10	10
死亡数	24h	1#	2	2	4	8	9
		2#	2	0	1	6	10
		3#	1	3	5	7	9
		平均死亡率/%	16.7	16.7	33.3	70	93.3
	48h	1#	2	2	4	8	10
		2#	2	0	3	8	10
		3#	1	4	7	8	10
		平均死亡率/%	16.7	20	46.7	80	100
	72h	1#	3	5	5	10	10
		2#	4	4	4	10	10
		3#	3	7	7	9	10
		平均死亡率/%	33.3	53.3	53.3	96.7	100
	96h	1#	4	8	9	10	10
		2#	5	8	9	10	10
		3#	5	10	10	10	10
		平均死亡率/%	46.7	86.7	93.3	100	100

水质条件：pH 值为 8.97～9.16；温度为 26℃；DO 为 8.46～8.48mg/L。

从表 3-7 计算得到的三价砷的 24h、48h、72h、96h 的 LC_{50} 分别为 29.58mg/L、28.55mg/L、26.35mg/L 与 24.06mg/L。

2）黄颡鱼苗毒性试验　黄颡鱼苗购买自南京市某水产养殖基地。黄颡鱼系胚胎孵化生长 20 日龄，平均体长约 15.0mm，平均体重约 0.03g。鱼类运回来后，将其放在实验室水族箱中驯养，黄颡鱼苗运回来后需要驯养 1 周以上。驯养期间每天换水并记录水温，可以通过加热棒控制水温，增氧泵曝气增氧，每天定时喂食 1～2 次，驯养过程中，及时清理食物残渣及粪便等杂物，试验前 2d 需要停止喂食，驯养期间死亡率不得超过 10％；随后从中选择规格基本一致、活跃、体质健康的个体，将试验对象随机分组。

在初步试验的基础上，用曝气自来水配制不同浓度梯度的三价砷试验溶液。试验结果如表 3-8 所列。

表 3-8　三价砷对黄颡鱼苗的毒性试验结果

亚砷酸钠：暴露浓度/(mg/L)			10	11.7	13.7	16	18.7	21.9	25.7	30
受试生物个数/个			10	10	10	10	10	10	10	10
死亡数	24h	1#	1	1	0	0	2	5	6	10
		2#	0	0	0	0	4	4	4	10
		平均死亡率/%	5	5	0	0	30	45	60	100
	48h	1#	1	1	1	5	4	9	8	10
		2#	0	2	0	3	5	8	8	10
		平均死亡率/%	5	15	5	40	45	80	80	100
	72h	1#	1	1	2	6	5	9	8	10
		2#	0	2	1	4	7	8	8	10
		平均死亡率/%	5	15	15	50	60	80	80	100
	96h	1#	1	1	2	6	6	10	8	10
		2#	0	4	1	6	7	7	8	10
		平均死亡率/%	5	25	15	60	65	85	80	100

水质条件：pH 值为 8.96～9.30；温度为 19.5～22℃；DO 为 9.09～9.15mg/L。

从表 3-8 计算得到的三价砷的 24h、48h、72h、96h 的 LC_{50} 分别为 22.18mg/L、18.12mg/L、17.18mg/L 与 16.35mg/L。

3）林蛙蝌蚪的毒性试验　林蛙蝌蚪（*Rana chensinensis*）的毒性试验方法主要如下。

林蛙育苗试验前的培养条件：23℃±0.5℃，12h：12h 光暗比，曝气除氯自来水，每日喂食观赏鱼饲料喂一次。生长年龄为发育至 26～29d。试验林蛙幼苗体表无任何伤口，摄食正常，对外部触碰刺激剂反应灵敏。毒性试验前清肠 1d。

毒性试验方法：半静态暴露，每 24h 更新全部染毒溶液，10 只蝌蚪/1000mL 暴露溶液。

毒性试验终点的确定：用镊子轻夹蝌蚪的尾部无反应。

在初步试验的基础上，用曝气自来水配制不同浓度梯度的三价砷试验溶液。试验结果如表 3-9 所列。

表 3-9　三价砷对林蛙蝌蚪的毒性试验结果

亚砷酸钠:暴露浓度/(mg/L)			0	20	25.21	31.76	40.2	50.43	63.54	80
受试生物个数/个			10	10	10	10	10	10	10	10
死亡数	24h	1#	0	0	0	1	1	3	9	10
		2#	0	0	0	0	1	3	9	10
		3#	0	0	0	0	2	5	9	10
		平均死亡率/%	0	0		3.3	13.3	36.7	90	100
	48h	1#	0	0	3	2	3	4	10	—
		2#	0	0	2	2	3	5	10	—
		3#	0	0	1	3	5	6	10	—
		平均死亡率/%	0	0	20	23.3	36.7	50	100	
	72h	1#	0	0	2	4	4	5	—	—
		2#	0	0	2	3	5	6	—	—
		3#	0	0	4	4	6	7	—	—
		平均死亡率/%	0	0	26.7	36.7	50	56.7		
	96h	1#	0	0	3	7	7	9		
		2#	0	0	6	5	8	6		
		3#	0	0	5	6	6	8		
		平均死亡率/%	0	0	46.7	60	70	76.7		

水质条件：pH 值为 7.2～7.6；温度为 23℃±0.5℃；DO≥80%（空气饱和度）。

从表 3-9 计算得到的三价砷的 24h、48h、72h、96h 的 LC_{50} 分别为 50.9mg/L、42.23mg/L、41.58mg/L 与 31.78mg/L。

4）三角涡虫的毒性试验　东亚三角涡虫（*Dugesia japonica*），为本实验室培养。

试验前的培养条件：25℃±0.5℃，12h：12h 光暗比，曝气除氯自来水，每 2 日猪肝喂食 1 次。生长年龄为 3～5 个月。

试验时的个体大小：体长 1.5cm±0.2cm，体表无任何伤口，摄食正常，对外部触碰刺激剂反应灵敏。实验前清肠 1d。

毒性试验方法：半静态暴露，每 24h 更新全部染毒溶液，10 条涡虫/50mL 暴露溶液。

毒性试验终点的确定：对外部触碰无反应，或解体。

毒性试验结果见表 3-10。

表 3-10　三价砷对三角涡虫的毒性试验结果

亚砷酸钠:暴露浓度/(mg/L)			20.00	22.45	25.20	28.28	31.75	35.64	40.00
受试生物个数/个			10	10	10	10	10	10	10
死亡数	24h	1#	0	0	0	0	0	0	0
		2#	0	0	0	0	0	0	0
		3#	0	0	0	0	0	0	0
		平均死亡率/%	0	0	0	0	0	0	0
	48h	1#	0	0	0	0	1	1	4
		2#	0	0	1	0	1	2	4
		3#	0	0	0	0	0	3	2
		平均死亡率/%	0	0	3.33		6.67	20.00	33.33
	72h	1#	0	0	0	0	1	7	8
		2#	0	0	2	2	1	6	6
		3#	0	0	0	0	2	9	10
		平均死亡率/%	0	0	6.67	6.67	13.33	73.33	80.00
	96h	1#	0	1	0	0	3	7	10
		2#	0	0	2	2	3	9	7
		3#	0	0	2	2	5	9	10
		平均死亡率/%		3.33	6.67	13.33	36.67	83.33	90.00

毒性试验前的基本条件：pH 值为 7.2；温度为 25℃±0.5℃；DO≥80%（空气饱和度）。

从表 3-10 计算得到的三价砷的 48h、72h、96h 的 LC_{50} 分别为 44.34mg/L、34.60mg/L 与 32.38mg/L。

3.4.2.5 三价砷对我国淡水生物的毒性数据

（1）三价砷对我国淡水生物的毒性数据

通过文献检索三价砷对我国淡水生物的毒性数据，并结合一部分自测数据，依据《淡水水生生物水质基准制定技术指南》（HJ 831—2017）对获得的数据进行筛选，对获得的数据进行统计，得到用于三价砷水质标准制定的物种平均急性毒性值（SMAV）和物种平均慢性毒性值（SMCV），见表 3-11 和表 3-12。

表 3-11 三价砷对淡水动物的急性毒性

序号	物种	拉丁名	SMAV/(μg/L)
1	河蚬	*Corbicula manilensis*	431
2	隆线溞	*Daphnia carinata*	554
3	四节蜉	*Baetis tricaudatus*	659
4	棘爪网纹溞	*Ceriodaphnia reticulata*	1269
5	网纹溞	*Ceriodaphnia dubia*	1513
6	溞状溞	*Daphnia pulex*	3039
7	大型溞	*Daphnia magna*	3199
8	丰年虾	*Streptocephalus proboscideus*	4155
9	萼花臂尾轮虫	*Brachionus calyciflorus*	6045
10	蜗牛	*Aplexa hypnorum*	9280
11	大丝足鲈	*Colisa fasciata*	11036
12	青鳉	*Oryzias latipes*	14600
13	斑尾小鲃	*Puntius sophore*	15875
14	黄颡鱼	*Pelteobagrus fulvidraco*	15943
15	虹鳟鱼	*Oncorhynchus mykiss*	20116
16	翠鳢	*Channa punctata*	23007
17	鲢鱼	*Hypophthalmichthys molitrix*	23882
18	淡水螺	*Potamopyrgus antipodarum*	25326
19	溪红点鲑	*Salvelinus fontinalis*	26781
20	银鲑	*Oncorhynchus kisutch*	30231
21	三角涡虫	*Dugesia japonica*	33107
22	摇蚊	*Chironomus sp.*	33217
23	蓝鳃太阳鱼	*Lepomis macrochirus*	39758
24	胡鲶	*Clarias batrachus*	40988
25	林蛙蝌蚪	*Rana chensinensis*	41624
26	大口黑鲈	*Micropterus salmoides*	42100
27	斑点叉尾鮰	*Ictalurus punctatus*	46331
28	金鲫鱼	*Carassius auratus*	49675
29	线虫	*Caenorhabditis elegans*	177518

注：浓度以三价砷计，而非化合物。

表 3-12　三价砷对淡水动物的慢性毒性

序号	物种	拉丁名	SMAV/(μg/L)
1	双翼二翅蜉	*Asellus aquaticus*	74
2	斑马贻贝	*Dreissena polymorpha*	74
3	光滑双脐螺	*Biomphalaria glabrata*	105
4	四节蜉	*Baetis tricaudatus*	659
5	贻贝	*Lamellidens marginalis*	1149
6	大型溞	*Daphnia magna*	2703
7	鲦鱼	*Pimephales promelas*	6030.521
8	莫桑比克罗非鱼	*Oreochromis mossambicus*	12685.93
9	蓝鳃太阳鱼	*Lepomis macrochirus*	31600
10	金鱼	*Carassius auratus*	32100
11	虹鳟鱼	*Oncorhynchus mykiss*	361989

注：浓度以三价砷计，而非化合物。

（2）砷对淡水动物的慢性毒性

由于慢性毒性试验周期长，实施困难，相应的数据较少。慢性毒性数据以无可见效应浓度（NOEC）、最低可见效应浓度（LOEC）等为测试终点，慢性毒性数据列于表 3-12。

3.4.2.6　三价砷水质基准推导

（1）短期水质基准

依据 HJ 831—2017，利用 China-WQC 软件，对表 3-11 中我国本地种及引进物种的急性毒性数据进行分布检验和非线性拟合，得到拟合结果见表 3-13。

表 3-13　三价砷急性毒性数据拟合结果

拟合函数	HC_5/(mg/L)	R^2	RMSE	SSE	K-S(p)	短期基准值/(μg/L)
Logistic	1000	0.8916	0.0918	0.2445	0.3439	500
Log-Logistic	1020.9395	0.862	0.1036	0.3114	0.1771	510.47
Normal	968.2779	0.908	0.0846	0.2075	0.4024	484.14
Log-Normal	995.4054	0.8787	0.0971	0.2735	0.2307	497.7
Extreme Value	138.9953	0.642	0.1669	0.8075	0.0137	—

由表 3-13 可知，三价砷急性毒性数据符合 Logistic、Log-Logistic、Normal、Log-Normal 分布 [K-S(p)＞0.05]，不符合 Extreme Value 分布，在符合分布的 4 种拟合函数中，以 Normal 函数拟合优度最佳（R^2＝0.908），我国三价砷的短期淡水水生生物基准值为 484.14μg/L。

（2）长期水质基准

依据 HJ 831—2017，利用 China-WQC 软件，对表 3-12 中我国本地种及引进物种的慢性毒性数据进行分布检验和非线性拟合，得到拟合结果见表 3-14。

表 3-14　三价砷慢性毒性数据拟合结果

拟合函数	HC$_5$ /(mg/L)	R^2	RMSE	SSE	K-S(p)	短期基准值 /(μg/L)
Logistic	33.8065	0.9269	0.0712	0.0558	0.9419	16.90
Log-Logistic	60.256	0.8961	0.0849	0.0793	0.902	30.13
Normal	31.9154	0.9482	0.06	0.0396	0.9731	15.96
Log-Normal	58.479	0.9191	0.075	0.0618	0.9405	29.24
Extreme Value	6.5917	0.9072	0.0803	0.0709	0.9904	3.30

由表 3-14 可知,三价砷慢性毒性数据符合 Logistic、Log-Logistic、Normal、Log-Normal、Extreme Value 分布 [K-S(p)>0.05]。在符合分布的 5 种拟合函数中,以 Normal 函数拟合优度最佳 ($R^2 = 0.9482$),我国三价砷的长期淡水水生生物基准值为 15.96μg/L。

3.4.2.7　国内外三价砷水质基准对比分析

我国三价砷淡水水生生物基准值与 EPA 基准值有所不同,但是差异不大,主要是本章中剔除了一些非中国物种的数据,如美国旗鱼黑头软口鲦、斑马鱼、白鲑和美白鲤等,主要采用我国本土水生生物;另外还包含了一些我国引进的物种,如虹鳟鱼、尼罗罗非鱼等。

砷基准值/标准值的比较如表 3-15 所列。

表 3-15　砷基准值/标准值的比较

基准推导方法	基准阈值/(mg/L)	
	短期	长期
本研究(China-WQC)	0.484	0.01596
USEPA 网站最新公布值(2009)	0.34	0.15
地表水环境质量标准Ⅰ~Ⅲ级标准	—	0.05

表 3-15 中本研究推导的基准值与我国地表水环境质量标准Ⅰ~Ⅲ级标准值相比较,三价砷的短期基准阈值高于标准值,长期基准阈值低于标准值,相对接近。本研究得出的三价砷基准阈值基本上能满足对环境水体中短期应急和长期生物效应的保护的需求。

3.4.3　保护水生生物水质基准——二价汞

3.4.3.1　概述

汞(Hg)是化学元素,俗称水银,元素周期表第 80 位。Hg 在化学元素周期表中位于第 6 周期、第ⅡB 族,是常温常压下唯一以液态存在的金属 [从严格的意义上说,镓(符号 Ga,31 号元素)和铯(符号 Cs,55 号元素)在室温下(29.76℃和 28.44℃)也呈液态]。Hg 是银白色闪亮的重质液体，化学性质稳定，不溶于酸也不溶于碱。Hg 常温下即可蒸发，汞蒸气和汞的化合物多有剧毒（慢性）。

3.4.3.2 二价汞的理化性质与环境行为

汞在自然界中分布广泛，是自然界中一种有毒重金属元素，是动物体内的非必需元素，具有极强的生物累积作用，即使是低浓度的汞，一旦进入水环境中也可通过水生食物链的富集作用，使鱼体内的汞含量严重超标，并直接威胁到人类的健康。随着高强度的工农业生产和频繁的人类活动，我国地表水体中汞污染现象比较普遍。汞具有持久性、易迁移性和高度的生物富集性，毒性很强，环境中任何形式的汞均可在一定条件下转化为剧毒的甲基汞，其被联合国环境规划署列为全球性污染物[14]。和其他重金属类似，汞在水体中的毒性容易受 pH 值、硬度、有机物等影响。

3.4.3.3 二价汞水环境暴露状况

水体汞污染的来源有水气交换、在雨水冲刷等的作用下土壤中的汞及其化合物随水流进入水生生态系统、含汞工业废水的排放等。我国的水体汞污染主要是由工业废水的排放引起的，许多汞相关行业，如矿山、化工、化纤、化肥、农药、冶金、电镀、仪表、颜料等工业都会排出含汞污染物的废水，从而进入水循环系统中。在 20 世纪 60～80 年代，我国松花江流域发生的汞中毒事件[15] 就是由化工企业排放的含高浓度汞的乙醛生产废水引起。人们通过饮用受汞及其化合物污染的饮用水或食用受污染的水生动、植物而发生汞中毒。

3.4.3.4 二价汞的本土生物毒性验证实验

（1）受试化合物的确定

由于受试化合物具有多种化合物形态，在对受试化合物的毒性数据进行收集时选定的含二价汞物质可以包括表 3-16 所列的 3 种。

表 3-16 受试化合物基本理化性质（二价汞）

中文名称	英文名称	CAS 号码	分子量	化学分子式
氯化汞	Mercury chloride	7487-94-7	271.5	$HgCl_2$
硝酸汞	Mercuric nitrate	7783-34-8	324.6	$Hg(NO_3)_2$
醋酸汞	Mercuric acetate	1600-27-7	318.6	$Hg(CH_2COOH)_2$

（2）本土生物毒性测试

1）鲫鱼苗毒性试验 鲫鱼苗购买自南京市某水产养殖基地。鲫鱼系胚胎孵化生长的约 20 日龄，平均体长约 15.0mm，平均体重约 0.04g。鱼苗运回来后，将其放在实验室水族箱中驯养，鲫鱼鱼苗运回来后需要驯养 2 周以上。驯养期间每天换水并记录水温，可以通过加热棒控制水温，增氧泵曝气增氧，每天定时喂食 1～2 次，驯养过程中及时清理食物残渣及粪便等杂物，试验前 2d 需要停止喂食，驯养期间死亡率不得超过 10%；随后从中选择规格基本一致、活跃、体质健康的个体，将试验对象随机分组。在初步试验的基础上，用曝气自来水配制不同浓度梯度的二价汞试验溶液。

试验结果如表 3-17 所列。

表 3-17　二价汞对鲫鱼苗的毒性试验结果

	氯化汞/(mg/L)		0.1	0.15	0.225	0.338	0.45
	受试生物个数/个		10	10	10	10	10
死亡数	24h	1#	0	3	2	7	10
		2#	1	2	5	9	10
		3#	1	2	3	10	10
		平均死亡率/%	6.67	23.3	33.3	86.7	100
	48h	1#	1	3	4	8	10
		2#	1	2	6	9	10
		3#	1	2	4	10	10
		平均死亡率/%	10	23.3	46.7	90	100
	72h	1#	1	4	9	8	10
		2#	2	2	6	9	10
		3#	1	2	4	10	10
		平均死亡率/%	13.3	26.7	63.3	90	100
	96h	1#	2	7	10	9	10
		2#	7	5	10	9	10
		3#	2	2	7	10	10
		平均死亡率/%	36.7	46.7	90	93.3	100

水质条件：pH 值为 8.28～8.31；温度为 19.8℃；DO 为 7.64～8.01mg/L。

从表 3-17 计算得到的二价汞的 24h、48h、72h、96h 的半致死浓度 LC_{50} 分别为 0.219mg/L、0.203mg/L、0.185mg/L 与 0.132mg/L。

2）鲢鱼苗毒性试验　鲢鱼苗购买自南京市某水产养殖基地。鲢鱼系胚胎孵化生长的 20 日龄左右，平均体长约 15.0～20.0mm，平均体重约 0.05g。鱼类运回来后，将其放在实验室水族箱中驯养，约需要驯养 1 周以上。驯养期间每天换水并记录水温，可以通过加热棒控制水温，增氧泵曝气增氧，每天定时喂食 1～2 次，驯养过程中，及时清理食物残渣及粪便等杂物，试验前 2d 需要停止喂食，驯养期间死亡率不得超过 10%；随后从中选择规格基本一致、活跃、体质健康的个体，将试验对象随机分组。

在初步试验的基础上，用曝气自来水配制不同浓度梯度的二价汞试验溶液。试验结果如表 3-18 所列。

表 3-18　二价汞对鲢鱼苗的毒性试验结果

	氯化汞/(mg/L)		0.2	0.3	0.45	0.675	0.9
	受试生物个数/个		10	10	10	10	10
死亡数	24h	1#	0	1	7	10	10
		2#	0	0	6	10	10
		3#	0	3	8	10	10
		平均死亡率/%	0	13.3	70	100	100
	48h	1#	1	1	8	10	10
		2#	0	0	7	10	10
		3#	1	3	8	10	10
		平均死亡率/%	6.7	13.3	76.7	100	100
	72h	1#	1	5	9	10	10
		2#	2	1	10	10	10
		3#	1	3	10	10	10
		平均死亡率/%	13.3	30	96.7	100	100
	96h	1#	5	8	9	10	10
		2#	6	9	10	10	10
		3#	6	10	10	10	10
		平均死亡率/%	56.7	90	96.7	100	100

试验水质条件：pH 值为 8.28～8.31；温度为 24℃，DO 为 7.64～8.01mg/L。

从表 3-18 计算得到的二价汞的 24h、48h、72h、96h 的半致死浓度 LC_{50} 分别为 0.392mg/L、0.367mg/L、0.308mg/L 与 0.183mg/L。

3）黄颡鱼苗毒性试验　黄颡鱼苗购买自南京市某水产养殖基地。黄颡鱼系胚胎孵化生长 20 日龄，平均体长约 15.0mm，平均体重约 0.03g。鱼类运回来后，将其放在实验室水族箱中驯养，黄颡鱼苗运回来后需要驯养 1 周以上。驯养期间每天换水并记录水温，可以通过加热棒控制水温，增氧泵曝气增氧，每天定时喂食 1～2 次，驯养过程中，及时清理食物残渣及粪便等杂物，试验前 2d 需要停止喂食，驯养期间死亡率不得超过 10%；随后从中选择规格基本一致、活跃、体质健康的个体，将试验对象随机分组。

在初步试验的基础上，用曝气自来水配制不同浓度梯度的二价汞试验溶液。试验结果如表 3-19 所列。

表 3-19　二价汞对黄颡鱼苗的毒性试验结果

氯化汞/(mg/L)			0.01	0.016	0.026	0.041	0.066	0.1
受试生物个数/个			10	10	10	10	10	1
死亡数	24h	1#	0	0	0	2	9	10
		2#	0	0	0	3	9	10
		3#	0	0	0	3	8	10
		平均死亡率/%	0	0	0	26.7	86.7	100
	48h	1#	0	2	2	5	10	10
		2#	0	0	3	8	10	10
		3#	0	5	5	10	10	10
		平均死亡率/%	0	23.3	33.3	76.7	100	100
	72h	1#	0	2	4	8	10	10
		2#	1	0	5	10	10	10
		3#	0	5	6	10	10	10
		平均死亡率/%	3.3	23.3	50	93.3	100	100
	96h	1#	0	2	4	8	10	10
		2#	1	0	10	10	10	10
		3#	1	5	6	10	10	10
		平均死亡率/%	6.7	23.3	60	93.3	100	100

试验水条件：pH 值为 8.42～8.45；温度为 19.5～22℃；DO 为 8.90～8.97mg/L。

从表 3-19 计算得到的二价汞的 24h、48h、72h、96h 的半致死浓度 LC_{50} 分别为 0.049mg/L、0.028mg/L、0.023mg/L 与 0.022mg/L。

4）林蛙蝌蚪的毒性试验　林蛙蝌蚪（*Rana chensinensi*）的毒性试验方法主要

如下。

林蛙育苗试验前的培养条件：23℃±0.5℃，12h：12h光暗比，曝气除氯自来水，每日喂食观赏鱼饲料喂一次。生长年龄为发育至26～29d。试验林蛙幼苗体表无任何伤口，摄食正常，对外部触碰刺激剂反应灵敏。毒性试验前清肠1d。

毒性试验方法：半静态暴露，每24h更新全部染毒溶液，10只蝌蚪/1000mL暴露溶液。

毒性试验终点的确定：用镊子轻夹蝌蚪的尾部无反应。

表3-20　二价汞对林蛙蝌蚪的毒性试验结果

氯化汞/(mg/L)			0	0.1	0.15	0.22	0.32	0.46
受试生物个数/个			10	10	10	10	10	10
死亡数	24h	1#	0	0	0	1	4	3
		2#	0	0	0	0	3	4
		3#	0	0	0	1	2	5
		平均死亡率/%	0	0	0	6.67±5.8	30±10	40±10
	48h	1#	0	0	0	4	5	7
		2#	0	0	0	3	5	8
		3#	0	0	0	2	4	6
		平均死亡率/%	0	0	0	30±10	46.7±5.8	70±10
	72h	1#	0	0	0	6	6	10
		2#	0	0	1	5	5	10
		3#	0	0	0	3	5	10
		平均死亡率/%	0	0	3.3±5.7	46.7±15.3	53.3±5.8	10
	96h	1#	0	1	2	6	6	—
		2#	0	2	3	5	5	—
		3#	0	1	2	3	7	—
		平均死亡率/%	0	13.3±5.7	23.3±5.7	46.7±15.3	60±10	—

试验水质条件：pH值为7.2～7.6；温度为23℃±0.5℃；DO≥80%（空气饱和度）。

从表3-20计算得到的二价汞的24h、48h、72h、96h的半致死浓度LC_{50}分别为0.432mg/L、0.323mg/L、0.261mg/L与0.253mg/L。

5）三角涡虫的毒性试验　东亚三角涡虫（*Dugesia japonica*），为本实验室培养。

① 试验前的培养条件：25℃±0.5℃，12h：12h光暗比，曝气除氯自来水，每2日猪肝喂食一次。

② 生长年龄：3～5个月。

③ 试验时的个体大小：1.5cm±0.2cm体长，体表无任何伤口，摄食正常，对外部触碰刺激剂反应灵敏。

④ 实验前清肠 1d，毒性试验方法：半静态暴露，每 24h 更新全部染毒溶液，10 条涡虫/50mL 暴露溶液。

⑤ 毒性试验终点的确定：对外部触碰无反应，或解体。

二价汞对三角涡虫的毒性试验结果如表 3-21 所列。

表 3-21　二价汞对三角涡虫的毒性试验结果

二价汞/(mg/L)			0.060	0.067	0.076	0.085	0.095	0.107	0.120
受试生物个数/个			10	10	10	10	10	10	10
死亡数	24h	1#	0	1	7	4	7	9	7
		2#	0	2	0	4	8	6	9
		3#	0	0	3	2	4	9	7
		平均死亡率/%	0	10.00	33.33	33.33	63.33	80.00	76.67
	48h	1#	0	1	7	4	7	9	8
		2#	0	2	0	5	8	6	9
		3#	0	0	3	3	4	9	7
		平均死亡率/%	0	10.00	33.33	40.00	63.33	80.00	80.00
	72h	1#	0	1	7	4	7	9	8
		2#	0	2	0	5	8	6	9
		3#	0	0	3	3	4	9	7
		平均死亡率/%	0	10.00	33.333	40.000	63.33	80.00	80.00
	96h	1#	0	1	7	4	7	9	8
		2#	0	2	0	5	8	6	9
		3#	0	0	4	3	4	9	7
		平均死亡率/%	0	10.00	36.67	40.000	63.33	80.00	80.00

毒性试验水质条件：pH 值为 7.2；温度为 25℃±0.5℃；DO≥80％水体的溶解度。

由表 3-21 计算得到其 24～96h 的 LC_{50} 为 0.090mg/L。

6) 霍甫水丝蚓的毒性试验　霍甫水丝蚓购自水族市场，在 15～25℃条件下，培养于 60cm×25cm×20cm 的流水式鱼缸中，鱼缸底部铺 5cm 左右底泥，加入一定量的曝气自来水。实验前挑选 2.0～3.0cm 健康活泼幼体，放入装有 90mm×45mm 结晶皿中，盖上表面皿，在 22℃、自然光照的人工气候培养箱中清肠 24h，清肠后仍然健康的霍甫水丝蚓作为正式实验动物。

毒性试验方法：每皿 20 条，同时用表面皿盖好。二价汞采用静态实验，每 24h 更换试液。每天观察霍甫水丝蚓中毒症状和死亡情况，并将死亡个体及时取出。

毒性试验终点的确定（霍甫水丝蚓的死亡标准为）：身体泛白，失去伸缩能力，用解剖针碰触，无反应。

二价汞对霍甫水丝蚓的毒性试验结果如表 3-22 所列。

表 3-22　二价汞对霍甫水丝蚓的毒性试验结果

		二价汞/(mg/L)	0	0.052	0.068	0.088	0.144	0.149	0.193	0.251
		受试生物个数/个	20	20	20	20	20	20	20	20
死亡数	24h	1#	0	0	1	0	2	3	6	12
		2#	0	0	0	2	1	1	7	10
		3#	0	0	0	1	1	2	4	11
		平均死亡率/%	0	0	1.67	5	6.67	10	28.33	55
	48h	1#	0	0	1	2	4	6	8	13
		2#	0	1	1	3	2	3	11	12
		3#	0	1	1	2	2	4	7	11
		平均死亡率/%	0	3.33	5	10	13.33	21.67	43.33	60
	72h	1#	0	0	2	2	6	8	12	13
		2#	1	2	2	4	4	6	13	15
		3#	0	2	1	4	5	7	10	12
		平均死亡率/%	1.67	6.67	8.33	16.67	25	35	58.33	66.67
	96h	1#	1	1	5	4	8	9	12	14
		2#	1	4	3	6	6	8	14	15
		3#	0	3	2	6	5	8	11	13
		平均死亡率/%	3.33	13.33	16.67	26.67	31.67	41.67	61.67	70

毒性试验前的基本条件：pH 值为 8.0，温度为 22℃±1.0℃；DO≥8.1mg/L。

从表 3-22 计算得到的二价汞的 24h、48h、72h、96h 的 LC_{50} 分别为 0.258mg/L、0.235mg/L、0.190mg/L 与 0.169mg/L。

7）藻类毒性试验

① 藻类的培养方法：铜绿微囊藻（*Microcystis aeruginosa*）、普通小球藻（*Chlorella vulgaris*）、梅尼小环藻（*Cyclotella meneghiniana*），均购于中科院武汉水生所淡水藻种库。其中铜绿微囊藻和普通小球藻采用 BG11 培养基培养，梅尼小环藻采用 D1 培养基培养。实验前先对藻种进行驯化，将其置于光照强度 2000lx、光暗比 12h：12h、温度为 25℃的光照培养箱中，每月转接 1 次。通过镜检能够明显区分 3 株藻种的形态。

培养藻种的整个过程中所用的实验工具和培养基必须在 121℃下灭菌 30min，并在无菌条件下保存。培养期间，在每天的光照时段每天摇动培养瓶 3～5 次，并随机改变其位置，以防藻液沉淀并使光照均匀；同时确保每瓶中的藻液量在瓶子容积的 1/3 左右，一方面是使藻液与空气有足够的接触面积，另一方面防止在摇晃瓶子时将棉塞弄湿。

② 急性毒性试验：一定量的培养基稀释，现用现配．取对数生长期的藻分别加入 100mL 的锥形瓶中，再加入稀释的毒物到所需浓度，使各藻类的起始密度为 $6×10^5$ 个细胞/mL 左右，每组 3 个平行；另各设一个空白对照即只含对应的培养基和相同浓度的藻液，将藻液放入培养箱中进行培养，实验周期为 4d，每隔 24h 取藻液采用分光光度法测定藻液浓度。

③ 数据处理：采用分光光度法测定培养藻液的在 650 nm 处的吸收值，与空白对比，求得藻类对污染物的半抑制浓度 EC_{50} 值。

二价汞对梅尼小球藻的毒性试验结果如表 3-23 所列。

表 3-23　二价汞对梅尼小球藻的毒性试验结果

二价汞/(mg/L)		对照	10	20	50	100	200
吸光度/nm					650		
24h	1#	0.019	0.018	0.015	0.013	0.012	0.011
	2#	0.019	0.017	0.014	0.013	0.012	0.01
	3#	0.018	0.017	0.015	0.013	0.011	0.01
	平均值	0.018	0.017	0.015	0.013	0.012	0.01
	抑制率/%		5.56	16.67	27.78	33.33	44.44
48h	1#	0.025	0.023	0.021	0.019	0.016	0.013
	2#	0.025	0.023	0.02	0.018	0.015	0.012
	3#	0.024	0.023	0.021	0.017	0.014	0.012
	平均值	0.025	0.023	0.021	0.018	0.015	0.012
	抑制率/%		8	16	28	40	52
72h	1#	0.036	0.034	0.031	0.027	0.023	0.017
	2#	0.037	0.034	0.03	0.027	0.021	0.017
	3#	0.036	0.033	0.031	0.026	0.022	0.016
	平均值	0.036	0.034	0.031	0.027	0.022	0.017
	抑制率/%		5.56	13.89	25	38.89	52.78
96h	1#	0.053	0.05	0.045	0.04	0.031	0.02
	2#	0.052	0.048	0.043	0.038	0.029	0.018
	3#	0.051	0.047	0.044	0.037	0.028	0.017
	平均值	0.052	0.048	0.044	0.038	0.029	0.018
	抑制率/%		7.69	15.38	26.92	44.23	65.38

从表 3-23 计算得到的二价汞对梅尼小球藻生长 24h、48h、72h、96h 的半抑制浓度 EC_{50} 分别为 253.4mg/L、173.8mg/L、172.3mg/L 与 118.0mg/L。

二价汞对铜绿微囊藻的毒性试验结果如表 3-24 所列。

表 3-24　二价汞对铜绿微囊藻的毒性试验结果

二价汞/(mg/L)		对照	10	20	50	100	200	500
吸光度/nm						650		
24h	1#	0.058	0.057	0.056	0.054	0.053	0.052	0.048
	2#	0.057	0.056	0.054	0.053	0.052	0.05	0.049
	3#	0.057	0.055	0.054	0.053	0.052	0.05	0.049
	平均值	0.057	0.056	0.055	0.053	0.052	0.051	0.049
	抑制率/%		1.75	3.51	7.02	8.77	10.53	14.04
48h	1#	0.069	0.068	0.067	0.066	0.064	0.061	0.057
	2#	0.069	0.068	0.065	0.064	0.061	0.059	0.056
	3#	0.068	0.066	0.065	0.063	0.062	0.058	0.056
	平均值	0.069	0.067	0.066	0.064	0.062	0.059	0.056
	抑制率/%		2.9	4.35	7.25	10.14	14.49	18.84
72h	1#	0.094	0.091	0.085	0.081	0.077	0.072	0.067
	2#	0.093	0.089	0.086	0.08	0.074	0.07	0.064
	3#	0.093	0.087	0.085	0.079	0.075	0.068	0.062
	平均值	0.093	0.089	0.085	0.08	0.075	0.07	0.064
	抑制率/%		4.3	8.6	13.98	19.35	24.73	31.18
96h	1#	0.131	0.123	0.118	0.109	0.1	0.085	0.062
	2#	0.129	0.124	0.112	0.105	0.098	0.083	0.061
	3#	0.128	0.123	0.114	0.106	0.097	0.082	0.06
	平均值	0.129	0.123	0.115	0.107	0.098	0.083	0.061
	抑制率/%		4.65	10.85	17.05	24.03	35.66	52.71

从表 3-24 计算得到的二价汞对铜绿微囊藻生长 24h、48h、72h、96h 的半抑制浓度 EC_{50} 分别为 40.47mg/L、13.27mg/L、2.20mg/L 与 0.46mg/L。

二价汞对普通小球藻的毒性试验结果如表 3-25 所列。

表 3-25 二价汞对普通小球藻的毒性试验结果

二价汞/(mg/L)		对照	10	20	50	100	200	500
吸光度/nm					650			
24h	1#	0.056	0.054	0.054	0.053	0.053	0.052	0.051
	2#	0.055	0.055	0.054	0.054	0.052	0.051	0.049
	3#	0.054	0.055	0.054	0.054	0.053	0.053	0.049
	平均值	0.055	0.055	0.054	0.054	0.053	0.052	0.05
	抑制率/%		0	1.82	1.82	3.64	5.45	9.09
48h	1#	0.069	0.068	0.066	0.065	0.061	0.059	0.055
	2#	0.069	0.068	0.067	0.064	0.061	0.056	0.055
	3#	0.068	0.067	0.065	0.063	0.06	0.058	0.053
	平均值	0.069	0.068	0.066	0.064	0.061	0.058	0.054
	抑制率/%		1.45	4.35	7.25	11.59	15.94	21.74
72h	1#	0.09	0.089	0.085	0.082	0.08	0.073	0.066
	2#	0.089	0.087	0.086	0.082	0.077	0.072	0.063
	3#	0.087	0.086	0.084	0.081	0.077	0.072	0.062
	平均值	0.089	0.087	0.085	0.082	0.078	0.072	0.064
	抑制率/%		2.25	4.49	7.87	12.36	19.1	28.09
96h	1#	0.124	0.121	0.115	0.109	0.103	0.091	0.075
	2#	0.122	0.12	0.115	0.109	0.101	0.088	0.073
	3#	0.122	0.12	0.115	0.108	0.1	0.089	0.074
	平均值	0.123	0.12	0.115	0.109	0.101	0.089	0.074
	抑制率/%		2.44	6.5	11.38	17.89	27.64	39.84

从表 3-25 计算得到的二价汞对普通小球藻生长 24h、48h、72h、96h 的半抑制浓度 EC_{50} 分别为 352.5mg/L、49.28mg/L、24.33mg/L 与 8.87mg/L。

3.4.3.5 二价汞对淡水无脊椎动物的毒性数据

（1）二价汞对淡水无脊椎动物的急性毒性数据

从 ECOTOX 数据库检索六价铬对我国淡水生物的毒性数据，并结合一部分自测数据，依据《淡水水生生物水质基准制定技术指南》（HJ 831—2017）对获得的数据进行筛选，对获得的数据进行统计，得到用于六价铬水质基准制定的物种平均急性毒性值（SMAV）和物种平均慢性毒性值（SMCV）。

二价汞对淡水水生生物的急性毒性如表 3-26 所列。

表 3-26　二价汞对淡水水生生物的急性毒性

序号	物种	拉丁名	SMCV/(μg/L)
1	僧帽溞	*Daphnia cucullata*	2.3
2	钝水蚤	*Daphnia obtusa*	2.8
3	透明溞	*Daphnia hyalina*	5.5
4	溞状溞	*Daphnia pulex*	5.9
5	大型溞	*Daphnia magna*	6.6
6	钩虾	*Gammarus italicus*	7.4
7	网纹溞	*Ceriodaphnia dubia*	8.1
8	长毛对虾	*Penaeus penicillatus*	12.4
9	水螅	*Hydra* sp.	17
10	黄颡鱼	*Pelteobagrus fulvidraco*	22.3
11	日本对虾	*Penaeus japonicus*	23.5
12	斑点叉尾鲴	*Ictalurus punctatus*	30
13	南方大口鲶	*Silurus soldatovi*	31.4
14	恒河泥蟹	*Ilyoplax gangetica*	47.4
15	棘爪网纹溞	*Ceriodaphnia reticulata*	62
16	琵琶萝卜螺	*Radix luteola*	69.4
17	露斯塔野鲮	*Labeo rohita*	73.4
18	正颤蚓	*Tubifex tubifex*	79.3
19	金丝鱼	*Tanichthys albonubes*	79.4
20	三角涡虫	*Dugesia japonica*	90.2
21	四带无须鲃	*Puntius tetrazona*	92
22	夹杂带丝蚓	*Lumbriculus variegatus*	104.9
23	刺参	*Oplopanax elatus Nakai*	109.3
24	麦瑞加拉鲮鱼	*Cirrhinus mrigala*	122.1
25	黑眶蟾蜍	*Duttaphrynus melanostictus*	124.6
26	鲢鱼	*Hypophthalmichthys molitrix*	125
27	皱纹盘鲍	*Haliotis discus hannai*	142
28	金鲫鱼	*Carassius auratus*	143.2
29	栉水虱	*Asellus aquaticus*	148
30	大口黑鲈鱼	*Micropterus salmoides*	156.5
31	霍甫水丝蚓	*Limnodrilus hoffmeisteri*	169
32	方形环棱螺	*Bellamya quadrata*	180.1
33	蓝鳃太阳鱼	*Lepomis macrochirus*	186.4
34	虹鳟鱼	*Oncorhynchus mykiss*	227.9
35	银鲑	*Oncorhynchus kisutch*	252.5
36	短头蛙	*Rana breviceps*	256.9
37	林蛙蝌蚪	*Rana chensinensis*	271.3
38	稀有鮈鲫	*Gobiocypris rarus*	320
39	克氏原螯虾	*Procambarus clarkii*	338.3
40	四角蛤蜊	*Mactra veneriformis*	354.5
41	草鱼	*Ctenopharyngodon idellus*	368.4
42	束腹蟹	*Paratelphusa hydrodromus*	370.4
43	饰纹姬蛙	*Microhyla ornata*	400.5
44	高体鳑鲏	*Rhodeus ocellatus*	406.6
45	中华绒螯蟹	*Eriocheir sinensis*	412
46	胡子鲶	*Clarias batrachus*	440.2
47	锦鲤	*Cyprinus carpio*	509.9
48	食蚊鱼	*Gambusia affinis*	580
49	温泉鳞头鳅	*Lepidocephalichthys thermalis*	630
50	黄鳝	*Monopterus albus*	670

序号	物种	拉丁名	SMCV/(μg/L)
51	泥鳅	*Misgurnus anguillicaudatus*	693
52	鲶鱼	*Clarias lazera*	763.7
53	莫桑比克罗非鱼	*Oreochromis mossambicus*	925.8
54	青鳉	*Oryzias latipes*	936.1
55	眼鳢	*Channa marulius*	1130.8
56	摇蚊	*Chironomus sp.*	2000
57	吉利非鲫	*Tilapia zillii*	3608.3
58	尼罗罗非鱼	*Oreochromis niloticus*	5525
59	孔雀鱼	*Poecilia reticulata*	10449.9

（2）汞对淡水动物的慢性毒性

由于慢性毒性试验周期长，实施困难，相应的数据较少。慢性毒性数据以无可见效应浓度（NOEC）、最低可见效应浓度（LOEC）等为测试终点，慢性毒性数据列于表 3-27。

表 3-27 二价汞对淡水动物的慢性毒性数据

序号	物种	拉丁名	SMAV/(μg/L)
1	十指臂尾轮虫	*Brachionus patulus*	3
2	大型溞	*Daphnia magna*	8
3	彩红贻贝	*Villosa iris*	21
4	斑马贻贝	*Dreissena polymorpha*	40
5	萼花臂尾轮虫	*Brachionus calyciflorus*	45
6	田螺	*Viviparus georgianus*	48.2
7	螃蟹	*Oziotelphusa senex ssp. senex*	70
8	罗氏沼虾	*Macrobrachium rosenbergii*	79
9	尼罗罗非鱼	*Oreochromis niloticus*	80
10	褐鳟鱼	*Salmo trutta ssp. fario*	500
11	贻贝	*Lamellidens marginalis*	660
12	线虫	*Caenorhabditis elegans*	6332
13	甜菜线虫	*Panagrellus silusiae*	10000
14	革胡子鲇	*Clarias gariepinus*	25000
15	淡水鳕	*Lota lota*	50000

注：浓度以二价汞计，而非化合物。

3.4.3.6 二价汞水质基准推导

（1）短期水质基准

依据 HJ 831—2017，利用 China-WQC 软件，对表 3-26 中我国本地种及引进物种的急性毒性数据进行分布检验和非线性拟合，得到拟合结果见表 3-28。

表 3-28 二价汞急性毒性数据拟合结果

拟合函数	HC_5 /(mg/L)	R^2	RMSE	SSE	K-S(p)	短期基准值 /(μg/L)
Logistic	7.656	0.9813	0.0388	0.089	0.9563	3.828
Log-Logistic	7.8524	0.892	0.0933	0.5134	0.0458	3.9262
Normal	7.3621	0.9802	0.04	0.0943	0.814	3.681
Log-Normal	7.6913	0.8919	0.0933	0.5139	0.034	3.84565
Extreme Value	3.0549	0.907	0.0866	0.4421	0.0792	1.52

由表 3-28 可知，三价砷急性毒性数据符合 Logistic、Normal、Extreme Value 分布 [K-S(p)>0.05]，不符合 Log-Logistic、Log-Normal 分布，在符合分布的 3 种拟合函数中，以 Logistic 函数拟合优度最佳（$R^2 = 0.9813$），我国二价汞的短期淡水水生生物基准值为 3.828μg/L。

（2）长期水质基准

依据 HJ 831—2017，利用 China-WQC 软件，对表 3-27 中我国本地种及引进物种的慢性毒性数据进行分布检验和非线性拟合，得到拟合结果见表 3-29。

表 3-29　二价汞慢性毒性数据拟合结果

拟合函数	HC$_5$ /(mg/L)	R^2	RMSE	SSE	K-S(p)	短期基准值 /(μg/L)
Logistic	2.1878	0.8673	0.0984	0.1452	0.3621	1.0936
Log-Logistic	5.7943	0.9481	0.0615	0.0568	0.9661	2.8972
Normal	2.0559	0.8928	0.0884	0.1172	0.4608	1.0279
Log-Normal	5.6624	0.9536	0.0582	0.0508	0.9911	2.8312
Extreme Value	2.6363	0.9097	0.0812	0.0988	0.4827	1.3181

由表 3-29 可知，三价砷慢性毒性数据符合 Logistic、Log-Logistic、Normal、Log-Normal、Extreme Value 分布 [K-S(p)>0.05]，其中 Log-Normal 函数拟合优度最佳（$R^2 = 0.9536$），我国二价汞的长期淡水水生生物基准值为 2.8312μg/L。

3.4.3.7　国内外二价汞水质基准对比分析

我国汞的水生生物基准值与 EPA 基准值有所不同，并且差异较大，是因为在本章中剔除了一些非中国物种的数据，采用了我国本土水生生物，还包含了一些我国引进物种，如虹鳟鱼、罗非鱼等。

本研究基准值与我国地表水环境质量标准Ⅲ级标准值相比较（见表 3-30），汞的 CMC 值和 CCC 值均高于地表水Ⅲ类标准，但从美国 EPA 的 CMC 与 CCC 来看，我们推导的值基本与美国的双值差异较大。同时，注意到欧盟地表水水质标准，其限值仅为 0.05μg/L，与我国地表水环境质量标准Ⅱ类标准中 Hg(Ⅱ) 的限值相当，尤其看来不同国家与地区对 Hg 的限值区别较大。此外，我国地表水Ⅲ类即可作为饮用水源水，但在我国集中式供水地表水源限值中未见 Hg 限值；而在美国的饮用水质量标准中有 Hg^{2+} 这一项，是 2μg/L；欧盟的饮用水质标准中 Hg(Ⅱ) 也是 1μg/L。WHO 更是把 Hg^{2+} 的标准增加到了 6μg/L。我国在集中式供水饮用水源的水质标准中虽未列出 Hg^{2+} 的限值，但从我国地表水环境质量标准Ⅲ级标准值来看明显过低，有"过保护"的可能。因此，建议相关部门制定标准时可以考虑基于我国土著生物得出的基准。

表 3-30　汞基准值与水质标准的比较

基准推导方法	基准值/标准值/(μg/L)		参考文献
	淡水 CMC	淡水 CCC	
本研究	3.828	2.8312	
USEPA 网站最新公布值（2009）	1.4	0.77	[16]

基准推导方法	基准值/标准值/(μg/L)		
	淡水 CMC	淡水 CCC	参考文献
我国地表水环境质量标准Ⅲ类标准	0.10		[2]
欧盟地表水环境质量标准	0.05		[17]
美国饮用水质量标准	2.0		[18]
欧盟饮用水质量标准	6.0		[18]

3.4.4　保护水生生物水质基准——2,4-二氯酚

3.4.4.1　概述

2,4-二氯酚（2,4-dichlorophenol，2,4-DCP），又名 2,4-二氯苯酚，CAS 号 120-83-2，分子量 163.00，分子式为 $C_6H_4Cl_2O$，微溶于水，溶于醇、乙醚、苯和四氯化碳等有机溶剂，是一种常见的氯酚类化合物。

2,4-DCP 因其广泛的来源和应用，以及对人类、水生生物的毒性作用，引起世界性的关注。2,4-DCP 先后被美国和欧盟列为优先监测的污染物之一[19]。环境中的 2,4-DCP 也无处不在，有研究表明，我国太湖、洞庭湖和钱塘江均有不同浓度水平的 2,4-DCP 存在[20]。

3.4.4.2　2,4-二氯酚理化性质与环境行为

2,4-DCP 对水生生物造成一定的毒害作用，抑制小球藻的 CV-1 的生长，LC_{50} 为 22.5mg/L[21]；诱导脂质过氧化、改变小麦叶片中的抗氧化参数，引起氧化损伤[22]；2,4-DCP 对钩虾、蚯蚓也有一定的毒害作用，其 96h 急性毒性为 15.19μmol/L[23]。我国关于 2,4-DCP 标准值确定直接参考国外基准限制，缺乏国内基准研究支撑，因而有必要推导 2,4-DCP 保护淡水水生生物的水质基准值。

综上所述，本章以 2,4-DCP 为例探讨了我国国家水质基准的推导方法，对从大量文献和实验中获得的水生生物物种（包括我国本地种及引进物种等）的 2,4-DCP 毒性数据进行统计分析，分别采用软件 China-WQC 推导了 2,4-DCP 的淡水水生生物国家基准，并与我国现有基准和其他国家基准进行比较。

3.4.4.3　本土生物毒性实验

（1）2,4-二氯酚化合物

将 2,4-DCP 溶于助溶剂 DMSO（色谱级）中，存于 −20℃保存。所有试验中助溶剂 DMSO 浓度不超过 0.05%，本试验中所有水体暴露浓度采用名义浓度。受试化合物 2,4-DCP 理化性质如表 3-31 所列。

表 3-31　受试化合物的理化性质

化合物	分子量	沸点 /℃	熔点 /℃	蒸汽压 /mmHg	溶解度 (20℃)/(g/L)	pK_a	lgK_{ow}
2,4-DCP	163.00	210	45	0.14	4.5	7.5~8.1	2.75~3.30

（2）测试生物选择

本研究采用测试生物包括霍甫水丝蚓、三角涡虫、中国林蛙蝌蚪、黄颡鱼、鲢鱼、鲫

鱼、草鱼，分属于 4 门 6 科，以补充 2,4-二氯酚毒性数据。

（3）毒性测试及其实验结果

1）摇蚊幼虫急性毒性试验方法　摇蚊幼虫是昆虫纲双翅目摇蚊科（Chironomidae）幼虫的总称，是淡水水域中底栖动物的主要类群之一。试验所用摇蚊幼虫购于南京夫子庙区渔具店，实验室驯养后进行试验。将摇蚊幼虫于实验室驯养 2d，驯养期间温度为 18～22℃，每天更换曝气 24h 的自来水，2d 后挑选活泼个体进行试验。试验虫体为 4 龄摇蚊幼虫成虫，随机挑选 10 只摇蚊幼虫测量其体长、体重，得其平均值：体长 1.47cm，体重 25.61mg。

试验时，挑选 10 只活泼摇蚊幼虫于装有 100mL 实验液的 250mL 锥形瓶中，试验用水为 24h 曝气自来水，室温（16～24℃）、自然光照周期下进行 48h 急性毒性试验。试验中，每天观察中毒症状和死亡情况，并记录 24h 死亡数目，并将死亡摇蚊幼虫取出。死亡标准为用针头接触幼虫，幼虫没有反应即认为其死亡。数据经整理获得 LC_{50} 为 2050μg/L，其水质 pH 值为 7.73～7.84。

2）霍甫水丝蚓毒性试验　实验用霍甫水丝蚓购自市场，在 15～25℃ 条件下，培养于 60cm×25cm×20cm 的流水式鱼缸中，缸底部铺 5cm 底泥，加入一定量曝气水。挑选 2.0～3.0cm 健康活泼幼体，放入装有 90mm×45mm 结晶皿中，盖上表面皿，在 22℃、自然光照的人工气候培养箱中清肠 24h，清肠后仍然健康的霍甫水丝蚓作为正式实验动物。

试验基本条件：pH 值为 8.0，温度为 22℃±1℃，DO≥8.1mg/L；每隔 1d 清肠。

实验生物个体的生理条件：挑选 2.0～3.0cm 健康活泼幼体。

毒性试验方法：挑选的霍甫水丝蚓放入曝气自来水中清洗干净；然后随机放入盛有 100mL 试液的 90mm×45mm 结晶皿中，每皿 20 条；同时用表面皿盖好。2,4-DCP 采用半静态实验，每 24h 更换试液。每天观察霍甫水丝蚓中毒症状和死亡情况，并将死亡个体及时取出。

霍甫水丝蚓的死亡标准为：身体泛白，失去伸缩能力，用解剖针碰触，无反应。

2,4-DCP 对霍甫水丝蚓的毒性数据结果如表 3-32 所列。

表 3-32　2,4-DCP 对霍甫水丝蚓的毒性数据结果

		DCP/(mg/L)	0	17.36	20.83	25	30	36	43.2	51.84
		受试生物个数/个	20	20	20	20	20	20	20	20
死亡数	24h	1#	0	0	0	1	2	14	18	20
		2#	0	0	0	2	4	12	14	20
		3#	0	0	0	4	2	12	16	20
		平均死亡率/%	0	0	0	11.67	13.33	63.33	80	100
	48h	1#	0	2	4	4	6	19	20	20
		2#	0	1	6	4	8	18	18	20
		3#	0	0	3	5	9	16	19	20
		平均死亡率/%	0	5	21.67	21.67	38.33	88.33	95	100
	72h	1#	0	4	9	7	17	20	20	20
		2#	0	3	10	9	20	20	20	20
		3#	0	1	11	12	20	20	20	20
		平均死亡率/%	0	13.33	50	46.67	95	100	100	100
	96h	1#	0	6	9	14	20	20	20	20
		2#	0	5	10	11	20	20	20	20
		3#	0	3	13	14	20	20	20	20
		平均死亡率/%	0	23.33	53.33	65	100	100	100	100

3）三角涡虫毒性试验　三角涡虫（*Dugesia japonica*）试验前培养条件：25℃±0.5℃，12h∶12h光暗比，曝气除氯自来水，每2日喂食猪肝1次。生长年龄为3～5个月。

试验时的个体大小：1.5cm±0.2cm体长。

毒性试验前的基本条件：pH值为7.2，温度为25℃±0.5℃，DO≥80%（空气饱和度），添加营养盐，每隔1天清肠。正常情况下，健康的东亚三角涡虫体长约1.5cm±0.2cm，体表无任何伤口，摄食正常，对外部触碰刺激剂反应灵敏。毒性试验采取半静态暴露，每24h更新全部染毒溶液，10条涡虫/50mL暴露溶液，涡虫的死亡标准为对身体触碰无反应。

2,4-DCP对东亚三角涡虫的毒性数据结果如表3-33所列。

表 3-33　2,4-DCP 对东亚三角涡虫的毒性数据结果

		DCP/(mg/L)	8.000	8.980	10.079	11.314	12.670	14.254	16.000
		受试生物个数/个	10	10	10	10	10	10	10
死亡数	24h	1#	0	0	2	1	0	0	1
		2#	0	0	0	0	1	0	0
		3#	0	1	1	2	1	1	1
		平均死亡率/%	0	3.333	10.000	10.000	6.667	3.333	6.667
	48h	1#	0	1	2	2	1	4	1
		2#	1	3	0	0	2	1	1
		3#	0	2	3	2	2	4	4
		平均死亡率/%	3.333	20.000	16.667	13.333	16.667	30.000	20.000
	72h	1#	0	1	3	5	3	8	9
		2#	1	3	1	2	4	8	10
		3#	1	2	4	3	5	9	10
		平均死亡率/%	6.667	20.000	26.667	33.333	40.000	83.333	96.667
	96h	1#	0	1	4	6	6	8	9
		2#	1	4	1	2	5	10	10
		3#	1	5	4	4	9	9	10
		平均死亡率/%	6.667	33.333	30.000	40.000	66.667	90.000	96.667

4）中国林蛙蝌蚪毒性试验　实验用林蛙蝌蚪（*Rana chensinensis*）生长年龄为发育至26～29期，试验前的培养条件：23℃±0.5℃，12h∶12h光暗比，曝气除氯自来水，每日喂食观赏鱼饲料喂一次。

毒性试验前的基本条件：pH值为7.2～7.6，温度为23℃±0.5℃，DO≥80%（空气饱和度）；每隔1d清肠，正常情况下健康的林蛙蝌蚪体表无任何伤口，摄食正常，对外部触碰刺激剂反应灵敏。

毒性试验方法：半静态暴露，每24h更新全部染毒溶液，10只蝌蚪/1000mL暴露溶液。

蝌蚪死亡的标准为：用镊子轻夹蝌蚪的尾部无反应。

2,4-DCP对中国林蛙蝌蚪的毒性数据结果如表3-34所列。

表 3-34　2,4-DCP 对中国林蛙蝌蚪的毒性数据结果

2,4-二氯酚/(mg/L)			1	1.48	2.15	3.18	4.71	6.96	10
受试生物个数/个			10	10	10	10	10	10	10
死亡数	24h	1#	0	0	0	1	6	6	10
		2#	0	0	0	1	5	7	10
		3#	0	0	0	2	2	5	10
		平均死亡率/%	0	0	0	13.3	43.3	60	100
	48h	1#	0	1	1	3	6	7	—
		2#	0	0	0	1	5	7	—
		3#	0	0	1	2	4	7	—
		平均死亡率/%	0	3.3	6.6	20	50	70	—
	72h	1#	0	1	1	6	6	7	—
		2#	0	0	0	3	6	7	—
		3#	0	0	1	4	4	7	—
		平均死亡率/%	0	3.3	6.6	43.3	53	70	—
	96h	1#	0	1	1	6	6	7	—
		2#	0	0	0	3	6	7	—
		3#	0	0	2	5	5	8	—
		平均死亡率/%	0	3.3	10	46.7	56.7	73.3	—

5）黄颡鱼毒性试验　黄颡鱼苗购买自某水产养殖基地。黄颡鱼系胚胎孵化生长的 20 日龄，平均体长约 15.0mm，平均体重约 0.03g。鱼类运回来后，将各种受试生物放在实验室水族箱中驯养，黄颡鱼苗运回来后需要驯养 1 周以上。驯养期间每天换水并记录水温，可以通过加热棒控制水温，增氧泵曝气增氧，每天定时喂食 1～2 次，驯养过程中，及时清理食物残渣及粪便等杂物。试验前 2d 需要停止喂食，驯养期间死亡率不得超过 10%；随后从中选择规格基本一致、活跃、体质健康的个体，将试验对象随机分组。经数据整理获得 LC_{50} 为 3200μg/L，试验用水 pH 值为 7.73～7.84。

6）鲢鱼毒性试验　鲢鱼苗购买自南京某水产养殖基地。鲢鱼系胚胎孵化生长的 20 日龄左右，平均体长约 15.0～20.0mm，平均体重约 0.05g。鱼类运回来后，将各种受试生物放在实验室水族箱中驯养，鲢鱼鱼苗运回来后需要驯养 1 周以上。驯养期间每天换水并记录水温，可以通过加热棒控制水温，增氧泵曝气增氧，每天定时喂食 1～2 次。驯养过程中，及时清理食物残渣及粪便等杂物。试验前 2d 需要停止喂食，驯养期间死亡率不得超过 10%；随后从中选择规格基本一致、活跃、体质健康的个体，将试验对象随机分组。生物驯化和实验的 pH 值为 7.73～7.84，温度为 20.8℃，DO 为 7.48～7.43mg/L。

实验数据表略，经数据整理获得 LC_{50} 为 4480μg/L。

7）鲫鱼毒性试验　鲫鱼苗购买自南京市某水产养殖基地。鲫鱼系胚胎孵化生长的约 20 日龄，平均体长约 15.0mm，平均体重约 0.04g。鱼类运回来后，将各种受试生物放在实验室水族箱中驯养，鲫鱼鱼苗运回来后需要驯养 2 周以上。驯养期间每天换水并记录水温，可以通过加热棒控制水温，增氧泵曝气增氧，每天定时喂食 1～2 次。驯养过程中及时清理食物残渣及粪便等杂物。试验前 2d 需要停止喂食，驯养期间死亡率不得超过 10%；随后从中选择规格基本一致、活跃、体质健康的个体，将试验对象随机分组。生物驯化和实验的 pH 值为 7.73～7.84，温度为 20.8℃，DO 为 7.48～7.43mg/L。

2,4-DCP 对鲫鱼的毒性数据结果如表 3-35 所列。

表 3-35　2,4-DCP 对鲫鱼的毒性数据结果

2,4-二氯酚/(mg/L)			3.47	4.3	5	6	7.2
受试生物个数/个			10	10	10	10	10
死亡数	24h	1#	0	1	1	2	5
		2#	0	0	4	4	2
		3#	0	0	2	1	4
		平均死亡率/%	0	3.3	23.3	23.3	36.7
	48h	1#	1	2	1	4	5
		2#	0	1	6	4	5
		3#	0	0	4	3	5
		平均死亡率/%	3.3	10	36.7	36.7	50
	72h	1#	5	4	4	5	7
		2#	1	0	6	5	9
		3#	2	1	5	6	10
		平均死亡率/%	26.7	16.7	50	53.3	
	96h	1#	6	5	7	10	10
		2#	1	2	9	7	10
		3#	2	2	7	10	10
		平均死亡率/%	30	30	76.7	90	100

8）草鱼毒性试验　试验所用的草鱼购买自花鸟鱼虫市场，为同一生境、同一时期、大小均匀、体质健康的草鱼。鱼苗买回后需要进行 14d 以上驯化。驯养期间每天换水同时记录下水温，喂食 2 次，并且将食物残渣及粪便等杂物及时清理，驯养期间保证死亡率小于 10%。试验前一天不进行喂食；然后从中选择体质健康、大小、全长和体重近似的鱼苗，平均体长 3～4cm，随后随机分组作为试验对象。

按照对数等间距配置 6 个试验浓度，同时设 1 个空白，一个溶剂 DMSO 对照。试验在盛有 1L 试液的 2L 烧杯中进行，将挑选的幼体放入蒸馏水中清洗干净后放入烧杯中，每个浓度 3 个平行，每个平行 10 尾。每 24h 更新 1 次试液，持续 96h，试验期间不喂食，同时每次更换试液时记录鱼苗的中毒症状及死亡数目，并将死鱼及时取出。经数据整理获得 LC_{50} 为 3870μg/L，试验用水 pH 值为 8.23。

3.4.4.4　2,4-二氯酚对我国淡水生物的毒性数据

将 2,4-DCP 溶于助溶剂 DMSO（色谱级）中，存于−20℃保存。所有试验中助溶剂 DMSO 浓度不超过 0.05%，本试验中所有水体暴露浓度采用名义浓度。

受试化合物 2,4-DCP 的理化性质如表 3-36 所列。

表 3-36　受试化合物 2,4-DCP 的理化性质

化合物	分子量	沸点/℃	熔点/℃	蒸汽压/mmHg	溶解度(20℃)/(g/L)	pK_a	lgK_{ow}
2,4-DCP	163.00	210	45	0.14	4.5	7.5～8.1	2.75～3.30

注：1mmHg=133.322Pa，下同。

本次基准推导，通过实验补充了一部分物种的毒性数据，使得所得结果更加准确。

获得 2,4-DCP 对淡水水生生物的急性毒性数据见表 3-37。获得 2,4-DCP 对淡水水生生物的慢性毒性数据列于表 3-38。

表 3-37   2,4-DCP 对淡水水生生物的急性毒性数据

排序	物种	拉丁名	SMAV/(μg/L) pH=7.8
1	大型溞	*Daphnia magna*	1770.52
2	斑点叉鮰	*Ictalurus punctatus*	1773.41
3	黄颡鱼	*Pelteobagrus fulvidraco*	2822.63
4	摇蚊	*Chironomid* sp.	2860.85
5	鲫鱼	*Carassius auratus*	3227.95
6	林蛙蝌蚪	*Rana japonica*	3448.91
7	细鳞斜颌鲴	*Xenocypris microlepis*	3524.02
8	鲢鱼	*Hypophthalmichthys molitrix*	3951.69
9	草鱼	*Ctenopharyngodon idellus*	5440.99
10	褶叠萝卜螺	*Radi plicatula*（Benson）	5566.87
11	青鱼	*Mylopharyngodon piceus*	5698.11
12	虹鳟鱼	*Oncorhynchus mykiss*	7131.7
13	孔雀鱼	*Poecilia reticulata*	7719.07
14	尼罗罗非鱼	*Oreochromis niloticus*	8201.63
15	三角涡虫	*Dugesia japonica*	9738.09
16	中华大蟾蜍	*Bufo gargarizans*	15626.88
17	黑斑蛙	*Pelophylax nigromaculatus*	16271.12
18	霍甫水丝蚓	*Linnodrilus hoffmeisteri*	17283.86
19	河蚬	*Corbicula fluminea*	27353.79

表 3-38   2,4-DCP 对淡水水生生物的慢性毒性数据

排序	物种	拉丁名	SMAV/(μg/L)
1	鲫鱼	*Carassius auratus*	82.41
2	青鱼	*Mylopharyngodon piceus*	99.97
3	细鳞斜颌鲴	*Xenocypris microlepis*	199.94
4	翘嘴红鲌	*Erythroculter ilishaeformis*	348.14
5	大型溞	*Daphnia magna*	459.23
6	中华大蟾蜍	*Bufo gargarizans*	583.94
7	草鱼	*Ctenopharyngodon idellus*	583.94
8	河蚬	*Corbicula fluminea*	1001.79

3.4.4.5   2,4-二氯酚水质基准推导

（1）短期水质基准

依据 HJ 831—2017，利用 China-WQC 软件，对表 3-38 中修正到标准水质条件下的急性毒性数据进行分布检验和非线性拟合，得到拟合结果见表 3-39。

表 3-39　2,4-DCP 急性毒性数据拟合结果

拟合函数	R^2	RMSE	SSE	K-S(p)	HC$_5$ /(μg/L)	短期基准值 /(μg/L)
Logistic	0.9542	0.0586	0.0653	0.9287	1694.3378	847.17
Log-Logistic	0.958	0.0562	0.0599	0.9527	1803.0177	901.51
Normal	0.9679	0.0491	0.0458	0.9759	1667.2472	833.62
Log-Normal	0.9721	0.0458	0.0398	0.9816	1778.2194	889.11
Extreme Value	0.8266	0.1141	0.2417	0.5538	608.315	304.17

由表 3-39 可知,2,4-DCP 急性毒性数据符合 Logistic、Log-Logistic、Normal、Log-Normal、Extreme Value 分布 [K-S(p)>0.05],其中以 Log-Normal 函数拟合优度最佳 (R^2＝0.9721),由此得到 pH＝7.8 的水质条件下,我国 2,4-DCP 的短期淡水水生生物基准值为 889.11μg/L。

（2）长期水质基准

依据 HJ 831—2017,利用 China-WQC 软件,对表 3-38 中的我国本地物种及引进物种的慢性毒性数据进行分布检验和非线性拟合,得到拟合结果见表 3-40。

表 3-40　2,4-DCP 慢性毒性数据拟合结果

拟合函数	R^2	RMSE	SSE	K-S(p)	HC$_5$ /(mg/L)	短期基准值 /(mg/L)
Logistic	0.8448	0.1003	0.0805	0.9869	80.3526	40.18
Log-Logistic	0.8239	0.1068	0.0913	0.9679	84.7227	42.36
Normal	0.8494	0.0884	0.0625	0.9933	78.886	39.44
Log-Normal	0.8599	0.0953	0.0726	0.9915	83.3681	41.68
Extreme Value	0.6243	0.156	0.1948	0.6592	26.6073	13.30

由表 3-40 可知,2,4-DCP 慢性毒性数据符合 Logistic、Log-Logistic、Normal、Log-Normal、Extreme Value 分布 [K-S(p)>0.05],其中以 Log-Normal 函数拟合优度最佳 (R^2＝0.8599),由此得到我国 2,4-DCP 的长期淡水水生生物基准值为 41.68μg/L。

3.4.4.6　国内外 2,4-二氯酚水质基准对比分析

本章推导出来的我国 2,4-DCP 的短期淡水水生生物基准值为 889.11μg/L,长期淡水水生生物基准值为 41.68μg/L。USEPA 给出的保护水生生物的急、慢性基准值分别为 2020μg/L 和 365μg/L,大于我国 2,4-DCP 基准。

3.4.5　保护淡水水生生物水质基准——五氯酚

3.4.5.1　概述

五氯酚（Pentachlorophenol,PCP）化学式 C_6Cl_5OH,CAS 号 87-86-5,外观为白色薄片或结晶状固体白色针状结晶,有特臭,溶于水时生成有腐蚀性的盐酸气;热时有强烈刺激性气味。易溶于乙醇和乙醚,溶于苯,微溶于冷石油醚,几乎不溶于水,对眼睛、呼吸系统、皮肤有刺激性。在光照下速度分解,脱出氯化氢,颜色变深。常温下不易挥发。与强氧化剂不相容,稳定性好。

PCP 具有氧化损伤、发育毒性、内分泌毒性、遗传毒性、细胞毒性、基因毒性等，影响野生动物甚至人类的繁殖[24-27]。Owens 等研究发现五氯酚会导致青鳉心血管发育畸形，1250ng/卵的剂量就会导致 90% 的胚胎死亡[28]。类似研究表明，PCP 会在大马哈鱼组织中蓄积，改变大马哈鱼胚胎的生理生化指标[29]。PCP 及其主要代谢物诱导人体和老鼠的肝癌细胞系的氧化损伤和肝脏毒性。PCP 对水生生物有一定的毒性作用，对生态系统造成一定的风险，已先后被美国和我国列为优先控制污染物。

3.4.5.2　PCP 的环境暴露状况

水环境中的 PCP 主要来源于工业排放，其曾作为杀菌、防螺的重要药剂大量使用；此外，PCP 及其钠盐的生产使用过程中，大量含有 PCP 和其他酚类的废气、废水进入环境，因此 PCP 在环境受污水体中广泛存在[30]。据相关文献报道，PCP 在大气、水、沉积物、动物和人体中均有残留检出[31,32]，Gao 等对我国主要河流中 PCP 的浓度水平进行了调查研究，发现浓度水平大部分处于 $\mu g/L$ 级以下，所调查的区域范围内最大值分别达 $20\mu g/L$、$29\mu g/L$ 及 $0.59\mu g/L$，主要位于黄河和长江[33]。此外，我国太湖和洞庭湖也有不同浓度水平的 PCP 存在[34,35]。

3.4.5.3　本土生物毒性测试

（1）测试化合物

PCP（纯度 98%）购于 Sigma-Aldrich（St Louis，MO，USA）公司，先溶到助溶剂 DMSO（色谱级）中，存于 $-20℃$ 保存。所有试验中助溶剂 DMSO 浓度不超过 0.05%，本试验中所有水体暴露浓度采用名义浓度。

（2）测试生物选择

本章采用的测试生物包括斜生栅藻、霍甫水丝蚓、大型溞、多齿新米虾、中国林蛙蝌蚪、黄颡鱼、鲢鱼、鳙鱼、草鱼。

（3）毒性测试及其试验结果

测试生物驯化及试验期间稀释用水采用的都是曝气时间在 3d 以上的自来水。其 pH 值为 8.12 ± 0.11，DO 为 $(6.07\pm0.24)mg/L$，电导率为 $(319\pm9.10)\mu S/cm$，碱度为 $(95.48\pm4.64)mg/L（CaCO_3）$，硬度为 $(126\pm4.95)mg/L（CaCO_3）$。

1）斜生栅藻毒性试验　试验所用的斜生栅藻是由中国科学院水生生物研究所淡水藻种库提供。试验前采用 WC 培养基[36] 在连续光照培养箱内（温度 25℃$\pm$1℃，光强约 5000lx）预先培养 $4\sim6d$，使之处于对数增长期。试验条件与培养条件相同。

斜生栅藻实验以 24h 藻生物量为测试终点计算藻类的平均生长速率进行藻类毒性实验。首先建立藻细胞密度（y）与光密度值（x）的线性关系，向 96 孔板中分别加入 2 个 $100\mu L$ 含藻培养基（即读取 2 次取平均值）；采用多功能酶标仪 Synergy H4（BioTek Instruments Inc.，Winooski，VT）读取（激发/发射波长为 485nm/685nm）OD 值，回归方程为 $y=96.5590x+877.0487$（$R^2=0.9996$）。按照对数等间距设置 6 个试验浓度，同时设一个空白，一个溶剂 DMSO 对照。试验在 50mL 锥形瓶中装入 20mL 加有 PCP 溶剂的培养基，灭菌后在超净台接种，藻类的初始密度在 10^5 个/mL 左右，每个浓度 3 个平行。24h 后用灭过菌的枪头在超净台下取样测试藻密度。同时做参比物质为重铬酸钾的参比试验，按上述试验步骤测定重铬酸钾对斜生栅藻的 24h EC_{50} 值。

2）霍甫水丝蚓毒性试验　试验所用的霍甫水丝蚓均是从野外采回，之后在鱼缸中扩大培养 1 年。鱼缸底部铺上大粒石英砂，上部的松软基质由脱脂棉制成，之后加入曝气水，注意每两天换一次水。霍甫水丝蚓的食物为豆粉和捣碎的莴苣。试验前挑选出 1～3cm 的健康幼体备用。

按照对数等间距配置 6 个试验浓度，同时设 1 个空白，1 个溶剂 DMSO 对照。试验在盛有 50mL 试液的 150mL 烧杯中进行，将挑选的幼体放入蒸馏水中清洗干净后放入烧杯中，每个浓度 3 个平行，每个平行 10 尾。每 24h 更新 1 次试液，持续 96h。试验期间不喂食，同时每次更换试液时记录霍普水丝蚓的中毒症状及死亡数目。

采用曝气水为试验稀释用水，PCP 对霍甫水丝蚓的毒性试验结果如表 3-41 所列。

表 3-41　PCP 对霍甫水丝蚓的毒性试验结果（致死率：%）

浓度/(μmol/L)	2	1	0.5	0.25	0.125	0
24h-1	100.00	0.00	0.00	0.00	0.00	0.00
24h-2	100.00	0.00	0.00	0.00	0.00	0.00
24h-3	100.00	10.00	0.00	0.00	0.00	0.00
48h-1	100.00	30.00	0.00	0.00	0.00	0.00
48h-2	100.00	30.00	10.00	0.00	0.00	0.00
48h-3	100.00	30.00	0.00	0.00	0.00	0.00
72h-1	100.00	70.00	0.00	0.00	0.00	0.00
72h-2	100.00	80.00	10.00	0.00	0.00	0.00
72h-3	100.00	80.00	0.00	0.00	0.00	0.00
96h-1	100.00	100.00	30.00	10.00	0.00	0.00
96h-2	100.00	100.00	30.00	0.00	0.00	0.00
96h-3	100.00	100.00	20.00	0.00	0.00	0.00

3）大型溞毒性试验　试验所用大型溞是从单克隆体培养出来的，由本实验室保存，溞种经多年驯养后用于试验。大型溞的培养条件是：温度 23℃±1℃，光照比 12h：12h，光强 2000lx。每天喂食一定量的斜生栅藻，每隔 2d 换 1 次水，每天注意观察大型溞生长状况并及时添加藻类，一旦发现有怀卵母溞即将其移至另外的缸内培养。每天定时将小溞移出。毒性试验用溞为实验室培养的孤雌生殖三代以后的幼溞，溞龄为出生 6～24h 以内。

按照对数等间距配置 6 个试验浓度，同时设 1 个空白，一个溶剂 DMSO 对照。试验时在 50mL 烧杯中装入 20mL 不同浓度的溶液，每只烧杯放入 5 只幼溞，幼溞溞龄为 6～24h，每个浓度设 4 个平行，于 24h、48h 观察记录活动受抑制的幼溞数。试验期间不投饵料。同时做参比物质为重铬酸钾的参比试验，按上述试验步骤测定重铬酸钾对大型溞的 24h EC_{50} 值。

4）多齿新米虾毒性试验　试验所用的多齿新米虾购买自南京花鸟鱼虫市场，为同一生境、同一时期、大小均匀、体质健康的多齿新米虾。多齿新米虾买回后放在实验室内的水族箱里进行饲养 14d 以上，每天喂食一定量的斜生栅藻并及时清理食物残渣及粪便等杂物。驯养期间死亡率小于 10%，然后从中选择体质健康、大小、全长和体重近似的虾苗，平均体长 2～3cm；随后随机分组作为试验对象。

按照对数等间距配置 6 个试验浓度，同时设 1 个空白，一个溶剂 DMSO 对照。试验在盛有 1L 试液的 2L 烧杯中进行，将挑选的幼体放入蒸馏水中清洗干净后放入烧杯中，每个浓度 3 个平行，每个平行 10 只。每 24h 更新 1 次试液，持续 96h，试验期间不喂食，同时每次更换试液时记录多齿新米虾的中毒症状及死亡数目，并将死虾及时取出。

采用曝气水为试验用液，PCP 对多齿新米虾的毒性试验结果如表 3-42 所列。

表 3-42　PCP 对多齿新米虾的毒性试验结果（致死率:%）

浓度/(μmol/L)	2	1	0.5	0.25	0.125	0
24h-1	100.00	0.00	0.00	0.00	0.00	0.00
24h-2	100.00	0.00	0.00	0.00	0.00	0.00
24h-3	100.00	10.00	0.00	0.00	0.00	0.00
48h-1	100.00	30.00	0.00	0.00	0.00	0.00
48h-2	100.00	30.00	10.00	0.00	0.00	0.00
48h-3	100.00	30.00	0.00	0.00	0.00	0.00
72h-1	100.00	70.00	0.00	0.00	0.00	0.00
72h-2	100.00	80.00	10.00	0.00	0.00	0.00
72h-3	100.00	80.00	0.00	0.00	0.00	0.00
96h-1	100.00	100.00	30.00	10.00	0.00	0.00
96h-2	100.00	100.00	30.00	0.00	0.00	0.00
96h-3	100.00	100.00	20.00	0.00	0.00	0.00

5）中国林蛙蝌蚪毒性试验　试验所用的中国林蛙蝌蚪购买自花鸟鱼虫市场，为同一生境、同一时期、大小均匀、体质健康的蝌蚪。蝌蚪买回后放在实验室内的水族箱里进行饲养，室温条件下发育至胚后 20d 开始做毒性试验。驯养期间每天换水同时记录下水温，喂食 2 次，并且将食物残渣及粪便等杂物及时清理，驯养期间保证死亡率小于 10%。试验前一天不进行喂食，然后从中选取体质健康、大小、全长和体重近似的蝌蚪进行试验，全长（从吻端到尾部）为 1.2～1.4cm；随后随机分组作为试验对象。

按照对数等间距配置 6 个试验浓度，同时设 1 个空白，一个溶剂 DMSO 对照。试验在盛有 1L 试液的 2L 烧杯中进行，将挑选的幼体放入蒸馏水中清洗干净后放入烧杯中，每个浓度 3 个平行，每个平行 10 尾。每 24h 更新 1 次试液，持续 96h，试验期间不喂食，同时每次更换试液时记录林蛙蝌蚪的中毒症状及死亡数目，并将死亡蝌蚪及时取出。

采用曝气水为试验用液，PCP 对我国林蛙蝌蚪的毒性试验结果如表 3-43 所列。

表 3-43　PCP 对我国林蛙蝌蚪的毒性试验结果（致死率:%）

浓度/(μmol/L)	3.2	1.6	0.8	0.4	0
24h-1	100.00	100.00	0.00	0.00	0.00
24h-2	100.00	100.00	0.00	0.00	0.00
24h-3	100.00	100.00	0.00	0.00	0.00
48h-1	100.00	100.00	0.00	0.00	0.00
48h-2	100.00	100.00	0.00	0.00	0.00
48h-3	100.00	100.00	0.00	0.00	0.00
72h-1	100.00	100.00	10.00	0.00	0.00
72h-2	100.00	100.00	10.00	0.00	0.00
72h-3	100.00	100.00	0.00	0.00	0.00
96h-1	100.00	100.00	20.00	0.00	0.00
96h-2	100.00	100.00	10.00	0.00	0.00
96h-3	100.00	100.00	10.00	0.00	0.00

6) 黄颡鱼毒性试验 试验所用的黄颡鱼购买自花鸟鱼虫市场，为同一生境、同一时期、大小均匀、体质健康的黄颡鱼。鱼苗买回后需要进行 14d 以上驯化。驯养期间每天换水同时记录下水温，喂食 2 次，并且将食物残渣及粪便等杂物及时清理，驯养期间保证死亡率小于 10%。试验前一天不进行喂食，然后从中选择体质健康、大小、全长和体重近似的鱼苗，平均体长 3～4cm；随后随机分组作为试验对象。

按照对数等间距配置 6 个试验浓度，同时设 1 个空白，一个溶剂 DMSO 对照。试验在盛有 1L 试液的 2L 烧杯中进行，将挑选的幼体放入蒸馏水中清洗干净后放入烧杯中，每个浓度 3 个平行，每个平行 10 尾。每 24h 更新 1 次试液，持续 96h，试验期间不喂食，同时每次更换试液时记录鱼苗的中毒症状及死亡数目，并将死鱼及时取出。

采用曝气水为试验用液，PCP 对黄颡鱼的毒性试验结果如表 3-44 所列。

表 3-44 PCP 对黄颡鱼的毒性试验结果（致死率：%）

浓度/(μmol/L)	1.6	0.8	0.4	0.2	0.1	0.05	0
24h-1	100.00	100.00	10.00	0.00	0.00	0.00	0.00
24h-2	100.00	100.00	0.00	0.00	0.00	0.00	0.00
24h-3	100.00	100.00	0.00	0.00	0.00	0.00	0.00
48h-1	100.00	100.00	20.00	10.00	0.00	0.00	0.00
48h-2	100.00	100.00	20.00	0.00	0.00	0.00	0.00
48h-3	100.00	100.00	20.00	0.00	0.00	0.00	0.00
72h-1	100.00	100.00	60.00	10.00	0.00	0.00	0.00
72h-2	100.00	100.00	60.00	0.00	0.00	0.00	0.00
72h-3	100.00	100.00	50.00	0.00	0.00	0.00	0.00
96h-1	100.00	100.00	60.00	10.00	0.00	0.00	0.00
96h-2	100.00	100.00	60.00	0.00	0.00	0.00	0.00
96h-3	100.00	100.00	60.00	0.00	0.00	0.00	0.00

7) 鲢鱼毒性试验 试验所用的鲢鱼大小均匀、体质健康。鱼苗买回后进行 14d 以上驯化。驯养期间每天换水同时记录水温，喂食 2 次，将食物残渣及粪便等及时清理，驯养期间保证死亡率小于 10%。试验前一天不进行喂食，然后从中选择体质健康、大小、全长和体重近似的鱼苗，平均体长 3～4cm；随后随机分组作为试验对象。

按照公比设 6 个试验浓度，同时设 1 个空白，一个溶剂 DMSO 对照。试验在盛有 1L 试液的容积为 2L 的烧杯中进行，将挑选的幼体放入蒸馏水中清洗干净后放入烧杯中，每个浓度 3 个平行，每个平行 10 尾。每 24h 更新 1 次试液，持续 96h，试验期间不喂食，每次更换试液时记录鱼苗中毒症状及死亡数，并将死鱼及时取出。

采用曝气水为试验用液，PCP 对鲢鱼毒性试验结果如表 3-45 所列。

表 3-45 PCP 对鲢鱼的毒性试验结果（致死率：%）

浓度/(μmol/L)	0.8	0.4	0.2	0.1	0.05	0.025	0
24h-1	100.00	40.00	0.00	0.00	0.00	0.00	0.00
24h-2	100.00	40.00	0.00	0.00	0.00	0.00	0.00
24h-3	100.00	50.00	0.00	0.00	0.00	0.00	0.00
48h-1	100.00	100.00	20.00	0.00	0.00	0.00	0.00
48h-2	100.00	100.00	20.00	0.00	0.00	0.00	0.00
48h-3	100.00	100.00	30.00	0.00	0.00	0.00	0.00

浓度/(μmol/L)	0.8	0.4	0.2	0.1	0.05	0.025	0
72h-1	100.00	100.00	40.00	0.00	0.00	0.00	0.00
72h-2	100.00	100.00	40.00	0.00	0.00	0.00	0.00
72h-3	100.00	100.00	50.00	0.00	0.00	0.00	0.00
96h-1	100.00	100.00	70.00	70.00	40.00	0.00	0.00
96h-2	100.00	100.00	70.00	70.00	40.00	0.00	0.00
96h-3	100.00	100.00	80.00	60.00	40.00	0.00	0.00

8）鳙鱼毒性试验　试验所用的鳙鱼购买自花鸟鱼虫市场，为同一生境、同一时期、大小均匀、体质健康的鳙鱼。鱼苗买回后需要进行 14d 以上驯化。驯养期间每天换水同时记录下水温，喂食 2 次，并且将食物残渣及粪便等杂物及时清理，驯养期间保证死亡率＜10%。试验前一天不进行喂食，然后从中选择体质健康、大小、全长和体重近似的鱼苗，平均体长 3～4cm；随后随机分组作为试验对象。

按照对数等间距配置 6 个试验浓度，同时设 1 个空白，一个溶剂 DMSO 对照。试验在盛有 1L 试液的容积为 2L 的烧杯中进行，将挑选的幼体放入蒸馏水中清洗干净后放入烧杯中，每个浓度 3 个平行，每个平行 10 尾。每 24h 更新 1 次试液，持续 96h，试验期间不喂食，同时每次更换试液时记录鱼苗的中毒症状及死亡数目，并将死鱼及时取出。

采用曝气水为试验用液，PCP 对鳙鱼的毒性试验结果如表 3-46 所列。

表 3-46　PCP 对鳙鱼的毒性试验结果（致死率：%）

浓度/(μmol/L)	8	4	2	1	0.5	0.25	0
24h-1	100.00	100.00	100.00	20.00	0.00	0.00	0.00
24h-2	100.00	100.00	100.00	10.00	0.00	0.00	0.00
24h-3	100.00	100.00	100.00	10.00	0.00	0.00	0.00
48h-1	100.00	100.00	100.00	60.00	0.00	0.00	0.00
48h-2	100.00	100.00	100.00	50.00	10.00	0.00	0.00
48h-3	100.00	100.00	100.00	50.00	0.00	0.00	0.00
72h-1	100.00	100.00	100.00	100.00	0.00	0.00	0.00
72h-2	100.00	100.00	100.00	90.00	10.00	0.00	0.00
72h-3	100.00	100.00	100.00	90.00	10.00	0.00	0.00
96h-1	100.00	100.00	100.00	100.00	10.00	0.00	0.00
96h-2	100.00	100.00	100.00	100.00	10.00	0.00	0.00
96h-3	100.00	100.00	100.00	90.00	10.00	0.00	0.00

9）草鱼毒性试验　试验所用的草鱼购买自花鸟鱼虫市场，为同一生境、同一期、大小均匀、体质健康的草鱼。鱼苗买回后需要进行 14d 以上驯化。驯养期间每天换水同时记录下水温，喂食 2 次，并且将食物残渣及粪便等杂物及时清理，驯养期间保证死亡率小于10%。试验前一天不进行喂食，然后从中选择体质健康、大小、全长和体重近似的鱼苗，平均体长 3～4cm；随后随机分组作为试验对象。

按照对数等间距配置 6 个试验浓度，同时设 1 个空白，一个溶剂 DMSO 对照。试验在盛有1L试液的2L烧杯中进行，将挑选的幼体放入蒸馏水中清洗干净后放入烧杯中，每个浓度3个平行，每个平行10尾。每24h更新1次试液，持续96h，试验期间不喂食，同时每次更换试液时记录鱼苗的中毒症状及死亡数目，并将死鱼及时取出。

采用曝气水为试验用液，PCP对草鱼的毒性试验结果如表3-47所列。

表 3-47　PCP 对草鱼的毒性试验结果（致死率：%）

浓度/(μmol/L)	4	2	1	0.5	0.25	0
24h-1	100.00	60.00	0.00	0.00	0.00	0.00
24h-2	100.00	60.00	0.00	0.00	0.00	0.00
24h-3	100.00	70.00	0.00	0.00	0.00	0.00
48h-1	100.00	100.00	0.00	0.00	0.00	0.00
48h-2	100.00	100.00	0.00	0.00	0.00	0.00
48h-3	100.00	100.00	0.00	0.00	0.00	0.00
72h-1	100.00	100.00	0.00	0.00	0.00	0.00
72h-2	100.00	100.00	0.00	0.00	0.00	0.00
72h-3	100.00	100.00	0.00	0.00	0.00	0.00
96h-1	100.00	100.00	0.00	0.00	0.00	0.00
96h-2	100.00	100.00	0.00	0.00	0.00	0.00
96h-3	100.00	100.00	10.00	0.00	0.00	0.00

3.4.5.4　PCP 对我国淡水生物的毒性数据

通过文献检索 PCP 对我国淡水生物的毒性数据，并结合一部分自测数据，依据《淡水水生生物水质基准制定技术指南》（HJ 831—2017）对获得的数据进行筛选，对获得的数据进行统计，得到用于 PCP 水质标准制定的物种平均急性毒性值（SMAV）和物种平均慢性毒性值（SMCV），见表 3-48 和表 3-49。

表 3-48　PCP 基准值的急性毒性数据

序号	物种名称	物种拉丁名	SMAV/(μg/L)
1	黄颡鱼	*Pelteobagrus fulvidraco*	10
2	牡蛎	*Crassostrea virginica*	49
3	鲫鱼	*Carassius auratus*	78.14
4	蓝鳃太阳鱼	*Lepomis macrochirus*	81.83
5	斑点叉尾鮰	*Ictalurus punctatus*	83.99
6	细鳞斜颌鲴	*Plagiognathops microlepis*	90
7	虹鳟鱼	*Oncorhynchus mykiss*	92.35
8	青鱼	*Mylopharyngodon piceus*	95
9	鲻鱼	*Mugil cephalus*	112
10	翘嘴红鲌	*Erythroculter ilishaeformis*	130
11	细螯沼虾	*Macrobrachium superbum*	140
12	棘爪网纹溞	*Ceriodaphnia reticulata*	150

序号	物种名称	物种拉丁名	SMAV/(μg/L)
13	广布中剑水溞	*Mesocyclops leuckarti*	154.51
14	鲢鱼	*Hypophthalmichthys molitrix*	170
15	林蛙蝌蚪	*Rana chensinensis*	186
16	黑头软口鲦	*Pimephales promelas*	194
17	大口黑鲈	*Micropterus salmoides*	194.16
18	椎实螺	*Lymnaea acuminata*	228
19	河蚬	*Corbicula fluminea*	230
20	老年低额溞	*Simocephalus vetulus*	246.85
21	对虾	*Gammarus pseudolimnaeus*	255.42
22	食蚊鱼	*Gambusia affinis*	282.96
23	孔雀鱼	*Poecilia reticulata*	286.69
24	模糊网纹溞	*Ceriodaphnia dubia*	307
25	三角涡虫	*Lugesia japonica*	445
26	大型溞	*Daphnia magna*	475.45
27	斑马胎贝	*Dreissena polymorpha*	522.68
28	端足类动物	*Crangonyx pseudogracilis*	532.99
29	摇蚊幼虫	*Chironomus riparius*	703.27
30	霍甫水丝蚓	*Limnodrilus hoffmeisteri*	1100
31	萼花臂尾轮虫	*Brachionus calyciflorus*	1310
32	田螺	*Viviparus bengalensis*	1570
33	垫刃线虫	*Tylenchus elegans*	1704.58
34	桃红对虾	*Penaeus duorarum*	5600
35	小杆线虫	*Rhabditis* sp.	9188.73

表 3-49 PCP 基准值的慢性毒性数据

序号	物种名称	物种拉丁名	SMCV/(μg/L)
1	细螯沼虾	*Macrobrachium superbum*	6
2	青鱼	*Mylopharyngodon piceus*	7
3	细鳞斜颌鲴	*Plagiognathops microlepis*	7
4	翘嘴红鲌	*Erythroculter ilishaeformis*	12.5
5	虹鳟鱼	*Pimephales promelas*	29.34
6	河蚬	*Corbicula fluminea*	35
7	老年低额溞	*Simocephalus vetulus*	35.5
8	广布中剑水蚤	*Mesocyclops leuckarti*	52
9	模糊网纹溞	*Ceriodaphnia dubia*	79
10	大型溞	*Daphnia magna*	96
11	银鱼胚胎	*Hemisalanx prognathus*	110
12	隆线溞	*Daphnia carinata*	177
13	萼花臂尾轮虫	*Brachionus calyciflorus*	600

　　文献调研表明，水体不同特征 pH 值对氯酚生物毒性的影响较大[37-40]，美国水质基准中 PCP 的水质基准将 pH 值作为重要考虑因素，水质基准最终表述为 pH 值的函数[41]。

因此，基于 pH 值的数据处理应作为水质基准推导考虑的重要因子，水质基准的最终表述形式像美国制定的 PCP 一样，是关于 pH 值的函数形式。邢立群等[42] 在研究我国 3 种氯酚水质基准的时候发现 PCP 的毒性和 pH 值的函数关系如下：

$$\Delta \ln EC_{50}/LC_{50} = 0.7330 \times \Delta pH \quad (R^2 = 0.3310, p = 0.00020)$$

所以本章首先会对所有收集到的及实验室补充的数据进行 pH 值校验，将所有毒性值均按照上述公式校验到 pH=7.8 的浓度下再进行下一步研究，以确保所有毒性值是同一pH 值条件下的。按照筛选原则，筛选出符合条件的 PCP 对水生动物急慢性数据如表 3-48、表 3-49 所列。

3.4.5.5　PCP 水质基准推导

（1）短期水质基准

依据 HJ 831—2017，利用 China-WQC 软件，对表 3-48 中我国本地种及引进物种的急性毒性数据进行分布检验和非线性拟合，得到拟合结果见表 3-50。

表 3-50　PCP 急性毒性数据拟合结果

拟合函数	HC₅ /(mg/L)	R^2	RMSE	SSE	K-S(p)	短期基准值 /(μg/L)
Logistic	31.9154	0.9612	0.0553	0.11	0.6603	15.96
Log-Logistic	38.815	0.9864	0.0327	0.0385	0.9474	19.41
Normal	31.0456	0.9583	0.0574	0.1184	0.5902	15.5228
Log-Normal	38.1066	0.9774	0.0422	0.0642	0.7961	19.0533
Extreme Value	7.6736	0.8523	0.1079	0.4193	0.0354	3.8368

由表 3-50 可知，PCP 急性毒性数据符合 Logistic、Log-Logistic、Normal、Log-Normal、Extreme Value 分布 [K-S(p)>0.05]，其中以 Log-Logistic 函数拟合优度最佳（R^2=0.9864），我国 PCP 的短期淡水水生生物基准值为 19.41μg/L。

（2）长期水质基准

依据 HJ 831—2017，利用 China-WQC 软件，对表 3-49 中我国本地种及引进物种的慢性毒性数据进行分布检验和非线性拟合，得到拟合结果见表 3-51。

表 3-51　PCP 慢性毒性数据拟合结果

拟合函数	HC₅ /(mg/L)	R^2	RMSE	SSE	K-S(p)	短期基准值 /(mg/L)
Logistic	4.5814	0.947	0.0615	0.0492	0.9647	2.29
Log-Logistic	6.166	0.8969	0.0858	0.0957	0.9043	3.08
Normal	4.4463	0.9603	0.0532	0.0368	0.9838	2.22
Log-Normal	6.0674	0.9173	0.0768	0.0768	0.9289	3.03
Extreme Value	2.3014	0.9278	0.0718	0.0671	0.9566	1.15

由表 3-51 可知，PCP 慢性毒性数据符合 Logistic、Log-Logistic、Normal、Log-Normal、Extreme Value 分布分 [K-S(p)>0.05]，其中以 Normal 函数拟合优度最佳（R^2=0.9603），我国 PCP 的长期淡水水生生物基准值为 2.22μg/L。

3.4.5.6　中外基准阈值对比

欧盟发布的地表水环境中 PCP 的标准限值为 0.4μg/L，最大允许浓度为 1μg/L，与美国和本章推导的基准值相比更严格。澳大利亚和新西兰保护 95% 水生生物 PCP 触发值

为 $10\mu g/L$。WHO 文件中给出 PCP 标准限值为 $9\mu g/L$。本章所推导出的长期基准大于欧盟小于澳大利亚、新西兰和 WHO。

3.4.6 保护水生生物水质基准——2,4,6-三氯酚

3.4.6.1 概述

2,4,6-三氯酚（2,4,6-trichlorophenol，2,4,6-TCP）又名 2,4,6-三氯苯酚，CAS 号 88-06-2，化学式 $C_6H_3Cl_3O$，分子量 197.45，为白色或棕色结晶，有令人不愉快的气味，能溶于水、乙醇、苯和醚，能随水蒸气挥发，有强烈刺激性。2,4,6-TCP 是一种常见的氯酚类化合物，遇明火、高热可燃。其粉体与空气可形成爆炸性混合物，当达到一定浓度时遇火星会发生爆炸。2,4,6-TCP 受高热分解放出有毒的氯化氢、氯气和腐蚀性烟雾。

3.4.6.2 2,4,6-TCP 理化性质与环境行为

在生产中 2,4,6-TCP 可以用作染料中间体、杀菌剂、防腐剂，也用作聚酯纤维的溶剂，在造纸厂、印染行业使用较多[43]。此外，2,4,6-TCP 在环境中发生迁移、扩散和转化。大气中 2,4,6-TCP 可以光分解，其半衰期约 17h。其亦可与氢氧自由基反应，半衰期约 2.7d，降雨及雪为重要的去除机制。水中 2,4,6-TCP 可生物分解，在河水中其平均半衰期为 6.3d。在河水表面光分解可快速发生，其半衰期约 2.1h。挥发至大气中的半衰期约 2d。土壤中 2,4,6-TCP 可生物分解，然而其分解速率与温度、氧的可利用性，及是否存在适当的微生物有关，完全分解最短需 3d[44]。在厌氧状态或无微生物状态下无生物分解发生。土壤中含较多有机成分时，2,4,6-TCP 可吸附于土壤中，在土壤表面光分解及挥发性为重要的去除机制。研究表明，2,4,6-TCP 的暴露会增加三种浮萍胞外过氧化物酶活性，影响生物的生长并在体内富集[45]。2,4,6-TCP 能促使鲫鱼肝脏内羟基自由基的产生，进而产生氧化胁迫[46]。为保护淡水水生生物免受 2,4,6-TCP 毒性作用影响，有必要开展 2,4,6-TCP 基准研究，更好地管理和控制我国水体污染。

本章以 2,4,6-TCP 为例探讨了我国国家水质基准的推导方法，对从大量文献和实验中获得的水生生物物种（包括我国本地物种及引进物种等）的 2,4,6-TCP 毒性数据进行统计分析，采用 China-WQC 法推导了 2,4,6-TCP 的淡水水生生物国家基准，并与我国现有基准和其他国家基准进行比较。

3.4.6.3 本土生物毒性测试

（1）测试化合物

将 2,4,6-TCP 溶于助溶剂 DMSO（色谱级）中，存于 $-20℃$ 保存。所有试验中助溶剂 DMSO 浓度不超过 0.05%，本试验中所有水体暴露浓度采用名义浓度（即配制不同浓度水平）的试验液。

受试化合物 2,4,6-TCP 理化性质如表 3-52 所列。

表 3-52 受试化合物的理化性质

化合物	分子量	沸点/℃	熔点/℃	蒸汽压/mm Hg	溶解度(20℃)/(g/L)	pKa	$\lg K_{ow}$
2,4,6-TCP	197.45	243~249	69	0.03	0.434	6.0~7.4	3.60~4.05

注：1mmHg=133.322Pa，下同。

（2）测试生物选择

本章采用的测试生物包括霍甫水丝蚓、三角涡虫、中国林蛙蝌蚪、黄颡鱼、鲫鱼，分属于 3 门 6 科，以补充 2,4,6-TCP 毒性数据。

（3）毒性测试及其实验结果

1）霍甫水丝蚓　实验用霍甫水丝蚓购自水族市场，在 15～25℃ 条件下，培养于 60cm×25cm×20cm 的流水式鱼缸中，鱼缸底部铺 5cm 左右底泥，加入一定量的曝气水。实验前挑选 2.0～3.0cm 健康活泼幼体，放入装有 90mm×45mm 结晶皿中，盖上表面皿，在 22℃、自然光照的人工气候培养箱中清肠 24h，清肠后仍然健康的霍甫水丝蚓作为正式实验动物。毒性试验前的基本条件：pH 值为 8.0，温度为 22℃±1℃，DO≥8.1mg/L，每隔 1d 清肠。实验生物个体的生理条件：挑选 2.0～3.0cm 健康活泼幼体。毒性试验方法：挑选的霍甫水丝蚓放入曝气自来水中清洗干净，然后随机放入盛有 100mL 试液的 90mm×45mm 结晶皿中，每皿 20 条，同时用表面皿盖好。2,4,6-TCP 采用半静态实验，每 24h 更换试液。每天观察霍甫水丝蚓中毒症状和死亡情况，并将死亡个体及时取出。霍甫水丝蚓的死亡标准为：身体泛白，失去伸缩能力，用解剖针碰触无反应。

2,4,6-TCP 对霍甫水丝蚓的毒性数据结果如表 3-53 所列。

表 3-53　2,4,6-TCP 对霍甫水丝蚓的毒性数据结果

2,4,6-TCP/(mg/L)			0	4	5	6.25	7.81	9.77	12.21
受试生物个数/个			20	20	20	20	20	20	20
死亡数	24h	1#	0	0	0	1	2	7	14
		2#	0	0	0	1	3	9	15
		3#	0	0	0	3	10	14	
		平均死亡率/%	0	0	0	3.33	13.33	43.33	71.67
	48h	1#	0	0	0	2	4	8	19
		2#	0	0	0	2	5	11	19
		3#	0	0	0	4	15	20	
		平均死亡率/%	0	0	0	8.33	21.67	56.67	96.67
	72h	1#	0	1	1	2	5	11	20
		2#	0	0	1	2	6	12	19
		3#	0	1	0	1	5	17	20
		平均死亡率/%	0	3.33	3.33	8.33	26.67	66.67	98.33
	96h	1#	0	1	2	3	5	15	20
		2#	1	1	1	4	8	13	20
		3#	1	2	1	2	6	19	20
		平均死亡率/%	3.33	6.67	6.67	15	31.67	78.33	100

2）三角涡虫　东亚三角涡虫（*Dugesia japonica*），试验前的培养条件：25℃±0.5℃，12h：12h 光暗比，曝气除氯自来水，每 2d 猪肝喂食一次。生长年龄为 3～5 个月。试验时的个体大小：1.5cm±0.2cm 体长。毒性试验前的基本条件：pH 值为 7.2，温度为 25℃±0.5℃，DO≥80%（空气饱和度），添加营养盐，每隔 1 天清肠。正常情况下，健康的东亚三角涡虫体长约 1.5cm±0.2cm，体表无任何伤口，摄食正常，对外部触碰刺激剂反应灵敏。毒性试验采取半静态暴露，每 24h 更新全部染毒溶液，10 条涡虫/50mL 暴露溶液，涡虫的死亡标准为：对外部触碰无反应。

2,4,6-TCP 对东亚三角涡虫的毒性数据结果如表 3-54 所列。

表 3-54 2,4,6-TCP 对东亚三角涡虫的毒性数据结果

2,4,6-TCP/(mg/L)			5.500	6.537	7.769	9.233	10.973	13.041	15.500
受试生物个数/个			10	10	10	10	10	10	10
死亡数	24h	1#	1	0	0	0	1	1	2
		2#	0	0	1	0	0	0	0
		3#	0	0	1	1	0	1	0
		平均死亡率/%	3.333	0	6.667	3.333	3.333	6.667	6.667
	48h	1#	1	1	0	2	2	3	8
		2#	0	2	2	1	2	4	7
		3#	0	0	1	1	1	2	6
		平均死亡率/%	3.333	10.000	10.000	13.333	16.667	30.000	70.000
	72h	1#	1	1	1	2	3	8	8
		2#	0	2	3	2	4	7	9
		3#	0	1	3	2	4	6	9
		平均死亡率/%	3.333	13.333	23.333	20.000	36.667	70.000	86.667
	96h	1#	2	1	1	2	5	9	9
		2#	0	2	4	3	4	8	10
		3#	0	1	5	2	5	9	9
		平均死亡率/%	6.667	13.333	33.333	23.333	46.667	86.667	93.333

3）中国林蛙蝌蚪 实验用林蛙蝌蚪（*Rana chensinensis*），生长年龄为发育至 26～29 期，试验前的培养条件：23℃±0.5℃，12h：12h 光暗比，曝气除氯自来水，每日喂食观赏鱼饲料喂一次。毒性试验前的基本条件：pH 值为 7.2～7.6，温度为 23℃±0.5℃，DO≥80%（空气饱和度），每隔 1d 清肠。正常情况下健康的林蛙蝌蚪体表无任何伤口，摄食正常，对外部触碰刺激剂反应灵敏。毒性试验方法：半静态暴露，每 24h 更新全部染毒溶液，10 只蝌蚪/1000mL 暴露溶液。蝌蚪的死亡标准为：用镊子轻夹蝌蚪的尾部无反应。

2,4,6-TCP 对中国林蛙蝌蚪的毒性数据结果如表 3-55 所列。

表 3-55 2,4,6-TCP 对中国林蛙蝌蚪的毒性数据结果

2,4,6 三氯酚/(mg/L)			0.60	0.76	0.87	1.00	1.20	1.32	1.52	1.75	2.00
受试生物个数/个			10	10	10	10	10	10	10	10	10
死亡数	24h	1#	0	1	3	3	2	5	2	5	9
		2#	0	1	2	1	3	3	5	7	10
		3#	0	2	0	1	2	4	6	6	7
		平均死亡率/%	0	13.3	16.7	16.7	23.3	40	43.3	60	86.7
	48h	1#	0	5	4	6	7	9	9	10	10
		2#	0	3	5	6	7	10	10	10	10
		3#	0	4	3	6	8	9	10	10	10
		平均死亡率/%	0	40	40	60	73.3	93.3	96.7	100.0	—
	72h	1#	0	6	7	9	9	10	10	—	—
		2#	0	7	7	8	10	10	10	—	—
		3#	0	7	8	7	9	10	10	—	—
		平均死亡率/%	0	66.7	73.3	80	93.3	100.0	—	—	—
	96h	1#	0	6	8	10	10	—	—	—	—
		2#	0	8	8	8	10	—	—	—	—
		3#	0	7	8	8	10	—	—	—	—
		平均死亡率/%	0	70	80.0	86.7	100.0	—	—	—	—

4）黄颡鱼 黄颡鱼苗购买自南京市某水产养殖基地。黄颡鱼系胚胎孵化生长的 20 日龄，平均体长约 15.0mm，平均体重约 0.03g。鱼类运回来后，将各种受试生物放在实验室水族箱中驯养，黄颡鱼苗运回来后需要驯养 1 周以上。驯养期间每天换水并记录水温，可以通过加热棒控制水温，增氧泵曝气增氧，每天定时喂食 1～2 次。驯养过程中及时清理食物残渣及粪便等杂物，试验前 2d 需要停止喂食，驯养期间死亡率不得超过 10%；随后从中选择规格基本一致、活跃、体质健康的个体，将试验对象随机分组。

2,4,6-TCP 对黄颡鱼的毒性数据结果如表 3-56 所列。

表 3-56   2,4,6-TCP 对黄颡鱼的毒性数据结果

2,4,6-三氯酚/(mg/L)			2	2.44	2.98	3.63	4.43	5.4	6.6	8
受试生物个数/个			10	10	10	10	10	10	10	10
死亡数	24h	1#	0	3	0	1	10	8	10	10
		2#	0	1	0	0	4	8	10	10
		平均死亡率/%	0	20	0	5	70	80	100	100
	48h	1#	1	9	8	9	10	10	10	10
		2#	4	9	8	9	10	10	10	10
		平均死亡率/%	25	90	80	90	100	100	100	100

5）鲫鱼 鲫鱼苗购买自南京市某水产养殖基地。鲫鱼系胚胎孵化生长的约 20 日龄，平均体长约 15.0mm，平均体重约 0.04g。鲫鱼鱼苗运回来后需要驯养 2 周以上。驯养期间每天换水并记录水温，可以通过加热棒控制水温，增氧泵曝气增氧，每天定时喂食 1～2 次。驯养过程中及时清理食物残渣及粪便等杂物，试验前 2d 需要停止喂食，驯养期间死亡率不得超过 10%；随后从中选择规格基本一致、活跃、体质健康的个体，将试验对象随机分组。驯化和实验的 pH 值为 7.73～7.84，温度为 20.8℃，DO 为 7.48～7.43mg/L。

2,4,6-TCP 对鲫鱼的毒性数据结果如表 3-57 所列。

表 3-57   2,4,6-TCP 对鲫鱼的毒性数据结果

2,4,6-三氯酚/(mg/L)			4.2	5	6	7.2	8.6
受试生物个数/个			10	10	10	10	10
死亡数	24h	1#	0	0	1	0	1
		2#	0	0	1	0	0
		3#	0	0	1	1	2
		平均死亡率/%	0	0	10	3.3	10
	48h	1#	3	1	3	4	3
		2#	1	1	4	0	0
		3#	0	4	1	1	4
		平均死亡率/%	13.3	20	26.7	16.7	23.3
	72h	1#	3	2	4	6	4
		2#	2	2	4	0	1
		3#	0	4	2	2	5
		平均死亡率/%	16.7	26.7	33.3	26.7	33.3
	96h	1#	5	3	4	7	7
		2#	4	3	4	0	5
		3#	1	5	3	5	5
		平均死亡率/%	33.3	36.7	36.7	40	56.7

3.4.6.4 2,4,6-TCP 对我国淡水生物的毒性数据

用于推导 2,4,6-TCP 保护淡水水生生物水质基准的急慢性毒性数据列于表 3-58 和表 3-59。

表 3-58 2,4,6-TCP 急性基准值的毒性数据

序号	物种	拉丁名	SMAV(pH=7.8)/(μg/L)
1	虹鳟鱼	*Oncorhynchus mykiss*	572.03
2	蓝鳃太阳鱼	*Lepomis macrochirus*	591.45
3	细鳞斜颌鲴	*Plagiognathops microlepis*	1814.45
4	黄颡鱼	*Pelteobagrus fulvidraco*	1873.36
5	青鱼	*Mylopharyngodon piceus*	2012.39
6	大型溞	*Daphnia magna*	2181.53
7	林蛙蝌蚪	*Rana tadpole*	2191.17
8	翘嘴红鲌	*Erythroculter ilishaeformis*	3282.5
9	细螯沼虾	*Macrobrachium superbum*	3381.47
10	萼花臂尾轮虫	*Brachionus calyciflorus*	3922.47
11	摇蚊幼虫	*Chironomus* sp.	4210.86
12	孔雀鱼	*Poecilia reticulata*	4434.7
13	斜生栅藻	*Scenedesmus obliquus*	4916.17
14	褶叠萝卜螺	*Radix plicatula*	6030.11
15	鲫鱼	*Carassius auratus*	6305.88
16	多斑蚓	*Lumbriculus variegatus*	6546.77
17	霍甫水丝蚓	*Limnodrilus hoffmeisteri*	6573.5
18	草鱼	*Ctenopharyngodon*	7236.13
19	三角涡虫	*Lugesia japonica*	8388.32
20	紫背浮萍	*Soirodela polyrhiza*	14004.25
21	黑斑蛙	*Rana nigromaculata*	15249.02
22	中华大蟾蜍	*Bufo bufo gargarizans*	17640.63
23	浮萍	*Lemna minor*	65887.08
24	河蚬	*Corbicula fluminea*	69114.04

表 3-59 2,4,6-TCP 慢性基准值的毒性数据

序号	中文名	拉丁名	SMCV(pH=7.8)/(μg/L)
1	青鱼	*Mylopharyngodon piceus*	57.73
2	细螯沼虾	*Macrobrachium superbum*	115.46
3	细鳞斜颌鲴	*Plagiognathops microlepis*	115.46
4	大型溞	*Daphnia magna*	267.47
5	翘嘴红鲌	*Erythroculter ilishaeformis*	288.66
6	鲫鱼	*Carassius auratus*	361.81

序号	中文名	拉丁名	SMCV(pH=7.8)/(μg/L)
7	萼花臂尾轮虫	*Brachionus calyciflorus*	549.15
8	中华大蟾蜍	*Bufo bufo gargarizans*	722.59
9	草鱼	*Ctenopharyngodon idellus*	722.59
10	河蚬	*Corbicula fluminea*	2334.04

尽管许多水质参数会影响 2,4,6-TCP 对水生生物毒性，但基准推导中只能定量考虑某些水质特征。对于氯酚类化合物而言，由于酚羟基的作用，pH 值对氯酚生物毒性影响较大，美国 PCP 的水质基准推导中将 pH 值作为重要考虑因素，邢立群等研究了 pH 值对三种氯酚类化合物基准值推导的影响，其结果表明，随着 pH 值增加，三种氯酚对大型溞和斜生栅藻的急性毒性降低。本章中依据邢立群等建立的 2,4,6-TCP 毒性与 pH 值关系：$\ln EC_{50}/LC_{50}=0.8937\times pH-5.3075$（$R^2=0.8631$，$p<0.00001$），将毒性数据统一校正到 pH=7.8 下的毒性值，然后再进行基准值推导。

3.4.6.5　2,4,6-TCP 水质基准推导

（1）短期水质基准

依据 HJ 831—2017，利用 China-WQC 软件，对表 3-58 中我国本地种及引进物种的急性毒性数据进行分布检验和非线性拟合，得到拟合结果见表 3-60。

表 3-60　2,4,6-TCP 急性毒性数据拟合结果

拟合函数	HC_5 /(mg/L)	R^2	RMSE	SSE	K-S(p)	短期基准值 /(μg/L)
Logistic	981.7479	0.9924	0.0244	0.0215	1.0000	490.87
Log-Logistic	1076.4652	0.9884	0.0302	0.0328	0.9878	538.2326
Normal	961.6123	0.9878	0.031	0.0345	0.993	480.8063
Log-Normal	1056.8175	0.9844	0.035	0.0442	0.9982	528.4088
Extreme Value	244.9063	0.8009	0.1253	0.5651	0.1241	144.4532

由表 3-60 可知，三价砷急性毒性数据符合 Logistic、Log-Logistic、Normal、Log-Normal、Extreme Value 分布分 [K-S(p)>0.05]，其中以 Logistic 函数拟合优度最佳（$R^2=0.9924$），得出我国 2,4,6-TCP 的短期淡水水生生物基准为 490.87μg/L。

（2）长期水质基准

依据 HJ 831—2017，利用 China-WQC 软件，对表 3-59 中我国本地物种及引进物种的慢性毒性数据进行分布检验和非线性拟合，得到拟合结果见表 3-61。

表 3-61　2,4,6-TCP 慢性毒性数据拟合结果

拟合函数	HC_5 /(mg/L)	R^2	RMSE	SSE	K-S(p)	短期基准值 /(μg/L)
Logistic	61.3762	0.9415	0.0632	0.0399	0.9821	30.6881
Log-Logistic	69.5024	0.9245	0.0717	0.0515	0.9846	34.7512
Normal	60.1174	0.9545	0.0557	0.031	0.9964	30.0587
Log-Normal	68.3912	0.9408	0.0635	0.0404	0.9972	34.1956
Extreme Value	16.5196	0.7767	0.1234	0.1522	0.7816	8.2598

由表 3-61 可知，三价砷慢性毒性数据符合 Logistic、Log-Logistic、Normal、Log-Normal、Extreme Value 分布分 [K-S(p)＞0.05]，其中以 Logistic 函数拟合优度最佳（R^2＝0.9415），我国 2,4,6-TCP 的长期淡水水生生物基准值为 30.6881μg/L。

3.4.6.6 中外基准阈值对比

本章中 China-WQC 推导方法获得的 pH 值为 7.8 下，2,4,6-TCP 的急性基准值为 490.87μg/L，慢性基准值为 30.6881μg/L。而我国《地表水环境质量标准》中的集中式生活饮用水地表水源地特定项目给出 2,4,6-TCP 标准限值为 200μg/L。均远大于 USEPA 推荐的 2,4,6-TCP 保护人体健康基准值 2.1μg/L，可能源于 2,4,6-TCP 易产生令人不愉快的气味（感官）所致。

3.4.7 保护淡水水生生物水质基准验证——马拉硫磷

3.4.7.1 概述

马拉硫磷的别名是马拉松、四零四九，马拉赛昂，英文通用名称 malathion。马拉硫磷属低毒杀虫剂，原药雌鼠急性经口 LD_{50} 为 1751.5mg/kg，雄大鼠经口 LD_{50} 为 1634.5mg/kg，大鼠经皮 LD_{50} 为 4000～6150mg/kg，对蜜蜂高毒，对眼睛、皮肤有刺激性。剂型 45％马拉硫磷乳油，25％马拉硫磷油剂，70％优质马拉硫磷乳油（防虫磷）。适用于防治烟草、茶和桑树等作物上的害虫，也可用于防治仓库害虫。2017 年 10 月 27 日，世界卫生组织将马拉硫磷列入 2A 类致癌物清单。

3.4.7.2 马拉硫磷的环境暴露状况

目前我国每年农药原药生产量超过 $1.4 \times 10^6 t$ [47]，农药施用量达 $(5.0～6.0) \times 10^5 t$ [48]。长期大量生产和施用农药对地表水环境的负面影响日渐凸显。长江三角洲流域是我国重要农业生产基地，生产农药品种多，产量大。农药生产过程总的废水和农业面源污水对该区域地表水环境产生巨大压力。

马拉硫磷作为一种速效、高选择性有机磷类杀虫杀螨剂，具有触杀、胃毒和一定的熏蒸作用，作为取代高毒农药的主力品种在农业生产中使用非常广泛。然而，马拉硫磷对生物有较强急性毒性。近年来，马拉硫磷在全国多地水体中被检出，其在我国 7 大流域 600 多个点位水样的检出率为 43.5％ [49]。马拉硫磷是长江三角洲地区常用农药品种之一，并且全国近半数马拉硫磷原药生产企业分布在该区域 [50]。

3.4.7.3 马拉硫磷的毒性数据

搜集得到 11 种本土淡水生物的马拉硫磷急性毒性数据见表 3-62，未检索到合格的慢性毒性。

表 3-62 马拉硫磷对我国本土淡水生物的急性毒性效应

序号	物种拉丁名	物种中文名	SMAV/(μg/L)
1	*Carassius auratus*	鲫鱼	8490
2	*Ceriodaphnia dubia*	模糊网纹溞	0.58
3	*Culex pipiens*	尖音库蚊	1.6
4	*Cyprinus carpio*	鲤鱼	24400

序号	物种拉丁名	物种中文名	SMAV/(μg/L)
5	*Daphnia magna*	大型溞	2.8
6	*Hyalella* sp.	钩虾	0.06
7	*Oryzias latipes*	青鳉	9700
8	*Rana boylii*	黄腿(林)蛙	2137
9	*Rhodeus sericeus*	黑龙江鳑鲏	5060
10	*Duttaphrynus melanostictus*	黑眶蟾蜍	7500
11	*Macropodus chinensis*	圆尾斗鱼	13490

3.4.7.4 马拉硫磷水质基准推导

基于原环境保护部发布的我国《淡水水生生物水质基准制定技术指南》（HJ 831—2017）对马拉硫磷的水生生物基准阈值进行推导。结果见表 3-63。

表 3-63 马拉硫磷水生生物基准阈值推导结果

模型名称	R^2	RMSE	SSE	K-S 检验(p)	HC_5/(μg/L)
逻辑斯蒂分布	0.6466	0.1566	0.2699	0.3045	0.132
正态分布	0.7072	0.1426	0.2237	0.3895	0.119

注：根据技术指南要求，R^2 需大于 0.6，K-S 检验的 p 值需大于 0.05，RMSE 和 SSE 都是越小越优。

根据表 3-63 中结果，正态分布函数拟合的结果更优。

马拉硫磷的短期水生生物基准阈值＝$HC_5/2$＝0.0595μg/L；长期水生生物基准阈值以 FACR 默认为 10 计算，约为 0.006μg/L。

3.4.7.5 马拉硫磷对本土水生生物的毒性测试

分别开展了马拉硫磷对 9 种本土水生生物的急性或慢性毒性测试，测试过程与结果如下：使用马拉硫磷 Malathion，$C_{10}H_{19}O_6PS_2$，纯度≥98%（HPLC）；购自美国 Sigma Aldrich 化学品公司。

（1）马拉硫磷对中华锯齿米虾的急性毒性

1）受试生物 中华锯齿米虾，购自北京市某花卉市场，正式试验前均在实验室驯养至少 7d，体长 3cm，体重 0.25g，幼鱼，试验期间不喂食。

2）试验方法 生物毒性试验按照美国材料与试验协会（ASTM）标准方法执行，设空白对照组、助溶剂（丙酮）对照组、浓度组，每组 3 个重复。

3）实验条件 试验类型采用半静态，每 24h 换一次水，暴露时间为 24～96h，光照周期为 12：12h，pH 值为 8.0±0.2，DO 为 8.3mg/L±0.3mg/L，温度为 22℃±2℃，试验硬度 190mg/L，试验电导率 332μS/cm，试验有机碳 0.02mg/L。

马拉硫磷对中华锯齿米虾的急性毒性试验设置 7 个浓度，分别为 0.000mg/L、0.222mg/L、0.333mg/L、0.500mg/L、0.749mg/L、1.124mg/L、1.686mg/L。

LC_{50} 采用概率单位直线回归法计算。

4）试验有效性 试验结束时，空白对照组和助溶剂对照组死亡率没有超过 10%；试验期间，试验溶液的溶解氧含量大于 60% 的空气饱和值。浓度监控：试验开始和结束后溶液中马拉硫磷浓度通过 GC-MS 进行检测，检测结果显示实测和名义浓度差异在 20％以内，符合要求，试验有效。

利用直线回归法推算试验结果。拟合公式为：

$$24h \quad y = 5.2242x - 11.820，R^2 = 0.9626$$
$$48h \quad y = 1.8904x - 0.6381，R^2 = 0.9506$$
$$72h \quad y = 1.8904x - 0.6381，R^2 = 0.9506$$
$$96h \quad y = 1.9884x - 0.8212，R^2 = 0.9712$$

得出急性毒性试验结果和 95％置信区间为：

$$24h \ LC_{50} = 1658\mu g/L(1443 \sim 1825\mu g/L)$$
$$48h \ LC_{20} = 1504\mu g/L(1414 \sim 1910\mu g/L)$$
$$72h \ LC_{20} = 1504\mu g/L(1338 \sim 1913\mu g/L)$$
$$96h \ LC_{50} = 1168\mu g/L(981.0 \sim 1413\mu g/L)$$

（2）马拉硫磷对麦穗鱼的急性毒性

1）受试生物　麦穗鱼（*Pseudorasbora parva*），购自北京市某水产市场，正式试验前均在实验室驯养至少 7d，体长 3～4cm，体重 0.2～0.4g，幼鱼，试验期间不喂食。

2）试验方法　生物毒性试验按照美国材料与试验协会（ASTM）标准方法执行，设空白对照组、助溶剂（丙酮）对照组、浓度组，每组 3 个重复。

3）实验条件　试验类型采用半静态，每 24h 换 1 次水，暴露时间 96h，光照周期为 12：12h，pH 值为 8.0±0.2，DO 为 8.3mg/L±0.3mg/L，温度为 22℃±2℃，试验硬度为 190mg/L，试验电导率为 332μS/cm，试验有机碳为 0.02mg/L。

马拉硫磷对麦穗鱼的急性毒性试验设置 6 个浓度，分别为 0.00mg/L、5.00mg/L、7.00mg/L、9.80mg/L、13.72mg/L、19.21mg/L。

LC_{50} 采用概率单位直线回归法计算。

4）试验有效性　试验结束时，空白对照组和助溶剂对照组死亡率没有超过 10％；试验期间，试验溶液的溶解氧含量大于 60％的空气饱和值。浓度监控：试验开始和结束后溶液中马拉硫磷浓度通过 GC-MS 进行检测，检测结果显示实测和名义浓度差异在 20％以内，符合要求，试验有效。

利用直线回归法推算试验结果。拟合公式为：

$$96h \quad y = 5.6215x - 1.1452，R^2 = 0.822$$

得出急性毒性试验结果为：

$$96h \quad LC_{50} = 12.4mg/L(11.8 \sim 14.1mg/L)$$

（3）马拉硫磷对泥鳅的急性毒性

1）受试生物　泥鳅（*Misgurnus anguillicaudatus*），购自北京某水产市场，正式试验前均在实验室驯养至少 7d，体长 6cm，体重 0.68g，幼鱼，急性试验期间不喂食。

2）试验方法　生物毒性试验按照美国材料与试验协会（ASTM）标准方法执行，设空白对照组、助溶剂（丙酮）对照组、浓度组，每组 3 个重复。

3）实验条件　试验类型采用半静态，每 24h 换 1 次水，暴露时间 72～96h，光照周期为 12h：12h，pH 值为 8.0±0.2，DO 为 8.3mg/L±0.3mg/L，温度为 22℃±2℃，试

验硬度为190mg/L，试验电导率为332μS/cm，试验有机碳为0.02mg/L。

马拉硫磷对泥鳅的急性毒性试验设置7个浓度，分别为0.00mg/L、5.60mg/L、7.80mg/L、10.9mg/L、15.2mg/L、21.4mg/L、30.0mg/L。

LC_{50} 采用概率单位直线回归法计算。

4）试验有效性　试验结束时，空白对照组和助溶剂对照组死亡率没有超过10%；试验期间，试验溶液的溶解氧含量大于60%的空气饱和值。浓度监控：试验开始和结束后溶液中马拉硫磷浓度通过GC-MS进行检测，检测结果显示实测和名义浓度差异在20%以内，符合要求，试验有效。

利用直线回归法推算试验结果。拟合公式为：

$$72h \quad y = 3.569x - 0.0051, \quad R^2 = 0.7044$$
$$96h \quad y = 4.5364x - 0.7650, \quad R^2 = 0.8284$$

得出急性毒性试验结果和95%置信区间为：

$$72h \quad LC_{50} = 25.2mg/L \quad (21.4 \sim 27.7mg/L)$$
$$96h \quad LC_{50} = 18.7mg/L \quad (16.7 \sim 23.1mg/L)$$

（4）马拉硫磷对霍甫水丝蚓的急性毒性

1）受试生物　霍甫水丝蚓（*Limnodrilus hoffmeisteri*），购自北京市某水产市场，正式试验前均在实验室驯养至少7d，体长约5～6cm，急性试验期间不喂食。

2）试验方法　生物毒性试验按照美国材料与试验协会（ASTM）标准方法执行，设空白对照组、助溶剂（丙酮）对照组、浓度组，每组3个重复。

3）实验条件　试验类型采用半静态，每24h换1次水，暴露时间24～96h，光照周期为12h：12h，pH值为8.0±0.2，DO为8.3mg/L±0.3mg/L，温度为22℃±2℃，试验硬度为190mg/L，试验电导率为332μS/cm，试验有机碳为0.02mg/L。

马拉硫磷对霍甫水丝蚓的急性毒性试验设置6个浓度，分别为0.00mg/L、20.0mg/L、30.0mg/L、45.0mg/L、72.0mg/L、108mg/L。

LC_{50} 采用概率单位直线回归法计算。

4）试验有效性　试验结束时，空白对照组和助溶剂对照组死亡率没有超过10%；试验期间，试验溶液的溶解氧含量大于60%的空气饱和值。浓度监控：试验开始和结束后溶液中马拉硫磷浓度通过GC-MS进行检测，检测结果显示实测和名义浓度差异在20%以内，符合要求，试验有效。

利用直线回归法推算试验结果。拟合公式为：

$$24h \quad y = 4.1497x - 3.0527, \quad R^2 = 0.9705$$
$$48h \quad y = 5.2429x - 4.3963, \quad R^2 = 0.9734$$
$$72h \quad y = 6.4394x - 6.0762, \quad R^2 = 0.9727$$
$$96h \quad y = 6.4572x - 5.4332, \quad R^2 = 0.9685$$

得出急性毒性试验结果和95%置信区间为：

$$24h \quad LC_{50} = 87.2mg/L \quad (74.1 \sim 106.4mg/L)$$
$$48h \quad LC_{50} = 62.0mg/L \quad (49.0 \sim 72.5mg/L)$$

$$72\text{h } LC_{50} = 52.5\text{mg/L} \ (50.9 \sim 70.4\text{mg/L})$$
$$96\text{h } LC_{50} = 41.3\text{mg/L} \ (36.8 \sim 58.6\text{mg/L})$$

（5）马拉硫磷对羽摇蚊的急性毒性

1）受试生物　羽摇蚊（*Chironomus plumosus*），购自北京某水产市场。正式试验前均在实验室驯养至少 7d，体长 1cm，体重 0.03g，幼虫，急性试验期间不喂食。

2）试验方法　生物毒性试验按照美国材料与试验协会（ASTM）标准方法执行，设空白对照组、助溶剂（丙酮）对照组、浓度组，每组 3 个重复。

3）实验条件　试验类型采用半静态，每 24h 换 1 次水，暴露时间 24~48h，光照周期为 12h：12h，pH 值为 8.0±0.2，DO 为 8.3mg/L±0.3mg/L，温度为 22℃±2℃，试验硬度为 190mg/L，试验电导率为 332μS/cm，试验有机碳为 0.02mg/L。

马拉硫磷对羽摇蚊的急性毒性试验设置 9 个浓度，分别为 0.00mg/L、4.00mg/L、9.00mg/L、13.52mg/L、20.24mg/L、30.36mg/L、45.56mg/L、68.36mg/L、102.52mg/L。

LC_{50} 采用概率单位直线回归法计算。

4）试验有效性　试验结束时，空白对照组和助溶剂对照组死亡率没有超过 10%；试验期间，试验溶液的溶解氧含量大于 60%的空气饱和值。浓度监控：试验开始和结束后溶液中马拉硫磷浓度通过 GC-MS 进行检测，检测结果显示实测和名义浓度差异在 20%以内，符合要求，试验有效。

利用直线回归法推算试验结果。拟合公式为：

$$24\text{h } y = 2.1465x + 1.3817, \ R^2 = 0.8933$$
$$48\text{h } y = 2.4498x + 1.6995, \ R^2 = 0.9755$$

得出急性毒性试验结果和 95%置信区间为：

$$24\text{h } LC_{50} = 48.5\text{mg/L} \ (46.1 \sim 70.3\text{mg/L})$$
$$48\text{h } LC_{50} = 22.2\text{mg/L} \ (20.0 \sim 36.2\text{mg/L})$$

（6）马拉硫磷对中华圆田螺的急性毒性

1）受试生物　中华圆田螺（*Cipangopaludina chinensis*），购自北京市某水产市场，正式试验前均在实验室驯养至少 7d，体重 0.35~0.60g，急性试验期间不喂食。

2）试验方法　生物毒性试验按照美国材料与试验协会（ASTM）标准方法执行，设空白对照组、助溶剂（丙酮）对照组、浓度组，每组 3 个重复。

3）实验条件　试验类型采用半静态，每 24h 换 1 次水，暴露时间 96h，光照周期为 12h：12h，pH 值为 7.8，DO 为 8.3mg/L±0.3mg/L，温度为 19℃，试验硬度为 190mg/L，试验电导率为 332μS/cm，试验有机碳为 0.02mg/L。

马拉硫磷对田螺的急性毒性试验设置 7 个浓度，分别为 0.00mg/L、3.00mg/L、4.50mg/L、6.75mg/L、10.12mg/L、15.18mg/L、22.77mg/L。

LC_{50} 采用概率单位直线回归法计算。

4）试验有效性　试验结束时，空白对照组和助溶剂对照组死亡率没有超过 10%；试验期间，试验溶液的溶解氧含量大于 60%的空气饱和值。浓度监控：试验开始和结束后溶液中马拉硫磷浓度通过 GC-MS 进行检测，检测结果显示实测和名义浓度差异在 20%以内，符合要求，试验有效。

利用直线回归法推算试验结果。拟合公式为：

$$96\text{h}\quad y = 2.1895x + 2.5034,\quad R^2 = 0.8194$$

得出急性毒性试验结果和95%置信区间为：

$$96\text{h}\ LC_{50} = 13.8\text{mg/L}\ (11.5 \sim 16.6\text{mg/L})$$

（7）马拉硫磷对稀有鮈鲫的急性毒性

1）受试生物　稀有鮈鲫（*Gobiocypris rarus*），实验室自己培养，正式试验前均在实验室驯养至少7d，体长2.3cm，体重0.18g，急性试验期间不喂食。

2）试验方法　生物毒性试验按照美国材料与试验协会（ASTM）标准方法执行，设空白对照组、助溶剂（丙酮）对照组、浓度组，每组3个重复。

3）实验条件　试验类型采用半静态，每24h换1次水，暴露时间96h，光照周期为12h∶12h，pH值为7.8，DO为8.3mg/L±0.3mg/L，温度为19℃，试验硬度为190mg/L，试验电导率为332μS/cm，试验有机碳为0.02mg/L。

马拉硫磷对稀有鮈鲫的急性毒性试验设置7个浓度，分别为0.00mg/L、4.17mg/L、5.00mg/L、6.00mg/L、7.20mg/L、8.64mg/L、10.37mg/L。

LC_{50}采用概率单位直线回归法计算。

4）试验有效性　试验结束时，空白对照组和助溶剂对照组死亡率没有超过10%；试验期间，试验溶液的溶解氧含量大于60%的空气饱和值。浓度监控：试验开始和结束后溶液中马拉硫磷浓度通过GC-MS进行检测，检测结果显示实测和名义浓度差异在20%以内，符合要求，试验有效。

利用直线回归法推算试验结果。拟合公式为：

$$96\text{h}\quad y = 14.581x - 5.8627,\quad R^2 = 0.9803$$

得出急性毒性试验结果和95%置信区间为：

$$96\text{h}\ LC_{50} = 5.6\text{mg/L}\ (4.8 \sim 7.1\text{mg/L})$$

（8）马拉硫磷对林蛙蝌蚪的急性毒性

1）受试生物　蝌蚪，采自北京奥森公园，正式试验前均在实验室驯养至少7d，体长3cm，体重0.25g，急性试验期间不喂食。

2）试验方法　生物毒性试验按照美国材料与试验协会（ASTM）标准方法执行，设空白对照组、助溶剂（丙酮）对照组、浓度组，每组3个重复。

3）实验条件　试验类型采用半静态，每24h换1次水，暴露时间96h，光照周期为12h∶12h，pH值为7.8，DO为8.3mg/L±0.3mg/L，温度为19℃，试验硬度为190mg/L，试验电导率为332μS/cm，试验有机碳为0.02mg/L。

马拉硫磷对蝌蚪的急性毒性试验设置7个浓度，分别为0.00mg/L、4.17mg/L、5.00mg/L、6.00mg/L、7.20mg/L、8.64mg/L、10.37mg/L。

LC_{50}采用概率单位直线回归法计算。

4）试验有效性　试验结束时，空白对照组和助溶剂对照组死亡率没有超过10%；试验期间，试验溶液的溶解氧含量大于60%的空气饱和值。浓度监控：试验开始和结束后溶液中马拉硫磷浓度通过GC-MS进行检测，检测结果显示实测和名义浓度差异在20%以内，符合要求，试验有效。

利用直线回归法推算试验结果。拟合公式为：

$$96h \quad y = 1.5569x - 1.022, \quad R^2 = 0.94$$

得出急性毒性试验结果和95％置信区间为：

$$96h \ LC_{50} = 7378\mu g/L \ (6640 \sim 7404\mu g/L)$$

（9）马拉硫磷对大型溞的急性毒性

1）受试生物　大型溞（*Daphnia Magna*），为本室长期传代饲养。试验前在试验用水中驯养至少7d，试验所用大型溞个体均一，溞龄少于24h。

2）试验方法　生物毒性试验按照国家环境保护部（现生态环境部，下同）《化学品测试方法》（第二版）（2013版），202溞类急性活动抑制试验，设空白对照组、助溶剂（丙酮）对照组、浓度组，每个试验浓度及空白对照各20只溞，平均分成4个平行试验，每试验容器内放置5只溞。

3）实验条件　试验类型采用半静态法，暴露时间48h。采用曝气超过48h的自来水，每24h换1次水，光照周期为16h：18h，光照强度1000～1500lx，pH值为7.7±0.1，DO为8.3mg/L±0.3mg/L，温度为22℃±2℃，试验硬度为190mg/L，试验电导率为332μS/cm，试验有机碳为0.02mg/L。

马拉硫磷对大型溞的急性毒性试验设置浓度分别为0.00μg/L、4.90μg/L、6.40μg/L、8.30μg/L、10.9μg/L、14.1μg/L、18.3μg/L。

LC_{50}采用概率单位直线回归法计算。

4）试验有效性　试验结束时，空白对照组和助溶剂对照组死亡率不超过10％；试验期间，试验溶液的溶解氧含量大于60％的空气饱和度。浓度监控：24h内试验溶液中敌敌畏浓度利用高效液相色谱进行检测，检测结果显示实测浓度和名义浓度差异在20％以内，符合要求，试验有效。

利用直线回归法推算试验结果。拟合公式为：

$$48h \quad y = 4.1351x - 0.485, \quad R^2 = 0.9836$$

得出急性毒性试验结果和95％置信区间为：

$$48h \quad LC_{50} = 12.4\mu g/L \ (11.4 \sim 15.4\mu g/L)$$

（10）马拉硫磷对大型溞的慢性毒性

1）受试生物　大型溞（*Daphnia Magna*），为本室长期传代饲养。试验前在试验用水中驯养至少7d，试验所用大型溞个体均一，溞龄少于24h。

2）试验方法　生物毒性试验按照国家环境保护部《化学品测试方法》（第二版）（2013版），211大型溞繁殖试验，设空白对照组、助溶剂对照组、浓度组，每个试验浓度及空白对照中各10个溞，平均分成10个平行，每个试验容器内放置1只溞。

3）实验条件　试验类型采用半静态法，采用曝气超过48h的自来水，换水频率为每周3次，暴露时间21d，光照周期为16h：8h，光照强度1000～1500lx，pH值为7.7±0.1，DO＞3mg/L，温度为22℃±1℃，硬度为200mg/L，试验电导率为332μS/cm，试验有机碳为0.02mg/L。

马拉硫磷对大型溞的慢性毒性试验设置的浓度分别为0.00μg/L、0.06μg/L、0.12μg/L、0.24μg/L、0.48μg/L、0.96μg/L、1.92μg/L、3.84μg/L。

EC_{10} 采用概率单位直线回归法计算。

4）试验有效性　试验开始时所用的幼溞溞龄没有超过 24h，没有使用第一批子代；空白对照组大型溞活动正常；试验结束时，亲溞死亡率没有超过 20%；试验结束时，对照组和试验组的溶解氧浓度大于 3mg/L。浓度监控：试验开始和结束后溶液中马拉硫磷浓度通过 GC-MS 进行检测，检测结果显示实测和名义浓度差异在 20% 以内，符合要求；负荷大于 2mL/只溞。试验有效。

利用直线回归法推算试验结果。以最敏感终点产子溞数量为效应终点拟合公式为：

$$y = 0.9681x + 4.1100 \quad R^2 = 0.9314$$

得出慢性毒性试验结果和 95% 置信区间为：

$$EC_{10} = 0.396\mu g/L \quad (0.381 \sim 0.512\mu g/L)$$

3.4.7.6　马拉硫磷基准阈值分析与比较

将马拉硫磷的基准阈值与生物测试毒性值列表对比，见表 3-64。

表 3-64　马拉硫磷的基准阈值与生物测试毒性值比较

类别	HC_5 或急性值[①]/(g/L)	长期基准或慢性值/(g/L)
本研究	0.119	0.006
中华锯齿米虾	1168	
麦穗鱼	12400	
泥鳅	18700	
羽摇蚊	22200	
中华圆田螺	13800	
霍甫水丝蚓	41300	
稀有鮈鲫	5600	
林蛙蝌蚪	7378	
大型溞	12.4	0.396

① 注意是以 HC_5 值（本研究）与实验急性值进行对比。

由表 3-64 可知，在测试的本土生物中，全部生物的急性、慢性毒性值均大于 HC_5 值或长期基准阈值，表明本章得出的马拉硫磷基准阈值可靠。

3.4.8　保护淡水生生物基准验证——敌敌畏

3.4.8.1　概述

敌敌畏又名 DDVP，学名 O,O-二甲基-O-(2,2-二氯乙烯基)磷酸酯，有机磷杀虫剂的一种，分子式 $C_4H_7Cl_2O_4P$。工业产品均为无色至浅棕色液体，纯品沸点 74℃（在 133.322Pa 下）挥发性大，室温下在水中溶解度 1%，煤油中溶解度 2%～3%，能溶于有机溶剂，易水解，遇碱分解更快。

3.4.8.2　敌敌畏的理化性质

无色油状液体，有挥发性，用来防治棉蚜等农业害虫，也用来杀死蚊，蝇等。纯品为无色至琥珀色液体，有芳香味。相对密度 1.42，沸点 74℃（133.32Pa），折光率 1.4523。在室温下水中溶解度为 10g/L，在煤油中溶解度为 2～3g/kg。能与大多数有机溶剂和气溶胶剂混溶，对热稳定，但能水解。在碱性溶液中水解更快。对铁和软钢有腐蚀性。对不锈钢、铝、镍没有腐蚀性。80%敌敌畏乳油为浅黄色到黄棕色透明液体。50%敌敌畏为淡黄色油状液体。闪点 75℃（加柴油），黏度 1.86cP。20%敌敌畏塑料块缓释剂，薄块重为 29～33g/块。

3.4.8.3 数据筛选原则

仅搜集敌敌畏对本土淡水生物的急性、慢性毒性数据，但：不包括单细胞生物毒性试验数据，试验水蚤的年龄不能大于24h，试验用摇蚊幼虫应该是二龄或三龄；一般来说，试验过程不能喂食；稀释用水的总有机碳或颗粒物质量浓度应小于5mg/L；枝角类和摇蚊幼虫的急性毒性试验指标是48h LC_{50} 或 EC_{50}；鱼类及其他生物是96h LC_{50} 或 EC_{50}；同种或同属的急性毒性数据如果差异过大，应被判断为有疑点的数据而谨慎使用。

搜集得到14种本土淡水生物的敌敌畏急性毒性数据。搜集得到4种本土淡水生物的敌敌畏慢性毒性数据。

对获得的敌敌畏急性、慢性数据进行分析，得到敌敌畏的 SMAV、SMCV 及 ACR 值，见表3-65。

表3-65 敌敌畏的 SMAV、SMCV 及 ACR 值

序列	中文名	SMAV/$(\mu g/L)$	SMCV/$(\mu g/L)$	ACR
1	大型溞	0.53	0.5	1.06
2	泥鳅	6.41		
3	革胡子鲶	596		
4	饰纹姬蛙	780		
5	多疣狭口蛙	1080		
6	沼蛙	5680	14.2	400
7	印度囊鳃鲶	6610		
8	鲤鱼	9410		
9	泽陆蛙	10530		
10	斑腿泛树蛙	12940	2080	6.22
11	六须鲇	16670		
12	鲫鱼	23300		
13	云南小狭口蛙	51290		
14	黑眶蟾蜍	51640	2240	23.1
15	惠氏微囊藻	57711		
16	羊角月牙藻	110000		
17	花翅摇蚊	173200		
18	浮萍	398000		

3.4.8.4 敌敌畏水生生物基准阈值推导

基于生态环境部发布的我国《淡水水生生物水质基准制定技术指南》（HJ 831—2017）对敌敌畏的水生生物基准阈值进行推导。结果见表3-66。

表3-66 敌敌畏水生生物基准阈值推导结果

模型名称	R^2	RMSE	SSE	K-S检验(p)	HC₅/$(\mu g/L)$
逻辑斯蒂分布	0.9020	0.0855	0.1315	0.5121	24.6
正态分布	0.9033	0.0849	0.1297	0.5126	22.9

注：根据技术指南要求，R^2 需大于0.6；K-S检验的 p 值需大于0.05；RMSE和SSE都是越小越优。

根据表 3-66 中结果，正态分布函数拟合的结果更优。

敌敌畏的短期水生生物基准阈值＝$HC_5/2$＝$11.5\mu g/L$；长期水生生物基准阈值＝$11.5/FACR$＝$0.732\mu g/L$。

3.4.8.5　敌敌畏对本土水生生物的毒性测试

分别开展了敌敌畏对 8 种本土水生生物的急性或慢性毒性测试，测试过程与结果如下。试验药品：敌敌畏 Dichlorvos（DDVP），$C_4H_7Cl_2O_4P$，纯度 ≥ 98％（HPLC），购自美国 Sigma Aldrich 化学品公司。

（1）敌敌畏对中华锯齿米虾的急性毒性

中华锯齿米虾（*Neocaridina denticulata sinensis*）购买于北京市某花卉市场，驯养 1 周，驯养期间未出现死亡，可用于试验。选取生长状况良好，体长 19.79mm±3.43mm，体重 0.09g±0.04g，置于 60cm×40cm×35cm 的泡沫箱中，急性试验期间不喂食。

1）试验方法　生物毒性试验按照美国材料与试验协会（ASTM）标准方法执行，设空白对照组、助溶剂（丙酮）对照组、浓度组，每组 3 个重复。

2）实验条件　试验类型采用半静态，每 24h 换 1 次水，暴露时间 96h，光照周期为 12h：12h，pH 值为 8.0±0.2，DO 为 8.3mg/L±0.3mg/L，温度为 22℃±2℃，试验硬度为 190mg/L，试验电导率为 332μS/cm，试验有机碳为 0.02mg/L。

DDVP 对中华锯齿米虾的急性毒性试验设置 7 个浓度，分别为 $0\mu g/L$、$10\mu g/L$、$20\mu g/L$、$40\mu g/L$、$60\mu g/L$、$80\mu g/L$、$100\mu g/L$。

LC_{50} 采用概率单位直线回归法计算。

3）试验有效性　试验结束时，空白对照组和助溶剂对照组死亡率没有超过 10％；试验期间，试验溶液的溶解氧含量大于 60％的空气饱和值。浓度监控：试验开始和结束后溶液中 DDVP 浓度通过 GC-MS 进行检测，检测结果显示实测和名义浓度差异在 20％以内，符合要求，试验有效。

利用直线回归法推算试验结果。拟合公式为：

$$96h \ y＝3.2668x－0.0072, R^2＝0.9732$$

得出急性毒性试验结果和 95％置信区间为：

$$96h \ LC_{50}＝35.9\mu g/L(29.7～42.3\mu g/L)$$

（2）敌敌畏对中华锯齿米虾的慢性毒性

1）受试生物　中华锯齿米虾（*Neocaridina denticulata sinensis*）购买于北京市某花卉市场，驯养 1 周，驯养期间未出现死亡，可用于试验。选取生长状况良好，体长 19.79mm±3.43mm，体重 0.09g±0.04g，置于 60cm × 40cm × 35cm 的泡沫箱中，及时清理排泄物，每 2 天喂食 1 次。

2）试验方法　慢性毒性试验方法大致参照《化学品测试方法 215 鱼类幼体生长实验方法》，设空白对照组、助溶剂对照组、浓度组。试验周期为 14～28d，实验前后测量虾的体长体重。

3）实验条件　试验类型采用半静态，48h 换一次水，驯养及试验用水均为曝气 48h 以上的自来水，光暗比为 14h：10h。水质参数为：pH 值为 7.3～7.8，水温为 23 ℃±1℃，溶解氧为 5mg/L 以上，硬度为 150mg/L（以 $CaCO_3$ 计）左右。

根据急性毒性试验结果设置不同浓度梯度，DDVP 对中华锯齿米虾的慢性毒性试验设置的浓度组分别为 0.991μg/L、1.388μg/L、1.943μg/L、2.720μg/L、3.808μg/L、5.332μg/L，最低可见效应浓度（LOEC）和无观测效应浓度（NOEC）确定方法：慢性毒性试验数据通过 SPSS 19.0 单因素方差分析（One-Way ANOVA）中邓恩特检测法（Dunnett's tests）对各个浓度组之间、浓度组与对照组之间进行差异显著性分析。当 $p <$ 0.05 时，各组间均值在 $\alpha = 0.05$ 水平上有显著性差异，确定 LOEC（$p < 0.05$）和 NOEC。

4）试验有效性　试验结束时，空白对照组和助溶剂对照组死亡率不超过 10%；试验期间，试验溶液的溶解氧含量大于 60% 的空气饱和值。浓度监控：24h 内试验溶液中敌敌畏浓度利用高效液相色谱进行检测，检测结果显示实测浓度和名义浓度差异在 20% 以内，符合要求，试验有效。

利用单因素方差分析对各个浓度组之间、浓度组与对照组之间进行差异显著性分析，慢性毒性试验结果分别为：

14d：NOEC＝1.943μg/L；LOEC＝2.720μg/L。

28d：NOEC＝0.991μg/L；LOEC＝1.388μg/L

（3）敌敌畏对麦穗鱼的急性毒性

1）受试生物　麦穗鱼（*Pseudorasbora parva*），购自北京市某水产市场，正式试验前均在实验室驯养至少 7d，体长 3～4cm，体重 0.2～0.4g，幼鱼，试验期间不喂食。

2）试验方法　生物毒性试验按照美国材料与试验协会（ASTM）标准方法执行，设空白对照组、助溶剂（丙酮）对照组、浓度组，每组 3 个重复。

3）实验条件　试验类型采用半静态，每 24h 换 1 次水，暴露时间 96h，光照周期为 12h∶12h，pH 值为 8.0±0.2，DO 为 8.3mg/L±0.3mg/L，温度为 22℃±2℃，试验硬度为 190mg/L，试验电导率为 332 μS/cm，试验有机碳为 0.02mg/L。

DDVP 对麦穗鱼的急性毒性试验设置 7 个浓度，分别为 0.00mg/L、0.63mg/L、1.25mg/L、2.50mg/L、5.00mg/L、10.00mg/L、20.00mg/L。

LC_{50} 采用概率单位直线回归法计算。

4）试验有效性　试验结束时，空白对照组和助溶剂对照组死亡率没有超过 10%；试验期间，试验溶液的溶解氧含量大于 60% 的空气饱和值。浓度监控：试验开始和结束后溶液中 DDVP 浓度通过 GC-MS 进行检测，检测结果显示实测和名义浓度差异在 20% 以内，符合要求，试验有效。

利用直线回归法推算试验结果。拟合公式为：

$$y = 1.6602x - 0.9291, R^2 = 0.8856$$

得出急性毒性试验结果和 95% 置信区间为：

96h LC_{50}＝3726.6μg/L（3018.5～4993.6μg/L）

（4）敌敌畏对泥鳅的急性毒性

1）受试生物　泥鳅（*Misgurnus anguillicaudatus*），购自北京市某水产市场，正式试验前均在实验室驯养至少 7d，体长 6cm，体重 0.7g，幼鱼，急性试验期间不喂食。

2）试验方法　生物毒性试验按照美国材料与试验协会（ASTM）标准方法执行，设空白对照组、助溶剂（丙酮）对照组、浓度组，每组 3 个重复。

3）实验条件　试验类型采用半静态，每 24h 换 1 次水，暴露时间 96h，光照周期为 12h：12h，pH 值为 8.0±0.2，DO 为 8.3mg/L±0.3mg/L，温度为 22℃±2℃，试验硬度为 190mg/L，试验电导率为 332μS/cm，试验有机碳为 0.02mg/L。

DDVP 对泥鳅的急性毒性试验设置 7 个浓度，分别为 0.00mg/L、1.10mg/L、1.90mg/L、3.40mg/L、6.20mg/L、11.10mg/L、20.00mg/L。

LC_{50} 采用概率单位直线回归法计算。

4）试验有效性　试验结束时，空白对照组和助溶剂对照组死亡率没有超过 10％；试验期间，试验溶液的溶解氧含量大于 60％的空气饱和值。浓度监控：试验开始和结束后溶液中 DDVP 浓度通过 GC-MS 进行检测，检测结果显示实测和名义浓度差异在 20％以内，符合要求，试验有效。

利用直线回归法推算试验结果。拟合公式为：

$$24h \quad y = 3.3427x + 1.2964, R^2 = 0.9514$$
$$48h \quad y = 2.0957x + 2.8034, R^2 = 0.8600$$
$$72h \quad y = 2.5856x + 2.8510, R^2 = 0.8759$$
$$96h \quad y = 2.7983x - 3.0679, R^2 = 0.9866$$

得出急性毒性试验结果和 95％置信区间为：

$$24h \ LC_{50} = 12.8mg/L(11.6 \sim 16.6mg/L)$$
$$48h \ LC_{50} = 11.2mg/L(10.3 \sim 17.8mg/L)$$
$$72h \ LC_{50} = 6.8mg/L(5.98 \sim 11.6mg/L)$$
$$96h \ LC_{50} = 4.9mg/L(4.6 \sim 5.8mg/L)$$

（5）敌敌畏对羽摇蚊的急性毒性

1）受试生物　羽摇蚊（*Chironomus plumosus*），购自北京市某水产市场，正式试验前均在实验室驯养至少 7d，体长 1cm，体重 0.03g，幼虫，急性试验期间不喂食。

2）试验方法　生物毒性试验按照美国材料与试验协会（ASTM）标准方法执行，设空白对照组、助溶剂（丙酮）对照组、浓度组，每组 3 个重复。

3）实验条件　试验类型采用半静态，每 24h 换 1 次水，暴露时间 24～48h，光照周期为 12h：12h，pH 值为 8.0±0.2，DO 为 8.3mg/L±0.3mg/L，温度为 22℃±2℃，试验硬度为 190mg/L，试验电导率为 332μS/cm，试验有机碳为 0.02mg/L。

DDVP 对羽摇蚊的急性毒性试验设置 7 个浓度，分别为 0mg/L、10mg/L、20mg/L、40mg/L、80mg/L、160mg/L、320mg/L。

LC_{50} 采用概率单位直线回归法计算。

4）试验有效性　试验结束时，空白对照组和助溶剂对照组死亡率没有超过 10％；试验期间，试验溶液的溶解氧含量大于 60％的空气饱和值。浓度监控：试验开始和结束后溶液中 DDVP 浓度通过 GC-MS 进行检测，检测结果显示实测和名义浓度差异在 20％以内，符合要求，试验有效。

利用直线回归法推算试验结果。拟合公式为：

$$24h \ y = 2.2952x + 1.1710, R^2 = 0.9916$$

$$48h \ y = 2.4286x + 1.3034, R^2 = 0.958$$

得出急性毒性试验结果和95%置信区间为：

$$24h \ LC_{50} = 46.6mg/L(42.9 \sim 58.7mg/L)$$

$$48h \ LC_{50} = 32.3mg/L(28.1 \sim 43.3mg/L)$$

（6）敌敌畏对中华圆田螺的急性毒性

1）受试生物　田螺（*Cipangopaludina chinensis*），购自北京市某水产市场，正式试验前均在实验室驯养至少7d，体重0.35～0.60g，急性试验期间不喂食。

2）试验方法　生物毒性试验按照美国材料与试验协会（ASTM）标准方法执行，设空白对照组、助溶剂（丙酮）对照组、浓度组，每组3个重复。

3）实验条件　试验类型采用半静态，每24h换1次水，暴露时间96h，光照周期为12h：12h，pH值为8.0±0.2，DO为8.3mg/L±0.3mg/L，温度为22℃±2℃，试验硬度为190mg/L，试验电导率为332μS/cm，试验有机碳为0.02mg/L。

DDVP对田螺的急性毒性试验设置8个浓度，分别为0.00mg/L、3.38mg/L、5.07mg/L、7.61mg/L、11.42mg/L、17.13mg/L、25.70mg/L、38.55mg/L。

LC_{50}采用概率单位直线回归法计算。

4）试验有效性　试验结束时，空白对照组和助溶剂对照组死亡率没有超过10%；试验期间，试验溶液的溶解氧含量大于60%的空气饱和值。浓度监控：试验开始和结束后溶液中DDVP浓度通过GC-MS进行检测，检测结果显示实测和名义浓度差异在20%以内，符合要求。

利用直线回归法推算试验结果。拟合公式为：

$$y = 1.7999x + 2.1894, R^2 = 0.9348$$

得出急性毒性试验结果和95%置信区间为：

$$96h \ LC_{50} = 36.4mg/L(29.8 \sim 43.0 \ mg/L)$$

（7）敌敌畏对霍甫水丝蚓的急性毒性

1）受试生物　霍甫水丝蚓（*Limnodrilus hoffmeisteri*），购自某水产市场，正式试验前均在实验室驯养至少7d，体长约5～6cm，急性试验期间不喂食。

2）试验方法　生物毒性试验按照美国材料与试验协会（ASTM）标准方法执行，设空白对照组、助溶剂（丙酮）对照组、浓度组，每组3个重复。

3）实验条件　试验类型采用半静态，每24h换1次水，暴露时间96h，光照周期为12h：12h，pH值为8.0±0.2，DO为8.3mg/L±0.3mg/L，温度为22℃±2℃，试验硬度为190mg/L，试验电导率为332μS/cm，试验有机碳为0.02mg/L。

DDVP对水丝蚓的急性毒性试验设置7个浓度，分别为0.00mg/L、0.10mg/L、0.16mg/L、0.256mg/L、0.41mg/L、0.656mg/L、1.050mg/L。

LC_{50}采用概率单位直线回归法计算。

4）试验有效性　试验结束时，空白对照组和助溶剂对照组死亡率没有超过10%；试验期间，试验溶液的溶解氧含量大于 60％的空气饱和值。浓度监控：试验开始和结束后溶液中 DDVP 浓度通过 GC-MS 进行检测，检测结果显示实测和名义浓度差异在 20％以内，符合要求。

利用直线回归法推算试验结果。拟合公式为：

$$48h \quad y = 4.2780x - 7.1087, R^2 = 0.9943$$

$$72h \quad y = 4.2298x - 6.8378, R^2 = 0.9786$$

$$96h \quad y = 3.0620x - 3.2488, R^2 = 0.9599$$

得出急性毒性试验结果为：

$$48h \ LC_{50} = 676.8\mu g/L(588.8 \sim 823.1 \ \mu g/L)$$

$$72h \ LC_{50} = 629.0\mu g/L(484.3 \sim 717.1\mu g/L)$$

$$96h \ LC_{50} = 494.2\mu g/L(420.1 \sim 538.7\mu g/L)$$

（8）敌敌畏对林蛙蝌蚪的急性毒性

1）受试生物 林蛙蝌蚪，采自北京奥森公园，正式试验前均在实验室驯养至少 7d，体长 3cm，体重 0.25，急性试验期间不喂食。

2）试验方法 生物毒性试验按照美国材料与试验协会（ASTM）标准方法执行，设空白对照组、助溶剂（丙酮）对照组、浓度组，每组 3 个重复。

3）实验条件 试验类型采用半静态，每 24h 换 1 次水，暴露时间 96h，光照周期为 12h：12h，pH 值为 7.6～7.7，DO 为 8.3mg/L±0.3mg/L，温度为 19℃±1℃。

DDVP 对蝌蚪的急性毒性试验设置 6 个浓度，分别为 0.00mg/L、4.30mg/L、7.74mg/L、13.9mg/L、25.1mg/L、45.1mg/L。

LC_{50} 采用概率单位直线回归法计算。

4）试验有效性 试验结束时，空白对照组和助溶剂对照组死亡率没有超过 10％；试验期间，试验溶液的溶解氧含量大于 60％的空气饱和值。浓度监控：试验开始和结束后溶液中 DDVP 浓度通过 GC-MS 进行检测，检测结果显示实测和名义浓度差异在 20％以内，符合要求。

利用直线回归法推算试验结果。拟合公式为：

$$48h \quad y = 2.1859x - 1.3938, R^2 = 0.7992$$

$$72h \quad y = 2.8564x + 1.2808, R^2 = 0.9609$$

$$96h \quad y = 2.5821x + 1.9586, R^2 = 0.8952$$

得出急性毒性试验结果为：

$$48h \ LC_{50} = 44.6mg/L(41.5 \sim 67.8mg/L)$$

$$72h \ LC_{50} = 20.0mg/L(17.6 \sim 22.2mg/L)$$

$$96h \ LC_{50} = 15.1mg/L(12.5 \sim 16.3mg/L)$$

（9）敌敌畏对大型溞的急性毒性

1）受试生物 大型溞（*Daphnia magna*），为本室长期传代饲养。试验前在试验用水中驯养至少 7d，试验所用大型溞个体均一，溞龄少于 24h。

2）试验方法 生物毒性试验按照国家环境保护部《化学品测试方法》（第二版）

（2013 版），202 溞类急性活动抑制试验，设空白对照组、助溶剂（丙酮）对照组、浓度组，每个试验浓度及空白对照各 20 只溞，平均分成 4 个平行，每试验容器内放置 5 只溞。

3）实验条件　试验类型采用半静态法，暴露时间 48h。采用曝气超过 48h 的自来水，每 24h 换一次水，光照周期为 16h：18h，光照强度 1000～1500lx，pH 值为 8.3±0.2，DO 为 8.3mg/L±0.3mg/L，温度为 22℃±2℃，试验硬度为 190mg/L，试验电导率为 332μS/cm，试验有机碳为 0.02mg/L。

DDVP 对大型溞的急性毒性试验设置浓度分别为 0.000mg/L、0.0005mg/L、0.001mg/L、0.002mg/L、0.004mg/L、0.008mg/L、0.016mg/L。

LC_{50} 采用概率单位直线回归法计算。

4）试验有效性　试验结束时，空白对照组和助溶剂对照组死亡率不超过 10%；试验期间，试验溶液的溶解氧含量大于 60% 的空气饱和值。浓度监控：24h 内试验溶液中敌敌畏浓度利用高效液相色谱进行检测，检测结果显示实测浓度和名义浓度差异在 20% 以内，符合要求，试验有效。

利用直线回归法推算试验结果。拟合公式为：

$$y=1.7507x+4.1977, R^2=0.8892$$

得出急性毒性试验结果和 95% 置信区间为：

$$48h\ LC_{50}=2.87\mu g/L(2.21～3.56\mu g/L)$$

（10）敌敌畏对大型溞的慢性毒性

1）受试生物　大型溞（*Daphnia magna*），为本室长期传代饲养。试验前在试验用水中驯养至少 7d，试验所用大型溞个体均一，溞龄少于 24h。

2）试验方法　生物毒性试验按照国家环境保护部《化学品测试方法》（第二版）（2013 版），211 大型溞繁殖试验，设空白对照组、助溶剂对照组、浓度组，每个试验浓度及空白对照中各 10 只溞，平均分成 10 只平行，每个试验容器内放置 1 只溞。

3）实验条件　试验类型采用半静态，暴露时间 21d。48h 换 1 次水，驯养及试验用水均为曝气 48h 以上的自来水，光暗比为 14h：10h。水质参数为：pH 值为 7.3～7.8，水温 23℃±1℃，溶解氧 5mg/L 以上，硬度 150mg/L（以 $CaCO_3$ 计）左右。

DDVP 对大型溞的慢性毒性试验设置 7 个浓度，分别为 0.00μg/L、0.04μg/L、0.08μg/L、0.16μg/L、0.32μg/L、0.64μg/L、1.28μg/L。

EC_{10} 采用概率单位直线回归法计算。

4）试验有效性　试验开始时所用的幼溞溞龄没有超过 24h，没有使用第一批子代；空白对照组大型溞活动正常；试验结束时，亲溞死亡率没有超过 20%；试验结束时，对照组和试验组的溶解氧浓度大于 3mg/L。浓度监控：试验开始和结束后溶液中马拉硫磷浓度通过 GC-MS 进行检测，检测结果显示实测和名义浓度差异在 20% 以内，符合要求；负荷大于 2mL/只溞。试验有效。

利用直线回归法推算试验结果。最敏感终点（每窝仔数）的拟合公式为：

$$y=0.6340x+4.1992, R^2=0.988$$

得出最敏感终点慢性毒性试验结果和 95% 置信区间为：

$$EC_{10}=0.1755\mu g/L(0.1259\sim0.2314\mu g/L)$$

3.4.8.6 敌敌畏基准阈值分析与比较

将敌敌畏的基准阈值与生物测试毒性值列表对比，见表 3-67。

表 3-67 敌敌畏的水生生物基准阈值与毒性值比较

类别	HC$_5$或急性值[①] /(μg/L)	长期基准或慢性值 /(μg/L)	类别	HC$_5$或急性值[①] /(μg/L)	长期基准或慢性值 /(μg/L)
本研究	22.9	0.732	中华圆田螺	36400	
中华锯齿米虾	35.9	0.991	霍甫水丝蚓	494	
麦穗鱼	3727		林蛙蝌蚪	15100	
泥鳅	4900		大型溞	2.87	0.176
羽摇蚊	32300				

① 注意是以 HC$_5$ 值与实验急性值进行对比。

由表 3-67 可知，在测试的本土生物中，只有大型溞的急、慢性毒性值小于 HC$_5$ 值或长期基准阈值，表明本章得出的敌敌畏基准阈值可靠。

参 考 文 献

[1] 王振来，钟艳玲．微量元素铬的研究进展 [J]．中国饲料，2001，4：16-17.

[2] GB 3838—2002.

[3] 李克．我国铬渣污染地块现状与政策建议 [A]．2018 中国环境科学学会科学技术年会论文集（第一卷）[C]．中国环境科学学会，2018：6.

[4] 陈果，王鑫．浅析我国铬渣解毒技术的研究 [J]．科技与企业，2015（06）：245-246.

[5] Zhang L，Shao H．Heavy Metal Pollution in Sediments from Aquatic Ecosystems in China [J]．Clean-Soil Air Water，2013，41（9）：878-882.

[6] 金雪莲，任婧，夏峰．我国河流湖泊砷污染研究进展 [J]．环境科学导刊．2012，31（5）：26-31.

[7] 丁爱中，杨双喜，张宏达．地下水砷污染分析 [J]．吉林大学学报：地球科学版．2007，37（2）：73-82.

[8] 孙贵范．中国面临的水砷污染与地方性砷中毒问题 [J]．环境与健康展望．，2003，12（4）：39-43.

[9] 于云江，王菲菲，房吉敦，等．环境砷污染对人体健康影响的研究进展 [J]．环境与健康杂志，2007，（03）：181-183.

[10] 包稚群，丘克强．关于我国砷污染现状与治理砷建议 [J]．云南冶金，2019，48（03）：60-64.

[11] 国家环境保护部．水质-物质对淡水鱼（斑马鱼）急性毒性测定方法（GB/T 13267—1991）[S]，1992.

[12] USEPA. 1985a. Methods for measuring the acute toxicity of effluents to freshwater and marine organisms. EPA/600/4-85/013. U. S. Environmental Protection Agency，Office of Research and Development，Cincinnati，OH.

[13] USEPA. 1985b. Short-term methods for estimating the chronic toxicity of effluents in receiving waters to freshwater organisms. EPA/600/4-85/014. U. S. Environmental Protection Agency，Office of Research and Development，Cincinnati，OH.

[14] Eric D. Stein，Yoram Cohen，Arthur M. Winer. Environmental distribution and transformation of mercury compounds [J]．Critical Reviews in Environmental Science & Technology. 2009，26（1）：1-43.

[15] 张磊，王起超，邵志国．第二松花江鱼及蚌汞含量现状及演变规律 [J]，生态环境，2005，14（2）：190-194.

[16] USEPA，National Recommended Water Quality Criteria [R]．4304T. Washington DC：Office of Water and Office Sciences and Technology，2009.

[17] European Parliament and of the Council. Proposal for a Directive of the European Parliament and of the Council on

environmental quality standards in the field of water policy and amending Directive. EU-52006PC0397.

[18]   Wikipedia. Drinking water quality standards.

[19]   雷炳莉，金小伟，黄圣彪，等. 太湖流域 3 种氯酚类化合物水质基准的探讨 [J]. 生态毒理学报，2009，4 (1)：40-49.

[20]   Gao J，Liu L，Liu X，et al.，Levels and spatial distribution of chlorophenols - 2，4-dichlorophenol，2，4，6-trichlorophenol，and pentachlorophenol in surface water of China [J]. Chemosphere，2008，71 (6)：1181-1187.

[21]   Jin X，Zha J，Xu Y，et al.，Derivation of aquatic predicted no-effect concentration (PNEC) for 2，4-dichlorophenol：comparing native species data with non-native species data [J]. Chemosphere，2011，84 (10)：1506-1211.

[22]   Bello D，Trasar-Cepeda C，Leirós MC，et al. Modification of enzymatic activity in soils of contrasting pH contaminated with 2，4-dichlorophenol and 2，4，5-trichlorophenol [J]. Soil Bio Biochem，2013，56：80-86.

[23]   Yin D，Jin H，Yu L，et al. Deriving freshwater quality criteria for 2，4-dichlorophenol for protection of aquatic life in China [J]. Environ. Pollut. 2003. 122：217-222.

[24]   Wang B，Huang B，Jin W，et al. Seasonal distribution，source investigation and vertical profile of phenolic endocrine disrupting compounds in Dianchi Lake，China [J]. J Environ. Monit. 2012，14 (4)：1274-1281.

[25]   Liao T T，Jia R W，Shi Y L，et al. Propidium iodide staining method for testing the cytotoxicity of 2，4，6-trichlorophenol and perfluorooctane sulfonate at low concentrations with Vero cells [J]. J Environ. Sci. Health，Part A，2011，46 (14)：1769-1775.

[26]   Chen J，Jiang J，Zhang F，et al. Cytotoxic effects of environmentally relevant chlorophenols on L929 cells and their mechanisms [J]. Cell Bio. Toxicol. 2004，20 (3)：183-196.

[27]   Farah MA，Ateeq B，Ali MN，et al. Evaluation of genotoxicity of PCP and 2，4-D by micronucleus test in freshwater fish *Channa punctatus* [J]. Ecotoxicol. Environ. Saf. 2003，54 (1)：25-29.

[28]   Owens KD，Baer KN. Modifications of the topical *Japanese Medaka* (*Oryzias latipes*) embryo larval assay for assessing developmental toxicity of pentachlorophenol and dichlorodiphenyltrichloroethane [J]. Ecotoxicol. Environ. Saf. 2000，47 (1)：87-95.

[29]   Mäenpää KA，Penttinen OP，Kukkonen JVK. Pentachlorophenol (PCP) bioaccumulation and effect on heat production on salmon eggs at different stages of development [J]. Aquatic Toxicol. 2004，68 (1)：75-80.

[30]   Besser JM，Wang N，Dwyer FJ，et al. Assessing contaminant sensitivity of endangered and threatened aquatic species：Part II. Chronic toxicity of copper and pentachlorophenol to two endangered species and two surrogate species [J]. Arch. Environ. Contamin. Toxicol. 2005，48：155-165.

[31]   Hodin F，Boren H，Grimvall A，et al. Formation of chlorophenols and related compounds in natural and technical chlorination processes [J]. Water Sci. Technol. 1991，24 (3-4)：403-410.

[32]   Mari M，Borrajo M A，Schuhmacher M，et al. Monitoring PCDD/Fs and other organic substances in workers of a hazardous waste incinerator：a case study [J]. Chemosphere，2007，67 (3)：574-581.

[33]   Gao J，Liu L，Liu X，et al. Levels and spatial distribution of chlorophenols-2,4-dichlorophenol，2,4,6-trichlorophenol，and pentachlorophenol in surface water of China [J]. Chemosphere，2008，71 (6)：1181-1187.

[34]   Qu L，Xian Q，Zou H. Determination of chlorophenols in drinking water and water resource by solid phase microextraction and gas chromatography [J]. Environ. Poll. Control，2004，26 (2)：154-155.

[35]   Zhang B，Zheng M，Liu P，et al. Distribution of pentachlorophenol in Dongting Lake environmental medium [J]. China Environ. Sci. 2001，21 (2)：165-167.

[36]   Kilham SS，Kreeger DA，Lynn SG，et al. COMBO：a defined freshwater culture medium for algae and zooplankton [J]. Hydrobiologia，1998，377 (1-3)：147-159.

[37]   Bello D，Trasar-Cepeda C，Leirós MC，et al. Modification of enzymatic activity in soils of contrasting pH contaminated with 2，4-dichlorophenol and 2，4，5-trichlorophenol [J]. Soil Bio. Biochem. 2013，56：80-86.

[38]   Martí E，Sierra J，Cáliz J，et al. Ecotoxicity of chlorophenolic compounds depending on soil characteristics [J].

Science of the Total Environment，2011，409（14）：2707-2716.

[39] Kishino T, Kobayashi K. Relation between toxicity and accumulation of chlorophenols at various pH，and their absorption mechanism in fish [J]. Water Res. 1995, 29（2）：431-442.

[40] Sinclair G M, Paton G I, Meharg A A, et al. Lux-biosensor assessment of pH effects on microbial sorption and toxicity of chlorophenols [J]. FEMS Microbio. Lett. 1999, 174（2）：273-278.

[41] Xing L, Liu H, Giesy JP, et al. pH-dependent aquatic criteria for 2，4-dichlorophenol, 2,4,6-trichlorophenol and pentachlorophenol [J]. Sci. Total Environ. 2012, 441：125-131.

[42] 罗茜，查金苗，雷炳莉，等. 三种氯代酚的水生态毒理和水质基准 [J] 环境科学学报，2009. 29（11）：2241-2249.

[43] Zhang Y, Pu X, Fang M, et al. 2,4,6-trichlorophenol（TCP）photobiodegradation and its effect on community structure [J]. Biodegradation, 2012, 23（4）：575-583.

[44] Fujisawa，T, Ichise-Shibuya，K, Katagi，T. Uptake and transformation of phenols by duckweed (Lemna gibba) [J]. J. Pest. Sci. 2010, 35（4）：456-463.

[45] 纪靓靓，李法云，罗义，等. 2,4,6-三氯苯酚诱导鲫鱼肝脏自由基的产生及其氧化应激 [J]. 应用生态学报，2007，18（1）：129-132.

[46] Woodward，D F. Some Effects of Sub-Lethal Concentrations of Malathion on Learning Ability and Memory of the Goldfish [M]. M. A. Thesis, University of Missouri, Columbia, MO：46 p.，1970.

[47] Norberg-King T J. Malathion Acute and Chronic C. dubia Tests [R]. Feb. 22nd Memo to R. L. Spehar, U. S. EPA, Duluth, MN：7 p.，1991.

[48] Hossam EI-D. M Z，Samhr AMA. Insecticidal and Developmental Inhibitory Properties of Monoterpenes on Culex pipiens L. (Diptera：Culicidae)[J]. J. Asia Pac. Entomol.，2011. 14（1）：46-51.

[49] Guylas P B Csanyi. Acute Toxic Effect of Different Insecticides on Three Fish Species [J]. Aquac. Hung. (Szarvas)，1984. 4：79-85.

第4章 保护河口水生生物水质基准技术

4.1 概　　述

我国海岸线长达 32000km，分布有规模各异、类型多样的入海河口 1800 多个，其中河流长度在 100km 以上的河口有 60 多个。河口是陆地、海洋和大气界面之间各种生物地球化学过程最活跃的场所，河口生态系统受到陆地和海洋双重作用的影响，对各种自然变化和人类活动的影响十分敏感[1]。河口作为海水和淡水的交汇区，是许多生物种群繁殖、育幼和栖息的场所，又是溯河和降海鱼类洄游的必经之路，生物资源丰富，对种质资源的延续和补充具有重要意义[2]。而河口通常处于经济发达、人口稠密、城市化程度较高的地区，城市发展带来的大量"三废"物质，给河口及其临近海域造成严重的生态破坏[1]。重金属等有毒污染物进入水体后直接对水生生物造成危害或通过食物链的间接作用影响人类健康，因此，河口区域亟待制定相应的基准体系以保护该区域的环境安全和生态健康。

针对河口这一特殊区域，我国现行的水环境质量基准和标准体系无法真实反映其水环境保护需求，主要体现在以下两个方面：首先，我国的水环境标准体系未基于本土生物区系分布和敏感性特征，标准值主要参考美国、日本、欧洲、前苏联等国的水生态基准值[3]；其次，我国现行的适用于淡水水域的《地表水环境质量标准》（GB 3838—2002）和适用于海水水域的《海水水质标准》（GB 3097—1997）并不完全适用于咸、淡水混合，潮汐运动剧烈的河口区域，由于各个河口在盐度、水力停留时间、径流、潮汐、生物分布等方面与海水和淡水环境存在差异，现行的水质标准很难满足河口环境管理的需求，从而导致"欠保护"或"过保护"现象。

因此，针对河口区域制定水生生物水质基准十分必要。本章介绍河口水生生物水质基准制定的技术流程和技术方法，并附相关案例，旨在为制定不同毒物的河口水质基准提供参考，以有效保护河口这一脆弱区域的生态健康，并为河口水质评价、风险评估和环境管理提供科学依据。

4.2　技术流程

河口水生生物水质基准制定的技术流程见图 4-1。

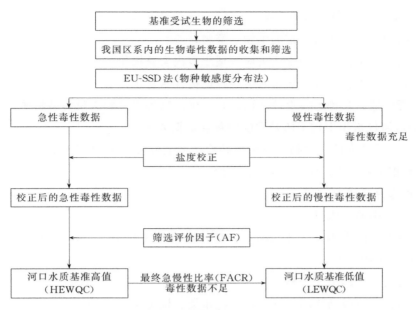

图 4-1　河口水生生物水质基准制定技术流程

4.3　技术方法

4.3.1　基准受试生物筛选

4.3.1.1　物种来源

河口水质基准受试生物应涵盖不同营养级别和生物类型，受试生物按照地域来源主要包括以下 3 类。

1) 国际通用物种　国际毒理学测试中广泛应用的生物物种，且在我国河口水体中有广泛分布。

2) 本土物种　在我国河口环境中自然存在的生物物种。

3) 引进物种　经人为引入等方式进入我国河口环境，且在我国河口区域分布广泛的生物物种。

针对我国珍稀或濒危物种、特有物种，应根据国家野生动物保护的相关法规选择性使用作为受试物种。

4.3.1.2　受试物种筛选原则

受试物种筛选原则包括：

① 受试物种在河口区域分布广泛，在洁净养殖条件下能够驯养、繁殖并获得足够的数量，或在某一河口范围内有充足的资源，确保有均匀的群体可供实验；

② 受试物种对污染物质应具有较高的敏感性及毒性反应的一致性；

③ 受试物种的毒性反应有规范的测试终点和方法；

④ 受试物种应是河口生态系统的重要组成部分和生态类群代表，并能充分代表河口

水体中不同生态营养级别及其关联性；

⑤ 受试物种应具有相对丰富的生物学资料；

⑥ 受试物种的个体大小和生活史应该适于室内实验操作；

⑦ 受试物种在人工驯养、繁殖时应保持遗传性状稳定；

⑧ 采用野外捕获物种进行毒性测试时，应确保物种未接触大量污染物质。

4.3.1.3 制定河口水生生物水质基准的物种和数据要求

制定河口水质基准的测试物种应至少涵盖：水生植物/初级生产者、无脊椎动物/初级消费者以及脊椎动物/次级消费者 3 个营养级。

受试物种选择具体要求如下：

① 硬骨鱼纲中的舌鳎科；

② 硬骨鱼纲中除舌鳎科以外的第 2 个科，在商业或者娱乐上重要的物种，如鰕虎鱼科、青鳉科中的多种鱼类；

③ 脊索动物门中的第 3 个科；

④ 浮游动物中节肢动物门的一科，如枝角类、桡足类等；

⑤ 浮游动物中轮虫动物门的一科，如臂尾轮科等；

⑥ 底栖动物中节肢动物门的另一科，如介形亚纲、端足类等；

⑦ 其他门中的上述未涉及的科，如软体动物或环节动物等；

⑧ 至少一种敏感的水生植物或浮游植物。

当毒性数据不足时，应至少满足以下要求：

① 物种应该涵盖至少 3 个营养级，即水生植物/初级生产者、无脊椎动物/初级消费者以及脊椎动物/次级消费者；

② 物种应该至少包括 5 个，即 2 种硬骨鱼、1 种浮游生物、1 种底栖生物、1 种水生植物。

当毒性数据不能满足最低数据要求时，可采用以下方式获取：

① 进行相应的环境毒理学实验补充相关数据；

② 对于模型预测获得的毒性数据，经验证后可作为参考数据；

③ 当慢性毒性数据不足时，可采用急慢性比制定长期基准值。急慢性比的获得至少应包括同样实验条件下三个物种（一种鱼类、一种无脊椎动物、一种对急性暴露敏感的河口物种）的急性、慢性数据。

4.3.2 毒性数据收集和处理

4.3.2.1 数据来源

数据主要包括河口水生生物毒性数据、水体理化参数数据、物质固有的理化性质数据和环境分布数据等。数据来源包括：a. 国内外毒性数据库；b. 本土物种实测数据；c. 公开发表的文献和报告。

4.3.2.2 数据可靠性判断和分级

为了保证水生生物基准的科学性，需要对数据的可靠性进行评价。

（1）数据可靠性的判断依据

数据可靠性的判断依据主要包括：

① 是否使用国际、国家标准测试方法和行业技术标准，操作过程是否遵循良好实验室规范（Good Laboratory Practice，GLP）；

② 对于非标准测试方法的实验，所用实验方法是否科学合理；

③ 实验过程和实验结果的描述是否详细；

④ 文献是否提供了原始数据。

（2）可靠数据的分级

可靠性数据分为如下4个等级。

① 无限制可靠数据：数据来自GLP体系，或数据产生过程完全符合相关国家技术规范。

② 限制性可靠数据：数据产生过程不完全符合技术规范，但有充足的证据表明数据可用。

③ 不可靠数据：数据产生过程与技术规范有冲突或矛盾，没有充足的证据证明数据可用，实验过程不能令人信服或未被专家接受。

④ 不确定数据：没有提供足够的实验细节，无法判断数据可靠性。

（3）可靠数据的筛选原则

用于河口水生生物水质基准制定的数据，应采用无限制可靠数据和限制性可靠数据。其筛选应该符合以下规定。

① 实验过程中应严格控制实验条件，宜维持在受试物种最适生长范围之内，其中，溶解氧饱和度大于60%，总有机碳或颗粒物的浓度不超过5mg/L。

② 所选数据的试验方法要求与标准实验方法一致，并具有明确的测试终点、测试时间、测试阶段、暴露方式、数据来源出处等。例如实验用水应采用配置海水、标准海水或稀释海水，不能用蒸馏水和去离子水；实验过程中相关理化参数应严格控制；以单细胞动物作为受试物种的实验数据不可采用等。

③ 实验必须设置对照组（空白对照组、溶剂对照组等），如果对照组中受试生物出现胁迫、疾病和死亡的比例超过10%，不得采用该数据。

④ 优先采用流水式实验获得的物质毒性数据，其次采用半静态或静态实验方式所获数据。

⑤ 急性毒性试验中，当受试生物为水蚤类动物时，试验水蚤的年龄应小于24h；鱼类及其他生物一般以96h LC_{50} 或 EC_{50} 表示，也可以使用48h LC_{50} 或72h LC_{50} 或 EC_{50} 表示，同一个鱼类实验如果有96h数据时弃用24h、48h及72h数据。急性毒性试验期间不能喂食。

⑥ 慢性毒性试验中，选取14d以上 EC_{50} 或 LC_{50} 以及NOEC或LOEC毒性测试终点值。如大型溞有21d标准测试时间数据，则弃用14d及其他非标准测试时间的数据。

⑦ 若同种或同属的急性毒性数据差异过大，应被判断为有疑点的数据而谨慎使用。若同种或同属间的数据相差10倍以上，则需舍弃部分或全部数据；

⑧ 按急性和慢性测试终点值进行分类，分别对急性、慢性毒性测试终点值进行数据

筛选，按物种进行分类，去除相同物种测试终点值中的异常数据，即偏离平均值 1～2 个数量级的离群数据。若相同物种的测试终点值有 3 个以上，其中 1 个偏离其他数据 10 倍以上，则剔除该数据。

4.3.2.3 盐度校正

淡水环境中硬度是影响重金属毒性的主要因素，Ca^{2+}、Mg^{2+} 含量会对重金属的毒性造成缓解作用[4]。在河口环境中，盐度较高的水体中 Ca^{2+}、Mg^{2+} 含量也高，本章参考淡水环境中硬度对重金属毒性影响的相关研究方法，以河口生物毒性试验中水体盐度值为 X 轴，生物毒性数据的对数值为 Y 轴进行回归分析得到生物毒性与盐度之间的拟合方程，并计算盐度校正斜率。根据拟合方程将生物毒性数据校正为标准盐度（本章中的标准盐度定义为河口平均盐度）下的毒性数据，利用校正数据制定的基准即为标准盐度下的河口水生生物水质基准。

4.3.3 河口水生生物水质基准制定

河口水生生物水质基准制定采用欧盟推荐的 EU-SSD 曲线法（简称 SSD 法）。首先检验所获得生物毒性数据的正态性，然后使用统计模型将污染物浓度和物种敏感性分布的累积频率进行拟合分析，计算可以保护大多数物种的污染物浓度，通常采用 5％物种受危害的浓度，即 HC_5 表示，或称作 95％保护水平的浓度。

4.3.3.1 河口水质基准高值（High Estuarine Water Quality Criterion，HEWQC）

（1）毒性数据分布检验

将筛选所得受试化学品的所有生物毒性数据进行正态分布检验（如 K-S、t 检验），若不符合正态分布，应进行数据转换（例如对数转换）后重新校验。

（2）累积频率计算

将所有已筛选物种的最终毒性值按从小到大的顺序排列，并且给其分配等级 R，最小的最终急性值等级为 1，最大的为 N，依次排列，如果有两个或两个以上物种的毒性值相等，则将其任意排成连续的等级，计算每个物种最终急性值的累积频率。

计算公式如下：

$$P = \frac{R}{N+1} \times 100\%$$

式中　P——累积频率,％;

R——物种排序的等级;

N——物种的个数。

（3）模型拟合与评价

推荐使用逻辑斯蒂、对数逻辑斯蒂、正态分布、极值分布四个模型进行数据拟合。

根据拟合度评价参数分别评价模型的拟合度，选择最优分布模型，确保拟合 SSD 曲线外推得出的水生生物基准在统计学上具有合理性和可靠性。

（4）水生生物水质基准外推

急性毒性数据的 SSD 曲线上累积频率 5％对应的浓度值为 HC_5，该值除以评价因子（Assessment Factor，AF，一般取值为 2），即可确定最终的河口水质基准高值。

4.3.3.2 河口水质基准低值（Low Estuarine Water Quality Criterion，LEWQC）

① 如果慢性毒性数据充足，可以用于模型拟合时，可采用上述制定水质基准高值的方法确定水质基准低值；

② 如果慢性毒性数据不足，可采用最终急慢性比率（Final Acute Chronic Ratio，FACR）法确定水质基准低值，其公式如下：

$$LEWQC = HEWQC/FACR$$

式中　FACR——最终急慢性比率，该比率根据3科以上生物的急慢性毒性比（ACR）计算，其中至少包括一种鱼类和一种无脊椎动物。

4.4 典型案例分析

4.4.1 河口铅的水生生物水质基准制定

4.4.1.1 概述

铅（Pb）是人类认识的最古老的毒物之一。随着工业发展，作为重要的工业原料，铅的使用量大幅增加，其对人类健康的影响日益引发关注。金属铅具有较强生物富集性及神经毒性，会对人体健康造成明显损害，具体表现为：影响智力和骨骼发育，造成消化不良和内分泌失调，导致贫血、高血压和心律失常，破坏肾功能和免疫功能等[5]。目前铅已被世界多数国家列为"优先控制污染物"。我国铅储量世界排名第二，消费量年均增长8.5%，铅的大量使用给环境造成巨大风险[6]。

欧、美等发达国家和地区对铅污染关注较早。美国1984年开始制定铅的水生生物水质基准[7]，根据双值基准体系针对海水和淡水分别确定了铅的短期和长期水质基准。荷兰和澳大利亚也分别于2000年和2003年制定了铅的水质基准值[8,9]。

我国在水质基准和标准方面的研究起步较晚。我国现行的铅水质标准主要参考发达国家的水质基准和生物毒性资料[10]。针对河口区域，我国尚无铅基准的相关研究，亟需针对河口区域的环境特点进行铅的基准和标准研究。

4.4.1.2 铅的环境行为

铅是柔软、延展性强的重金属，有毒，密度 $11.34 \, g/m^3$，熔点 327.50℃[11]。铅本色为青白色，在空气中受到水、氧气和二氧化碳的作用很快会被一层暗灰色的氧化物覆盖。加热时，铅能很快与氧、硫、卤素化合；铅与冷盐酸、冷硫酸几乎不起作用，能与热或浓盐酸、硫酸反应；铅可与稀硝酸反应，但与浓硝酸不反应；铅能缓慢溶于强碱性溶液[12]。

在大气中，铅及其无机化合物以铅烟和铅尘形式存在[13]。铅加热焙化时产生大量铅蒸气，在空气中铅蒸气会被氧化为铅的氧化物微粒，并以铅尘形式在大气中存在。其中，含铅蒸气及细小铅氧化物微粒的废气为铅烟，而在铅熔化的铅液和空气界面处的海绵状氧化物为铅尘[14]。

在水环境中，Pb 与 OH^-、Cl^-、SO_4^{2-} 以及 CO_3^{2-} 等离子存在沉淀、溶解和络合平衡，当外界环境条件发生改变时水中各种铅化合物含量也会发生改变[15]。铅在水体中的存在形态，一般按其总量可分为"可溶态"和"颗粒态"，一些+2价、+4价的铅离子都是可溶态的，可溶态的铅毒性较大，可以被生物直接吸收，蓄积性强。悬浮物和沉积物中的铅是颗粒态的，在中性和弱碱性水体中，铅离子以 Pb^{2+}、$PbCO_3$、$PbOH^+$、$Pb(OH)_2$ 等形态存在。由于海水中含有大量 Cl^-，因此铅在海水中的主要存在形态为 $PbCO_3$、$PbCl^+$、$PbCl_6^{4-}$、$Pb(CO_3)_2^{2-}$ 等[16]。此外，还有部分铅以有机化合物形态存在，但该形态的铅溶解度小、稳定性差，光照条件下易于分解[17]。铅在水体中不能被生物降解，只能发生各种形态的相互转化、分散和富集。由于铅离子容易与水中一些阴离子形成难溶性化合物，如 $PbCO_3$、$Pb(OH)_2$ 等，且悬浮物和底泥对铅有高吸附性，因此天然水体中铅含量通常仅为每升几微克甚至不足微克[18]。铅主要通过机械迁移转化、物理化学迁移转化和生物迁移转化实现铅在水环境中的迁移[17]。

4.4.1.3　铅的生物毒性及作用方式

铅进入植物体内后，会改变细胞的结构，抑制光合作用、呼吸作用和酶的活性，使核酸组成发生改变、细胞体积缩小或生长受到抑制[16]。水生植物体内特定酶系统可以及时去除机体内过多的活性氧自由基，从而维持细胞内自由基、活性氧产生和消除的动态平衡，从而避免活性氧物质对水生植物细胞产生伤害，而铅进入水生植物体后会抑制植物体内相关自由基清除酶的活性，从而打破这种动态平衡，给水生植物造成损伤[18]。

铅易吸附在水生动物器官表面，影响水生动物正常生理功能。不同种类的水生动物对铅的耐受性不同，通常个体较大的生物耐受力较强；对于同一种动物的不同发育阶段，胚胎期对铅离子的敏感性大于幼虫期和成虫期[17]。早期胚胎发育阶段，受铅污染比较严重的受精卵呈畸形发育[19]。但与汞、铬、铜、锌等重金属相比，铅的毒性相对较小[20]。

铅通过食物链进入人体后会对人体造血系统、消化系统、神经系统、肾脏、心脏造成危害[21]。铅中毒能引起贫血，主要通过影响血红蛋白合成、缩短红细胞寿命，继而导致脊髓内幼红细胞代偿性增生。铅还能穿透血脑屏障，损害发育中的中枢神经系统，甚至蓄积于内皮细胞，直接破坏血脑屏障。此外，铅会抑制肠壁碱性磷酸酶和 ATP 酶的活性，使平滑肌痉挛，引起腹痛，在急性铅中毒情况下，铅会直接损伤肝细胞，并使肝内小动脉痉挛引起局部缺血，发生急性中毒性肝病[22]。

4.4.1.4　水环境参数对铅毒性的影响

较高的水体盐度对铅的毒性有缓解作用[23]。当水体盐度从 20 升高至 35 时，铅对墨吉对虾的毒性明显降低[24]。研究表明相同试验条件下，盐度升高时，铅对菲律宾蛤仔和中肋骨条藻的毒性明显降低（未发表数据）。该现象同样出现在其他生物中，尤其是甲壳类生物[25]。Sullivan 认为血淋巴和外部介质之间的渗透压梯度影响金属的生物可利用性[26-29]，在低盐度下，金属更易被生物摄取，从而造成更高的毒性。阳离子竞争也是引起盐度效应的重要因素，研究表明随水体盐度增加重金属镉导致的比目鱼卵死亡率明显下降[23]，这可能是由于高盐度条件下，众多阳离子积累于卵表面绒毛膜，从而阻碍重金属进入卵细胞，引起重金属毒性的降低[23]。此外，盐度还可能通过影响铅对渗透压的调节系统[30] 及改变铅的化学形态等途径影响铅的生物毒性[31]。

除盐度外，其他环境因素如 pH 值、有机物含量等也会对铅的毒性产生一定影响。铅的化学形态与其毒性密切相关，水体中铅的主要成分为 $PbCO_3$、$PbCl^+$、$PbCl_6^{4-}$、$Pb(CO_3)_2^{2-}$，还有一部分铅以有机铅化合物形态存在于水体中，有机铅的毒性远大于无机铅[30]。而水质参数 pH 值和有机物含量会引起铅化学形态和各形态之间的转化，从而影响铅的毒性。Peterson 研究发现，酸性条件下，铅离子多呈游离态，更易被生物吸收，导致铅的毒性增强[32]。此外，pH 值也影响生物膜吸收重金属的速度，pH 值较低时生物膜吸收铅的速率较高，从而引起铅的毒性增大[33,34]。但迄今为止，相关试验开展较少，不足以准确分析 pH 值及有机物含量等环境因素与铅毒性效应之间的相关性。

4.4.1.5 铅对我国河口生物的毒性数据

本章搜集和筛选的河口生物毒性数据主要来源于"中国知网"（http：//www.cnki.com/），ECOTOX 毒性数据库（http：//cfpub.epa.gov/ecotox/）和其他公开发表的相关文献。为保证推导的基准值更符合我国河口水环境特征和生物区系组成，本章选用的物种皆为我国河口区域的广布种。选用的毒性数据来自于 Pb^{2+} 的毒性试验，使用的铅化合物主要为硝酸铅 $[Pb(NO_3)_2]$、氯化铅（$PbCl_2$）、醋酸铅 $[(CH_3COO)_2Pb]$ 和氯化三甲基铅。

本章中毒性数据的筛选原则为：对于急性毒性数据，采用暴露时间不超过 96h 且毒性效应终点为死亡、生长、发育和繁殖的 LC_{50} 或 EC_{50}（半数致死浓度或半数效应浓度）；对于慢性毒性数据，采用暴露时间不小于 14d 且毒性效应终点为生长、发育和繁殖的 NOEC（无观察效应浓度）或 LOEC（最低可观察效应浓度）。若同一物种存在多个毒性数据，则采用暴露时间最长者；若同一物种、毒性终点和暴露时间有多个毒性数据，则采用这些数据的几何平均值。按物种分别对急性、慢性毒性数据进行分类和筛选，去除相同物种测试终点值中的异常数据点，即偏离平均值 1～2 个数量级的离群数据。剔除非中国本土物种、仅在室内养殖的实验生物及无法在河口生存的物种毒性数据。所有毒性数据都需要有明确的试验水体盐度参数，根据盐度值对毒性数据进行校正和归一化。

（1）急性毒性数据

最终筛选得到的铅对我国河口水生生物的急性毒性数据见表 4-1，急性毒性数据涵盖 9 门 20 科 27 物种，基本覆盖了我国河口分布的主要物种。

表 4-1　铅对我国河口水生生物的急性毒性数据

门	科	物种	拉丁名	盐度	急性毒性值/(μg/L)	参考文献
脊索动物门	舌鳎科	半滑舌鳎	*Cynoglossus semilaevis*	32.5	1023	[35]
脊索动物门	异鳉科	黑点青鳉	*Oryzias melastigma*	30	20000	[36]
脊索动物门	虾虎鱼科	许氏鳍虾虎鱼	*Mugilogobius chulae*	30	313000	[37]
脊索动物门	虾虎鱼科	纹缟虾虎鱼	*Tridentiger trigonocephalus*	4	959	[38]
脊索动物门	鲻科	鲻鱼	*Mugil cephalus*	28	7130	[39]
脊索动物门	鲻科	大鳞鮻	*Liza macrolepis*	35	14600	[40]
软体动物门	帘蛤科	文蛤	*Meretrix meretrix*	20	265.04	[41]
软体动物门	帘蛤科	波纹巴非蛤	*Paphia undulata*	31	4119	[42]

门	科	物种	拉丁名	盐度	急性毒性值 /(μg/L)	参考文献
软体动物门	帘蛤科	菲律宾蛤仔	*Ruditapes philippinarum*	20	14280	[43]
				31	31116	[44]
				20	9943	本研究
				25	11222	
				32	23928	
软体动物门	贻贝科	翡翠贻贝	*Perna viridis*	28	3160	[39]
				33	8820	[45]
软体动物门	贻贝科	菲律宾偏顶蛤	*Modiolus philippinarum*	33	2876	[46]
软体动物门	牡蛎科	近江牡蛎	*Ostrea rivularis*	35	43550	[47]
软体动物门	牡蛎科	长牡蛎	*Crassostrea gigas*	29	22989	[48]
软体动物门	蚶科	泥蚶	*Tegillarca granosa*	24	14289	[49]
软体动物门	汇螺科	珠带拟蟹守螺	*Cerithidea cingulata*	33	15507	[46]
节肢动物门	对虾科	墨吉对虾	*Penaeus merguiensis*	36	44900	[24]
				20	38223	
节肢动物门	对虾科	斑节对虾	*Penaeus monodon*	28	390	[39]
节肢动物门	钩虾科	钩虾	*Melita* sp.	29	1530	[50]
节肢动物门	糠虾科	黑褐新糠虾	*Neomysis awatschensis*	25	1917	[51]
节肢动物门	哲水蚤科	中华哲水蚤	*Calanus sinicus*	31.5	3744	[52]
星虫动物门	革囊星虫科	可口革囊星虫	*Phascolosoma esculenta*	15	10590	[53]
刺胞动物门	根口水母科	海蜇	*Rhopilema esculenta*	31	1200	[54]
棘皮动物门	球海胆科	虾夷马粪海胆	*Strongylocentrotus intermedius*	34	404	[55]
环节动物门	龙介虫科	华美管盘虫	*Hydroides elegans*	34	100.59	[56]
硅藻门	骨条藻科	中肋骨条藻	*Skeletonema costatum*	20	4229	本文
				25	4757	
				32	9159	
绿藻门	石莼科	孔石莼	*Ulva pertusa*	30	489	[57]

（2）慢性毒性数据

最终筛选得到的铅对河口水生生物的慢性毒性数据见表 4-2，涵盖 4 门 6 科 6 物种。

表 4-2　铅对河口水生生物的慢性毒性

门	科	物种	拉丁名	盐度	急性毒性/(μg/L)	参考文献
脊索动物门	异鳉科	黑点青鳉	*Oryzias melastigma*	31	200	[36]
脊索动物门	鳗鲡科	欧洲鳗鲡	*Anguilla anguilla*	20	742	[58]
节肢动物门	钩虾科	钩虾	*Melita* sp.	29	454.86	[50]
绿藻门	石莼科	孔石莼	*Ulva pertusa*	30	250	[57]
绿藻门	衣藻科	岩衣藻	*Ascophyllum nodosum*	33.5	828.8	[59]
红藻门	江蓠科	细基江蓠	*Gracilaria tenuistipitata*	33	450	[60]

4.4.1.6 河口铅水质基准推导

（1）盐度校正

盐度对铅毒性效应的影响因生物类别而异（表 4-3）。对于不同门类生物，盐度对其毒性值的影响程度不同，其中节肢动物门的生物毒性值与盐度的相关程度最低，硅藻门的相关程度最高。因此本章以门为尺度计算得到不同门类生物的盐度校正斜率。个别门类生物毒性数据量较少，难以得到准确的盐度校正斜率，针对这些生物的盐度校正，则采用全部门类生物的盐度校正斜率（图 4-2）。

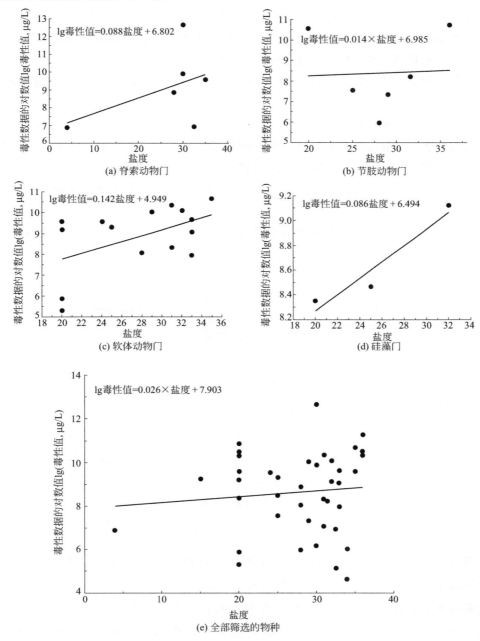

图 4-2　水体盐度对不同门类生物铅毒性影响的回归分析

第 4 章　保护河口水生生物水质基准技术

表 4-3　水体盐度对不同门类生物铅毒性效应的影响的相关性分析

门	相关性	相关系数 ρ	显著性	相关程度
脊索动物门	正相关	0.348	0.499	中等相关
节肢动物门	正相关	0.257	0.623	低相关
软体动物门	正相关	0.427	0.112	中等相关
硅藻门	正相关	1.000	0	高相关
所有门类	正相关	0.122	0.452	低相关

经计算得到脊索动物门、软体动物门、节肢动物门、硅藻门的盐度校正斜率分别为 0.088、0.142、0.014 和 0.066，针对所有门类生物的盐度校正斜率为 0.026。盐度对不同门类生物铅毒性的影响程度从大到小依次为软体动物门、脊索动物门、硅藻门和节肢动物门。本章收集到的毒性数据的盐度范围为 4～36，均值约为 28，因此根据上述盐度校正斜率将生物铅对河口生物的急性毒性值调整至平均盐度后计算种平均急性值（Species mean acute value，SMAV）。

（2）铅河口水质基准推导

采用物种敏感度分布法（SSD 法）推导河口铅水质基准高值（HEWQC），应用 Origin 统计软件对种平均急性值与概率 P 进行模型拟合，应用 SSD 累积频率分布模型，计算 P 值为 0.05 时所对应的 HC_5 值，基准高值为 HC_5 除以评价因子（AF），AF 取值为 2。

基于现有的 SMAV，将毒性数据取对数后，经 K-S 检验，符合正态分布（均值 8.16，标准偏差 0.09）（图 4-3）。

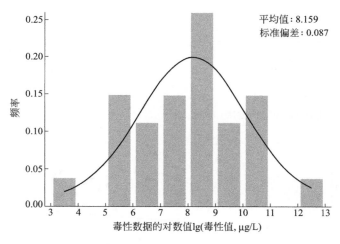

图 4-3　铅对河口生物急性毒性值的对数正态分布

对所有急性毒性数据经对数转换后构建 SSD 曲线。根据表 4-4 可知，Normal 模型拟合得到的 R^2 最大，均方根和残差平方和最小，K-S 检验结果大于 0.05，故 Normal 模型为最优拟合模型（图 4-4）。最优拟合模型获得的急性毒性 HC_5 为 $4.578\mu g/L$，且急性毒性数据大于 15 个并涵盖了足够的营养级，故 AF 取值 2，得到 HEWQC 为 $48.68\mu g/L$。

表 4-4　铅对我国河口生物急性毒性值的不同分布模型拟合结果

分布模型	HC$_5$/(μg/L)	R^2	RMSE	SSE	K-S
Normal	4.578	0.9919	0.0262	0.0186	0.1300
Log-normal	5.145	0.9833	0.0334	0.0302	0.2060
Logistic	4.278	0.9886	0.0299	0.0241	0.1070
Log-logistic	4.978	0.9825	0.0431	0.0501	0.1969
Extreme value	4.586	0.9890	0.0274	0.0202	0.1153

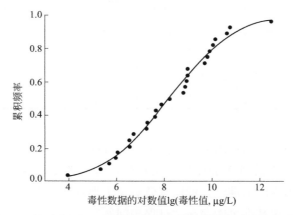

图 4-4　铅对我国河口生物急性毒性值的物种敏感度分布曲线

由表 4-4 可知，由于铅对河口生物的慢性毒性数据量不满足美国水质基准指南中"3门 8 科"的数据量要求，故采用 FACR（最终急慢性比）法进行河口水质基准低值（LEWQC）的推导。根据 3 个物种计算得到的 FACR 值为 8.70（表 4-5），该值与国际经济合作与发展组织（OECD）[61] 和澳大利亚[62] 推荐使用的 ACR 默认值 10 接近。根据该 FACR 值计算得到 LEWQC 为 5.60μg/L。

表 4-5　用于推导铅最终急慢性比率（FACR）的毒性数据

物种	急性毒性/(μg/L)	慢性毒性/(μg/L)	ACR	参考文献
黑点青鳉	20000	200	100	[36]
钩虾	1530	454.86	3.36	[50]
孔石莼	489	250	1.96	[57]
FACR			8.70	

4.4.1.7　国内外铅水质基准对比分析

各国铅的水质基准及标准值见表 4-6。与美国海水铅水质基准相比，本研究推导的水质基准高值（48.68μg/L）远低于美国的基准最大浓度（287.0μg/L），但本研究得到的水质基准低值（5.60μg/L）则与美国海水铅水质基准连续浓度（5.60μg/L）一致。与美国淡水铅水质基准相比，本研究的水质基准高值略低于美国的淡水基准最大浓度（65.0μg/L），本研究的水质基准低值则明显低于美国的淡水基准连续浓度（25.0μg/L）。

表 4-6 不同国家铅的水质基准及标准值

类别	项目	方法	模型	基准或标准/($\mu g/L$)	数据来源
中国海水	短期水质基准	SSD	Log-normal	275.0	[63]
	长期水质基准	ACR		5.36	
美国海水	基准最大浓度	SSR	NA[①]	287.0	[64]
	基准连续浓度	ACR		5.60	
中国淡水	急性基准值	SSD	Log-normal	65.0	[65]
	慢性基准值	ACR		5.10	
美国淡水	基准最大浓度	SSR	NA[①]	65.0	[64]
	基准连续浓度	ACR		25.0	
中国河口	短期水质基准	SSD	Normal	48.68	本研究
	长期水质基准	ACR		5.60	
GB 11607—1989	中国渔业水质标准	NA[①]	NA[①]	5	[68]
GB 3097—1997	一类海水	NA[①]	NA[①]	1	[69]
	二类海水			5	
	三类海水			10	
	四类海水			50	

① NA 表示无法得到。

笔者认为造成这种差异的原因可能有以下 5 个方面：

① 美国采用毒性百分比排序法计算水质基准，而本研究采用物种敏感度分布法选择最佳拟合模型外推得到铅的基准值，可以有效避免个别毒性数据过大或过小引起水质基准偏差，美国现行的铅水质基准可能存在"过保护问题"；

② 我国和美国推导基准时所采用的生物物种不同，而这些物种由于生理构造、生活环境、地理分布等的差异导致对化学物质的敏感性存在差异。本研究针对的是河口生物，生物组成与淡水和海水不尽相同，导致所推基准值差异较大；

③ 美国推导基准时没有使用藻类数据[67]，而本研究搜集到的毒性数据表明，一些藻类，如孔石莼[61]，对铅也有极高的敏感性，且藻类是海洋重要的初级生产者，藻类数据缺乏可能会对最终基准值产生一定影响。美国的铅水质基准于 1984 年颁布，毒性数据只筛选到 1984 年[66]，而本文筛选的毒性数据截止到 2019 年 4 月，毒性数据的数量和种类存在很大差异；

④ 由于河口盐度变化会影响铅的毒性，本研究进行了盐度校正，美国的海水和淡水基准研究均未采用盐度校正；

⑤ 推导慢性水质基准时，美国采用的 FACR 值缺乏鱼类数据，导致该值远大于其他国家或地区的推荐值。

本章所制定的河口铅基准值较[63]、之前[65] 得到的海水基准值和淡水基准值相比也存在一定差异。其中，河口基准高值（48.68$\mu g/L$）远小于海水基准高值（275.0$\mu g/L$），略小于淡水急性基准（65.0$\mu g/L$）；基准低值（5.60$\mu g/L$）均略大于海水（5.36$\mu g/L$）和淡水基准值（5.10$\mu g/L$）。这表明，采用不同毒性数据和研究方法会造成所推基准值的差异，因此，针对不同区域需要根据其环境特征及生物区系组成制定特定的基准值。此外，本章推导的基准低值高于我国的一类、二类海水标准，低于三类海水标准，略高于渔业水质标准；基准高值高于我国的一类、二类、三类海水标准，低于四类海水标准，可见借鉴国外水质标准所制定的海水水质标准，并不完全符合我国国情，也不符合河口环境保护的特殊需要，存在过保护现象。

4.4.1.8 结论

本研究取得如下主要结论：

① 铅的毒性效应随盐度升高而下降。

② 铅对于不同门类生物的毒性具有不同的盐度效应，表现为不同的盐度校正斜率。脊索动物门、软体动物门、节肢动物门和硅藻门的盐度校正斜率分别为 0.088、0.142、0.014 和 0.066。针对所有生物门类的盐度校正斜率为 0.026。

③ 以物种敏感度分布法为基础，分别采用 Normal、Log-normal、Logistic、Log-logistic 和 Extreme value 五种模型对河口铅毒性数据进行拟合，发现 Normal 模型拟合效果最佳，在此基础上得到我国河口铅的长期和短期水质基准值分别为 48.68μg/L 和 5.60μg/L。

4.4.2 河口汞的水生生物水质基准制定

4.4.2.1 概述

水质基准是制定水质标准的基础，是进行环境质量评价、环境风险评估、环境损害鉴定和应急事故管理的重要参考依据。自 20 世纪 60 年代起，美国、欧盟、加拿大、荷兰等国家在水质基准方面已经开展了大量研究，建立了较为完善的淡水、海水水质基准技术体系，并颁布了一批典型污染物的水质基准值。我国水质基准研究起步较晚，直到 21 世纪初，我国的水质基准研究基本以零散的技术探讨为主。2017 年环保部才颁布了符合我国水体区系和生态系统特征的《淡水水生生物水质基准制定技术指南》（HJ 831—2017）、《湖泊营养物基准制定技术指南》（HJ 838—2017）和《人体健康水质基准制定技术指南》（HJ 837—2017），旨在保护淡水生物、生态和人体健康。而对于海水水质基准，我国尚缺乏系统性研究。目前，仅有少数学者借鉴国外的方法理论，结合我国海洋生物毒理数据对我国海水水质基准的构建进行了探讨，并推导了一些营养盐[65]、重金属[66]、有机物[67] 等典型污染物的海水水质基准值。目前，推导水质基准的主流方法是物种敏感度分布法，推导的基准值往往以双值（长期水质基准和短期水质基准）表示，以期在污染物长期或短期暴露情况下对生物及其生态功能给予恰当的保护。汞是一种全球性污染物，其天然来源主要有火山喷发、地质沉积、森林火灾等，人为来源主要有石化、金属冶炼、燃煤发电、氯碱、水泥、PVC、医疗等涉汞行业废水废气的排放。

目前，美国、加拿大等国家已经颁布了汞的淡水和海水基准值。但在我国仅有汞淡水基准的研究，对于汞海水基准的研究相对薄弱，针对河口特别是特定河口基准的研究更为缺乏。在我国，由于涉汞行业污染物的排放，每年会有大量的汞进入海洋。根据国家海洋局《2016 年中国海洋环境状况公报》，2016 年我国主要入海河流中汞的排海量为 39t，是我国近岸海域中主要的重金属类污染物。目前严峻的环境形势亟需相应基准研究工作的进行，以制定汞的基准值保护水生态环境健康和物种安全。

4.4.2.2 汞的理化性质和环境行为

汞可以通过海气交换以及入海河流进入海洋中，其中大气干、湿沉降占据了海洋汞输入的 70% 以上[68]。汞在海洋中主要有：溶解态或颗粒态的 Hg^{2+}、溶解态 HgO、溶解态或颗粒态甲基汞（CH_3Hg^+）、溶解态二甲基汞［$(CH_3)Hg$］四种存在形态，其中 Hg^{2+} 可以在硫酸盐还原菌等微生物的作用下转化为毒性更强的甲基汞[69]。在淡水中甲基汞光解速率很快，但 Zhang 等[70] 的研究表明，作为海洋中甲基汞主要存在形式的氯化甲基汞则难以光解，因此汞在海洋中的危害更大。

4.4.2.3 汞的毒性及致毒机理

汞在自然界有三种存在形式，即元素汞（Hg）、无机汞（Hg^+、Hg^{2+}）和有机汞。各种形态的汞及其化合物都会对机体造成以神经毒性、肾脏毒性、免疫毒性、生殖毒性和胚胎发育毒性为主的多系统损害，其中以金属汞和甲基汞的人体危害最显著。汞（甲基汞）具有很强的亲巯基性，能够与体内众多富含巯基的膜蛋白相结合，从而导致多系统发生毒性效应，引起生物膜系统受损。其作用机理为汞与细胞膜上的巯基结合，导致膜结构和功能发生改变，膜的流动性降低、通透性增强，乳酸脱氢（LDL）从细胞内漏出，呼吸酶（琥珀酸脱氢酶 CCD）活性降低，线粒体功能受损害[71]。汞接触也会引起细胞内 Ca^{2+} 浓度的改变，引起生物体内 Ca^{2+} 动态平衡破坏，造成细胞的损伤，Kuo 等的实验发现浓度为 $10\mu mol/L$ 的甲基汞就可以使细胞内 Ca^{2+} 明显增加，$15\mu mol/L$ 的甲基汞可以观察到细胞因 Ca^{2+} 过量而发生的损害[72]。汞会诱导产生自由基，进而引起脂质过氧化，脂质过氧化是膜细胞、脂蛋白和含脂结构发生氧化损伤的一个主要表现，活性氧自由基（ROS）是细胞氧化损伤的起始因子，脂质过氧化一旦启动，即可通过自由基链式反应发展下去，导致脂质过氧化物（LPO）升高[73]。此外，汞也会对遗传物质造成影响，主要表现为影响基因表达、引起 DNA 损伤和修复障碍，进而引起细胞凋亡甚至造成畸胎的产生。

通过上述毒性作用方式，汞在生物体中实际表现出神经系统局部损伤、恶化，肾脏损害，免疫系统破坏，生殖功能紊乱、畸胎等生物效应。

4.4.2.4 水质参数的影响

较高的水体盐度对汞的毒性有缓解作用。与盐度为 20 的水体相比，盐度为 35 的水体中汞对墨吉对虾的毒性明显降低。该现象同样出现在其他生物中，尤其是节肢动物，众多数据表明节肢动物门的生物对盐度变化极为敏感，且表现出生物毒性效应随盐度升高而降低的现象。阳离子竞争是引起盐度效应的重要因素，研究表明，同样暴露在同浓度的汞下低盐度水体下比目鱼卵的死亡率明显高于高盐度水体[23]，其作用机理可能为：高盐度条件下，众多阳离子积累于比目鱼卵表面的绒毛膜阻碍汞进入卵细胞，从而引起汞毒性的降低[23]。盐度也可能引起汞化学形态的变化，使汞转化为毒性效应更高的甲基态，从而影响汞的生物毒性[28]。

除了盐度外，其他环境因素如温度、溶解氧（DO）、溶解性有机碳（DOC）、pH 值、生物因素等也会对汞的毒性产生一定的影响。这些因素多为影响汞的甲基化过程引起汞生物毒性的改变。其中，DO、温度、DOC 的组合作用对汞的甲基化有较大的影响，研究发现，温度对汞的甲基化有促进作用，从而引起汞毒性的升高；而 DO 和 DOC 会抑制汞的甲基化，从而降低汞对水体生物的潜在危害。pH 值主要通过影响生物膜的吸收作用影响汞的生物毒性pH值较低时，生物膜吸收汞的速率加快，引起更高的毒性效应[30,31]。此外，水体中汞的甲基化也主要出现在酸性水体中，降低pH值导致甲基化率和甲基汞产量增加，而象征微生物活动性的呼吸率却没有很大的改变，表示这种甲基化过程几乎不需要微生物的作用，因此对汞的生物地球化学循环产生很大的影响。生物因素是甲基化作用的重要影响因素，许多有机体，例如真菌、藻类、细菌都可以把Hg^{2+}转化为甲基汞，在淡水和河口缺氧沉积物中，硫酸还原菌（SRB）是导致汞甲基化的最重要的微生物[74,75]。但迄今为止，相关试验开展较少，不足以准确分析温度、DOC、DO和pH值与汞毒性效应之间的相关性，对于河口微生物组成，也缺乏相关的实验数据，因此，本研究仅考虑盐度的影响，未考虑其他因素可能导致的汞生物毒性影响效应，在今后汞的水质基准研究中有待进一步的探索和修正。

4.4.2.5 汞对大辽河口水生生物的毒性数据

本章搜集和筛选的河口生物毒性数据主要来源于"中国知网"、ECOTOX毒性数据库和其他公开发表的相关文献。为保证推导的基准值更符合我国河口水环境特征和生物区系组成，本章选用的物种皆为大辽河口区域的广布种，在筛选数据时剔除本地明显不存在的沙筛贝、粒核果螺、斧文蛤等。本章所选用的毒性数据来自于Hg^{2+}的毒性试验，使用的汞化合物主要为氯化汞（$HgCl_2$）、乙酸汞[$Hg(CH_2COOH)_2$]、硫酸汞（$HgSO_4$）和硝酸汞[$Hg(NO_3)_2$]。

毒性数据筛选原则为：对于急性毒性数据，采用暴露时间不超过96h且毒性效应终点为死亡、生长、发育和繁殖的LC_{50}或EC_{50}（半数致死浓度或半数效应浓度）；对于慢性毒性数据，采用暴露时间不小于14d且毒性效应终点为生长、发育和繁殖的NOEC（无观察效应浓度）或LOEC（最低可观察效应浓度）。若同一物种有多个毒性数据，则采用暴露时间最长者。若同一物种、毒性终点和暴露时间有多个毒性数据，则采用这些数据的几何平均值。按物种分别对急性、慢性毒性数据进行分类和筛选，去除相同物种测试终点值中的异常数据点，即偏离平均值1～2个数量级的离群数据。所有毒性数据都需要明确的受试盐度条件，用盐度对毒性数据进行校正和归一化。剔除非大辽河口本土物种、只在实验室内养殖的实验生物及无法在河口生存的物种毒性数据。

（1）急性毒性数据

最终筛选得到的汞对大辽河口水生生物急性毒性数据见表4-7。共获得急性毒性数据37个，涵盖7门26科35物种。筛选得到的毒性数据基本覆盖了大辽河口分布的主要物种。

表4-7 汞对大辽河口水生生物的急性毒性数据

门	科	物种	拉丁名	盐度	急性毒性值/(μg/L)	参考文献
环节动物门	龙介虫科	华美盘管虫	*Hydroides elegans*	34	103	[53]
棘皮动物门	球海胆科	长海胆	*Echinometra mathaei*	30	17.4	[76]
棘皮动物门	刺参科	仿刺参	*Apostichopus japonicus*	31	24.6	[77]
脊索动物门	虾虎鱼科	诸氏鲻虾虎鱼	*Mugilogobiuschulae*	30	1.3	[34]
脊索动物门	舌鳎科	半滑舌鳎	*Cynoglossus semilaevis Gunther*	32.5	45	[32]

门	科	物种	拉丁名	盐度	急性毒性值/(μg/L)	参考文献
脊索动物门	鯻科	花身鯻	*Terapon jarbua*	36	60	[78]
脊索动物门	鲷科	黑鲷	*Acanthopagrus schlegelii*	28	74.2	[74]
脊索动物门	异鳉科	黑点青鳉	*Oryzias melastigma*	30	97	[33]
脊索动物门	尖吻鲈科	尖吻鲈	*Lates calcarifer*	26	85	[79]
脊索动物门	鲻科	鲻鱼	*Mugil cephalus*	31	100	[75]
脊索动物门	鲻科	大鳞鲛	*Liza macrolepis*	35	380	[37]
脊索动物门	石首鱼科	黄姑鱼	*Nibea albiflora*	29	496	[80]
节肢动物门	对虾科	长毛对虾	*Penaeus penicillatus*	22.5	2	[81]
节肢动物门	蜾蠃蜚科	河蜾蠃蜚	*Corophium acherusicum*	25	3.6	[82]
节肢动物门	哲水蚤科	中华哲水蚤	*Calanus sinicus*	25	10.6	[83]
节肢动物门	对虾科	日本对虾	*Penaeus japonicus*	27.3	12	[84]
节肢动物门	对虾科	斑节对虾	*Penaeus monodon*	21.9	5	[85]
				24	10	[85]
				25.5	15	[85]
节肢动物门	梭子蟹科	三疣梭子蟹	*Portunus trituberculatus*	28	34	[86]
节肢动物门	对虾科	墨吉对虾	*Banana prawn*	20	130	[24]
				36	290	[24]
节肢动物门	对虾科	凡纳滨对虾	*Litopenaeus vannamei*	29	209	[87]
软体动物门	帘蛤科	丽文蛤	*Meretrix Cusoria*	10	140	[88]
软体动物门	壳菜蛤科	菲律宾偏顶蛤	*Modiolus philippinarum*	33	7	[43]
软体动物门	牡蛎科	褶牡蛎	*Ostrea plicatula*	22.5	100	[89]
软体动物门	牡蛎科	美洲巨蛎	*Crassostrea virginica*	25	5.6	[90]
软体动物门	贻贝科	厚壳贻贝	*Mytilus coruscus*	28	120	[91]
软体动物门	汇螺科	珠带拟蟹守螺	*Cerithidea cingulata*	33	53	[43]
软体动物门	帘蛤科	菲律宾蛤仔	*Ruditapes philippinarum*	31	134	[77]
软体动物门	贻贝科	紫贻贝	*Mytilus edulis*	25	161	[92]
软体动物门	马珂蛤科	四角蛤蜊	*Mactra veneriformis*	33	207	[93]
软体动物门	海螂科	砂海螂	*Mya arenaria*	20	400	[94]
软体动物门	阿地螺科	泥螺	*Bullacta exarata*	28	630	[95]
软体动物门	蚶科	毛蚶	*Scapharca subcrenata*	27	2070	[96]
星虫动物门	革囊星虫科	可口革囊星虫	*Phascolosoma esculent*	25.5	930	[97]
腔肠动物门	根口水母科	海蜇	*Rhopilema esculenta*	31	210	[98]

（2）慢性毒性数据

筛选得到汞对大辽河口水生生物慢性毒性数据见表 4-8。获得慢性数据 3 个，包括 2 门 3 科 3 物种。

表 4-8 汞对大辽河口水生生物的慢性毒性

门	科	物种	拉丁名	盐度	慢性毒性/(μg/L)	参考文献
脊索动物门	异鳉科	黑点青鳉	*Oryzias melastigma*	30	97	[33]
软体动物门	牡蛎科	长牡蛎	*Crassostrea gigas*	32	20	[99]
软体动物门	贻贝科	紫贻贝	*Mytilus edulis*	32	20	[99]

4.4.2.6 大辽河口汞水质基准推导

（1）盐度校正

盐度对汞毒性效应的影响程度因生物类别而异，不同门类生物毒性数据和盐度的相关性分析见表 4-9。由表 4-9 可见，对于不同门类生物，盐度对其毒性值的影响程度不同，其中脊索动物门的生物毒性值与盐度的相关程度最低，软体动物门的生物毒性值与盐度相关程度最高，节肢动物门的生物毒性值与盐度也有较高的相关度。因此本章以门为尺度选择数据较多的脊索动物、节肢动物、软体动物门的生物进行盐度校正斜率的计算个别门类生物毒性数据量较少，难以得到准确的盐度校正斜率，针对这些生物的数据校正，则采用全部门类生物的盐度校正斜率（图 4-5）。

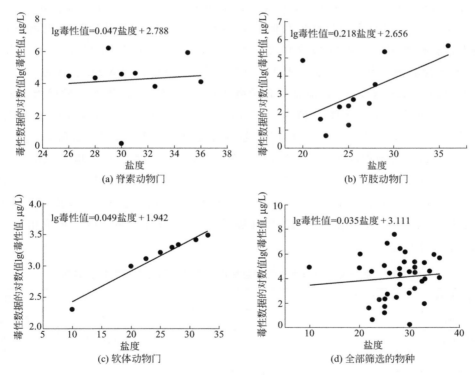

图 4-5 水体盐度对不同门类生物汞毒性影响的回归分析

经计算得到脊索动物门、节肢动物门、软体动物门的盐度校正斜率分别为 0.047、0.218 和 0.049，针对所有门类生物的盐度校正斜率为 0.035。盐度对不同门类生物汞毒性的影响程度从大到小依次为节肢动物门、软体动物门、脊索动物门。本研究收集到的毒性数据的盐度范围为 10～36，均值约为 28，因此利用上述盐度校正斜率将急性毒性值调整至平均盐度，再计算种平均急性值（Species mean acute value，SMAV）。

水体盐度对不同门类生物汞毒性影响的相关性分析如表 4-9 所列。

表 4-9　水体盐度对不同门类生物汞毒性影响的相关性分析

门	相关性	相关系数 ρ	显著性	相关程度
脊索动物门	正相关	0.090	0.818	低相关
节肢动物门	正相关	0.606	0.048	高相关
软体动物门	正相关	0.981	0	高相关
所有门类	正相关	0.152	0.369	低相关

（2）大辽河口汞的水质基准推导

采用物种敏感度分布法（SSD 法）推导河口汞水质基准高值（HEWQC），采用急慢性比法（ACR 法）推导河口汞水质基准低值（LEWQC）。目前，用于拟合 SSD 曲线的模型众多（如 Log-normal、Burr Ⅲ 等），但 Wheer 等研究表明，没有任何一个模型适用于所有物质的毒性数据拟合，我国学者在研究不同化学物质的水质基准时采用的模型也不尽相同。本章参考《淡水水生生物水质基准制定技术指南》，应用 Origin 统计软件和 SigmaPlot 统计软件内置的 Normal、Log-normal、Logistic、Log-logistic、Extreme value 五种拟合模型对种平均急性值与概率 P 进行模型拟合，应用 SSD 累积频率分布模型，输出检验模型拟合优度的参数有决定系数（R^2）、均方根（RMSE）、残差平方和（SSE）、K-S 检验值，其中 R^2 越接近 1，模型拟合优度越高；RMSE 越接近 0，模型拟合精确度越高；SSE 越接近 0，模型拟合的随机误差效应越低；当 K-S 检验值＞0.05 时表明模型符合理论分布，计算 P 值为 0.05 时所对应的 HC_5 值，基准高值为 HC_5 除以评价因子（AF），如果毒性数据大于 15 个且涵盖足够的营养级，AF 取值为 2。

对所有急性毒性数据经对数转换后构建 SSD 曲线。根据表 4-10 可知，Extreme Value 模型拟合得到的 R^2 最大，均方根和残差平方和最小，K-S 检验结果大于 0.05，故 Extreme Value 模型为最优拟合模型（图 4-6）。最优拟合模型获得的急性毒性 HC_5 为 0.868μg/L，且急性毒性数据大于 15 个并涵盖了足够的营养级，故 AF 取值 2，得到 HEWQC 为 1.191μg/L。

表 4-10　汞对大辽河口水生生物急性毒性值的不同分布模型拟合结果

分布模型	HC_5/(μg/L)	R^2	RMSE	SSE	K-S
Normal	1.578	0.9903	0.0262	0.0234	0.2065
Log-normal	2.194	0.9732	0.0512	0.0891	0.2276
Logistic	1.372	0.9906	0.0261	0.0231	0.2054
Log-logistic	2.077	0.9746	0.0613	0.1279	0.2743
Extreme Value	0.868	0.9907	0.0261	0.0230	0.2195

由表 4-10 可知，由于慢性毒性数据量不满足美国水质基准指南中"3 门 8 科"的生物毒性数据量要求，故采用 FACR 法进行 LEWQC 的推导。根据 3 个物种计算得到的 FACR 值为 3.83（表 4-11），经计算得到 LEWQC 为 0.515μg/L。

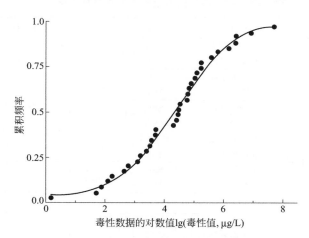

图 4-6　汞对大辽河口生物急性毒性值的物种敏感度分布曲线

表 4-11　用于推导汞最终急慢性比率（FACR）的毒性数据

物种	急性毒性/(μg/L)	慢性毒性/(μg/L)	ACR	参考文献
黑点青鳉	97.00	24.00	4.042	[33]
糠虾	3.500	1.131	3.095	[100]
大型溞	5.000	1.112	4.496	[100]
FACR			3.831	

4.4.2.7　国内外汞水质基准对比分析

如表 4-12 所列，与美国海水汞水质急性基准（1.694μg/L）相比，本研究推导的河口水质基准高值（1.191μg/L）低于美国，水质基准低值（0.515μg/L）亦低于美国（0.311μg/L）。笔者认为造成这种差异的原因可能有以下 5 个方面：

① 美国采用毒性百分比排序法计算水质基准，而本研究采用物种敏感度分布法选择最佳拟合模型外推得到汞的基准值，可以有效避免个别毒性数据过大或过小引起水质基准偏差，美国现行的汞水质基准可能存在"过保护问题"；

② 我国和美国推导基准时所采用的生物物种不同，而这些物种由于生理构造、生活环境、地理分布等的差异导致对化学物质的敏感性存在差异。本研究针对的是河口生物，生物组成与淡水和海水不尽相同，导致所推基准值差异较大；

③ 美国推导基准时没有使用藻类数据[102]，而本研究搜集到的毒性数据表明，一些藻类，如加拿大水质基准推导时采用的最敏感物种 *Emiliania huxleyi*[104] 即为一种藻类；此外，藻类是海洋重要的初级生产者，藻类数据缺乏可能会对最终基准值产生一定影响；

④ 由于河口盐度变化会影响汞的毒性，本研究进行了盐度校正，美国的海水和淡水基准研究均未采用盐度校正；

⑤ 推导慢性水质基准时，美国采用的 FACR 值缺乏鱼类数据，导致该值远大于其他国家或地区的推荐值。

表 4-12　不同国家汞水质基准及标准值

类别	项目	方法	模型	基准或标准/(μg/L)	数据来源
中国海水	短期水质基准 长期水质基准	SSD ACR	Normal	1.659 0.433	[101]
美国海水	基准最大浓度 基准连续浓度	SSR ACR	Log-triangle	1.694 0.908	[102]
中国淡水	急性基准值 慢性基准值	SSD ACR	Log-logistic	1.743 0.467	[103]
加拿大海水	基准最大浓度 基准连续浓度	评价因子法	NA[①]	0.016	[104]
中国河口	短期水质基准 长期水质基准	SSD ACR	Normal	1.191 0.311	本研究
GB 11607—1989	中国渔业水质标准	NA[①]	NA[①]	0.500	[63]
GB 3097—1997	一类海水 二类海水 三类海水 四类海水	NA[①]	NA[①]	0.050 0.200 0.200 0.500	[64]

① NA 表示得到。

与加拿大的基准值相比，本研究的结果明显较高，这是因为加拿大采取的是评价因子法，以所有毒性数据中最敏感的一种藻类（*Emiliania huxleyi*）的 LOAEL（Lowest Observed Adverse Effect Level）与安全系数 10 的商作为最终基准值，产生过保护的可能性较大。

本书所制定的河口基准值较康凯莉[101] 等得到的海水基准值相比也存在一定差异。其中，河口基准高值（1.191μg/L）远低于海水基准高值（1.659μg/L），基准低值（0.311μg/L）略低于海水基准值（0.433μg/L）。这表明，采用不同毒性数据和研究方法会造成所推基准值的差异，因此，针对不同区域，需要根据其环境特征及生物区系组成制定相应的水质基准值。本书制定的河口水质基准值较张瑞卿[103] 等推导的无机汞淡水基准值（1.743μg/L）低，这表明河口环境与海洋和淡水环境截然不同，相较于海洋和淡水生态系统，河口区域生态环境更为脆弱敏感，亟待更为严格的基准以保护河口生物安全和生态健康，因此制定相应的河口基准十分必要。此外，本章推导的基准低值低于我国渔业水质标准和四类海水水质标准，高于一、二、三类海水水质标准；基准高值高于我国渔业水质标准和一、二、三、四类海水水质标准，可见借鉴国外水质标准所制定的海水水质标准，并不完全符合我国国情，也不能满足河口环境保护的需要，存在欠保护或过保护现象，需要制定适合我国河口区域的双值基准体系，以切实保护河口生态系统健康。

4.4.2.8　结论

本研究取得如下主要结论：

① 汞的毒性效应随盐度升高而下降。

② 汞对于不同门类生物的毒性具有不同的盐度效应，表现为不同的盐度校正斜率。脊索动物门、软体动物门、节肢动物门的盐度校正斜率分别为 0.047、0.049 和 0.218。针对所有生物门类的盐度校正斜率为 0.035。

③ 以物种敏感度分布法为基础，分别采用 Normal、Log-normal、Logistic、Log-logistic 和 Extreme value 五种模型对河口汞毒性数据进行拟合，发现 Extreme value 模型拟合效果最佳，在此基础上得到大辽河口汞的长期和短期水质基准值分别为 $1.191\mu g/L$ 和 $0.311\mu g/L$。

4.4.3 河口五氯苯酚的水生生物水质基准制定

4.4.3.1 概述

五氯苯酚（pentachlorophenol，PCP）简称五氯酚，是一种人工合成的化合物，由 Erdmann 于 1841 年首次合成[105]。PCP 在自然界中并不存在，环境中的 PCP 主要是由人类活动引入的。有研究报道，含 PCP 工业废水和木材防腐废水的排放、加氯法消毒生活污水和生物废水是水体中 PCP 污染的主要来源[106]。此外，PCP 及其钠盐（sodium pentachlorophenol，NaPCP）因其对生物具有较强的杀灭作用且价格便宜，曾在世界范围内大规模用作为木材防腐剂、农业除草剂和杀虫剂、灭螺剂、皮革和造纸行业杀菌剂[107]。在我国，其主要用于杀灭血吸虫的宿主——钉螺，预防血吸虫病的发生；清理鱼塘；杀灭蚂蟥、果树害虫、蝽蟓等；对大型木料进行防腐处理等[106]。但由于其环境毒性强且残留时间长，中国、美国和欧盟都已将 PCP 列入优先控制的毒性污染物名单。国际癌症研究总局亦已将其列为致癌物质。2001 年超过 90 个国家签订了《关于持久性有机污染物的斯德哥尔摩公约》，该公约将 PCP 列为环境中应优先控制的 12 种持久性有机污染物之一[108]。

PCP 在环境中广泛存在。Zheng 等[109] 报道，在世界范围内的空气、水、沉积物、土壤以及人类血液、尿液、母乳和脂肪组织中都能检测到 PCP 的存在；在全球范围内，2002~2003 年间，人体血液中的 PCP 的含量为 $1.1\sim6.3\mu g/L$，1995~2003 年间，人体尿液中 PCP 含量为 $2.5\sim7\mu g/L$。Abrahamsson 等[110] 报道，在 Skagerrak 海峡中检测到 PCP 的存在，且浓度在 $0.1\sim49ng/L$ 范围内。Machera 等[111] 发现希腊中部 South Euboic 海湾由于非洲进口木材的存放使得贻贝、沉积物及海水中 PCP 水平分别高达 $745\mu g/kg$、$371\mu g/kg$ 和 $18\mu g/kg$；Leonardi 等[112] 检测到智利比奥-比奥地区近海沉积物中 PCP 的浓度水平为 $350\mu g/kg$；Nascimento 等[113] 对巴西圣保罗州近海平原区域的 PCP 污染状况进行了调查，结果在水样和沉积物样品中都检测到了 PCP 的存在，其在水样和沉积物中的浓度范围分别为 $5.5\sim27ng/L$ 和 $21\sim135ng/L$。Delaune 等[114] 在美国路易斯安那州近海环境中亦检测到 PCP 的存在。20 世纪末，Muir 等[115] 对欧盟各国水体中 PCP 含量进行了调查，结果显示比利时地表水中 PCP 的平均浓度水平为 $0.2\mu g/L$，最大值为 $1.5\mu g/L$；在德国和荷兰，其地表水体中 PCP 的浓度水平范围为 $8\sim80ng/L$，沉积物中 PCP 的浓度均值为 $29.7\mu g/L$，最大值为 $200\mu g/L$；在 1983~1985 年间，德国海水中 PCP 浓度水平在 $0.3\sim50ng/L$ 范围内；在 1993~1997 年间，荷兰海水中 PCP 浓度水平在 $10\sim12ng/L$ 范围内。Persson 等[116] 在 2007 年对瑞典土壤污染状况的调查中发现，其国内仍有一部分地区存在较严重的 PCP 污染情况，一些土壤中 PCP 的浓度甚至高达到 $4500mg/kg$。

我国很多地区的水体和沉积物中都检测到 PCP 的存在，但是不同地区 PCP 的浓度水平存在一定差异。Gao 等[117] 对我国松花江、辽河、海河、黄河、长江、淮河、珠江以及东南、西北、西南河流流域水体中氯酚类化合物的浓度水平进行了调查，结果显示 PCP 是分布最为广泛的氯酚类污染物，在 85.4% 的样本中都有检出。在调查区域内，其浓度范围为在低于 1.1～594ng/L，最大值出现在长江地区。刘金林等[118] 采用 LC-ESI-MS 法测得海河流域水体中的 PCP 浓度范围为 0～1.8μg/L，平均值为 0.2μg/L，海河排海口区域的沉积物中 PCP 浓度均值为 1.5μg/L，而内陆沉积物中 PCP 的浓度均值为 0.1μg/L。曲丽娟等[119] 采用固相微萃取-气相色谱法测得太湖地区自来水中 PCP 的含量约为 0.01μg/L，湖水中含量约为 0.012μg/L。王俊[120] 调查分析得 PCP 是天津排污河水中主要污染物之一，浓度范围为 12.35～561.5ng/L。张勇等[121] 了解到贵州高原饮用水源地百花湖中五氯酚的浓度范围为 ND-0.23μg/L。韩方岸等[122] 检测到江苏段长江、江苏、浙江及山东主要水源地 PCP 浓度范围分别为 0.023～0.220μg/L、0.063～1.150μg/L、0.036～0.095μg/L，低于 0.063μg/L。Hong 等[123] 调查表明珠江流域沉积物中 PCP 的含量在 1.44～34.4ng/g 之间（干重），其中中山市鱼塘沉积物中 PCP 的含量最高，达到平均 37.5ng/g，东莞市、深圳市和顺德区的 PCP 含量皆低于中山市，分别为 21.1ng/g、3.69ng/g 和 2.20ng/g。除了在淡水水体和沉积物中检测到 PCP 的存在外，人们在河口和海洋中亦检测到了 PCP 的存在。刘金林等[118] 调查显示渤海湾水体中 PCP 的浓度范围为 ND（未检测到）～314ng/L，部分站位中 PCP 浓度甚至高于内陆河流的浓度，沉积物中浓度范围为 0.42～41ng/L，远低于陆地沉积物中 PCP 含量。刘征涛等[124] 于 2002 年和 2003 年分别分析了长江口水样中的 PCP，结果表明两次采集的样品中 PCP 浓度均值为 280ng/L，超标率为 0.03。迟杰等[125] 采集了天津市南排污河下游到渤海湾入海口水样，并对其中 PCP 含量及富集系数进行了分析，结果显示 PCP 在水体表面微层中的浓度在 0.24～2.82mg/L 之间，具有一定程度的富集效应且富集倍数随盐度增大而增大。邱纪时等[126] 测得杭州湾南岸海水中 PCP 的浓度最高可达 231.1ng/L，是杭州湾南岸海水中的主要氯酚类污染物之一。

4.4.3.2 PCP 理化性质和环境行为

PCP 在水环境中一般以其共轭钠盐——五氯酚钠（NaPCP）的形式存在，人们通常直接使用的也是 NaPCP。纯的 PCP 不溶于与水，易溶于有机溶剂，而 NaPCP 易溶于水，进入人体后即可被转化为 PCP[127]。

PCP 具体物理化学性质见表 4-13。

表 4-13 PCP 的基本理化性质

分子式	分子量	沸点/℃	熔点/℃	溶解度(20℃)/(mg/L)	蒸气压(25℃)/mmHg	pK_a	lgK_{ow}
C_6Cl_5OH	266.34	310	190	14	0.0001	4.7～4.9	5.01

4.4.3.3 PCP 毒性及毒性作用方式

大量文献证实五氯酚及五氯酚钠能通过食物链的转移、富集和放大作用，对水生生物造成危害，造成生殖发育毒性、内分泌干扰、致癌、免疫损伤等毒性效应[107]。研究表明较低浓度的 PCP 即可对一些水生生物产生不利影响，例如 Rinna 等[128] 观察到 8μg/L 的 PCP 可引起虎斑猛水蚤（*Tigriopus fulvus*）的蜕皮量明显减少。Lindley 等[129] 研究表

明 $96\mu g/L$ 的 PCP 可导致真宽水蚤（*Eurytemora affinis*）卵的孵化率明显降低。Buono 等[130] 发现在 $100\mu g/L$ 的浓度下，普通海胆（*Paracentrotus lividus*）幼体的骨骼和肠道分化受到影响。Zha 等[131] 观察到当 PCP 浓度达到 $200\mu g/L$ 时，青鳉鱼（*Oryzias latipes*）雄鱼和雌鱼血液中的卵黄蛋白原均降低且雌鱼产卵量明显降低。郑佳佳等[132] 探究了 PCP 对海洋端足类生物河蜾蠃蜚（*Corophium acherusicum*）的毒性效应，结果显示，在急性毒性实验中，PCP 对河蜾蠃蜚的 $96h\ LC_{50}$ 为 $465\mu g/L$；在慢性毒性实验中，当 PCP 浓度高于 $250\mu g/L$ 时，DNA 单链断裂损伤的程度显著加大。Owens 等[133] 研究发现 PCP 能够引起青鳉胚胎心血管发育畸形，当 PCP 剂量达到 1250ng/卵时可致 90%胚胎死亡。孙禾琳等[134] 采用微板法测得 PCP 对新月菱形藻的 $96h\ LC_{50}$ 为 $641\mu g/L$。

PCP 对人类和其他陆生生物也具有一定的毒害作用。IARC 研究表明，当小鼠每日都摄入 100×10^{-6} 的 PCP 时，其患腺瘤、肝癌、血管瘤和嗜铬细胞瘤的概率增大；大鼠长期摄入 PCP 含量为 500mg/kg 的饲料会诱发肝腺瘤[107]。Beard 等[135] 从北美水貂出生至断奶期间每天喂食 1mg/kg 的 PCP，结果发现其血清中甲状腺素的含量显著降低，且雌貂在性成熟后的二次交配率和产仔率均有所下降。Rawling 等[136] 以 2mg/kg 的 PCP 连续饲养母羊 43d，母羊虽然没有出现明显中毒现象，但其血清中甲状腺激素水平显著下降，输卵管上皮层出现囊肿。Jekat 等[137] 用不同剂量的 PCP 对大鼠连续灌胃 28d 后亦观察到血清中甲状腺素下降的现象。Beard 等[135] 从公羊胚胎期至 28 周期间持续以每天 1mg/kg 的剂量饲养，结果公羊出现了阴囊增大、输精管萎缩以及附睾精子密度减小的中毒现象。Tran 等[138] 发现 PCP 能够显著抑制酵母人孕酮受体的活性。有研究显示，长期接触经 PCP 处理木材的人群，其子女出现身高、体重有显著降低现象，且无脑畸形、生殖器异常等情况增多[139,140]。许文青等[107] 依据现有资料推测 PCP 可能通过与受体结合、与天然雌激素竞争血浆激素结合蛋白、影响天然激素合成过程关键酶等途径影响机体的正常内分泌功能。张蕊媛等[141] 探究了 PCP 对土壤植物的毒性效应，结果表明，在一定浓度范围内 PCP 能够显著抑制作物种子的发芽、发芽强度及根伸长。当 PCP 浓度达到 49.1mg/L 时能诱发小麦根尖细胞产生微核；在 PCP 浓度为 75mg/L 时，观察到有双微核出现。

此外，PCP 还具有较高的生物累积能力。有研究报道，PCP 在牡蛎和贻贝中的生物富集因子分别为 78 和 324[142]，PCP 在青鳉鱼（*Oryzias latipes*）中的生物富集因子可达 1000[143]，在以沙管虫（*Lanice conchilega*）中的生物富集因子达到 3030[144]，在一些鱼类中 PCP 的 BCF 值甚至可高达到 10^4[142]。

4.4.3.4　水质参数的影响

在河口区域，盐度是水体中变化较大的环境因子之一。盐度通过影响水体中悬浮颗粒物的吸附效率影响环境中有机物的浓度从而影响 PCP 的生物毒性。徐建等研究了 NaCl 浓度在 $0\sim1000mg/L$ 之间变化时对泣灭威在水体悬浮颗粒物上吸附量的影响，发现离子强度的增大增加了对泣灭威的吸附[145]。盐度对 PCP 浓度的影响机理与泣灭威类似，谢玲玲研究了盐度对东湖中 PCP 浓度的影响，研究发现当 NaCl 浓度在 $50\sim400mg/L$ 内时，随盐度升高，PCP 浓度显著降低，而 NaCl 浓度超过 400mg/L 时，即使盐度升高，PCP 浓度再无显著变化。其原因可能是自然水体中的颗粒物在较高盐度下会产生一层薄膜，阻碍对 PCP 的进一步吸附[146]。可见，在一定盐度变化范围内水体中 PCP 的浓度会受盐度影响而改变。

共存有机物、pH 值等也是影响水体中 PCP 生物毒性的重要因素。pH 值通过影响水体中悬浮颗粒物的吸附效率影响 PCP 的浓度进而影响生物毒性，研究发现在酸性条件下，悬浮颗粒物吸附效率随 pH 值的升高而降低，而当水环境呈碱性条件下，悬浮颗粒物的吸附效率反而会随 pH 值的升高而增大[147]。该现象的原因需要后续讨论，猜想可能是由于离子强度或者是颗粒物表面微结构改变导致。共存有机物通过自身具有的羰基、羟基、酚羟基和醇羟基等活性官能团与 PCP 结合导致水体中 PCP 浓度的改变[148]。其中，腐殖酸和表面活性剂不仅可以结合 PCP，也能够结合水体中的悬浮颗粒物，从而为颗粒物表面提供活性官能团，改变颗粒物表面的机械性质、电性质及化学性质，提高了颗粒物吸附 PCP 的效率，从而进一步降低水体中 PCP 的生物毒性[149]。但是，目前针对 PCP 的毒理学实验大多未注明水体中 pH 值、共存有机物、悬浮颗粒物等水体理化条件，因此，本研究仅考虑盐度的影响，未考虑其他因素可能导致的 PCP 生物毒性影响效应，在今后 PCP 的水质基准研究中有待进一步的探索和修正。

4.4.3.5　PCP 对大辽河口水生生物的毒性数据

本章搜集和筛选得到的大辽河口水生生物毒性数据主要来源于"中国知网"（http：//www.cnki.com/）、美国环保署（USEPA）ECOTOX 毒性数据库（http：//cfpub.epa.gov/ecotox/）及其他公开发表的相关文献。为保证推导的基准值更符合我国河口水环境特征和生物区系组成，本章选用的物种皆为大辽河口区域的广布种，在筛选数据时，剔除本地明显不存在的吻带豆娘鱼、太平洋鲱鱼、海湾扇贝等。本章所选用的毒性数据来自于 PCP 及 PCP-Na 对河口近岸生物的毒性试验。

本章中毒性数据的筛选原则为：对于急性毒性数据，采用暴露时间不超过 96 h 且毒性效应终点为死亡、生长、发育和繁殖的 LC_{50} 或 EC_{50}（半数致死浓度或半数效应浓度）；对于慢性毒性数据，采用暴露时间不小于 14d 且毒性效应终点为生长、发育和繁殖的 NOEC（无观察效应浓度）或 LOEC（最低可观察效应浓度）。若同一物种有多个毒性数据，则采用暴露时间最长者。若同一物种、毒性终点和暴露时间有多个毒性数据，则采用这些数据的几何平均值。按物种分别对急性、慢性毒性数据进行分类和筛选，去除相同物种测试终点值中的异常数据点，即偏离平均值 1~2 个数量级的离群数据。所有毒性数据都需要明确的受试盐度条件，用盐度对毒性数据进行校正和归一化。剔除非大辽河口本土物种、只在实验室内养殖的实验生物及无法在河口生存的物种毒性数据。

（1）急性毒性数据

由于文献资料中有关 PCP 对大辽河口急性毒性研究偏少，本章补充了大辽河口具有广泛分布的 4 种代表性生物开展了急性毒性试验，以补充相关毒性数据资料。

试验生物具体信息如下所述。

① 菲律宾蛤仔（*Ruditapes philippinarum*）俗称蛤蜊、花蛤或蚬子，属软体动物门，双壳纲，帘蛤目，帘蛤科，是我国四大养殖贝类之一。其野生种群在我国南海、东海和黄海河口近岸均有广泛分布。

② 疣荔枝螺（*Thais clavigera*）俗称辣玻螺或辣螺，属软体动物门，腹足纲，腹足

目，骨螺科，广泛分布于我国河口近岸地区，是我国的重要经济螺类。

③ 黑褐新糠虾（*Neomysis awatschensis*）属节肢动物门，甲壳纲，糠虾目，糠虾科，在我国渤海、黄海和南海广泛分布，是一种可用于海洋污染物毒性研究的标准试验生物。

④ 中肋骨条藻（*Skeletonema costatum*）属于硅藻门，中心纲，圆筛藻目，圆筛藻科，是一种赤潮敏感度较高的浮游藻类，在我国河口近岸地区普遍存在。

菲律宾蛤仔、疣荔枝螺购买自青岛晓翁海鲜水产批发市场；黑褐新糠虾（*Neomysis awatschensis*）由中国科学院海洋研究所提供；中肋骨条藻（*Skeletonema costatum*）为本实验室长期培养藻种。实验用 PCP（纯度为 98%）购买自百灵威公司。实验前先将 PCP 溶于助溶剂 DMSO（色谱纯）中于 4℃下保存，实验中 DMSO 的浓度不超过 0.05%。本实验中 PCP 的暴露浓度皆以名义浓度表示。实验用海水取自青岛沙子口近岸洁净海域（pH 值为 7.84～8.13；盐度 32.0～33.1），实验前先用四层纱布粗滤然后用直径 0.45μm 的玻璃纤维滤膜过滤后备用，连续曝气 24h 后用于正式实验。

本试验主要参照我国水生生物毒性试验相关方法和美国《生态效应测试指南》的指导方针进行，毒性数据采用 SPSS22.0 软件以概率单位回归法计算 PCP 对各物种的 LC_{50} 或 EC_{50}。

1）疣荔枝螺急性毒性试验　试验采用海螺幼体，壳长 2.4～3.1cm。海螺购回后先在实验室通气培养 2d，然后移入 1L 的玻璃烧杯中（加入 0.5L 过滤海水），每个烧杯放 10 只，曝气培养并控制水温在 16℃±1℃。根据预实验结果，按等对数间距设置 5 个试验浓度（100μg/L、200μg/L、400μg/L、800μg/L、1600μg/L）、1 个空白对照组和 1 个溶剂对照组，每个浓度设置 3 组平行试验。试验期间不喂食，每 24h 更换 1 次试验溶液，分别记录 24h、48h、72h、96h 时每个烧杯中扇贝的死亡数目并及时挑出死亡个体。死亡判断依据为螺厣外翻，以玻璃棒轻触其螺厣长时间无缩回反应。

2）黑褐新糠虾急性毒性试验　试验采用糠虾幼体，体长 6～7mm。糠虾带回实验室后先通气培养 7d，然后移入 1L 的玻璃烧杯中（加入 0.5L 过滤海水），每个烧杯放 10 只虾，曝气培养并控制水温在 20℃±1℃。根据预实验结果，按等对数间距设置 5 个试验浓度（800μg/L、1324μg/L、2191μg/L、3626μg/L、6000μg/L）、1 个空白对照组和 1 个溶剂对照组，每个浓度设置 3 组平行试验。试验期间不喂食，每 24h 更换一次试验溶液，分别记录 24h、48h、72h、96h 时每个烧杯中糠虾的死亡数目并及时挑出死亡个体。死亡判断依据为虾体发白，停止活动以玻璃棒轻触之，无逃避反应。

3）菲律宾蛤仔的急性毒性试验　蛤仔壳长 2.7～3.4cm，壳厚 0.8～1.2cm 带回实验室后先通气培养 2d，然后移入 1L 的玻璃烧杯中（加入 0.5L 过滤海水），每个烧杯放 10 只蛤蜊，曝气培养并控制水温在 16℃±1℃。实验时选择大小相近、双壳紧闭、触之反应迅速的个体。根据预实验结果，设置 5 个试验浓度（100μg/L、200μg/L、400μg/L、800μg/L、1600μg/L）、1 个空白对照组和 1 个溶剂对照组，每个浓度设置 3 组平行试验。试验期间不喂食，每 24h 更换 1 次试验溶液，分别记录 24h、48h、72h、96h 时每个烧杯中蛤蜊的死亡数目并及时挑出死亡个体。死亡判断依据为以玻璃棒轻触其水管，长时间无缩回反应。

4）中肋骨条藻的急性毒性试验　参照美国环保署《生态效应测试指南》中的方法，

在温度20℃±2℃，盐度30±2，光强60μmol/m^2/s，光暗周期昼：夜＝14h：10h的条件下，于250mL的锥形瓶（经过高压蒸汽灭菌）中加入100mL MAA培养基；然后接种处于对数生长期的中肋骨条藻，初始接种密度约为5×10^4个藻细胞/mL。为避免每瓶试验藻所受到的光照不同减小试验误差，每天随机移动各瓶的位置，并手动摇动2次。根据预实验结果按照等对数间距设置5个浓度（50μg/L、89μg/L、158μg/L、281μg/L、500μg/L），1个空白对照组和1个溶剂对照组，每个浓度设置3组平行试验。实验过程中，分别在24h、48h、72h、96h用经过高压灭菌的枪头取1mL藻液，加入鲁哥试剂15min后，在显微镜下用血球计数板计算各瓶中的藻细胞密度。最终，以藻类的96h生长抑制率（EC_{50}）表示PCP对中肋骨条藻的毒性。

4种河口生物的空白对照组和溶剂对照组未出现异常，试验组对PCP的响应程度随PCP浓度的增加而增加。表4-14汇总了PCP对4种海洋生物的急性毒性试验的结果，其中x为浓度的自然对数，y为概率单位。

表 4-14　PCP 对 4 种海洋生物的 96h 急性毒性

物种	回归方程	卡方	自由度	显著性	LC_{50}/(μg/L)	95%置信区间/(μg/L)
疣荔枝螺	$y=1.027x-5.828$	4.494	3	0.231	290.6	225.9～367.8
黑褐新糠虾	$y=1.407x-10.627$	3.926	4	0.416	1902	1618.3～2220.2
菲律宾蛤仔	$y=1.127x-6.565$	3.609	3	0.307	339.0	270.3～423.8
中肋骨条藻	$y=1.184x-6.430$	2.336	3	0.506	228.7	204.7～257.8

根据本试验得到的急性毒性试验结果，以及文献资料中获得的毒性值，最终得到PCP对大辽河口生物的急性毒性数据见表4-15。共获得PCP急性毒性数据15个，涵盖7门26科15物种，基本涵盖了大辽河口分布的主要物种。

表 4-15　PCP 对大辽河口生物的急性毒性数据

门	科	物种	拉丁名	盐度	急性毒性值/(μg/L)	参考文献
硅藻门	骨条藻科	中肋骨条藻	Skeletonema costatum	30	228.7	本研究
硅藻门	菱形藻科	新月菱形藻	Nitzschia closterium	31	775.1	[134]
环节动物门	好转虫科	圆毛好转虫	Dinophilus gyrociliatus	30	491.8	[150]
脊索动物门	石首鱼科	黄姑鱼	Nibea albiflora	30	73.9	[151]
脊索动物门	鰕虎鱼科	红狼牙鰕虎鱼	Odontamblyopus rubicund	30	41.7	[151]
脊索动物门	鳗鲡科	日本鳗鲡	Anguilla japonica	30	33.4	[151]
节肢动物门	猛水蚤科	日猛水蚤	Tisbe longicornis	31.5	337	[152]
节肢动物门	对虾科	斑节对虾	Palaemonetes pugio	10	1049	[153]
节肢动物门	咸水丰年虫科	卤虫藻	Artemia salina	35	4600	[154]
节肢动物门	褐虾科	圆腹褐虾	Crangon crangon	35	10000	[154]
节肢动物门	糠虾科	黑褐新糠虾	Neomysis awatschensis	30	1902	本研究
金藻门	等边金藻科	球等鞭金藻	Isochrysis galbana	31.5	97	[152]

门	科	物种	拉丁名	盐度	急性毒性值/(μg/L)	参考文献
绿藻门	衣藻科	衣藻	*Chlamydomonas* sp.	35	1400	[154]
软体动物门	骨螺科	疣荔枝螺	*Thais clavigera*	30	290.6	本研究
软体动物门	帘蛤科	菲律宾蛤仔	*Ruditapes philippinarum*	30	339	本研究

（2）慢性毒性数据

本书共搜集了 7 对急慢性毒性数据进行最终急慢性比率（Final acute to chronic ratio，FACR）的计算（每一对急、慢性毒性数据都来自同一实验室或同一篇文献），详见表 4-16。这些数据涵盖节肢动物门和脊索动物门中的 6 种淡水生物和 1 种敏感的节肢动物门海水生物河蜾蠃蜚，涉及总科数大于 3 科，符合 USEPA 对推导海水 ACR 的规定（至少具备三种不同科的生物：一种鱼类、一种无脊椎动物和一种敏感海水生物的 ACR，其中前两者是海水或淡水生物皆可）。

表 4-16　用于计算 ACR 的毒性数据

物种	急性毒性/(μg/L)	慢性毒性/(μg/L)	ACR	参考文献
大型溞	245	80.0	3.06	[155]
细螯沼虾	140	10.0	14.0	[156]
老年低额溞	206	50.0	4.12	[157]
隆线溞	570	250	2.28	[157]
青鱼	95.0	10.0	9.50	[156]
细鳞斜颌鲴	90.0	10.0	9.00	[156]
河蜾蠃蜚	465	100	4.65	[132]
FACR			5.54	

4.4.3.6　大辽河口 PCP 水质基准推导

（1）盐度校正

盐度对 PCP 毒性效应的影响程度因生物类别而异，生物毒性数据和盐度的相关性分析见表 4-17。由表 4-17 可知，盐度和 PCP 的生物毒性值之间呈相对较高的相关关系。

表 4-17　水体盐度对生物 PCP 毒性影响的回归分析

污染物	相关性	相关系数 ρ	显著性	相关程度
五氯苯酚	正相关	0.428	0.111	中等相关

经计算得到盐度校正斜率为 0.028（图 4-7）。本研究收集到的毒性数据的盐度范围为 10～35，均值约为 30，因此利用上述盐度校正斜率将急性毒性值调整至平均盐度，再计算种平均急性值（species mean acute value，SMAV）。

慢性毒性数据量由于数据量不足未进行盐度校正。

（2）大辽河口 PCP 水质基准推导

采用物种敏感度分布法（SSD 法）推导河口 PCP 水质基准高值（HEWQC）和水质基准低值（LEWQC）。目前，用于拟合 SSD 曲线的模型众多（如 Log-normal、Burr Ⅲ

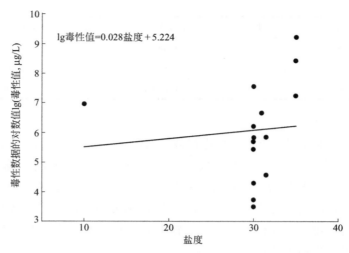

图 4-7 水体盐度对生物 PCP 毒性影响的回归分析

等），但 Wheer 等研究表明，没有任何一个模型适用于所有物质的毒性数据拟合，我国学者在研究不同化学物质的水质基准时采用的模型也不尽相同。本章参考《淡水水生生物水质基准制定技术指南》，应用 Origin 统计软件和 SigmaPlot 统计软件内置的 Normal、Log-normal、Logistic、Log-logistic、Extreme Value 五种拟合模型对种平均急性值与概率 P 进行模型拟合，应用 SSD 累积频率分布模型，输出检验模型拟合优度的参数有决定系数（R^2）、均方根（RMSE）、残差平方和（SSE）、K-S 检验值。其中 R^2 越接近 1，模型拟合优度越高；RMSE 越接近 0，模型拟合精确度越高；SSE 越接近 0，模型拟合的随机误差效应越低；当 K-S 检验值>0.05 时，表明模型符合理论分布，计算 P 值为 0.05 时所对应的 HC_5 值，基准高值为 HC_5 除以评价因子（AF），如果毒性数据大于 15 个且涵盖足够的营养级，AF 取值为 2。

对所有急性毒性数据经对数转换后构建 SSD 曲线。根据表 4-18 可知，Logistic 模型拟合得到的 R^2 最大，均方根和残差平方和最小；K-S 检验结果大于 0.05，故 Logistic 模型为最优拟合模型（图 4-8）。最优拟合模型获得的急性毒性 HC_5 为 3.509μg/L，且急性毒性数据大于 15 个并涵盖了足够的营养级，故 AF 取值 2，得到 HEWQC 为 16.71μg/L。

表 4-18 PCP 对大辽河口生物急性毒性值的不同分布模型拟合结果

分布模型	HC_5/(μg/L)	R^2	RMSE	SSE	K-S
Normal	3.562	0.975	0.042	0.025	0.187
Log-normal	3.509	0.971	0.048	0.034	0.156
Logistic	3.509	0.976	0.038	0.022	0.185
Log-logistic	3.172	0.973	0.055	0.046	0.118
Extreme Value	3.158	0.971	0.041	0.025	0.156

由于符合要求的 PCP 对河口生物的慢性毒性数据十分匮乏，故本章采用 FACR 法计算长期基准值。计算公式为：LEWQC = HEWQC/FACR。最终计算得到 LEWQC 为 3.016μg/L。

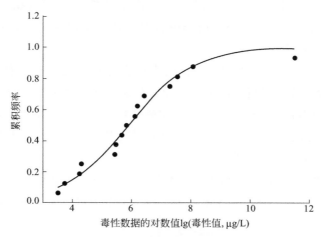

图 4-8　PCP 对大辽河口生物急性毒性值的物种敏感度分布曲线

4.4.3.7　国内外 PCP 水质基准对比分析

表 4-19 列出了不同国家 PCP 的海水水质基准值和我国相关标准值。

表 4-19　不同国家 PCP 海水水质基准或标准值

类别	项目	方法	模型	基准或标准/(μg/L)	数据来源
中国海水	短期水质基准 长期水质基准	SSD ACR	Log-normal	22.9 4.5	本实验室 相关研究
美国海水	基准最大浓度 基准连续浓度	SSR ACR	Log-triangle	13 7.9	[158]
中国淡水	急性基准值 慢性基准值	SSD ACR	Log-logistic	11.4a 3.9a	[159]
澳大利亚和新西兰	急性触发值	SSD	NAb	22	[160]
中国河口	短期水质基准 长期水质基准	SSD ACR	Normal	16.71 3.016	本研究
GB 11607—89	中国渔业水质标准	NA	NA	9.2c	[63]
GB 8978—1996	一级标准 二级标准 三级标准	NA	NA	5000 8000 10000	[161]
GB 18918—2002	城镇污水处理厂 污水排放标准	NA	NA	500	[162]

注：1. 该基准值为 pH 值的函数，表中列出的为 pH=7.8 时的基准值。急性基准值 $=e^{0.7330 \times pH-3.2847}$，慢性基准值 $=e^{0.7330 \times pH-4.3564}$；

2. NA 表示未得到；

3. 五氯酚钠，表中以五氯酚计。

澳大利亚和新西兰的急性触发值[160] 明显高于本研究的基准高值，是本研究的 1.32 倍，但仍处于同一数量级。与美国 PCP 基准值[158] 相比，本研究中的基准高值略高于美国，基准低值则显著低于美国。产生这种差异的原因可能有以下方面：

① 推导基准采用的物种不同。中国、美国、澳大利亚和新西兰均采用各国的海洋物种，而这些物种由于生理构造、生活环境、地理分布等的不同对同一化学物质的敏感性存在一定差异，从而使得不同地区的基准值存在差异。

② 美国推导基准时未采用藻类数据[158]。由本章搜集到的数据显示，一些藻类对PCP 也具有较高的敏感性，且藻类是海洋中重要的初级生产者，藻类数据的缺乏可能会对最终基准值产生一定影响。

③ 推导基准的方法和模型不同。美国的毒性百分比法是基于物种敏感度分布理论，采用 Log-triangle 分布模型进行基准值的推导，最终基准值对最敏感的 4 种物种依赖性较强且对毒性数据的利用并不充分。本研究采用的是物种敏感度分布法，采用多种分布模型同时对毒性数据进行拟合，取最优拟合模型进行最终基准值的推导，并且充分利用了所有毒性数据，得出的基准值更为科学。

④ 由于河口盐度变化会影响 PCP 的毒性，本研究进行了盐度校正，美国的海水和淡水基准研究均未采用盐度校正，直接采用美国海水基准值难以保证我国河口区域生态健康和环境安全。

本研究所得 PCP 河口基准高值略高于邢立群[159] 推导的 PCP 淡水基准值，基准低值明显低于邢立群推导的淡水基准值。这在一定程度上说明 PCP 在河口中的毒性显著区别于淡水。李建华等[163] 曾利用大型溞研究了 pH 值对 PCP 毒性的影响，结果显示在pH=6~10 的范围内，PCP 的急性毒性随 pH 值升高而显著降低。邢立群利用大型溞和斜生栅藻研究了 pH（7.13~8.81）值对 PCP 毒性的影响，也得出了相似的结论。通常情况下，河口的 pH 值要高于淡水 pH 值，故理论上 PCP 在河口中的毒性有所减弱，因此短期内河口基准是宽松于淡水的。然而河口本身是极为敏感和脆弱的区域，抵抗污染物的长期作用能力弱，因此长期基准应严于淡水区域，本研究的结果也验证了这一点。因此采用淡水基准值虽然能为海水生物提供充分的保护，但产生过保护或欠保护的风险较大，可见制定相应的河口基准十分必要。本章所得 PCP 河口基准高值、基准低值均低于康凯莉推导的 PCP 海水基准值，海水中更高的盐度及更稳定的生物区系组成可能导致了 PCP 毒性的降低。

我国《渔业水质标准》规定的 PCP 的浓度高于本研究的长期基准值低于短期基准值，从本章的结果来看，在短期暴露情况下现有的标准可以为渔业生物提供充分的保护，但是在长期暴露情况下可能有"欠保护"的风险。我国《污水综合排放标准》和《城镇污水处理厂污水排放标准》规定的 PCP 排放限值皆远高于基准值，因此在排污口附近海域的生物可能遭受较大的急慢性危害。

4.4.3.8 结论

本研究得到如下主要结论：

① PCP 的毒性效应随盐度升高而下降；

② PCP 对河口生物毒性效应的盐度校正斜率为 0.028；

③ 以物种敏感度分布法得到我国大辽河口 PCP 的长期和短期水质基准值分别为 $16.71\mu g/L$ 和 $3.016\mu g/L$。

参 考 文 献

[1] 陈吉余，沈焕庭 . 我国河口基本水文特征分析 . 水文 [J]，1987，3：4-10.

[2] 罗秉征 . 河口及近海的生态特点与渔业资源 . 长江流域资源与环境 [J]，1992，1（1）：4.

[3] 王菊英，穆景利，马德毅 . 浅析我国现行海水水质标准存在的问题 . 海洋开发与管理 [J]，2013，30（7）：28-33.

[4] Graham M S, Wood C M. Toxicity of environmental acid to the rainbow trout: Interactions of water hardness, acid type, and exercise. Canadian Journal of Zoology [J], 1981, 59 (8): 1518-1526.

[5] 万双秀, 王俊东. 铅污染的危害及防治. 微量元素与健康研究 [J], 2005, 22 (1): 63-65.

[6] 马苗卉. 我国铅资源供需形势及保证程度研究. 中国矿业 [J], 2013, (S1): 12-16.

[7] Boehm Jr A B, Ashbolt N J, Colford Jr J M, et al. A sea change ahead for recreational water quality criteria. Journal of Water and Health [J], 2008, 7 (1): 9-20.

[8] Dechesne M, Barraud S, Bardin J P. Indicators for hydraulic and pollution retention assessment of stormwater infiltration basins. Journal of Environmental Management [J], 2004, 71 (4): 371-380.

[9] Chessman B C. New sensitivity grades for australian river macroinvertebrates. Marine and Freshwater Research [J], 2003, 54 (2): 95-103.

[10] 王菊英, 穆景利, 王莹. 《海水水质标准 (GB 3097—1997) 》定值的合理性浅析——以铅和甲基对硫磷为例. 生态毒理学报 [J], 2015, 01: 151-159.

[11] 蒋培荣, 杨富杰, 杨璐. 铅接触对神经和免疫系统的影响. 职业与健康 [J], 2010, 26 (16): 1904-1905.

[12] 王蓉梅, 边玉刚, 高永春. 铅污染的原因与预防. 企业标准化 [J], 2007, 3: 39-39.

[13] 王丽萍, 陈建平主编大气污染控制工程 [M]. 北京: 高等教育出版社, 2012.

[14] 黄萍. 大气中铅烟及铅尘的污染及研究现状. 科技创新导报 [J], 2009, 8: 109-110.

[15] 安媛, 王林. 铅污染及其防治措施. 内蒙古水利 [J], 2008, 4: 12-12.

[16] 应波, 叶必雄, 鄂学礼, 等. 铅在水环境中的分布及其对健康的影响. 环境卫生学杂志 [J], 2016, 5: 373-376.

[17] 李华, 孙虎山, 李磊. 铅污染对海洋生物影响的研究进展. 水产科学 [J], 2011, 30 (3): 177-181.

[18] 褚一丹, 赵淑敏. 铅对水生植物的影响. 广东化工 [J], 2014, 41 (16): 98-99.

[19] 杨万喜, 应雪萍, 卢建平, 等. 铅对日本沼虾精子超微结构的影响. 海洋学研究 [J], 2000, 18 (3): 48-53.

[20] Martin T, Holdich D. The acute lethal toxicity of heavy metals to peracarid crustaceans (with particular reference to fresh-water asellids and gammarids). Water Research [J], 1986, 20 (9): 1137-1147.

[21] 刘慧, 李英娥, 随桂英. 儿童铅中毒的研究进展. 济宁医学院学报 [J], 2003, 26 (1): 70-72.

[22] 厉有名, 姜玲玲. 铅中毒病理生理机制的若干研究进展. 广东微量元素科学 [J], 2001, 8 (9): 8-11.

[23] Von Westernhagen H, Dethlefsen V, Rosenthal H. Combined effects of cadmium and salinity on development and survival of garpike eggs. Helgoländer wissenschaftliche Meeresuntersuchungen [J], 1975, 27 (3): 268.

[24] Denton G, Burdon-Jones C. The influence of temperature and salinity upon the acute toxicity of heavy metals to the Banana prawn (*Penaeus merguiensis* de Man). Chemistry in Ecology [J], 1982, 1 (2): 131-143.

[25] Jones M. Influence of salinity and temperature on the toxicity of mercury to marine and brackish water isopods (crustacea). Estuarine and Coastal Marine Science [J], 1973, 1 (4): 425-431.

[26] Sullivan J. Effects of salinty and temperature on the acute toxicity of cadmium to the estuarine crab *Paragrapsus gaimardii* (Milne Edwards). Marine and Freshwater Research [J], 1977, 28 (6): 739-743.

[27] Thurberg F, Dawson M, Collier R. Effects of copper and cadmium on osmoregulation and oxygen consumption in two species of estuarine crabs. Marine biology [J], 1973, 23 (3): 171-175.

[28] Sunda W G, Engel D W, Thuotte R M. Effect of chemical speciation on toxicity of cadmium to grass shrimp, palaemonetes pugio: Importance of free cadmium ion. Environmental Science & Technology [J], 1978, 12 (4): 409-413.

[29] Schulz G E. Growth of selenastrum capricornutum printz in natural waters treated with copper sulfate [J], 1973,

[30] 溶液 pH 值对铅、镉在自然水体生物膜上吸附与解吸动力学过程的影响 [D]; 吉林大学硕士论文, 2004.

[31] 重金属 Pb^{2+} 胁迫对轮叶黑藻毒性效应研究 [D]; 西南大学硕士论文, 2017.

[32] 柳学周, 徐永江, 兰功刚. 几种重金属离子对半滑舌鳎胚胎发育和仔稚鱼的毒性效应. 渔业科学进展 [J], 2006, 27 (2): 33-42.

[33] 穆景利, 王莹, 王新红, 等. Cd^{2+}, Hg^{2+}, Cr^{6+} 和 Pb^{2+} 对黑点青鳉 (*oryzias melastigma*) 早期生活阶段的毒性

效应研究. Asian Journal of Ecotoxicology [J], 2011, 6 (4): 352-360.

[34] 李建军, 林忠婷, 陈小曲, 等. 四种重金属离子对诸氏鲻虾虎鱼的单一和联合毒性. 海洋环境科学 [J], 2014, 33 (2): 236-241.

[35] 庄平, 赵优, 章龙珍, 等. 三种重金属对长江口纹缟虾虎鱼早期发育的毒性作用. 长江流域资源与环境 [J], 2009, 18 (8): 719-726.

[36] Rajkumar J. Marine organisms in toxicological approach for the assessment of environmental risk associated with Cd, Cu, Pb and Zn. Universal Journal of Environmental Research & Technology [J], 2012, 2 (2): 19-25.

[37] Helmy M, Lemke A, Jacob P, et al. Haematological changes in Kuwait mullet, *Liza macrolepis* (Smith), induced by heavy metals. [J], 1979, 8: 278-281.

[38] Wang Q, Liu B, Yang H, et al. Toxicity of lead, cadmium and mercury on embryogenesis, survival, growth and metamorphosis of meretrix meretrix larvae. Ecotoxicology [J], 2009, 18 (7): 829-837.

[39] 符修正, 于淑池, 袁艳菊, 等. 铅对波纹巴非蛤的急性毒性和组织蓄积性研究. 安徽农业科学 [J], 2016, 44 (10): 137-139.

[40] 刘琼玉, 洪华生, 蔡立哲. 重金属锌、铅对菲律宾蛤仔的急性毒性试验. 应用海洋学学报 [J], 1997, 1: 50-54.

[41] 菲健宾蛤仔 (ruditapes philippinarum) 对重金属离子——Cd^{2+}、Pb^{2+} 免疫应激响应的研究 [D]; 中国海洋大学硕士论文, 2012.

[42] Chan H. Accumulation and tolerance to cadmium, copper, lead and zinc by the green mussel perna viridis. Marine ecology progress series Oldendorf [J], 1988, 48 (3): 295-303.

[43] Ramakritinan C, Chandurvelan R, Kumaraguru A. Acute toxicity of metals: Cu, Pb, Cd, Hg and Zn on marine molluscs, Cerithedia cingulata G., and Modiolus philippinarum H. India Journal of Geo-Marine Sciences. [J]. 2012, 41 (2): 141-145.

[44] 李晓梅, 郭体环, 张来军. 铅对近江牡蛎的急性毒性研究. 海南热带海洋学院学报 [J], 2015, 22 (5): 77-80.

[45] 重金属 Pb^{2+} 和 Cu^{2+} 对太平洋牡蛎 (*Crassostrea gigas*) 毒性效应的比较研究 [D]; 中国海洋大学, 2012.

[46] 重金属 Pb、Cd 和 Cr 在泥蚶中的行为研究 [D]; 中国海洋大学硕士论文, 2008.

[47] King C, Gale S, Stauber J L. Acute toxicity and bioaccumulation of aqueous and sediment-bound metals in the estuarine amphipod melita plumulosa. Environmental Toxicology: An International Journal [J], 2006, 21 (5): 489-504.

[48] 李建军, 杨笑波, 黄韧, 等. 五种重金属离子对黑褐新糠虾的急性毒性试验. 海洋环境科学 [J], 2006, 25 (2): 51-53.

[49] 陈志鑫, 朱丽岩, 周浩, 等. Hg(Ⅱ)、Pb(Ⅱ)、Cd(Ⅱ) 对中华哲水蚤总超氧化物歧化酶活性的影响. 渔业科学进展 [J], 2011, 32 (1): 99-103.

[50] 陈细香, 卢昌义, 叶勇. 重金属 Zn、Pb 和 Cd 对可口革囊星虫的急性毒性作用. 海洋环境科学 [J], 2007, 26 (5): 455-457.

[51] 郭平, 刘春洋, 鲁男. 重金属对海蜇螅状体的急性毒性试验. 水产科学 [J], 1986, 4: 10-12.

[52] Xu X, Li Y, Wang Y, et al. Assessment of toxic interactions of heavy metals in multi-component mixtures using sea urchin embryo-larval bioassay. Toxicology in Vitro An International Journal Published in Association with Bibra [J], 2011, 25 (1): 294-300.

[53] Gopalakrishnan S, Thilagam H, Raja P V. Comparison of heavy metal toxicity in life stages (spermiotoxicity, egg toxicity, embryotoxicity and larval toxicity) of hydroides elegans. Chemosphere [J], 2008, 71 (3): 515-528.

[54] Han T, Han Y S, Park C Y, et al. Spore release by the green alga ulva: A quantitative assay to evaluate aquatic toxicants. Environmental Pollution [J], 2008, 153 (3): 699-705.

[55] Bruno N, Ricardo Campinho C, Tania S, et alC. Effects of chronic exposure to lead, copper, zinc, and cadmium on biomarkers of the european eel, *Anguilla anguilla*. Environmental Science & Pollution Research International [J], 2014, 21 (8): 5689.

[56]　Baumann H A, Morrison L, Stengel D B. Metal accumulation and toxicity measured by pam - chlorophyll fluorescence in seven species of marine macroalgae. Ecotoxicology & Environmental Safety [J], 2009, 72 (4): 1063-1075.

[57]　Haglund K, Björklund M, Gunnare S, et al. New method for toxicity assessment in marine and brackish environments using the macroalga *Gracilaria tenuistipitata* (gracilariales, rhodophyta). Hydrobiologia [J], 1996, 326-327 (1): 317-325.

[58]　Khangarot B S, Sehgal A, Bhasin M K. "Man and biosphere" studies on the sikkim himalayas. Part 5: Acute toxicity of selected heavy metals on the tadpoles of rana hexadactyla. CLEAN - Soil, Air, Water [J], 2010, 13 (2): 259-263.

[59]　Warne M S, Batley G E, Braga O, et al. Revisions to the derivation of the australian and new zealand guidelines for toxicants in fresh and marine waters. Environmental Science & Pollution Research [J], 2014, 21 (1): 51-60.

[60]　洪鸣, 王菊英, 张志锋, 等. 海水中金属铅水质基准定值研究. 中国环境科学 [J], 2016, 36 (2): 626-633.

[61]　USEPA. Update of ambient water quality criteria for cadmium. United States Environmental Protection Agency [R], 2001.

[62]　闫振广, 何丽, 高富, 等. 铅水生生物水质基准研究与初步应用; 环境安全与生态学基准/标准国际研讨会、中国环境科学学会环境标准与基准专业委员会 2013 年学术研讨会、中国毒理学会环境与生态毒理学专业委员会第三届学术研讨会 [C.], 2013.

[63]　GB 11607—1989

[64]　王菊英, 穆景利, 王莹.《海水水质标准 (GB 3097—1997)》定值的合理性浅析——以铅和甲基对硫磷为例. 生态毒理学报 [J], 2015, 10 (1): 151-159.

[65]　郑磊, 张娟, 闫振广, 等. 我国氨氮海水质量基准的探讨. 海洋学报 [J], 2016, 38 (4): 109-119.

[66]　穆景利, 王莹, 张志锋, 等. 我国近海镉的水质基准及生态风险研究. 海洋学报 [J], 2013, 35 (3): 137-146.

[67]　张京京, 管博, 范家诚, 等. 中国近海环境中三丁基锡水质基准推导与生态风险初步评价. 中国海洋大学学报 (自然科学版) [J], 2017, (01): 32-42.

[68]　Mason R P, Hammerschmidt C R, Lamborg C H, et al. The air-sea exchange of mercury in the low latitude pacific and atlantic oceans. Deep Sea Research Part I: Oceanographic Research Papers [J], 2017, 122: 17-28.

[69]　Lamborg C H, Yiğiterhan O, Fitzgerald W F, et al. Vertical distribution of mercury species at two sites in the western black sea. Marine Chemistry [J], 2008, 111 (1-2): 77-89.

[70]　Zhang T, Hsu-Kim H. Photolytic degradation of methylmercury enhanced by binding to natural organic ligands. Nature Geoscience [J], 2010, 3 (7): 473.

[71]　郑徽, 金银龙, Zhenghui, 等. 汞的毒性效应及作用机制研究进展. 卫生研究 [J], 2006, 35 (5): 663-666.

[72]　蓝伟光, 陈霓. Hg, Cu, Cd, Zn 对真鲷仔鱼的急性毒性研究. 海洋科学 [J], 1991, 5: 56-60.

[73]　Bulat P, Dujié I, Potkonjak B, Vidaković A. Activity of glutathione peroxidase and superoxide dismutase in workers occupationally exposed to mercury. International Archives of Occupational and Environmental Health [J], 1998, 71 (S): 37-39.

[74]　吕敢堂, 王志铮, 邵国洱, 等. 4 种重金属离子对黑鲷幼鱼的急性毒性研究. 浙江海洋学院学报 (自然科学版) [J], 2010, 29 (3): 206-210.

[75]　Choi M-S, Kinae N. Toxic effect of micropollutants on coastal organisms-i. Toxicity on some marine fishes. Korean Journal of Fisheries and Aquatic Sciences [J], 1994, 27 (5): 529-534.

[76]　Sadripour E, Mortazavi M, Mahdavi Shahri N. Effects of mercury on embryonic development and larval growth of the sea urchin echinometra mathaei from the persian gulf. Iranian Journal of Fisheries Sciences [J], 2013, 12 (4): 898-907.

[77]　秦华伟, 刘爱英, 谷伟丽, 等. 6 种重金属对 3 种海水养殖生物的急性毒性效应. 生态毒理学报 [J], 2015, 10 (6): 287-296.

[78] Krishnakumari L, Varshney P, Gajbhiye S, et al. Toxicity of some metals on the fish *Therapon jarbua* (Forskal, 1775). [J], 1983,

[79] Krishnani K, Azad I S, Kailasam M, et al. Acute toxicity of some heavy metals to lates calcarifer fry with a note on its histopathological manifestations. Journal of Environmental Science and Health, Part A [J], 2003, 38 (4): 645-655.

[80] 王志铮, 刘祖毅, 吕敢堂, 等. Hg^{2+}, Zn^{2+}, Cr^{6+} 对黄姑鱼幼鱼的急性致毒效应. 中国水产科学 [J], 2005, 6: 12.

[81] 许章程, 洪丽卿. 重金属对几种海洋双壳类和甲壳类生物的毒性. 台湾海峡 [J], 1994, 13 (4): 381-387.

[82] 梁军辉, 王睿睿, 闫启仑, 等. Cd^{2+}, Cr^{6+}, Hg^{2+} 三种金属对河蜾蠃蜚 (*Corophium acherusicum*) 的急性毒性. 海洋环境科学 [J], 2013, 32 (4): 551-554.

[83] 陈志鑫. Hg^{2+}, Pb^{2+}, Cd^{2+} 对中华哲水蚤 (*Calanus sinicus*) 总超氧化物歧化酶 (t-sod) 及线粒体 coi 基因影响的初步研究 [D]; 中国海洋大学, 2010.

[84] 高淑英, 邹栋梁. 汞, 镉, 锌和锰对日本对虾仔虾的急性毒性. 海洋通报 [J], 1999, 18 (2): 93-96.

[85] Das S, Sahu B. Toxicity of Hg(Ⅱ) to prawns *Penaeus monodong* and *Penaeus indicusg* (crustacea: Penaeidae) from rushikulya estuary, bay of bengal [J], 2002.

[86] 包坚敏, 王志铮, 杨阳, 等. 4 种重金属离子对三疣梭子蟹大眼幼体的急性毒性. 浙江海洋学院学报 (自然科学版) [J], 2007, 26 (4): 395-398.

[87] 王志铮, 吕敢堂, 许俊, 钟爱华. Cr^{6+}, Zn^{2+}, Hg^{2+} 对凡纳滨对虾幼虾急性毒性和联合毒性研究. 海洋水产研究 [J], 2005, 26 (2): 6-12.

[88] Chin T-S, Chen H-C. Toxic effects of mercury on the hard clam, *Meretrix lusoria*, in various salinities. Comparative Biochemistry and Physiology Part C: Comparative Pharmacology [J], 1993, 105 (3): 501-507.

[89] 陈金堤, 王文雄. 重金属对褶牡蛎胚胎及幼体发育的毒性效应. 厦门大学学报 (自然科学版) [J], 1985, 24 (1): 96-101.

[90] Calabrese A, Collier R, Nelson D, et al. The toxicity of heavy metals to embryos of the american oyster *Crassostrea virginica*. Marine Biology [J], 1973, 18 (3): 162-166.

[91] 周光锋, 王志铮, 杨阳, 等. 4 种重金属离子对厚壳贻贝幼贝的急性毒性. 浙江海洋学院学报 (自然科学版) [J], 2007, 26 (4): 391-394.

[92] Nelson D, Miller J, Calabrese A. Effect of heavy metals on bay scallops, surf clams, and blue mussels in acute and long-term exposures. Archives of Environmental Contamination and Toxicology [J], 1988, 17 (5): 595-600.

[93] 王晓宇, 王清, 杨红生. 镉和汞两种重金属离子对四角蛤蜊的急性毒性. 海洋科学 [J], 2009, 33 (12): 24-29+113.

[94] Eisler R, Hennekey R J. Acute toxicities of Cd^{2+}, Cr^{6+}, Hg^{2+}, Ni^{2+} and Zn^{2+} to estuarine macrofauna. Archives of Environmental Contamination and Toxicology [J], 1977, 6 (1): 315-323.

[95] 包坚敏, 王志铮, 陈启恒, 等. 4 种重金属对泥螺的急性毒性和联合毒性研究. 浙江海洋学院学报 (自然科学版) [J], 2007, 26 (3): 252-256.

[96] 张艳红, 郭旭东, 崔健斌, 等. 重金属 Hg^{2+} 对毛蚶的急性毒性及肝脏组织结构的影响. 河北渔业 [J], 2016, 8): 13-15.

[97] 高业田. 重金属 Cd 和 Hg 对可口革囊星虫的毒理学效应 [D]; 上海海洋大学硕士论文, 2012.

[98] 唐永政, 宋祥利, 翟传阳, 等. 3 种重金属离子对单环刺螠幼螠的急性毒性研究. 烟台大学学报 (自然科学与工程版) [J], 2017, 30 (1): 31-35.

[99] Géret F, Jouan A, Turpin V, et al. Influence of metal exposure on metallothionein synthesis and lipid peroxidation in two bivalve mollusks: The oyster (crassostrea gigas) and the mussel (mytilus edulis). Aquatic Living Resources [J], 2002, 15 (1): 61-66.

[100] Moore D R, Teed R S, Richardson G M. Derivation of an ambient water quality criterion for mercury: Taking

account of site-specific conditions. Environmental Toxicology and Chemistry: An International Journal [J], 2003, 22 (12): 3069-3080.

[101] 康凯莉, 管博, 李正炎. 中国近海环境中汞的水质基准与生态风险. 中国海洋大学学报 (自然科学版) [J], 2019, 1: 13.

[102] Colt J. Water quality requirements for reuse systems. Aquacultural Engineering [J], 2006, 34 (3): 143-156.

[103] 张瑞卿, 吴丰昌, 李会仙, 等. 应用物种敏感度分布法研究中国无机汞的水生生物水质基准 [D], 2012.

[104] Ouboter P E, Landburg G A, Quik J H, et al. Mercury levels in pristine and gold mining impacted aquatic ecosystems of suriname, south america. Ambio [J], 2012, 41 (8): 873-882.

[105] 包志成, 王克欧, 康君行, 等. 五氯酚及其钠盐中氯代二噁英类分析 [J], 1995,

[106] 杨淑贞, 韩晓冬, 陈伟. 五氯酚对生物体的毒性研究进展. 环境与健康杂志 [J], 2005, 22 (5): 396-398.

[107] 许文青, 樊柏林, 陈明, 等. 五氯苯酚和五氯苯酚钠毒性作用研究进展. 中国药理学与毒理学杂志 [J], 2011, 25 (6): 596-600.

[108] 胡成成, 赵双玲. 持久性有机污染物五氯酚的生物修复研究进展. 科技信息 [J], 2008, 9): 322-322.

[109] Zheng W, Wang X, Yu H, et al. Global trends and diversity in pentachlorophenol levels in the environment and in humans: A meta-analysis. Environmental Science & Technology [J], 2011, 45 (11): 4668-4675.

[110] Abrahamsson K, Ekdahl A. Volatile halogenated compounds and chlorophenols in the skagerrak. Journal of Sea Research [J], 1996, 35 (1-3): 73-79.

[111] Machera K, Miliadis G, Anagnostopoulos E, et al. Determination of pentachlorophenol in environmental samples of the s. Euboic gulf, greece. Bulletin of Environmental Contamination and Toxicology [J], 1997, 59 (6): 909-916.

[112] Leonardi M, Tarifeño E, Vera J. Diseases of the chilean flounder, *Paralichthys adspersus* (Steindachner, 1867), as a biomarker of marine coastal pollution near the Itata river (Chile): Part Ⅱ. Histopathological lesions. Archives of Environmental Contamination and Toxicology [J], 2009, 56 (3): 546-556.

[113] Nascimento N, Nicola S, Rezende M, et al. Pollution by hexachlorobenzene and pentachlorophenol in the coastal plain of São Paulo state, Brazil. Geoderma [J], 2004, 121 (3-4): 221-232.

[114] Delaune R, Gambrell R, Pardue J, et al. Fate of petroleum hydrocarbons and toxic organics in Louisiana coastal environments. Estuaries [J], 1990, 13 (1): 72.

[115] Muir J, Eduljee G. Pcp in the freshwater and marine environment of the european union. Science of the Total Environment [J], 1999, 236 (1-3): 41-56.

[116] Persson Y, Lundstedt S, Öberg L, Tysklind M. Levels of chlorinated compounds (CPs, PCPPs, PCDEs, PCDFs and PCDDs) in soils at contaminated sawmill sites in Sweden. Chemosphere [J], 2007, 66 (2): 234-242.

[117] Gao J, Liu L, Liu X, et al. Levels and spatial distribution of chlorophenols-2, 4-dichlorophenol, 2, 4, 6-trichlorophenol, and pentachlorophenol in surface water of China. Chemosphere [J], 2008, 71 (6): 1181-1187.

[118] 刘金林, 胡建英, 万祎, 等. 海河流域和渤海湾沉积物和水样中五氯酚的分布. 环境化学 [J], 2006, 25 (5): 539-542.

[119] 曲丽娟, 鲜啟鸣, 邹惠仙. 固相微萃取—气相色谱法测定饮用水及其水源水中的氯酚. 环境污染与防治 [J], 2004, 26 (2): 154-155.

[120] 王俊. 天津市大沽排污河五氯酚和六氯苯污染特征及解吸动力学的研究 [D]: 天津大学硕士论文, 2006.

[121] 张勇, 刘玉波, 沈烨冰, 等. 贵阳市白云区饮用水源地五氯酚调查. 环境与健康杂志 [J], 2013, 30 (4): 352-352.

[122] 韩方岸, 陈连生, 吉文亮, 等. 江苏长江水与苏鲁浙主要地表水 vocs, svocs 检测. 预防医学情报杂志 [J], 2009, 25 (3): 161-167.

[123] Hong H, Zhou H, Luan T, et al. Residue of pentachlorophenol in freshwater sediments and human breast milk collected from the Pearl River delta, China. Environment international [J], 2005, 31 (5): 643-649.

[124] 刘征涛，姜福欣，王婉华，等．长江河口区域有机污染物的特征分析．环境科学研究 [J]，2006，19（2）：1-5.

[125] 迟杰，黄国兰，杨彬．五氯酚在表面微层水与表层水间的分配行为．环境科学 [J]，1999，6.

[126] 邱纪时，钟惠英，祝翔宇，等．杭州湾南岸海水中的氯酚类化合物的污染特征及生态风险评价．海洋环境科学 [J]，2016，35（2）：231-237.

[127] 陈怡．太湖流域五氯酚水质基准校验方法研究 [D]；南京大学硕士论文，2014.

[128] Rinna F，Prete F D，Vitiello V，et al．Toxicity assessment of copper, pentachlorophenol and phenanthrene by lethal and sublethal endpoints on nauplii of *Tigriopus fulvus*．Chemistry and Ecology [J]，2011，27（sup2）：77-85.

[129] Lindley J，Donkin P，Evans S，et al．Effects of two organochlorine compounds on hatching and viability of calanoid copepod eggs．Journal of Experimental Marine Biology and Ecology [J]，1999，242（1）：59-74.

[130] Buono S，Manzo S，Maria G，et al．Toxic effects of pentachlorophenol, azinphos-methyl and chlorpyrifos on the development of *Paracentrotus lividus* embryos．Ecotoxicology [J]，2012，21（3）：688-697.

[131] Zha J，Wang Z，Schlenk D．Effects of pentachlorophenol on the reproduction of Japanese medaka（*Oryzias latipes*）．Chemico-Biological Interactions [J]，2006，161（1）：26-36.

[132] 郑佳佳，王睿睿，林志浩，等．壬基酚，五氯酚及硝基苯对端足类河蜾蠃蜚（*Corophium acherusicum*）的毒性效应．生态毒理学报 [J]，2014，9（6）：1104-1111.

[133] Owens K，Baer K．Modifications of the topical Japanese medaka（*Oryzias latipes*）embryo larval assay for assessing developmental toxicity of pentachlorophenol and p,p'-dichlorodiphenyltrichloroethane．Ecotoxicology and Environmental Safety [J]，2000，47（1）：87-95.

[134] 孙禾琳，蔡恒江，姚子伟．微板法测试 12 种 POPs 对新月菱形藻的毒性．海洋科学进展 [J]，2011，29（4）：529-536.

[135] Beard A，Rawlings N．Reproductive effects in mink（*Mustela vison*）exposed to the pesticides lindane, carbofuran and pentachlorophenol in a multigeneration study．Reproduction [J]，1998，113（1）：95-104.

[136] Rawlings C N，Cook S J，Waldbi D．Effects of the pesticides carbofuran, chlorpyrifos, dimethoate, lindane, triallate, trifluralin, 2,4-d, and pentachlorophenol on the metabolic endocrine and reproductive endocrine system in ewes．Journal of Toxicology and Environmental Health Part A [J]，1998，54（1）：21-36.

[137] Jekat F，Meisel M，Eckard R，et al．Effects of pentachlorophenol（PCP）on the pituitary and thyroidal hormone regulation in the rat．Toxicology Letters [J]，1994，71（1）：9-25.

[138] Tran D Q，Klotz D M，Ladlie B L，et al．Inhibition of progesterone receptor activity in yeast by synthetic chemicals．Biochemical and Biophysical Research Communications [J]，1996，229（2）：518-523.

[139] Karmaus W，Wolf N．Reduced birthweight and length in the offspring of females exposed to PCDFs, PCP, and lindane．Environmental Health Perspectives [J]，1995，103（12）：1120-1125.

[140] Dimich-Ward H，Hertzman C，Teschke K，et al．Reproductive effects of paternal exposure to chlorophenate wood preservatives in the sawmill industry．Scandinavian Journal of Work, Environment & Health [J]，1996，267-273.

[141] 张蕊媛，杨竞，刘欣．五氯苯酚的生态毒性效应及其遗传毒性．生态毒理学报 [J]，2011，6（3）：296-302.

[142] 罗茜，查金苗，雷炳莉，等．三种氯代酚的水生态毒理和水质基准 [J]，2009.

[143] Kondo T，Yamamoto H，Tatarazako N，et al．Bioconcentration factor of relatively low concentrations of chlorophenols in japanese medaka．Chemosphere [J]，2005，61（9）：1299-1304.

[144] Ernst W．Factors affecting the evaluation of chemicals in laboratory experiments using marine organisms．Ecotoxicology and Environmental Safety [J]，1979，3（1）：90-98.

[145] 徐建，杨欣，戴树桂，等．涕灭威在水体悬浮颗粒物上的吸附行为．环境科学 [J]，2003，24（2）：87-91.

[146] 谢玲玲．五氯苯酚在水体颗粒物上的吸附和降解研究 [D]．武汉大学硕士论文，2005.

[147] 迟杰，黄国兰，熊振湖．pH 对五氯酚在水体悬浮颗粒物上吸附行为的影响．天津城市建设学院学报 [J]，

2003, 9 (1): 1-3.

[148] 黄国兰, 陈志琼, 戴树桂. 丁基锡化合物在水体悬浮颗粒物上的吸附行为研究 [J], 1998, 18 (2): 137-143.

[149] 王红斌, 杨敏, 宁平, 等. 腐殖酸自水溶液中吸附亚甲基蓝的热力学与机理研究. 化学研究与应用 [J], 2002, 14 (4): 449-451.

[150] Carr R S, Curran M D, Mazurkiewicz M. Evaluation of the archiannelid dinophilus gyrociliatus for use in short-term life-cycle toxicity tests. Environmental Toxicology and Chemistry: An International Journal [J], 1986, 5 (7): 703-712.

[151] Tomiyama T, Kawabe K. The toxic effect of pentachlorophenate, a herbicide, on fishery organisms in coastal waters. I. The effect on certain fishes and a shrimp. Bull Jap Soc Sci Fish [J], 1962, 28: 379-382.

[152] Silva J, Iannacone J, Cifuentes A, et al. Assessment of sensitivity to pentachlorophenol (PCP) in 18 aquatic species, using acute and chronic ecotoxicity bioassays. Ecotoxicology and Environmental Restoration [J], 2001, 4 (1): 10-17.

[153] Rao K R, Fox F R, Conklin P J, et al. Comparative toxicology and pharmacology of chlorophenols: Studies on the grass shrimp, *Palaemonetes pugio*. [J], Biological Monitoring of Marine Pollutants, 1981: 37-72.

[154] Adema D, Vink I G. A comparative study of the toxicity of 1, 1, 2-trichloroethane, dieldrin, pentachlorophenol and 3, 4 dichloroaniline for marine and fresh water organisms. Chemosphere [J], 1981, 10 (6): 533-554.

[155] 周永欣, 成水平, 孙美娟, 等. 五氯酚对大型水蚤的急性亚慢性和慢性毒性. 动物学研究 [J], 1994, 15 (4): 79-84.

[156] Jin X, Zha J, Xu Y, et al. Toxicity of pentachlorophenol to native aquatic species in the yangtze river. Environmental Science and Pollution Research [J], 2012, 19 (3): 609-618.

[157] Hickey C W. Sensitivity of four new zealand cladoceran species and daphnia magna to aquatic toxicants. New Zealand Journal of Marine and Freshwater Research [J], 1989, 23 (1): 131-137.

[158] USEPA. Ambient water quality criteria for pentachlorophenol [M]. Washtington D. C: USEPA, 1980.

[159] 邢立群. 基于本土水生生物的氯代酚类污染物水质基准研究及其风险评估 [D]; 南京大学, 2012.

[160] ANZECC and ARMCANZ. Australian and New Zealand guidelines for fresh and marine water quality. Australian and New Zealand Environment and Conservation Council and Agriculture and Resource Management Council of Australia and New Zealand, Canberra [J], 2000, 1-103.

[161] 和树庄, 陈吕军. 关于《污水综合排放标准 GB 8978—1996》执行中的问题探讨. 环境保护 [J], 2000, 1: 7-8.

[162] 刘燕. 不新的《城镇污水处理厂污染物排放标准》(GB 18918—2002). 给水排水动态 [J], 2009, 2): 37-38.

[163] 李建华, 阚海峰, 毛亮, 等. pH 值和硬度对两种氯酚类化合物对大型溞急性毒性的影响. 中国环境科学 [J], 2013, 33 (12): 2251-2256.

第5章　保护人体健康水质基准技术

人体健康水质基准是只考虑饮水途径暴露或同时考虑饮水和摄入水产品两个途径的暴露，预期不会对暴露人群造成显著风险的浓度值。这里环境水体指河流、湖泊和溪流等开放水体。人体健康水质标准是国家法律规定，基于水体的指定用途［饮水和（或）食用水产品］的人体健康基准和相关水质基准。人体健康水质标准以保护人体健康或福利，改善水体质量为服务目标。

保护人体健康，作为水环境质量基准的核心内容之一，已成为世界各国水环境基准研究的重中之重。与国际上其他发达国家相比，我国保护人体健康水环境质量基准研究起步较晚，最初仅是对国外资料的收集和整理工作，以及对国外水质基准推导方法的零星论述。由于我国水环境条件具有一定的地域性，且生活习惯和饮水饮食结构也存在不同，国家层面或其他流域区域的基准值不一定能够完全反映特定地方保护人体健康的要求，如果直接采用其他流域区域的人体健康基准值，导致保护不够或者过保护的可能性。因此：a. 制定我国国家、流域、区域层面自己的人体健康基准值非常重要；b. 国家人体健康基准值制定后，其在流域、区域的适用性，需通过进一步的校验。本章对我国国家、流域、区域人体健康水质基准的制定技术方法和流域区域人体健康水质基准的校验技术方法进行总结和说明。

5.1　概　　述

5.1.1　人体健康水质基准制定技术

国家人体健康水质基准的制定流程具体可参照《人体健康水质基准制定技术指南》（HJ 837—2017）[1]。

流域、区域人体健康水质基准制定流程与国家人体健康水质基准制定程序相似，可采用国家层面人体健康基准计算公式，但应采取流域区域层面相对应的 BAF 值、流域区域人体健康暴露参数（BW、DI、FI）[2]。

流域区域层面 BAF 值可通过：a. 采样实测方法；b. 实验室测定的 BCFs 结合食物链

倍增系数估算 BAFs 的方法；c. 辛醇-水分配系数（K_{ow}）结合食物链倍增系数推导特定流域区域 BAFs 的方法。流域区域人体健康暴露参数（BW、DI）可通过生态环境部发布的《中国人群环境暴露行为模式研究报告》（成人卷）和（儿童卷）获得，人体健康暴露参数（FI）则通过《中国居民营养与健康状况调查报告》获得。

5.1.2　人体健康水质基准校验技术

国家人体健康水质基准制定后，该基准值能否适用于流域、区域，能否对流域、区域的人体健康起到保护作用，需要依据流域、区域人群暴露参数〔体重（Body weight，BW]、日饮水量（Drinking water intake，DI）、食鱼量（Fish intake，FI)）、水环境参数、水生生物脂质分数和流域区域的实测生物累积因子 BAF 值进行校验和重新计算。

5.2　技术流程

国家-流域-区域人体健康水质基准的制定技术流程见图 5-1。

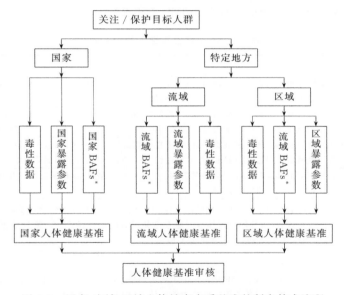

图 5-1　国家-流域-区域人体健康水质基准的制定技术流程

图 5-1 中，国家 BAFs、流域 BAFs 和区域 BAFs 可依据水环境参数、脂质分数等关键参数进行相互转化。

5.3　技术方法

5.3.1　人体健康水质基准制定技术方法

5.3.1.1　人体健康危害评价

人体健康危害评价优先选用流域人群人类流行病学研究数据。缺乏人类流行病学研究数据时，从动物试验数据外推至人类，以动物试验研究结果为起点，常用的数据有 NOA-EL、LOAEL 或 10% 附加风险剂量的 95% 置信下限（LED_{10}）。化学物质的人体健康危害评价分为致癌物和非致癌物危害评价，致癌物危害评价又可分为线性致癌物和非线性致癌物危害评价。

（1）非致癌物效应的危害评价

化学物质的非致癌效应健康危害评价采用参考剂量（Reference dose，RfD）为指标。优先采用可靠的非致癌物 RfD 为流行病学调查的人体数据。缺乏人体数据时，从动物试验研究数据推导 RfD。

1）RfD 的推导 包括危害识别、剂量-效应评价和关键数据的选择。关键研究首选流行病学研究的人体数据。其次选用高质量的动物试验研究数据，并且具有与人类相关的生物学理论。

RfD 的推导见下式：

$$\text{RfD}[\text{mg}/(\text{kg} \cdot \text{d})] = \frac{\text{NOAEL}}{\text{UF} \times \text{MF}} \text{ 或 } \frac{\text{LOAEL}}{\text{UF} \times \text{MF}} \tag{5-1}$$

2）不确定性系数 UF 和修正系数 MF 的定义和选择 见表 5-1。

表 5-1 不确定性系数和修正系数

不确定性系数	定义
UFH	对平均健康水平人群长期暴露研究所得有效数据进行外推时，使用 1 倍、3 倍或 10 倍的系数。用于说明人群中个体间敏感性的差异（种内差异）。
UFA	没有或者只有不充分的人体暴露研究结果，需由长期动物试验研究的有效数据外推时，采用 1 倍、3 倍或 10 倍的系数。用于说明由动物研究外推到人体研究时引入的不确定性（种间差异）。
UFS	没有可用的长期人体研究数据，需由亚慢性动物试验研究结果外推时，使用 1 倍、3 倍或 10 倍的系数。用于说明由亚慢性 NOAELs 外推到慢性 NOAELs 时引入的不确定性。
UFL	由 LOAEL 而不是 NOAEL 推导 RfD 时，使用 1 倍、3 倍或 10 倍的系数。用于说明由 LOAELs 外推到 NOAELs 时引入的不确定性。
UFD	从不完整的数据库推导 RfD 时，使用 1 倍、3 倍或 10 倍的系数。化学物质常常缺少一些研究，如生殖研究。该系数表明，任何研究都不可能考虑到所有的毒性终点。除慢性数据之外，只缺失单个数据时，常使用系数 3。该系数通常称为 UFD。
修整系数	定义
MF	通过专业判断确定 MF，MF 是附加的不确定系数，$10 \geqslant MF \geqslant 0$。MF 的大小取决于以上未明确说明的研究和数据库的科学不确定性的专业评估。MF 的默认值为 1

注：选择 UF 或 MF 时必须进行专业的科学判断。

3）数据需求 非致癌效应计算慢性 RfD 的完整数据库，应满足以下几个要求：

① 两种哺乳动物慢性毒性研究，不同物种的适当暴露途径必须有一个是啮齿动物的。

② 一种哺乳动物多代生殖毒性研究，采用适当的暴露途径。

③ 两种哺乳动物发育毒性研究，采用相同的暴露途径。

（2）致癌效应的危害评价

致癌效应的危害评价首先要进行证据效力陈述，即依据生物学、化学和物理学方面的考虑做全面的判断。列出关键证据，针对肿瘤数据、有关作用模式的信息、对包括敏感亚群在内的人体健康危害、剂量-效应评价等方面进行讨论。重点描述暴露途径和浓度及其与人类的相关性，并对数据库的优缺点进行讨论。

环境暴露量往往低于动物试验的观测范围，因此需要采用默认的非线性外推法和默认的线性外推法进行低剂量外推。

1）默认的非线性外推法　默认的非线性外推法应用条件为：

① 适用非线性的肿瘤作用模式，且化学物质没有表现出符合线性的诱变效应；

② 已证实支持非线性的作用模式，且化学物质具有诱变活性的某些迹象，但经判断在肿瘤形成过程中没有起到重要作用。默认的非线性外推法通常采用暴露边界法表征，其2个主要步骤是：a. 选择作为"最小影响剂量水平"的起始点 POD；b. 选择适宜的限值或不确定性系数 UF。

2）默认的线性外推法　默认的线性外推法的应用依据为：

① 没有充足的肿瘤作用模式信息；

② 化学物质有直接的 DNA 诱变性或者其他符合线性的 DNA 作用迹象；

③ 作用模式分析不支持直接的 DNA 影响，但剂量-效应关系预计是线性的；

④ 人体暴露或身体负荷高，接近致癌过程中关键事件的相关剂量。

低剂量条件下，致癌斜率因子（Cancer Slope Factor，CSF）计算方法见下式：

$$CSF = \frac{0.10}{LED_{10}} \tag{5-2}$$

默认的线性外推法采用特定目标增量终生致癌风险（范围在 $10^{-6} \sim 10^{-4}$ 内）的特定风险剂量（RSD）表征，按照下式计算：

$$RSD[mg/(kg \cdot d)] = \frac{ILCR}{CSF} \tag{5-3}$$

3）线性和非线性组合法　线性和非线性组合法应用于以下情况：

① 单一肿瘤类型的作用模式在剂量-效应曲线的不同部分分别支持线性和非线性关系；

② 肿瘤的作用模式在高剂量和低剂量时支持不同的方法；

③ 化学物质与 DNA 不发生反应，且所有看似合理的作用模式均符合非线性，但不能完全证实关键事件；

④ 不同肿瘤类型的作用模式支持不同的方法。

人体健康风险评价逐渐成为化学物质环境风险管理中有效的重要工具，因此必须对风险评价中潜在的假设和默认进行合理的分析和量化。化学物质的人体健康风险评价有两个重要目的：其一是确定与特定暴露水平相关的健康风险；其二是得到旨在保护人群健康的安全剂量推荐值［如每日允许摄入量（Acceptable Daily Intake，ADI）、每日耐受摄入量（Tolerable Daily Intake，TDI）、水质基准等］。大多数化学物质均采用动物毒理学实验研究数据进行人体健康风险评价。对于那些部分人群长时间高剂量暴露的化学物质，人体流行病学研究数据具有无需进行从动物到人体的外推优势。人体流行病学研究数据是人体健康风险评价的首选，但是由于高质量的数据数量极少，所以不能成为风险评价主要的数据来源。

137

不论是使用实验动物数据还是人体流行病学数据，风险评价和基准推导都采用研究得到的外推起始点（Point of departure，POD）与总体不确定性因子（Total Uncertainty Factor，UFT）的商表示安全阈值。POD 可以是某项研究的最大无可见有害效应剂量（No-observed adverse effect level，NOAEL），最小可见有害效应剂量（Lowest-observed adverse effect level，LOAEL）或者基线剂量（Bench-mark dose，BMD）的 95% 置信下限。如 Pohl 和 Abadin 就是使用这种非线性方法推导最小风险水平。UF 与 POD 的选择密切相关，它的定义及取值都经历了长期的演化和发展。

1954 年美国制定的食品添加剂规范导则中提出的"安全因子（Safety Factor，SF）"是历史上最早出现的 UF。导则中提出由慢性经口动物实验的 NOAEL 除以 100 倍的 SF 得到食品添加剂的安全水平。1961 年 FAO/WHO（Food and Agriculture Organization/World Health Organization）略微修正后采纳该方法，并把该安全水平称为 ADI。然而，此时 SF 的取值（100）完全靠主观经验。1988 年美国环保署（US Environmental Protection Agency，USEPA）采用 ADI 途径进行环境污染物的规范管理，并进行了更多的改进：如使用参考剂量（Reference Dose，RfD）和不确定性因子（Uncertainty Factor，UF）的概念替代传统 ADI 和 SF；100 倍的 UF 由两个 10 相乘组成，分别表示种间差异和种内差异造成的不确定性。虽然经过持续的演变，但依据经验 UF 取默认值的本质并没有发生根本的变革，而且也难以满足风险评价的内在需求。随着毒理学数据的不断丰富，出现了一些更加科学的 UF 推导方法。例如，通过生理药代动力学（Physiologically Based Pharmacokinetic Modelling，PBPK）模型，可以推导出化学物质特异性的修正因子（Chemical Specific Adjustment Factor，CSAF），即使用某个化学物质特有的毒代动力学（Toxicokicetics，TK）数据推导其毒性的种间或种内差异造成的不确定性，避免了对所有化学物质使用同一个 UF。或者在已知化学物质代谢通路的情形下，计算不同个体之间化学物质的代谢差异，替代默认值中表征 TK 亚因子，称为路径相关因子（Pathway-Related Factors）。有的方法则把不同污染物引入的 UF 视为相互独立的随机变量，通过获得其概率分布，选取分布上限得到基于数据的评价因子（Data-based Assessment Factor），这些方法的出现和应用，使得根据最新的研究成果和数据以及相关案例的特性选择和定量 UF 成为可能，从而增强评估结果的科学性和可信度。

5.3.1.2　流域/区域暴露评价

推导流域、区域人体健康基准，就是保护流域、区域人群人体免于遭受长期暴露的影响，认为特定成年人与终生暴露相关的暴露参数值是最适数值。

（1）暴露参数的选择

暴露参数依据保护目标可作调整。流域（区域）人体健康水质基准优先选择本流域（区域）的暴露参数，其次选择可采用全国性调查数据计算的暴露参数。根据人体健康水质基准设定的保护对象选择暴露参数，如保护对象为儿童、育龄妇女、孕妇等特殊人群，可开展相关调查获取与其相对应的暴露参数。

人体健康水质基准所用到的体重、饮用水摄入量、鱼虾贝类摄入量等暴露参数可根据《中国居民营养与健康状况调查报告》和《中国人群暴露参数手册》（成人卷）和（儿童卷）中各个省份的数据获得，选用暴露参数手册中 BW 的平均值、DI 和 FI 的第 90% 分位数值。此外，也可以依据保护需求，通过区域现场调研，获得当地保护人群的人均体重，人群饮水和鱼类摄入量调研数据的第 90% 分位数。

中国人体暴露参数的评价和选择如表 5-2 所列。

表 5-2 中国人体暴露参数的评价和选择

项目	数值	数据来源	发布年份	发布机构
体重/kg	60.6	中国人群暴露参数手册(成人卷)(50%分位数值)	2013	环境保护部
	61.9	中国人群暴露参数手册(成人卷)(均值)	2013	环境保护部
饮水量/L	1.85	中国人群暴露参数手册(成人卷)(50%分位数值)	2013	环境保护部
	2.785	中国人群暴露参数手册(成人卷)(75%分位数值)	2013	环境保护部
水产品摄入量 /(g/d)	29.6	中国人群暴露参数手册(成人卷)	2013	环境保护部
	30.1	《中国居民营养与健康现状》	2004	卫生部

（2）相关源贡献

对于非致癌物和非线性致癌物的暴露评估，需要考虑流域人群来自饮用水、食物、呼吸和皮肤途径的暴露总量。在建立人体健康水质基准的过程中将来自水源和鱼类摄入的一部分暴露量占总暴露量的分数，视为此化学物质的相关源贡献。确定 RSC 的方法主要为暴露决策树法［具体决策树见《人体健康水质基准制定技术指南》（HJ 837—2017）］。RSC 的默认值为 20%。

5.3.1.3 流域/区域生物累积系数 BAF 的推导

生物累积系数 BAF 定义为代表化学物质在鱼虾贝类水生生物组织中的浓度与其环境水中的浓度的比值（以 L/kg 表示），生物及其食物都暴露于其中，并且该比值随着时间推移而逐渐稳定。国家 BAF 是描述我国境内人群普遍消费的鱼虾贝类水生生物食用组织中某一化学物质的长期平均生物累积潜力。生物浓缩系数 BCF 是物质在水生生物组织内的浓度及其在环境水体中的浓度的比值（以 L/kg 表示），生物仅通过水体产生暴露，并且该比值随着时间推移而逐渐稳定。

依据化学物质的类型和特性不同，推导 BAF 时，化学物质可分为非离子型有机物、离子型有机物和无机/有机金属化学物质三大类，每一类的 BAF 推导方式都不同。

（1）如何选择一个推导特定位点 BAFs 的试验方法

一般有两种方法来得到特定地方 BAFs。首选方法是采用所关注地方的现场实测 BAFs，即 BAFs 是从现场收集的生物组织和水样本中获得的浓度数据（称为"现场测量的 BAFs"）中获取的，是最直接的生物积累系数的获取方法。对于非离子有机化学物质（以及类似的离子有机化学物质），研究者还可以预测特定地方的 BAFs。一般推荐采用实地测量的 BAFs，而不采用其他方法获得 BAFs，因为此方法考虑到了影响水体中生物积累的所有生物因素和自然因素。美国 EPA 也鼓励授权各州、部落和地区尽可能地开展野外测量 BAFs。

在获取特定地方 BAFs 时，调查人员可依据特定地方试验目的的不同，在选择特定地方 BAFs 的方法时有所不同，同时特定地方也可使用国家 BAFs。因此，对于所有特定地方来说，没有一种方法是最好的，甚至最适用的，在每一种情况下，调查人员均应基于所有因素和参数确定首选的方法。

人体健康水质基准BAFs的获取方法取决于化学物质的类型（即非离子性有机化学物质、离子性有机化学物质、无机物和有机金属化学物质）。对于给定的化学物质，选择获取一种流域BAF的方法取决于以下几个因素：所关注的化学物质，BAF法的相对优点和缺点，以及生物富集或生物测试相关的不确定性。具体的流域人体健康水质基准BAF获取方法见图5-2。为获得流域BAF，每个程序包括适用于化学物质类别和性质的BAF推导方法，其中，由于我国部分区域的人群存在食用水生植物的习惯，因此在制定该区域的人体健康水质基准值时还应考虑水生植物（蔬菜）的暴露情况，应注意该区域的相应污染物在水生蔬菜中的BAF、BCF值的测定。

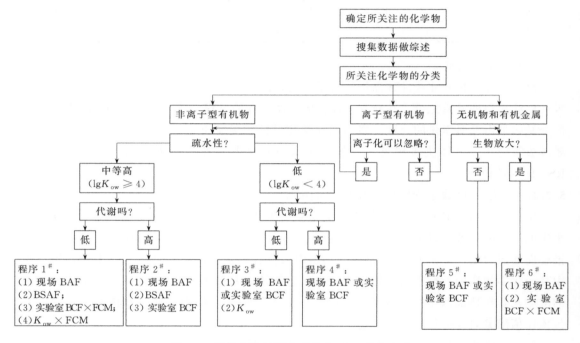

图 5-2　流域人体健康水质基准 BAF 获取方法

（2）特定地方（流域区域）BAFs的实测方法

1）现场BAF法

①测定生物群中化学浓度。特定地方BAF的测定需制定实地生物群取样计划，为实地研究的抽样设计提供了较详细的指导，并建立收集、保存和运送样品到处理实验室进行目标分析的实地程序。所有野外程序的规划和文件编制确保收集活动具有成本效益，并在所有野外活动中保持样品完整性。

为了支持针对特定污染物水质基准的推导，测定了特定场地BAFs。了解所关注的化学物质，研究人员应该就组织样本的分析做出一些决定。这包括考虑是否存在用于测量所涉化学品的分析替代品，如果有的话哪种方法最合适。此外，有必要确定应测量哪种形式的化学物质。此外，使用化学特异性、灵敏、准确和精确的方法分析组织样品也很重要。

应指定取样的目标水生生物，以及收集的生物大小范围。选择取样的目标物种和大小应是当地普遍消费的，并在可捕获大小的范围内。野外抽样计划的其他方面将根据确定目标物种而进行。例如，目标物种的活动范围将决定取样工作的空间规模。

选择生物群取样地点可能相当简单，因为污染物的来源是高度本地化的，或者特定地方的水文特征造成了一个凹陷，在那里化学污染的沉积物积累，生物累积潜力可能会增强。上下游水质和沉积物监测站/地点——点源排放、排放口和受管制的处置地点——往往可以用来表征受污染地区的地理范围。场地选取原则还应包括根据流体力学（包括水体大小）对不同水体类型（湖泊、河流、河口和沿海海洋水域）进行定性所需的样本数目。通常情况下，随着水体大小的增加（从小湖泊到较大的湖再到大湖，或者从溪流到河流），需要更多的样本才能达到特定的精度。

在淡水中，最理想的取样期可能是夏末至秋初（8～10月）。许多物种的脂类含量在这个时候通常是最高的。此外，水位通常在这段时间较低，从而简化收集程序。理想的情况是，研究人员选择一个抽样期，以避免目标物种的产卵期，包括产卵前和产卵后的1个月，因为许多水生物种在产卵期间受到压力，在此期间采集的组织样本可能不代表正常种群。

建议对鱼类鱼片或贝类食用部分的复合样本进行生物累积研究中所关注的化学品分析。复合样本是来自同一物种的两个或多个个体有机体在特定地点采集并作为单一样本进行分析的均匀混合物。由于制备和分析单个样本的成本高于制备和分析复合样本的成本，因此后者用来估算目标物种群体中组织平均浓度最具成本效益。

鱼类样本应反映目标人群通常如何制作食用鱼类。研究人员应根据受关注的目标人群所消耗的鱼类的组织类型和制备方法，选择一种复合化学分析样品类型。

在任何研究设计中，重要的是收集生物群样本并按大小/年龄类别组合。对于鱼类，饮食组成随大小/年龄而有很大变化，这些变化可能导致不同年龄组之间的BAFs差异。

建议在每个取样点收集每个目标物种的平行样本。野外平行样是由同一物种的不同个体的组织组成的不同的平行样本。

为了应对环境条件和有关目标物种的变化，需设计出对某些鱼类和贝类，其物种和大小有内在选择性的取样方法。这种选择性的取样对测量BAFs的测定是一个很大的优势，因为最小的因素，如分类群和大小的差异，提高了测量的准确性。

② 测定水中化学物质浓度。与生物群取样一样，研究人员和实地取样工作人员应在开始实地研究之前制定详细的取样计划。

用于分析所关注化学品浓度的水样的方法必须与选择用于分析生物群样品的方法相一致。应确保所选择的分析方法具有足够的敏感性，足以测量环境中的浓度。对于高生物蓄积性的化学物质，分析方法对水的敏感性通常比对生物群的敏感性更重要。水样的污染也是需要关注的问题，尤其是当环境浓度很低的时候。现场取样计划应包括足够的空白样本，以检测取样设备和容器中的污染，以及在样本运输、处理和分析过程中可能发生的污染。

计算总BAF时，研究者要测量水中总的化学品浓度。对于疏水化学物质，包括非离子有机化学物质，可以计算基线BAF。确定基线BAF的优点时，与同一场地确定的总体

BAF 相比，基线 BAF 的可变性通常会减少。使总 BAF 标准化也可以减少有机化学品的地点和营养级之间的差异。

水样的取样地点应与生物样取样地点匹配。在测定具有预测能力的 BAF 时，最重要的因素是水取样位置能反映目标生物体的活动范围。当目标生物的活动范围确定后，研究人员就可以选择最能反映生物体化学物质暴露情况的水体取样地点。对目标生物偏好的信息而言，在最常居住的地点对水进行取样具有很大的价值。

某些化学物质水体中浓度的时间和空间变异性可能很高，如水中许多疏水化学物质的浓度变化比水生生物中的浓度变化大得多。因此，在某一时间点采集的个别水样很可能不足以反映对目标物种的平均暴露量。进行水样的采集和分析，污染物在目标物种体内达到稳态的相近时间内计算化学品浓度平均值，这取决于目标化学物质的疏水性和生物体内的代谢速率。对于大型鱼类来说，高度疏水的有机化学物质的浓度可能需要一年或更长时间才能达到稳定状态。在确定取样频率时需要考虑的其他因素包括目标物种迁移和其他方面的生活史。

为支持特定地方（流域）BAF 测定而收集的水样可以单独或作为复合材料对目标化学浓度进行分析。

为了评价样品收集和分析方法的准确性，无论是单个样品还是混合样都应设置平行样品。

取水样的方法有很多种，因此，除了使用适用于有关化学品的方法外，很难提供一般性的指导。取样技术和设备往往是特定于化学品类别的，往往是特别关注的，其中避免样品污染是首要目标。

通过该地点水生生物组织中的化学物质总浓度与采样现场水环境中的化学物质总浓度计算野外测定的生物累积系数；

$$实测 \ BAF_T^t = \frac{C_t}{C_w} \tag{5-4}$$

式中　C_t——特定湿生物组织中的化学物质总浓度；

　　　C_w——水中化学物质总浓度。

2）BSAF 法　生物-沉积物累积系数是依据某地水生生物组织中化学物质的浓度和沉积物中化学物质的浓度来计算的，它是生物体从环境中摄取的净生物累积的表达。生物-沉积物累积系数和野外测定的生物累积系数相似，它们的相似点是生物体中化学物质浓度反映了生物的所有相关途径暴露；同时，生物-沉积物累积系数反映了生物有效性，因为化学物在沉积物中的浓度是有机碳标准化含量；野外测定的生物累积系数与生物-沉积物累积系数都反映了在水生生物或其他食物链中的化学物质代谢。因为这些相同点，某一特定地方的基线生物累积系数可以通过生物-沉积物累积系数所提供的化学物质在水中和沉积物中的分配比来计算。将包含生物累积信息的生物-沉积物累积系数转化为相应的基线生物累积系数，通过生物-沉积物累积系数来推导特定地点的基线生物累积系数需要多种该地点的沉积物和水中的化学物质浓度的数据。这种方法适用于高度疏水性的非离子有机物，以及一些有着与之类似的脂类和有机碳分配比的离子有机物。

计算步骤如下：

① 通过该地点水生生物组织和沉积物中的平均化学物质浓度计算生物-沉积物累积系数；

$$\mathrm{BSAF}_i = \frac{C_t / f_l}{C_s / f_{soc}} = \frac{C_l}{C_{soc}} \tag{5-5}$$

式中 BSAF_i——化学物质 i 水生生物的生物-沉积物累积系数；

        C_t——生物体内化学物质浓度；

        f_l——生物体的脂质含量；

        C_s——沉积物中化学物质浓度；

        f_{soc}——沉积物中有机碳含量；

        C_l——化学物质在生物组织中的脂质标准化含量；

        C_{soc}——化学物质在表层沉积物中的有机碳标准化含量。

② 下式是用野外测量的沉积物-生物累积系数来预测目标化学物的基线-生物累积系数：

$$(\text{基线 } \mathrm{BAF}_l^{fd})_i = \mathrm{BSAF}_i \times \frac{D_{k/r} \times \Pi_{socw,r} \times K_{ow,k}}{K_{ow,r}} - \frac{1}{f_l} \tag{5-6}$$

式中 k，r——目标化学物和参照化学物；

  fd（角标）——野外测量；

    $\Pi_{socw,r}$——参照品化学物质 r 在沉积物有机碳和水中自由溶解态浓度基础上的比值；

    K_{ow}——辛醇-水分配系数；

    $D_{k/r}$——化学物质 k 和 r 的 Π_{socw}/K_{ow} 的比值。

③ 参照品化学物质 r 在沉积物有机碳和水中自由溶解态的浓度比值是通过计算沉积物有机碳中的浓度和完全溶解在水中的浓度计算来的，这是通过沉积物-生物累积系数计算基线-生物累积系数方法的重要标准参数，通过下式计算：

$$\Pi_{socw,r} = \frac{C_{soc,r}}{C_{w,r}^{fd}} \tag{5-7}$$

式中 $C_{soc,r}$——经沉积物有机碳标准化的沉积物中参照化学物质的浓度；

  fd（角标）——野外测量；

    $C_{w,r}^{fd}$——自由溶解在水中的参照化学物质的浓度。

另外，在计算沉积物-水分配系数的时候应该用化学物质的平均浓度，并且应在审核浓度数据后选择合适的平均值计算方法。

参照化学物质应该和目标化学物质具有相似的疏水性和有机碳分配比，并且参照有机物质溶解在测量点水中的浓度必须是可计量的。辛醇-水分配系数用来调整目标化学物质和参照化学物质间疏水性的差异。在稳定平衡的生态系统中，逸度理论认为沉积物-水相浓度商近似等于辛醇-水分配系数，所以，Π_{socw}/K_{ow} 称之为沉积物-水逸度，很多情况下，目标化学物和参照化学物在沉积物-水逸度是相似的。实际上，这个相似点为选择参照化学物质提供了重要的标准，及参照化学物质和目标化学物质的 Π_{socw}/K_{ow} 不应出现显著差异。但是在一些特定的地点数据又显示沉积物-水逸度并不完全相同，这个差异可以用沉积物-水逸度比值来表示，即 $D_{k/r}$：

$$D_{k/r} = \frac{\Pi_{\text{socw},k}/K_{\text{ow},k}}{\Pi_{\text{socw},r}/K_{\text{ow},r}} \quad\quad\quad (5\text{-}8)$$

如果化学物质在沉积物有机碳和水中自由溶解态浓度比值能够合理准确地估算,那么基线-生物累积系数能利用公式通过沉积物-生物累积系数简单计算:

$$(\text{基线 BAF}_l^{\text{fd}})_i = \text{BSAF}_i \times \Pi_{\text{socw},r} - \frac{1}{f_l} \quad\quad\quad (5\text{-}9)$$

5.3.1.4 特定地方(流域区域)BAFs 的估算方法

(1)实验室测定的 BCFs 结合食物链倍增系数推导特定流域区域 BAFs

可以通过实验室测定的 BCFs 和食物链倍增系数(FCM)推导特定流域 BAFs。实验室测量的 BCF 通常只反映生物通过水暴露而造成的化学物质的累积。BCF 可能会低估化学物质的 BAFs,因为来自沉积物或饮食暴露的非水源暴露及其引发的生物放大作用是不可忽视的,包括疏水的非离子有机化学物质。对于这些化学物质,应该使用食物链倍增乘数(FCM)来调整实验室测量的 BCF 值,以便更好地考虑到由于饮食暴露而通过食物网造成的化学物质累积。研究人员应该测定,估算(从现有数据),或预测(使用食物链模型)FCM 以反映在特定流域条件下某特定营养级生物对化学物质的生物放大作用。

实验室测定的 BCF 本身可以解释用于计算生物富集系数的生物体内发生的化学物质新陈代谢效应,但无法解释水生食物链中其他生物体内发生的新陈代谢因为实验包含了来自食物暴露而造成的化学物累积。应用实验室测定的 BCF 和食物链倍增系数预测特定流域 BAFs 适合所有的化学物质,但使用这种方法时应慎用会发生生物代谢的化学物质,因为该方法可能会高估这种化学物质的 BAFs。

(2)辛醇-水分配系数(K_{ow})结合食物链倍增系数推导特定流域 BAFs

可使用非离子性有机化学物质的 K_{ow} 和 FCM 为某特定营养级预测特定流域的 BAFs。对于这类化学物质,特别是不容易被水生生物代谢的化学物质,K_{ow} 与 BCF 有很强的相关性。在预测特定流域的 BCF 时,可以用测定或预测的 K_{ow} 来代替 BCF。对于非离子性有机化学物质,食物网暴露是一个重要的暴露途径,研究人员还必须用 FCM 调整 K_{ow},以说明由于饮食暴露而通过食物网造成的化学物质的累积。该方法适用于不能或难代谢的非离子性有机化学物质,但也适用于某些具有类似分配行为的离子性化学物质。对于能被水生生物代谢的化学物质,这种方法可能会过度预测 BAFs,因为代谢既不包含在 K_{ow} 中,也不包含在 FCM 中。

5.3.1.5 最少数据需求和审核原则

(1)数据的搜集

生物累积作用数据可以从国内外公开发表的学术论文和研究报告、生态毒理学数据库中搜集目标物质在鱼虾贝类水产品中的所有生物累积作用数据。

① 应该收集目标化学物质在水生动物和植物中出现和累积的所有数据,并审查其充分性和适当性。

② 应用全面的文献检索策略搜集生物累积作用的相关数据。

③ 所有数据都应该包含充分的支持信息以表明其使用了可以接受的测定方法并且结果可能是可靠的。有些情况下,从调查人员获得额外的书面信息也可能是适当的。

④ 可疑的数据，不论是发表的或未发表的应该不予采用。

（2）数据审查原则

以下数据必须舍弃：

① 文献中未注明采用国家标准试验方法或国际组织、发达国家公布的标准试验方法。

② 没有对照组的试验数据、对照组中生物大量死亡或者表现出受到胁迫或发生疾病、稀释水为蒸馏水或去离子水的数据。

③ 没有提供受试物质必要纯度、混合物制剂浓度、乳化剂浓度信息的数据。

④ 受试生物在试验前暴露于高浓度的受试物质或其他污染物的数据。

⑤ 如果用于计算实验室实测 BCF 的受试生物有可见不良效应，一般不采用。

（3）数据筛选原则

① 受试物质测量浓度达到稳态或持续 28d 的生物浓缩试验，可使用实验室实测 BCF 数据。

② 已知水生生物的栖息水体内目标物质浓度长期保持恒定，可使用现场实测 BAF。

③ 如果现场实测 BAF 总是低于或高于实验室实测 BCF，使用现场实测 BAF。

④ 对于脂溶性物质的 BCF，应同时测量组织中的脂肪百分含量。

⑤ 以组织干重计算的 BCF 必须转化为组织湿重的 BCF，鱼类和无脊椎动物乘以 0.2。

（4）数据量最低要求

至少有一个可接受的水生动物物种的 BCF 值。

（5）数据处理

根据化学物质的脂溶性和现有生物浓缩数据，估算 BCF 加权平均值的 3 种方法如下：

① 淡水与河口鱼虾贝类可食用部分脂肪含量的加权均值为 3%。对于脂溶性化合物，鱼虾贝类 BCF 可以用脂肪含量加权均值进行校准。对于许多脂溶性污染物，至少有一个 BCF 值在测定时同时测量了脂肪百分含量。

② 没有适当 BCF 的情况下，对于脂肪含量大约为 7.6% 的水生生物，采用正辛醇水分配系数 K_{ow} 估算 BCF，$\lg BCF = 0.85 \lg P - 0.70$。

③ 对于非脂溶性化学物质，根据摄入量权重，计算消费鱼虾贝类的 BCF 的加权均值，确定普通膳食的代表性 BCF 加权均值。

5.3.1.6 人体健康水质基准的制定

（1）同时摄入饮用水和鱼类（W+F）的人体健康水质基准

1）非致癌物的 W+F 基准计算

$$WQC_{W+F} = RfD \times RSC \times \frac{BW}{DI + \sum_{i=2}^{4}(FI_i \times BAF_i)} \times 1000 \qquad (5-10)$$

式中　WQC_{W+F}——同时摄入饮用水和鱼类（W+F）的人体健康水质基准，$\mu g/L$；

　　　　RfD——非致癌物参考剂量，$mg/(kg \cdot d)$；

　　　　BW——成年人平均体重，kg，一般取 61.9kg；

　　　　DI——成年人每日平均饮水量，L/d，一般取 2.785L/d；

　　　　FI_i——成年人每日第 i 营养级鱼虾贝类平均摄入量，g/d，一般取 30.1g/d；

BAF_i——第 i 营养级鱼虾贝类生物累积系数，L/kg；

RSC——相关源贡献。

2）致癌物的 W+F 基准计算

非线性致癌物：

$$WQC_{W+F} = \frac{POD}{UF} \times \frac{BW}{DI + \sum_{i=2}^{4}(FI_i \times BAF_i)} \times 1000 \qquad (5\text{-}11)$$

线性致癌物：

$$WQC_{W+F} = \frac{ILCR}{CSF} \times \frac{BW}{DI + \sum_{i=2}^{4}(FI_i \times BAF_i)} \times 1000 \qquad (5\text{-}12)$$

式中　POD——致癌物质非线性低剂量外推法的起始点，通常为 LOAEL、NOAEL 或 LED10；

　　CSF——癌斜率因子，mg/(kg · d)；

　　ILCR——终身增量致癌风险，10^{-6}。

其余符号意义同前。

（2）仅摄入鱼虾贝类（F）的人体健康水质基准

1）非致癌物的 F 基准计算

$$WQC_F = RfD \times RSC \times \frac{BW}{\sum_{i=2}^{4}(FI_i \times BAF_i)} \times 1000 \qquad (5\text{-}13)$$

2）致癌物的 F 基准计算

非线性致癌物：

$$WQC_F = \frac{POD}{UF} \times \frac{BW}{\sum_{i=2}^{4}(FI_i \times BAF_i)} \times 1000 \qquad (5\text{-}14)$$

线性致癌物：

$$WQC_F = \frac{ILCR}{CSF} \times \frac{BW}{\sum_{i=2}^{4}(FI_i \times BAF_i)} \times 1000 \qquad (5\text{-}15)$$

式中　符号意义同前。

5.3.2　流域区域人体健康水质基准校验技术方法

5.3.2.1　人体健康基准校验的原理

通过对生物累积系数 BAF 的校验和重新计算，对人体健康水质基准进行校验。

（1）实测流域/区域 BAF 值对人体健康水质基准值校验

通过搜集或采样测试获得实测的流域/区域 BAF 值，重新计算基于流域/区域 BAF 值的人体健康水质基准值。

（2）采用流域/区域关键参数对国家 BAF 进行重新计算

对于已经制定的国家人体健康水质基准值，对拟应用的国家 BAF 进行目标区域水环境参数、水生生物脂质分数的重新计算后，得到流域/区域的人体健康水质基准值。

（3）采用流域/区域人群暴露参数对人体健康水质基准值进行校验

对于已经制定的国家人体健康水质基准值，校验其在流域/区域的适用性时，采用拟应用的流域/区域人群暴露参数（体重 BW）、日饮水量（DI）、食鱼量（FI）对国家人体健康水质基准值进行校验。

5.3.2.2 实测 BAFs 对流域区域人体健康水质基准进行补充和校验

（1）收集流域/区域 BAFs 进行校验

依据研究目标，收集国家、流域或区域层面所关注人群消费水生生物的目标污染物质的 BAFs 实测值，然后对相应的人体健康基准值进行计算和校验。

1）同时摄入饮用水和鱼类（W＋F）的人体健康水质基准

① 非致癌物的 W＋F 基准计算：如式(5-10) 所列。

式(5-10) 中 BW、DI、FI 数据引用《中国人群环境暴露行为模式研究报告》（成人卷）2013、《中国儿童环境暴露行为模式研究报告》（0～5 岁儿童卷)2016、《中国儿童环境暴露行为模式研究报告》（6～17 岁儿童卷)2016、《中国居民营养与健康现状》公告的相关数据。流域区域人群健康暴露参数可引用上述手册或公告中的相关流域区域数据。

② 致癌物的 W＋F 基准计算

a. 非线性致癌物外推法：如式(5-11) 所列。

b. 线性致癌物外推法：如式(5-12) 所列。

2）仅摄入鱼类（F）的人体健康水质基准

① 非致癌物的 F 基准计算：如式(5-13) 所列。

② 致癌物的 F 基准计算

非线性致癌物外推法：

$$WQC_F = \frac{POD}{UF} \times RSC \times \frac{BW}{\sum_{i=2}^{4}(FI_i \times BAF_i)} \times 1000$$

线性致癌物外推法：

$$WQC_F = \frac{ILCR}{CSF} \times \frac{BW}{\sum_{i=2}^{4}(FI_i \times BAF_i)} \times 1000$$

式中 WQC_F、BW、FI_i、BAF_i、RSC、POD、UF、CSF、ILCR 的参数含义见前。

（2）实测流域/区域 BAFs 进行校验

依据研究目标，开展流域/区域人群消费水产品采集和污染物质 BAFs 测试，获得流域/区域 BAFs，依据实测的 BAFs 值对流域/区域的仅摄入鱼类（F）和同时摄入饮用水和鱼类（W＋F）的人体健康基准值进行计算和校验。

5.3.2.3 实测 BSAF 进行校验

实测 BSAF 方法仅限于高疏水性的非离子性有机化学物质。测定流域/区域水产品体内目标化学物质脂质标准化浓度、沉积物中化学物质的有机碳标准化浓度、参照化学物质在水中的自由溶解态浓度、参照化学物质在沉积物中的有机碳标准化浓度、目标化学物质

和参照化学物质的 K_{ow} 值，计算目标化学物质的 BAF。

$$(\text{基线 } \mathrm{BAF}_l^{\mathrm{fd}})_i = \mathrm{BSAF}_i \times \frac{D_{k/r} \times \Pi_{\mathrm{socw},r} \times K_{\mathrm{ow},i}}{K_{\mathrm{ow},r}} - \frac{1}{f_l} \qquad (5\text{-}16)$$

式中　BSAF_i——目标化学物质"i"的 BSAF；

　　　$\Pi_{\mathrm{socw},r}$——参考化学物质"r"在沉积物中有机碳与水中自由溶解态浓度的比值；

　　　$K_{\mathrm{ow},i}$——目标化学物质"i"的辛醇-水分配系数；

　　　$K_{\mathrm{ow},r}$——参考物质"r"的辛醇-水分配系数；

　　　$D_{k/r}$——目标化学物质"i"和参考化学物质"r"的 $\Pi_{\mathrm{socw}}/K_{\mathrm{ow}}$ 的比值（通常选择 $D_{k/r}=1$）。

　　BSAF 的计算方法如下：

$$\mathrm{BSAF}_i = \frac{C_t/f_l}{C_s/f_{\mathrm{soc}}} = \frac{C_l}{C_{\mathrm{soc}}} \qquad (5\text{-}17)$$

式中　BSAF_i——化学物质 i 的生物-沉积物累积系数；

　　　C_t——生物体内化学物质浓度；

　　　f_l——生物体的脂质含量；

　　　C_s——沉积物中化学物质浓度；

　　　f_{soc}——沉积物中有机碳含量；

　　　C_l——化学物质在生物组织中的脂质标准化含量；

　　　C_{soc}——化学物质在表层沉积物中的有机碳标准化含量。

　　然后依据补充的 BAFs 值，对仅摄入鱼类（F）和同时摄入饮用水和鱼类（W+F）的人体健康基准值进行计算和校验。BSAF 方法的测试较多、程序复杂，一般不优先使用。

5.3.2.4　从基线 BAFs 重新计算 BAFs

　　通过关注区域水生生物脂质含量和/或可溶解性有机碳（DOC）浓度、颗粒态有机碳浓度（POC），从基线 BAFs 重新计算化学物质在关注区域的 BAF。可以通过以下方式修正基线 BAF 计算中的这些参数：

　　① 进行关注区域的野外研究，获得有代表性的水生生物脂质含量和/或可溶解性有机碳（DOC）浓度、颗粒态有机碳浓度（POC）数据；

　　② 进行文献检索以获得更具代表性的本地数据；

　　③ 实际调查关注区域人体暴露参数（BW、DI、FI）。

　　通过关注区域的 POC、DOC 和脂质含量对基线 BAF 进行校验和重新计算，具体见式(5-18)：

$$\text{流域/区域 BAF} = [(\text{国家基线 BAF}) \times f_l + 1] \times f_{\mathrm{fd}} \qquad (5\text{-}18)$$

式中　流域/区域 BAF——流域区域层面污染物质的 BAF，L/kg；

　　　国家基线 BAF——已知的国家基线 BAF，L/kg；

　　　f_l——流域区域水生生物的脂质分数，%。

　　f_{fd} 通过公式(5-19) 计算：

$$f_{\mathrm{fd}} = \frac{1}{1 + \mathrm{POC} \times K_{\mathrm{ow}} + \mathrm{DOC} \times 0.08 \times K_{\mathrm{ow}}} \qquad (5\text{-}19)$$

依据重新计算的 BAFs 值，对仅摄入鱼类（F）和同时摄入饮用水和鱼类（W+F）的人体健康基准值进行计算和校验。

5.3.2.5 流域/区域人群暴露参数对基准值的校验

采用关注流域区域的人群暴露参数（BW、DI、FI），对仅摄入鱼类（F）和同时摄入饮用水和鱼类（W+F）的人体健康基准值进行计算和校验。

5.3.2.6 BAF 校验方法的选择

采用上述方法校验 BAF 时应考虑和衡量方法的优点和局限性。搜集和测定新的流域区域 BAF 值优于采用流域区域水环境参数和人群暴露参数估算或修正现有国家基线 BAFs。对于难以在水域检测到的污染物质（高疏水性的非离子性有机化学物质），BSAF方法是研究人员应使用的基于实测数据的方法。然而，这些实测方法的局限性在于不适合于确定大型流域（例如包含多个水体或生态系统的流域）的 BAFs，因为随着水体数量的增加，与采样有关的工作量和费用也随着增加。

BAF 校验方法的优缺点如表 5-3 所列。

表 5-3　BAFs 校验方法的优缺点

BAF 推导方法	BAF 法	优点	缺点
实测新的 BAFs 对基准值进行校验	野外实测 BAF	(1)适用于所有化学物质的首选方法； (2)包含了化学物质的生物放大和代谢效应； (3)反映影响生物利用度和饮食暴露的特定流域属性。	(1)工作量大、成本高； (2)水中有代表性的化学物质浓度可能难以量化； (3)工作量随着研究流域内水体的空间尺度、数量和类型的增加而增加。
	从 BSAF 测定值预测 BAF	(1)高疏水性化学物质的首选方法； (2)包含了化学物质的生物放大和代谢效应； (3)反映影响生物利用度和饮食暴露的特定流域属性； (4)适用于水中难以分析的化学物质； (5)沉积物中化学浓度的使用降低了时间变异性。	(1)工作量大、成本高，一般不采用； (2)仅限 $\lg K_{ow} \geq 4$ 的非离子性有机化学物质； (3)准确与否取决于化学物质在沉积物和水之间的分布的估算的代表性和质量； (4)确定有代表性的沉积物采样地点困难； (5)工作量随着研究流域内水体的空间尺度、数量和类型的增加而增加。
通过对国家 BAFs 进行校验和重新计算对基准值进行校验	水质参数（POC、DOC）	方法简单,可直接采用已发布的国家或区域的基线 BAFs 值,通过关注区域的水质参数（POC、DOC）对基线 BAFs 进行估算。	关注区域的 POC、DOC 参数可能难以获得
	水生生物脂质分数	方法简单,可直接采用已发布的国家或区域的基线 BAFs 值,通过关注区域的水生生物脂质分数对基线 BAFs 进行估算。	关注区域的水生生物脂质分数可能难以获得
通过流域区域人群暴露参数对基准值进行校验	人体健康暴露参数（BW、DI、FI）	方法简单,可直接采用已发布的国家或区域的基线 BAFs 值,通过关注区域的人体健康暴露参数对基线 BAFs 进行估算。	关注区域的 BW、DI、FI 参数可能难以获得

此外，对于难以在周围水域检测得到的化学物质，BSAF方法是研究人员能使用的唯一的基于野外研究的方法。然而，BSAF方法的应用仅限于中、高疏水性的非离子性有机化学物质。一般而言，对于中、高疏水性有机化学物质，BSAF方法较好，而对于低疏水性有机化学物质、离子性有机化学物质以及无机和有机金属化学物质，野外测定BAFs将是首选方法。然而，这些实测方法可能不适合于确定大型流域（例如包含多个水体或生态系统的流域）的BAFs，因为随着水体数量的增加，与采样有关的工作量也随着增加。该方法工作量大、成本高，一般不建议采用。

在有国家BAFs的情况下，可以通过关注区域水生生物脂质含量和/或可溶解性有机碳浓度（DOC）、颗粒态有机碳浓度（POC）和/或人体暴露参数（BW、DI、FI），从基线BAFs重新计算化学物质在关注区域的BAF，该方法简单，也可从《中国人群环境暴露行为模式研究报告》（成人卷）2013、《中国儿童环境暴露行为模式研究报告》（0～5岁儿童卷）2016、《中国儿童环境暴露行为模式研究报告》（6～17岁儿童卷）2016、《中国居民营养与健康现状》公告中引用相关流域区域人群暴露参数，但当具体到特定地方的人体健康水质基准校验时，地方人体健康暴露参数、POC和DOC参数、水生生物脂质参数的相对缺乏，一定程度上制约了该方法的适用性。

5.4 典型案例分析

5.4.1 保护人体健康水质基准制定——双酚类化合物

5.4.1.1 概述

双酚A（bisphenol A，BPA）是一种重要的化工原料，作为环氧树脂和聚碳酸酯的初级中间产物广泛应用于人类的日常生活用品[3,4]。许多研究已经证明BPA对生殖和发育、神经网络、心血管、代谢和免疫系统有不良的影响[5,6]，鉴于BPA的广泛暴露和它所带来的健康风险，加拿大、欧盟和美国等国家禁止在婴儿奶瓶中使用BPA[7,8]。在我国，卫生部等6部门于2011年发布了关于禁止BPA用于婴幼儿奶瓶的公告。对BPA产品的限制和使用，促使了其替代产品的研究和应用，如双酚AF（bisphenol AF，BPAF）、双酚S（bisphenol S，BPS）等[9-11]。BPAF和BPS与BPA具有类似的结构，BPAF主要作为交联剂用于含氟橡胶和聚酯加工业中[12]，BPS广泛应用于环氧树脂、婴儿奶瓶和热敏纸的制造中[13]。太湖作为我国第二大淡水湖，是重要的饮用水源地和淡水渔业基地该研究选取我国第二大淡水湖太湖流域为研究对象，通过调查资料确定暴露参数、生物累积系数等相关本土参数，推导太湖流域BPAF和BPS的人体健康水质基准值。本研究依据我国人体健康水质基准指定技术指南，结合我国太湖区域环境特点，对以保护人体健康为目的的双酚类的水质基准及其推导方法进行了探讨。

5.4.1.2 双酚类化合物的环境行为

BPA是一种典型的环境内分泌干扰物[14]，与雌激素受体相互作用而干扰激素在机体内的正常代谢，从而影响生物的免疫[15]和生殖功能[16]。BPAF和BPS具有急性毒性、基因毒性和雌激素活性等效应[17-19]。与 BPA 相比，BPAF 和 BPS 难以生物降解和光降解[7]，这些双酚类化合物可能会持久存在于自然界中，并对生态系统产生不良影响。

5.4.1.3 双酚类化合物水环境暴露状况

由于在生产制造以及使用和弃置过程中的无序排放，BPA、BPAF 和 BPS 在各环境介质（如水体、土壤、空气中以及动物体内和人体血清、尿液、羊水、脐带）中均有检出[20-22]。其中 Liu 等[23] 测定了太湖水体中 BPAF 和 BPS 的浓度均值分别为 110ng/L 和 16ng/L。

表 5-4 为近年来太湖流域 BPA、BPAF 和 BPS 的暴露浓度。

表 5-4 太湖流域 BPA、BPAF 和 BPS 的暴露浓度

采样点数	BPA 的浓度/(ng/L)		BPAF 的浓度/(ng/L)		BPS 的浓度/(ng/L)	
	范围	均值	范围	均值	范围	均值
21[24]	28～560	97	4.50～1600	8.20	0.71～23	1200
26[23]	19.4～68.5	23.8	4.05～157	114	110～140	15.90

5.4.1.4 双酚类物质人体健康水质基准推导

（1）人体健康水质基准值推导公式

人体健康水质基准依据污染物毒理学效应的差异，分为致癌和非致癌效应基准。BPA 和其替代物 BPAF、BPS 被广泛应用，但鲜有其致癌效应的研究报道，因此该研究主要考虑 BPA、BPAF 和 BPS 的非致癌效应。

非致癌效应的人体健康水质基准按下式进行计算：

$$AWQC = RfD \cdot RSC \cdot \left(\frac{BW}{DI + \sum_{i=2}^{4}(FI_i \cdot BAF_i)} \right) \qquad (5-20)$$

式中   RfD——非致癌效应的参考剂量，mg/(kg·d)；

　　　　RSC——用于解释非水源暴露的相对源贡献率，%；

　　　　BW——人体体重，kg；

　　　　DI——饮用水摄入量，L/d；

　　　　FI_i——营养级（$i=2,3,4$）的水产品摄入量，kg/d；

　　　BAF_i——营养级（$i=2,3,4$）的生物累积系数 L/kg。

RfD 是在终生暴露下对人群不产生有害效应的污染物质的日暴露剂量，在该研究中，采用 NOAEL（no observed adverse effect level）法来确定 RfD。计算公式如下：

$$RfD = \frac{NOAEL}{UF \cdot MF} \qquad (5-21)$$

式中   NOAEL——无可见有害作用水平，mg/(kg·d)；

　　　　UF——不确定性系数，无量纲；

　　　　MF——修正因子，无量纲。

（2）推导人体健康水质基准所需要的参数

1）BW 人体体重 BW 参照环境保护部于 2013 年发布的《中国人群暴露参数手册（成人卷）》中的相关数据，我国成人（≥18 岁）男女平均体重为 61.9kg。

2）DI 饮水量 DI 参照环境保护部于 2013 年发布的《中国人群暴露参数手册（成人

卷）》中的相关数据，我国人群饮水量第 75 百分位值为 2.785L/d。

3）FI　不同营养级水产品每日摄入量 FI 采用中华人民共和国卫生部于 2004 年发布的《中国居民营养与健康现状》[25] 中相关数据，第 2、3 和 4 营养级的水产品摄入量 FI_i（$i=2,3,4$）依次为 12.60g/d、10.00g/d 和 7.500g/d。

4）RSC　该文依据技术指南附录 D 暴露决策树法：

① BPA、BPAF 和 BPS 的应用范围广，存在多种暴露源及暴露途径，在室内、土壤和沉积物、水、食品中均有检出[9,26-28]；

② 当前没有充足数据描述相关暴露源/暴露途径的集中趋势和高端值；

③ 由于双酚类化合物属于新型的有机污染物，关于其理化性质的研究相对较少，没有足够的化学/物理信息描述相关源暴露的可能性；

所以最终使用 20％的参考剂量作为 BPA、BPAF 和 BPS 的相关源贡献率。

5）RfD　Tyl 等[29] 与美国国家毒理学计划（NTP）[30] 分别以大鼠和小鼠为研究对象，经口暴露为唯一暴露途径，得出基于体重减少、对肝脏造成损害以及造成生殖影响为毒性终点的 BPA 的最低可见有害效应水平（lowest observed adverse effect level，LOAEL）分别为 5mg/(kg·d)、23mg/(kg·d) 和 50mg/(kg·d)。LOAEL 经不确定系数修正后得到 RfD，美国环境保护局（USEPA）、美国食品及药物管理局（FDA）以及欧洲食品安全局（EFSA）推荐 BPA 的 RfD 分别为 0.05mg/(kg·d)[30]、0.05mg/(kg·d)[31] 和 0.05mg/(kg·d)[32]。由于各地区推荐的 RfD 相同，故该研究中 BPA 的 RfD 取值为 0.05mg/(kg·d)。

BPAF 和 BPS 的 NOAEL 值参考 European Chemicals Agency（ECHA）依据 OECD 421 和 422 方法获得的大鼠的生殖发育毒性实验数据。BPAF 对大鼠发育毒性的 NOAEL 值为 100mg/(kg·d)，其中对生育力的 NOAEL 值≤30mg/(kg·d)。由于 USEPA 和标准方法一般不建议采用开放性的毒性数据（如"≥""≤"等）对人体健康基准进行计算。因此，该章未采用基于大鼠生育毒性终点的毒性数据对人体健康基准进行计算。BPS 对大鼠生殖发育毒性的 NOAEL 为 60mg/(kg·d)。由于上述实验的对象为成年大鼠，由动物数据外推至人类时存在不确定性（采用不确定性因子 $UF_A=10$），人群个体间具有敏感性差异（不确定性因子 $UF_H=10$），以及实验不能考虑到所有的毒性终点所带来的不确定性（$UF_D=10$），所以不确定系数 UF 取 1000（$UF_A\times UF_H\times UF_D$），修正因子 MF 取 1。根据式（5-21）可得 BPAF 和 BPS 的 RfD 值分别为 0.10mg/(kg·d) 和 0.06mg/(kg·d)。

6）BAF　BPA、BPAF 和 BPS 均为非离子性有机化合物，参照技术指南制定的推导生物累积系数方法，采用野外实测法确定生物累积系数。

基线 BAF 计算公式：

$$\text{基线 BAF}_l^{fd} = \left(\frac{\text{实测 BAF}}{f_{fd}} - 1\right)\frac{1}{f_l} \tag{5-22}$$

$$f_{fd} = \frac{1}{1 + POC \cdot K_{ow} + DOC0.08K_{ow}} \tag{5-23}$$

式中　基线 BAF_l^{fd}——基于自由溶解和脂质标准化的生物累积系数；

实测 BAF——基于生物组织和水中总浓度的生物累积系数；

f_l——生物组织中的脂质分数；

f_{fd}——化学物质在水环境中的自由溶解态分数；

POC——水中颗粒性有机碳浓度，kg/L；

DOC——水中溶解性有机碳浓度，kg/L；

K_{ow}——化学物质的辛醇-水分配系数。

$$最终营养级 BAF_{TL,n} = [营养级基线 BAF_{TL,n} \cdot (f_l)_{TL,n} + 1] \cdot f_{fd} \qquad (5\text{-}24)$$

式中　最终营养级 $BAF_{TL,n}$——污染物质在某一营养级（第 2、3 和 4 级）生物中的 BAF，L/kg；

营养级基线 $BAF_{TL,n}$——污染物在某一营养级（第 2、3 和 4 级）的平均基线 BAF，L/kg；

$(f_l)_{TL,n}$——某一营养级中被消耗水生生物的脂质分数，%。

太湖流域的 POC 和 DOC 分别为 2.9×10^{-6} kg/L[33]、5.0×10^{-6} kg/L[34]，BPA 的 $\lg K_{ow}$ 为 3.32，BPAF 的 $\lg K_{ow}$ 值为 3.975[35] BPS 的 $\lg K_{ow}$ 值为 1.650[23]。将 POC、DOC 和 $\lg K_{ow}$ 值代入式（5-23）中，计算得到 BPA、BPAF 和 BPS 的自由溶解态分数分别为 0.993、0.970 和 0.999。

表 5-5 为太湖流域不同营养级水生生物的实测生物累计系数[36]。按照技术指南中非离子性有机化合物生物累积系数的推导步骤，推导计算太湖营养级基线生物累积系数和最终营养级生物累积系数。

表 5-5　太湖流域生物信息和实测生物累积系数

营养等级	种类	lg BAFs（BPA）	lg BAFs（BPAF）	lg BAFs（BPS）	脂质分数/%	食性
第二营养级	白虾	0.360	1.17	—	1.87[37]	杂食性，以水底小型动物、动物尸体、植物或有机物碎屑为食
	泥鳅	1.13	2.28	0.650	1.26[38]	杂食性，主要是浮游生物，水生昆虫，水生植物碎屑
第三营养级	鲤鱼	1.31	1.64	−1.700	1.5[39]	杂食性鱼类，主要摄食浮游生物和碎屑
	鲫鱼	1.38	1.6	0.626	2.2[39]	杂食性鱼，主要设施藻类，动物碎屑等
	黄颡鱼	1.39	2.43	−0.921	2.1[39]	肉食性为主的杂食性鱼类
第四营养级	乌鳢	0.233	2.23	—	2.08[40,41]	肉食性鱼类，主要摄食小虾，小螃蟹等

注：表中"—"表示未测得该数据。

（3）双酚类人体健康水质基准推导

表 5-6 为计算 BPAF 和 BPS 人体健康基准所需的本土化参数，经计算可得到本土化参数的太湖流域 BPA、BPAF 和 BPS 的人体健康水质基准分别为 $1.93\mu g/L$、$0.46\mu g/L$ 和 $10.1\mu g/L$。作为 BPA 的替代物，BPAF 和 BPS 的人体健康水质基准值相差较大，与化

学物质本身的性质、毒性实验数据等因素相关。BPAF 实测生物累积系数明显高于 BPS（表 5-7），可能与 2 种化学物质的富集累积特性相关。据报道，$\lg K_{ow}$ 与 $\lg$ BAF 正相关，其中 BPAF 的 $\lg K_{ow}$ 值为 3.975，高于 BPS 的 $\lg K_{ow}$ 值（$\lg K_{ow} = 1.650$），说明 BPAF 较 BPS 更易在生物体内累积，因此 BPAF 的生物累积系数相对较高，其对人体健康的潜在危害较高。

表 5-6　太湖 BAF、BPAF 和 BPS 人体健康水质基准参数统计表

物质	非致癌效应参考剂量 RfD /[mg/(kg·d)]	人均体重 BW /kg	人均日饮水量 DI /(L/d)	各营养级人均日食量 FI_i ($i=2,3,4$)/(kg/d)			各营养级国家生物积累因子 BAF_i ($i=2,3,4$)/(L/kg)			AWQC /(μg/L)
				FI_2	FI_3	FI_4	BAF_2	BAF_3	BAF_4	
BPA	0.05						$5.56×10^3$	$1.24×10^4$	$1.75×10^3$	1.93
BPAF	0.10	61.9	2.785	0.0126	0.0100	0.0075	$5.31×10^4$	$7.76×10^4$	$1.70×10^5$	0.455
BPS	0.06						$5.44×10^3$	$2.13×10^2$	—	10.1

注：表中"—"表示未得到该数据表。

表 5-7　BPAF 和 BPS 的生物累积系数的计算

营养等级	种类	营养级平均脂肪含量 /%	BPA 生物累积系数/(L/kg)			BPAF 生物累积系数/(L/kg)			BPS 生物累积系数/(L/kg)		
			基线 BAF	营养级 BAF	最终营养级 BAF	基线 BAF	营养级 BAF	最终营养级 BAF	基线 BAF	营养级 BAF	最终营养级 BAF
第二营养级	白虾	1.53	$1.26×10^5$	$3.73×10^5$	$5.56×10^3$	$8.16×10^5$	$3.57×10^6$	$5.31×10^4$	—	$3.55×10^5$	$5.44×10^3$
	泥鳅		$1.10×10^6$			$1.56×10^7$			$3.55×10^5$		
第三营养级	鲤鱼	1.90	$1.40×10^6$	$1.24×10^6$	$1.24×10^4$	$3.00×10^6$	$4.20×10^6$	$7.76×10^4$	$1.26×10^3$	$1.11×10^4$	$2.13×10^2$
	鲫鱼		$1.18×10^6$			$1.87×10^6$			$1.92×10^5$		
	黄颡鱼		$1.15×10^6$			$1.32×10^7$			$5.67×10^3$		
第四营养级	乌鳢	2.08	$8.47×10^4$	$8.47×10^4$	$1.75×10^3$	$8.42×10^6$	$8.42×10^6$	$1.70×10^5$	—	—	—

注：表中"—"表示未得到该数据。

5.4.2　保护人体健康水质基准制定——重金属铅

5.4.2.1　概述

近年来，我国重金属污染导致的环境公害事件频繁发生，其中以铅污染事件影响尤为严重[42]，铅是我国水环境质量监控的重点污染物之一。由于铅在环境中的长期持久性，又对许多生命组织有较强的潜在性毒性，所以铅一直被列入强污染物范围，在很低的浓度下铅的慢性长期健康效应表现为影响大脑和神经系统。这使得铅污染成为我国不可忽视的重大环境健康问题[43]。国际癌症研究机构 IARC 列将其为 2B 类，即可疑人体致癌物[44]。但目前研究表明，单一存在的铅元素仅仅为弱致癌剂，铅与肿瘤发生的联系强度较弱，只有当其余与苯并芘一起出现时致癌作用才会明显增加，这才使得铅及化合物一直是被认为是"可疑致癌物"。因此本研究主要考虑其非致癌毒性作用。本研究依据我国人体健康水质基准指定技术指南，结合我国水环境特点，对以保护人体健康为目的的铅的水质基准及其推导方法进行了探讨。

5.4.2.2 铅化合物的环境行为

铅及其化合物是一种难降解性的环境污染物，可通过大气、土壤、水体、食物等多种介质进入人体。铅是一种毒性很大的重金属污染物，进入人体内后会长期蓄积，难以自行排除，对许多人体器官和生理功能都会产生一定危害[45]，尤其以神经毒性为主。大量研究表明，铅对于儿童神经系统和大脑的损伤具有不可逆性[46,47]。铅化合物会持久存在于自然界中，并对生态系统中的生物产生不良影响。

5.4.2.3 铅人体健康水质基准推导

（1）人体健康水质基准推导公式

人体健康水质基准依据污染物毒理学效应的差异，分为致癌和非致癌效应基准。铅被广泛应用，但鲜有其致癌效应的研究报道，因此该研究主要考虑铅的非致癌效应。非致癌效应的人体健康水质基准按式(5-20)进行计算。

（2）推导人体健康水质基准所需要的参数

① BW、DI、FI：参见 5.4.1.4 （2）中部分相关内容。

② RSC：默认使用 20％的参考剂量作为铅的相关源贡献率。

③ RfD：铅在饮水暴露下 RfD 值为 1.4×10^{-3} mg/(kg·d)。

④ BAF：铅为无机金属，参照技术指南制定的推导生物累积系数方法，推荐优先采用野外实测法确定生物累积系数。

重金属铅的最终营养级生物累积因子的计算如表 5-8 所列。

表 5-8　重金属铅的最终营养级生物累积因子的计算

营养级	鱼种类	营养级内比例/%	物种基线 BAF(Pb)	营养级 BAFT(Pb)
二级	草鱼 (Ctenopharyngodon idellus)	73.65	152.27	149.72
	鳊鱼 (Parabramis pekinensis)	10.83	132.41	
三级	鳙鱼 (Aristichthys nobilis)	19.29	101.55	116.69
	鲫鱼 (Carassius auratus)	53.15	112.18	
	黄颡鱼 (Pelteobagrus fulvidraco)	12.60	158.91	
四级	鳝鱼 (Monopterus albus)	14.29	130.23	162.07
	鳜鱼 (Siniperca chuatsi)	19.05	185.95	

（3）铅人体健康水质基准推导

人体健康水质基准推导主要考虑到：饮水和水产品摄入两种水环境暴露途径，在我国分别有《生活饮用水卫生标准》（GB 5749—2006）与《地表水环境质量标准（GB 3838—2002）》Ⅲ类水标准对其进行保护。我国现行的《生活饮用水卫生标准》（GB 5749—2006）水质指标的选择参考了世界卫生组织（WHO）、欧盟（OECD）、美国、日本以及澳大利亚等组织或国家现行饮用水标准[48]，指标限值主要取自世界卫生组织 2004 年 10月发布的《饮水水质准则》第 3 版资料，将其制定为 10μg/L。通过对比发现，我国人体健康基准值（2.46μg/L）明显低于我国饮水基准值（10μg/L），主要是因为制定饮用水标准时未考虑食用水产品的风险。

我国水体铅人体健康水质基准参数统计表如表5-9所列。

表5-9 我国水体铅人体健康水质基准参数统计表

元素	饮水暴露下参考剂量 RfD /[mg/(kg·d)]	人均体重 BW /kg	人均日饮水量 DI /(L/d)	各营养级人均日食鱼量 $FI_i (i=2,3,4)$/kg			最终营养级生物累积因子 $BAF_i (i=2,3,4)$			AWQC0 /(μg/L)
				FI_2	FI_3	FI_4	BAF_2	BAF_3	BAF_4	
Pb	0.0014	61.9	2.785	0.0126	0.0100	0.0075	149.72	116.69	162.07	2.457

5.4.3 保护人体健康水质基准制定——类金属砷

5.4.3.1 概述

砷是一种类金属元素，本身毒性不大，但其化合物、盐类和有机化合物都有毒性。三氧化二砷（As_2O_3）又名砒霜、信石，毒性最强。当人体因自然或人为因素摄入超过自身排泄的量砷化合物时，砷便会在人体组织中产生积累，引起受暴露人群身体急性或慢性砷中毒，危害人体健康[49]。砷中毒可以导致对人体的心血管、神经系统、皮肤及血液系统等多种形式的伤害，它被IARC列为Ⅰ类人体致癌物[44]。据报道，在17个部位的癌症中发现，砷对绝大多数癌症发病率与其浓度呈负相关，只有咽部、口腔和食道的癌症呈正相关的线性-剂量关系。低剂量条件下砷对人体除了致癌还会对皮肤、脑、胃肠、肝脏等造成危害[50]。

5.4.3.2 砷的环境行为

砷是环境中广泛存在的一种元素，在不同的环境介质条件下以多种氧化态形式存在。砷及其代谢产物均有基因毒性，主要通过氧化物或自由基作为中间体而发生作用[51]。砷的毒性取决于它所存在的形态，无机砷的毒性高于有机砷的毒性，三价砷的毒性高于五价砷的毒性[52]。砷的急性或慢性毒性导致包括呼吸道、胃肠道、心血管、神经和造血系统的疾病[53]。

5.4.3.3 砷人体健康水质基准推导

（1）人体健康水质基准值推导公式

人体健康水质基准依据污染物毒理学效应的差异，分为致癌和非致癌效应基准。砷已被IARC证实为Ⅰ类人体致癌物。据报道，在17个部位的癌症中发现砷对绝大多数癌症发病率与其浓度呈负相关，只有咽部、口腔和食道的癌症呈正相关的线性-剂量关系，因此该研究主要考虑砷的线性致癌效应。

线性致癌效应的人体健康水质基准按下式进行计算：

$$WQC_{W+F} = \frac{ILCR}{CSF} \times \frac{BW}{DI + \sum_{i=2}^{4}(FI_i \times BAF_i)} \times 1000 \qquad (5-25)$$

式中 WQC_{W+F}——同时摄入饮用水和鱼类（W+F）的人体健康水质基准，μg/L；

BW——成年人平均体重；

DI——成年人每日平均饮水量；

FI$_i$——成年人每日第 i 营养级鱼虾贝类平均摄入量；

BAF$_i$——第 i 营养级鱼虾贝类生物累积系数，L/kg；

ILCR——终身增量致癌风险，10^{-6}；

CSF——致癌斜率因子，mg/(kg·d)，一般取值 1.75mg/(kg·d)。

（2）推导人体健康水质基准所需要的参数

① BW、DI、FI：参见 5.4.1.4（2）部分相关内容。

② BAF：类金属砷为无机类金属，参照技术指南制定的推导生物累积系数方法，推荐优先采用野外实测法确定生物累积系数。

类金属砷的最终营养级生物累积因子的计算如表 5-10 所列。

表 5-10 类金属砷的最终营养级生物累积因子的计算

营养级	鱼种类	营养级比例/%	物种基线 BAF	营养级 BAFT
第二营养级	草鱼(Ctenopharyngodon idellus)	73.65	7.395	7.80
	鳊鱼(Parabramis pekinensis)	10.83	10.555	
	鲢鱼(Hypophthalmichthys molitrix)	15.52	—	
第三营养级	鲤鱼(Cyprinus carpio)	12.60	8.05	12.30
	鲫鱼(Carassius auratus)	53.15	14.17	
	黄颡鱼(Pelteobagrus fulvidraco)	12.60	8.675	
	鳙鱼(Aristichthys nobilis)	19.29	12.295	
	青鱼(Mylopharyngodon piceus)	2.36	—	
第四营养级	鳜鱼(Siniperca chuatsi)	19.05		12.04
	鲶鱼(Silurus asotus)	66.67	12.035	
	鳝鱼(Monopterus albus)	14.29		

注：表中"—"表示未测得该数据。

（3）砷人体健康水质基准推导

尽管水质标准与水质基准并不完全是同一范畴的事物，水质基准没有考虑经济、技术的可行性，但与其对比亦可以从侧面看出大致的保护人体健康的安全浓度限值。如表 5-11 所列。通过对比发现，本章中所推导的砷的人体健康水质基准值明显低于国外水质标准，不过这一结果却也恰恰说明了我国水环境区域人群对环境质量有着更高的要求，现行的水质标准并不能确保人群的身体健康，在制定地方水质标准时应予重视，更加科学地考虑到人体对环境中重金属耐受限度，而将水质标准制定得更加严格。

表 5-11 我国水体砷人体健康水质基准参数统计表

元素	终身增量致癌风险 ILCR	致癌斜率因子 CSF /[mg/(kg·d)]	人均体重 BW /kg	人均日饮水量 DI /(L/d)	各营养级人均日食鱼量 FI$_i$ (i=2,3,4)/kg			最终营养级生物累积因子 BAF$_i$ (i=2,3,4)			AWQC /(μg/L)
					FI$_2$	FI$_3$	FI$_4$	BAF$_2$	BAF$_3$	BAF$_4$	
As	10^{-6}	1.75	61.9	2.785	0.0126	0.0100	0.0075	7.80	12.30	12.04	0.0114

5.4.4 保护人体健康水质基准制定——双酚 AF

5.4.4.1 概述

以双酚 AF（BPAF）为例，说明了人体健康水质基准校验的流程。双酚 A（bisphenol A，BPA）是一种典型的环境内分泌干扰物，作为环氧树脂和聚碳酸酯的初级中间产物广泛应用于人类的日常生活用品中。许多研究已经证明 BPA 对生殖和发育、神经网络、心血管、代谢和免疫系统有不良的影响，其在各环境介质水体、土壤、空气中以及动物体内和人体中均有检出，对人体健康的影响不容忽视。鉴于 BPA 的广泛暴露和它所带来的健康风险，加拿大、欧盟和美国等国家禁止在婴儿奶瓶中使用 BPA[7,8]。在我国，卫生部等 6 部门于 2011 年发布了关于禁止 BPA 用于婴幼儿奶瓶的公告。对 BPA 产品的限制和使用，促使了其替代产品的研究和应用，如双酚 AF（bisphenol AF，BPAF）等[9-11]。BPAF 与 BPA 具有类似的结构，BPAF 主要作为交联剂用于含氟橡胶和聚酯加工业中。BPAF 具有急性毒性、基因毒性和雌激素活性等效应。随着 BPAF 用量的增加，它们在环境样品（如水体、河流沉积物、污泥）和生物样品中已被广泛检出。Liu 等测定了太湖水体中 BPAF 和 BPS 的浓度均值分别为 110.0ng/L 和 16.00ng/L[23]。与 BPA 相比，BPAF 难以生物降解和光降解，这些双酚类替代物可能会持久存在于自然界中，并对生态系统产生不良影响。

5.4.4.2 BPAF 的国家人体健康水质基准的制定

人体健康水质基准依据污染物毒理学效应的差异分为致癌和非致癌效应基准。BPAF 作为 BPA 的替代物被广泛应用，但鲜有其致癌效应的研究报道，因此该研究主要考虑 BPAF 的非致癌效应，依据《人体健康水质基准制定技术指南》（HJ 837—2017）对 BPAF 的人体健康水质基准进行推导。

非致癌效应的人体健康水质基准按下式进行计算：

$$WQC_{W+F} = RfD \times RSC \times \frac{BW}{DI + \sum_{i=2}^{4}(FI_i \times BAF_i)} \times 1000 \tag{5-26}$$

式中   RfD——非致癌效应的参考剂量，mg/(kg·d)；

RSC——用于解释非水源暴露的相对源贡献率，%；

BW——人体体重，kg；

DI——饮用水摄入量，L/d；

FI_i——营养级（$i=2,3,4$）的水产品摄入量，kg/d；

BAF_i——营养级（$i=2,3,4$）的生物累积系数，L/kg。

表 5-12 总结了用于推导双酚类 BPAF 人体健康 WQC 的公式输入参数。

表 5-12 双酚类 BPAF 人体健康水质基准参数汇总

指标	数值	输入参数的描述
RfD	0.1mg/(kg·d)	欧洲化学品管理局 ECHA
RSC	0.20	默认值
BW	61.9 kg	《中国人群暴露参数手册(成人卷)》中平均值[25]
DI	2.785L/d	《中国人群暴露参数手册(成人卷)》中第 75 百分位数

指标		数值	输入参数的描述
FCR	TL_2	0.0126kg/d	《中国居民营养与健康状况调查报告之一：2002综合报告》《人体健康水质基准制定技术指南》
	TL_3	0.0100kg/d	
	TL_4	0.0075kg/d	
BAF	TL_2	5.31×10^4 L/kg	最终营养级 BAF
	TL_3	7.76×10^4 L/kg	
	TL_4	1.70×10^5 L/kg	

BPAF 人类健康水质基准参考统计如表 5-13 所列。

表 5-13 BPAF 人体健康水质基准参数统计表

物质	非致癌效应参考剂量 RfD /[mg/(kg·d)]	人均体重 BW /kg	人均日饮水量 DI /(L/d)	各营养级人均日食量 $FI_i (i=2,3,4)$/(kg/d)			各营养级国家生物积累因子 $BAF_i (i=2,3,4)$/(L/kg)			AWQC（饮水和食鱼）/(μg/L)	AWQC（仅食鱼）/(μg/L)
				FI_2	FI_3	FI_4	BAF_2	BAF_3	BAF_4		
BPAF	0.1	61.9	2.785	0.0126	0.010	0.0075	5.31×10^4	7.76×10^4	1.70×10^5	0.46	0.46

5.4.4.3 BPAF 的国家人体健康水质基准在辽宁省的适用性校验

辽宁省人体健康水质基准参数见表 5-14。

表 5-14 辽宁省人体健康水质基准参数汇总

指标		数值	输入参数的描述
BW		66.4kg	《中国人群暴露参数手册（成人卷）》中平均值
DI		2.100L/d	《中国人群暴露参数手册（成人卷）》中第 75 百分位数
营养级基线 BAF		3.566×10^6	第二营养级
		4.198×10^6	第三营养级
		8.419×10^6	第四营养级
脂质分数[①]		1.48	第二营养级脂质分数
		1.67	第三营养级脂质分数
		3.15	第四营养级脂质分数
水质参数	DOC	3.78mg/L	2005 年夏季环渤海 29 条主要河流的污染状况及入海通量[②]
	POC	4.54mg/L	
f_{fd}		0.981	$f_{fd}=\dfrac{1}{1+\text{POC}\cdot K_{ow}+0.08\text{DOC}\cdot K_{ow}}$ BPAF 的 $\lg K_{ow}$ 为 3.975

① 脂质分数参考文献［55］。

② 水质参数参考文献［54］。

采用式(5-19)对基线 BAF 进行校验和重新计算，参数见表 5-14，结果见表 5-15。

表 5-15 辽宁 BPAF 的人体健康水质基准值

人体健康水质基准分类	国家 WQC	辽宁 WQC
同时摄入饮用水和鱼类等水生生物	0.46μg/L	0.45μg/L
仅摄入水生生物	0.46μg/L	0.45μg/L

通过区域（辽宁）相关水环境参数、人体暴露参数和食用水生生物脂质分数的校验与重新计算，BPAF 国家层面的人体健康水质基准值为 $0.46\mu g/L$，辽宁省地方层面的人体健康水质基准值为 $0.45\mu g/L$。国家层面的 BPAF 的人体健康水质基准值与辽宁 BPAF 的人体健康水质基准值相似，国家层面的人体健康基准值可对辽宁省当地人群起到保护作用。

参 考 文 献

[1] HJ 837—2017.

[2] USEPA. Technical Support Document Volume 3: Development of Site-Specific Bioaccumulation Factors [M]. 2009.

[3] Bhatnagar A, Anastopoulos I. Adsorptive removal of bisphenol A (BPA) from aqueous solution: A review [J]. Chemosphere, 2017, 168: 885-902.

[4] Huang Y Q, Wong C K, Zheng J S, et al. Bisphenol A (BPA) in China: a review of sources, environmental levels, and potential human health impacts [J]. Environment International, 2012, 42: 91-99.

[5] Elmetwally M A, Halawa A A, Lenis Y Y, et al. Effects of BPA on expression of apoptotic genes and migration of ovine trophectoderm (oTr1) cells during the peri-implantation period of pregnancy [J]. Reproductive Toxicology, 2018, 83: 73-79.

[6] Richter C A, Birnbaum L S, Farabollini F, et al. In vivo effects of bisphenol A in laboratory rodent studies [J]. Reproductive Toxicology, 2007, 24 (2): 199-224.

[7] Chen D, Kannan K, Tan H, et al. Bisphenol Analogues Other Than BPA: Environmental Occurrence, Human Exposure, and Toxicity-A Review [J]. Environmental Science & Technology, 2016, 50 (11): 5438-5453.

[8] Wu L H, Zhang X M, Wang F, et al. Occurrence of bisphenol S in the environment and implications for human exposure: A short review [J]. Science of the Total Environment, 2018, 615: 87-98.

[9] Liao C, Liu F, Guo Y, et al. Occurrence of eight bisphenol analogues in indoor dust from the United States and several Asian countries: implications for human exposure [J]. Environmental Science & Technology, 2012, 46 (16): 9138-9145.

[10] Rochester J R, Bolden A L. Bisphenol S and F: A Systematic Review and Comparison of the Hormonal Activity of Bisphenol A Substitutes [J]. Environmental Health Perspectives, 2015, 123 (7): 643-650.

[11] Song S, Ruan T, Wang T, et al. Distribution and preliminary exposure assessment of bisphenol AF (BPAF) in various environmental matrices around a manufacturing plant in China [J]. Environmental Science & Technology, 2012, 46 (24): 13136-13143.

[12] Matsushima A, Liu, Xiao H, et al. Bisphenol AF Is a Full Agonist for the Estrogen Receptor ERα but a Highly Specific Antagonist for ERβ [J]. Environmental Health Perspectives, 2010, 118 (9): 1267-1272.

[13] Odermatt V B J. Detection and quantification of traces of bisphenol A and bisphenol S in paper samples using analytical pyrolysis-GC/MS [J]. Analyst, 2012, 137 (9): 2250-2259.

[14] 汪浩, 冯承莲, 郭广慧, 等. 我国淡水水体中双酚 A（BPA）的生态风险评价 [J]. 环境科学, 2013, 34 (6): 2319-2328.

[15] Rogers J A, Luanne M, V Wee Y. Review: Endocrine disrupting chemicals and immune responses: a focus on bisphenol-A and its potential mechanisms [J]. Molecular Immunology, 2013, 53 (4): 421-430.

[16] Al-saleh I, Elkhatib R, Al-rajoudi T, et al. Assessing the concentration of phthalate esters (PAEs) and bisphenol A (BPA) and the genotoxic potential of treated wastewater (final effluent) in Saudi Arabia [J]. Science of the Total Environment, 2017, 578: 440.

[17] Ana Rivas M L, F Tima Olea-serrano, Ioanna Laios G L, et al. Estrogenic effect of a series of bisphenol analogues on gene and protein expression in MCF-7 breast cancer cells [J]. Journal of Steroid Biochemistry and Molecular

Biology, 2002, 82 (1): 45-53.

[18] Kitamura S, Suzuki T, Sanoh S, et al. Comparative study of the endocrine-disrupting activity of bisphenol A and 19 related compounds [J]. Toxicological sciences: an official journal of the Society of Toxicology, 2005, 84 (2): 249-259.

[19] Okuda K, Fukuuchi T, Takiguchi M, et al. Novel pathway of metabolic activation of bisphenol A-related compounds for estrogenic activity [J]. Drug Metabolism and Disposition, 2011, 39 (9): 1696-1703.

[20] Aydemir I, Kum Ş, Tuğlu M İ. Histological investigations on thymus of male rats prenatally exposed to bisphenol A [J]. Chemosphere, 2018, 1-8.

[21] Meeker J D, Calafat A M, Russ H. Urinary bisphenol A concentrations in relation to serum thyroid and reproductive hormone levels in men from an infertility clinic [J]. Environmental Science & Technology, 2010, 44 (4): 1458-1463.

[22] Vandenberg L N, Hauser R, Marcus M, et al. Human exposure to bisphenol A (BPA) [J]. Reproductive Toxicology, 2007, 24 (2): 139-177.

[23] Liu Y, Zhang S, Song N, et al. Occurrence, distribution and sources of bisphenol analogues in a shallow Chinese freshwater lake (Taihu Lake): Implications for ecological and human health risk [J]. Science of the Total Environment, 2017, 599-600: 1090-1098.

[24] Yan Z, Liu Y, Yan K, et al. Bisphenol analogues in surface water and sediment from the shallow Chinese freshwater lakes: Occurrence, distribution, source apportionment, and ecological and human health risk [J]. Chemosphere, 2017, 184: 318-328.

[25] 卫生部. 中国居民营养与健康现状. 2004.

[26] Liao C, Kannan K. Concentrations and profiles of bisphenol A and other bisphenol analogues in foodstuffs from the United States and their implications for human exposure [J]. Journal of Agricultural and Food Chemistry, 2013, 61 (19): 4655-4662.

[27] Liao C, Kannan K. A survey of bisphenol A and other bisphenol analogues in foodstuffs from nine cities in China [J]. Food Additives & Contaminants Part A, Chemistry, Analysis, Control, Exposure & Risk Assessment, 2014, 31 (2): 319-329.

[28] Yang Yunjia L L, Zhang J, Yang Y, et al. Simultaneous determination of seven bisphenols in environmental water and solid samples by liquid chromatography-electrospray tandem mass spectrometry [J]. Journal of Chromatography A, 2014, 1328: 26-34.

[29] Tyl R, Myers C MC, Sloan C, et al. Two-generation reproductive toxicity study of dietary bisphenol A in CD-1 (Swiss) mice [J]. Toxicological Sciences An Official Journal of the Society of Toxicology, 2008, 104 (2): 362.

[30] USEPA. Integrated Risk Information System (IRIS). Chemical assessment summary of bisphenol [A]. National Center for Enviromental Assessment. 2019.

[31] USFDA. Draft assessment of bisphenol A for use in food contact application [R]. FDA Science Board. 2019.

[32] EFASA(EFSA). Statement of EFSA prepared by the Unit on food contact materials, enzymes, flavourings and processing aids (CEF) and the Unit on Assessment Methodology (AMU) on a study associating bisphenol A with medical disorders [J]. The EFSA Journal, 2008, 838: 1-3.

[33] 姜广甲, 苏文, 马荣华, 等. 太湖中颗粒有机碳对水体固有光学特性的影响 [J]. 环境科学研究, 2015, 28 (2): 234-241.

[34] Chang C, Huang L Y, Ge L, et al. Tracing high time-resolution fluctuations in dissolved organic carbon using satellite and buoy observations: Case study in Lake Taihu, China [J]. Int J Appl Earth Obs Geoinformation, 2017, 62: 174-182.

[35] Caballero C N, Lunar L, Rubio S. Analytical methods for the determination of mixtures of bisphenols and derivatives in human and environmental exposure sources and biological fluids. A review [J]. Analytica chimica acta,

2016，908：22-53.

[36]　Wang Q，Chen M，Shan G，et al. Bioaccumulation and biomagnification of emerging bisphenol analogues in aquatic organisms from Taihu Lake，China [J]. The Science of the total environment，2017，598：814-820.

[37]　杨立，张波涛，许瑞红，等. 巢湖秀丽白虾肌肉营养成分分析及营养评价 [J]. 肉类工业，2017，(05)：36-39.

[38]　黄钱，杨淞，覃志彪，等. 云斑、泥鳅和瓦氏黄颡鱼的含肉率及营养价值比较研究 [J]. 水生生物学报，2010，34 (05)：990-997.

[39]　张少欢. 太湖鱼体中 PBDEs 和 PCBs 的暴露水平、生物放大及坚朗风险评估 [D]. 上海大学，2013.

[40]　唐黎. 贵州水域乌鳢含肉率及肌肉营养成分分析 [J]. 河北渔业，2017，9 (18-22).

[41]　聂国兴，傅艳茹，张浩，等. 乌鳢肌肉营养成分分析 [J]. 淡水渔业，2002，32 (02)：46-47.

[42]　Han L，Gao B，Hao H，et al. Lead contamination in sediments in the past 20 years：A challenge for China [J]. Science of the Total Environment，2018，640-641.

[43]　中华人民共和国生态环境部. 国家环境保护“十三五”环境与健康工作规划 [M]. 北京：中华人民共和国生态环境部，2017.

[44]　柯居中，卓龙冉，卢伟，等. IARC 公布的致癌物和接触场所对人类致癌性的综合评价分类 1～102 卷 [J]. 环境与职业医学，2012，29 (7)：464-466.

[45]　杨田，王文瑞. 食品中铅污染与人体健康 [J]. 世界最新医学信息文摘，2014，(7)：44-46.

[46]　A R. Childhood Lead Exposure and Adult Neurodegenera-tive Disease [J]. Journal of Alzheimers Disease Jad，2018.

[47]　Lopes A，Mesas A E，et al. Lead Exposure and Oxidative Stress：A Systematic Review [J]. Reviews of Environmental Contamination & Toxicology，2016，236：193-238.

[48]　郑和辉. 中国饮用水标准的现状 [J]. 卫生研究，2014，43 (01)：166-169.

[49]　方如康. 环境学辞典 [M]. 北京：科学出版社，2003.

[50]　王秀红，边建朝. 微量元素砷与人体健康 [M]. 山东省泰山微量元素科学研究会学术研讨会. 2006.

[51]　Rossman T G. Mechanism of arsenic carcinogenesis：an integrated approach [J]. Mutat Res，2003，533 (1)：37-65.

[52]　朱志良等. 痕量砷的形态分析方法研究进展 [J]. 光谱学与光谱分析，2008，(05)：218-222.

[53]　Bissen M，Frimmel F H. Arsenic—a Review. Part I：Occurrence，Toxicity，Speciation，Mobility [J]. Acta Hydrochimica Et Hydrobiologica，2003，31 (1)：9-18.

[54]　夏斌. 2005 年夏季环渤海 16 条主要河流的污染状况及入海通量 [D]. 中国海洋大学，2006.

[55]　刘海秋. 甲基硅氧烷对水生生物富集效应的研究 [D]. 大连海事大学，2017.

第6章　水生态基准技术

6.1　概　述

生态学基准（Ecological Criteria，或 Ecocriteria）是以保护水环境生态完整性（Ecological Integrity，EI）为目的，用于描述满足指定水生生物用途，并具有生态完整性的水生生态系统的结构和功能的数值或数值范围。完善的生态学基准体系包括生态学基准的推导方法、校验方法以及管理体系，本章阐述我国水环境生态学基准（以下简称水生态学基准）体系。

本章所阐述的水生态学基准推导方法主要基于流域水生态功能分区的理念，借鉴 USEPA 水环境质量的生物学基准和营养物基准的推导技术，提出我国适用的水生态学基准推导技术方法，适用于不同生态功能分区的河流、湖库以及河口水生态学基准的推导工作。

在基准推导方法形成之后，本章所建议的生态学基准校验方法为已推导出的生态学基准建议值的现场及室内校验的程序、方法和技术要求，用以验证生态学基准建议值的有效性和科学性，而生态学基准的管理体系则包括了基准工作中的质量管理、基准值的审核和应用，以及在应用中由生态学基准向标准转化的方法。

长期以来，我国的水生态学基准研究零星、分散，当前我国《地表水环境质量标准》的标准值主要是参考美国各州、日本、前苏联、欧洲等国家及地区的水质基准值和标准值来确定，没有考虑我国水生态系统的区域性特征。由于水生生物群落具有地域性，不同生态系统的代表性物种可能不同，因此其他国家的水质基准不能准确符合我国水生生态系统保护的要求，如果完全参考其他国家的水质基准制定我国的水质标准，就会降低我国水质标准的科学性。由于缺乏反映我国水环境特征的环境基准的理论依据支持，我国的水环境标准难以满足面向水生态安全保护的水污染物总量控制战略实施的需求，阻碍了环境保护向纵深方面发展的要求。研究和制定国家水生态学基准方法体系，对于控制进入水环境中的污染物质，维持或恢复良好的水生态环境，保护生物多样性及整个水生态系统的安全具有重要意义。

我国水环境管理正逐渐从目标总量控制向容量总量控制转变，从单纯的化学污染控制向水生态系统保护方向转变，这就要求进一步发展和完善现有水环境质量标准体系。环境

163

基准是制定环境标准的理论基础，决定着环境标准的科学性，而环境标准是环境管理的基础和目标，也是识别环境问题、判断污染程度、评估环境影响程度、确定污染治理技术措施的依据。因此，不同的环境基准可能会导致环境保护管理行为和结果的巨大差异，环境基准是否科学、可靠在很大程度上会决定环境管理决策是否正确。其中，由于我国的水环境存在巨大的地理性差异，依此形成各种迥然不同的水生态环境，这也正是"水生态学基准"与其他基准的最大区别。如果不考虑其生态异质性，则不可能得出适合流域层面乃至国家层面的水环境管理模式。因此，需要在对我国水环境生态分区的基础上来制定各自不同的生态学基准体系。在"十一五"以前，我国还未系统组织开展过水生态学基准的研究，这影响了我国水环境基准与标准制定的科学性。在 2005 年，国务院《关于落实科学发展观加强环境保护的决定》中，明确提出了"科学确定环境基准"的要求，将其作为建立和完善环境保护长效机制的重要内容之一。同时期的《国家"十一五"科学技术发展规划》也指出要"建立生态环境基础数据库和信息平台"、"开展标准、风险评估研究"等，将环境基准纳入国家的战略计划。研究并建立一套完整科学的水生态学基准和标准方法体系是保护我国水环境安全，实现国家环境管理战略目标的重大需求。

基于上述有关要求，从国家"十一五"规划期间开始，研究人员依托国家水体污染控制与治理科技重大专项（简称"水专项"），切实推进了水生态学基准的相关研究，建立了科学可靠的水生态学基准方法学和体系。生态学基准体系的建立即依托于"水专项"多个课题的研究成果，其中包括："十一五"专项子课题"流域水环境生态学基准阈值与方法学"（课题编号：2008ZX07526-003-03）；"十二五"专项子课题"流域水环境多因子耦合生态学基准"（课题编号：2012ZX07501-003-03）；"十三五"专项子课题任务"流域水环境生态学基准及标准制定方法技术集成"（课题编号：2017ZX07301-002-04）。我国生态学基准技术体系的技术依据主要参照美国 EPA 多年来形成的基本框架，结合我国水环境现状及数据资料的状况，充分考虑了可操作性，以期作为确定不同水环境生态区生态学基准值的技术指导。

2017 年，环境保护部（现生态环境部）发布《国家环境基准管理办法（试行）》，进一步加强和规范环境基准管理工作，该办法对环境基准研究、制定、发布、应用与监督等工作提出了详细的要求。为落实条例对于环境基准工作标准化和制度化的要求，由中国环境科学研究院牵头，南开大学和中国海洋大学为主要承担单位，开展了水生态学基准技术体系相关材料的编制工作，将前期的研究成果总结编纂为专著及若干标准文件。本章阐述了基于水环境不同生态功能分区的水生态学基准值推导、制定、校验及管理方法的程序、方法与技术要求。

已推导及校验的基准指标如表 6-1 所列。

表 6-1　各项已推导及校验的基准指标

基准指标	目标流域	基准值	推导方法	校验方法
浮游植物多样性（H）	辽河流域	3.32～3.65	频数分布法	频数分布法
	太湖流域	2.72	基于生态完整性的压力-响应法	频数分布法

基准指标	目标流域	基准值	推导方法	校验方法
浮游动物多样性（H）	辽河流域	3.41	频数分布法	频数分布法
	太湖流域	3.44	基于生态完整性的压力-响应法	频数分布法
氨氮	辽河流域	1.03mg/L	频数分布法	频数分布法
	太湖流域	0.240mg/L	频数分布法	频数分布法
总氮	辽河流域	2.530mg/L	频数分布法	压力-响应法（微宇宙体系）
	太湖流域	1.385mg/L	频数分布法	
	海河流域	1.80mg/L	压力-响应法（TITAN 模型）	
总磷	辽河流域	0.091mg/L	频数分布法	压力-响应法（微宇宙体系，进行中）
	太湖流域	0.087mg/L	频数分布法	
	海河流域	0.05mg/L	压力-响应法（TITAN 模型）	
溶解氧（表层）	辽河及太湖流域	7mg/L	基于生态完整性的压力-响应法	频数分布法
		3mg/L（3d）	压力-响应法	压力-响应法
COD_{Mn}	辽河流域	6mg/L	频数分布法	频数分布法
	太湖流域	5mg/L	频数分布法	频数分布法

6.2 技术流程

制定水生态学基准的技术流程包括 5 个步骤，具体如下。

（1）流域水环境参照状态（参照区）的选择

选择合适的水环境自然生态参照状态是确定水生态学基准的关键，明确流域水环境自然生态系统的参照区（点）的选择方法，建立河流、湖库以及河口水生态参照区（点）选择的技术方法。

（2）流域水生态学基准指标体系的建立

流域水生态学基准的科学建立有赖于合适的水生态学基准参数指标的选择。在水生态参照状态选择的基础上，筛选出河流、湖库、河口等的水生态学基准建议指标体系。

（3）流域水生态学基准参数指标的获取

流域水生态学基准参数指标包括生物指标、化学指标和物理指标，这些指标的调查主要依据国家或国际组织相关的水生物和水质等的调查规范或方法指南进行。

（4）流域水生态学基准推导

根据调查或实验室试验的数据结果，选择合适的方法（基于生态完整性的压力-响应模型法、频数分布法）计算得到生态学基准阈值。

（5）流域水生态学基准阈值的校验与评价

如果水生态学基准阈值设置太严格，流域实际水生态特征就会较多地不符合阈值要求，需要投入大量资源去管理；但如果基准阈值设置得太低，则又不能保证实际流域的水生态完整性，不具有管理的指导作用。因此有必要对初步推导的基准阈值结果进行野外和实验室检验、校正，分析评价获得的流域水生态学基准阈值的合理性。

流域水环境生态学基准的制定流程如图 6-1 所示。

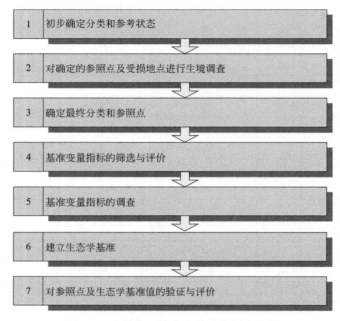

1	初步确定分类和参考状态
2	对确定的参照点及受损地点进行生境调查
3	确定最终分类和参照点
4	基准变量指标的筛选与评价
5	基准变量指标的调查
6	建立生态学基准
7	对参照点及生态学基准值的验证与评价

图 6-1　流域水环境生态学基准制定流程

6.2.1　水环境参照状态选择

参照状态用以描述流域内不受损害或受到极小损害水体的生态学特征，体现了水体在不受人类活动或干扰情况下的"自然"状态。选择合适的水环境参照状态是进行确定水生态学基准的关键。

6.2.1.1　流域水环境参照状态选择方法与技术

（1）流域水环境分类方法

不同生态特征的水体环境应该具有不同的生态学基准，因此首先需要对水体进行合理的分类或分区，从而建立针对每类水体的参照状态。有意义的水体分类不是随意的，专业的判断有助于合理的分类。通过水体分类，可以减少生物信息的复杂度，降低生物学调查结果的敏感性和误差。

对水体进行分类或分区有先验分类法和后验分类法两种方法：先验分类体系基于预设信息与理论，如运用水文学和区域特征来进行分类；后验分类法基于单纯从数据角度采用判别分析方法（如聚类分析）进行分类。实际应用中可以结合这两种方法对水体进行合理准确的分类。

对水体的分类或分区可以在地理区域、流域以及生境特征等不同的空间尺度上进行。首先可以根据气候、地貌等特征将水体划分为不同的地理区域，在此基础上考虑土壤类型、地质等特征划分不同的流域，最后可以基于具体的生境特征将流域划分为不同的水体类型。可充分利用"国家科技重大专项：水体污染控制与治理"水生态功能分区的结果。

在分类过程中可以根据水体的水文特征（水量大小、汛期及水量季节变化、含沙量与流速等）、水环境特征（温度、pH 值、透明度、溶解氧、浊度、盐度、深度、营养元素、污染物等）等对水体进行分类。

对已经确定的分类可以进行统计学检验，分类的单因素检验包括所有两个或更多组之间的标准统计学检验，如 t 检验、方差分析、符号检验、威氏秩次检验以及曼惠特尼检验。这些方法是用来检验各组间的明显差异，从而确定或拒绝分类。

准确的分类有利于参照点和生态基准的建立。分类应该是一项重复的评估过程，这个评估过程应该包含多个量度来评判生态区分类的结果。

（2）流域水环境参照状态的选择方法

参照状态的选择对制定水生态学基准至关重要，在基准制定过程中需仔细考量。在污染严重的水体环境中，真正无人类干扰的区域水体较难确定，需综合考虑来最终确定参照状态。

参照状态的选择确定主要包括 4 种方法：a. 历史数据估计；b. 参照点调查采样；c. 模型预测；d. 专家咨询。

每种方法都有其优点及缺点（表 6-2），实际工作中视情况选择合适的方法或联合使用几种方法。

表 6-2　建立参照状态的四种方法比较

优缺点	历史数据	调查数据	模型预测	专家咨询
优点	反映生境的历史状态信息	（1）当前状态的最好描述；（2）适用于任何集合或群落	（1）适用于较少的调查和历史数据量；（2）适合于水质的预测	（1）适用于生物集合的分类；（2）融入常识和经验
缺点	因当时调查目的不同，历史数据不一定完全适用。	（1）所有地点均受到人类干扰；（2）退化的参照地点导致得到的生态学基准较低	（1）种群和生态系统模型的可靠性较低；（2）外推的风险较大	（1）专家的主观判断；（2）定性描述

在参照点调查采样方法中，参照点应选择水体内最接近自然的点，选择过程中遵循以下 2 个原则。

① 受人类的干扰最小（Minimal impairment）：参照点因选取未受人为活动干扰的地点，但在具体的水体中真正未受干扰的参照点很难找到。因此实际上常常选取受到人类干扰最小的地点作为参照点。

② 具有代表性（Representativeness）：所选择的参照点必须可以代表水体调查区域的最优状况。

在水体生境调查与评价的基础上，依据最小干扰和代表性的原则，选取参照点。但实际上有些水体受人类干扰很大，生态环境与"自然"的状态相差较大，因此没有合适的参照点可以选择，这时候可以采用生态模型的方法。

确定参照状态的技术路线见图 6-2。

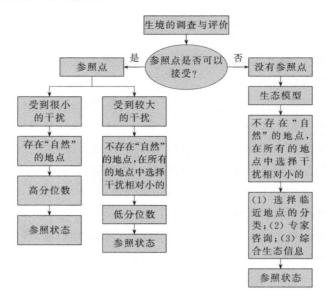

图 6-2　确定参照状态的技术路线

6.2.1.2　河流的分类与参照状态的选择方法

（1）河流的分类

河流的分类可以参照水生态功能区的划分结果。生态功能分区的最基本目标是描绘出生态学相对同质性较强的区域，有相似物理特征，如地势和坡度的景观地形区域相对其他区域来讲同质性更强。

对河流进行分类的过程中可以使用的信息包括：a. 控制因子，如气候、地形和矿物可利用性；b. 响应因子，如植被和土地利用状况。在实际河流分区时，应综合使用多个因子，不同因子之间复杂的相互作用也需要考虑。

（2）河流参照状态选择方法

由于绝对的未受人类干扰的生境一般是不存在的，因此可以接受遭受一定干扰的地点作为参照点。在建立参照状态时的关键是决定如何确定一个受最小干扰程度的地点。不同区域之间的土壤条件、河流形态、地质、植被状态以及主要土地用途是不同的，所以可接受的参照点会因具有不同地理特征的区域而有所不同。

具有代表性且受影响程度最小的参照点的选择包括了各种影响因素的信息，这些信息包括以前的调查资料以及对于人为干扰情况的了解。这些信息按重要性的大致顺序如下：a. 没有较大的污水排放口；b. 没有其他污染物的排放；c. 没有已知的泄漏或污染事件；d. 较低的人口密度；e. 较少的农业活动；f. 道路或高速公路密度较低；g. 最低限度的非点源污染（农业、城市、砍伐、采矿、饲养、酸沉降等）；h. 没有已知的水产品养殖或其他可能改变群落组成的活动。

6.2.1.3　湖泊及水库（湖库）的分类与参照状态的选择方法

（1）湖库的分类和分区

为了解释生物群落的区域差异和由于生物生境的结构不同引起的差异，应将湖库进行分类和分区，并根据不同类型的湖库提出不同的参照状态。

每个湖库的大小、种类和生态特征均不一样，因此如采用适合所有湖库的单一参照状态可能会造成误差。对湖库进行分类的目的是将具有相似特征的湖库组合在一起。通过将不同湖库进行分类，使得同一类别湖库的生物调查误差降低。分类的目的是在理想的条件下，确定具有类似的生物群落的湖库组。湖库的分类要最大可能的严格按照其内在的或天然的特征，而不是人类活动导致的特征。

在一个区域对湖库的分类中并不存在单一的"最佳"的分类方式。分类的关键是实用性，即在一个地区将来会被应用；当地的条件决定了如何去适当的分类。对湖库的分类将取决于熟知当地湖库条件变化范围的区域专家，以及湖库之间的生物相似性和差异性。

现有两种基本的分类方法，即演绎法和推溯法。

① 演绎法是由分类的发展中的逻辑规则组成的，是基于对象观察到的特征模式的基础上。因此，根据生态区、区域面积和最大深度进行的湖库分类属于演绎的、基于规则的分类方法。

② 推溯法是一种利用其他地区的数据库进行分类的方法。这种分类局限于数据库中的点位和变量，一般包括聚类分析方法。推溯法对于大量的数据集的探索性分析是很有用处的。

在对湖库进行演绎性分类体系中，如果某些湖库特征容易受到人类活动影响，或对物理或化学条件产生反应，那么就不应该作为分类的参考指标。这些特征可能包括营养状况、叶绿素浓度和营养物浓度。此种情况下的分类依据是生态区的划分，而营养状况则是对生态区的一种响应。如果单纯用营养状况作为分类的变量，可能会导致错误的分类和不正确的评价。

一个完整的分类体系要表现出层次性，而且要从最高水平开始，并且尽可能地分层。该步骤是从高层次上（如地理学）对湖库分类，然后继续在各分类层次中再分类并达到一个合理的点。应当简化分类结果，以避免对评价没有意义的冗杂的分类产生。最好的分类体系中应包括一到两个相关的等级。

下面所描述的分类体系适用于天然湖库和水库。

1）地理区域　地理区域（如生态区、自然地理领域）确定景观水平的功能，例如气候、地势、区域地质学和土壤、生物地理学和辽阔土地使用方式。生态区是基于地质学、土壤学、地形学、主要土地用途和天然植被来划分的，并且可用来解释不同地区的水质和水生生物区系的变异性。生态区包括可以被当作分类变量的特征指标。例如，通过区域地形学划分的生态区当中的不同流域特征有相似之处，水质特征（如碱度）就由区域基岩和土壤所决定。在生态区域中，可能仅仅利用像湖库盆地形态学（如深度、面积、发展比例等）去分类就已足够。人为建立的水库和其他人工湖库不具有"天然"的参照状态。因此，在建立参照状态时要将水库和天然湖库区分开。

2）水域特征　水域特征影响着湖库水文参数、沉积和营养负荷、碱度以及溶解性固体。像上面所述的那样，在一个生态区内很多水域特征值的变化是相对一致的，若生态区是主要的分类变量，那么这些水域特征的重要性可能会降低。

可以被用作分类变量的水域特征指标包括：a. 湖库排水系统类型（如流动、排水、渗流和水库类别）；b. 土壤用途；c. 水域/湖库区域比例（尤其是水库）；d. 斜坡（尤其是水库）；e. 土壤和地形学（土壤侵蚀性）。

3）湖库盆地特征　湖库盆地形态学影响湖库水动力学和湖库对污染的响应。一些水库的特征指标随时间，尤其是区域浅水作用和受到高泥沙承载量的水库的淤积而改变。

形态学度量指标包括：a. 深度（平均值，最大值）；b. 表面积；c. 湖底类型和沉积物；d. 岸线比例（岸线长度：等面积圆的周长）；e. 水库的建立时间；f. 变温层/均温层（水库）。

4）湖库水文学　湖库水文学是水质的基础。营养物的含量和溶解氧受到混合和环流模式的影响。

水文因素包括：a. 水力停留时间；b. 成层和混合；c. 环流；d. 水位的变化。

5）水质特征　根据水域特征的种类可以将湖库分为不同种类，如泥灰岩湖库、碱湖、雨养沼泽湖库等。在同一生态区，尽管由于区域、水域、流域的不同和水文特征的影响，但很多水质量特征都是相对统一的。

水质的分类由以下几个变量决定：a. 碱度；b. 盐度；c. 电导率；d. 浊度（透明度）；e. 颜色；f. 溶解性有机碳；g. 溶解性无机碳。

人类行为（如开采、土地利用）改变了水环境的质量，特别是沉积物和营养盐的浓度，同时也影响了水的碱度、盐度、电导率、颜色以及溶解性有机碳。需注意根据水质的分类能反映出天然条件和未受人为影响的状况。

（2）湖库参照状态选择方法

湖库参照点的选择包括专家咨询法、参照点采样评价、历史数据、模型预测法几种方法。

1）专家咨询　专家可以对其他途径获得的信息和资料进行信息平衡和全面的评估。在进行所有其他步骤之前应该成立一个专家小组，用来指导整个参照点的选择过程。该小组应包括有经验的水生物学家、物理学家、渔业生物学家和自然资源管理人员。

2）参照点采样评价　参照点的确定必须要经过精心选择，因为它们将会被作为基准点，用来比较其他各受试点的状况。参照点的条件应该代表了受人类影响程度最小的条件的最佳范围，这些条件可以适用于同一地区的相似湖库。参照点在该地区须具有代表性，并且与该地区的其它湖库相比较，受影响的程度小。

未被人类干扰的地点是最理想的参照点。然而，人类对土地的利用以及大气的污染，早已改变了环境和水资源的质量，真正未受人类干扰的地方已经很少。事实上，可以认为这样的地点已经不复存在。因此，"受影响最小"的程度应有一个标准，用来进行参照点的选择。如果受影响较小的地区严重退化，那就需要在更广阔的区域寻找合适的点位。

如果该区域中不存在受影响相对小的地区，那么选择参照点的过程就要稍加修改，变得更加现实且要反应可达到的目标，例如：

① 土地利用和天然植被——天然植被对水的质量产生积极的影响，而且对河网有水文响应。参照湖库中的天然植被在流域中至少占一定的百分比。

② 湖岸带——沿着湖岸和河网的天然植被区可以稳定湖岸线免受侵蚀，并可以通过异地输入增加水生食物来源。它们还可以通过吸收和中和营养物、污染物来减少非点源污染。无论土地如何被利用，参照湖库地区应至少有一些天然岸带。

③ 排放——禁止或允许排放到表面水域的最低水平。

如果一个固定的参照状态的定义被认为过于严格或不切实际，那就需要依靠经验来修正。例如，由于水库的自然条件无法定义，最好是用现在的条件来代替。这种方法同样也适用于少量或没有植被覆盖的生物区。至少应对生态区湖库流域做代表性的调查或统计，来确定最好的点位。例如有很大比例的森林或天然植被的地区，工业和城市利用率低的地区，都具有很好的条件可被选为参照点。

选定的湖库参照点应该是每种类型的代表，然后对足够数量的参照点进行采样，以确定每个等级的特征。一般的最优抽样量的经验法则是每种类型选取 10~30 个参照点。如果一个地区的所有湖库都受人类影响，那就在每类（例如生态区）中选取 10~30 个相对影响较小的参照点，"最好"的参照点应选择受人为干扰和影响程度最小的地方，而不是依据最理想的生物群落选择。在未受人类影响的湖库参照点数量较大的地区，可采用分层随机抽样（在每种类型的湖库中随机抽样），产生参照状态的无偏估计。

如果不存在或无法找到足够的受损程度最小的参照点，就要从整个调查区域中选取参照状态。某些地方不存在最小受损的地点，同时资源受到人为干扰的程度强烈且相对一致，如在大型城市化或农业化地区受损严重的湖库。

3）历史数据 一些湖库有大量的历史数据库，这些数据包括水质、浮游藻类、浮游动物和鱼类。尽管如此，历史数据不一定可以代表未被干扰的条件，应该认真检查这些生物学数据以及其附加的历史信息，以保证其代表的条件真的优于目前的条件。历史数据不一定能代表一个地区的湖库特征，因为可能是由于一些特定原因选择这些湖库，例如唯一的湖、靠近实验室或者水源地等。

4）模型方法 可以利用一些模型方法，例如数学模型、统计模型或者两者的结合。数学模型可能产生不稳定的预测结果。然而，基于物理和化学理论的数学模型原则上可以预测河流和水库的水质。统计模型在构建上是很简单的，例如 Vollenweider 模型来预测营养状况，但是这需要大量充足的数据来建立预测关系。如果有足够的数据可以构建一个统计模型，那么可以通过模型得出湖库参照状态。

6.2.1.4 河口的分类与参照状态的选择方法

（1）河口的分类

河口分类有助于不同河口之间的比较，且使变量的测量受其固有特性的影响尽可能小；这也有助于基准的实施应用。

分类过程一般从传统的河口生境类型划分着手，可根据景观特征将河口划分为平原海岸型、泻湖及沙坝型、峡湾型、构造型，辨析不同地形地貌对于营养物敏感度的影响。其次，基于物理特征层面实施分类，可依次考虑咸淡水混合、层化与环流、水力停留时间（如淡水停留时间）、径流、潮汐及波浪等因素。对不同影响因子作用下河口的营养物敏感性进行分析，对营养物敏感性相似的河口进行归类。

1）一级分类 根据地貌特征可将河口分为溺谷型河口、峡湾型河口、潮流河口、三角洲前缘河口、构造型河口和海岸潟湖河口。

① 溺谷型河口由早期河谷填充而成，这类河口存在于高地貌的海岸线。早期被认为是海岸平原型河口，但它们的能量动力学与溺谷型河口一致而与海岸平原型河口不同。

② 峡湾型河口形成于第四纪海平面变化时，在高地貌区域由冰川冲刷形成。低浅峡湾是低地貌、浅水体、温带峡湾河口。典型峡湾型河口具有狭长、深度大、两岸峭壁的特点。作为深度最大的一种河口类型，峡湾型河口一般具有冰川侵蚀形成的 U 字形峡谷。

③ 潮流河口与大河体系联系在一起、受潮汐影响且在口门处通常存在未发育完全的盐度锋。

④ 三角洲前缘河口存在于受潮流作用或者受盐水入侵影响的三角洲区域。由于河流输送的泥沙在近岸水体的积累比再分配（如波浪、潮流）导致的扩散快从而形成了三角洲。

⑤ 构造型河口形成于构造过程，如构造作用［断层及地壳变动过程（大尺度地质褶曲及其他变形)］、火山作用（火山行为产生）、冰后回弹及地壳均衡这些更新世以来发生的构造过程。

⑥ 海岸潟湖河口是内陆浅的水体，通常与海岸平行由障岛沙洲与海洋分离开来，其通过一个或多个小的潮流通道与海洋相通。这些潟湖相对于河流过程来说更易受到海洋过程的影响而发生改变。这类河口通常也被称为沙坝型河口。

2）二级分类　在一级分类的基础上，将潮汐的变化考虑在内，可将河口分成弱潮河口、中潮河口、强潮河口三类。

① 弱潮河口：潮差<2m，由风与波浪作用决定，潮汐只在口门有效。

② 中潮河口：潮差 2～4m，潮流作用占优势，如美国西部、东南部中潮地区的河口。

③ 强潮河口：潮差>4m，潮流作用占绝对优势。

3）河口内部分区　在河口分类的基础上，针对单个河口生态系统，根据实际需要和自然特征，可选择性地开展河口内部分区，分区主要考虑因素为盐度、环流、水深、径流特征等。河口分区在一定程度上能增加实践中的可操作性。

按盐度（S）一般将河口划分为感潮淡水区（$S<0.5$）、混合区（$0.5<S<25$）和海水区（$S>25$）三个区。

渤海表层盐度年平均值为 29.0～30.0，因此将大辽河口按盐度分为感潮淡水区（$S<0.5$）和混合区（$0.5<S<30$）两个区。感潮淡水区的水生态基准按流域方法制定，此处只讨论混合区水生态基准的确定。

（2）河口参照状态选择方法

河口生物基准参照状态的确定主要有历史数据估计、参照点采样和模型预测四种方法；专家咨询。每种方法都有其缺点及优点，有时需几种方法联合使用。

很多情况下，历史数据对于描述历史的生物状况是非常有用的。在生物基准建立过程中应用历史数据评估河口及近岸历史的生物群落结构是第一步。对历史数据的总结也有助于根据历史的变化确定采样点。这些记录可从已发表的文献、研究所、大学及一些政府机构获得。在应用这些数据时必须小心，因为一些生物调查采用了不当的站位、不合适的采样方法、不合适或不严格的质量控制过程，或者与生物标准需要测定的完全不同。历史数据不能单独用于确定精细的参照状态。

应用参照点的生物量作为参照条件与监测点做对比。河口与近岸海水参照点要远离点源或无点源污染，且适用于一个区域的不同监测点。不论参照点还是监测点都会存在自然原因导致的时空变化。取多个参照点的中间值的方法可充分考虑自然的不确定性及变化。监测点的状态通过与参照点的对比来进行分类。

1）选择参照点　参照点的选择必须根据物理或化学条件，如没有污染物质、流域自然植被占有较大比例、很少或没有工业点源、很少或者没有城镇污水排放或农业非点源污染。测试点应该选择有一个或多个人为干扰存在的点。实现参照点的定义及选择已成功应用于溪流鱼类及无脊椎动物模型。

选择参照点的目的是为了通过参照点来描述最佳的生物集群。监测点或评估点可通过与参照点的对比来确定是否受损。不同地区不同水体的参照点的特点差别很大。

一般来说理想的参照点都存在以下特点：a. 沉积物及水体不存在大量污染物；b. 自然的水深；c. 自然的环流及潮汐作用；d. 代表未受破坏的河口及近岸岸线（一般覆盖有植被，岸线未受侵蚀）；e. 水体自然的颜色及气味。

这个方法中，单一的未受损的点不能代表一个区域或参照点的生物量，随之而来的困难是典型栖息地的获得，面源或点源的污染物可被潮汐或水流传输到很广的区域。基于多个参照点确定的参照条件才有代表性，且对于确定定量的或数字的生物基准是重要的。

在每个确定的分类中确定代表性的参照点。监测点应该有达到一定的数量使之能足够代表该区域存在的条件。要求每一类不能低于 10 个，一般 30 个参照点比较合适。如某个区域存在较多生物量未受破坏的参照点，则采取分层随机采样方法可避免产生有偏差的参照条件。

2）应用参照点来确定参照条件　参照点测定的生物条件将代表本区域几乎未受人为活动影响的最自然的河口与近岸水体的状况。人为活动的影响包括流域活动、栖息地改变（航道疏浚、污泥处置、海岸线变化）、非点源输入、大气沉降及渔业活动。人类活动可能是有害的（如排污），也可能是有益的（如资源保护或修复），无论哪种情况，管理者在建立生物基准时必须评估这类活动对生物资源和栖息地的影响。参照点应选择人为影响最少的点。

由于是生物基准的关键部分，参照点必须仔细选择。参照点代表这个区域受损最小的条件，最小受损及代表性是选择基准点时首先要考虑的。

参照点必须代表河口及近岸水体调查区域的最优状况，不能代表受破坏的状况。应避免参照点含有本地独特的生物条件。

由于河口及近岸水体的复杂性，参照条件的确定方法差别很大，需根据具体情况具体分析，主要有以下几种情况。

① 河口生态环境情况完好，参照点容易确定。由于参照点受环境影响较小，理论上认为参照点不存在趋势性变化，参照点各指标值的频率分布曲线中值可以较好地表达受"最低影响"的参照状态。这种情况需大量时空数据支持，参照状态一般取参照点相应指标的频率分布曲线的中值。

② 河口生态环境部分退化，但参照点可寻。实际条件下难以存在基本未受影响的参照点，受到营养物影响程度较小的部分地域被认为具备"参照状态的环境质量"，可作为

参照点。可以取参照点营养物指标频率分布曲线的上 25 个百分点对应值或所有观测点营养物指标频率分布曲线的下 25 个百分点对应值。

③ 河口生态环境严重退化，参照点不可寻。这种情况主要通过分析历史变化过程来识别参照状态，是不存在参照点时的替代方法。可通过三类途径实现：一是历史记录分析（包括历史营养物数据、水文数据、浮游生物数据）；二是柱状沉积物采样分析；三是模型回顾分析。历史记录分析的实现：首先要求具备充足的数据库；其次，分析者应具有丰富的研究经验，能够进行敏锐、科学的判断，在复杂历史情况中去伪存真；再次，需要选择相对稳定的时间、空间段；最后，要求在相似物理特征子区中开展分析（如同一盐度区）。若历史变化过程较清晰，主要借助回归过程曲线来识别参照状态。若历史变化过程模糊，存在较多无法评估和剔除的干扰影响时，可对历史数据及现状数据进行综合评估，借助频率分布曲线法来完成。柱状沉积物分析法则较适用于受外界扰动最小的沉积区域，尤其是营养物浓度远低于现状的历史状态分析。对于较浅的河口，一般难有良好沉积区，不宜使用该方法。模型回顾分析法存在很多的不确定性，譬如计算机回顾模拟过程中数据难以量化时则无法校正历史营养状态、水文状态，因而颇具争议。诚然，当前两类途径无法实现时仍可考虑采用该方法。

④ 河口生境严重退化，且历史数据不足。此种情况主要基于流域分析的途径，通过建立营养物负荷-浓度响应关系模型，使各指标的参照负荷直接对应于参照状态下的浓度值。若河口的上游流域基本未受干扰，则流域的营养物负荷代表着较好的自然状态，为参照负荷。若上述条件不满足，而河口上游流域存在一些开发程度低、受影响小的子流域或流域片区，则可以通过子流域、流域片区的营养负荷推算整个流域的最小营养负荷。但后者的采用必须考虑整个流域地理相似性，判断能否足以支持将参照子流域推广到整个流域。如若不能，则必须找出第二类甚至第三类典型子流域来做推算。此外，运用该方法的前提条件还包括流域内大气沉降作用稳定、原始营养负荷水平相似（例如用单位面积粮食产量衡量）、海岸地区污染负荷相对于上游流域而言可忽略、地下水对河口影响不显著。

6.2.2 基准参数指标筛选和调查

6.2.2.1 筛选原则

根据代表性、敏感性及适用性原则，对选定的水环境生态系统的参照状态进行参数指标筛选。

选择的参数指标应体现以下特征：

① 群落的复杂性，如多样性或丰富度；

② 种群组成的单一性或优势度；

③ 物种的生物量或代表性；

④ 对干扰的耐受性；

⑤ 不同营养层级的作用关系。

对于选定的参考地点，应该筛选合适的变量来构成生态学基准的指标体系。所选变量指标应该符合敏感性原则，即所选变量指标应该对人类的干扰做出响应，并且随人类干扰强度的变化而变化（升高或降低），指标数值上的变化可以反映人类的干扰程度的变化。

图 6-3 解释了基准变量指标的筛选原则。

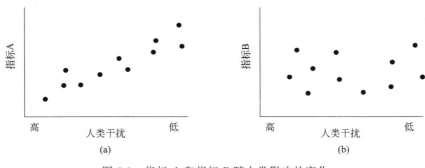

图 6-3　指标 A 和指标 B 随人类影响的变化

随着人类干扰强度的降低，指标 A 表现出升高的趋势，而指标 B 则没有明显的变化趋势，因此指标 A 对于人类干扰具有敏感性，而指标 B 则不具敏感性。因此指标 A 可以作为构成生态学基准指标体系的变量。

选择的生态学基准指标体系应该体现生态系统的以下特征：a. 群落的复杂性，如多样性或丰富度；b. 群落组成的单一性或优势度；c. 对干扰的耐受性；d. 不同营养层级的作用关系。

6.2.2.2　流域水环境生态学基准变量指标

水生态学基准的制定过程中需要应用的生态完整性参数指标主要包括浮游植物、浮游动物、底栖动物、鱼类完整性，以及环境因子指标。

（1）浮游植物完整性指标

人类的干扰会造成浮游植物种类和数量的变化，蓝藻、绿藻及硅藻是河流、湖泊中的常见藻类，并会对人类的胁迫压力做出响应，因此可以将这些藻类所占比例的变化作为基准变量指标。另外，可以选择浮游植物种类数、浮游植物多样性指数、优势度指数以及生物量或初级生产力的变化作为浮游植物的基准变量指标。浮游植物完整性指标包括：常见藻类，如蓝藻、绿藻和硅藻的比例变化，浮游植物种类数、多样性指数和优势度指数的变化，以及生物量或初级生产力的变化等。具体见表 6-3。

表 6-3　浮游植物完整性基准参数指标

指标	选择依据
蓝藻/％	富营养化状态下比例增加
绿藻/％	富营养化状态下比例增加
硅藻/％	富营养化状态下比例降低
种类数	随压力增加而降低
多样性指数（H）	随压力增加而降低
优势度指数（D）	随压力增加而升高
营养状态指数（TSI）	随营养物质浓度的增加而增加
藻类生长潜力（AGP）	随营养物质浓度的增加而增加

（2）浮游动物完整性指标

浮游动物是河流、湖泊生态系统中非常重要的一个生态类群，在淡水生态系统中有着承上启下的作用。在人类的干扰下，浮游动物类群的数量和结构也会发生变化。可以选择浮游动物轮虫的比例变化，以及浮游动物种类数、优势度指数、多样性指数、丰富度指数和浮游动物摄食率的变化等作为浮游动物的基准变量指标。

浮游动物完整性基准参数指标见表 6-4。

表 6-4　浮游动物完整性基准参数指标

指标	选择依据
轮虫/%	随捕食压力增加而降低
种类数	随压力增加而降低
优势度指数（D）	随压力增加而升高
多样性指数（H）	随压力增加而降低
丰富度指数（d）	随压力增加而降低
浮游动物摄食率	随压力增加而降低

（3）底栖动物完整性指标

大型底栖动物类群是局地环境状况良好的指示生物。许多大型底栖动物以着生模式生活，或者其迁移方式有限，因而特别适于评价特定点位所受的影响。底栖动物敏感的生活期可以对胁迫产生快速的响应，可以反映短期环境变化的效应。另一方面，构成大型底栖动物类群的物种，有较广的营养级和污染耐受性，由此能够为解释累积效应提供有力的信息。此外，大型底栖动物的采样比较容易，所需人手较少且花费低廉，并且对当地生物区系的影响极小。可以选择大型底栖动物的种类数、优势物种占比和多样性指数的变化等作为底栖动物的基准变量指标。

底栖动物完整性基准参数指标见表 6-5。

表 6-5　底栖动物完整性基准参数指标

指标	选择依据
种类数	随干扰增加而降低
优势物种占比/%	随干扰增加而升高
多样性指数（H）	随干扰增加而降低

（4）鱼类完整性指标

鱼类寿命较长，且有较强的流动性，是长期效应和大范围生境状况的良好指示生物。鱼类类群所包含的一系列物种，代表着不同的营养级，因而鱼类种群的结构可以反映环境的整体健康状况。鱼类位于水生食物网的顶端，并为人类所消费，因而对于污染物的评价十分重要；同时，人类对于鱼类种群的环境要求、生活史和分布状况等都有相对清楚的了解。在实际操作中，鱼类也比较易于采集和鉴定至种水平，且鉴定过程并不会对鱼造成损伤。可以选择种类数、个体数和多样性指数的变化等作为鱼类的基准变量指标。

鱼类完整性基准参数指标见表 6-6。

表 6-6　鱼类完整性基准参数指标

指标	选择依据
种类数	随环境退化而降低
个体数	随干扰增加而降低
多样性指数（H）	随干扰增加而降低

6.2.2.3　参数指标调查

（1）水环境生物学指标调查

水环境生物学指标调查方法按照相关国家规范进行，主要包括：

①《海洋调查规范第四部分：海水化学要素调查》（GB/T 12763.4—2007）；

②《海洋调查规范第六部分：海洋生物调查》（GB/T 12763.6—2007）；

③《水质　湖泊和水库采样技术指导》（GB/T 14581）；

④《海洋监测规范》（GB/T 17378）；

⑤《地表水和污水监测技术规范》（HJ/T 91）；

⑥《淡水生物调查技术规范》（DB43/T 432）；

⑦ 全国淡水生物物种资源调查技术规定（环境保护部公告 2010 年第 27 号）。

（2）水环境理化指标调查

对水环境每个站位的理化指标进行测定。常规理化指标主要包括温度、pH 值、DO、盐度、营养盐浓度、阳光表面辐射量及辐射深度等。同样按照相关国家规范进行，所涉及的分析方法如表 6-7 所列。

表 6-7　理化和生物学指标分析方法

指标	分析方法	方法来源
pH 值（海水）	pH 计法	GB/T 12763.4
pH 值（淡水）	玻璃电极法	GB/T 6920
溶解氧（海水）	碘量滴定法	GB/T 12763.4
溶解氧（淡水）	碘量法	GB/T 7489
	电化学探头法	HJ 506
盐度	盐度计	GB 17378.4
悬浮颗粒物（海水）	重量法	GB 17378.4
悬浮颗粒物（淡水）	重量法	GB/T 11901
化学需氧量（海水）	碱性高锰酸钾法	GB 17378.4
化学需氧量（淡水）	重铬酸盐法	HJ 828
	快速消解分光光度法	HJ/T 399
硝酸盐（海水）	锌镉还原法	GB/T 12763.4
硝酸盐（淡水）	酚二磺酸分光光度法	GB 7480
	气相分子吸收光谱法	HJ/T 198
	紫外分光光度法	HJ/T 346
亚硝酸盐（海水）	重氮偶氮法	GB/T 12763.4

指标	分析方法	方法来源
亚硝酸盐（淡水）	分光光度法	GB/T 7493
	气相分子吸收光谱法	HJ/T 197
氨氮（海水）	次溴酸钠氧化法	GB/T 12763.4
氨氮（淡水）	气相分子吸收光谱法	HJ/T 195
	纳氏试剂分光光度法	HJ 535
	水杨酸分光光度法	HJ 536
	蒸馏-中和滴定法	HJ 537
	连续流动-水杨酸分光光度法	HJ 665
	流动注射-水杨酸分光光度法	HJ 666
总氮（海水）	过硫酸钾氧化法	GB/T 12763.4
总氮（淡水）	气相分子吸收光谱法	HJ/T 199
	碱性过硫酸钾消解紫外分光光度法	HJ 636
总磷（海水）	过硫酸钾氧化法	GB/T 12763.4
总磷（淡水）	钼酸铵分光光度法	GB 11893
	连续流动-钼酸铵分光光度法	HJ 670
	流动注射-钼酸铵分光光度法	HJ 671
石油烃	紫外法	GB 17378.4
叶绿素	荧光法	GB/T 12763.6
	分光光度法	HJ 897
浮游植物	显微镜计数法	GB/T 12763.6 DB43/T 432
浮游动物	显微镜计数法	GB/T 12763.6 DB43/T 432
底栖动物	分拣鉴定	GB/T 12763.6 HJ 710.8
鱼类	野外调查	GB/T 12763.6 HJ 710.7

6.2.3　推导生态学基准的方法

生态学基准以数值型基准值的形式给出。采用一个数值或一个数值范围，对满足指定用途的水环境的生态完整性水平进行描述。有两种最常用的推导水生态学基准的方法，即基于生态完整性的压力-响应模型法和频数分布法，也是国际主流的基准定值方法。其中，在数据量和数据质量足够好时，优先使用基于生态完整性的压力-响应模型法；仅在数据量相对不足时采用频数分布法。

6.2.3.1　基于生态完整性的压力-响应模型法

如果有大量的生态和理化指标的调查数据，优先建议使用该方法计算水生态学基准值。其中，先通过以参照状态为基础的综合指数法评估目标区域的生态完整性；再以生态完整性为响应指标，以环境梯度为压力指标，采用压力-响应模型法计算生态学基准值。

综合指数法的具体步骤如下。

① 首先得到参照点的每个基准参数指标的箱型图，然后对参数指标的分布区域进行划分，主要包括三分法、四分法和标准分位数法。其中，三分法是将参照点的分布区间划分为三部分，分别进行赋值 1、3 和 5，表示水体的生态完整性为"差、中和好"；四分法是将参照点的分布区间划分为四部分，分别进行赋值 1、2、3 和 4，表示水体的生态完整性为"差、一般、良好和优秀"；标准分位数法则是将监测值与第 95 分位数所对应的参照点的值进行相除得到的比值，比值越大，说明与参照点的状态越接近。

可分别采用第 95 百分位数或者第 25 百分位数为划分边界进行划分（图 6-4）。当选择的参照点受损害较小或比较接近自然状态时，可以选择第 25 分位数作为划分边界；当选择的参照点与自然状态差距较远或受损害较大时，可以选择第 95 百分位数作为划分边界。

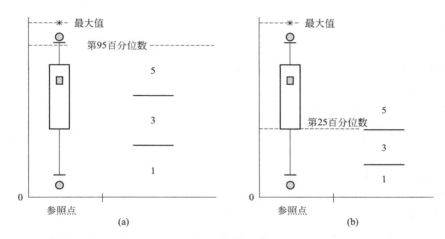

图 6-4　以第 95 百分位数或第 25 百分位数对参照点的分布区间进行分区

划分区间后，将参照点的监测值同箱型图通过比较进行赋值。

② 将每个参照点的基准参数指标的赋值等权重相加，得到该参照点的完整性指数。

每个参照点的所有基准参数指标都可以通过与所有参照点的箱型图进行对比后可得到赋值，等权重相加后可得到每个参照点的一个综合完整性指数值。例如，浮游植物的各项基准参数指标通过相加后可以得到反映浮游植物完整性的数值。

③ 根据参照点完整性指数的箱型图，取第 25/第 90 百分位数值作为该完整性指数的基准值。

④ 将反映参照点的生物完整性、物理完整性和化学完整性基准值等权重相加，得到生态完整性指数的基准值。

生态完整性指数包括生物完整性、物理完整性和化学完整性，因此理论上应该分别得到这三方面完整性的基准参照值，然后通过等权重相加得到生态完整性指数的基准值。

计算生态完整性指数后，通过压力-响应模型法推算基准值。压力-响应模型的基础在于通过建立模型，描述环境梯度与相关的生态响应之间的关系，模型适用于环境梯度压力源与生态响应间的单因子效应及多因子交互作用。推导基准值时，先构建压力变量和响应

179

变量之间的线性或非线性关系，再通过合适的方法确定生态阈值及基准建议值。

压力-响应模型法的基本流程如图 6-5 所示。

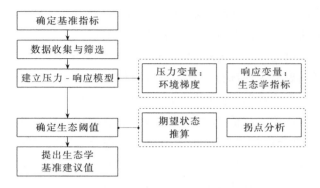

图 6-5　应用压力-响应模型法推导生态学基准的基本流程

应用压力-响应模型法推导生态学基准主要包含以下步骤。

1）确定基准指标　确定需要研究的一个或多个目标指标。

2）数据收集和筛选　收集目标生态分区中可得的相关数据，并按照建立模型的要求，进行适当的处理及筛选；

3）建立压力-响应模型　以环境指标，或者希望推导生态学基准的指标作为压力变量，以生态学指标作为响应变量，建立压力-响应模型。其中，首先构建概念模型，对所涉及的压力-响应关系的结构进行表述；再按照所构建的概念模型，结合变量间的数量关系，建立合理的线性或非线性定量模型；

4）确定生态阈值　根据所建立的定量压力-响应模型，推算生态阈值。其中：a. 对于大多数线性模型，可以通过响应变量符合期望的"较理想"状态范围，从模型中推算出符合期望的生态阈值或范围；b. 对于大多数非线性的压力-响应关系，可以通过各种拐点分析方法求取生态阈值，常用生态统计方法包括 nCPA、贝叶斯拐点分析、TITAN 等。

5）提出生态学基准建议值　将模型推导得到的生态阈值，结合目标生态分区的现状及历史状况，提出生态学基准建议值。

6.2.3.2　频数分布法

频数分布法是对总数据按某种标准进行分组，统计出各个组内含个体的个数，再将各个类别及其相应的频数列出并排序的方法。运用频数分布法推导生态学基准值时，先选取参照点和基准参数指标，再结合流域状况，得出最佳的生态学基准值。

频数分布法主要包括 3 个部分：a. 计算流域所有数据和参照点的频数分布百分率；b. 选取适宜基准参数指标频数分布的百分点位作为参照状态；c. 确定基准指标的生态学基准值。具体流程见图 6-6。方法的关键是选取适宜频数分布的百分点位作为基准参数指标的参照状态。

应用频数分布法进行基准值推导时，一般选取参照状态的上 25％（75％）频数的数值和全流域点位的下 25％频数的数值，合并作为基准值，如图 6-7 阴影部分所示。

在实际应用中，并不固定使用 25％频数的数值，根据不同流域的生态特性和参照点的状况，以及不同指标在流域中的实际分布状况，可以进行相应调整。

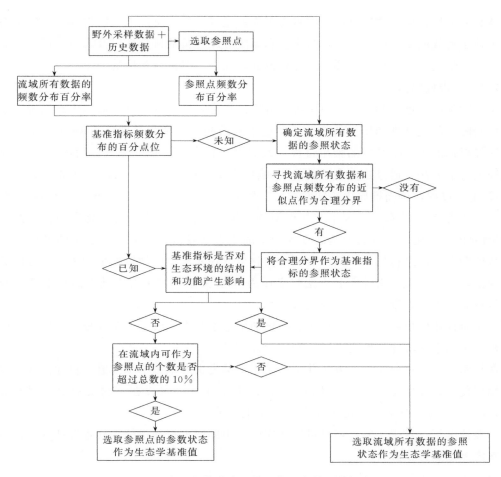

图 6-6　应用频数分布法推导水生态学基准的流程

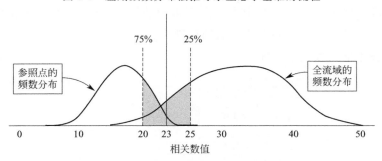

图 6-7　应用频数分布法推导基准建议值的一般方式

6.3　技术方法

6.3.1　生态学基准的校验

在生态学基准建议值的应用过程中，需要适应不同生态功能分区的具体状况和管理要求，包括生态系统健康状况的改变以及管理需求的调整。我国生态功能分区的突出特点是多样性和复杂性，生态功能分区之间具有很大的差异性，生态功能分区内部本身的生态系统也多处于持续的变化中。因此，基于生态系统健康评价的科学性以及满足管理需求的合理性，生态学基准在应用中需要定时进行校验，在必要时进行相应的修正。

6.3.1.1 室内校验技术

生态学基准的推导和制定以目标生态分区的生态完整性为基础，而水生态系统的生态完整性会随着环境梯度和压力的变化，产生不同的响应而变化，即压力-响应关系。对于许多环境指标的生态学基准的推导过程，其关键往往在于科学合理地应用压力-响应模型方法等生态学方法。通过建立合理的压力-响应模型，可以定量地描述与基准值制定相关的环境-生态过程，进而推导生态学基准值。然而，实际的水生生态系统中的环境-生态间的大多数压力-响应关系是多因子交互作用的结果，往往处于不断的变化当中。因此，以压力-响应模型等生态学方法为基础推导而来的生态学基准值，需要在应用的过程中从方法及数值两个层面进行校验。其中实验可控且可以在实验室中加以模拟的指标，可以通过在实验室内以人工微宇宙等实验方法建立压力-响应关系，对生态学基准的科学性和合理性进行校验，即生态学基准的室内校验技术。

本章所描述的校验方法，应用于已推导的生态学基准建议值的室内校验，以室内试验方法校验生态学基准建议值的有效性和科学性。

在技术上，本章所建议的方法并不适用于全部类别的生态学基准值，目标指标可以为水环境理化指标和生态学指标，且必须满足以下条件：a. 可以在室内实验中得到模拟和控制；b. 可以与生态学指标建立有效的压力-响应关系。

一般情况下，对于实验可控且可以在实验室中加以模拟的指标，其生态基准建议值可采用室内方法进行校验。

（1）主要技术流程

水生态基准的室内校验技术基于人工微宇宙中的压力-响应关系，通过判断受试生物的响应水平，校验已有生态学基准建议值的准确性。

室内校验技术框架如图 6-8 所示。

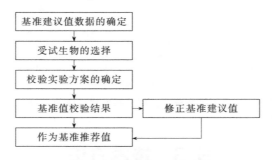

图 6-8　水生态基准值室内校验技术框架

水生态学基准室内校验的技术流程包括 5 个步骤，具体如下。

1）基准建议值数据的确定　确定需要校验的生态学基准值，以及该生态学基准值所适用的生态功能分区和管理要求。

2）受试生物的选择　选择合理的校验实验受试生物，一般为标准的生态毒理学受试生物或具有足够代表性的本地物种。可选择一种或多种受试生物。

3）校验实验方案的确定　建立合理的压力-响应关系，作为校验实验方案的基础。一般以待校验的基准建议值指标作为压力，以受试生物对其敏感的个体或生理指标为响应。选取合适的响应指标，以及指标的水平设定，并遵循标准方法进行实验。

4）基准值的校验　采用所设计的校验实验方案，应用基准制定技术指南所规定的基准计算方法，对生态学基准建议值进行校验。

5）基准的确认与修正　如校验结果显示当前使用的基准值仍处于合理的范围内，则对基准值进行确认；否则根据相应的生态系统现状和管理要求进行修正。

（2）基准值数据的确定

进行校验实验前需要先选择被校验的生态基准建议值，选取的基准建议值可以是研究人员通过收集流域实测数据推导所得结果，也可以是其他国家的研究机构或管理部门所发布的数值。保证基准建议值的时效性，并考虑基准建议值适用的区域性，所选取生态基准建议值需满足以下条件：a. 为在同等条件下，最新推导或发布的基准建议值；b. 其所属指标在适用基准建议值的流域或相似流域，可以通过现场调查得到或有相关历史数据；c. 选取基准建议值的推导过程应规范可查。

（3）校验实验方案的确定

室内校验实验的基础是建立合理的压力-响应关系，寻找某一条件下的生态阈值。一般将待校验的基准建议值指标作为压力，以受试生物对其敏感的个体或生理指标指示响应强度。

遵循下文步骤设计实验方案。

1）响应指标的选取　受试生物从分子到种群水平的指标均可成为候选，选取时遵循4个原则。

① 敏感性。在条件允许的情况下，优先选取对待校验指标最敏感的生物指标。若最敏感指标无法以实验准确测定，则尽量选取多个响应指标，最后对实验结果进行综合评估。

② 可控性。生物指标与待校验指标之间的相互关系必须清晰，且在统计学上能以较简单的方式加以描述。在相同条件的平行实验过程中，响应指标与待校验指标应表现出一致的压力-响应关系。

③ 可被准确测定。响应指标的数量水平应可以在实验室中准确测定，从而能准确地确定其与待校验指标间的数量关系。

④ 简便易得。在满足以上3个原则的前提下，尽量选择在操作上简便易测定的指标，以免引入更多系统误差。

2）目标指标的水平设定　在室内实验中，待校验的基准建议值指标的数量水平，应参照基准建议值的水平设置梯度。基准建议值的水平应尽量处于梯度的中位数水平附近，而梯度跨度相差最多不可超过两个数量级。

对于能通过人工控制实现连续变化的指标，如溶解氧等，必须确定适当的变化速率。指标的变化速率应保证受试生物对其变化产生充分的反应，并依照指标和受试生物的性质、实验条件、质量控制要求等因素确定其最终水平。

183

对于不能通过人工控制实现连续变化的指标，必须设置 5 个以上相互独立的浓度梯度，并在符合质量保证的情况下平行进行实验。

3）实验过程与步骤设定　实验步骤应遵循标准方法，实验过程中的每个步骤应有可供参考对照的技术标准。一般情况下，应按照生物测试的标准方法，设置急性暴露与慢性暴露两套实验过程。

（4）基准建议值的确认和修正

经过室内校验实验后，对基准建议值可以有两种处理方式，包括对基准建议值的确认，或对其进行修正。

按照既定实验流程进行至少 3 次重复实验后，将实验所得生态阈值的结果与基准建议值相比对：若经统计检验无显著性差异，则确认为生态学基准推荐值；若实验结果与基准建议值存在显著差异，则需要更换受试生物重新设计校验实验。若经多次校验实验，结果均无法支持基准建议值，则需要对该基准建议值进行重新推导。

6.3.1.2　现场校验技术

生态学基准的建立，基于目标流域或生态功能分区生态完整性，现场的调查和对应的生态系统完整性分析是基准值推导过程中采用的重要工作方法。生态系统是基准体系中的基础性角色，现场方法是这一角色在技术方法上的集中体现。因此，在生态学基准的后续校验工作中，现场校验是必不可少的环节，通过定期评价目标流域或生态功能分区在生态系统层面上的变化，结合具体的管理需求，可以合理地评价所采用的生态学基准值是否适用于相应的保护要求。

本章所描述的校验方法，应用于已推导的生态学基准建议值的现场校验，以现场方法校验生态学基准建议值的有效性和科学性。

在技术上，本章所建议的方法，选取的待校验生态学基准值目标指标可以为水环境理化指标和生态学指标，且必须满足以下条件：a. 可以在室外考察中采集到相关样品；b. 可以准确测定目标指标的水平。

一般情况下，基于较大尺度的生态学指标或者不便在实验室中加以模拟的指标，其生态学基准建议值可采用现场方法进行校验。而可以在实验室中准确模拟的基准指标，则不采用现场方法进行校验，可另行采用室内方法进行校验。

（1）主要技术流程

水生态学基准的现场校验技术基于数据间的相互印证。利用基准建议值所适用生态分区的历史或当前数据，或与该生态分区在生态学上相似的其他生态分区资料，对已有生态学基准值的准确性进行校验。在技术方法上以现场调查与数据研究为主。

现场校验技术框架如图 6-9 所示。

水生态学基准现场校验的技术流程包括 5 个步骤，具体如下。

1）基准建议值的确定　确定需要校验的生态学基准值，以及该生态学基准值所适用的生态功能分区和管理要求。

2）校验数据的收集　基于相应基准值推导时采用的方法和数据，通过现场调查，收集当前状况下相应的资料和数据，形成校验数据集。

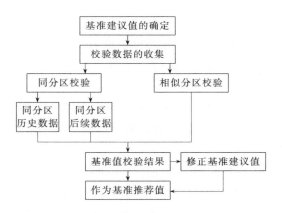

图 6-9　水生态学基准值现场校验技术框架

3）流域水生态学基准参数指标的获取　流域水生态学基准参数指标包括生物指标、化学指标和物理指标，这些指标的调查主要依据国家或国际组织相关的水环境生物和水质等的调查规范或方法标准进行。

4）基准值的校验　采用相同流域或生态功能分区下的历史数据或后续数据进行校验；或相同功能分区中的相似流域数据进行校验。采用的校验数据和推导时采用的数据不应有任何重叠。

5）基准的确认与修正　如校验结果显示当前使用的基准值仍处于合理的范围内，则对基准值进行确认；否则根据相应的生态系统现状和管理要求进行修正。

（2）基准值数据的确定

进行校验工作前需要先选择被校验的生态学基准建议值，选取的基准建议值可以是研究人员通过收集实测数据推导所得结果，也可以是其他国家的研究机构或管理部门所发布的数值。保证基准建议值的时效性，并考虑基准建议值适用的区域性，所选取生态学基准建议值需满足以下条件：a. 为在同等条件下，最新推导或发布的基准建议值；b. 其所属指标在适用基准建议值的生态分区或相似生态分区，可以通过现场调查得到或有相关历史数据；c. 所选取基准建议值的推导过程应规范可查。

（3）校验数据的收集与采用

用于校验生态学基准值的数据依据现场调查和数据获取的可操作性，考虑实际情况，可选择基准值适用的生态分区或与之相似的生态分区作为校验的基础，条件允许时应同时选取基准适用分区与相似分区两类数据进行校验。

1）同生态分区数据　对于基准建议值所适用的生态分区，可以使用该生态分区的历史资料或当前现场考察所得的数据，用于校验的数据与用于推导的数据不能在时间上存在重叠。使用同生态分区数据校验基准建议值的关键是对于参照状态的校验。

① 使用该生态分区的历史资料。从文献资料等渠道获取该生态分区的历史资料，与推导基准值所使用数据（"推导数据"）相比，所得资料数据需满足以下条件方可使用：包含推导基准建议值过程中使用的所有指标；时间跨度不可小于推导数据时间跨度的1/2；数据量不可小于推导数据的1/2。

使用历史数据，按照 T/CSES-XX 评价历史上参照状态的水平，并与基准建议值相比对。

② 使用当前现场考察数据。对适用生态分区进行一定时间和次数的现场考察，获取与推导数据指标构成一致的考察数据，按照 T/CSES-XX 评价参照状态的水平，并与基准建议值相比对。

③ 参照状态的校验。使用历史数据和当前现场考察数据进行校验时，参照状态的水平是主要的判断指标，主要考察推导基准建议值时所制定的参照点，在历史上和当前是否也为水质状况较优的部分。

采用同生态分区数据进行校验时，需注意以下事项：

① "校验数据"与"推导数据"的指标结构尽可能相同，即两套数据集所包含的指标项目（如营养物、多样性指数等）、时间分布（如丰水期、枯水期）、空间分布（如采集数据的站点数量和位置）等尽可能相同或相似。

② 若基准值有分类，如以丰水期和枯水期、或夏季和冬季等分别给出基准值，则在使用"校验数据"时必须按照推导基准时的分类方式将其分类。

2）相似生态分区数据　寻找与适用生态分区相似的生态分区，对其进行现场考察或历史调查。相似生态分区必须满足以下条件：a. 与适用生态分区属于相同或相近的分区类型；b. 与适用生态分区有相似的水文和环境条件；c. 推导数据中所使用的指标，均可在该生态分区中准确获取。

获取相似生态分区数据后，按照 T/CSES-XX 中规定的计算基准建议值的方法，计算出该生态分区的基准建议值，并与待校验的基准建议值相比对。

采用相似生态分区数据进行校验时，需注意以下事项：

① 需谨慎确认用于校验的生态分区，是否与基准值所适用的生态分区为同一类别；

② 如所涉及生态分区的类别在基准值使用期间发生变化，则需确保获取"校验数据"时，用于校验的生态分区类别与基准值所适用的生态分区当前的类别一致；

③ "校验数据"与"推导数据"的指标结构尽可能相同，即两套数据集所包含的指标项目（如营养物、多样性指数等）、时间分布（如丰水期、枯水期）、空间分布（如采集数据的站点数量和位置）等尽可能相同或相似；

④ 若基准值有分类，如以丰水期和枯水期、或夏季和冬季等分别给出基准值，则在使用"校验数据"时必须按照推导基准时的分类方式将其分类。

（4）基准建议值的确认和修正

通过现场校验流程进行校验后，对基准建议值可以有两种处理方式，包括对基准建议值的确认，或对其进行修正。

将使用校验数据推导所得生态阈值的结果与基准建议值相比对：a. 若经统计检验无显著性差异，则确认为生态学基准推荐值；b. 若推导结果与基准建议值存在显著差异，则可尝试更换数据重新校验，其原则是适当增加数据量；

注意：a. 使用历史数据校验时，可将数据的时间区间加大；b. 使用相似生态分区校验时，可收集更多生态分区的数据，或将生态分区细分；c. 使用后续数据校验时，可继续通过室外考察收集数据，在一段时间后，加入新获得的数据再进行校验；d. 在条件允许的情况下，可以使用不同的方法进行校验，再加以对比。若经多次校验实验，结果均无法支持基准建议值，则需要对该基准建议值进行重新推导。

通常情况下，基准值的确认与修正按照前文所描述的要求即可完成。若基准值校验结果存在疑问，如无法确定如何修正或接受何种水平的基准值等，则可采用专家咨询的方式确认。

6.3.2 生态学基准的管理

6.3.2.1 质量保证

（1）样品采集与分析

① 样品采集与水环境监测按相应的技术规范执行，质量控制要求参照 HJ/T 91 和《水和废水监测分析方法（第四版）》；

② 海洋环境质量监测按照 GB/T 17378 执行；

③ 淡水生物资源调查按照《全国淡水生物物种资源调查技术规定》（环境保护部公告 2010 年第 27 号）执行，海洋生物资源调查及质量控制按照 GB 12763.6 执行；

④ 样品采集和分析过程中，若国内标准不适用，可参照发达国家或国际组织的相关标准方法执行。

（2）数据统计

① 需对实验数据进行可靠性和代表性分析，主要包括监测数据的记录整理、监测数据有效性检查、监测数据离群性检查、监测数据统计检验、监测数据方差分析和监测数据回归分析；

② 资料（地理底图、原始资料、图件等）的数字化应按相关技术标准进行。

（3）生态学基准的审核

生态学基准需要经认真审核才可最终确定。生态学基准的审核包含自审核和专家审核两部分，各自涉及不同的项目。

1）生态学基准的自审核 基于基准的制定过程，生态学基准的自审核分为数据采集、参照状态和基准推导三个部分，审核中考虑调查、资料和方法三个层面，具体项目见表 6-8。

表 6-8 生态学基准的自审核项目

项目	数据采集	参照状态	基准推导
调查	是否按照规范获取调查数据	自然参照点的健康状况是否稳定	所采用数据的分布是否符合模型的假设；数据量是否足够保证模型的稳定性
资料	历史资料是否真实、可信		
方法	采用的数据是否满足质量要求	各指标在参照状态和"受损状态"的分布范围是否有显著差异	计算过程是否合理反映了压力-响应关系

2）生态学基准的专家审核 针对不同的生态分区对象以及不同的保护目标，需要提请专家对生态学基准的制定过程进行审核，包含项目如下：① 各项指标的选择是否合理；② 参照点或参照状态是否具有代表性；③ 是否适用于对象生态分区，所确定的生态分区

187

保护目标是否合理；④ 制定过程是否按照指南所规定的步骤进行。

（4）生态学基准的应用

最终确定的生态学基准主要可应用于以下领域。

① 水质生态学标准的转化和制定。生态学基准可用于不同水体用途和管理目标下，各级别生态学标准的转化和确定，同时也可借此用作水质保持过程中的评判依据之一。

② 水污染控制。生态学基准可应用于基于水环境质量的水体污染控制，包括水体现状评价和污染控制目标的量化，环境承载力及特定目标下最大日负荷总量（Total maximum daily loads，TMDL）的计算基线等。

③ 流域管理。生态学基准基于流域生态功能分区制定，可作为流域水质管理，尤其是非点源污染影响下流域管理的重要依据，包括对营养化过程的评价和控制、复合污染物的控制等。

6.3.2.2 生态学基准向标准转化方法

在以生态完整性保护为目的的管理目标下，我国的水质基准和标准体系将由过去单一的化学指标扩展到水化学、沉积物、生态完整性等方面。流域水环境生态学标准则以生态学基准为依据，在考虑自然条件和国家或地区的社会、经济、技术等因素的基础上，对于不同用途水体制定具有法律效力（一般具有法律强制性）的限值。

（1）水生态学基准向标准转化的方法原理

在技术方法上，生态学标准以生态学基准值为基础，通过生态调查或生态学模型的方法而确定。方法的基本原理在于将目标水体按照不同的指定用途或期望状态进行分级，再定量地描述水体每一级状态所对应的生态完整性水平，从而得到各级标准值。当有足够的人力进行完整的生态调查，或者有充足的数据量和良好的数据质量时，可以进行基于指定用途的可达性分析，以确定标准值；当没有足够人力进行生态调查，但有充足的生态系统及水环境数据资料时，可采用压力-响应模型方法确定标准值；而当数据量较少时，则采用频数分布法确定标准值。

其中，优先采用基于指定用途可达性分析方法。首先将目标水体按照不同的指定用途或期望状态进行分级，再定量地描述水体每一级状态所对应的生态完整性水平，从而得到各级标准值。水体的生态完整性水平通过多层次的生态调查、生态健康评价以及生态潜力分析，采用生态学基准体系中的生态完整性指数方法定量评价。生态完整性指数的计算采用水体中各类群的生态学指标，包括浮游植物、浮游动物、底栖生物和鱼类。

模型方法则通过采用合理的数学模型，对数据资料以统计方法推导标准值。压力-响应模型方法通过建立模型，描述环境梯度与相关的生态响应之间的关系，再依照不同分级的生态响应水平确定各级标准值。频数分布法采用目标生态分区的数据资料，按照参照点和非参照点两个组别数据的特定分位数，确定各级标准值。

提出各级生态学标准值后，需要通过定期校验和自审核、专家审核等方式，来保证标准值的科学性与合理性。

生态学基准向标准转化的技术流程如图 6-10 所示。

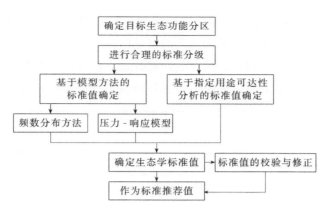

图 6-10 生态学基准向标准转化的技术流程

（2）水生态学基准向水生态学标准转化的关键技术

1）确定标准实施的生态功能分区　与其他水质指标相比，水生态学基准和标准具有更强的区域性。因此，流域水环境生态学基准的制定以及向标准的转化必须要考虑不同区域的差异性。生态学基准和标准以我国生态功能分区为基本单位，由生态学基准出发制定标准值时，也应确保该标准值的适用范围是与相应的生态学基准相同的生态分区。在我国流域水生态功能分区方案中，一、二级分区主要根据地理气候指标划分，侧重反映流域水生态系统及其生境特征，强调为水生态管理提供背景信息；三、四级分区主要根据水生态功能指标划分，体现小尺度上水生态功能类型的差异，强调为环境管理目标制定提供支持。水生态功能区主要包括自然保护区、饮用水源地、渔业用水区、娱乐用水区、航运与防洪及农业用水区等，水生态标准应能保护对水质要求最严格的水体功能或用途。基于典型流域的水生态功能的不同分区方案选择确定水环境生态学标准实施的生态功能分区（空间单元）。

2）基于指定用途可达性分析的标准值确定　该方法基于水体不同的指定用途，以及水体达到这些指定用途所对应的水体状况，其基本流程如图 6-11 所示。

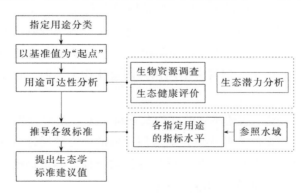

图 6-11 基于指定用途可达性的标准值确定方法

该方法为当前国际主流的水质标准推导方法，其流程较为完备，可较好地保证标准值的准确性和对目标区域的适用性。方法的关键在于合理的分级分类，以及完整的生态调查和评价工作。

189

① 依照指定用途的标准分类。根据不同级别的保护目标以及水体相应的指定用途，设定对应的标准分类。在生态学基准和标准的制定中，水体的各类指定用途立足于水体生态系统的功能和生物完整性。同时，结合我国现行地表水水质标准的分类方式及大部分水体的实际状况，一般从优至劣将水体指定用途划分为下表所列的五类：

标准分级	相应的指定用途	
Ⅰ类	饮用水源地	一般作为基准参照状态
Ⅱ类	维持贝类/底栖动物的繁殖及生产	
Ⅲ类	保持或基本维持鱼类和本地生物群落的健康及均衡	
Ⅳ类	一般市政及工业用水	
Ⅴ类	一般农业及景观用水	

对于具体的生态学基准指标而言，基准值是标准值确定的"起点"。通常，基于参照状态法推导而得的生态学基准值，在标准分类尺度中符合Ⅰ类或Ⅱ类标准。确定标准值时，根据推导基准值所采用的参照状态具体的生态完整性状况，选择将基准值作为Ⅰ类或是Ⅱ类标准值。

② 可达性分析。针对各级标准对应的指定用途，以及目标生态分区或水域的物理、化学及生态特性，分析其现状及达到各类指定用途时的预计状况，以及各项影响因素在目标水域达到指定用途时的大致水平。对于生态学基准指标而言，可达性分析着眼于生态学因素对目标水域达到指定用途的影响，以达到不同用途时目标指标的水平，作为各级标准的取值参考。

基于生态学评价的可达性分析主要包括以下内容：

Ⅰ. 生物资源调查：主要调查目标水域的水生生物现存状况，用以确定当前水体可满足的用途。可调查的生物类群包括鱼类、底栖生物、浮游生物及浅水植物等，同时可根据目标水域及数据资料的实际状况，只选择某些代表性类群进行调查。

Ⅱ. 生态健康评价：评价目标水体的生态系统健康状况，主要以生物多样性、敏感物种分布以及营养级结构等为评价依据。以此作为评价生态系统现状的基础。

Ⅲ. 生态潜力分析：重点关注生态系统的耐受性、恢复能力以及物种构成等，通过选取与目标水域有类似环境因子，但符合不同用途的水体作为参照，评价目标水域可能的生态变迁范围。

Ⅳ. 标准值的确定：根据前述步骤的评价及分析结果，选取合理的、有可利用的数据资料的、处于不同指定用途的参照水域，对参照水域的生态状况进行评价，并与目标水域相对比。依据对比结果，针对待确定生态学标准值的指标，确定该指标在目标水域达到各类指定用途时的大致水平，推荐为标准建议值。

3）基于模型方法的标准值确定　模型方法采用已有的数据资料确定标准值，可用的数据资料包括历史和文献资料以及为制定标准值所专门进行的小型生态调查所获取的资料。在实际工作中，当受人力等各种因素限制无法进行完整的生态调查，而有相关的数据资料时可采用模型方法。

① 采用经验压力-响应模型法的标准定值。模型方法中，优先建议使用压力-响应模型法。该方法的基础在于通过建立模型，描述环境梯度与相关的生态响应之间的关系，模型适用于环境梯度压力源与生态响应间的单因子效应及多因子交互作用。压力-响应模型方法需要目标水体生态学指标数据（对于生态学基准和标准而言，为生态完整性数据），以及相对应的环境梯度数据。其基本流程如图 6-12 所示。

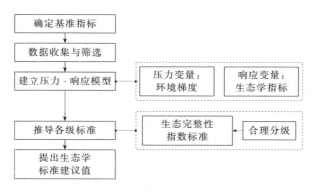

图 6-12　经验压力-响应模型法确定生态学标准值

压力-响应关系法属于推断统计方法，即利用现有生物调查数据建立污染物与生物完整性（生态系统）的回归模型，从而确定二者之间的压力-响应关系。生物调查数据属于响应变量，可以根据所属生态功能分区的不同生物用途取不同的分位数得到不同的生物完整性标准。根据污染物（如 COD、TN 等）和生物完整性指数之间的压力-响应曲线关系，通过所属生态功能分区不同的生物完整性标准值，可以推导出污染物的相应标准值。该方法的关键点在于选择合理的生态学相应指标。

② 采用频数分布法的标准定值。当数据资料不足，仅有生态学数据或仅有环境指标数据而无法建立压力-响应模型时，则采用频数分布法。该方法的流程如图 6-13 所示。

在生物调查数据相对较少或缺失的情况下，生态学标准值的确定可以采用频数分布法。频数分布法是对总数据按某种标准进行分组，统计出各个组内含个体的个数，再将各个类别及其相应的频数列出并排序的方法。生态学标准的频数分布技术方法包括 3 个部分：a. 计算生态功能相应分区内所有数据和参照点的频数分布百分率；b. 选取适宜标准指标频数分布的百分点位作为参照状态；c. 确定生态学的不同标准值。应用频数分布法进行标准值推导时，一般选取参照状态的上 25％及 10％频数的数值和流域全部点

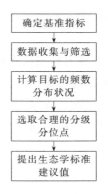

图 6-13　频数分布法确定生态学标准值

位的下 25％及 10％频数的数值，合并作为二级标准建议值。可同时考虑所属生态功能分区的经济、技术和社会因素，增加 5％、50％及 75％（90％）频数值作为五级标准建议值。该方法的关键点在于收集尽量多的数据资料，从而保证结果的可靠性更高。

（3）标准值的提出与校验

标准的制定需要同时考虑水质最优、污染物排放最小和污染治理费用最小这 3 个方面

的因素。针对不同生态功能分区提出的标准推荐值，需要由专家在考虑多种影响因素的情况下进行综合分析、解释和确定，通过专家决策，提出最终的标准值。标准值的校验则主要由地方政府根据实际状况开展。

6.4 典型案例分析

生态学基准体系已在多个示范流域完成应用，包括生态学基准的推导、校验，以及相关的室内实验及现场方法。

6.4.1 人工微宇宙体系

6.4.1.1 概述

本方法适用于基于不同生态系统功能分区的河流、湖泊（水库）以及河口水环境生态学基准（Ecological Criteria，或 Ecocriteria）的校验。基于高层次生态组织（群落，生态系统）的慢性毒性数据接近真实的自然环境，具有更高的生态学意义，以此为依据的生态学基准校验更具有生态现实性。微宇宙（Microcosm）也包括中宇宙（Mesocosm），指小生态系统或者是在实验室模拟的生态系统。与常规毒性试验相比，微宇宙是生态系统水平研究的有力工具，更接近真实的自然环境，其结果更能够表明受试材料的直接效应和间接效应，反映微宇宙系统内的补偿效应，并可用来校准实验室内的试验结果与野外观测结果间的差异，因此受到了科学家们的广泛关注。水生微宇宙主要包括水族箱系统、溪流微宇宙、池塘与水池式微宇宙、围隔水柱微宇宙、陆基海洋微宇宙及珊瑚礁和底栖生物微宇宙，可实现对河流、湖泊、河口及海洋各种类型水生态系统的模拟。微宇宙技术提供了在群落及以上水平研究污染物的生态效应及生态体系对污染物适应能力的重要方法，是化学品高层次水平危害评估、风险评价的重要方法。水生态基准的室内校验技术基于人工微宇宙中的压力-响应关系，通过判断受试生物的响应水平，校验已有生态学基准建议值的准确性。

6.4.1.2 主要内容与技术框架

基于人工微宇宙技术的水生态学基准校验技术流程见图 6-14，主要包括流域水环境生态学基准建议值的确定、微宇宙体系的构建、相关指标的筛选与测定及流域水环境生态学基准建议值的校验与评价 4 个方面，具体如下所述。

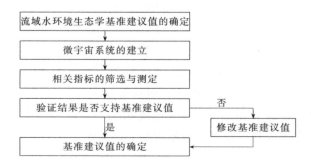

图 6-14 人工微宇宙体系进行水生态学基准值室内校验技术框架

（1）流域水环境生态学基准建议值的确定

基于合适的方法（生态完整性的压力-响应模型法、频数分布法）获得生态学基准阈值，并以此作为人工微宇宙实验的污染物浓度设置依据。

（2）微宇宙体系的构建

对流域代表性生物多物种、多生态参数的室内微宇宙模拟实验，以校验计算得到的基准值，微宇宙的构建需要基于本土代表性物种。此外，针对人工微宇宙体系健康运行困难、环境条件难以稳定控制等问题，因此构建过程中需利用温度和光照控制装置等模拟验证水域的温度、光照强度及光周期等自然环境条件；利用曝气泵补给溶解氧，使实验初始溶氧量维持在水体本底水平；定期补给营养盐，以满足浮游生物生长需求；实验过程中不仅需要记录生物指标，还需定时记录 pH 值、水温、光照、溶解氧和浊度等一切必要指标，各指标的获得主要依据国家相关的生物和水质等调查规范进行，其具体监测方法见表 6-9。

表 6-9　各指标监测方法

指标	监测方法
总氮	碱性过硫酸钾分光光度法 HJ 636—2012
总磷	钼酸铵分光光度法 GB 11893—1989
硝氮	紫外分光光度法 GB/T 5750.5—2006
亚硝氮	重氮偶合分光光度 GB/T 5750.5—2006
氨氮	水杨酸盐分光光度法 GB/T 5750.5—2006
可溶性正磷酸盐	钼锑抗分光光度《水和废水监测分析方法·第四版》
pH 值	玻璃电极法 GB 6920—1986
溶解氧	FireSting O_2 光纤式氧气测量仪
浊度	分光光度法 GB 13200—1991
叶绿素 a 含量	分光光度法 HJ 897—2017
叶绿素荧光参数	Water-PAM 水样叶绿素荧光仪
浮游生物的鉴定与计数	显微镜计数法 GB/T 12763.4，DB43/T 432—2009

（3）相关指标的筛选与测定

污染物基准建议值的室内校验的基础是将不同浓度污染物作为压力，测定相关指标的响应强度，通过建立合理的压力-响应关系，寻找生态阈值。微宇宙技术是生态系统层面的研究，因此，可构建污染物与生物指标之间从分子到群落结构特征的多水平压力-响应关系。

（4）流域水环境生态学基准建议值的校验与评价

将基于人工微宇宙实验获得的校验结果与基准建议值进行比较，如果校验结果支持基准建议值，两者之间无显著性差异，则确定基准推荐值；反之则需要修改基准建议值、考虑重新推导基准建议值或重新设计校验实验。

6.4.1.3　流域本土水生态微宇宙校验基准值的关键技术

（1）流域本土水生态微宇宙系统的构建

根据我国流域水生生物的区系组成，选择代表性的水质基准受试生物，建立基准受试生物的室内驯养及毒性试验技术，完成水生态学基准的微宇宙体系的构建是进行生态学基准值室内校验的关键。水生态系统中，浮游植物是水体环境中的初级生产者，处于营养金字塔的底层，其覆盖广、对环境变化响应敏感，群落结构与水环境因子关系密切。浮游动物作为次级生产者，是水生态系统食物网中的重要环节。浮游动物种类和数量的变化直接或间接地对较其营养等级较高（鱼类）和较低的水生生物（浮游植物）的种类、分布和丰度产生影响。浮游生物在水生态系统中具有独特的生态功能，可作为指示生物群落，利用浮游生物构建淡水微宇宙系统，对于探究污染物的生态效应具有重要意义。

微宇宙的构建需满足以下 2 个条件：

① 由于水质生态基准的制定具有明显的区域性，因此实验优先使用校验水域原水，若因条件限制无法获得，则使用与校验水域在地理上相近、环境和气候条件相似且水质相近的水体；

② 在微宇宙运行期间，环境条件（温度、光照强度、光照周期和溶解氧含量）和营养条件需得到保证。

（2）相关指标的筛选与测定

根据实验需求进行浓度设置。每种处理的最小理想重复数应根据同一处理中微宇宙体系之间的期望方差和使用假设检验可检测到的最小极差或点估计的最大可接受置信区间来计算。如果没有进行上述计算，建议 4 种处理时每种处理 6 个重复，5 种处理时每种处理 5 个重复。试验中应设置对照，如果添加受试物时使用了溶剂，还应设置溶剂对照。各微宇宙体系的摆放应遵循随机区组设计原则。

微宇宙运行过程中进行相关理化指标和浮游生物的分析与测定。获得的数据可进行单向的或双向的方差分析，t-检验和其他统计分析。建议在进行方差分析前，为满足方差分析对数据正态分布的要求，建议将浮游植物和浮游动物丰度数据分别进行对数转换。建议通过测定微宇宙中浮游植物和浮游动物群落结构的变化情况，建立压力-响应关系。针对浮游植物，采用优势度，蓝藻、硅藻、绿藻占比，增长速率、Shannon-Weaver 多样性指数、Pielou 均匀度指数、Margalef 丰富度指数和 Simpson 优势度指数对群落结构进行定量描述；同时，可采用浮游植物叶绿素 a 含量及叶绿素荧光参数等生理生化特征作为辅助指标。针对浮游动物，采用优势度，轮虫、枝角类、桡足类占比，Shannon-Weaver 多样性指数、Pielou 均匀度指数、Margalef 丰富度指数和 Simpson 优势度指数对群落结构进行定量分析。

1）微宇宙系统的浊度、pH 值、体积和营养盐（硝酸盐，亚硝酸盐，铵盐和可溶性正磷酸盐）等理化性质数据可在采样日当天获得。

2）溶解氧含量

$DOp. m. = DO_2 - DO_3$ 暗周期溶解氧消耗量 $DOp. m. = R$（呼吸作用）

$DOa. m. = DO_2 - DO_1$ 光周期溶解氧积累量 $DOa. m. = P$（净光合作用）

$DO = DO_3 - DO_1$ 溶解氧的 24h 变化

净光合速率/呼吸速率$(P/R) = (DO_2 - DO_1)/(DO_2 - DO_3)$

式中 DO_1——采样日前一天早上（光周期开始前）的溶解氧含量；

DO_2——采样日前一天傍晚（暗周期开始前）的溶解氧含量；

DO_3——采样日当天的早上（光周期开始前）的溶解氧含量。

3）浮游生物数据

① 浮游植物丰度

1L 水中浮游植物的数量（N）计算如下：

$$N = \frac{2C_s V}{F_s F_n U}$$

式中 C_s——计数框面积，mm^2；

F_s——每个视野的面积，mm^2；

F_n——观察时计数的视野数；

V——样品沉淀浓缩后的体积，mL；

U——计数框的容积，mL，一般取 0.1mL；

2——转换系数。

② 浮游动物丰度

1L 水中浮游动物的数量（N）用以下公式计算：

$$N = PV_1/V_0$$

式中 P——5mL 浮游动物计数板的计数结果；

V_1——为样品浓缩的体积；

V_0——采样体积。

③ 浮游生物群落多样性

运用 Shannon 多样性指数（H）、Pielou 均匀度指数（J）、Margalef 丰富度指数（M）和 Simpson 优势度指数对浮游生物数据进行分析。计算公式如下：

$$H = -\sum P_i \log_2 P_i$$
$$M = (S-1)/\log_2 N$$
$$J = H/\ln S$$
$$C = 1/\sum P_i \times P_i$$

式中 P_i——第 i 种的个体数与总体数的比值，$P_i = n_i/N$；

n_i——第 i 种个体数；

N——所有种个体数；

S——种类数。

6.4.2　临界指示物种分析法（TITAN）

临界指示物种分析法（TITAN）是将 CPA 和指示物种分析法相结合的一种既能确定生态阈值又能识别指示物种的非参数分析新方法。其原理是对群落中全部物种的环境因子（TN 或 TP）突变点进行比较，当有多个物种在一较小的浓度范围内同时发生相似响应时，该浓度范围即为群落的响应阈值。

以推导海河 N、P 基准为例：

① 压力变量：TN 或 TP（单位：TN mg/L，TP μg/L）。

② 响应变量：物种丰度（单位：浮游植物 cell/L）。

数据分析前首先对数据进行 lg10($x+1$) 转化以降低罕见种的影响，而且排除仅在 3 个以下样点中出现的物种。另外，TITAN 得出初步的物种突变点后，用自举抽样技术分析物种突变点的不确定性（uncertainty，即突变点分布与自举抽样所得数据集分布的相异程度，表征从抽样数据集中得到突变点的可能性）、纯度（purity，即自举重抽样中突变点的响应方向与所观察到响应方向一致的比例）和可靠度（reliability，即在自举抽样的数据集中能得出突变点的概率），最后以不确定性（$p<0.05$）、纯度（$\geqslant 0.95$）、可靠度（$\geqslant 0.90$）为依据确定 TN、TP 的指示物种。TITAN 方法的 R 程序由 Baker 和 King 编写，具体细节见参考文献：https：//doi.org/10.1111/j.2041-210X.2009.00007.。

6.4.3 基准值推导案例

6.4.3.1 海河流域

在海河流域采用压力-响应模型法，推导 TN、TP 基准值，具体推导中采用 TITAN 方法。

由 TITAN 计算出负响应（即响应变量随环境因子梯度增加而减少）物种 TN 阈值为 1.80mg/L，TP 阈值为 48.99μg/L（或 0.05mg/L）；正响应（即响应变量随环境因子梯度增加而增加）物种的 TN、TP 阈值分别为 3.30mg/L 和 86.69μg/L（或 0.09mg/L）。负响应阈值表征触发敏感种发生变化的阈值，而正响应阈值表征生物群落的耐受极限。

浮游植物群落负响应种（z^-）和正响应种（z^+）指示总分 Sum（z）对候选 TN、TP 突变点的响应曲线如图 6-15 所示，其中点-实线和点-虚线分别代表负响应种（-●-，z^-）和正响应种（-●-，z^+）的响应曲线，实线和虚线分别代表自举抽样突变点的累积频数分布。

以浮游植物响应结果为依据确定海河下游的 TN、TP 阈值，即：当河流 TN 浓度低于 1.80mg/L 或 TP 浓度低于 0.05mg/L 时（负响应阈值），河流浮游植物群落组成相对稳定；超过这一浓度阈值后，敏感种密度减少，当河流的 TN 浓度超过 3.30mg/L 或 TP 浓度超过 0.09mg/L 时（正响应阈值），耐受种也将受到明显影响，浮游植物群落组成会发生显著变化。据此标准，调查样点中约 73% 的样点 TN 浓度超过 TN 负响应阈值（1.80mg/L），54% 的样点超过正响应阈值（3.3mg/L）（图 6-16）；而超过 TP 负响应阈值（0.05mg/L）的点占 58%，超过 TP 正响应阈值（0.09mg/L）的点占 38%（图 6-17）。研究表明海河下游大部分支流受到比较严重的干扰。

同时，TITAN 还确定了 27 种 TN 指示物种其中负响应种 17 种，正响应种 10 种；27 种 TP 指示物种（其中负响应种 13 种，正响应种 14 种）。如图 6-18、表 6-10、表 6-11 所示。

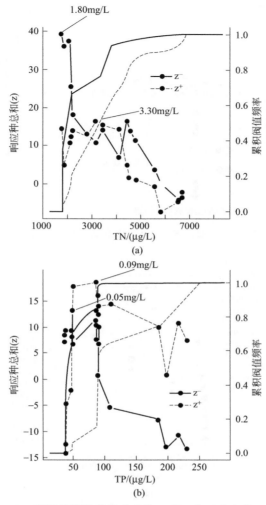

图 6-15　浮游植物群落负响应种（z^-）和正响应种（z^+）
指示总分 Sum（z）对候选 TN、TP 突变点的响应曲线

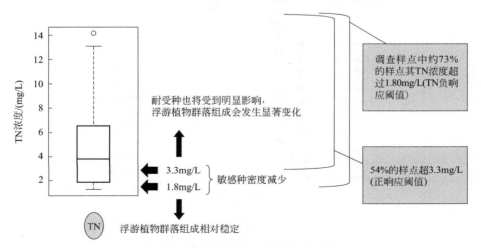

图 6-16　调查区域 TN 浓度范围和基准值示意

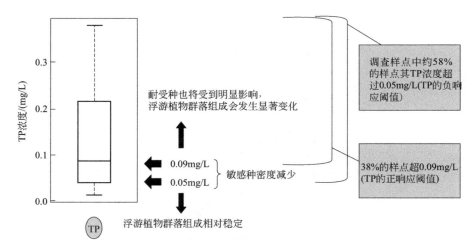

图 6-17 调查区域 TP 浓度范围和基准值示意

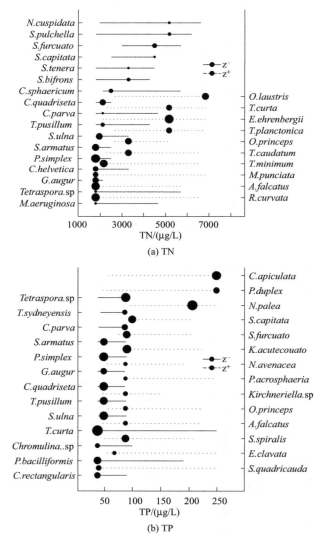

(a) TN

(b) TP

图 6-18 TITAN 分析得出的指示物种

——负响应物种的 95% 置信区间，……… 正响应物种的 95% 置信区间。

表 6-10　TN 指示种

负响应种			正响应种		
绿藻门	单角盘星藻	*Pediastrum simplex*	裸藻门	带形裸藻	*Euglena ehrenbergii*
绿藻门	被甲栅藻	*Scenedesmus armatus*	绿藻门	微小四角藻	*Tetraedron minimum*
硅藻门	尖顶异极藻	*Gomphonema augur*	绿藻门	镰形纤维藻	*Ankistrodesmus falcatus*
硅藻门	肘状针杆藻	*Synedra ulna*	蓝藻门	弯形尖头藻	*Raphidiopsis curvata*
绿藻门	四刺顶棘藻	*Chodatella quadriseta*	绿藻门	椭圆卵囊藻	*Oocystis laustris*
硅藻门	淡黄桥弯藻	*Cymbella helvetica*	蓝藻门	巨颤藻	*Oscillatoria princeps*
绿藻门	空星藻	*Coelastrum sphaericum*	绿藻门	具尾四角藻	*Tetraedron caudatum*
绿藻门	叉刺栅藻	*Scenedesmus furcuato*	裸藻门	扁圆囊裸藻	*Trachelomonas curta*
绿藻门	细小四角藻	*Tetraedron pusillum*	裸藻门	浮游囊裸藻	*Trachelomonas planctonica*
硅藻门	双菱藻	*Surirella bifrons*	蓝藻门	点形平裂藻	*Merismopedia punctata*
硅藻门	美小针杆藻	*Synedra pulchella*			
绿藻门	四孢藻	*Tetraspora. sp*			
蓝藻门	铜绿微囊藻	*Microcystis aeruginosa*			
硅藻门	软双菱藻	*Surirella tenera*			
硅藻门	急尖舟形藻	*Navicula cuspidata*			
硅藻门	头状针杆藻	*Synedra capitata*			
硅藻门	微细桥弯藻	*Cymbella parva*			

表 6-11　TP 指示种

负响应种			正响应种		
绿藻门	四孢藻	*Tetraspora. sp*	硅藻门	谷皮菱形藻	*Nitzchia palea*
裸藻门	扁圆囊裸藻	*Trachelomonas curta*	绿藻门	顶锥十字藻	*Crucigenia apiculata*
绿藻门	单角盘星藻	*Pediastrum simplex*	裸藻门	尖尾卡克藻	*Khawkinea acutecouato*
硅藻门	肘状针杆藻	*Synedra ulna*	硅藻门	头状针杆藻	*Synedra capitata*
绿藻门	四刺顶棘藻	*Chodatella quadriseta*	绿藻门	叉刺栅藻	*Scenedesmus furcuato*
绿藻门	细小四角藻	*Tetraedron pusillum*	绿藻门	二角盘星藻	*Pediastrum duplex*
裸藻门	杆形扁裸藻	*Phacus bacilliformis*	绿藻门	螺旋弓形藻	*Schroederia spiralis*
硅藻门	尖顶异极藻	*Gomphonema augur*	绿藻门	四尾栅藻	*Scenedesmus quadricauda*
绿藻门	被甲栅藻	*Scenedesmus armatus*	绿藻门	镰形纤维藻	*Ankistrodesmus falcatus*
硅藻门	微细桥弯藻	*Cymbella parva*	蓝藻门	巨颤藻	*Oscillatoria princeps*
绿藻门	直角十字藻	*Crucigenia rectangularis*	绿藻门	蹄形藻	*Kirchneriella. sp*
裸藻门	密刺囊裸藻	*Trachelomonas sydneyensis*	裸藻门	棒形裸藻	*Euglena clavata*
金藻门	单鞭金藻	*Chromulina. sp*	硅藻门	圆顶羽纹藻	*Pinnularia acrosphaeria*
			硅藻门	燕麦舟形藻	*Navicula avenacea*

　　基于频数分布法推导的海河流域的 TN 基准值为 1.91mg/L，TP 基准值为 0.04mg/L；基于 TITAN 方法推导的海河流域的基准建议值（以负响应阈值为基准推荐值）为 TN 1.80mg/L，TP 0.05mg/L。负响应阈值指示的是敏感物种开始发生变化的阈值，当 TP、

TN 浓度低于该值时，浮游植物群落能够保持相对稳定，当超过该值时敏感物种的密度会减少，因此本研究采用负响应阈值作为基准推荐值，能够更好地保护水生态系统的完整性。同时，也可以看出，基于两种方法得到的基准值相近，TN 基准值都在地表水环境质量Ⅳ类（1.5mg/L）和Ⅴ类（2.0mg/L）之间，TP 基准都在地表水环境质量Ⅰ类（0.02mg/L）和Ⅱ类（0.1mg/L）之间。

6.4.3.2 辽河流域

（1）浮游动物多样性指数（H）生态学基准值

推导过程采用频数分布法，所依据的生态学数据资料来源于对流域浮游动物群落的现场调查。

1）现场调查范围 研究期间，对辽河水系进行多次实地采样调查，采样范围覆盖整个辽河水系。采样点的名称及具体位置见表 6-12 及图 6-19。

表 6-12 辽河水系采样点位

所属河流	点位名称	点位纬度	点位经度	编号
浑河	大伙房水库上游	41°58′48″	124°23′13″	H1
浑河	大伙房水库及库外	41°52′33″	124°06′08″	H2
浑河	天湖大桥	41°52′49″	123°58′57″	H3
浑河	抚顺将军桥	41°52′09″	123°53′33″	H4
浑河	望花区和平桥	41°51′40″	123°47′0″	H5
浑河	沈阳浑河大桥	41°45′03″	123°26′35″	H6
浑河	沈阳浑河拦河坝	41°44′51″	123°26′16″	H7
浑河	北道沟浑河桥	41°22′37″	122°49′44″	H8
太子河	小北河桥	41°21′10″	122°51′50″	T1
太子河	本溪威宁大桥	41°20′23″	123°49′16″	T2
大辽河	三岔河大桥	41°00′21″	122°25′07″	D1
大辽河	田庄台辽河大桥	40°49′20″	122°08′25″	D2
大辽河	营口入海口	40°41′07″	122°12′31″	D3
辽河	王奔西辽河大桥	43°26′02″	123°35′47″	L1
辽河	胜利大桥	43°13′20″	123°33′22″	L2
辽河	王奔东辽河大桥	43°25′22″	123°43′22″	L3
招苏台河	赵家窝棚	43°13′35″	123°54′24″	L4
二道河	宝力北桥	42°55′55″	123°47′54″	L5
辽河	沙坑李	42°52′19″	123°35′25″	L6
招二交汇	段船房子桥	42°50′39″	123°40′53″	L7
辽河	通江口特大桥	42°36′59″	123°39′39″	L8
辽河	鲁家辽河大桥	42°11′17″	123°29′20″	L9
秀水河	公主屯大桥	42°10′16″	123°01′39″	L10
柳河	新柳大桥	42°00′16″	122°45′56″	L11
辽河	毓宝台特大桥	41°54′33″	122°54′13″	L12

所属河流	点位名称	点位纬度	点位经度	编号
辽河	红庙子辽河大桥	41°27′22″	122°37′19″	L13
辽河	盘锦大桥	41°10′23″	122°04′01″	L14
辽河	盘锦曙光大桥	41°07′29″	121°54′44″	L15
辽河	小崴子东	43°06′53″	123°32′29″	L16
辽河	孟家窝棚	42°40′06″	123°34′52″	L17

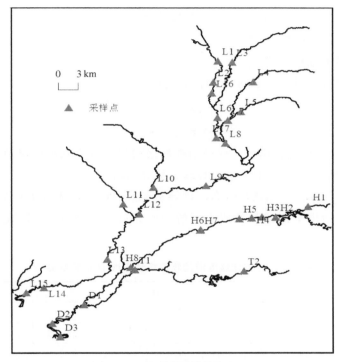

图 6-19　辽河水系采样点位

2）调查与分析方法　采用全国内陆水域水生生物和环境调查规范中的方法。定量样品采水 40L，用 25 号浮游生物网过滤，浓缩至 50mL，加福尔马林溶液固定后存于 100mL 标本瓶中，带回实验室镜检。各类后生浮游动物种类主要按照文献鉴定。在采集浮游动物的同时，记录各采样点的天气情况、气温、水温、pH 值、盐度、透明度。根据样品中浮游动物数目的多少全部计数或分小样计数。计数 2 次取平均值，且 2 次计数结果值与平均值相差不超过 15%，否则进行第 3 次计数。

1L 水中浮游动物的数量（N）用以下公式计算：

$$N = \frac{P \cdot V_1}{V_0}$$

式中　P——5mL 浮游动物计数板的计数结果；

V_1——样品浓缩的体积；

V_0——采样体积。

物种多样性指数采用 Shannon 指数（H）的计算公式：

$$H = -\sum P_i \log_2 P_i$$

$$P_i = n_i / N$$

式中　P_i——第 i 种的个体数与总体数的比值；

　　　n_i——第 i 种个体数；

　　　N——所有种个体数。

均匀度指数（J）采用 Pielou 的计算公式：

$$J = H / \ln S$$

式中　H——Shannon 指数；

　　　S——样品中总种类数。

丰富度指数（M）采用 Margalef 的计算公式：

$$M = (S-1)/\log_2 N$$

优势度 $Y = f_i \cdot P_i$，其中 f_i 为某个种出现的频率。

3）基准值推算　前期采用多年现场调查数据初步推算出基准建议值，随后采用后续调查数据，采用现场校验方法对其进行校验，最终给出基准值。

基准值的初步计算。根据频数分布法推导基准值的程序，选取辽河大伙房水库的几个站位作为参照点，给出全流域和参照点浮游动物多样性指数 H 的频数分布，如表 6-13 所列。

表 6-13　辽河流域浮游动物多样性指数 H 的频数分布

生态区域	百分数/%										
	5	10	15	20	25	50	75	80	85	90	95
辽河全流域	0.64	0.89	1.5	1.59	1.72	2.43	3.04	3.1	3.41	3.6	3.73
辽河参照点	0.91	0.91	1.12	1.4	1.53	1.85	2.58	2.78	2.88	2.95	2.95

按照频数分布法的流程，以全流域数值分布的下 15% 水平作为基准值，即其基准值为 $H = 3.41$。

基准值的校验。在推算出基准值后，又在同一季节以及同样的站位对辽河流域进行两次现场调查，并以现场调查数据为依据，对前述基准值进行校验。

各站点多样性指数 H 的分布如图 6-20、图 6-21 所示。

前期研究选推导得到 H 的基准值为 3.41，根据校验结果，可见基准值水平基本可以反映流域中流域健康较好的状况，于是基准值基本合理。

根据推导及校验结果，给出辽河流域浮游动物多样性指数 H 值的生态学基准值为 3.41。

（2）浮游植物多样性指数（H）生态学基准值

浮游植物多样性指数基准值的推导同样采用频数分布法，基准数据库及调查范围与 6.3.2.1 部分相同。

1）调查与分析方法　采集水样进行观测，直接取表层水 500mL，现场加入甲醛溶液

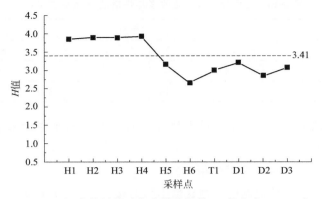

图 6-20 辽河流域浮游动物多样性指数 H 的分布（2011 年）

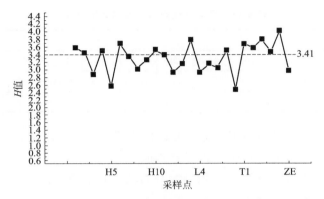

图 6-21 辽河流域浮游动物多样性指数 H 的分布（2012 年）

进行固定。采集的水样经沉淀后，利用虹吸法进行浓缩，然后取样在 $10×40$ 倍的倒置显微镜下观察，依据相关文献和标准方法确定浮游植物的种类。观察过程中，记录水样中浮游植物的种类名称及数量。各样品按要求采用视野法计数 2～3 次，最后取平均值。1L 水中浮游植物的数量（N）计算如下：

$$N = \frac{C_s}{F_s × F_n} × \frac{V}{U} × P_n × 2$$

式中　C_s——计数框面积，mm^2；

　　　F_s——每个视野的面积，mm^2；

　　　F_n——观察时计数的视野数；

　　　V——样品沉淀浓缩后的体积，mL；

　　　U——计数框的容积，mL，取值 $0.1mL$；

　　　P_n——计数得到的浮游植物总生物个体数；

　　　2——转换系数。

2）基准值推算

基准值的初步计算。根据频数分布法推导基准建议值的程序，选取辽河大伙房水库的几个站位作为参照点，给出全流域和参照点浮游植物多样性指数 H 的频数分布，如表 6-14 所列。

表 6-14　辽河流域浮游植物多样性指数 *H* 的频数分布

生态区域	百分数/%										
	5	10	15	20	25	50	75	80	85	90	95
辽河全流域	1.02	1.33	1.42	1.51	1.93	2.72	3.46	3.62	3.65	3.78	3.98
辽河参照点	1.08	1.08	1.2	1.35	1.48	2.11	3.02	3.04	3.09	3.12	3.12

按照频数分布法的流程，以全流域数值分布的下 15% 水平作为基准建议值，即其基准建议值为 $H = 3.65$。

（3）氨氮（NH_3-N）生态学基准值

采用频数分布法，基准数据库及调查范围与上述（1）部分相同。

辽河流域夏季氨氮的频数分布如表 6-15 所列。

表 6-15　辽河流域夏季氨氮的频数分布

指标	生态区域	百分数/%										
		5	10	15	20	25	50	75	80	85	90	95
氨氮/(mg/L)	辽河全流域	0.09	0.26	0.48	0.74	1.03	2.88	6.38	7.85	9.41	11.51	15.56
	辽河参照点	0	0.01	0.02	0.03	0.03	0.06	0.08	0.09	0.1	0.13	0.15

取全流域的上 25% 位点作为其生态学基准值，即 1.03mg/L 或 1030μg/L。

（4）总氮（TN）、总磷（TP）生态学基准值

TN、TP 的生态学基准值推导采用频数分布法，基准数据库及调查范围与上述（1）部分相同。

辽河全流域 TN 分布状况如图 6-22 所示。

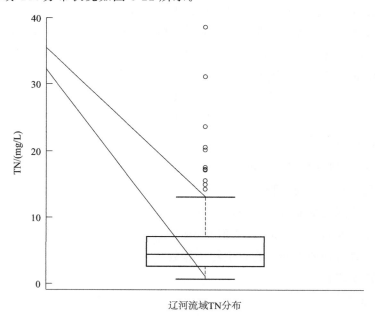

辽河流域TN分布

图 6-22　辽河全流域 TN 分布状况

采用频数分布法确定辽河 TN 基准（辽河全流域 2010 年监测数据）。辽河全流域 TN 频数分布法统计分析如表 6-16 所列。

表 6-16　辽河全流域 TN 频数分布法统计分析

百分位数/%	5	10	25	50	75	90	95
TN/(mg/L)	1.118	1.435	2.530	4.342	7.033	13.010	17.306

从图 6-22 及表 6-16 可以看出，辽河流域受人类干扰强烈，水体污染严重，为最大限度地保护辽河流域的水生态系统，选择 25% 分位数对应的 TN 值作为基准浓度比较合适，因此确定辽河流域的 TN 基准为 2530μg/L（2.530mg/L）。

辽河全流域 TP 分布状况如图 6-23 所示。

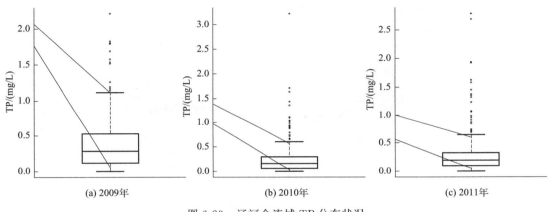

图 6-23　辽河全流域 TP 分布状况

采用频数分布法确定辽河 TP 基准（辽河全流域监测数据）。辽河流域 TP 频数分布法统计分析如表 6-17 所列。

表 6-17　辽河流域 TP 频数分布法统计分析

年份	百分位数/%						
	5	10	25	50	75	90	95
2009	0.027	0.045	0.117	0.280	0.520	0.802	0.995
2010	0.029	0.040	0.066	0.165	0.295	0.522	0.878
2011	0.029	0.043	0.100	0.190	0.330	0.480	0.866

从图 6-23 及表 6-17 可以看出，辽河流域水体污染严重，选择 25% 分位数对应的 TP 值作为基准浓度比较合适，2009～2011 年 TP 的基准浓度变化范围在 0.066～0.117mg/L，因此确定辽河流域的 TP 基准为 91μg/L（0.091mg/L）。

（5）COD_{Mn} 生态学基准值

采用频数分布法。推导辽河流域 COD 基准建议值的数据来源于辽河国控水质监测站多年的监测数据，辽河流域一共有 6 个监测断面，分布于辽河流域的几个主要河段。

基准值推算：辽河全流域各站位 COD 浓度分布状况如图 6-24 所示。

采用频数分布法，辽河全流域 COD 频数分布如表 6-18 所列。

第 6 章　水生态基准技术

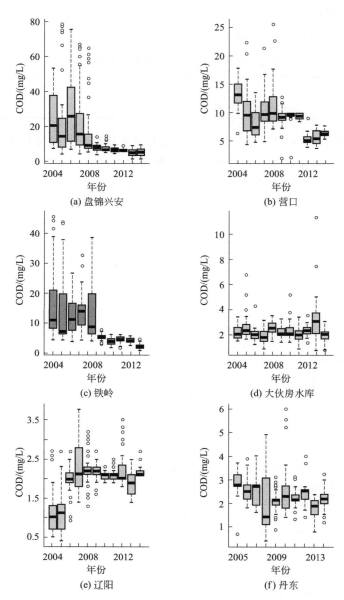

图 6-24　辽河全流域各站位 COD 浓度分布状况

表 6-18　辽河全流域 COD 频数分布法统计分析

百分位数/%	5	10	25	50	75	90	95
COD/(mg/L)	1.6	1.9	2.4	4.9	8.4	14	24

可得辽河流域 COD 基准建议值为 6mg/L。

6.4.3.3　太湖流域

（1）浮游动物多样性指数（H）生态学基准值

采用基于生态完整性的压力-响应方法推算该基准值，其中生态完整性采用综合指数法评估，再建立压力-响应模型计算基准值。

1) 计算步骤 综合指数法来源于美国环境保护局提出的生物学基准和营养物基准的制定方法，综合指数法计算流域水环境生态学基准的流程如图 6-25 所示。

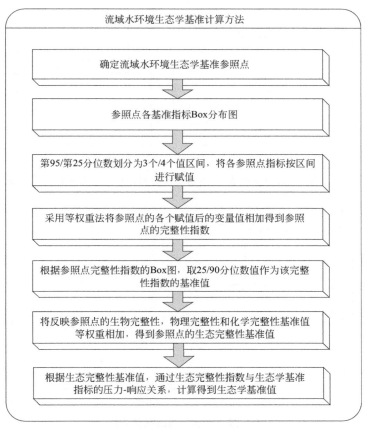

流域水环境生态学基准计算方法

确定流域水环境生态学基准参照点

参照点各基准指标Box分布图

第95/第25分位数划分为3个/4个值区间，将各参照点指标按区间进行赋值

采用等权重法将参照点的各个赋值后的变量值相加得到参照点的完整性指数

根据参照点完整性指数的Box图，取25/90分位数值作为该完整性指数的基准值

将反映参照点的生物完整性，物理完整性和化学完整性基准值等权重相加，得到参照点的生态完整性基准值

根据生态完整性基准值，通过生态完整性指数与生态学基准指标的压力-响应关系，计算得到生态学基准值

图 6-25　计算流域水环境生态学基准的综合指数法

具体步骤如下：

① 首先得到所确定的参照点的每个基准指标或变量的 Box 图，采用第 95/第 25 分位数划分 3 个/4 个值区间，将参照点的监测值同 Box 图比较得到该参照点每个基准变量的隶属区间，得到相应的值。

可分别采用第 95 百分位数或者第 25 百分位数为划分边界对参照点的分布区间进行划分（图 6-26）。当选择的参照点的受损害较小或比较接近自然状态时，可以选择第 25 百分位数作为划分边界，当选择的参照点与自然状态差距较远或包括受损害较大时，可以选择第 95 百分位数作为划分边界。

对参照点分布区域的划分包括三分法、四分法和标准分位数法（图 6-27）。

三分法是将参照点的分布区间划分为三部分，分别进行赋值 1、3 和 5，表示水体的生态完整性为"差、中和好"。四分法是将参照点的分布区间划分为四部分，分别进行赋值 1、2、3 和 4，表示水体的生态完整性为"差、一般、良好和优秀"。标准分位数法则是将监测值与第 95 百分位数所对应的参照点的值进行相除得到的比值，比值越大，说明与参照点的状态越接近。

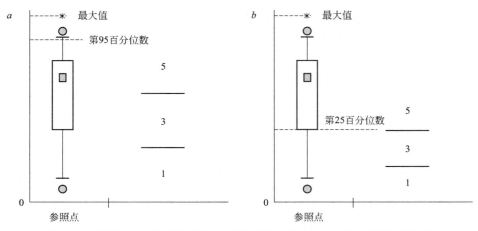

图 6-26　以第 95 百分位数或第 25 百分位数对参照点的分布区间进行分区

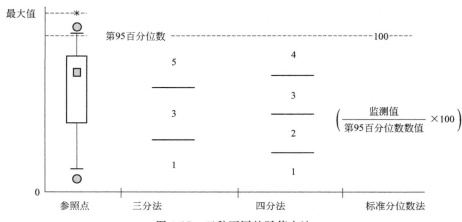

图 6-27　三种不同的赋值方法

② 将每个参照点的基准变量的赋值进行等权重相加，得到该参照点的完整性指数。

每个参照点的所有基准变量都可以通过与所有参照点的 Box 图进行对比后可得到赋值，采用等权重相加，可以得到每个参照点的一个综合完整性指数值。例如，浮游植物的基准变量指标通过相加后可以得到反映浮游植物完整性的数值。

③ 根据参照点完整性指数的 Box 图，取第 25/90 百分位数值作为该完整性指数的基准值。

④ 将反映参照点的生物完整性、物理完整性和化学完整性基准值等权重相加，得到生态完整性指数的基准值。

生态完整性指数包括生物完整性、物理完整性和化学完整性，因此理论上应该分别得到这 3 个方面完整性的基准参考值，然后通过等权重相加得到生态完整性指数的基准值。

⑤ 根据生态完整性基准值，通过生态完整性指数与生态学基准指标的压力-响应关系，计算得到生态学基准值。

首先根据全流域监测点的生态完整性指数与生态学基准指标的监测结果，建立二者之间的压力-响应关系模型，然后通过步骤④得到的生态完整性指数，通过压力-响应关系，外推计算得到生态学基准值。

选取表 6-19 中所列指标计算生态完整性指数。

表 6-19 生态完整性指数的指标构成

指标	单位	备注
理化完整性指标（Index of Water Integrity，IWI）		
ρ_{Cr}	mg/L	
ρ_{Cd}	mg/L	
ρ_{Cu}	mg/L	
ρ_{Pb}	mg/L	
ρ_{Zn}	mg/L	
浮游植物完整性指标（Index of Phytoplankton Integrity，IPI）		
蓝藻占比		蓝藻个体数量所占比例
绿藻占比		绿藻个体数量所占比例
硅藻占比		硅藻个体数量所占比例
多样性指数 H	无	使用 Shannon-Wiener 多样性指数
丰富度指数 D	无	使用 Margalef 丰富度指数
种类数	无	
浮游动物完整性指标（Index of Zooplankton Integrity，IZI）		
轮虫占比		轮虫个体数量所占比例
多样性指数 H	无	使用 Shannon-Wiener 多样性指数
丰富度指数 D	无	使用 Margalef 丰富度指数
种类数	无	
底栖动物完整性指标（Index of Benthic Integrity，IBenI）		
总物种数	无	
优势物种占比	无	
多样性指数 H	无	使用 Shannon-Wiener 多样性指数
鱼类完整性指标（Index of Fish Integrity，IFI）		
鱼类物种总数	无	
个体数	无	
多样性指数 H	无	使用 Shannon-Wiener 多样性指数

不同的指标，按照其特性以不同的标准将其分为三类区间，分别对应 1 分、3 分、5 分，以此作为赋值的依据。评分标准如表 6-20 所列。

表 6-20 评分标准

指标类型	赋值			备注
	1 分	3 分	5 分	
个体占比（包括蓝藻、绿藻、硅藻、轮虫）	<5%或>95%	5%～<25% 或>75%～95%	25%～75%	越接近参照点越佳
种类数多样性和丰富度	<5%	5%～25%	>25%	越高越佳
重金属的质量浓度	>95%	75%～95%	<75%	越低越佳

2）数据收集 浮游动物多样性指数基准值推导所依据的数据资料来源于对太湖流域的现场调查。采样点的名称及具体位置见表 6-21 及图 6-28。

表 6-21　太湖水系采样点位

所属湖区	点位名称	点位纬度	点位经度	编号
梅梁湾	犊山口	31°32′14″	120°13′12″	M1
梅梁湾	三山西	31°31′33″	120°11′11″	M2
梅梁湾	充山	31°31′09″	120°12′47″	M3
梅梁湾	闾江口	31°30′04″	120°08′05″	M4
梅梁湾	小湾里	31°29′49″	120°12′36″	M5
梅梁湾	托山	31°24′15″	120°10′48″	M6
梅梁湾	沙渚	31°23′46″	120°13′17″	M7
梅梁湾	T1	31°29′47″	120°11′15″	M8
梅梁湾	T2	31°28′03″	120°11′06″	M9
梅梁湾	马山环山河东	31°27′23″	120°08′06″	M10
五里湖	太湖节制闸	31°32′00″	120°15′01″	W1
五里湖	五里湖心	31°30′03″	120°15′01″	W2
贡湖	乌龟山	31°21′43″	120°13′47″	G1
贡湖	沙渚三千米	31°22′44″	120°14′53″	G2
贡湖	锡东水厂	31°25′59″	120°21′29″	G3
贡湖	沙墩港	31°26′19″	120°23′20″	G4
湖心区	椒山	31°20′55″	120°04′23″	X1
湖心区	T9	31°11′10″	120°03′43″	X2
湖心区	平台山	31°13′01″	120°05′05″	X3
湖心区	T10	31°22′54″	120°06′07″	X4
西南区	大雷山	31°07′37″	120°00′21″	N1
西南区	新塘港	31°02′13″	120°00′37″	N2
西南区	四号灯标	30°59′22″	120°08′07″	N3
西南区	小梅口	30°58′08″	120°07′25″	N4
西南区	泽山	31°03′17″	120°17′27″	N5
西南区	新港口	30°57′47″	120°07′59″	N6
西北区	T8	31°12′05″	120°00′07″	B1
西北区	大浦口	31°17′52″	119°57′41″	B2
西北区	T11	31°15′49″	119°59′46″	B3
西北区	沙塘港	31°26′04″	120°02′07″	B4
西北区	马山环山河西	31°26′27″	120°04′44″	B5
西北区	百渎口	31°27′36″	120°03′18″	B6
湖东滨岸区	漫山	31°14′56″	120°15′56″	D1
湖东滨岸区	胥口	31°12′30″	120°27′15″	D2
湖东滨岸区	太湖桥	31°10′14″	120°20′27″	D3
湖东滨岸区	东山	31°06′52″	120°24′21″	D4
湖东滨岸区	T3＋T4	31°11′11″	119°19′03″	D5
湖东滨岸区	T5＋T7	31°09′01″	120°22′39″	D6
湖东滨岸区	T6	31°07′02″	120°20′44″	D7

3）基准值推算

① 参照点的选择。根据太湖的内同性与外异性及地域完整性原则，以自然地理及水

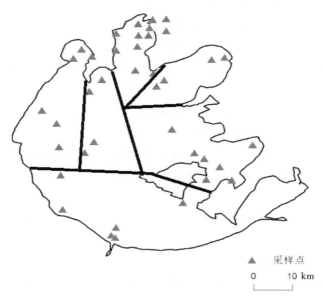

图 6-28　太湖水系采样点位

动力学特征为依据，将太湖分为东太湖、梅梁湖、贡湖、西南区、西北区、湖心区、东部滨岸区 7 个区域。

2002～2007 年历史资料研究表明太湖 TN、TP、COD_{Mn} 含量大小的空间分布特征明显，均为梅梁湖和西北区污染较严重；东太湖、湖东滨岸区湖水较清洁。这与太湖富营养化指数浓度的分布也相吻合。因此在选择参照点 RS 时，我们以东太湖和湖东滨岸区的采样点为 RS：T3＋T4、T5＋T7、T6。

② 参照点各基准指标的选择

Ⅰ. 理化指标（IWI）：铬（Ⅵ）、镉、铜、铅、锌。

Ⅱ. 浮游植物指标（IPI）：蓝藻％、绿藻％、硅藻％、多样性指数 H、优势度指数 D、种类数。

Ⅲ. 浮游动物指标（IZI）：轮虫％、多样性指数 H、优势度指数 D、种类数。

共计 15 个基准指标，满分 75 分。

做出夏冬两季各基准指标的 BOX 图。

③ 生态完整性指数计算　依据 BOX 图按照评分标准对各参照点评分。

采用等权重法将参照点的各个赋值后的变量值相加得到参照点的各完整指数（IWI、IZI、IPI）。

根据参照点完整指数的 BOX 图，取第 90 百分位数值作为该完整性指数的基准值。

将反映参照点的生物完整性，物理完整性和化学完整性基准值等权重相加，得到反映生态完整性 IEI 的基准值。

2009 年夏季太湖流域的生态完整性基准值：IEI＝IWI＋IPI＋IZI＝21＋30＋20＝71。

2009 年冬季太湖流域的生态完整性基准值：IEI＝IWI＋IPI＋IZI＝15＋30＋20＝65。

④ 太湖流域浮游动物多样性指数生态学基准

将太湖调查结果中,各个站点的浮游植物多样性指数对生态完整性指数进行拟合,得到生态完整性指数和浮游动物多样性指数之间的关系:

$$Y = 3.298 - 0.073X + 8.284 \times 10^{-4} X^2$$

将夏季太湖流域生态完整性基准值(X)代入上式,可得太湖流域浮游动物多样性指数的生态学基准值(Y)为 3.44。

(2)浮游植物多样性指数(H)生态学基准值

该生态学基准值的推导方法步骤及数据来源均与 4.3.3.1 部分相同,不做重复叙述。

将太湖调查结果中,各个站点的浮游植物多样性指数对生态完整性指数进行拟合,得到生态完整性指数和浮游植物多样性指数之间的关系:

$$Y = 1.673 - 1.503 \times 10^{-4} X^2 + 3.110 \times 10^{-6} X^3$$

将夏季太湖流域生态完整性基准值(X)代入上式,可得太湖流域浮游植物多样性指数的生态学基准值(Y)为 2.72。

(3)溶解氧生态学基准值

该生态学基准值的推导方法步骤及数据集亦与 4.3.3.1 部分相同。

将太湖调查结果中,各个站点的溶解氧含量对生态完整性指数进行拟合,得到生态完整性指数和溶解氧指数之间的关系:

$$Y = 0.002X^2 - 0.219X + 13.60$$

将夏季太湖流域生态完整性基准值(X)代入上式,可得太湖流域溶解氧指数的生态学基准值(Y)为 7mg/L。

6.4.4 基准值校验案例

6.4.4.1 营养物

(1)TN 生态学基准值的室内校验

1)概述 人类活动改变了营养物向水生态系统的输入,过量的营养物会造成富营养化现象日趋严重,浮游植物迅速繁殖,进一步通过食物链传递给其他生物,其基准值的确定对富营养化的改善具有重要意义。TN 不同于常规污染物,其本身并不具有毒性,但过量的氮会通过增加藻类生物量、改变生物群落等方式对水生态系统的结构和功能产生不利影响,因此其基准值的室内校验需要在水生态系统食物链营养级水平进行,以保证其科学性和有效性。

2)材料与方法 2018 年 5 月于海河流域大清河(117°19′38″E,38°59′49″N)采集表层水分装到 5L 烧杯(17cm×27cm)进行微宇宙的构建,体系维持在恒定 5L,利用过 0.45μm 滤膜的原水(避光储存)补给由于采样、蒸发等造成的损失。

水体理化性质见表 6-22、表 6-23。

表 6-22 实验所用水体营养盐背景值

营养盐	TP	PO_4^{3-}-P	TN	NO_3^--N	NO_2^--N	NH_4^+-N
含量/(mg/L)	0.0385 ±0.0026	0.0162 ±0.0008	0.7913 ±0.0723	0.3543 ±0.0396	0.0013 ±0.0003	0.0230 ±0.0018

表 6-23　实验所用水体其他理化性质背景值

指标	pH 值	浊度/度	叶绿素荧光参数		
			F_v/F_m	$Y(\mathrm{II})$	ETR
背景值	8.89±0.01	4.9683±0.9655	0.342±0.020	0.210±0.011	23.8±0.8

　　为维持微宇宙的健康运行，将微宇宙系统置于由水浴锅和温控机组组成的温度控制装置中，利用光照控制装置（由 LED 灯管、时间控制装置和强度控制装置组成）实现光照的补给及光周期的控制，运行体系见图 6-29。每个微宇宙系统通过曝气泵增加溶解氧含量。运行周期共 63d，分为适应期与实验期，其中−7d～0d 为适应期，在此期间按需补给 N、P，使 TN、TP 维持在水体本底水平。从第 0 天开始实验期，根据所设置的浓度水平添加 N、P，每周补给 3 次。共设 5 个 TN 浓度，利用 KNO_3 和 NH_4Cl（NO_3^--N 与 NH_4^+-N 质量比为 5∶1）进行 TN 的补给，浓度的设定主要依据《地表水环境质量标准》（GB 3838）及对海河流域进行生态学调查获得的结果。当出现 TN、TP 的积累大于等于设定浓度时停止添加，直到浓度降到低于设定浓度时再继续补充，使水体 TN、TP 浓度尽量维持在设定浓度。浓度设置如表 6-24 所列。

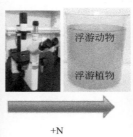
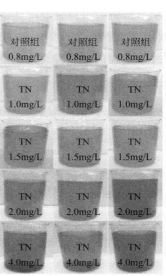

图 6-29　微宇宙运行体系

表 6-24　实验浓度设置

营养盐	TN/(mg/L)	TP/(mg/L)
对照组	背景值 0.8	
TN-1	1.0	
TN-2	1.5	背景值 0.04
TN-3	2.0	
TN-4	4.0	

　　从生态系统水平利用浮游生物群落层次的指标研究 TN 阈值。同时，利用理化指标作为辅助指标，监测微宇宙运行的健康情况及营养盐的供给情况。相关指标的测定方法及监测频率如表 6-25 所列。

表 6-25　相关指标测定方法和监测频率

指标	监测方法	测定频率
总氮	碱性过硫酸钾分光光度法 HJ 636—2012	每周 3 次
总磷	钼酸铵分光光度法 GB 11893—1989	每周 3 次
硝氮	紫外分光光度法 GB/T 5750.5—2006	背景值测定
亚硝氮	重氮偶合分光光度 GB/T 5750.5—2006	背景值测定
氨氮	水杨酸盐分光光度法 GB/T 5750.5—2006	背景值测定
可溶性正磷酸盐	钼锑抗分光光度《水和废水监测分析方法·第四版》	背景值测定
pH 值	玻璃电极法 GB 6920—1986	每周 1 次
溶解氧	FireSting O$_2$ 光纤式氧气测量仪	每周 1 次
浊度	分光光度法 GB 13200—1991	每周 1 次
叶绿素 a 含量	分光光度法 HJ 897—2017	每周 1 次
叶绿素荧光参数	Water-PAM 水样叶绿素荧光仪	每周 1 次
浮游生物的鉴定与计数	显微镜计数法 GB/T 12763.4，DB43/T 432—2009	浮游植物 每周 1 次 浮游动物 每两周 1 次

3）主要结果

① TN 对浮游植物群落的影响。浮游植物丰度在整体上呈现随培养时间和 TN 浓度的增加而增长的趋势（图 6-30）。7d 后开始出现组间差异（$p < 0.05$）；35d 后，TN 4.0mg/L 水平下浮游植物丰度显著增加（$p < 0.05$）。

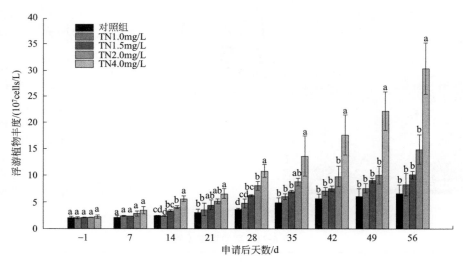

图 6-30　TN 对浮游植物丰度的影响

注：同一时间点不同处理中字母不同表示差异显著 $p < 0.05$；下同

利用广义加性模型（GAM）定量研究了 TN 对微宇宙体系内叶绿素 a 含量和浮游植物群落多样性的影响（图 6-31），结果表明：浮游植物叶绿素 a 含量和群落多样性与 TN 浓度之间的相关性在培养前期（14d 前）并不显著（$p > 0.05$），21d 开始达到显著水平（$p < 0.05$），最终多数指标与 TN 之间呈现极显著（$p < 0.001$）的线性相关（$R^2 > 0.7$），表现为随 TN 浓度提高，叶绿素 a 含量增加，群落多样性降低。

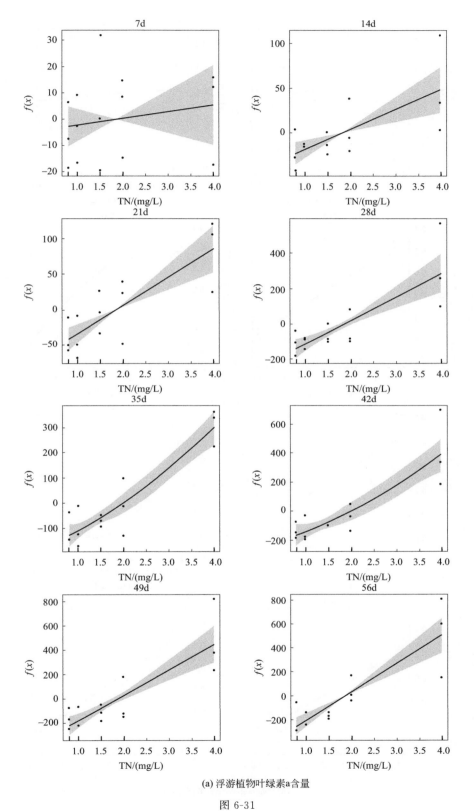

(a) 浮游植物叶绿素a含量

图 6-31

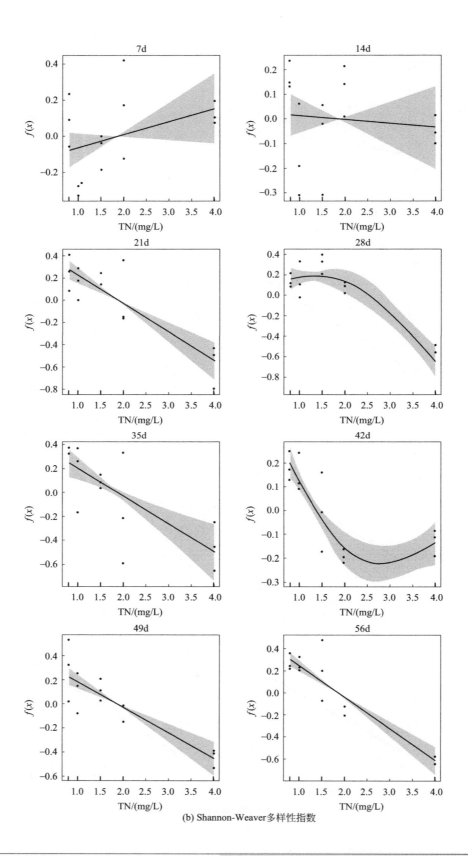

(b) Shannon-Weaver多样性指数

流域地表水环境质量基准技术手册

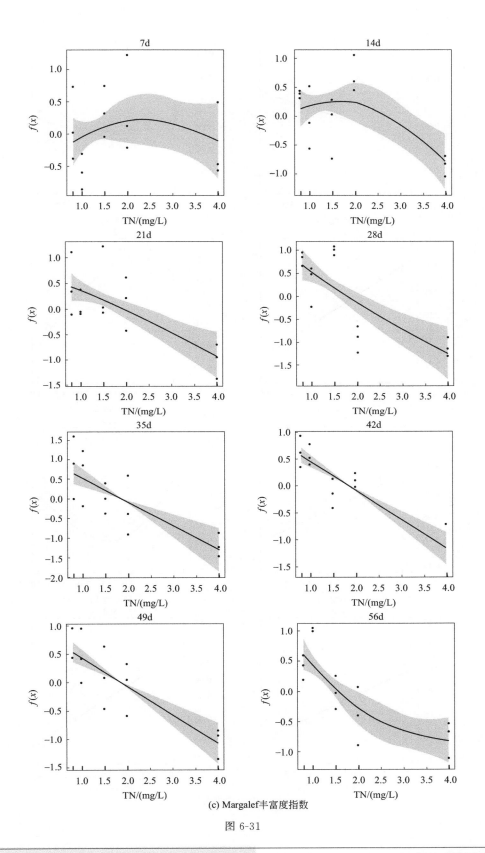

(c) Margalef丰富度指数

图 6-31

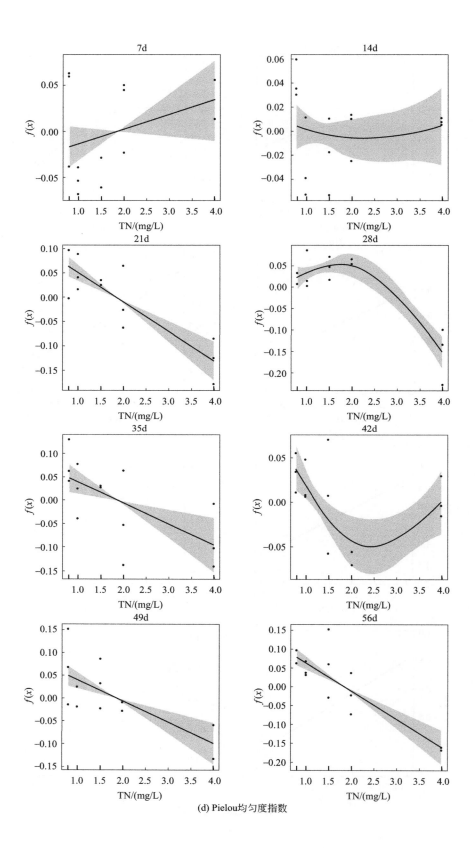

(d) Pielou均匀度指数

流域地表水环境质量基准技术手册

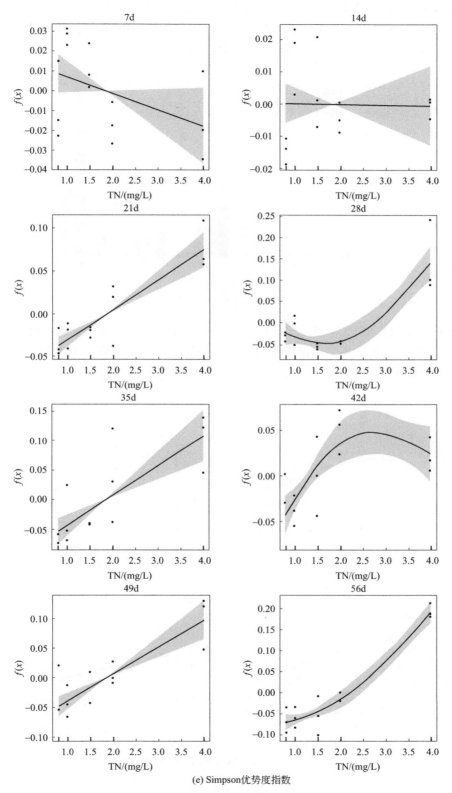

(e) Simpson优势度指数

图 6-31 不同时间点 TN 与浮游植物群落之间关系的 GAM 模型分析结果

② TN 对浮游动物群落的影响。浮游动物丰度的响应方式与浮游植物不同（图 6-32），添加少量的氮（TN 1.0mg/L 和 TN 1.5mg/L）可促进浮游动物数量的持续增长，TN 浓度超过 2.0mg/L 时，浮游动物丰度随培养时间的增加而降低。

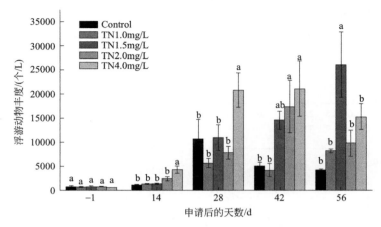

图 6-32　TN 对浮游动物丰度的影响

利用广义加性模型（GAM）定量研究了 TN 对微宇宙体系内浮游动物群落多样性的影响（图 6-33），结果表明：与浮游植物相反，浮游动物多样性在培养初期（14d 前）与 TN 浓度之间显著相关（$p<0.05$），之后差异不显著（$p>0.05$）。

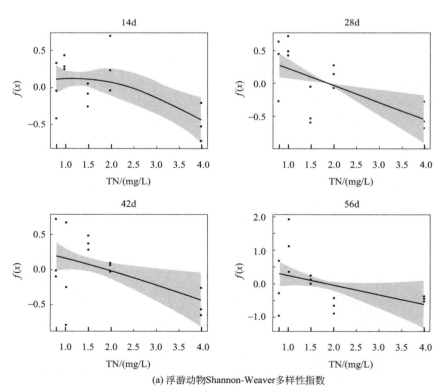

(a) 浮游动物Shannon-Weaver多样性指数

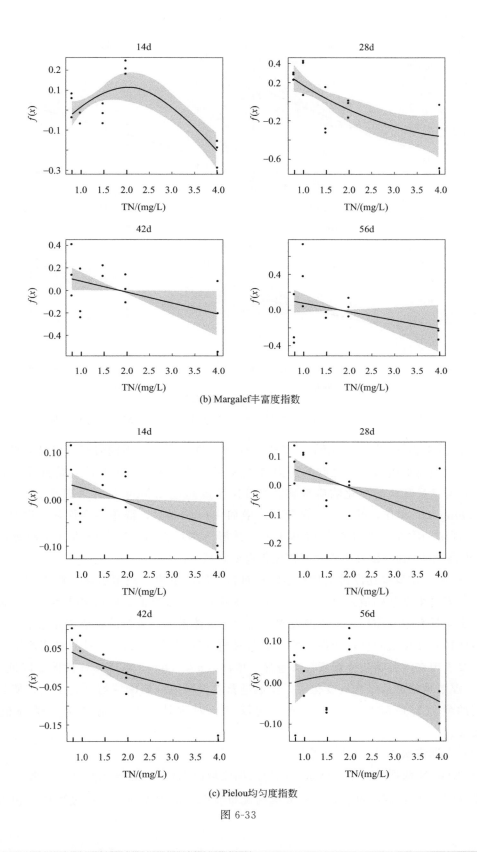

(b) Margalef丰富度指数

(c) Pielou均匀度指数

图 6-33

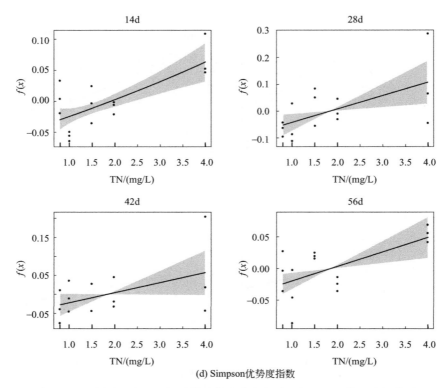

(d) Simpson优势度指数

图 6-33　不同时间点 TN 与浮游动物群落之间关系的 GAM 模型分析结果

③ 浮游生物群落的 TN 阈值。基于上述结果进一步构建不同时间点 TN 与叶绿素 a 含量和浮游生物群落多样性之间的压力-响应关系，结果表明：浮游植物是营养盐的直接利用者，对 TN 环境的变化响应敏感，当 TN 浓度超过 2.0mg/L 时（图 6-34），与对照（TN 0.8mg/L）相比，叶绿素 a 含量显著增加（$p<0.05$），群落多样性显著降低（$p<0.05$）。浮游动物是营养盐的间接利用者，其群落多样性对 TN 的响应并不敏感，但当 TN 浓度高达 4.0mg/L 时，与对照相比仍有所降低（图 6-35）。

4）小结　定量描述浮游生物群落结构对营养物的响应，制定引起浮游生物群落结构变化的营养物生态学阈值，对推导营养物水环境生态学基准值，约束水体污染，改善易受损水体水质具有重要作用。本研究发现，在微宇宙体系内，虽然浮游植物叶绿素 a 含量与群落多样性和 TN 之间呈现线性相关，但只有当 TN 超过 2.0mg/L 时与对照产生明显差异，主要表现在浮游植物叶绿素 a 含量显著增加（$p<0.05$），群落多样性明显降低（$p<0.05$）。浮游植物群落结构的变化进一步通过营养级联效应影响浮游动物丰度，使其随培养时间的增加有所降低。综上所述，建议 TN 对水体浮游生物的生态学阈值定为 2.0mg/L。

（2）太湖流域 NH_3-N 基准的校验

1）NH_3-N 数据的搜集与筛选　收集太湖流域内 NH_3-N 数据按照以下原则。

① 数据来源：真实可靠，由权威机构发布或在文献中发表，获取过程依照相关技术规范。

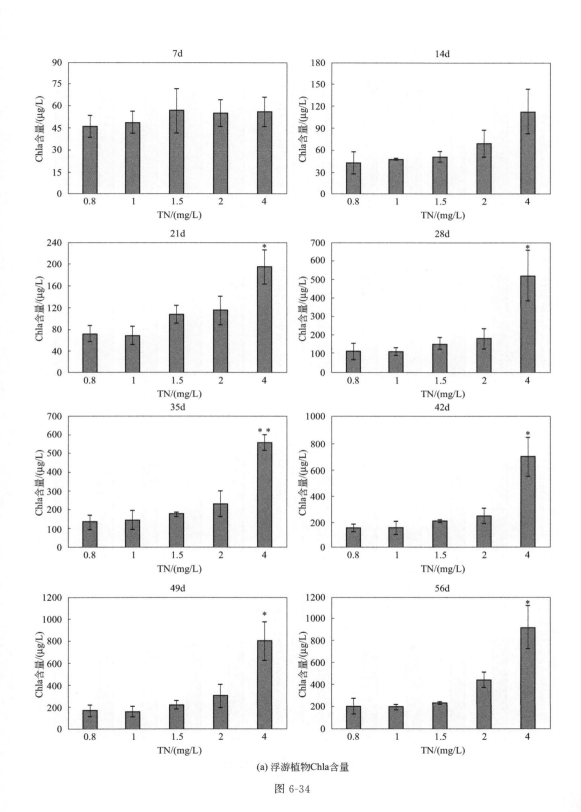

(a) 浮游植物Chla含量

图 6-34

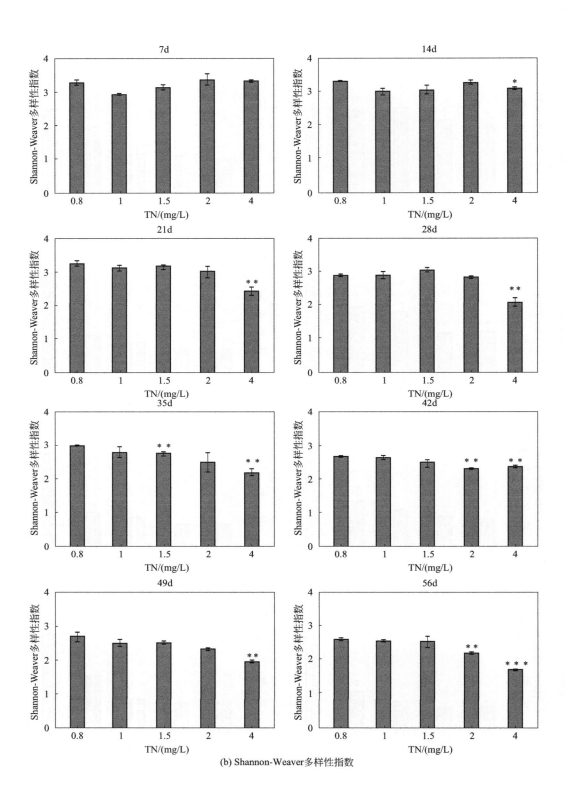

(b) Shannon-Weaver多样性指数

流域地表水环境质量基准技术手册

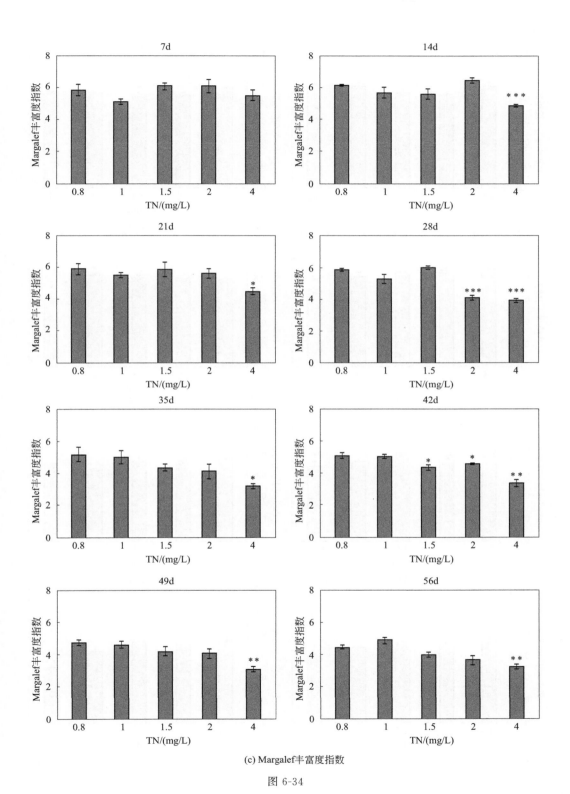

(c) Margalef丰富度指数

图 6-34

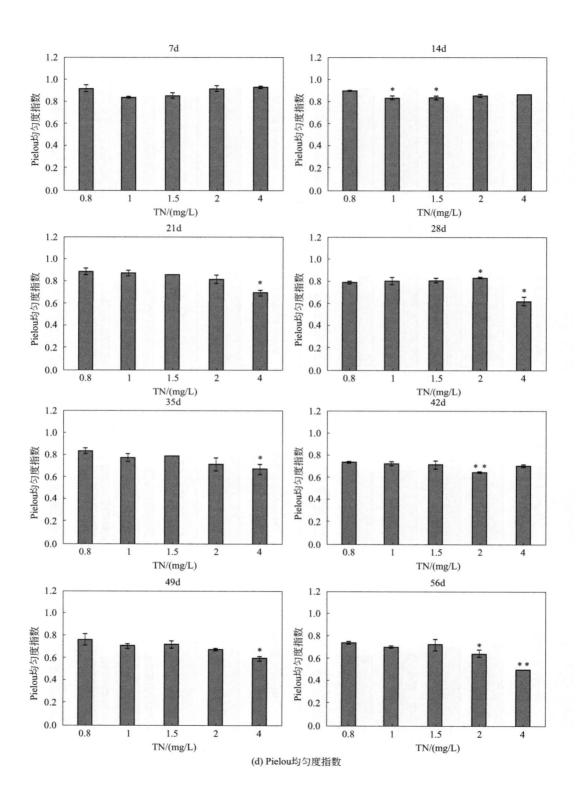

(d) Pielou均匀度指数

流域地表水环境质量基准技术手册

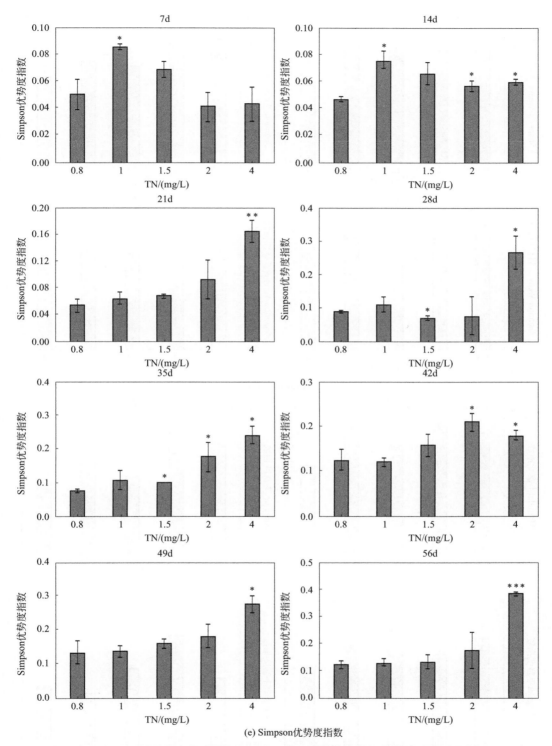

(e) Simpson优势度指数

图 6-34　不同时间点浮游植物叶绿素 a 含量和群落多样性指数对总氮的响应

$*$—$p<0.05$；$**$—$p<0.01$；$***$—$p<0.001$；下同。

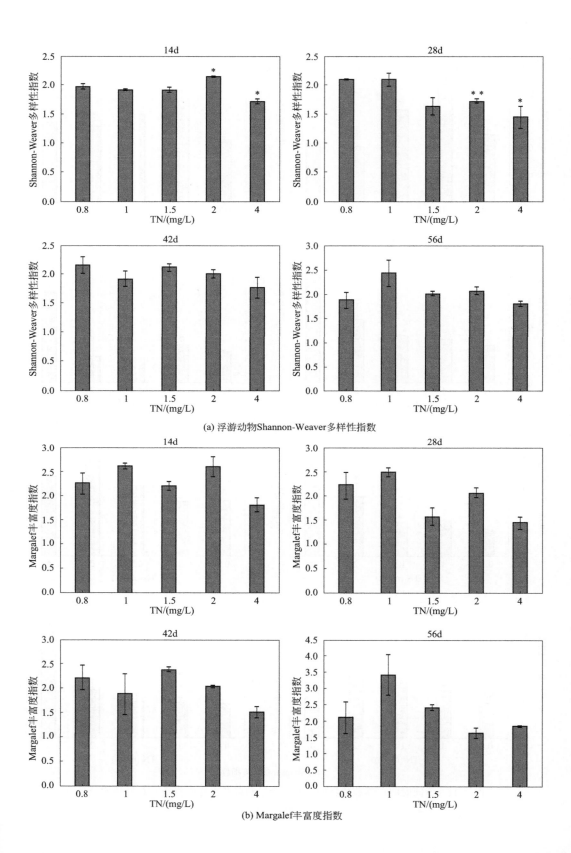

(a) 浮游动物Shannon-Weaver多样性指数

(b) Margalef丰富度指数

流域地表水环境质量基准技术手册

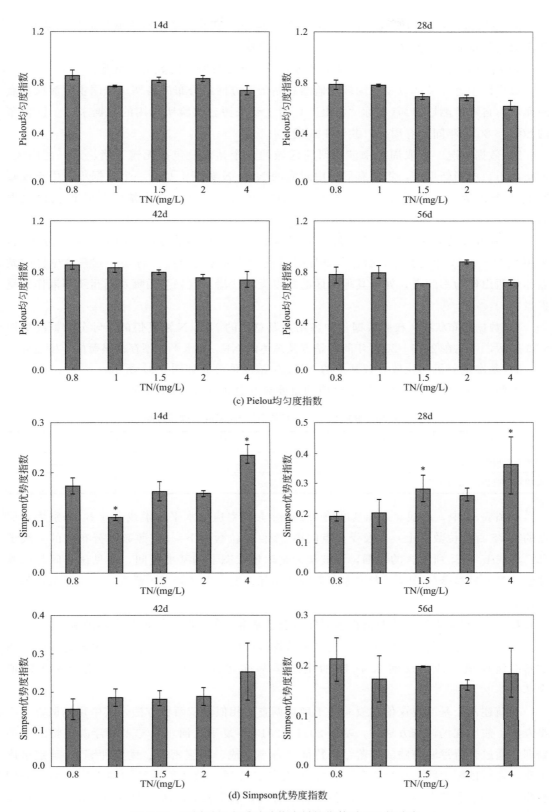

图 6-35 不同时间点浮游动物多样性指数对 TN 的响应

② 空间范围：太湖流域生态学基准值属于生态学基准分级中的流域层面生态学基准，所选取的数据需涵盖流域内的各种生态分区的数据。

③ 时间范围：用于校验的数据在时间上不与推导时所用的数据有重叠。

最终以生态环境部以及中国环境监测总站于官方网站公布的各期《全国主要流域重点断面水质自动监测周报》（后称"周报"）为主要来源。校验所采用的数据来源于已公布的 2015～2017 年间所有周报，共计 148 期。

2）数据概况　选取周报中涉及研究区域的 4 个站点，包括无锡沙渚、宜兴兰山嘴、苏州西山、湖州新塘港，将所有周报中对应的 NH_3-N 数据汇总为一个数据集，用于校验 NH_3-N 基准值。每期周报中每个站点有 NH_3-N 数据 1 条，除去缺失值共计获得数据 516 条。

3）基准校验方法　校验基准值时采用与推导过程相同的方法，即使用频数分布法，采用 2015～2017 年的数据，数据与推导时所使用的数据无重叠。将处于湖东滨岸区的站点苏州西山作为参照点，处于其他湖区的站点无锡沙渚、宜兴兰山嘴及湖州新塘港作为受损点。

4）数据分布状况　校验数据集中各站点及总体的 NH_3-N 浓度值的年际分布概况如图 6-36 所示，可见在 2015～2017 年间各站点及总体的 NH_3-N 水平并不存在显著的年度差异。

5）基准值分析与比较　各站点的 NH_3-N 浓度值分布如图 6-37 所示。

参照点和受损点的 NH_3-N 浓度值的重要频数分布如表 6-26 所列。

表 6-26　参照点及受损点的 NH_3-N 浓度值频数分布

百分位数/%	25	50	75	95
参照点对应值/(mg/L)	0.12	0.16	0.2	0.292
受损点对应值/(mg/L)	0.19	0.26	0.375	0.62

在图 6-37 中，虚线 a 为原基准值 0.24mg/L 所对应的水平，虚线 b_1、b_2 分别为参照点的第 75 百分位数（上）以及受损点的第 25 百分位数（下）。按照频数分布法的一般定义，虚线 b_1、b_2 所包含的范围，可被认为是理想状态下的基准区间，可见该区间与原基准值并没有较显著的差异。考虑太湖流域的实际情况，以及管理的需求，认为原基准值是合理的。

6.4.4.2　生态学指标：浮游植物多样性生态学基准值的校验（辽河与太湖流域）

研究人员已在前期研究中，得到浮游植物多样性指数（H）在辽河与太湖流域的生态学基准建议值，其中辽河水系 H 的生态学基准建议值为 3.65，太湖流域相应的值为 2.72。

对前述两个基准建议值的校验基于现场调查和相似流域两种方法，其中现场调查为主要方法。使用现场调查方法时，基于 2011～2013 年夏季辽河水系与太湖浮游植物的相关数据，通过分析浮游植物的群落结构特征（种类组成、细胞密度、优势种等），确定水体水质，之后依据生物多样性指数（H），结合各点位浮游植物群落结构的生物指标，分别校验已有的参照状态及生态学基准值。另一方面，收集相似河流、湖泊的研究资料，校验水环境中理化指标与浮游植物生物多样性指数指示水质的一致性。

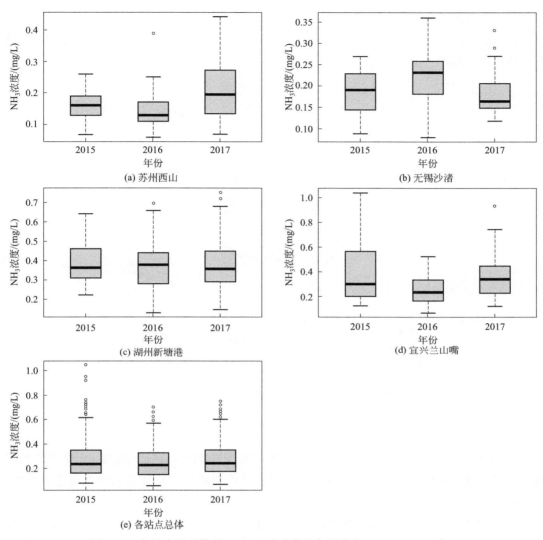

图 6-36 各站点及总体的 NH$_3$-N 浓度值的年际分布（2015～2017 年）

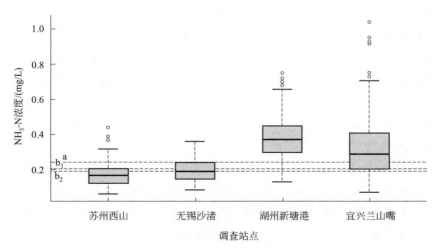

图 6-37 各站点 NH$_3$-N 浓度值的分布概况

（1）辽河流域

1）现场考察站位分布　在辽河水系共设置站位 28 个，于 2011～2013 年进行现场考察。站位分布如图 6-38 所示。

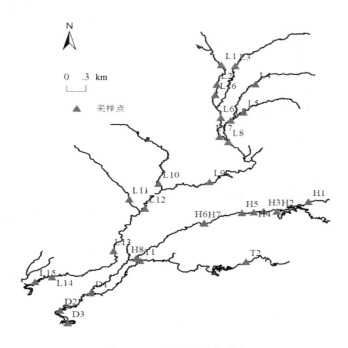

图 6-38　辽河流域站位分布

2）生态学基准值的校验　辽河水系前期研究选取 H2、H4、H6 与 L9 作为参照状态，采用频数分布法计算得到了辽河水系夏季浮游植物物种多样性指数的生态学基准值：$H=3.65$。

生态学基准的校验首先需要校验的是选取的参照状态是否合适，参照状态应受人类活动干扰最小并且具有区域代表性。浑河上游的 H2 点位（大伙房水库）理化指标好，受人类活动的污染少，是饮用型水库的典型代表。但由图 6-39、图 6-40 可以看出，该点位的浮游植物种类相对较少，细胞密度较低，H 值远小于浑河的其他点位。这种现象可能是因为该水库更多表现出湖泊型的特点，且受到人为保护性的干预，水质变化明显，因此设定河流生物多样性的生态学基准值时，认为该参照状态不合适。浑河中游的 H4、H6 两个参照状态均位于干流，水量大、水流急，具有河流的典型特征，且浮游植物种类较多，细胞密度较低，H 值较高（对比 2012 年之前已有的点位），故认为适合作为参照状态。

辽河中游的 L9 位于干流，且为辽河水量水流最大的点位之一，种类较多，细胞密度相对较低，且夏季的 H 值均较高，适合作为参照状态。如图 6-41 和表 6-27 所示。2012 年各采样点位中，共有 11 个点位的 H 值不低于 3.00（$H \geq 3$，可以认为水体处于轻度污染状态，生物群落复杂、稳定），其中 H 值最高的点位为 L6、L8、L11。由图 6-42 看出，几个点位的浮游植物种类多、细胞密度较低，群落结构指标显示水质较好。其中的 L6、

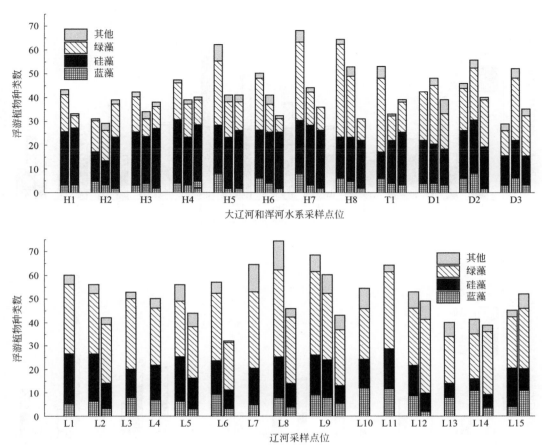

图 6-39   2011～2013 年夏季辽河水系各点位的种类组成

注：柱的个数>1 时，浑河（H）从左到右依次为 2011 年、2012 年、2013 年的数据，

辽河（L）依次为 2012 年、2013 年的数据

L8 位于辽河上游的干流，L11 位于辽河中游的支流。故新增采样点后，可增加 L6、L8、L11 三个辽河点位作为生态学基准值的参照状态。

由浮游植物生物多样性指数可知，H 与 J、D 均有良好的相关关系，故校验基准值时，可仅考虑 H 值。辽河水系 2009～2013 年夏季样品中，2012 年各点位的 H 值较高，尤其是辽河点位；浑河 2011 年的值最大；2009 年及 2010 年两年的采样点位较少，且得到的 H 值较为均匀。2011～2013 年夏季样品中，H 最大值为 3.56，小于建议基准值，但较接近，考虑多样性指数实际数值，认为原生态学基准值偏高，建议设定基准值的下限。按照确定的生态学基准的参照状态，基准下限的 H 值可选为 3.29。此时 2011 年夏季 3 个点位（H8、T1、L9）的 H 值达到基准要求，2012 年夏季 4 个点位（L6、L8、L9、L11）达到基准要求，2013 年夏季 H 的最大值为 2.92，且各点位值均较小，没有点位达到基准要求。

符合基准值的 7 个点位中，浮游植物种类较多，为所有样品中种类最多的；除 H8 点位外，其他 6 个点位的细胞密度相对较少，无绝对优势种。H8 点位中，共有 11 种优势种，优势种比较多，这是其密度较大的主要原因。这几个点位的群落结构是整个

第 6 章   水生态基准技术

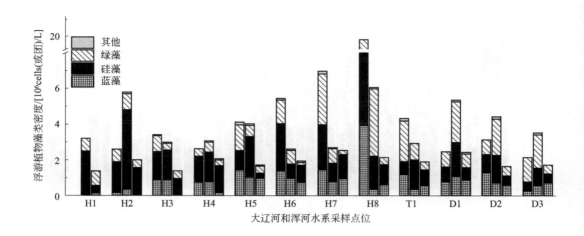

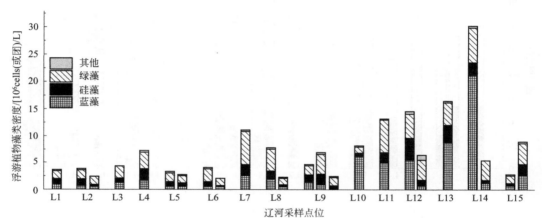

图 6-40 2011~2013 年夏季辽河水系各点位的细胞密度

注：柱的个数>1 时，浑河（H）从左到右依次为 2011 年、2012 年、2013 年的数据，

辽河（L）依次为 2012 年、2013 年的数据

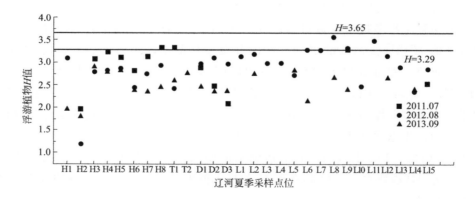

图 6-41 辽河水系夏季各点位的浮游植物物种多样性指数（H 值）

　　辽河水系中最为复杂、稳定的，满足保护浮游植物群落的要求，所以可将基准下限设

定为 $H=3.29$。认为 H 值在 $3.29\sim3.65$ 之间时浮游植物群落结构稳定，可以达到健康水平。

表 6-27　辽河水系各采样点浮游植物物种多样性指数

点位	2009.06	2010.07	2011.07	2012.08	2013.09	2012.12
H1				3.11	1.98	3.17
H2	2.11	1.43	1.96	1.18	1.82	2.38
H3		2.61	3.08	2.80	2.92	2.70
H4	2.58	2.68	3.24	2.81	2.81	2.81
H5		2.49	3.13	2.86	2.84	2.70
H6	2.52	2.53	2.84	2.45	2.40	2.48
H7			3.15	2.76	2.37	2.57
H8	2.56	2.31	<u>3.32</u>	2.94	2.45	2.79
T1			<u>3.32</u>	2.43	2.61	2.37
T2					2.77	
D1		2.67	2.92	2.99	2.48	2.00
D2	2.49	2.60	2.48	3.11	2.37	1.87
D3	2.08	2.20	2.09	2.97	2.37	1.80
L1				3.14		1.45
L2				3.19	2.75	
L3				2.99		1.69
L4				3.00		2.17
L5				2.73	2.82	1.82
L6				<u>3.29</u>	2.13	1.99
L7				3.28		1.92
L8				<u>3.56</u>	2.67	1.79
L9	2.55	2.81	<u>3.30</u>	<u>3.32</u>	2.40	2.15
L10				2.48		2.34
L11				<u>3.49</u>		2.46
L12				3.15	2.67	1.82
L13				2.91		1.64
L14				2.36	2.40	2.19
L15	2.08	2.77	2.55	2.85		1.46
L16						2.72
L17						1.59

注：划线数字，其 H 值达到基准要求。

3）校验结果　前期研究选取站点 H2、H4、H6 与 L9 作为参照状态，推导得到 H

值的基准值为 3.65，根据校验结果，需要对基准建议值做出调整：

① 将 H2 站位从参照状态中去除；

② 依照各参照点的指标水平，增设基准值下限 3.29，将基准值调整为 3.29～3.65。

（2）太湖流域

1）现场考察站位分布　在太湖流域共布设站位 39 个，如图 6-42 所示。

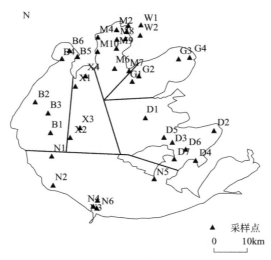

图 6-42　太湖流域站位分布

2）生态学基准值的校验　前期研究依据 2002～2007 年太湖的历史数据，选取水质较为清洁的湖东滨岸区点位（T3、T5、18、T6、7）作为参照点。采用 2009 年与 2010 年的夏季野外调查数据，由生态完整性指数外推得到了浮游植物物种多样性指数的生态学基准值 $H=2.72$；由频数分布法计算得到的浮游植物物种多样性指数的生态学基准值 $H=2.77$。

校验时采样点位与 2009～2010 年相比增加较多，且 18（D2）、T6（D7）仍划为湖东滨岸区，T3 与 T4 合并为 T3+T4（D5）、T5 与 T7 合并为 T5+T7（D6），4 个点位位于湖东滨岸区。点位 7（N5），划为西南区。考虑太湖湖面广阔，水体完全交换较为困难，故对太湖进行分区校验。湖东滨岸区在近三年夏季采样过程中，水质仍为较优区域，且由图 6-43～图 6-45 可以看出，浮游植物种数相对较多，密度相对稍低，认为作为基准的参照状态合适，但参照状态较多，可减少 2 个。西南区设置 6 个点位，点位 N5 在各年份的水质变化较大，并在 2011 年夏季达到了重度污染的水平，其种类少于 N1、N3（图 6-43），物种多样性指数也远小于 N1、N3 点位（图 6-45），故建议将参照状态改为点位 N1 与 N3。2012 年及之后，总采样点增加较多，且贡湖、西北区的许多点位中浮游植物种数多，密度相对较低（如 G3、B6）。故建议在水质较好的贡湖、西北区分别选取 2 个参照状态。梅梁湾、湖心区浮游植物群落结构较为简单，且优势种优势明显，故建议分别设置 1 个参照状态。

由表 6-28 及图 6-44 可知，2011～2013 年夏季太湖共采集 77 个样品，其中 $H \geqslant 2.77$ 的点位共有 3 个，$H \geqslant 2.72$ 的点位共有 4 个。2011 年夏季 H 值均较低，没有点位超过

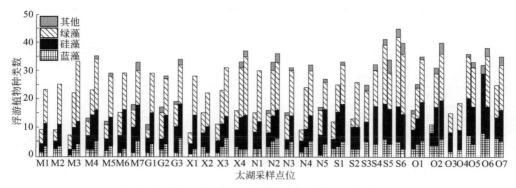

图 6-43　2011～2013 年夏季太湖各点位的浮游植物种类数

注：柱的个数＞1 时，从左到右依次为 2011 年、2012 年、2013 年的数据

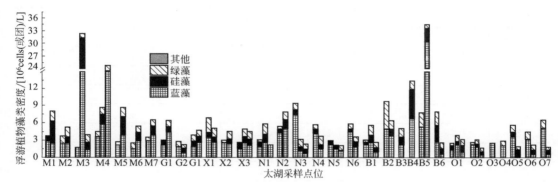

图 6-44　2011～2013 年夏季太湖各点位的细胞密度

注：柱的个数＞1 时，从左到右依次为 2011 年、2012 年、2013 年的数据

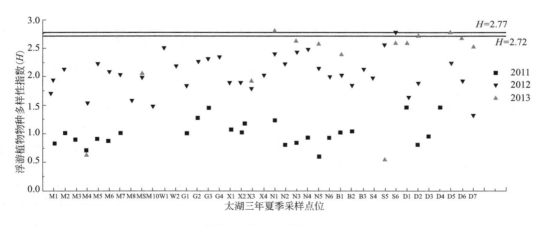

图 6-45　太湖夏季浮游植物物种多样性指数

2.72；2012 年只有 1 个点位超过 2.72（B6）；2013 年有 3 个点位不低于 2.72（N1、D2、D5）。4 个点位均为已有的参照状态或建议新增的参照状态，各点位中浮游植物种类丰富，密度较低，优势种的优势度小。

表 6-28　太湖各采样点浮游植物物种多样性指数

点位	2009.06	2010.07	2011.06	2012.09	2013.09	2013.03	2014.02
M1	0.82		0.82	1.95			
M2	2.25	_2.88_	1.01	2.12			
M3	1.99	2.62	0.92	0.94	2.26	2.12	2.32
M4	2.3	_3.09_	0.69	1.53	0.64	1.89	2.4
M5	2.4	2.6	0.9	2.23			
M6	_2.47_	2.59	0.88	2.1			
M7	1.65	2.3	1.01	2.04			
M8	1.89	2.47		1.59			
M9	2.09	_2.94_		1.97	2.05	2.26	2.67
M10				1.5			
W1				2.5		1.26	
W2				2.18			
G1	1.68	2.11	0.99	1.84			
G2			1.29	2.27			
G3			1.45	2.29			2.22
G4				2.35			
X1	1.35	0.86	1.06	1.9			2.58
X2	1.76	2.57	1.02	1.89			
X3	1.05	2.07	1.13	1.77	1.93	1.62	
X4	2.01	2.47		2.02			
N1	0.97	2.53	1.24	2.41	_2.78_		
N2	2.14	2.42	0.8	2.24			
N3	1.35	2.44	0.83	2.43	2.63		
N4	1.36	2.44	0.92	2.45			2.24
N5	0.66	2.77	0.6	2.13	2.59	1.77	2.3
N6			0.93	2			2.56
B1	1.67	2.33	1.03	2.04	2.4	1.37	1.95
B2			1.05	1.84			
B3				2.13			
B4				1.97			
B5				2.54	0.55		
B6				_2.78_	2.6		
D1	1.71	0.95	1.45	1.64	2.59	1.81	2.1
D2	1.85	2.52	0.8	1.9	_2.72_	1.47	2.38
D3			0.94				
D4			1.45				
D5	1.4	2.29		2.23	_2.77_	1.9	2.15
D6	0.7	2.03		1.91	2.68	1.71	2.01
D7	1.66	2.49		1.31	2.54	1.74	2.34

注：划线数值代表超出太湖浮游植物多样性指数基准值的点位。

分析 2011～2013 年夏季物种多样性指数的变化趋势（图 6-46），逐年增长的趋势明显（浮游植物的种数也呈逐年增长的趋势），这一方面指示浮游植物多样性以及群落复杂程度的增加，另一方面也提示我们可设定严格的生物多样性的生态学基准值，促进太湖水体水质的进一步好转。

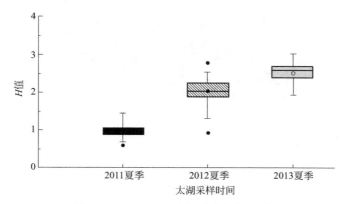

图 6-46 2011～2013 年夏季太湖 H 值

3）校验结果 前期研究选取湖东滨岸区的 D2、D5、D6、D7 与西南区的 N5 作为参照点，推导给出生态学基准建议值 2.72。根据校验结果，基准建议值水平是合理的。

6.4.4.3 复合污染指标

（1）溶解氧生态学基准的室内校验

溶解氧是维持水生生物生存不可缺少的条件，其在水生生态系统中发挥着极为重要的生态学作用。我国长期执行的溶解氧基准来自于 USEPA 等机构公布的结果，由于生态学基准具有区域性，需结合我国水环境及水生生物特点对其进行校验。

1）方案设计 以鲤科鱼类斑马鱼作为受试生物，研究不同水平溶解氧对斑马鱼静止代谢、呼吸代谢相关酶（琥珀酸脱氢酶 SDH、乳酸脱氢酶 LDH）及抗氧化防御系统关键酶（过氧化氢酶 CAT、超氧化物歧化酶 SOD、谷胱甘肽过氧化物酶 GSH-PX）的影响，应用压力-响应模型方法校验分析已有的溶解氧基准值对斑马鱼的适用情况（表 6-29）。

表 6-29 溶解氧基准值对斑马鱼的适用情况（USEPA）

项目	冷水水域/(mg/L)		温水水域/(mg/L)	
	生命早期阶段[1]	其他	生命早期阶段	其他
30d 平均	—	6.5	—	5.5
7d 平均	9.5(6.5)	—	6	—
7d 平均最小值		5		4
1d 最小值[2]	8(5)	4	5	3

[1] 早期生命阶段包括胚胎及孵化时间小于 30d 的幼体。

[2] 1d 最小值适用于溶解氧急剧变化的环境，最小值是指 1d 中任何时刻获得的瞬时浓度。

2）实验结果

① 静止代谢率。控制溶解氧水平，测定斑马鱼的静止代谢率，结果如图 6-47 所示。

② 呼吸代谢酶。设置溶解氧梯度，测定在各个水平下斑马鱼各种呼吸代谢酶的活性，

239

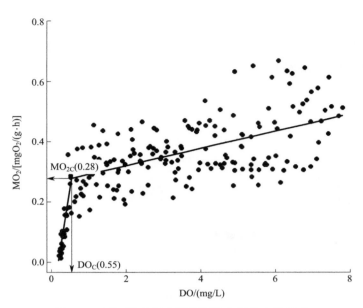

图 6-47 不同溶解氧水平下斑马鱼的静止代谢率

一系列结果如图 6-48、图 6-49 所示。

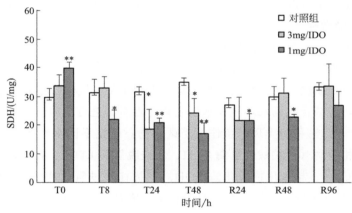

图 6-48 溶解氧水平对斑马鱼内脏团 SDH 酶活性的影响

*—与对照组相比有显著差异；**—与对照组相比有极显著差异。下同。

③ 抗氧化酶活性。设置溶解氧梯度，测定在各个水平下斑马鱼各种抗氧化酶的活性，一系列结果如图 6-50～图 6-52 所示。

3）校验结果 由斑马鱼静止代谢率实验可得，斑马鱼的临界氧浓度为 0.55mg/L；而各组酶活性实验表明，斑马鱼的临界氧浓度为 1mg/L。综合校验实验的结果可知，可将溶解氧生态学基准建议值调整为 1mg/L。

（2）辽河流域 COD 生态学基准值校验

1）COD 数据的搜集与筛选 收集辽河流域内 COD 数据按照以下原则。

① 数据来源：真实可靠，由权威机构发布或在文献中发表，获取过程依照相关技术规范。

② 空间范围：辽河流域生态学基准值属于生态学基准分级中的流域层面生态学基准，

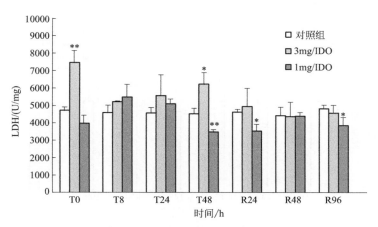

图 6-49　溶解氧对斑马鱼内脏团 LDH 酶活性的影响

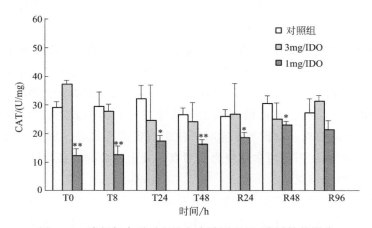

图 6-50　溶解氧水平对斑马鱼内脏团 CAT 酶活性的影响

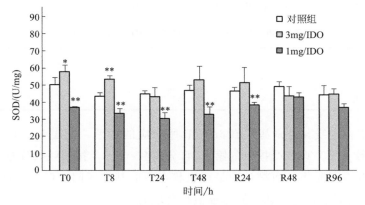

图 6-51　溶解氧水平对斑马鱼内脏团 SOD 酶活性的影响

所选取的数据需涵盖流域内的各种生态分区的数据。

　　③ 时间范围：用于校验的数据在时间上不与推导时所用的数据有重叠。

　　2）数据概况　以生态环境部以及中国环境监测总站于官方网站公布的各期《全国主

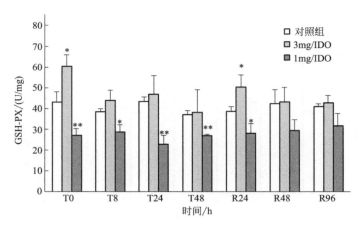

图 6-52　溶解氧对斑马鱼内脏团 GSH-PX 酶活性的影响

要流域重点断面水质自动监测周报》（后称"周报"）为主要来源。校验所采用的数据来源于已公布的 2015～2017 年间所有周报，共计 148 期。

选取周报中涉及研究区域的 5 个站点，包括抚顺大伙房水库、辽阳汤河水库、盘锦兴安、铁岭朱尔山及营口辽河公园，将所有周报中对应的 COD 数据汇总为一个数据集，用于校验 COD 基准值。每期周报中每个站点有 COD 数据 1 条，除去缺失值共计获得数据 572 条。

3）基准校验方法　校验基准值时采用与推导过程相同的方法，即使用频数分布法，采用 2015～2017 年的数据，数据与推导时所使用的数据无重叠。将处于两大支流上游的站点抚顺大伙房水库和辽阳汤河水库作为参照点，处于下游的站点盘锦兴安、铁岭朱尔山及营口辽河公园作为受损点。

4）数据分布状况　校验数据集中各站点及总体的 COD 值的分布概况如图 6-53 所示，可见在 2015～2017 年间各站点及总体的 COD 水平并不存在显著的年度差异。

5）基准值分析与比较　各站点的 COD 值的分布如图 6-54 所示。

参照点及受损点的 COD 值的重要频数分布如表 6-30 所列。

表 6-30　参照点及受损点的 COD 值频数分布

百分位数/%	25	50	75	95
参照点对应值/(mg/L)	1.80	2.10	2.38	2.90
受损点对应值/(mg/L)	3.8	5.35	6.3	7.3

在图 6-54 中，虚线 a 为原基准值 6mg/L 所对应的水平，虚线 b_2、b_1 分别为参照点的第 75 百分位数（下）以及受损点的第 25 百分位数（上）。按照频数分布法的一般定义，虚线 b_1、b_2 所包含的范围，可被认为是理想状态下的基准区间。但考虑辽河流域的实际情况，以及管理的需求，仍然认为原基准值是合理的。

另一方面，近年各站点监测数据的分布显示，辽河流域 COD 值总体呈下降趋势，如图 6-55 所示。

因此在适当的时机可以考虑将基准值降为 5mg/L，与另一重点流域太湖的基准值持平，可得校验结论：

流域地表水环境质量基准技术手册

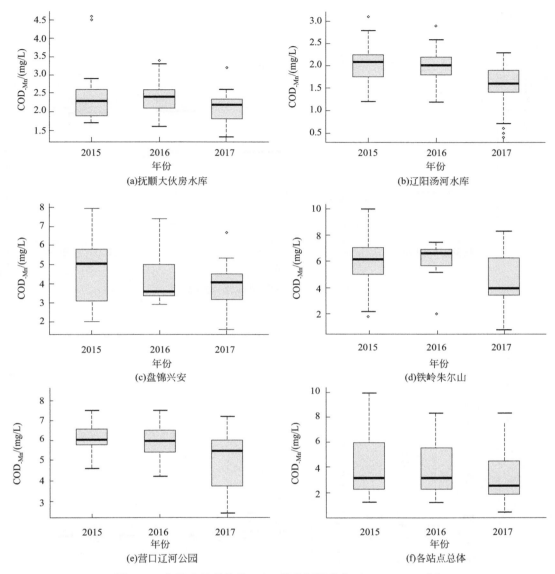

图 6-53　各站点及总体的 COD 值的年际分布（2015～2017 年）

① 原基准值 6mg/L 基本合理；

② 可以考虑适当降低基准值，5mg/L 可作为一个候选。

（3）太湖流域 COD 生态学基准值校验

1）数据概况　校验太湖流域 COD 生态学基准所选取的数据集与 4.4.2.1 部分相同，在此不做赘述。选取监测周报中涉及研究区域的 4 个站点，包括无锡沙渚、宜兴兰山嘴、苏州西山、湖州新塘港，将所有周报中对应的 COD 数据汇总为一个数据集，用于校验 COD 基准值。每期周报中每个站点有 COD 数据 1 条，除去缺失值共计获得数据 508 条。

2）基准值校验方法　校验基准值时采用与推导过程相同的方法，即使用频数分布法，采用 2015～2017 年的数据，数据与推导时所使用的数据无重叠。将处于湖东滨岸区的站点苏州西山作为参照点，处于其他湖区的站点无锡沙渚、宜兴兰山嘴及湖州新塘港作为受损点。

243

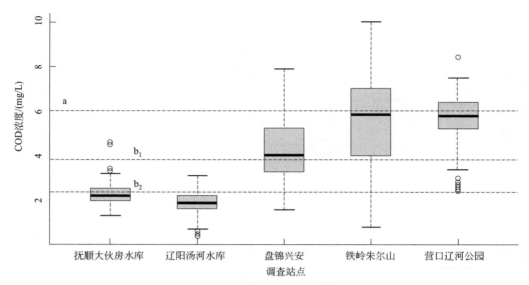

图 6-54　各站点 COD 值的分布概况

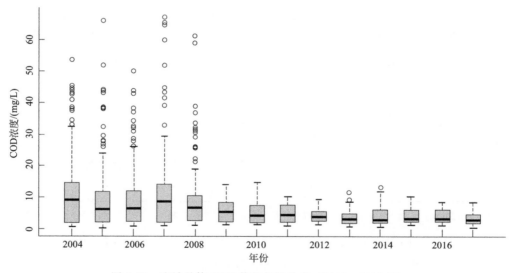

图 6-55　流域总体 COD 值的年际分布（2004～2017 年）

　　3）数据分布状况　校验数据集中各站点及总体的 COD 值的分布概况如图 6-56 所示，可见在 2015～2017 年间各站点及总体的 COD 水平并不存在显著的年度差异。

　　4）基准值分析与比较　各站点的 COD 值分布如图 6-57 所示。

　　参照点和受损点的 COD 值的重要频数分布如表 6-31 所列。

表 6-31　参照点及受损点的 COD 值频数分布

百分位数/%	25	50	75	95
参照点对应值/(mg/L)	3.00	3.70	4.50	5.72
受损点对应值/(mg/L)	3.2	3.9	5.3	9.62

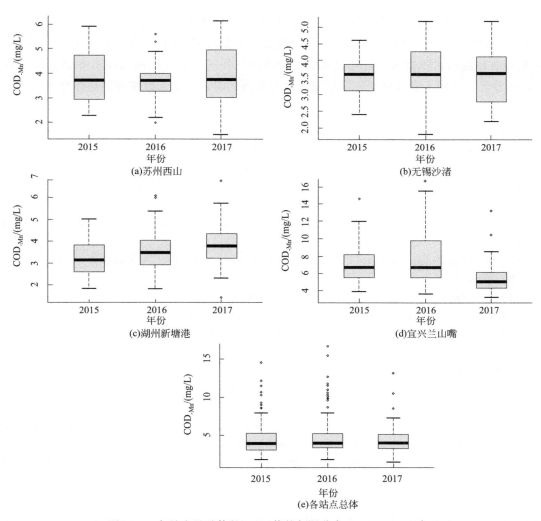

图 6-56 各站点及总体的 COD 值的年际分布 (2015～2017 年)

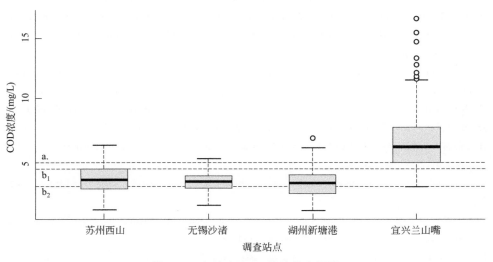

图 6-57 各站点 COD 值的分布概况

在图 6-57 中，虚线 a 为原基准值 5mg/L 所对应的水平，虚线 b_1、b_2 分别为参照点的第 75 百分位数以及受损点的第 25 百分位数。按照频数分布法的一般定义，虚线 b_1、b_2 所包含的范围，可被认为是理想状态下的基准区间，可见该区间与原基准值并没有较显著的差异。考虑太湖流域的实际情况，以及管理的需求，认为原基准值是合理的。

参 考 文 献

[1] American Society of Testing and Materials. E1366-11（Reapproved 2016）Standard Practice for Standardized Aquatic Microcosms Fresh Water [S]. Philadelphia：ASTM，2016.

[2] Baker M E，King R S. A new method for detecting and interpreting biodiversity and ecological community thresholds [J]. Methods in Ecology and Evolution 2010，1，(1)，25-37.

[3] Benton T G，Solan M，Travis J M，et al. Microcosm experiments can inform global ecological problems [J]. Trends in Ecology & Evolution，2007，22 (10)：516.

[4] USEPA. Biological Assessments and Criteria：Crucial Components of Water Quality Programs EPA-822-F-02-006 [R]，2002.

[5] USEPA. Biological Criteria：Guide to Technical Literature EPA-440/5-91-004 [R]，1991.

[6] USEPA. Biological Criteria：National Program Guidance for Surface Waters EPA-440/5-90-004 [R]，1990.

[7] USEPA. Biological Criteria：Technical Guidance for Streams and Small Rivers，Revised Edition EPA/822/B-96/001 [R]，1996.

[8] USEPA. Biological Monitoring and Assessment：Using Multimetric Indexes Effectively EPA-235-R97-001 [R]，1997.

[9] Browder J A . Review of Ecological Microcosms by Robert J. Beyers and Howard T. Odum [J]. Ecological Modelling，2004，178 (1-2)：77-80.

[10] Cao X，Wang J，Liao J，et al. The threshold responses of phytoplankton community to nutrient gradient in a shallow eutrophic Chinese lake [J]. Ecological Indicators，2016，61：258-267.

[11] Crossetti L O , Bicudo C E D M . Structural and functional phytoplankton responses to nutrient impoverishment in mesocosms placed in a shallow eutrophic reservoir（Garças Pond），São Paulo，Brazil [J]. Hydrobiologia，2005，541 (1)：71-85.

[12] Davis J M , Rosemond A D , Eggert S L , et al. Long-term nutrient enrichment decouples predator and prey production [J]. Proceedings of the National Academy of Sciences，2010，107 (1)：121-126.

[13] Deng D，Xie P，Zhou Q，et al. Field and experimental studies on the combined impacts of cyanobacterial blooms and small algae on crustacean zooplankton in a large，eutrophic，subtropical，Chinese lake [J]. Limnology，2008，9 (1)：1-11.

[14] USEPA. Estuaries and Coastal Marine Waters Bioassessment and Biocriteria Technical Guidance EPA-822-B-00-024 [R]，2000.

[15] Hai Xu，Hans W Paerl，Boqiang Qin，et al. Nitrogen and phosphorus inputs control phytoplankton growth in eutrophic Lake Taihu，China [J]. Limnology and Oceanography，2010，55 (1)：420-432.

[16] Harpole W S , Ngai J T , Cleland E E , et al. Nutrient co-limitation of primary producer communities [J]. Ecology Letters，2011，14 (9)：852-862.

[17] USEPA. Lake and Reservoir Bioassessment and Biocriteria：Technical Guidance Document EPA 841-B-98-007M [R]，1998.

[18] Lamon E C Ⅲ，Qian S S. Regional scale stressor-response models in aquatic ecosystems [J]. Journal of the American Water Resources Association 2008，44，(3)，771-781.

[19] Lang C，Yufang S，Baohua T，et al. Aquatic risk assessment of a novel strobilurin fungicide：A microcosm study compared with the species sensitivity distribution approach [J]. Ecotoxicology & Environmental Safety，2015，

120：418-427.

[20]　USEPA. Nutrient Criteria Technical Guidance Manual：Estuarine and Coastal Marine Waters EPA-822-B01-003 ［R］，2001.

[21]　USEPA. Nutrient Criteria Technical Guidance Manual：Lakes and Reserivors EPA-822-B01-001 ［R］，2000.

[22]　USEPA. Nutrient Criteria Technical Guidance Manual：Rivers and Streams EPA-822-B00-002 ［R］，2000.

[23]　Organization for Economic Co-operation and Development. Guidance Document on Simulated Freshwater Lentic Field Tests （Outdoor Microcosms and Mesocosms）［S］. Paris：OECD，2004.

[24]　Paerl H W，Xu H，Hall N S，et al. Nutrient limitation dynamics examined on a multi-annual scale in Lake Taihu，China：implications for controlling eutrophication and harmful algal blooms ［J］. Journal of Freshwater Ecology，2015，30（1）：5-24.

[25]　Paerl H W，Xu H，Mccarthy M J，et al. Controlling harmful cyanobacterial blooms in a hyper-eutrophic lake （Lake Taihu，China）：The need for a dual nutrient （N & P） management strategy ［J］. Water Research，2011，45（5）：1973-1983.

[26]　Qian S S，King R S，Richardson C J. Two statistical methods for the detection of environmental thresholds ［J］. Ecological Modelling 2003，166，（1-2），87-97.

[27]　Rothenberger M B，Calomeni A J. Complex interactions between nutrient enrichment and zooplankton in regulating estuarine phytoplankton assemblages：Microcosm experiments informed by an environmental dataset ［J］. Journal of Experimental Marine Biology & Ecology，2016，480：62-73.

[28]　Royer T V，David M B，Gentry L E. Timing of Riverine Export of Nitrate and Phosphorus from Agricultural Watersheds in Illinois：Implications for Reducing Nutrient Loading to the Mississippi River ［J］. Environmental Science & Technology，2006，40（13）：4126-4131.

[29]　Ruehl C B，Trexler J C. A suite of prey traits determine predator and nutrient enrichment effects in a tri-trophic food chain ［J］. Ecosphere，2013，4（6）：444-454.

[30]　Stoddard J L，Larsen D P，Hawkins C P，et al. Setting expectations for the ecological condition of streams：The concept of reference condition ［J］. Ecological Applications 2006，16，（4），1267-1276.

[31]　USEPA. Summary of Biological Assessment Programs and Biocriteria Development for States，Tribes，Territories，and Interstate Commissions：Streams and Wadeable Rivers EPA-822-R-02-048 ［R］，2002.

[32]　USEPA. OPPTS 850. 1990 Generic Freshwater Microcosm Test，Laboratory ［S］. Washington DC：US EPA ［R］，1996.

[33]　USEPA. Using Stressor-Response Relationships to Derive Numeric Nutrient Criteria （EPA820-S10001）. Washington，DC：Office of Water and Office of Science and Technology ［R］，2010.

[34]　V Riedl，A Agatz，R Benstead，et al. A Standardized Tri-Trophic Small-Scale System（TriCosm）for the Assessment of Stressor Induced Effects on Aquatic Community ynamics ［J］. Environmental Toxicology & Chemistry，2017.

[35]　Xu H，Qin B，Zhu G，et al. Determining Critical Nutrient Thresholds Needed to Control Harmful Cyanobacterial Blooms in Eutrophic Lake Taihu，China ［J］. Environmental Science and Technology，2014，49（2）：1051.

[36]　Zeng Q，Qin L，Bao L，et al. Critical nutrient thresholds needed to control eutrophication and synergistic interactions between phosphorus and different nitrogen sources ［J］. Environmental Science and Pollution Research，2015，49（2）：1051-1059.

[37]　HJ/T 91—2002.

[38]　国家环境保护总局 . 水和废水监测分析方法 ［S］. 北京：中国环境科学出版社，2002.

[39]　GB/T 6920—1986.

[40]　GB/T 7467—1987.

[41]　GB/T 7471—1987.

[42] GB/T 7475—1987.

[43] GB/T 7493—1987.

[44] HJ/T 341—2007.

[45] HJ/T 346—2007.

[46] DB 42/T 432—2009.

[47] 霍守亮，马春子，席北斗，等 . 湖泊营养物基准研究进展 [J]. 环境工程技术学报，2017，7（2）：125-133.

[48] 刘征涛 主编 . 水环境质量基准方法与应用 [M]. 北京：科学出版社，2011.

[49] 欧阳洋，胡翔，张继芳，等 . 制定湖泊营养物基准的技术方法研究进展 [M]. 环境科学与技术，2011，34
（S1）：131-135.

[50] 闫振广，刘征涛，孟伟，等 . 水生生物水质基准理论与应用 [M]. 北京：化学工业出版社，2014.

[51] 中国环境科学研究院，环境基准与风险评估国家重点实验室 . 中国水环境质量基准绿皮书 [M]. 北京：科学出
版社，2014.

[52] HJ/T 168—2010.

[53] HJ/T 506—2009.

[54] HJ/T 536—2009.

[55] HJ/T 399—2007.

[56] GB/T 12763—2007.

[57] GB/T 14581—93.

[58] GB/T 17378—1998.

[59] GB/T 17826—1999.

[60] 中华人民共和国环境保护部 . 全国淡水生物物种资源调查技术规定 [S]. 2010 年 27 号公告 .

第7章 沉积物基准技术

7.1 概　　述

沉积物质量基准指特定的化学物质在沉积物中不对底栖水生生物或其他有关水体功能产生危害的实际允许值。沉积物质量基准的制定以保护底栖生物为目标（特别是保护特定流域多数物种和重要物种的安全），提供具有中国特色的沉积物质量基准制定程序、技术框架和方法。

基准制定的目标是保护特定流域具有重要生物分类学意义、对群落结构稳定具有决定作用或者具有流域商业或经济价值的底栖生物，并确保污染物的生物累积和生物放大不会危害生物区系的各个营养级，不会影响水体的其他功能。水体沉积物既是污染物的汇，又是对水质具有潜在影响的污染源，因此建立切实可行的沉积物质量基准十分重要，是对沉积物污染进行科学评价和有效治理的前提。

国外从20世纪80年代中期起逐步开展了沉积物质量基准的研究，美国、欧盟、加拿大、澳大利亚等许多发达国家和地区都已经制定了本国的沉积物质量基准，应用于本国的沉积物环境管理。例如，美国沉积物质量基准的制定主要是为了促进各州建立特定污染物的质量标准和污染物排放削减许可证的限值，同时在建立沉积物修复目标和水道疏浚评价项目中也可发挥重要作用。美国和加拿大根据水体沉积物的污染状况，结合污染评价及治理实践，提出了多种水体沉积物质量基准的建立方法。

与发达国家相比，我国的沉积物质量基准研究起步较晚，研究水平还有一定差距。我国目前除了针对海洋沉积物环境质量出台了《海洋沉积物质量》（GB 18668—2002）标准之外，对于河流、湖泊等淡水沉积物环境质量尚无相应标准。因此，急需制定相应的沉积物质量基准，为将来制定沉积物质量标准奠定基础。之前，我国研究者在开展淡水及海洋沉积物质量评价和风险评估研究中，只能直接采用国外的沉积物质量基准数据。但由于我国与其他国家环境状况、污染特征、生物区系都不尽相同，直接照搬外国的基准，给我国的相关科学研究和环境保护工作带来了很多不确定性。

近年来，随着水质基准研究在我国逐渐受到重视，国内有关沉积物质量基准的研究也越来越多，取得了一定的研究进展和丰富的研究成果。

7.2 技术流程

7.2.1 基准制定技术流程

沉积物质量基准制定的过程包括底栖生物筛选、底栖生物毒性数据获取、基准值推导及校验等。沉积物质量基准的制定主要包括 3 个步骤（图 7-1），具体如下：a. 毒性数据的收集和筛选；b. 沉积物质量基准的推导；c. 沉积物质量基准的校验和审核。

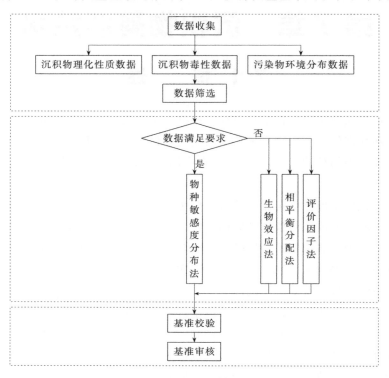

图 7-1　沉积物质量基准制定技术流程

沉积物基准制定数据来源包括沉积物毒性数据、沉积物理化性质数据、污染物的理化性质数据和环境分布数据等。数据来源包括公开发表的文献资料、国内外相关数据库和实测数据。

沉积物毒性数据受试物种的选择应优先收集以代表性底栖生物作为受试生物的沉积物毒性数据。受试底栖生物应具有比较丰富的生物学背景资料，具有较高的敏感性，具有比较广泛的地理分布和足够数量，容易在实验室内驯养和试验。受试物种应尽量涵盖多个营养级。

沉积物质量基准指标主要是基于生物个体水平的毒理学试验终点指标，通常包括对生物个体的急性毒性和慢性毒性指标。通过模型预测获得的毒性数据，经过校验后可以作为参照数据。

沉积物质量基准制定的技术框架整体包括以下几部分。

（1）流域典型底栖生物筛选

不同流域水环境中分布的底栖生物种类存在较大差异。沉积物质量基准的制定需要根据各流域水环境生物区系特点，选择适当的典型物种用于基准值推导，为大多数底栖生物提供适当保护（当采用相平衡法推算沉积物质量基准时，首先需要推算污染物的水环境质量基准，则需要进行流域典型水生生物筛选。根据流域水环境水生生物分布的调查与记载资料，筛选出不同门类（最好覆盖 3 门 6 科）的 10 种以上流域本土生物作为水生生物安全基准推导的代表生物。

（2）流域底栖生物基准指标获取

在确定了沉积物质量基准典型底栖生物的基础上，确定针对不同受试生物的毒理学指标，选择适当的生物测试方法，开展特定化学品对各种受试生物的毒性测试；也可以从相关文献资料中筛选符合要求的毒性数据，用于基准值的计算推导。毒性测试方法可参照中华人民共和国国家标准、OECD 化学品毒性测试技术指南、美国 EPA 标准方法等规范性文件。对于尚未建立标准方法的毒性检测，需要在基准值计算推导中详细描述。

（3）基准值推导

基准值推导包括基准值推导方法、基准值校正等。沉积物质量基准的推导方法多种多样，大致可分为两大类，即数值型质量基准和响应型质量基准。

① 数值型质量基准的推导方法包括背景值法、相平衡法、水质基准法等，又称为化学-化学方法。

② 响应型质量基准推导方法包括物种敏感度分布法、生物检测法、生物效应法、表观效应阈值法等，又称为化学-生物混合方法。

数值型沉积物质量基准易于比较、定量化和模型化；响应型沉积物质量基准更真实的反映了实际污染沉积物的生物效应。各类沉积物质量基准之间是密切相关的，在实际环境中往往需要联合应用。

优先推荐采用物种敏感度分布法推导沉积物质量基准。当毒性数据不能满足方法要求时，可以采用生物效应法、相平衡分配法、评价因子法等替代方法推导沉积物质量基准。通常针对同一污染物推导出沉积物质量基准低值（SQC-L）和沉积物质量基准高值（SQC-H）两个基准值，以满足对沉积物生态风险进行分级分类评估的要求。

7.2.2　基准校验技术流程

通过不同方法制定的沉积物质量基准，必须通过实验对其进行校验，证实其科学性和适用性。沉积物质量基准的校验包括加标沉积物校验和实际沉积物校验。

加标沉积物校验是根据已经制定的污染物沉积物质量基准值设计一系列浓度梯度，范围涵盖沉积物质量基准低值（SQC-L）和沉积物质量基准高值（SQC-H）。在清洁无污染的天然沉积物或人工配制沉积物样品中加入系列浓度的污染物标准物质并进行毒性试验，如果不同加标浓度的沉积物表现出相应合理的毒性，那么制定的基准值通过加标沉积物校验。

实际沉积物校验是在取自实际环境的天然沉积物样品中分别添加不同的活性材料，吸附或络合沉积物中的非极性有机物、重金属或氨氮，去除干扰物质产生的效应，保留待测物的生物毒性。测定沉积物中污染物的浓度，与已经制定的沉积物质量基准低值（SQC-L）和沉积物质量基准高值（SQC-H）进行比较，并进行沉积物毒性试验。如果沉积物中的污染物浓度表现出相应合理的毒性（符合程度达到 70%），那么制定的基准值通过实际沉积物校验。

沉积物质量基准校验的技术流程如图 7-2 所示。

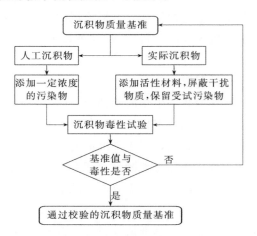

图 7-2　沉积物质量基准校验的技术流程

7.3　技术方法

7.3.1　基准制定技术方法

7.3.1.1　物种敏感度分布法

（1）受试生物选择

底栖生物对环境变化反应敏感，当水体受到污染时底栖生物群落结构及多样性将会发生改变，因此是能够反应水质状况的指示生物。为了能够更全面地了解流域底栖生物分布情况，为确定毒性效应测试受试生物种类提供依据，应进行大量的文献调研，结合底栖生物的现场采集和鉴定，确定流域典型底栖生物种类。

为反映特定化学品在典型流域底栖生物的实际影响状况，沉积物质量基准值制定中的受试生物应主要选择本地物种进行毒性测试，或收集相关资料和数据用于基准值的计算与推导。

一般毒性试验中，受试生物体的选择遵循以下几点：

① 应具有丰富的生物学背景资料和毒理学数据，生活史和生理代谢等情况清楚；

② 对试验毒物具有较高的敏感性；

③ 具有广泛的地理分布和足够的数量，并可全年在某一地域范围内获得，易于鉴别；

④ 能够在沉积物—水界面微环境下生存；

⑤ 应是生态系统的重要组成成分，具有重大的生态学价值；

⑥ 受沉积物理化性质（如沉积物颗粒大小、总有机碳含量等）的影响较小；

⑦ 在实验室内易于培养和繁殖；

⑧ 对于试验毒物的反应能够被测定，并具有一套标准的测定方法和技术；

⑨ 适合所评价的暴露途径和测试终点；

⑩ 应具有重要的经济价值和旅游价值，并与人类食物链联系。

虽然很少有生物能满足所有的要求，但设计实验时还是要仔细评估各方面的因素，其中有两点应该是首先要考虑的，即受试生物对目标污染物的敏感度和可能的暴露方式。

为获得科学可靠、适宜我国生态特征的沉积物质量基准，在数据收集方面应尽可能全面涵盖各营养级和各种分类的底栖生物的毒性数据。可以在借鉴国外沉积物基准受试生物的基础上，确定我国不同流域沉积物质量基准制定的受试生物物种。受试物种的选择应以本地物种为主，也可以包括广泛分布或养殖的引进种。

在基准制定中需要特别关注的是，研究流域的底栖生物中是否存在对特定化学品或目标污染物特别敏感的地方物种，或在水生生态系统中具有特殊重要性的地方物种，这些物种应作为基准制定的受试物种。

同时需要关注在研究流域内是否分布有国家、省、市等各级自然保护区，以及保护物种，这些物种通常不能作为受试生物进行毒性测试，但需要收集国内外相关文献资料，证明特定化学品或目标污染物对这些保护物种的不利效应不会显著高于那些用于毒性评估的受试生物，以保证沉积物质量基准的制定可以使得这些物种得到适当的保护。

对于承担着养殖功能的研究流域，受试生物中包括当地重要的养殖种类，以保证制定的沉积物质量基准能够保护这些养殖生物，并确保不会通过食物链的富集和放大作用而危害到其他生物。

（2）受试生物毒性测试的一般要求

受试物种筛选原则包括：

① 在我国地理分布较为广泛，在纯净的养殖条件下能够驯养、繁殖并获得足够的数量，或具有充足的资源，保证有均匀的群体可供实验；

② 对污染物具有较高的敏感性，对毒性反应具有一致性；

③ 有规范的毒性测试终点和方法；

④ 是生态系统的重要组成部分和生态类群代表，能充分代表水体中不同营养级及相互关系；

⑤ 具有比较丰富的生物学资料；

⑥ 个体大小和生活史长短比较合适；

⑦ 在人工驯养、繁殖时，能够保持遗传性质稳定；

⑧ 采用野外捕获的物种进行毒性测试时，应确保其未接触过污染物。

推荐的沉积物质量基准受试生物名录见表 7-1。

表 7-1　沉积物质量基准受试生物推荐名录

门	类	种	拉丁名
节肢动物门	浮游甲壳类	大型溞	*Daphnia magna*
	底栖甲壳类	钩虾	*Gammarus* sp.
		青虾	*Macrobrachium nipponense*
	水生昆虫类	中华绒螯蟹	*Eriocheir sinensis*
		摇蚊	*Chironomus* sp.

门	类	种	拉丁名
环节动物门	水生寡毛类	夹杂带丝蚓	*Lumbriculus variegatus*
		正颤蚓	*Tubifex tubifex*
		霍甫水丝蚓	*Limnodrilus hoffmeisteri*
		淡水单孔蚓	*Monopylephorous limosus*
		苏氏尾鳃蚓	*Branchiura sowerbyi*
软体动物门	腹足类	圆田螺	*Cipangopaludina* sp.
		静水椎实螺	*Lymnaea stagnalis*
		环棱螺	*Bellamya* sp.
	双壳类	河蚬	*Corbicula flaminea*
脊椎动物门	底栖鱼类	泥鳅	*Misgurnus anguillicaudatus*
被子植物门	沉水植物	穗状狐尾藻	*Myriophyllum spicatum*
		黑藻	*Hydrilla verticillata*
		金鱼藻	*Ceratophyllum demersum*

根据暴露时间长短，沉积物毒性试验可以分为急性毒性试验、慢性毒性试验和亚慢性毒性试验，不同试验方法具有不同的试验终点。如果污染物对生物体在短期内即可产生毒性，选择长期接触才会发生的生物效应作为试验终点显然是不合适的；如果已知污染物对生物体的繁殖造成不良影响而去选择其他的生物效应（如生长、存活率等）作为试验终点，则会影响试验结果的解释。因此，毒性试验必须选择敏感生物体的敏感试验终点来进行。一般生物测试手段是单指标生物毒性试验，能够较准确地反映出某类污染物对某一特定生物产生的特定毒性作用（效应的产生、毒性的形成以及死亡）。

依据具体条件的不同，毒性试验可以选择多种生物组合方案和试验终点进行。目前应用较多的生物毒性试验为端足类（*Amphipod*）动物的存活、生长或繁殖试验、双壳类动物（*Bivalve*）胚胎存活和生长试验、棘皮类（*Echinoderm*）动物发育和胚胎幼体成活试验等。另外，已有应用的受试生物还有摇蚊属（*Chironomus*）和颤蚓属（*Tubifex*）。美国环保署（USEPA）提供了一整套水体沉积物毒性测试方法，该方法选用了在全美分布比较普遍的三种底栖生物包括端足类、摇蚊和颤蚓作为主要测试生物，测试终点有10d短期毒性测试、生命周期毒性测试和28d富集评价等。

在制定流域沉积物质量基准时，选择典型底栖生物进行毒性测试，测试方法可参照美国EPA、OECD、荷兰、澳大利亚等国家和地区提供的标准沉积物毒性测试方法进行。

（3）毒性指标

针对典型流域水环境特征、污染物和有害环境因子的种类以及对环境生物暴露方式，依据现有的生物监测国家标准，借鉴美国EPA、OECD等国家和国际组织制定的生物测试标准方法，根据特定化学品或污染物对底栖生物的毒性特征和毒性作用模式确定基准指标。基准指标是基于生物个体水平的毒理学指标，包括对生物个体的急性和亚慢性/慢性毒性和繁殖毒性，适用于所有结构类型污染物或环境胁迫的基准推导，是污染物基准制定的基础指标。

急性毒性测试时间一般为 $24 \sim 96h$，测试指标为死亡或受抑制，一般用 LC_{50}（半数致死浓度）或 EC_{50}（半数效应浓度）表示。短期亚慢性毒性测试时间一般为 $14 \sim 28d$，测试指标包括生长抑制和死亡，一般用 EC_{50} 表示。慢性毒性试验时间通常在 3 个月或以上，结果用 EC_{50} 表达。另外，可以选择底栖生物最敏感的生活阶段，通过短期亚慢性试验获取毒性数据，替代 3 个月以上慢性毒性试验的毒性数据用于基准值的计算和推导。繁殖毒性指标的测试方法参照 USEPA 标准试验方法和 OECD 繁殖毒性试验方法技术指南。

（4）数据筛选方法

用于基准值制定的受试底栖生物主要为我国土著生物，也包括养殖业和旅游业的重要经济物种。每次毒性测试应使用单一污染物和单一测试物种进行毒性测试，且在毒性测试中需要设置符合要求的对照组。根据特定化学品和受试底栖生物的特征选择适当的生物测试方式，对于挥发性或易降解污染物应使用流水试验。当污染物的生物毒性与硬度、pH 值等水质参数相关时，应随最终毒性数据报告上述试验条件。

在用于基准值计算和推导的相关数据收集后，通过对数据的评价和筛选，弃用一些有问题或有疑点的数据，如未设立对照组的、对照组的试验生物表现不正常的、实验条件存在偏差的、试验用化合物的理化状态不符合要求的或试验生物曾经暴露于污染物中的，类似的试验数据都不能采用，至多用来提供辅助的信息。将不符合沉积物质量基准计算要求的试验数据剔除，其中包括非中国物种的试验数据和实验设计不科学或者不符合要求的试验数据。如果可同时获取同一物种不同生命阶段毒性数据的，应选择物种最敏感生命阶段数据。

（5）沉积物质量基准推导方法

优先推荐采用物种敏感度分布法推导沉积物质量基准。一般需要不同门类 10 种以上生物的沉积物毒性数据建立物种敏感度分布模型。可以利用急慢性比（ACR）推算沉积物毒性数据或质量基准。

物种敏感度分布法推导沉积物质量基准的具体步骤如下。

1）毒性数据分布检验　将筛选获得的污染物的毒性数据进行正态分布检验。如果不符合正态分布，进行数据变换后重新检验。

2）累积频率计算　将所有已筛选物种的最终毒性值按照从小到大的顺序进行排列，计算其分配等级 R，最小的最终毒性值的等级为 1，最大的最终毒性值等级为 N，依次排列。如果有两个或者两个以上物种的毒性值相等，那么将其任意排成连续的等级，计算每个物种的最终毒性值的累积频率，计算公式如下：

$$P = \frac{R}{N+1} \times 100\%$$

式中　P——累积频率，%；

　　　R——物种排序的等级；

　　　N——物种的个数。

3）模型拟合与评价　推荐使用逻辑斯谛分布、对数逻辑斯谛分布、正态分布、对数正态分布、极值分布五个模型进行数据拟合，根据模型的拟合优度评价参数分别评价这些模型的拟合度。

逻辑斯谛分布模型：

$$y = \frac{e^{\frac{x-\mu}{\sigma}}}{\sigma(1+e^{\frac{x-\mu}{\sigma}})^2}$$

对数逻辑斯谛分布模型：

$$y = \frac{e^{\frac{\lg x-\mu}{\sigma}}}{\sigma x(1+e^{\frac{\lg x-\mu}{\sigma}})^2}$$

正态分布模型：

$$y = \frac{1}{\sqrt{2\pi}\sigma}e^{\frac{(x-\mu)^2}{2\sigma^2}}$$

对数正态分布模型：

$$y = \frac{1}{x\sigma\sqrt{2\pi}}e^{-\frac{(\ln x-\mu)^2}{2\sigma^2}}$$

极值分布模型：

$$y = \frac{1}{\sigma}e^{\frac{x-\mu}{\sigma}}e^{-e^{\frac{x-\mu}{\sigma}}}$$

式中　y——累积频率，%；

x——毒性值，μg/L；

μ——毒性值的平均值，μg/L；

σ——毒性值的标准差，μg/L。

模型的拟合优度评价是用于检验总体中的数据分布是否与某种理论分布相一致的统计方法。对于参数模型来说，检验模型拟合优度的评价参数包括以下几种。

1）决定系数（coefficient of determination，R^2）　R^2 越接近 1，模型的拟合优度越好。

2）均方根（root mean square errors，RMSE）　RMSE 是观测值与真值偏差的平方根与观测次数比值的平方根，也称为回归系数的拟合标准差。RMSE 可以反映出模型的精密度，RMSE 越接近于 0，模型拟合的精密度越高。

3）残差平方和（sum of squares for error，SSE）　SSE 是实测值和预测值之差的平方和，表示每个样本各预测值的离散状况，又称为误差项平方和。SSE 越接近于 0，表示模型拟合的随机误差效应越小。

4）K-S 检验（Kolmogorov-Smimov test）　K-S 检验是基于累积分布函数，用于检验一个经验分布是否符合某种理论分布，是一种拟合优度检验。K-S 检验如果 $p>0.05$，表示实际分布曲线与理论分布曲线不具有显著性差异，模型符合理论分布。

最终选择的分布模型应能充分描绘数据分布情况，确保根据拟合的 SSD 曲线外推得出的沉积物质量基准在统计学上具有合理性和可靠性。

通过沉积物质量基准外推，确定 SSD 曲线上累积频率 5% 对应的浓度值为 HC_5，即可以保护沉积物中 95% 的生物所对应的污染物浓度。根据推导基准的有效数据的数量和质量，除以一个安全系数（根据具体情况确定，通常在 1～5 之间），即可确定最终的沉积物质量基准。按照物种敏感度分布法，由沉积物急性毒性数据推导的基准值作为沉积物质量基准高值（SQC-H），由沉积物慢性毒性数据推导的基准值作为沉积物质量基准低值（SQC-L）。沉积物质量基准以单位干重沉积物中污染物质量表示，单位为 mg/kg。对于有机污染物，折算为有机质含量为 1% 时的沉积物质量基准。

7.3.1.2　生物效应法

生物效应法适用于建立基于生物效应的污染物沉积物质量基准。生物效应法通过整理和分析大量的水体沉积物中污染物含量及其生物效应数据，以确定沉积物中引起生物毒性与其他负面生物效应的污染物浓度阈值。为保证数据库内部数据的可靠性和一致性，还需要对收集的数据进行严格的筛选，并不断进行更新。

生物效应法的优点主要体现在如下 5 方面：a. 基于污染物的各种生物效应；b. 适用多种类型沉积物和污染物；c. 考虑了污染物联合作用影响；d. 基准可以不断地更新；e. 有利于污染与效应的因果关系分析。其局限性主要在于：a. 需要大量的生物效应数据支持；b. 难以对数据的可靠性进行判断；c. 没有考虑生物有效性；d. 不同类型沉积物需要独立的数据库。

（1）基本步骤

应用生物效应法建立沉积物质量基准的具体步骤为：a. 沉积物生物效应数据库的建立；b. 沉积物质量基准的建立；c. 分析数据，以确定产生生物效应的阈值效应浓度（Threshold Effect Level，TEL）和可能效应浓度（Probable Effect Level，PEL）；d. 对TEL 和 PEL 值进行检验。

（2）数据库的建立

尽可能全面收集所研究流域的化学与生物数据，包括：a. 利用沉积物/水平衡分配模型计算所得的生物效应数据；b. 沉积物质量评价研究中得到的生物效应数据；c. 沉积物生物毒性试验数据；d. 沉积物现场生物毒性试验和底栖生物群落实地调查数据。

所有符合筛选标准的数据都计入数据库当中，对于单一化合物要计入的信息包括污染物浓度、研究流域和试验方法（包括暴露时间、生物物种及其生活阶段、生物效应终点等）。

将所收集的数据按照浓度大小进行排序。如果文献中报道在某一浓度下有明显生物效应，则对该数据进行标记，所包括的生物效应包括沉积物毒性实验中观察到的急性毒性值、慢性毒性值、表观效应阈值法确定的临界浓度、平衡分配法计算得出的基准值，现场调查中观察到的污染物与生物效应之间有明显一致的数据。所有标记为有生物效应的数据构成生物效应数据列，其他数据则构成无生物效应数据列。无毒性或者无效应的样本资料假定为背景条件。

（3）基准值推算

将生物效应数据列中 15% 分位数计为效应数据低值（Effects range-low，ERL），50% 分位数计为效应数据中值（Effects rang-median，ERM）。将无生物效应数据列中 50% 分位数计为无效应数据中值（No effect range-median，NERM），无生物效应数据列中 85% 分位数计为 NERH。利用统计得到的 ERL、ERM、NERM 和 NERH 计算阈值效应浓度（Threshold effect level，TEL）和可能效应浓度（Probable effect level，PEL），其中：

$$TEL = \sqrt{ERL \times NERM}$$

$$PEL = \sqrt{ERM \times NERH}$$

当沉积物中污染物的浓度低于 TEL 值时，对底栖生物的危害性不会发生；高于 PEL 值时，危害性可能发生；介于两者之间，表明危害性可能偶尔发生。可以将 TEL 作为沉积物质量基准低值（SQC-L），PEL 作为沉积物质量基准高值（SQC-H）。

7.3.1.3 相平衡分配法

（1）理论假设

相平衡分配法是由 USEPA 于 1985 年提出的，该方法以热力学动态平衡分配理论为基础，适用于非离子型有机化合物，且要求 $\lg K_{ow} > 3.0$，并建立在如下假设上：

① 化学物质在沉积物/间隙水相间的交换快速而可逆，处于热力学的平衡，因而可用分配系数 K_p 描述这种平衡；

② 沉积物中化学物质的生物有效性与间隙水中该物质的游离浓度（非络合态的活性浓度）呈良好的相关关系，而与总浓度不相关；

③ 底栖生物与上覆水生物具有相近的敏感性，因而可将水质基准应用于沉积物质量基准中。

（2）基准值推算

根据相平衡分配法的基本理论，当水中某污染物浓度达到水质标准（WQC）时，此时沉积物中该污染物的含量即为该污染物的 SQC，可用下式表示：

$$C_{SQC} = K_p \times C_{WQC}$$

式中　K_p——有机污染物在表层沉积物固相-水相之间的平衡分配系数，它与污染物的理化性质和沉积物的理化性质有关；

C_{WQC}——水质基准的最终慢性值（FCV）或最终急性值（FAV）。

K_p 反映了沉积物的机械组成、吸附特性等，其受环境因素如 pH 值、Eh 等的影响，因此建立沉积物基准的关键在于 K_p 的获得。

目前对沉积物中非离子有机污染物的沉积物质量基准研究开展的较早，大多的研究表明，上覆水对有机污染物在沉积物上的吸附影响极小，沉积物中的有机碳（OC）是吸附这类污染物的主要成分，而只有当有机物包含极性基团或者沉积物中的有机碳含量很少的时候，沉积物的其他成分才会对吸附起作用。因此以固体中有机碳为主要吸附相的单相吸附模型得到了广泛的应用，将 K_p 转化为有机碳的分配系数，当沉积物中有机碳的干重大于 0.2% 时此时污染物的沉积物质量基准浓度（C_{SQC}）可以表示为：

$$C_{SQC} = K_{OC} \times f_{OC} \times C_{WQC}$$

式中　K_{OC}——有机碳-水分配系数，即污染物在沉积物有机碳和水中的浓度的比值；

f_{OC}——沉积物中有机碳的质量分数。

K_{OC} 可以通过实验测定得到，也可以由 K_{OC} 与辛醇-水分配系数 K_{ow} 之间的经验关系公式计算得到。

K_{ow} 与 K_{OC} 之间的回归方程建立在大量的数据之上，适于大量的化合物及粒子类型，因此得到了广泛应用，其关系如下：
$$\lg K_{OC} = 0.00028 + 0.9831 \lg K_{ow}$$

通过该方法推导沉积物质量基准，f_{OC} 按照 1‰ 计算。以 FAV 推导得到的值作为沉积物质量基准高值（SQC-H），以 FCV 推导得到的值为沉积物质量基准低值（SQC-L）。

7.3.2 基准校验技术方法

7.3.2.1 基准校验的原理

沉积物质量基准的校验包括加标沉积物校验和实际沉积物校验。

（1）加标沉积物校验

加标沉积物校验是在清洁无污染的天然沉积物或人工配制沉积物中添加一定浓度的待测污染物标准物质，通过沉积物毒性测试对污染物的沉积物质量基准值进行检验和证实。

（2）实际沉积物校验

实际沉积物校验是在采自实际环境的天然沉积物中添加合适的活性材料，屏蔽干扰物质的效应，保留待测污染物的毒性，通过沉积物毒性测试对污染物的沉积物质量基准值进行检验和证实。

7.3.2.2 试验准备

（1）仪器准备

测试所需仪器设备符合《化学品测试合格实验室导则》（HJ/T 155—2004）的具体规定。试验所用仪器设备不应释放对受试生物有害的物质，并且对受试物的吸附能力最小。

（2）受试物信息

具有明确的来源，纯度符合要求，未超过保存期限。收集受试物的必备资料，包括名称、结构、纯度、来源、理化性质（例如水溶性、蒸汽压、K_{ow}、稳定性）等。受试物在沉积物、上覆水、孔隙水中的定量分析方法（包括检出限和准确度）。

（3）受试生物

选择受试生物的原则：

① 中国境内本土生物；

② 与沉积物直接接触的底栖生物；

③ 具有重要的生态或经济价值；

④ 对沉积物中的化学品具有较高的敏感性；

⑤ 积累了较多的毒理学基础数据；

⑥ 容易在实验室内驯化和培养；

⑦ 能够适应不同理化性质的沉积物。

受试生物主要包括水生甲壳类、水生昆虫类、水生寡毛类、腹足类、双壳类、和底栖鱼类，也包括沉水植物。受试生物推荐物种可以参考 4.3.1 部分基准制定技术方法相关章节内容。

受试生物可以购买或实验室培养。同一批次试验所用受试生物应是同一来源的健康个体。受试生物可以静态培养或流水式培养，如果静态培养，上覆水需要定时更新，以保证水质满足受试生物的培养条件。受试生物的培养可以参考沉积物毒性测试标准方法或其他的毒性测试标准方法。

（4）试验用水

试验用水应适合受试生物的存活、生长和繁殖。试验用水可以使用天然水或配制水。天然水可以是无污染的井水、泉水或地表水，也可以是取自沉积物样品采集地的原位水，其硬度、碱度、电导率和 pH 值等应保持稳定，充分曝气。

试验用水的化学特征和制备方法见表 7-2，也可以参考沉积物毒性测试标准方法或其他的毒性测试标准方法。

表 7-2　试验用水的化学特征

物质	浓度	物质	浓度
颗粒物/(mg/L)	<20	硬度(以 $CaCO_3$ 计)/(mg/L)	90～100
总有机碳/(μg/L)	<2	碱度(以 $CaCO_3$ 计)/(mg/L)	50～70
游离氨/(μg/L)	<1	电导率/(mS/cm)	330～360
余氯/(μg/L)	<10	pH 值	7.8～8.2

（5）沉积物

沉积物可以使用天然沉积物或配制沉积物。天然沉积物可以取自无污染的地点，采样方案设计和采样方法参考《水质　采样技术指导》（HJ 494—2009）和《水质　采样方案设计技术规定》（HJ 495—2009）。沉积物样品不应含有其他引起干扰的生物。测定沉积物的间隙水 pH 值、总有机碳（TOC）、粒度分布（砂、淤泥和黏土含量）和含水率。

配制沉积物可以避免因天然沉积物本土生物、污染物质和成分组成引起的干扰，更适合标准化测试。配制沉积物的组成和制备方法可以参考沉积物毒性测试标准方法的具体规定，或直接使用符合要求的清洁土壤代替。

人工配制沉积物的组成如下所述。

① 4%～5%（干重）泥炭：使用粉末状、中等分散度、磨细（≤0.5 mm）、风干的泥炭。

②（20±1）%（干重）高岭土：高岭石含量高于 30%。

③ 75%～76%（干重）石英砂：细砂，粒径≤2 mm，50% 以上的颗粒粒径在 50～500μm。

④ 去离子水：加入沉积物干组分中，占最终沉积物重量的 30%～50%。

⑤ 化学纯 $CaCO_3$：调节最终沉积物 pH 值为 7.0±0.5。

⑥（2±0.5）%（干重）总有机碳（TOC）：根据步骤①和③用适量泥炭和石英砂调节。

⑦ 0.4%～0.5%（干重）食物：以粉末状加入干沉积物中。

（6）受试物加标

进行加标沉积物校验时，受试污染物必须完全均匀地分布在沉积物中。有机化学品通常需要溶解在合适的有机溶剂中，再加入沉积物，溶剂通过挥发去除。金属通常以水溶液形式加入沉积物中。受试物的加入可以参考沉积物毒性测试标准方法或其他的毒性测试标准方法。受试物加入沉积物之后，需要平衡足够的时间再开始试验。有机物通常需要平衡

1个月以上，金属通常需要平衡1~2周。平衡结束后对上覆水和沉积物进行受试物的浓度分析。

（7）添加活性材料

进行实际沉积物校验时，沉积物中添加的活性材料及添加方法具体如下。

1）活性炭粉　加入15％粗颗粒（150~500μm）和5％中等颗粒（62.5~150μm）活性炭粉屏蔽有机物的影响。活性炭粉需加入2倍体积的高纯水，并在真空条件下饱和渗透超过18h，以2500r/min的转速离心30min去除多余的水分后投加到沉积物当中。

2）沸石　加入20％沸石（研磨过10目筛）屏蔽氨氮的影响。沸石经研磨过2mm（10目）筛后，用蒸馏水清洗2遍后再用高纯水清洗1遍，然后与高纯水按1∶3的体积比混合，并在黑暗中静置24h以上后待用。沸石浆以湿沉积物20％的比例添加到沉积物原样中。

3）大孔螯合树脂　加入20％大孔螯合树脂屏蔽非极性有机物的影响。大孔螯合树脂（交换能力大于4.2mmol/g）用蒸馏水以1∶4的体积比清洗8遍后，再用高纯水以1∶4的体积比清洗4次，并在高纯水中黑暗浸泡超过24h后，以20％（湿重）的比例添加到沉积物中。

7.3.2.3　试验操作

（1）试验系统

根据需要选择静态、半静态或流水式试验系统。试验操作符合《化学品测试导则》（HJ/T 153—2004）和《新化学物质危害性鉴别导则》（HJ/T 154—2004）的具体规定。

（2）试验设计

测试终点包括存活、生长、行为或繁殖等。如果估算 LC_{50} 或 EC_x，至少使用5个浓度，每个浓度至少3个重复。EC_x 应该包含在试验的浓度范围内。如果估算 LOEC/NO-EC，至少使用5个浓度，每个浓度至少4个重复。保证每个重复有足够的生物数量。试验中应设置对照，如果添加受试物时使用了溶剂，还要设置溶剂对照。污染物设置浓度最高不超过1000mg/kg。

（3）试验条件

试验温度在20℃±2℃范围内，每天光照16h，光照度100~1000lx。在试验准备时向沉积物中加入食物，试验过程中不喂食或少量喂食。试验中上覆水温和曝气，一般不使溶解氧降至饱和溶解氧的60％以下，避免对沉积物的扰动。

（4）生物检测

暴露期内定时检测生物的存活、生长、行为或繁殖等情况，记录观察现象。死亡的生物要及时移除。

（5）浓度校验

暴露期结束后，对上覆水和沉积物进行受试物的浓度分析。

7.3.2.4　数据处理与报告

对照试验中的生物不表现出显著的毒性效应。试验结束时，各实验容器中温度、溶解氧和pH值应保持在可接受的范围内。

根据生物测试终点计算毒性（以百分数计）：当毒性＞30％时记为具有明显毒性；当毒性＜10％时记为无明显毒性；当毒性在10％~30％之间时记为毒性不确定。针对不同生物和测试终点，可以规定不同的毒性判定标准。

根据沉积物中污染物浓度和沉积物质量基准值计算生态风险商。当基于沉积物质量高值 SQC-H 的风险商值大于 1 时，预测沉积物具有明显毒性；当基于沉积物质量低值 SQC-L 的风险商值小于 1 时，预测沉积物无明显毒性；当基于 SQG-H 的风险商值小于 1 并且基于 SQG-L 的风险商值大于 1 时，预测沉积物毒性不确定。

报告毒性评估与毒性预测结果的符合程度是否达到 70%，沉积物质量基准是否通过校验。

7.4　典型案例分析

7.4.1　物种敏感度分布法

7.4.1.1　毒性数据的获取与筛选

通过文献检索获取公开发表的沉积物铜、镉、铅、锌、镍五种重金属生物毒性数据。毒性数据至少涵盖"三门六科"生物[1]，数量不少于 8 个[2]，筛选原则如下[3]：

① 实验条件合理、具有质量控制的淡水底栖生物毒性数据，以干重含量表示，单位转换为 mg/kg；

② 反映生物生存状况的毒性效应终点，包括 NOEC 值、LOEC 值、EC_x 值（$x = 10 \sim 50$）；

③ 慢性毒性实验受试时间 ≥10d，急性毒性实验受试时间 ≤96h；

④ 某种生物存在不同生命阶段合理的数据，选择敏感性最高生命阶段的毒性数据；

⑤ 相同受试终点有多个合理毒性数据，取合理数据几何平均值。经筛选，最终得到符合要求的铜、镉、铅、锌、镍慢性生物毒性数据分别为 14 个、13 个、8 个、10 个、9 个（表 7-3）。

表 7-3　重金属沉积物慢性毒性数据

金属	物种名	生物学分类	毒性终点	浓度/(mg/kg)	文献
Cd	*Menippe mercenaria*（哲蟹科）	节肢动物门哲蟹科	10d-LC_{50}	2.50	[4]
	Tubifex tubifex（正颤蚓）	环节动物门颤蚓科	28d-EC_{50}	2.80	[4]
	Macoma balthica（双壳纲）	软体动物门双壳纲	10d-LC_{50}	4.80	[4]
	Palaemonetes pugio（长臂虾科）	节肢动物门长臂虾科	10d-LC_{50}	15.1	[4]
	Chironomus tentans（伸展摇蚊）	节肢动物门摇蚊科	21d-LC_{50}	29.2	[5]
	Hyalella azteca（钩虾）	节肢动物门钩虾科	28d-LC_{50}	33.0	[6]
	Misgurnus anguillicaudatus（泥鳅）	脊索动物门鳅科	21d-LC_{50}	37.0	[7]
	Chironomus kiiensis（花翅摇蚊）	节肢动物门摇蚊科	10d-LC_{50}	39.0	[6]
	Amphiascus tenuiremis（甲壳类）	节肢动物门甲壳类	10d-LC_{50}	45.0	[4]
	Lumbriculus variegatus（夹杂带丝蚓）	环节动物门带丝蚓科	10d-EC_{50}	50.0	[4]
	Corbicula fluminea（河蚬）	软体动物门蚬科	14d-EC_{50}	151	[8]
	Monopylephorous limosus（淡水单孔蚓）	环节动物门颤蚓科	21d-LC_{50}	281	[9]
	Hexagenia sp.（蜉蝣目）	节肢动物门蜉蝣目	21d-LC_{50}	815	[6]

金属	物种名	生物学分类	毒性终点	浓度/(mg/kg)	文献
	Hexagenia sp.（蜉蝣目）	节肢动物门蜉蝣目	21d-LC_{50}	93.0	[6]
	Eohaustorius estuarius（端足类）	节肢动物门端足类	14d-LC_{50}	97.0	[10]
	Gammarus pulex（蚤状钩虾）	节肢动物门钩虾科	35d-EC_{50}	151	[10]
	Chironomus tentans（伸展摇蚊）	节肢动物门摇蚊科	14d-EC_{50}	209	[11]
	Lumbriculus variegatus（夹杂带丝蚓）	环节动物门带丝蚓科	28d-EC_{50}	211	[10]
	Chironomus kiiensis（花翅摇蚊）	节肢动物门摇蚊科	28d-EC_{50}	320	[10]
Cu	*Potamopyrgus antipodarum*（螺科）	软体动物门螺科	42d-LC_{50}	364	[12]
	Neanthes arenaceodentata（刺沙蚕）	环节动物门沙蚕科	28d-EC_{50}	409	[13]
	Melita plumulosa（端足目）	节肢动物门端足目	42d-EC_{20}	420	[14]
	Tubifex tubifex（正颤蚓）	环节动物门颤蚓科	28d-LC_{50}	524	[6]
	Ampelisca abdita（片脚类）	节肢动物门片脚类	14d-LC_{50}	534	[15]
	Physella acuta（囊螺）	软体动物门囊螺科	42d-EC_{50}	823	[12]
	Monopylephorous limosus（淡水单孔蚓）	环节动物门颤蚓科	21d-LC_{50}	830	[11]
	Macoma balthica（双壳纲）	软体动物门双壳纲	Chronic-death	162	[16]
	Hyalella azteca（钩虾）	节肢动物门钩虾科	10d-toxicity	175	[17]
	Branchiura sowerbyi（苏氏尾鳃蚓）	环节动物门（颤蚓科）	14d-LC_{10}	269	[18]
	Macrochium rosenbergii（罗氏沼虾）	节肢动物门长臂虾科	Chronic-death	290	[19]
Zn	*Hexagenia limbata*（蜉蝣幼虫）	节肢动物门蜉蝣目	Chronic-death	310	[20]
	Daphnia magna（大型溞）	节肢动物门溞科	Chronic-LC_{20}	570	[20]
	Tubifex tubifex（正颤蚓）	环节动物门颤蚓科	14d-LC_{10}	675	[18]
	Monopylephorous limosus（淡水单孔蚓）	环节动物门颤蚓科	21d-LC_{50}	1320	[19]
	Chironomus tentans（伸展摇蚊）	节肢动物门摇蚊科	14d-LC_{50}	1400	[17]
	Melita plumulosa（端足目）	节肢动物门端足目	10d-LC_{50}	3420	[14]
	Daphnia magna（大型溞）	节肢动物门溞科	Chronic-LC_{50}	54.0	[21]
	Lumbriculus variegatus（夹杂带丝蚓）	环节动物门带丝蚓科	10d-EC_{10}	200	[4]
	Chironomus tentans（伸展摇蚊）	节肢动物门摇蚊科	14d-LC_{50}	248	[11]
铅	*Misgurnus anguillicaudatus*（泥鳅）	脊索动物门鳅科	21d-LC_{50}	391	[7]
Pb	*Corbicula fluminea*（河蚬）	软体动物门蚬科	14d-EC_{50}	519	[8]
	Rana sphenocephala（楔头蛙）	脊索动物门蛙科	60d-EC_{50}	579	[22]
	Monopylephorous limosus（淡水单孔蚓）	环节动物门颤蚓科	21d-LC_{50}	1040	[11]
	Leptocheirus plumulosus（片脚类）	节肢动物门片脚类	10d-LOEC	4540	[23]
	Macoma balthica（双壳纲）	软体动物门双壳纲	Chronic-biomass	44.0	[17]
	Macrochium rosenbergii（罗氏沼虾）	节肢动物门长臂虾科	Chronic-death	110	[9]
	Gammarus pseudolimnaeus（端足目）	节肢动物门端足目	28d-EC_{20}	197	[24]
	Hexagenia sp.（蜉蝣目）	节肢动物门蜉蝣目	28d-EC_{20}	503	[24]
Ni	*Tubifex tubifex*（正颤蚓）	环节动物门颤蚓科	28d-EC_{20}	605	[24]
	Lumbriculus variegatus（夹杂带丝蚓）	环节动物门带丝蚓科	28d-EC_{20}	878	[24]
	Hyalella azteca（钩虾）	节肢动物门钩虾科	28d-EC_{20}	1177	[24]
	Chironomus tentans（伸展摇蚊）	节肢动物门摇蚊科	56d-EC_{20}	2998	[24]
	Chironomus kiiensis（花翅摇蚊）	节肢动物门摇蚊科	28d-EC_{20}	5809	[24]

7.4.1.2 基准低值的推导

通过物种敏感度分布法（SSD）利用沉积物中重金属慢性毒性数据推算保护95%底栖生物物种的浓度值（HC_5），作为沉积物质量基准低值（SQG_{low}）。

将沉积物重金属慢性毒性数据按从小到大的顺序进行排序、编号，计算不同生物毒性数据对应的累积百分比[3]。选择逻辑斯谛分布、对数逻辑斯谛分布、正态分布、对数正态分布、极值分布等多种拟合模型对重金属毒性数据进行拟合。选出拟合效果最佳的拟合模型，拟合曲线见图 7-3，得到铜、铅、镉、锌、铅的 SQG_{low} 分别为 69.9mg/kg、38.4mg/kg、1.26mg/kg、18.6mg/kg、107mg/kg。

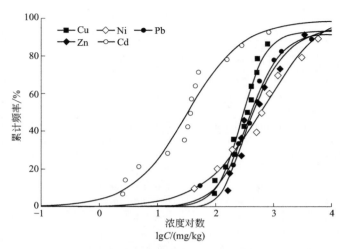

图 7-3　五种重金属慢性毒性的 SSD 曲线

7.4.1.3　基准高值的推导

沉积物质量基准高值（SQG_{high}）是通过 SSD 法利用沉积物中重金属急性毒性数据推算保护 95% 底栖生物物种的浓度值。但是由于合理的急性毒性数据数量少于 8 个，因此利用 SQG_{low} 和急慢性比值（ACR）推导 $SQG_{high}^{[25]}$。采用的镍[26]、铜[25]、锌[27]、铅[28]、镉[29] 的 ACR 分别为 9.00、3.23、5.21、10.0、8.01。经过计算，得到镍、铜、锌、铅、镉的 SQG_{high} 分别为 226mg/kg、384mg/kg、10.1mg/kg、167mg/kg、556mg/kg。

7.4.1.4　与其他国家基准值的比较

将本研究与国外具有代表性的加拿大和澳大利亚重金属沉积物基准值进行了比较，结果见表 7-4。5 种重金属 SQG_{low} 与加拿大临时沉积物质量基准 ISQG（Interim sediment quality guideline）和澳大利亚沉积物质量基准 SQGV（Sediment quality guideline values）差别不大，SQG_{high} 与加拿大可能效应水平 PEL（Probably effect level）和澳大利亚沉积物质量基准高值 SQG-HIGH（Upper guideline）较为接近，相对偏差大都在 20% 之内。澳大利亚和加拿大的基准值主要出自 20 世纪 90 年代的研究，本研究更新和补充了近年来最新发表的毒性数据，基准值更加科学可靠。

表 7-4　重金属沉积物质量基准值比较　　　　　　　　　　　单位：mg/kg

重金属	本研究		加拿大[30]		澳大利亚[31]	
	SQG_{low}	SQG_{high}	ISQG	PEL	SQGV	SQG-HIGH
Cu	69.9	226	35.7	197	65	270
Pb	38.4	384	35.0	91.3	50	220
Zn	107	556	123	315	200	410
Ni	18.6	167	—	—	21	52
Cd	1.26	10.1	0.60	3.50	1.5	10

7.4.1.5 基准的校验

利用采集自海河流域的实际沉积物对重金属沉积物质量基准进行了校验。2017 年 10 月和 2018 年 5 月在海河水系共采集沉积物样品 21 份。采样点位信息见表 7-5。

表 7-5　海河水系采样点信息

编号	断面名称	经度	纬度	所在河流	汇入河流
S01	辛庄桥	117°38′42″	40°5′4″	潮河	密云水库
S02	淋河桥	117°0′48″	40°4′21″	淋河	于桥水库
S03	东店	117°24′45″	40°1′11″	泃河	蓟运河
S04	于桥水库出口	117°5′28″	39°59′40″	引滦天津河	海河
S05	三河东大桥	117°23′58″	39°46′33″	泃河	蓟运河
S06	吴村	116°56′58″	39°47′35″	潮白河	潮白运河
S07	西屯桥	116°56′36″	39°42′50″	州河	蓟运河
S08	王家摆	116°57′3″	39°41′1″	北运河	海河
S09	土门楼	117°17′5″	39°40′38″	北运河	海河
S10	大套楼	116°31′46″	39°34′58″	潮白运河	永定新河
S11	三小营	117°0′22″	39°32′4″	龙河	永定河
S12	大王甫	117°7′58″	40°35′13″	北运河	海河
S13	塘沽公路桥	117°47′55″	39°7′40″	永定新河	渤海
S14	海河大闸	117°42′42″	38°59′9″	海河	渤海
S15	万家码头	117°18′18″	38°50′17″	独流减河	渤海
S16	团瓢桥	117°4′42″	38°41′12″	青静黄排水渠	渤海
S17	马棚口防潮闸	117°31′58″	39°39′47″	子牙新河	渤海
S18	青静黄防潮闸	117°31′45″	38°39′18″	青静黄排水渠	渤海
S19	沧浪渠出境	117°32′28″	38°37′3″	沧浪渠	渤海
S20	北排河防潮闸	117°32′28″	38°37′4″	北排河	渤海
S21	翟庄子	117°15′48″	38°33′55″	沧浪渠	渤海

样品前处理及重金属测试方法参考标准方法《土壤和沉积物 12 种金属元素的测定　王水提取-电感耦合等离子体质谱法》（HJ 803—2016）。沉积物样品经烘干、研磨后，加入王水进行微波消解。消解液经 0.45μm 滤膜过滤、稀释、定容后，通过电感耦合等离子体质谱仪（Elan DRC-e，PerkinElmer）测定镍、铜、锌、镉、铅浓度。每份沉积物三组平行测定结果相对标准偏差在 5% 之内。

参考 OECD 的底栖生物标准实验方法，对海河沉积物进行毒性试验。受试生物为伸展摇蚊（Chironomus tentans）幼虫、花翅摇蚊（Chironomus kiinensis）幼虫和霍甫水丝蚓（Limnodrulus hoffmeisteri）开展沉积物毒性实验。3 种生物的受试时间及受试终点分别为 14d 死亡率、21d 未羽化率、28d 死亡率。每份沉积物设置三组平行，并采用清洁沉积物作为对照。实验过程中上覆水溶解氧浓度不低于实验温度下饱和溶解氧的 60%，pH 值在 7~9 之间。实验结束后对照组生物死亡率或未羽化率不高于 10%，每份沉积物生物毒性结果相对偏差在 20% 之内。

根据 Q_{high} 与 Q_{low} 预测海河水系沉积物重金属毒性[32]。根据 SQG_{low} 和 SQG_{high} 分别计算风险商 Q_{high} 与 Q_{low}，计算公式见下。

$$Q_{high} = \sum_{i=1}^{5} (C_i / SQG_{high})$$

$$Q_{\text{low}} = \sum_{i=1}^{5} (C_i / \text{SQG}_{\text{low}})$$

式中 C——沉积物重金属浓度。

当 $Q_{\text{low}} < 1$ 时，沉积物中重金属不会对底栖生物产生毒性效应；当 $Q_{\text{high}} < 1 < Q_{\text{low}}$ 时，毒性效应不明确；当 $Q_{\text{high}} > 1$ 时，产生毒性效应。根据实测生物毒性效应评估沉积物实际毒性，当死亡率或未羽化率小于 10% 时，沉积物对底栖生物无毒性；当死亡率或未羽化率在 10%~30% 之间时毒性不明确；当死亡率或未羽化率大于 30% 时，具有一定的毒性。当同一沉积物的预测毒性与实测效应一致时，说明沉积物质量基准对沉积物毒性预测正确[33]。

利用海河水系沉积物对铜、镉、铅、锌、镍沉积物质量基准进行校验的结果如图 7-4 所示。

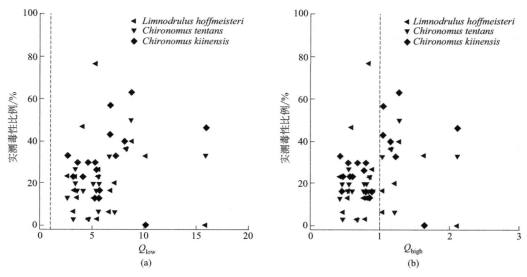

图 7-4　实测毒性比例与 Q_{low} 和 Q_{high} 关系图

在 21 个采样点中，$Q_{\text{low}} < 1$ 的点位有 0 个，$Q_{\text{high}} < 1 < Q_{\text{low}}$ 的点位有 14 个，$Q_{\text{high}} > 1$ 的点位有 7 个。3 种底栖生物校验的具体结果见表 7-6。结果表明，沉积物重金属质量基准 Q_{low} 和 Q_{high} 对海河水系沉积物重金属毒性风险预测总准确率为 76.2%，其中当 $Q_{\text{high}} > 1$ 时，准确率为 66.7%，$Q_{\text{high}} < 1 < Q_{\text{low}}$ 时，准确率为 81.0%。表明本研究推导的基准值能够较准确地预测沉积物的毒性。

表 7-6　重金属沉积物质量基准预测沉积物毒性的准确率　　　　　　　　单位：%

毒性预测	霍甫水丝蚓 (*Limnodrulus hoffmeisteri*)	伸展摇蚊 (*Chironomus tentans*)	花翅摇蚊 (*Chironomus kiinensis*)	综合校验
无毒性	—	—	—	—
毒性不确定	64.3 (9/14)*	85.7 (12/14)	92.9 (13/14)	81.0 (34/42)
有毒性	42.9 (3/7)	71.4 (5/7)	85.7 (6/7)	66.7 (14/21)
总计	57.1 (12/21)	81.0 (17/21)	90.5 (19/21)	76.2 (48/63)

注：括号内为预测正确的样点数/样点总数。

7.4.1.6　总结

本研究应用 SSD 推导铜、镉、铅、锌、镍沉积物质量基准低值 SQG_{low}，铜、铅、镉、锌、铅的 SQG_{low} 分别为 69.9mg/kg、38.4mg/kg、1.26mg/kg、18.6mg/kg、107mg/kg。应用 SQG_{low} 和 ACR 推导了相应的沉积物质量基准高值 SQG_{high}，镍、铜、锌、铅、镉的 SQG_{high} 分别为 226mg/kg、384mg/kg、10.1mg/kg、167mg/kg、556mg/kg，得到的基准值和加拿大、澳大利亚的基准值具有一定的可比性。利用 SQGs 预测海河水系沉积物重金属毒性的总准确率为 76.2%，表明基准可以较准确地预测沉积物重金属毒性。

本章得到的沉积物质量基准为我国淡水沉积物中重金属毒性的预测和风险评估提供了一个有力的工具。随着今后越来越多本土底栖生物毒性数据的补充，需要对基准值进行不断更新。我国河流众多，处于不同生态功能区的底栖生物在种类和分布特征上均存在一定的差异。在开展现有生物毒性测试的基础上，进一步选择其他代表性底栖生物为受试生物，广泛采集国内其他淡水河流、湖泊、水库的沉积物进行质量基准值校验，深入研究沉积物理化性质对基准值的影响，将提高基准值的科学性和适用性。

7.4.2　生物效应法

7.4.2.1　毒性数据的收集和筛选

重金属作为一类重要的环境污染物，通过各种途径进入水体并分布在水、沉积物和生物体中，表现出不同的环境地球化学行为和生物毒性效应。研究表明，重金属能够在沉积物中积累，成为水体污染的来源，危害水体生态环境。以生物效应数据为基础的生物效应法是国际上广为接受的沉积物质量基准推算方法之一[34]。

通过文献检索，广泛收集铜（Cu）、镉（Cd）、铅（Pb）、锌（Zn）、镍（Ni）五种重金属对我国本土底栖生物的淡水沉积物急性和慢性毒性效应数据。经过筛选，建立生物效应数据库[35]。

7.4.2.2　基准的推导

将有负面生物效应的重金属浓度值录入"生物效应数据列"，将不会产生负面生物效应的重金属浓度值录入"无生物效应数据列"，并将两个数据列中的数据按照从小到大的顺序排列。其中，生物效应数据列中第 15 百分位数为效应数据低值（ERL），生物效应数据列中第 50 百分位数为效应数据中值（ERM），无生物效应数据列中第 50 百分位数为无效应数据中值（NERM），无生物效应数据列中第 85 百分位数为无效应数据高值（NERH）。

利用统计得到的 ERL、ERM、NERM 和 NERH 计算阈值效应浓度（TEL）和可能效应浓度（PEL）即为沉积物质量基准值[34,35]，其中：

$$TEL = \sqrt{ERL \times NERM}$$

$$PEL = \sqrt{ERM \times NERH}$$

五种重金属的沉积物毒性效应数据及推算的沉积物质量基准高值 SQC-H 和沉积物质量基准低值 SQC-L 如表 7-7 所列[35]。

表 7-7　重金属的沉积物毒性效应数据及质量基准值　　　单位：mg/kg

重金属	无生物效应数据列			生物效应数据列			沉积物质量基准	
	NERM	NERH	数据量	ERL	ERM	数据量	TEL(SQC-L)	PEL(SQC-H)
Cu	50.2	122	32 个	63.0	163	78 个	56.2	141
Cd	2.61	16.1	20 个	2.55	23.9	47 个	2.58	19.6
Pb	40.0	186	19 个	55.9	215	40 个	47.3	200
Zn	93.4	964	15 个	68.4	221	50 个	79.9	461
Ni	25.9	35.4	12 个	48.5	175	24 个	35.4	78.6

7.4.2.3　基准的校验

（1）太湖沉积物中重金属浓度分布

在太湖采集 27 个沉积物样品，测定沉积物中 5 种重金属的浓度分布，结果如表 7-8 和图 7-5 所示[32]。

表 7-8　太湖沉积物中重金属浓度分布

金属范围/ (mg/kg)		均值±SD/ (mg/kg)	几何均值/ (mg/kg)	中位数/ (mg/kg)	样点个数			
					<TEL	TEL~PEL	>PEL	总计
Pb	15.6~49.2	33.8±8.0	32.8	33.5	26	1	0	27
Cu	12.8~114	41.9±24.8	36.5	37.2	20	7	0	27
Cd	0.141~2.26	0.512±0.416	0.432	0.406	27	0	0	27
Zn	37.6~303	109±64	95.8	105	8	19	0	27
Ni	14.4~116	45.5±20.1	41.8	44.8	6	19	2	27

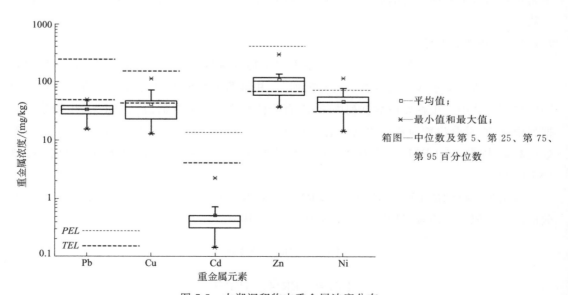

图 7-5　太湖沉积物中重金属浓度分布

由结果可知，绝大多数沉积物样点中 Pb 和 Cd 的浓度都是<TEL；对于 Cu 和 Zn，大约 1/2 的样点的浓度<TEL，另外 1/2 的浓度在 TEL～PEL 之间；对于 Ni，不到 1/3 的样点<TEL，超过 2/3 的样点在 TEL～PEL 之间，另有 2 个样点>PEL。总体上，太湖沉积物中的重金属，大多数浓度都<TEL，其余的在 TEL～PEL 之间，仅有极个别样点浓度>PEL。

（2）沉积物基准对沉积物毒性的预测

根据沉积物基准值 TEL 和 PEL 计算风险商值 Q_{TEL} 和 Q_{PEL}，公式为：

$$Q_{TEL} = \sum(C/TEL)$$
$$Q_{PEL} = \sum(C/PEL)$$

式中　C——沉积物中重金属浓度。

同时将沉积物进行处理，在沉积物中添加活性炭、沸石等活性材料，吸附或螯合有机污染物、氨氮等干扰物质，屏蔽干扰物质的毒性，保留重金属的毒性。

沉积物质量基准校验的样品处理方法具体如下[32,36]。

1）活性炭　加入 15% 粗颗粒和 5% 中等颗粒活性炭粉，屏蔽有机物的影响。粉末状活性炭加入高纯水，在真空条件下饱和渗透 18h，然后离心去除多余的水分后投加到沉积物中。

2）沸石　加入 20% 沸石（研磨过筛）屏蔽氨氮的影响。沸石经研磨过筛后，先用蒸馏水清洗后再用高纯水清洗，然后与高纯水充分混合，在黑暗中静置 24h。沸石浆以湿沉积物 20% 的比例添加到沉积物原样中。

对处理之后的沉积物利用淡水单孔蚓（*Monopylephorus limosus*）、花翅摇蚊（*Chironomus kiiensis*）和伸展摇蚊（*Chironomus tentans*）进行沉积物毒性测试，沉积物毒性与沉积物中重金属的风险商值有显著相关性（$p<0.01$），如图 7-6、图 7-7 所示[32]。

利用沉积物质量基准对沉积物的毒性进行预测（表 7-9），总准确率达到 77%，沉积物质量基准通过校验[32]。

表 7-9　沉积物质量基准对沉积物毒性的预测

风险商值	样点个数				准确率/%
	毒性<10%	10%≤毒性≤30%	毒性>30%	准确预测/总数	
$Q_{TEL}<1$	0	0	0	0/0	—
$Q_{PEL}≤1≤Q_{TEL}$	2	8	1	8/11	73
$Q_{PEL}>1$	0	4	15	15/19	79
总计	2	12	16	23/30	77

（3）基于沉积物基准的风险评估

对太湖沉积物中重金属的生态风险进行评估[32]，太湖沉积物中重金属的风险商值 Q_{PEL} 在 0.435～3.125 范围内，其中 2/3 的样点 Q_{PEL} 高于 1.0。风险值较高的点位主要集中在接收污水较多的太湖北岸水域。太湖沉积物中主要的金属污染物是 Ni，其余四种重金属产生的风险较低。

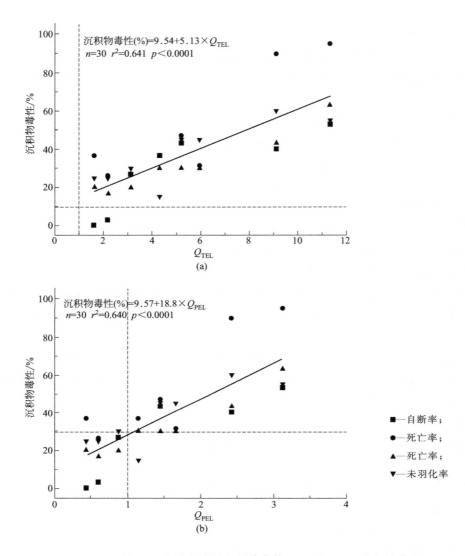

图 7-6　沉积物毒性与风险商值 Q_{TEL} 和 Q_{PEL} 的相关关系

7.4.2.4　基准的应用

通过检索文献数据库，搜集 2000～2015 年国内外公开发表的关于我国七大水系（长江、黄河、辽河、松花江、海河、淮河、珠江）水体沉积物中五种重金属含量的数据，经过筛选得到符合要求的重金属浓度数据共 2564 个，其中 Cu 583 个、Cd 503 个、Pb 584 个、Zn 565 个、Ni 329 个。利用推导的沉积物质量基准值对沉积物中重金属生态风险进行评估：重金属浓度低于 SQG-L 时，认为对水生生物没有显著危害；重金属浓度超过 SQG-H 时，认为经常对水生生物造成不利影响；重金属浓度介于 SQG-L 和 SQG-H 之间时，表示不确定是否会对水生生物产生负面效应。评估结果如图 7-8 和图 7-9 所示[35]。

总体看来，五种重金属在七大水系沉积物中浓度＜SQG-L（负面生物效应较少发生）的采样点占 40.4％～90.5％，浓度在 SQG-L 和 SQG-H 之间（不确定是否发生负面生物效应）的采样点占 $8.35\% \sim 46.0\%$，浓度＞SQG-H（负面生物效应经常发生）的采样点占 $1.15\% \sim 7.60\%$。由此，我国重点水系沉积物中这五种典型重金属 Cu、Cd、Pb、Zn、Ni 基本未达到严重污染的程度，主要处于风险较小或是风险不确定的范围内。

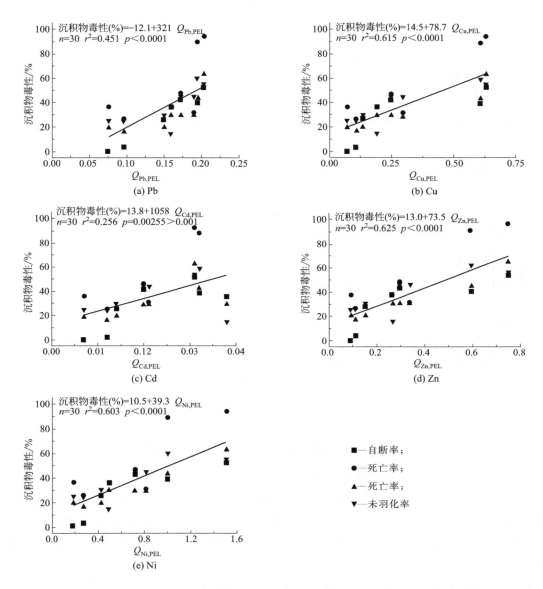

图 7-7　沉积物毒性与 5 种重金属风险商值的相关关系

7.4.3　相平衡分配法

7.4.3.1　毒性数据的收集和筛选

相平衡分配法是美国环境保护局（USEPA）推荐使用的沉积物质量基准制定方法。该方法利用非离子有机污染物的沉积物-水分配系数和水质基准来计算污染物的沉积物质量基准值。当缺乏污染物的沉积物生物毒性效应数据时，该方法是行之有效的方法，适用

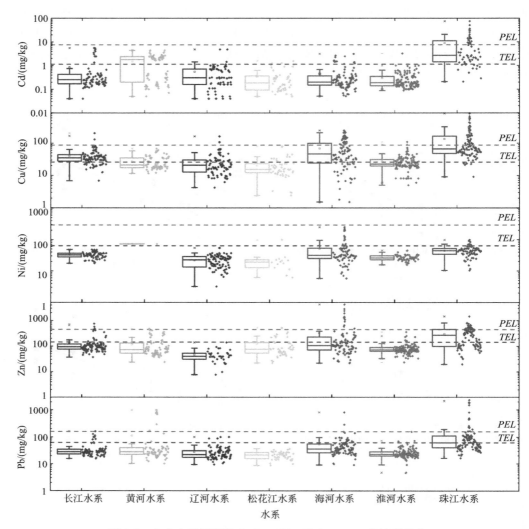

图 7-8　七大水系沉积物中 Cu、Cd、Pb、Zn、Ni 的浓度分布

于推导非离子有机物的沉积物质量基准[37]。

　　通过检索文献数据库广泛收集林丹的淡水水生生物急性和慢性毒性数据，经收集并筛选得到含 4 门 16 科 16 属 21 种水生生物的 59 个林丹急性毒性数据，以及 4 属 4 种水生生物的 8 个慢性毒性数据[38]，符合我国水质基准最少毒性数据需求原则[1]。

7.4.3.2　基准的推导

　　参考 USEPA 颁布的关于保护水生生物及其用途的水质基准数值推导准则，首先计算出水生生物的属平均急性毒性值，然后计算水生生物的属平均急性毒性值的累积频率。选择 4 个累积频率接近 0.05 的属平均急性毒性值，利用这 4 个属的属平均急性毒性值及其对应的累积频率，根据生物毒性排序法计算得到林丹的水生生物水质基准最终急性毒性值 FAV 为 5.64μg/L，再除以最终急慢性毒性比值（表 7-10），得到最终慢性毒性值 FCV 为 1.51μg/L[38]。

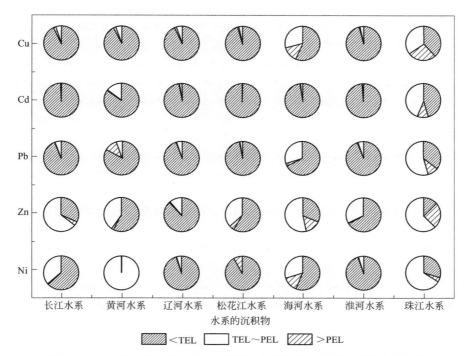

图 7-9　Cu、Cd、Pb、Zn、Ni 在沉积物中超过或低于基准值的样点比例

表 7-10　林丹的急慢性毒性比值（ACR）和最终急慢性毒性比值（FACR）

属	物种	拉丁名	$LC_{50}/$ $(\mu g/L)$	LOEC/ $(\mu g/L)$	ACR	FACR
钩虾属	蚤状钩虾	*Gammarus pulex*	24.24	14.27	1.70	
溞属	大型溞	*Daphnia magna*	1764	180	9.80	3.74
网纹水蚤属	网纹水蚤	*Ceriodaphnia dubia*	45.50	15.75	2.89	
太阳鱼属	蓝鳃太阳鱼	*Lepomis macrochirus*	37.00	9.10	4.07	

　　林丹的有机碳-水分配系数的对数 $\lg K_{OC}$ 取值 3.04，沉积物的有机碳质量分数 f_{OC} 按照 1% 计算。根据林丹的水质基准值 C_{WQC}（FAV 和 FCV）利用以下公式计算[38-39]：

$$C_{SQC} = K_{OC} \cdot f_{OC} \cdot C_{WQC}$$

　　得到林丹的沉积物质量基准高值 SQC-H 为 $0.0617\mu g/g$，沉积物质量基准低值 SQC-L 为 $0.0165\mu g/g$。该基准值略高于国际上其他研究推算出的林丹沉积物质量基准值。将我国一些代表性淡水水域的沉积物中林丹的残留浓度与推算出的沉积物质量基准值进行比较发现，我国大部分地区沉积物中林丹残留量低于基准值，林丹含量基本处于可接受水平，不会对水生生物造成严重危害[38]。

273

第 7 章　沉积物基准技术

（01），1-13.

[3] 陈心悦，张彦峰，沈兆爽，等，中国七大水系淡水沉积物中林丹（γ-HCH）的生态风险评估 [J]．生态毒理学报，2018，13（03）：103-111.

[4] USEPA. Comparative toxicity testing of selected benthic and epibenthic organisms for the development of sediment quality test protocols；EPA/600/R-99/085 [R]．Office of Research and Development；Washington DC，1999.

[5] Yake B，Norton D，Stinson M. Application of the triad approach to freshwater sediment assessment：An initial investigation of sediment quality near Gas Works Park，Lake Union. 04-08-01 04-08-03. Water Quality Investigations Section Washington Department of Ecology，Olympia，WA [R]．1986.

[6] Milani D，Reynoldson T B，Borgmann U，et al. The relative sensitivity of four benthic invertebrates to metals in spiked-sediment exposures and application to contaminated field sediment [J]．Environmental Toxicology and Chemistry，2003，22（4）：845-854.

[7] 韩雨薇，钟文珏，张彦峰，等，沉积物中 Pb 和 Cd 对泥鳅的毒性效应及其基准阈值的验证 [J]．环境科学研究，2015，28（07）：1078-1084.

[8] 韩雨薇，张彦峰，陈萌，等，沉积物中重金属 Pb 和 Cd 对河蚬的毒性效应研究 [J]．生态毒理学报，2015，10（04）：129-137.

[9] Malueg K W，Schytema G S，Krawczy D F，et al. Laboratory sediment toxicity tests，sediment chemistry and distribution of benthic macroinvertebrates in sediments from the keweenaw waterway，michigan [J]．Environmental Toxicology and Chemistry，1984，3（2）：233-242.

[10] Roman Y E，De Schamphelaere K A C，Nguyen L T H，et al. Chronic toxicity of copper to five benthic invertebrates in laboratory-fromulated sediment：Sensitivity comparison and preliminary risk assessment [J]．Science of the Total Environment，2007，387（1-3）：128-140.

[11] 沈洪艳，张红燕，刘丽，等，淡水沉积物中重金属对底栖生物毒性及其生物有效性研究 [J]．环境科学学报，2014，34（01）：272-280.

[12] Jeppe K J，Yang J H，Long S M. et al，Detecting copper toxicity in sediments：from the subindvidual level to the population level [J]．Journal of Applied Ecology，2017，54，（5）：1331-1342.

[13] Ward T J，Gaertner K E，Gorsuch J W，et al. Survival and Growth of the Marine Polychaete，Neanthes arenaceodentata，Following Laboratory Exposure to Copper-Spiked Sediment [J]．Bulletin of Environmental Contamination and Toxicology，2015，95（4）：428-433.

[14] Gale S A，King C K，Hyne R V. Chronic sublethal sediment toxcity testing using the esturaine amphipod，Melita plumulosa（Zeidler）：Evaluation using metal-spiked and field-contaminated sediments [J]．Environmental Toxicology and Chemistry，2006，25（7）：1887-1898.

[15] Anderson B S，Lowe S，Phillips B M，et al. Relative sensitivities of toxicity test protocols with the amphipods Eohaustorius estuarius and Ampelisca abdita [J]．Ecotoxicology and Environmental Safety，2008，69（1）：24-31.

[16] McGreer E R. Factors affecting the distribution of the blivalve，Macoma balthica（L.）on a mudflat receiving sewage effluent，Fraser river estuary，British Columbia [J]．Marine Environmental Research，1982，7（2）：131-149.

[17] Burton G A，Nguyen L T H，Janssen C. et al. Field validation of sediment zinc toxicity [J]．Environmental Toxicology and Chemistry，2005，24（3）：541-553.

[18] Lobo H，Mendez-Fernandez L，Martinez-Madrid M，et al. Acute toxicity of zinc and arsenic to the warmwater aquatic oligochaete Branchiura sowerbyi as compared to its cold water counterpart Tubifextubifex（Annelida，Clitellata）[J]．Journal of Soils and Sediments，2016，16（12）：2766-2774.

[19] Lee G F，Mariani G M. Evaluation of the Significance of Waterway Sediment-Associated Contaminants on Water Quality at the Dredged Material Disposal Site. Mayer，F. L.；Hamelink，J. l.，Eds. ASTM International；West

Conshohocken，PA［R］.1977，196-213.

［20］ Malueg K W，Schuytema G S，Gakstatter J H，et al. Toxicity of sediments from three metal-contaminated areas ［J］.Environmental Toxicology and Chemistry，1984，3（2）：279-291.

［21］ 洪松.水体沉积物重金属质量基准研究［D］.北京大学 2001.

［22］ Sparling D W，Krest S，Ortiz-Santaliestra M，Effects of lead-contaminated sediment on Rana sphenocephala tadpoles ［J］.Archives of Environmental Contamination and Toxicology，2006，51（3）：458-466.

［23］ Stanley J K，Kennedy A J，Farrar J D，et al. Evaluation of reduced sediment volume procedures for acute toxicity tests using the estuarine amphipod leptocheirus plumulosus ［J］.Environmental Toxicology and Chemistry，2010，29（12）：2769-2776.

［24］ Besser J M，Brumbaugh W G，Ingersoll C G，et al. Chronic toxicity of nickel-spiked freshwater sediments：variation in toxicity among Eight invertebrate taxa and eight sediments. Environmental Toxicology and Chemistry，2013，32（11），2495-2506.

［25］ 吴丰昌，冯承莲，曹宇静，等.我国铜的淡水生物水质基准研究［J］.生态毒理学报 2011，6（06）：617-628.

［26］ USEPA，National Recommended Water Quality Criteria ［S］；Washington DC：Office of Science and Technology，2009.

［27］ 吴丰昌，冯承莲，曹宇静，等.锌对淡水生物的毒性特征与水质基准的研究［J］.生态毒理学报 ，2011，6（04）：367-382.

［28］ 何丽，蔡靳，高富，等.铅水生生物基准研究与初步应用［J］.环境科学与技术 ，2014，37（04）：31-37，95.

［29］ 闫振广，孟伟，刘征涛，等.我国淡水水生生物镉基准研究［J］.环境科学学报 ，2009，29（11）：2393-2406.

［30］ CCME Sediment Quality Guidelines for the Protection of Aquatic Life ［R］，Canadian Council of Ministers of the Environment，1998.

［31］ Simpson S L，Batley G E，Chariton A A. Revision of the ANZECC/ARMCANZ Sediment Quality Guidelines ［J］；CSIRO Land and Water，Australia，2013.

［32］ Zhang Y F，Han Y W，Yang J X，et al. Toxicities and risk assessment of heavy metals in sediments of Taihu lake，China，based on sediment quality guidelines ［J］.Journal of Environmental Sciences-China，2017，62：31-38.

［33］ Long E R，Field L J，MacDonald D D. Predicting toxicity in marine sediments with numerical sediment quality guidelines ［J］.Environmental Toxicology and Chemistry，1998，17，（4）：714-727.

［34］ 张婷，钟文珏，曾毅，等.应用生物效应数据库法建立淡水水体沉积物重金属质量基准［J］.应用生态学报 2012，23（9）：2587-2594.

［35］ 阳金希，张彦峰，祝凌燕.中国七大水系沉积物中典型重金属生态风险评估［J］.环境科学研究 2017，（03）：423-432.

［36］ 曾毅，祝凌燕.应用毒性识别评估（TIE）评价 太湖地区沉积物毒性风险［R］.第六届全国环境化学学术大会论文集，2011，p.711.

［37］ 祝凌燕，刘楠楠，邓保乐.基于相平衡分配法的水体沉积物中有机污染物质量基准的研究进展［J］.应用生态学报，2009，（10）：2574-2580.

［38］ 钟文珏，常春，曾毅，等.非离子有机物淡水沉积物质量基准 推导方法——以林丹为例［J］.生态毒理学报，2011，（05），476-484.

［39］ 祝凌燕，邓保乐，刘楠楠，等.应用相平衡分配法建立污染物的沉积物质量基准［J］.环境科学研究，2009（07）：762-767.

第8章 水质基准向水质标准转化技术

8.1 概　　述

　　环境标准是环境管理的依据，同时也是环境质量评价、环境风险控制、应急事故管理及整个环境管理体系的基础，是国家环境保护和环境管理的基石与根本。水质基准是制订水环境质量标准的基础，水质基准制定后，需开展水质基准向水质标准的转化研究，才能更好地为环境管理提供技术支撑。近年来，国家高度重视环境基准研究，早在 2005 年《关于落实科学发展观加强环境保护的决定》（国发〔2005〕39 号）明确提出了"科学确定基准"的国家目标。环境基准按照环境介质的不同可分为水环境基准、土壤环境基准和空气环境基准，其中水环境基准根据保护对象的不同又可分为保护水生生物水质基准和保护人体健康水质基准。水环境质量基准按照保护对象的不同可以分为保护水生态（对动植物及生态系统的影响）和保护人体健康水质基准（对人群健康的影响）等，它们构成了水环境质量基准的核心。考虑到我国特色社会主义国情，水质基准转化为水质标准才具有法律效力。因此，环境基准制定后，需进一步开展环境基准向环境标准转化的技术研究，本章主要针对流域水环境基准（水生生物水质基准、人体健康水质基准、水体沉积物基准和水生态学基准）向水环境标准转化的技术标准进行介绍。

　　水质基准是制订水环境质量标准的基础，而水质标准也是水质基准的最终归趋。水质标准是水环境质量评价、环境风险评价、环境损害鉴定评估、水环境管理和相关政策、法律法规的重要依据。我国现行的《地表水环境质量标准》（GB 3838—2002）采取的是高功能水质标准严于低功能水质标准的原则，便于操作管理，但由于保护对象不明确，在实际情况下不同功能的水质标准并不能完全相互涵盖。如地表水环境质量标准和渔业水质标准侧重于对自然保护区、饮用水水源地、工业、农业和渔业用水的保护，对水生态系统的安全保护不足，也没有体现对水生生物的保护目标。

　　目前我国的水质基准研究工作主要是借鉴国外发达国家相对成熟的研究方法或指南文件，这些发达国家或组织主要包括美国、欧盟、澳大利亚、新西兰、加拿大以及荷兰等。它们由于水质基准研究工作开展的时间相对较早，已经形成了各自的水质基准研究指导性方法，用于指导本国水质基准研究工作的开展。我国目前虽然颁布了一部分用于指导水质基准工作开展的相关方法、导则或指南文件，如 2017 年 9 月颁布的《淡水水生生物水质基准制定指南》。而我国现行的《地表水环境质量标准》（GB 3838—2002）中的饮用水地表水源地限值、《生活饮用水卫生标准》（GB 5749—2006）水质项目的选择参考了世界卫生组织、欧盟、美国、俄罗斯、日本等组织和国家现行饮用水标准，指标限值主要取自世界卫生组织 2004 年 10 月发布的《饮水水质准则》（第 3 版）资料。但是，现行的标准只引用国外资料，没有我国的水生生物、人体健康、水生态学及水体沉积物基准研究数据可供参考，很难完全适用于水生态环境及我国居民的身体指标和健康状况。若要作为具有国家法律效力的水质标准还是有很大差距的。虽然我国当前执行的水质标准（GB 3838—2002）有国外的水质基准作为基础，但是由于我国一直以来缺乏环境基准和标准的系统研究，现行标准的划分不够科学，指标不够健全。尤其是针对区域生态系统中水生生物、沉积物、人体健康及水生态学的指标严重缺乏，使得标准所依据的具体水域的指定功能和保护目标也同样不甚清晰。由于我国水环境条件具有一定的地域性，且生活习惯和饮水饮食结构与其他国家也不同，其他国家的标准限值不能够完全反映我国保护水环境的要求，如果直接参考其他国家的水质标准来制定我国的水环境标准，势必会降低我国水质标准的科学性，导致保护不够或者过度保护的可能性。因此，结合我国地域特点和污染控制的需要，再提出我国保护水环境基准后，建立水环境基准向水环境标准转化和应用的研究已势在必行。

8.2　技术流程

8.2.1　水质基准向水质标准转化的程序

针对某一地区或区域的某一具体污染物质，水生生物水质基准向水质标准转化主要包括 5 个流程，即：a. 水生生物水质基准的确定；b. 水生生物水质标准推荐值确定；c. 标准推荐值的经济技术可行性分析；d. 标准推荐值的再运行和再评估；e. 水生生物水质标准实施保障方案。

8.2.2　水生生物水质基准的确定

依据《淡水水生生物水质基准制定技术指南》，水生生物水质基准确定分为以下几种。

（1）水质基准污染物质的确定

污染物质应该满足以下要求：

① 该物质在多数自然水体中能够检出，或通过模型方法预测其可能普遍存在，并具有潜在的生态危害或风险；

② 该物质的化学性质及其环境行为参数具有可得性，该物质具有有效的分析检测方法；

③ 当物质在水中以多种离子形式存在时，应视为同一种物质；

④ 当污染物质较多时应进行优先度排序。

（2）毒性数据收集和筛选

数据主要包括淡水水生生物毒性数据、水体理化参数数据、物质固有的理化性质数据和环境分布数据等。值得注意的是，选择的毒性数据必须可靠性高，数据产生过程完全符合实验准则，操作过程遵循良好实验室规范（GLP）。

（3）物种筛选

基准受试生物物种应包含不同营养级别和生物类别，主要包含国际通用物种（在我国自然水体中有广泛分布）、本土物种和引进物种。针对我国珍稀或濒危物种、特有物种，应根据国家野生动物保护的相关法规选择性地使用作为受试物种。

（4）水质基准推导方法

推荐使用物种敏感度分布法推导水生生物水质基准，也可采用毒性百分数排序（TPR）法。

（5）水质基准的审核

水质基准的最终确定需要仔细审核基准推导所用数据以及推导步骤，以确保基准是否合理可靠。水质基准的审核包括自审核和专家审核。

1）自审核项目　包括使用的毒性数据是否可被充分证明有效；所使用的数据是否符合数据质量要求；物种对某一物质急性值的范围是否大于 10 倍；对于任何一种物种，测定物质的流水暴露实验所得急性毒性数据值是否低于短期基准；对于任何一种物种，测定物质的慢性毒性值是否低于长期基准；急性毒性数据中是否存在可疑数值；慢性毒性数据中是否存在可疑数值；急慢性比的范围是否合理；是否存在明显异常数据；是否遗漏其他重要数据。

2）专家审核项目　包括基准推导所用数据是否可靠；物种要求和数据量是否符合水质基准推导要求；基准推导过程是否符合技术指南；基准值的得出是否合理；是否有任何背离技术指南的内容并评估是否可接受。

8.2.3　水生生物水质标准推荐值确定

标准推荐值定值方法分为实地示范和专家判断两部分。

（1）实地示范

把得到的水生生物基准值在研究区域选定示范区进行示范，建立水质基准值与"达到指定用途可能性"之间的相关关系。

（2）专家判断

邀请资深专家对其进行评估，判断最能反映研究区域指定用途的指标、研究区域的水质状况，并对监测数据中每一组数据所代表的水体状态能够达到指定用途的可能性进行评估，从中得出最能反映保护水生生物的水质指标作为水生生物保护标准的关键指标，并根据设定的"达到指定用途的可能性"的数值，确定出标准推荐值。

8.2.4　标准推荐值的再运行和再评估

通过标准推荐值的经济技术可行性评估结果，经过专家研讨和评估来调整标准推荐值的数值，然后把调整后的标准推荐值再次在示范区运行，同时对调整后的标准推荐值再次进行经济技术可行性评估（方法同上），最终确定研究区域的水生生物水质标准值。

8.2.5　水生生物水质标准实施保障措施

为保证标准的实施，必须明确责任和任务的分工，同时应制订一系列配套的保障措施。保障措施分为一般性措施和反降级政策。

8.2.6　相关说明

水生生物水质基准向标准的转化根据标准种类、应用区域以及污染物种类的不同可以采用不同的方法，本章对于国家级标准的转化，在毒性数据较为充足（多于 10 个属急性毒性平均值 SMAV 或属慢性毒性平均值 SMCV）的情况下，建议使用物种敏感度分布技术，进行水生生物水质基准向标准转化工作；对于流域水生生物水质标准的转化，如果污染物的毒性受水质参数影响显著，建议根据区域水质参数对基准进行转化（如污染物氨氮）；或者更广范围来说，对于一般的区域（河段）水生生物水质标准，都可以使用水效应比（WER）及生物效应比（BER）技术对基准进行转化。其中，生物效应比主要针对目标物质（污染物），基于生物物种毒性敏感性分布差异原理，认为本地与外地或我国与外国等不同区域的生态物种毒理学敏感性差异是水质基准产生差异的重要原因，提出的基准外推公式为：（本地）水质基准＝国外（外地）水质基准×BER，其中 BER 值可通过生物学同科的本外地共有物种、本地物种、外地物种的相同毒性终点值的比值分析获得，外推产生筛选性的本地或我国基准。水效应比主要指针对目标物质（污染物），用受试生物物种在研究区域的野外原水和实验室配制水中进行平行毒性试验，然后采用该目标物质在原水中的毒性终点值除以其在配制水中的同一毒性终点值，得到的比值，而相对应的基准公式为：

$$（本地）水质基准＝国家水质基准×WER$$

基于保护水生生物的水质基准转化为相应的水质标准的定值技术途径主要有实际流域区域水体中水质基准校验并转化为相应标准建议值、专家评审、区域地方性水质标准值确定三部分。

① 针对实际区域水体，开展水生生物基准的校验试验分析，进行基准向标准建议值转化的试点应用研究，说明制定的水质基准或标准建议值与达到水体指定功能目标之间的适用性关系。

② 通过专家评估审核经校验提出的水质基准或标准建议值的示范性应用，判断能反映实际水体指定功能用途的相关水质标准推荐值的适用性。

③ 在对实际监测的水质指标数据所能代表的水体功能状态评审说明基础上，确定区域性水质标准值。

水生生物基准向标准转化技术途径框架如图 8-1 所示。

8.2.6.1　水质基准适用性试点校验

针对实际区域水体的指定水生态功能用途，选择适当的现有水体功能代表性示范点开展基准适用性校验应用研究。流域或区域的代表性水体选择主要应考虑示范点的自然水生态系统功能完整性、本土水生物种丰富度及相关水域的水量、水质等因素。一般水生生物基准值在选定的实际区域性水体的示范点至少观测或校验试验应用 6 个月，收集与校验相关的水质监测数据和主要水质指标数据供经济技术可行性评估和专家评审使用。其中供试点校验评估的数据选择应该遵循以下原则：在所收集的区域水体的主要水质监测数据中，可根据目标试点水体的实际水域大小状况一般可选择 10～100 个或更多完整的监测数据，尽量考虑保证分析数据的客观有效性和充分必要性，并使数据涵盖整个区域水体的监测范围，能够代表研究区域水体的水质状况；选择可能与保护水生生物标准直接相关的水质因子，如温度、pH 值、硬度、盐度等，进行相关基准校验试验研究；建立监测数据与校验的水质基准或转化的水质标准之间的相关性数据信息表，充分比较分析基准校验值或可能的标准转化值在实际水体中的应用适用性。

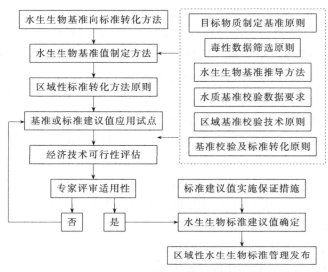

图 8-1　水生生物基准向标准转化技术途径框架

8.2.6.2　适用性专家评审

（1）监测数据采集

依据实际流域特点，采集专家评估比较分析所需的水质监测特征参数与数据量。建议实际水体具体某个评估河段或水域的水质评估比较的监测项目及数据量不少于 10 个，可根据现有流域的水质基准校验示范点对目标污染物的监测数据情况适当增减，数据应有代表性，覆盖示范点水域监测的整个范围，并尽量保证数据的客观分布，应包括流域或区域不同季节数据。

（2）专家评估

选择长期从事水质基准或标准研究、并对研究区域水体的生态与水环境污染特征熟悉的专家，针对水质基准校验转化的相应水质标准建议值进行流域区域水体功能保护的适用性评估审核，以确定水质基准经实际区域性水质及水生生物校验后，转化为区域性水质标准的科学有效性。

8.2.6.3　标准建议值确定

将经过专家评估的区域水质标准建议值，进行管理区域内水质标准的经济技术可行性评估，也可考虑同时将标准建议值在示范点水体开展应用评估，最终由主管部门审核确定目标区域水体的水质标准建议值供发布施行；一般省市等管理部门确定的地方区域性水质标准应上报国家主管部门审批备案才可实施。

为科学推导并检验保护淡水水生生物的水质基准，一般需获得下列数据。

① 合理的急慢性毒性试验结果：应至少选用以下我国本土 3 个门 6 个科的水生动物作为水生生物基准推导的毒性试验的受试物种，主要为：a. 硬骨鱼纲鲤科；b. 硬骨鱼纲非鲤科的物种；c. 脊索动物门中的其他一个科（硬骨鱼纲或两栖纲）；d. 甲壳类的一个科（如浮游甲壳枝角类、桡足类等）；e. 昆虫纲的一个科（如摇蚊、蜉蝣、蜻蜓等）；f. 节肢动物门和脊索动物门之外的一个门中的一个科（如轮虫纲、环节动物门、底栖软体动物门等）。

② 至少三个水生物种的急-慢性毒性效应比，水生生物应满足的要求：至少一种是鱼类；至少一种是无脊椎动物；至少一种是对急性暴露极其敏感的淡水物种。

③ 至少有一种淡水藻类或维管束植物的有效毒性试验结果数据。如果该植物属于对受试物质最为敏感的水生生物，则应有另一个门的植物毒性试验结果。

④ 当指定受控污染物的最大允许生物组织的积累浓度可检测时，可进行合适的淡水物种试验来确定目标污染物的生物富集系数。

上述规定为制订本土水质基准所需的最少数据信息，如果现有本土物种的毒理学数据不能满足上述要求，则应补充进行相关的水生物毒理学试验。

8.2.6.4　基准及标准转化的毒性试验校验要求

毒性数据校正方法分为生物效应比值法和水效应比值法两大类。毒性数据校正分为一般性生物校验、针对性生物校验和土著敏感生物校验三个步骤：一般性生物校验是指在生物分类学的主要 3 个门的水生生物中各选一种生物进行毒性测定校验；针对性生物校验是指根据生物毒性敏感性排序，选择特定生物进行毒性测定校验；土著敏感生物校验是指选择研究区域（特定区域）水体中具有代表性的敏感本地物种进行毒性检验性测定和数据校正。

毒性数据校验要考虑到目标水体的主要水质参数因素，如水温、电导率、盐度、pH值、浊度、叶绿素、溶解氧等。要求采用新鲜的原水（简单吸附过滤等物理操作）进行毒性校验试验，一般不采用存放时间过久及二次曝气的原水进行实验。取得目标区域的原水，应进行粗过滤：用尼龙网对取得的原水进行初步过滤，去掉原水中枯枝败叶、大型生物等较大体积的试验干扰物体。对于含较多污染物的原水，可以采用活性炭过滤的方式去除一般污染物。方法如下：制备活性炭（60～120 目）填充的玻璃过滤管，对粗过滤获得的原水进一步过滤，以去除部分有机物。经活性炭过滤后的水样，水中主要污染物含量需达到我国现行地表水的Ⅰ～Ⅱ类标准限值，如果原水取自水源地，则可以经过粗过滤后直接使用；若粗过滤水中的污染物浓度超出Ⅰ～Ⅱ类水质标准限值，则需对柱中的活性炭进行更换再处理；若因实际区域水体的背景值原因导致滤出水中某种污染物浓度超过地表水Ⅲ类标准，则需在校验报告中特别说明，在不降低实际水体的现有自然水生态功能的条件下，可依据实际水体背景状况校验调整地区性水质基准或标准。

毒性校验采用的受试生物应提前在实际水体的原水或实验室配制水中进行驯养，要求在连续曝气的水中至少驯养 1 周，一般在生物驯养期观察到的个体死亡数应小于饲养生物总数的 10%，该批生物方可用于毒性试验；且急性毒性试验前 24h 停止喂食，实验过程每天清除食物残渣及粪便。实验采用的生物个体必须选自同一驯养池且龄期大小规格一致，无明显疾病及畸残现象。

在正式校验实验前有时可依据实际校验目的进行限度试验，即以受试生物在试验液中的最大溶解度作为限度试验浓度，有些毒性风险评估的试验方法容许若当受试物质的最大水溶解度大于 100mg/L 时，则以 100～500mg/L 作为试验浓度；如果受试生物的致死率低于 10％，则可评价判断该物质属低毒性而不需进一步的毒性终点剂量的确定试验，否则按照分析步骤进行完整试验。由于推导水质基准的物种毒性数据通常需要明确的定量毒性终点浓度，故不建议采用限度试验的方法仅获得定性毒性，来开展水质基准或标准转化的毒性校验试验。

一般先进行预实验才开展正式毒性实验。预实验的目的在于确定受试物的大致毒性浓度范围，预实验时污染物浓度间距可宽一些（如 0.1、1、10），设 3～5 个浓度区间，每个浓度的试验容器置 5 个生物，通过预实验找出受试物质的 100％ 生物致死浓度和最大耐受浓度（约 5％ 受损）的范围，然后在此范围内设计出正式试验的浓度梯度。在预实验中，应及时关注受试物的稳定性状况及 pH 值，硬度等水质参数的改变对毒性效应的影响，以便科学设计正式实验的过程方案。

根据预实验的结果确定正式试验的浓度范围，一般按几何级数的浓度系列（等比级数间距）设计 5～10 个浓度，每个试验容器置生物 10～100 个（单细胞藻类浓度可设 $1.0 \times 10^7 \sim 1.0 \times 10^8$ 个/mL），每个浓度设 3 个平行。通常以不添加受试物的溶剂空白作为对照样，试验开始后，急性试验通常于 24h、48h、72h 和 96h，亚慢性或慢性试验可于 7d、14d、21～28d 或 3～12 月定期观察，记录每个容器中能活动的生物数，并取出死亡生物个体，测定 0～100％ 生物致死的浓度范围，并记录实验过程中的生物个体行为供试验报告分析说明；一般要求至少在实验开始与结束时需测定受试物质浓度，实测浓度与配制浓度的相对偏差应小于 20％。

同一物种获得的同样急性或慢性毒性终点值若相差 10 倍以上，则需要将边界外的值剔除；如果无法确定哪个值是边界外值，则该物种的所有数据都不应该用于推导基准，需要对受试物进行比对性重复校验试验来确定毒性值。

针对区域物种的保护，可采用生物效应比值法进行毒性数据的校正，以加强对区域本地代表物种、特有物种以及重要经济或娱乐物种的保护。针对区域水质特征，采用水效应比法进行毒性数据的校正，能够制定适用于区域水环境特征的地方区域性水环境基准或标准。应关注校验试验获得的急性和慢性毒性终点值要与国际或国家等上一级模式或代表性物种的同样毒性终点值进行对比分析。如果区域性本地种的毒性值均大于上一级基准或标准值，则在区域内可直接采用上一级水质基准或标准值，也可根据实际情况重新计算水质基准阈值；若区域物种的毒性值小于上一级基准或标准值时，则应注意搜集目标污染物的本土物种毒性数据，将其与测试获得的区域物种毒性数据合并，可采用物种敏感性排序（SSD-R）法计算短期和长期的区域性水环境基准并依据实际情况可转化为水质标准。

建议校验试验优先使用实际水体的原水和当地生物物种的组合，次之可选择利用原水和标准测试生物，或当地生物和实验室配置水的组合来进行校验试验；在采用当地生物进行原水试验的同时，进行实验室配置水的平行毒性校验试验对比分析则可能效果更好。

8.2.6.5 基准校验技术审核

水质基准或标准的技术审核，主要是对基准值校验推导过程中使用的区域性水生生物试验或调查数据及基准推导步骤进行校验评估，以确定获得的相关水质基准值的科学适用性。通常在没有其他数据证明有更低数值可以使用的情况下，基准连续浓度（CCC）等于最终动物慢性值（FCV）、最终植物毒性值（FPV）和最终生物残留值（FRV）中的最小值，也就是取 FCV、FPV 和 FRV 中的最低值作为 CCC；如果毒性与水质特性有关，可在最终动物慢性值、最终植物毒性值和最终生物残留值中选择一个或综合均值得出 CCC；如有足够的校验试验结果表明区域性水生生物基准值应在国家基准的基础上增高或降低，则应做适当的审核调整。并可依据实际水体管理需求，将 CCC 或 CMC 转化作为相应的水质常态标准或应急标准。

基于保护水生生物的水质基准转化为相应的水质标准的定值技术途径主要有实际流域区域水体中水质基准校验并转化为相应标准建议值、专家评审、区域地方性水质标准值确定三部分。

① 针对实际区域水体，开展水生生物基准的校验试验分析，进行基准向标准建议值转化的试点应用研究，说明制定的水质基准或标准建议值与达到水体指定功能目标之间的适用性关系；

② 通过专家评估审核经校验提出的水质基准或标准建议值的示范性应用，判断能反映实际水体指定功能用途的相关水质标准推荐值的适用性；

③ 在对实际监测的水质指标数据所能代表的水体功能状态评审说明基础上，确定区域性水质标准值。

作为推导水质基准可采用的毒性数据，一般要求所有化学物质的本土水生物种的毒性数据都应有明确的毒性终点、有符合毒理学基本原则的剂量-效应关系、毒性测试阶段或指标有详细描述、毒性数据结果可重复比对；对于同一个物种或同一个终点有多个毒性值可用时，建议使用几何平均值，随着检测技术不断提高，毒性数据也在不断更新，因此尽量选择较新的有效毒性数据，并包括物种生活周期敏感阶段的毒性值；基于保护水体生态系统物种多样性原则，可尽量多选择区域水体中一些代表性敏感物种的毒性值进行基准值的分析推导，同时我国流域地表水保护水生生物基准的推导中，可实行的基准推导最少物种毒性数据需求（MTDR）原则是采用我国"三门六科"本土水生生物的毒性数据，以便得出的水质基准能为流域水体中水生生物提供较全面的保护。

8.3 技术方法

8.3.1 基准向标准转化的方法原理

环境质量基准所确定的仅仅是污染物与特定对象之间的剂量（浓度）-效应关系的客观阈值，是以保护人类健康和生态系统平衡为目的，用可信的科学资料表示的环境中各种污染物质的无作用（效应）浓度水平，它只是说明当某一物质或因素不超过一定的浓度或水平时，可以保护生物群落或某种特定用途。环境质量标准是基于环境质量基准，并结合社会发展、经济水平、技术能力、环境质量现状,以保护环境为目的,针对环境中各类有害物质和因素的浓度或强度水平制定的限制。环境基准本身不具备管理职能,但是环境标准具有法律效力,可以客观地进行环境质量评价,并为污染控制、底质疏浚等治理及立法提供依据。

环境基准向环境标准转化具有以下特征:a. 国家生态环境部门负责组织制订并发布环境基准信息;b. 地方政府是制订和实施环境标准的主体;c. 环境质量标准是环境基准与环境标准结合的桥梁;d. 公众参与是环境标准制订的重要环节。

8.3.1.1　水生生物水质基准向标准转化的方法原理

水生生物水质标准是以水生生物水质基准为基础,水生生物水质基准是根据污染物对不同种类的水生生物的毒性效应计算得到。

从水生生物基准向标准转化的原理如下:水生生物水质基准是针对保护水生生物物种,依据污染物对不同种类的水生生物的毒性效应数据,考虑污染物的性质、环境因素以及保护 95% 流域水生生物,采用合适的统计分析方法计算得到。常用的统计方法有简化公式法、物种敏感度分布排序(SSD-R)法、物种敏感度分布法(SSD)法等。

以水生生物水质基准值为一级标准推荐值,再以保护低于 95% 的不同百分比的水生生物为目标的、不同级别的标准值,但必须以保护 50% 水生生物作为最低一级标准推荐值。

将得到的标准推荐值在流域内进行试运行,根据运行的达标率并与现行标准进行比较,组织相关专家进行验证,进行经济适用性评估和可达性分析,对标准推荐值进行修改和完善,最终得到流域污染物的水生生物标准推荐值,为水质保护管理提供科学依据。

8.3.1.2　水生态学基准向标准转化的方法原理

流域水环境生态学标准以生态学基准为依据,将生态完整性保护作为管理目标,制定的对于不同用途水体具有法律效力(一般具有法律强制性)的限值。

生态学基准向标准转化的基本原理如下所述。

生态学标准以生态学基准值为基础,通过生态调查或生态学模型的方法而确定。推荐的方法包括基于指定用途可达性分析方法,以及模型方法。

其中,优先采用基于指定用途可达性分析方法。首先将目标水体按照不同的指定用途或期望状态进行分级,再定量地描述水体每一级状态所对应的生态完整性水平,从而得到各级标准值。水体的生态完整性水平通过多层次的生态调查、生态健康评价以及生态潜力分析,采用生态学基准体系中的生态完整性指数方法定量评价。生态完整性指数的计算采用水体中各类群的生态学指标,包括浮游植物、浮游动物、底栖生物和鱼类。

模型方法则通过采用合理的数学模型,对数据资料以统计方法推导标准值。压力-响应模型方法通过建立模型,描述环境梯度与相关的生态响应之间的关系,再依照不同分级的生态响应水平确定各级标准值。频数分布法采用目标生态分区的数据资料,按照参照点和非参照点两个组别数据的特定分位数,确定各级标准值。

提出各级生态学标准值后,需要通过定期校验和自审核、专家审核等方式来保证标准值的科学性与合理性。

8.3.1.3　沉积物基准向标准转化的方法原理

沉积物质量标准是根据生态功能类型确定生态保护目标,以沉积物质量基准为基础,综合考虑社会发展、经济水平、技术能力、环境质量现状，确定维持某种生态功能所要达到的环境质量标准，为水生态系统保护管理提供科学依据。

沉积物基准向标准转化的原理如下所述。

利用污染物针对本土底栖生物的沉积物毒性数据，选择合适的沉积物质量基准制定方法，如SSD法、生物效应法、相平衡分配法、评价因子法等，根据不同的污染物性质，综合考虑沉积物的pH值、有机碳（OC）、酸可挥发性硫化物（AVS）、粒径分布等理化性质以及污染物的生物有效性，结合流域水生生物保护要求等因素，制定对应不同生态风险水平的沉积物质量基准值。根据我国的实际情况，将淡水沉积物分为若干种不同的生态功能类型，制定不同的生态保护目标。以对应不同生态风险水平的沉积物质量基准值为基础，制定针对不同生态功能类型和生态保护目标的沉积物质量标准。综合考虑科学因子、环境因子、经济因子、社会因子等影响因素，对沉积物质量标准进行审核和修订。

8.3.1.4 人体健康基准向标准转化的方法原理

人体健康水质标准是以人体健康水质基准为基础，人体健康水质基准是根据污染物在食用水生生物（如鱼类）体内的累积性、污染物在水体中的含量和对人体的毒性效应，结合人群暴露特征计算得到。

人体健康水质基准向标准转化的原理如下所述。

结合流域优控污染物的筛选结果，获得典型污染物的毒性数据（如参考剂量RfD、致癌效应起算点POD和致癌斜率因子CSF）、人群暴露参数（如体重BW、饮水量、食用水生生物量FI）和该污染物在水生生物体内的生物累积系数（BAF），得到典型污染物的人体健康水质基准值，并进行流域内食用水生生物脂质分数（f_1）、颗粒态有机碳（POC）和溶解态有机碳（DOC）的测试试验，对水质基准值在特定流域的适用性进行校验。

依据污染物质的毒性特征，选择非致癌性和/或致癌性公式推导人体健康水质基准，得到以保护人体免受饮水和食用水生生物带来毒性和致癌为目标的流域污染物的人体健康水质基准值。考虑到食用的水生生物暴露于自然水体，污染物质通过食用直接对人体产生危害，因此，为保证人群健康免受水体中污染物质的危害影响，建议人体健康水质标准值直接采用人体健康水质基准值：

$$饮用水地表水源地人体健康水质标准 = WQC_{W+F}$$

$$一般地表水（提供鱼类等水产品）人体健康水质标准 = WQC_F$$

式中　WQC_{W+F}——同时摄入饮用水和鱼类等水生生物的人体健康水质基准，$\mu g/L$；

WQC_F——仅摄入鱼类等水生生物的人体健康水质基准值。

8.3.1.5 技术经济分析的方法原理

水环境质量关系到人类的生存和发展，水环境质量标准是制定污染物排放控制标准和保护水环境质量的依据。因此，制定经济合理、技术可行的水质标准具有重要意义。为建立最佳可达的水体环境保护目标，水体的资源功能、水体的特征和保护需求、区域的经济能力、可采用的技术水平等因素均要考虑。

进行水质标准技术经济分析，应建立一套合理的指标体系与步骤，其中的变量选取主要用于评估新标准实施后产生的效益是否大于成本，污染物的削减对于企业发展和居民生活是否造成严重影响。其基本原理是：首先计算新的标准指标下污染物的环境容量、流域

（区域）污染物总量，由此得到污染物的削减量；根据污染物削减量计算得到削减成本，以及其在流域国内生产总值中所占的比例，当这一比例低于某一数值时其影响可以忽略；当这一比例高于某一数值时进行二级评估，即计算污染物控制的人均成本和支付能力指数，当支付能力指数低于某一数值时可以接受，反之，需要适当调整标准值，以降低污染物的削减成本，满足人均支付能力。

8.3.1.6　环境质量基准向环境质量标准转化的途径

我国国土辽阔，国内自然条件、经济条件和技术条件区域差异较为显著，自然条件对环境基准的研究和确定有重要影响，经济和技术条件则是环境标准制订过程中的主要影响因素。

我国环境标准制订的一般路径为：确定环境保护目标、选择适用于环境保护目标的环境基准、直接采用或对环境基准进行修订以制订环境质量标准，以及以环境质量标准为基础制订污染物排放标准等其他相关环境标准。

环境质量基准向环境质量标准转化所涉及的影响因素包括：

① 科学因子，包括科学技术的发展是否提升了人类对环境风险的认识水平，如何处理环境基准研究中存在的不确定性，考虑区域自然条件的不同，现有测试手段和环境监测标准方法能否达到环境质量标准的要求等；

② 社会因子，主要指公众对更高的环境质量的期望对环境标准的影响；

③ 环境因子，包括环境污染现状、环境背景值对环境标准的影响；

④ 经济因子，包括基于费用-效应分析，经济发展水平、产业结构和政府意愿等对环境标准的影响。

我国依据环境基准制订环境标准的一般步骤如图 8-2 所示。首先，确定适合我国国情的环境质量基准，在保护不同环境目标的前提下确定环境质量标准。然后，经过流域内试运行和经济可达性分析后，结合专家库论证，确定修正后的环境质量标准，根据配套政策，完善环境质量标准，提交给管理部门。

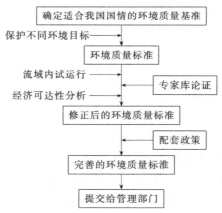

图 8-2　环境基准向环境标准转化的步骤

8.3.2　水生态学基准向水生态学标准转化的关键技术

8.3.2.1　基本技术流程

生态学基准向标准转化的技术流程如图 8-3 所示。其中的关键点在于以下几个方面。

流域地表水环境质量基准技术手册

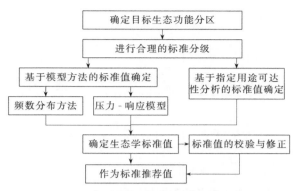

图 8-3　生态学基准向标准转化的技术流程

（1）确定目标生态功能分区

生态学基准和标准以我国生态功能分区为基本单位，由生态学基准出发制定标准值时，也应确保该标准值的适用范围是与相应的生态学基准相同的生态分区。

（2）合理的标准分级

在水质基准和标准的定义中，一个关键点是"满足水体指定用途"。而在水体管理的实际工作中，存在多种类型的"指定用途"，分别可对应不同优劣水平的水体，同样可以对应于水质标准的不同层级。

（3）方法选择

标准中共建议两类三种方法，在应用中可根据实际情况选择采用。通常影响方法选择的因素为人力状况和数据资料状况，具体为是否有足够人力进行完整的生态调查（指定用途可达性分析所需），以及目标生态分区（水体）的相关生态学数据、环境数据的数据量大小和数据质量。基于指定用途可达性分析的方法优先级最高，在可以进行完整的生态调查时可用；在无法进行生态调查时采用模型方法，其中压力-响应模型法优先于频数分布法。

（4）标准值的校验和修正

产出标准建议值后，后续需要通过审核和校验方可接受为正式的标准值，同时在应用中也可依据实际的水体变化进行修正。

8.3.2.2　标准值的确定方法

（1）基于指定用途可达性分析的标准值确定

该方法基于水体不同的指定用途，以及水体达到这些指定用途所对应的水体状况，其基本流程如图 8-4 所示。

该方法为当前国际主流的水质标准推导方法，其流程较为完备，可较好地保证标准值的准确性和对目标区域的适用性。方法的关键在于合理的分级分类，以及完整的生态调查和评价工作。

（2）基于模型方法的标准值确定

模型方法采用已有的数据资料确定标准值，可用的数据资料包括历史和文献资料以及为制定标准值所专门进行的小型生态调查所获取的资料。在实际工作中，当受人力等各种因素限制无法进行完整的生态调查，而有相关的数据资料时可采用模型方法。

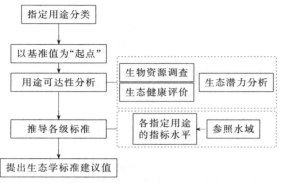

图 8-4　基于指定用途可达性分析的标准值确定方法

模型方法中，优先建议使用压力-响应模型法。该方法的基础在于通过建立模型，描述环境梯度与相关的生态响应之间的关系，模型适用于环境梯度压力源与生态响应间的单因子效应及多因子交互作用。压力-响应模型方法需要目标水体生态学指标数据（对于生态学基准和标准而言，为生态完整性数据），以及相对应的环境梯度数据。

其基本流程如图 8-5 所示。

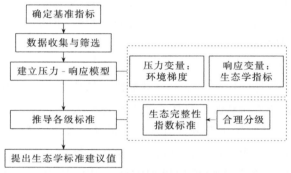

图 8-5　压力-响应模型法确定生态学标准值

该方法的关键点在于选择合理的生态学相应指标。

当数据资料不足，仅有生态学数据或仅有环境指标数据而无法建立压力-响应模型时则采用频数分布法。该方法的流程如图 8-6 所示。

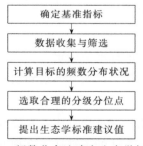

图 8-6　频数分布法确定生态学标准值

该方法的关键点在于收集尽量多的数据资料，从而保证结果的可靠性更高。

8.3.3　沉积物质量基准向沉积物质量标准转化的关键技术

8.3.3.1　沉积物质量基准向标准转化的基本原则

沉积物质量基准所确定的是沉积物中污染物与底栖生物之间的剂量（浓度）-效应关

系的客观阈值，是以保护水体生态系统和人类健康为目的，用可信的科学资料表示的水体沉积物中各种污染物的无作用（效应）浓度水平。沉积物质量基准指当某一物质或因素不超过一定的浓度或水平时，可以保护底栖生物群落或水体沉积物某种特定用途。沉积物质量标准是基于沉积物质量基准，并结合社会发展、经济水平、技术能力、环境质量现状，以保护水体环境和底栖生物为目的，针对沉积物中各类有害物质和因素的浓度或强度水平制定的限值。沉积物质量基准本身不具备管理职能，但是沉积物质量标准具有法律效力，可以客观地进行环境质量评价，并为沉积物污染控制、底质疏浚等治理及立法提供依据。

沉积物质量标准制订的基本原则是：根据生态功能类型确定生态保护目标，以沉积物质量基准为基础，综合考虑社会发展、经济水平、技术能力、沉积物环境质量现状，确定维持某种生态功能所要达到的沉积物质量标准，为水生态系统保护管理提供科学依据。国家环境保护部门负责组织制订并发布沉积物质量基准和标准信息，公众参与是标准制订的重要环节。

8.3.3.2 沉积物质量基准制定的常用方法

（1）物种敏感度分布法

优先推荐采用物种敏感度分布法推导沉积物质量基准。一般需要不同门类 10 种以上生物的沉积物毒性数据建立物种敏感度分布模型，可以利用急慢性比（ACR）推算沉积物毒性数据或质量基准。

当毒性数据不能满足方法要求时，可以采用生物效应法、相平衡分配法、评价因子法等替代方法推导沉积物质量基准。

物种敏感度分布法推导沉积物质量基准的具体步骤如下。

1）毒性数据分布检验 将筛选获得的污染物的毒性数据进行正态分布检验。如果不符合正态分布，则进行数据变换后重新检验。

2）累积频率计算 将所有已筛选物种的最终毒性值按照从小到大的顺序进行排列，计算其分配等级 R，最小的最终毒性值的等级为 1，最大的最终毒性值等级为 N，依次排列。如果有两个或者两个以上物种的毒性值相等，那么将其任意排成连续的等级，计算每个物种的最终毒性值的累积频率。计算公式如下：

$$P = \frac{R}{N+1} \times 100\%$$

式中　P——累积频率，%；

　　　R——物种排序的等级；

　　　N——物种的个数。

3）模型拟合与评价 推荐使用逻辑斯谛分布、对数逻辑斯谛分布、正态分布、对数正态分布、极值分布五个模型进行数据拟合，根据模型的拟合优度评价参数分别评价这些模型的拟合度。

最终选择的分布模型应能充分描绘数据分布情况，确保根据拟合的 SSD 曲线外推得出的沉积物质量基准在统计学上具有合理性和可靠性。

4）沉积物质量基准外推 SSD 曲线上累积频率 5% 对应的浓度值为 HC_5，即可以保护沉积物中 95% 的生物所对应的污染物浓度。根据推导基准的有效数据的数量和质量，除以一个安全系数（根据具体情况确定，通常在 1～5 之间），即可确定最终的沉积物质量基准。

（2）其他方法

此法适用于建立基于生物效应的污染物沉积物质量基准，通过整理和分析大量的水体沉积物中污染物含量及其生物效应数据，确定沉积物中引起生物毒性与其他负面生物效应的污染物浓度阈值。为保证数据库内部数据的可靠性和一致性，需要对收集的数据进行严格的筛选，并不断进行更新。

应用此法建立沉积物质量基准的具体步骤如下。

1）生物效应数据库的建立　收集污染物的沉积物生物效应数据，包括：a. 利用沉积物-水平衡分配模型计算得到的生物效应数据；b. 沉积物质量评价研究中得到的生物效应数据；c. 沉积物生物毒性试验数据；d. 沉积物现场生物毒性试验和底栖生物群落实地调查数据。记录相关信息，包括受试生物物种、暴露时间、效应终点、效应浓度等。将收集的数据分别整理为生物效应数据列和无生物效应数据列，按照效应浓度从小到大排列。

2）基准值的推导　将生物效应数据列中 15％分位数计为效应数据低值（ERL），50％分位数计为效应数据中值（ERM）。将无生物效应数据列中 50％分位数计为无效应数据中值（NERM），无生物效应数据列中 85％分位数计为无效应数据高值（NERH）。利用统计得到的 ERL、ERM、NERM 和 NERH 计算阈值效应浓度（TEL）和可能效应浓度（PEL），其中：

$$TEL=\sqrt{ERL \times NERM}$$

$$PEL=\sqrt{ERM \times NERH}$$

当沉积物中污染物的浓度低于 TEL 值时，对底栖生物的危害性不会发生；高于 PEL 值时，危害性可能发生；介于 TEL 值和 PEL 值两者之间，表明危害性可能偶尔发生。可以将 TEL 值作为沉积物质量基准低值（SQC-L），PEL 值作为沉积物质量基准高值（SQC-H）。

相平衡分配法以热力学动态平衡分配理论为基础，适用于非离子型有机化合物，并且要求 $\lg K_{ow} > 3.0$。该方法假设：污染物在沉积物-间隙水两相之间的交换快速而可逆，处于热力学平衡，可以用分配系数 K_p 描述；沉积物中污染物的生物有效性与间隙水中该物质的游离浓度（非络合态的活性浓度）呈良好的相关关系，而与总浓度不相关；底栖生物与上覆水生物具有相近的敏感性，因而可将水质基准应用于沉积物质量基准中。

根据相平衡分配理论，当水中某污染物浓度达到水质基准（WQC）时，此时沉积物中该污染物的含量即该污染物的沉积物质量基准（SQC），可以用下式表示：

$$C_{SQC}=K_p \times C_{WQC}$$

式中　K_p——有机污染物在表层沉积物固相-水相之间的平衡分配系数，它与污染物的理化性质和沉积物的理化性质有关；

C_{WQC}——水质基准的最终慢性值（FCV）或最终急性值（FAV）。

当沉积物中有机碳的含量大于 0.2％时，沉积物质量基准可以表示为：

$$C_{SQC}=K_{OC} \times f_{OC} \times C_{WQC}$$

$$\lg K_{OC}=0.00028+0.9831 \lg K_{ow}$$

式中 K_{OC}——有机碳-水分配系数，即污染物在沉积物有机碳和水中的浓度的比值；

　　　　f_{OC}——沉积物中有机碳的质量分数；

K_{OC} 可以通过实验测定得到，也可以由 K_{OC} 与辛醇-水分配系数 K_{OW} 之间的经验关系公式计算得到。

通过该方法推导沉积物质量基准，f_{OC} 按照 1% 计算。以 FAV 推导得到的值作为沉积物质量基准高值（SQC-H），以 FCV 推导得到的值为沉积物质量基准低值（SQC-L）。

（3）沉积物质量基准的结果表述

按照物种敏感度分布法，由沉积物急性毒性数据推导的基准值作为沉积物质量基准高值（SQC-H），由沉积物慢性毒性数据推导的基准值作为沉积物质量基准低值（SQC-L）。

沉积物质量基准以单位干重沉积物中污染物质量表示，单位为 mg/kg。对于有机污染物，折算为有机质含量为 1% 时的沉积物质量基准。

8.3.3.3　沉积物质量基准校验

（1）基准的校验

沉积物质量基准校验包括基于加标沉积物的实验室校验和基于实际沉积物的现场校验。

1）实验室加标校验　是根据已经制定的沉积物质量基准数值设计一系列浓度梯度，对沉积物进行相应目标污染物加标并开展底栖生物毒性试验。如果不同加标浓度的沉积物表现出与基准值相对应的毒性效应，那么推导出来的基准值基本合理，通过校验。

2）现场校验　是在取自现场的实际沉积物样品中分别添加不同的材料，选择性吸附或螯合沉积物中非极性有机物、重金属或氨氮等污染物，只保留目标污染物的活性。测定采自现场沉积物中受试物如重金属的实际浓度，并与推导的沉积物质量基准进行对比，预测其可能产生的毒性效应。往沉积物中加入一定量的吸附材料屏蔽掉沉积物中其他污染物（如有机物、氨氮的毒性效应），并进行沉积物毒性试验。如果沉积物中的污染物浓度表现出相应的生物毒性，那么制定的基准值通过实际沉积物的现场校验。

一般情况下，在实验室校验和现场校验过程中，沉积物中污染物的浓度与生物毒性的符合程度达到 70%，沉积物质量基准可以通过校验。

沉积物质量基准校验的技术流程如图 8-7 所示。

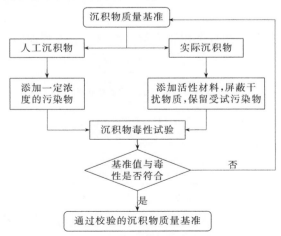

图 8-7　沉积物质量基准校验技术流程

根据生物测试终点计算毒性（以百分数计）。当毒性大于30%时，记为具有明显毒性；当毒性小于10%时，记为无明显毒性；当毒性在10%～30%之间时，记为毒性不确定。针对不同生物和测试终点，可以规定不同的毒性判定标准。

根据沉积物中污染物浓度和沉积物质量基准值计算生态风险商。当基于沉积物质量高值SQC-H的风险商值大于1时，预测沉积物具有明显毒性；当基于沉积物质量低值SQC-L的风险商值小于1时，预测沉积物无明显毒性；当基于SQG-H的风险商值小于1并且基于SQG-L的风险商值大于1时，预测沉积物毒性不确定。

（2）基准的审核

沉积物质量基准的最终确定需要技术专家对基准值进行咨询论证，审核项目包括：a. 基准推导所用的数据是否可靠；b. 受试物种的种类和数量是否符合沉积物质量基准推导要求；c. 基准推导过程是否符合本标准；d. 得出的基准值是否合理；e. 是否有任何背离本标准的内容并评估是否可接受。

8.3.3.4 沉积物生态功能类型和生态保护目标

根据我国的实际情况，确定目标生态分区。以我国生态功能分区为基本单位，在根据沉积物质量基准制定质量标准时，确保标准值的适用范围是与之相对应的基准值适用的生态分区。需要对沉积物质量标准进行合理的标准分级，不同分级的沉积物质量应满足水体特定的用途，不同分级的沉积物质量对应于不同优劣水平的沉积物。

沉积物质量标准值可以根据实际情况，对沉积物质量基准进行审核修订后采用。可以将制定的沉积物质量高值（SQG-H）和沉积物质量低值（SQG-L）分别对应不同生态分区的沉积物质量标准值，也可以根据物种敏感度分布，将保护不同比例生物物种对应的污染物浓度水平作为不同分级的沉积物质量标准。最低级别沉积物质量至少应保护50%以上的生物物种。

8.3.3.5 沉积物质量基准向沉积物质量标准的转化步骤

我国沉积物质量标准制订的一般路径为：a. 确定生态环境保护目标；b. 选择适用于生态环境保护目标的沉积物质量基准；c. 直接采用或对沉积物质量基准进行修订以制订沉积物质量标准；d. 以沉积物质量标准为基础制订沉积物处理处置标准、沉积物环境修复标准等其他相关环境标准。

我国依据沉积物质量基准制订沉积物质量标准的一般步骤如图8-8所示。

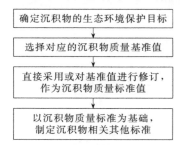

图 8-8 沉积物质量基准向沉积物质量标准转化的步骤

根据我国的实际情况，对应不同生态功能类型，较优等级的沉积物质量标准可以沉积物质量基准低值（SQC-L）为基础，包括由沉积物慢性毒性数据以物种敏感度分布法

流域地表水环境质量基准技术手册

(SSD) 得到的沉积物质量基准值、由生物效应法得到的临界效应浓度（TEL）、由慢性水质基准以相平衡分配法得到的沉积物质量基准值等；较次等级的沉积物质量标准可以沉积物质量基准高值（SQC-H）为基础，包括由沉积物急性毒性数据以 SSD 法得到的沉积物质量基准值、由生物效应法得到的可能效应浓度值（PEL）、由急性水质基准以相平衡分配法得到的沉积物质量基准值等。针对物种敏感度分布法，不同生物物种保护比例可以选择 95％、85％、70％和 50％，即将累积频率 5％、15％、30％和 50％对应的污染物浓度作为不同级别的沉积物质量标准。

8.3.3.6 沉积物质量标准的审核和修订

沉积物质量标准审核和修订主要考虑的影响因素包括科学因子、环境因子、经济因子、社会因子等。

沉积物质量基准向沉积物质量标准转化的流程如图 8-9 所示。

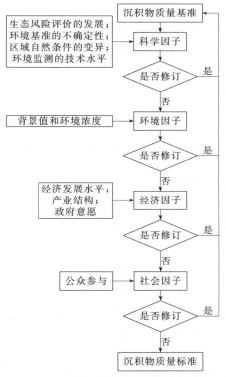

图 8-9　沉积物质量基准向沉积物质量标准转化的流程

（1）科学因子

包括随着生态毒理学和生态风险评估技术的发展，沉积物基准值是否进行了更新，区域自然条件的不同是否对沉积物基准值产生影响，现有测试手段和环境监测标准方法的检测能力能否达到沉积物质量标准的检测要求等。每隔固定时间，采用最新的生物毒性数据对沉积物质量基准和标准进行及时更新和修订。根据不同地区沉积物的理化性质（有机质含量、可挥发性硫化物、粒径分布等）差异及其对污染物生物有效性的影响，制定差异性的沉积物质量基准和标准。如果针对沉积物中污染物的现有最灵敏的分析和监测方法的检出限高于一级标准值，则以方法检出限作为一级标准。

（2）环境因子

包括沉积物质量标准值是否低于背景值，目前沉积物污染现状超过质量标准的情况。如果沉积物中污染物的自然背景值高于一级标准值，则以自然背景值作为一级标准。结合较大范围内沉积物的环境调查数据，对沉积物质量标准进行评估和修订，避免对生态环境的"过保护"（沉积物大范围超标，产生较大环境保护压力）和"欠保护"（环境质量标准值远高于污染物环境浓度，造成环境质量不断恶化）。

（3）经济因子

包括基于费用-效应分析和经济发展水平，企业和政府对沉积物质量标准值的意愿。结合现有沉积物处理处置和环境修复的技术水平和成本，对沉积物质量标准进行评估和修订，使沉积物质量标准既可以推动企业和政府开展沉积物处理处置和环境修复，又不产生过大的经济压力。

（4）社会因子

包括沉积物质量标准值与其他国家和地区标准值的比较，公众对沉积物质量标准值的期望等。结合目前其他国家和地区的沉积物质量基准和标准，对沉积物质量标准进行评估和修订，使我国的标准值与其他国家和地区的基准值和标准值既具有可比性，又具有差异性。沉积物质量标准值正式颁布之前要向社会公开征求意见，广泛开展公众参与活动。

8.3.4　人体健康水质基准向人体健康水质标准转化的关键技术

8.3.4.1　人体健康水质基准值的制定

人体健康水质标准是以人体健康水质基准为基础，人体健康水质基准是根据污染物在食用水生生物（如鱼类）体内的累积性、污染物在水体中的含量和对人体的毒性效应，结合人群暴露特征计算得到。

制定人体健康水质基准所用到的人体体重（BW）、饮水摄入量（DI）、水产品摄入量（FI）等暴露参数根据《中国居民营养与健康状况调查报告之一：2002 综合报告》《中国人群暴露参数手册（成人卷）》和《中国人群暴露参数手册（儿童卷）》获得（表 8-1），在制定一般人群健康基准时，（BW）采用均值、（DI）和（FI）（儿童）可选用第 75 百分位数，FI（成人）选用均值。在校验国家人体健康水质基准是否适用于特定流域/区域时，可选用暴露手册中的地方人群健康暴露值进行校验和计算，也可通过现场调查，获得当地最新的 BW 均值、DI 和 FI 的 90％分位数值。

表 8-1　我国人体健康暴露相关参数

暴露参数	年龄/岁	均值	第 50 百分位数	第 75 百分位数	第 95 百分位数
饮水摄入量 DI/(mL/d)	成人>18	2300	1850	2785	5200
	6～9	1186	1082	1414	2150
	9～12	1280	1210	1529	2300
	12～15	1383	1261	1700	2700
	15～18	1414	1186	1700	3254

暴露参数	年龄/岁	均值	第50百分位数	第75百分位数	第95百分位数
水产品摄入量 FI/(g/d)	成人>18	29.6	—	—	—
	成人>18	30.1[①]	—	—	—
	6~9	30.8	21.4	40	100
	9~12	39.2	25.7	50	120
	12~15	58.5	34.3	85.7	200
	15~18	55.8	35.7	85.7	200
人体体重 BW/kg	成人>18	61.9	60.6	69	82.7
	6~9	26.5	25	29.4	38
	9~12	36.5	35	41.6	55
	12~15	47.3	46.4	52.4	65.1
	15~18	54.8	53.1	60	71

① 数据来源于《中国居民营养与健康状况调查报告之一：2002综合报告》。

注：暴露参数数据来源于《中国人群暴露参数手册（成人卷）》和《中国人群暴露参数手册（儿童卷）》。

依据人体健康水质基准推导公式，如非致癌性式(8-1)和致癌性式(8-2)、式(8-3)，根据不同的污染物性质，结合通过饮水和食用水生生物摄入的污染物比率（相关源贡献率，RSC），考虑毒性数据应用于人体的安全性、致癌风险系数（$10^{-6} \sim 10^{-4}$），得到以保护人体免受饮水和食用水生生物带来毒性和致癌为目标的流域的污染物的人体健康水质基准值。

非致癌性物质：

$$WQC_{W+F} = RfD \times RSC \times \frac{BW}{DI + \sum_{i=2}^{4}(FI_i \times BAF_i)} \times 1000 \qquad (8-1)$$

式中　WQC_{W+F}——同时摄入饮用水和鱼类等水生生物的人体健康水质基准，$\mu g/L$；

RfD——非致癌物参考剂量，$mg/(kg \cdot d)$；

BW——成年人平均体重，kg，取值61.9kg；

DI——成年人每日第75百分位数饮水量，L/d，取值2.785 L/d；

FI_i——成年人每日第i营养级鱼虾贝类平均摄入量，g/d，取值30.1g/d；

BAF_i——第i营养级鱼虾贝类生物累积系数，L/kg；

RSC——相关源贡献。

非线性致癌物：

$$WQC_{W+F} = \frac{POD}{UF} \times RSC \times \frac{BW}{DI + \sum_{i=2}^{4}(FI_i \times BAF_i)} \times 1000 \qquad (8-2)$$

线性致癌物：$\quad WQC_{W+F} = \dfrac{TICR}{CSF} \times \dfrac{BW}{DI + \sum_{i=2}^{4}(FI_i \times BAF_i)} \times 1000 \qquad (8-3)$

式中　POD——致癌物质非线性低剂量外推法的起始点，通常为LOAEL、NOAEL

295

或 LED_{10}；

CSF——癌斜率因子，$mg/(kg \cdot d)$；

TICR——目标增量致癌风险，10^{-6}；

其余符号意义同前。

8.3.4.2 人体健康水质基准向标准转化的原则

采用保护性的方法制定水质标准，以充分保护人体健康和福利，是人体健康水质基准向标准转化应遵循的原则。

（1）人体健康风险可接受水平

人体健康水质基准的制定过程中，所采用的线性致癌物的人体健康基准公式中 TICR 参数一般采用 10^{-6}，是世界各国所公认的环境中污染物质不对人体产生额外健康风险的可接受水平。因此，在人体健康水质基准向标准转化中，不应引入额外的转化因子来增加人体健康风险。

（2）与保护目标的匹配性

依据本标准中饮用水地表水源地和渔业水域对人体健康的保护目标，制定与保护目标相匹配的人体健康水质标准。

在开展饮用水地表水源地的人体健康水质基准向水质标准转化的工作时，采用同时摄入饮用水和鱼类等水生生物（WQC_{W+F}）的人体健康水质基准值。

在开展地表水中提供水产品的水域的人体健康水质基准向水质标准转化的工作时，采用摄入鱼类等水生生物（WQC_F）的人体健康水质基准值。

（3）保护人体免受水产品中污染物质的危害

考虑到食用的水生生物暴露于自然水体，污染物质通过食用直接对人体产生危害，因此，为保证人群健康免受水体中污染物质的危害影响，建议人体健康水质标准值直接采用人体健康水质基准值。

8.3.4.3 饮用水地表水源地的水质基准向水质标准转化

依据本标准中饮用水地表水源地对人体健康的保护目标，制定与保护目标相匹配的人体健康水质标准，分别采用方法 1 和方法 2 进行转化。

方法 1——同时摄入饮用水地表水源地的饮用水和鱼类等水生生物：采用公式（8-4）计算该化学物质的水质标准：

$$饮用水地表水源地人体健康水质标准 = WQC_{W+F} \tag{8-4}$$

WQC_{W+F} 分别由上述人体健康水质基准计算式(8-1)～式(8-3) 计算获得。

① 非致癌物的人体健康水质基准采用式(8-1) 计算。

② 致癌物的人体健康水质基准计算；a. 非线性致癌物采用式(8-2) 计算；b. 线性致癌物采用式(8-3) 计算。

方法 2——提供水产品的地表水水域化学物质的水质标准：采用式（8-5）进行计算（仅摄入该水域的鱼类等水生生物）：

$$提供水产品的地表水水域人体健康水质标准 = WQC_F \tag{8-5}$$

式（8-5）中，WQC_F 计算方法见式(8-1)～式(8-3)，其中的 DI 为 0。

8.3.4.4 人体健康水质标准值的回顾和修订

国家应定期举行专家评议会或公众听证会对制定的水质标准值进行回顾，并开展相关水质标准值的修订工作，回顾周期至少 3 年 1 次。回顾和修订的标准主要参考：

① 水质标准值能否达到保护人体健康的目的；

② 是否需要添加近 3 年国内受关注的存在潜在健康风险的新水环境污染物物质；

③ 评价水质标准值是否适用于所有的人体健康相关水体。

8.3.5 应急水质标准制定技术

应急水质标准用于应对流域水环境的突发性污染事故，因此不考虑经济、技术因素，主要基于水生生物的急性毒性效应制定。

8.3.5.1 应急水质标准的制定程序

应急水质标准的制定程序见图 8-10，主要包括：a. 急性毒性数据的搜集和筛选；b. 物种敏感度分布（SSD）曲线的拟合；c. 应急水质标准的分级。

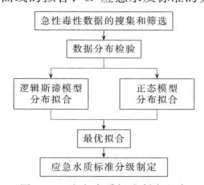

图 8-10 应急水质标准制定程序

8.3.5.2 急性毒性数据的搜集与筛选

用于制定应急水质标准的急性毒性数据，应该符合以下规定：

① 不可使用单细胞动物毒性数据；

② 剔除试验稀释用水不合格的毒性数据（如用去离子水作为试验用水）；

③ 剔除实验设计不科学的毒性数据（如没有设置对照或平行组等）；

④ 弃用实验细节不完整的毒性数据。

⑤ 试验暴露的时间应该适宜（溞类和摇蚊幼虫取 2d，其他生物取 4d）；

⑥ 毒性终点应为 LC_{50} 或 EC_{50}；

⑦ 试验方式的优先序为流水式＞更新式＞静态；

⑧ 优先选用试验过程中进行了化学浓度监控的，以及生物体征明确的毒性数据；

⑨ 同一种生物具有不同生命阶段的毒性数据时，优先选用相对敏感的数据；

⑩ 同种生物的毒性数据差异过大时（如超过一个数量级），弃用离群值。

8.3.5.3 应急水质标准的制定

推荐采用物种敏感度分布法（SSD 法）制定应急水质标准，针对不同的生态风险进行应急标准的分级，应急水质标准制定方法示意如图 8-11 所示。

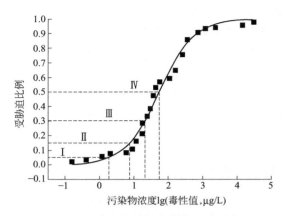

图 8-11　应急水质标准制定方法示意

具体推导步骤如下所述。

（1）物种平均急性值的计算

将筛选获得的急性毒性数据按照物种计算物种平均急性值（Species mean acute values，SMAV），SMAV 为同一物种的所有急性毒性数据的几何平均值。

（2）数据分布检验

对获得的 SMAV 进行正态分布检验（如 K-S 检验等），如果检验不通过，应对数据集进行变换（如对数变换）后重新检验。

（3）累积频率计算

将获得的 SMAV 值按从小到大排列，赋以序号 R，最小的序号（R）为 1，最大的序号（R）为 N；然后按照式(8-6)计算每一物种的累积频率：

$$P = [R/(1+N)] \times 100\% \qquad (8-6)$$

式中　P——累积频率,%；

　　　R——序号；

　　　N——物种的数量。

（4）模型拟合与评价

推荐使用逻辑斯谛分布和正态分布等常见模型对 SMAV 值进行非线性拟合，X 轴为 SMAV 或经对数等转换后的 SMAV，Y 轴为累积频率。拟合模型应能充分表述数据分布状况，具有合理性和可靠性。对比模型的拟合优度，确定最优的拟合模型。

（5）确定分级的应急水质标准

基于最优的拟合模型，分别推算 Y 等于 0.05、0.15、0.30 和 0.50 时的 HC 值，分别记为 HC_5、HC_{15}、HC_{30} 和 HC_{50}。一级、二级、三级和四级应急水质标准分别等于 HC_5、HC_{15}、HC_{30} 和 HC_{50} 除以矫正因子 AF，AF 依据专家经验取值，取值范围一般为 2~5。

（6）应急水质标准的表述

表述应急水质标准时应该包括：应急标准值及其对应的标准级别、暴露时间；HC_5、HC_{15}、HC_{30} 和 HC_{50} 及其对应的 AF。

8.3.6 水环境基准向水环境标准转化过程中的技术经济分析

推荐经济技术可行性分析采用二级评估的方法，分为初级评估和二级评估两个部分，对研发的保护水生生物水质标准建议值的技术经济可行性进行评估。

8.3.6.1 初级评估

某种受控污染物的水生生物水质标准的实施，可能会造成目标区域内国内生产总值（GDP）的变化，一般 GDP 是用来衡量区域或地方性经济发展综合水平的通用指标。可以通过评估实施水质标准的成本占区域国内生产总值的比例大小来衡量水质标准变化导致受控污染物削减成本改变，而由此产生的对当地国民经济发展的影响，以及受控污染物削减是否达到应有的预期控制效果。一般受控污染物的消减成本指数可表征为：

污染物削减成本指数＝ 污染物削减成本/研究区域国内生产总值×100％

评估水质标准的实施对区域经济的影响，主要将污染物消减成本指数与国家环保公共投资指数比较，如果该指数小于国家环保投资指数，可认为标准实施可能对区域经济没有较大影响；如果该指数大于国家环保投资指数，可认为该标准的实施可能会对区域经济有较大影响，但目标水体的水质可能有较好的控制。

8.3.6.2 二级评估

推荐分三个主体进行评估，即政府公共资金投资主体、企业投资主体、个人投资主体。政府支付主要是大型公共支出，包括实际管理区域内公共水环境治理、水生态修复、水处理工厂建设等方式支付；企业支付主要是通过企业自身的技术改进、设备更新及增加以及排污收费治理等方式支付；个人支付主要通过用户的水费及水污染处理费用等方式支付。

（1）公共资金投入评估——费用效益分析法

费用效益分析法主要用来评估公共投入水质标准改变控制成本和其所产生的效益，其目的是在现有的经济技术条件下，以最少的费用取得最大的收益，其基本原则是效益应大于费用。

费用既包括项目初始投入和维持运转费用，也包括项目实施的负效益，如水库建设项目因抬高水位而淹没了森林、农田等，就是水库建设项目的负效益，也应归入项目的费用之中。

效益主要应包括社会效益、环境效益、经济效益等 3 个方面：

$$B_t = CB_t + EB_t + SB_t \qquad (8\text{-}7)$$

式中 B_t——第 t 年产生的效益；

CB_t——第 t 年产生的环境效益；

EB_t——第 t 年产生的经济效益；

SB_t——第 t 年产生的社会效益。

1）环境效益计算 环境效益主要是指通过水质标准实施、水质保护改善，使目标区域内人群生活质量提高的效应。采用环境防护费用作为环境效益计算的主要指标，计算公式为：

299

$$CB = \sum_{i=1}^{n} FB \times N \qquad (8-8)$$

式中　CB——总环境效益；

　　　FB——防护费用单位成本；

　　　N——水质标准变化值。

2）经济效益计算　经济效益是指通过水质的保护或改善所带来的直接经济有益影响，经济效益较为容易货币化，通常计算公式为：

$$EB = \sum_{i=1}^{n} EB_i \times N \qquad (8-9)$$

式中　EB——总的经济效益；

　　　EB_i——第 i 种效益由于水质下降产生的单位经济影响；

　　　N——水质标准变化值。

3）社会效益计算　社会效益是指通过对污染物的削减，使区域内的水环境质量保护或改善从而带来的社会有益影响。一般社会效益属于间接效益，不产生直接的经济效益，可通过调查公众对社会管理的满意度或公共支付意愿，确定水质保护的潜在环境价值。社会效益的计算公式为：

$$SB_t = P_t \times 365 \qquad (8-10)$$

式中　SB_t——第 t 年产生的社会效益；

　　　P_t——第 t 年区域居民对水质标准的支付意愿。

支付意愿是研究实际管理区域内，居民对于水质保护及改善愿意支付的费用成本；支付意愿主要用来确定某些没有公共定价的商品，在环境质量的评估中有较广泛应用，可采取问卷调查的形式对实际区域内公共支付意愿进行调查评估。

（2）费用效益分析评价指标

1）经济内部收益率　经济内部收益率（EIRR）主要是指项目在执行期内各年度经济净效益流量的现值累计，相当于项目启动时的折现率，是反映项目对实际区域内国民经济贡献的相对指标，其判断标准是社会折现率。一般当经济内部收益率等于或大于社会折现率时，表示该项目对本区域国民经济的净贡献达到或超过了要求水平，这时应认为项目是可以考虑接受的；反之则可能经济效益不适当。计算公式为：

$$\sum_{t=1}^{n} (CI - CO)_t (1 + EIRR)^{-t} = 0 \qquad (8-11)$$

式中　　　CI——现金流入；

　　　　　CO——现金流出；

　　$(CI-CO)_t$——第 t 年的净现金流量；

　　　　　t——发生现金流量的动态时点；

　　　　　n——计算期。

2）经济净现值　经济净现值（RNPV）主要反映项目对实际区域国民经济所做贡献的绝对指标。一般当经济净现值大于零时，表示项目经济效益不仅达到社会折现率的水平，还带来超额净贡献；当净现值等于零时，表示项目的投资净收益或净贡献刚好满足社会折现率的要求；当净现值小于零时，则表示项目投资的贡献达不到社会折现率的合适要求。通常经济净现值大于或等于零的项目，其经济效应认为是可行的。

经济净现值的计算公式为：

$$RNPV = \sum_{t=1}^{n} (CI - CO)_t (1 + i_s)^{-1} \tag{8-12}$$

式中 i_s ——社会折现率；

$(CI-CO)_t$ ——第 t 年的净现金流量。

3）效费比 一般效费比指经济效益和费用之比。效费比（α）是反映区域内的某环境项目对国民经济所作贡献的相对指标，其计算公式为：

$$\alpha = \frac{项目净效益}{项目费用}$$

一般评价环境项目的经济效益的最基本判据是：$\alpha \geq 1$，即效益应大于成本费用（或代价），或效应与费用的比值至少等于 1；否则，经济上不合理。若 $\alpha \geq 1$，表示社会得到的效益可能大于该项目或方案的支出成本费用，项目或方案可行；若 $\alpha < 1$，表示该项目或方案的支出成本费用可能大于社会公共效益，则该项目或方案可能效应不合适而应放弃。

（3）居民经济承受能力评估

实际管理区域内，水污染物治理对居民的经济效应影响评估的主要内容是：当新的水质标准执行后，区域内居民需要额外支付的经济成本是否会对生活造成较大的不利影响。目前我国公共水环境污染防治以政府投资为主，居民承担部分费用，主要为污水处理费和自来水资源费。在水质标准实施适用性的技术经济效应评估中，可采用二级矩阵评估方法对居民的经济生活承受力进行评估。

1）一级测试——家庭支付能力测试 通常一级测试是以居民家庭支付能力作为指标，即新的水质标准实施后，家庭可能需要支付的相关污染物防治费用占家庭总收入中值的比例；当人均年度污染控制成本低于家庭人均收入值的 1% 时，一般认为环境污染物的控制成本不会对居民产生实质性的经济影响，因此筛选值选择区域内家庭人均收入中值的 1%。当年度污染控制成本和家庭人均收入的比值为 1%～2% 时，预计可能对本区域的居民家庭会产生中等经济影响；当人均年度污染控制成本超过 2% 的家庭人均收入值时，则表示该项目可能对实际区域内家庭造成较不合理的经济影响。

家庭支付能力指数 = 每户平均年度治污成本/家庭收入中值

2）二级测试 二级测试主要以受影响主体的经济状况为评估目标，采用累计二次平均得分来量化分值，即某一次调查测试值与实际区域或国家的平均水平值相比较，当比较结果弱则得分为 1 分，当比较结果为中度则得分为 2 分，当显示为强则得分为 3 分；最后将所有二级测试指标的得分相加计算平均值，并在计算时不考虑各个评级指标的权重。

二级测试一般提供两类测试共 6 个指标，见表 8-2。

表 8-2　二级测试指标

类别	指标	弱（1分）	中（2分）	强（3分）
社会经济测试	家庭收入中值	低于平均水平 10%	平均水平 10% 浮动	高于平均水平 10%
	失业率	高于平均水平 1%	平均水平 1% 浮动	低于平均水平 1%
	贫困发生率	发生率<1%	1%～2.8%	发生率>2.8%
家庭财务测试	家庭资产负债率	负债率>50%	30%～50%	负债<30%
	人均可支配收入	低于平均水平 10%	平均水平 10% 浮动	高于平均水平 10%
	居民消费价格指数	高于平均水平 1%	平均水平 1% 浮动	低于平均水平 1%

3）二级评估矩阵叠加　通过上述分析，可以得到一级测试家庭支付能力的百分比及二级测试的得分值，并采用二级矩阵叠加法可得到相关新标准实施后对居民可能的经济影响，具体见表8-3。

表 8-3　二级评估矩阵叠加表

二级测试分数（按照指标得分计）	一级测试指标（百分数计）		
	<1.0%	1.0%～2.0%	>2.0%
<1.5	?	×	×
1.5～2.5	√	?	×
>2.5	√	√	?

注：表中"√"表示新的水质标准实施，可能对于实际区域内居民的经济活动影响较小，是可以接受的；"?"表示新标准的实施对于区域内居民经济活动的影响不确定，可考虑进一步综合判断新标准实施的可行性；"×"表示新标准的实施对于区域内居民经济活动的影响可能较大，需要考虑暂不实施新标准建议值，或者也可考虑通过补贴政策等减小居民经济影响，来综合判断实施新标准的可行性。

（4）企业承受能力评估

企业发展承受力评估主要是用来评估新的水环境标准实施后，实际管理区域内是否会给企业带来额外经济成本而导致企业盈利能力不利改变，或影响企业的正常运营和发展等。一般在企业发展承受力评估中，最关注的是企业是否能继续盈利生产，如果不能继续盈利，则可能会导致企业无法继续在该区域开展经济活动，或企业可能会采取搬迁、裁员等手段保证企业可继续经营发展，这可能对实际区域的经济发展及社会就业率等会产生一定影响。

企业的利润测试计算式为：

$$利润测试 = \frac{需评估企业收入}{该地区同类型企业收入}$$

利润测试需要计算企业中有水污染物控制标准的成本和没有污染物控制标准的成本两种情况：第一种情况，假设企业最近一年的年度施行污染物控制标准的成本（包括设备、人员的运行维护费用），采用评估企业的收入减去污染物控制成本后的实际利润计算；第二种情况，假设按照原有水质标准管理，企业不需支付新增污染物标准的额外污染物控制成本，采用评估企业的实际利润计算。

（5）标准建议值应用评估

通过标准建议值的经济技术可行性评估结果，经过专家研讨和评估来调整标准推荐值的数值，然后把调整后的标准推荐值再次在实际区域的示范点应用并进行相关经济技术评估，再确定修订的实际流域区域的水生生物标准值。

（6）实施保障措施

为保障提出水环境质量标准的有效实施，可依据实际技术管理需求，制订相关配套的技术措施；主要措施可有一般性保障措施及水质反降级政策等。

建议一般性保障措施主要应该包括以下几方面：

① 健全实际管理区域内地表水体污染防治的管理机制，明确水污染防治的责任和任务的分工；

② 严格执行管理区域内水体污染物排放标准，完善相关法律法规；

③ 提高对水体污染源的监管、监控能力，加强监督执法；

④ 加强实际区域水体的典型断面水质监控，及时反馈河流及湖泊水环境综合整治效果；

⑤ 制订水体污染物应急处置预案，强化突发性水污染事故的应急处置能力；

⑥ 拓宽水环境污染治理项目的融资渠道，加大投入力度；

⑦ 加强科技攻关，研究水体污染防治的适用技术；

⑧ 提高社会公众参与度，充分发挥管理者、企业、公众三者的联合作用。

水环境质量的反降级政策分为 3 级，促进区域地表水体的水质持续改善。

① 1 级要求：对于所有水体，应确保维护现有水体功能所需的水质水平。

② 2 级要求：对于良好水质的水体（包括适合钓鱼和游泳的水体），应确保无不合理的人类活动而导致的水质下降，避免已达良好标准的水体水质降低。

③ 3 级要求：国家或实际区域内战略性自然水资源，如国家公园、野生物种保护区及自然渔场及其他具有独特娱乐或生态价值的水体，应严格控制人类活动可能产生的水污染，防止可能导致这类水体水质永久性降低的活动及新增污染物的排放，确保水质得以维持和保护。一般不允许区域内地表水体的水质降级，或仅允许水质暂时性短期（数周或数月）降低的情况发生。

8.4 应用案例

8.4.1 太湖流域氨氮水生生物水质标准

8.4.1.1 氨氮污染的环境问题概述

氨氮（NH_3-N），指水中以游离氨（NH_3）和铵盐（NH_4）形式存在的氮，两者的组成比取决于水的 pH 值和温度，当 pH 值偏高时，游离氨的比例较高；反之，则氨盐的比例较高，水温则相反。

（1）水体中 NH_3-N 的来源

水中 NH_3-N 主要来源于生活污水中含氮有机物受微生物作用的分解产物，焦化、合成氨等工业废水，以及农田排水等。生活污水中平均含氮量每人每年可达 2.5～4.5 kg，雨水径流以及农用化肥的流失也是氮的重要来源。另外，NH_3-N 还来自钢铁、石化、焦化、合成氨、发电、水泥等化工厂向环境中排放的工业废水、含氨的气体、粉尘和烟雾；随着人民生活水平的不断提高，私家车也越来越多，大量的自用轿车和各种型号的货车等交通工具也向环境空气排放一定量含氨的汽车尾气。这些气体中的氨溶于水中，形成 NH_3-N。

（2）NH_3-N 的危害

氮在自然环境中会进行氨的硝化过程，即有机物的生物分解转化环节，氨化作用将复杂有机物转换为 NH_3-N，速度较快；硝化作用是在好氧条件下，亚硝化菌、硝化菌将氨氮氧化成硝酸盐和亚硝酸盐；反硝化作用是在外界提供有机碳源情况下，由反硝化菌把硝酸盐和亚硝酸盐还原成氮气。NH_3-N 在水体中硝化作用的产物硝酸盐和亚硝酸盐对饮用水有很大危害。硝酸盐和亚硝酸盐浓度高的饮用水可能对人体造成两种健康危害，长期饮用对身体极为不利，即诱发高铁血红蛋白症和产生致癌的亚硝胺。硝酸盐在胃肠道细菌作用下，可还原成亚硝酸盐，亚硝酸盐可与血红蛋白结合形成高铁血红蛋白，造成缺氧。

NH_3-N 对水生生物起危害作用的主要是游离氨，其毒性比铵盐大几十倍，并随碱性的增强而增大。NH_3-N 毒性与水的 pH 值及水温有密切关系，一般情况，pH 值及水温越高，毒性越强，对鱼的危害类似于亚硝酸盐。鱼类对水中 NH_3-N 比较敏感，有急性和慢性之分。慢性 NH_3-N 中毒危害为：摄食降低，生长减慢；组织损伤，降低氧在组织间的输送；鱼和虾均需要与水体进行离子交换（钠、钙等），NH_3-N 过高会增加鳃的通透性，损害鳃的离子交换功能；使水生生物长期处于应激状态，增加动物对疾病的易感性，降低生长速度；降低生殖能力，减少怀卵量，降低卵的存活力，延迟产卵繁殖。急性 NH_3-N 中毒危害为：水生生物表现为亢奋、在水中丧失平衡、抽搐。严重者甚至死亡[1]。

8.4.1.2 NH_3-N 水生生物水质基准标准计算

水质基准是制定水质标准的科学依据，目前针对我国水域的水质基准研究较少，我国现行水质标准主要依据国外水质基准数值确定，但水质状况与生物区系的不同会造成水质基准的明显差异，因此，依据我国国情开展水质基准研究已经成为我国水环境管理的迫切需求。

（1）计算依据

NH_3-N 在我国地表水中广泛存在，非离子氨是 NH_3-N 生物毒性的常见表现形式。但是在某些水质条件下，NH_4^+ 对 NH_3-N 的毒性也有显著的贡献，因此制定 NH_3-N 水质基准时应考虑总 NH_3-N 而不仅仅是非离子氨。美国在 1976 年颁布的水质基准《红皮书》中，对 NH_3-N 基准的研究相对简单，基于评估因子法（AF）以非离子氨的形式规定了 NH_3-N 基准，后续分别在 1985 年、1988 年和 2009 年基于方法学的改进与毒性数据的充实对 NH_3-N 基准进行了修订，在最新的 NH_3-N 基准文件中，利用基于 SSD 原理的双值基准技术，结合数学经验模型对总氨的基准进行了推算。

SSD 法是在 1987 年首次提出并应用于敏感物种的危害浓度的推导，但因理论不完善，得出的基准值太低而无法在管理中使用。1989 年，Van Straalen 和 Denneman[2] 对其进行了修正，通过设定 HC_p（Hazardous Concentration for $p\%$ of the Species），即不对 $(1-p)\%$ 的生物产生显著毒害影响，避免了基准值过低的问题。至此，欧洲的 SSD 理论基本成熟。SSD 方法中分割值 HC_p 的取值不完全属于科学的范畴，更多是由国家政策来确定，即：不对 95% 的生物产生显著毒害影响；SSD 法所用毒理学参数包括 LC_{50}、EC_{50}、EC_{10} 和 NOEC 等，在欧洲一般优先使用慢性 NOEC 或 EC_{10} 进行 HC_5 的计算。

SSD 曲线法将毒性数据浓度值转换成对数作为 X 轴，对应浓度排列的分位数作为 Y 轴，并对这些数据点进行参数拟合即为 SSD 物种敏感性分布曲线（包括参数法和非参数法），曲线形式根据对参数进行拟合所采用的模型不同而存在差异，常用的参数法模型有对数-正态分布（Log-normal）、对数-逻辑斯谛（Log-logistic）、Burr Type Ⅲ 等，这些模型要求毒性数据量一般在 10~15 个以上才能达到 SSD 曲线法统计分析要求（模型的参数较为稳定）。而非参数 Bootstrapping 方法和参数和非参数的结合方法 Bootstrapping regression 目前还处于探索之中，没有确定比较合适的数据量，在水质推导中还未得到广泛的应用[3,4]。

本章广泛搜集了我国淡水生物的 NH_3-N 急性毒性数据，并测定了 NH_3-N 在我国太湖流域对太湖土著生物以及普适生物的急性毒性，并依据不同的方法对 NH_3-N 的水生生物水质基准值进行了计算。

（2）计算方法

众所周知，NH_3-N 是影响我国各地水质的主要污染物，它有 2 个显著特点。

① 以面源污染为主，特别是水产养殖业和农业生产的贡献最大，水产养殖业的贡献具有持续、稳定的特点，农业生产的贡献中具有季节性。因此，TN 和 NH_3-N 呈明显季节性变化规律，一般枯水期和平水期浓度较高、丰水期浓度较低；就太湖流域而言，大约在 3~4 月达到全年最大值，随后 TN 和 NH_3-N 浓度逐渐下降，在 8~10 月达到全年最低值，随后进入平水期，浓度又有所上升。

② 其毒性与温度和 pH 值有关，特别是 NH_3-N 的毒性随温度增高而增加，因此，高温时期存在明显风险，而气温较低时其毒性明显减小。

考虑到一年四季温度的变化以及二级分区的定义，将 NH_3-N 标准分为两级标准：一级是 5~11 月水体温度范围为 17.8~33.5 ℃（夏秋季），较为严格的标准值；另一级是 1~4 月和 12 月的水体温度范围为 3.1~15.3 ℃（冬春季），较为宽松的标准值。水源地全年执行夏秋季较严格的标准。

1）简化公式法　本部分采用简化公式进行标准值的计算，该方法中水生生物的标准值与水体的温度和 pH 值密切相关，具体计算方法如下[5]：

$$\text{CMC} = \left(\frac{0.0314}{1+10^{7.204-pH}} + \frac{4.47}{1+10^{pH-7.204}} \right) \times \text{MIN}\left[10.40, 6.018 \times 10^{0.036 \times (25-T)} \right]$$

(8-13)

$$\text{CCC} = \left(\frac{0.0339}{1+10^{7.688-pH}} + \frac{1.46}{1+10^{pH-7.688}} \right) \times \text{MIN}\left\{ 2.852, 0.914 \times 10^{0.028 \times [25-\text{MAX}(T,7)]} \right\}$$

(8-14)

从上式中可以看到 NH_3-N 的标准值与水体的温度有较大关系，考虑到实际情况中一年四季的温度变化范围比较大，将标准值划分为两类四级，两类分别为依据温度值划分的 5~11 月和 12 至翌年 4 月，四级分别为依据保护生物比例为 95%、85%、70%、50% 的污染物浓度进行划分。根据江苏省武进和宜兴监测站的温度和 pH 值监测数值，按照上述公式对 NH_3-N 的水生生物基准值进行计算。计算结果如表 8-4～表 8-6 所列。

表 8-4　太湖流域氨氮水生生物 CMC/CCC 值及初步确定的基准值　单位：mg/L

月份	等级	太湖 CMC 值	太湖 CCC 值
5～11 月	Ⅰ 级	0.77	0.12
	Ⅱ 级	1.95	0.27
	Ⅲ 级	6.72	0.64
	Ⅳ 级	13.18	1.01
12 月至翌年 4 月	Ⅰ 级	7.94	0.97
	Ⅱ 级	14.21	1.64
	Ⅲ 级	16.53	2.12
	Ⅳ 级	20.79	2.46

注：1. 原始的 pH 值和温度数值见表 8-5 和表 8-6。

2. 计算中的 pH 值和温度数值均是根据 EPA 方法校正过的数据进行从高到低排序，然后Ⅰ级采用 5% 处的数据、Ⅱ级采用 15% 处的数据、Ⅲ级采用 30% 处的数据、Ⅳ级采用 50% 处的数据。

3. 表 8-4 中的数据均进行了太湖流域 WER 值的校正，WER 值采用的是太湖流域 3 种土著生物在 3 种不同水体中值的几何平均值，然后将其校正到与对应 CMC 和 CCC 值相同的水平上，分别为 0.984。WER 值原始数据见表 8-7。

表 8-5　2014 年武进监测站 pH 值和水温数据

武进			
pH 值		水温/℃	
最小值	最大值	最小值	最大值
6.89	7.32	3.9	4.8
7.1	7.22	7.2	7.4
6.92	7.52	10.2	13.2
7.12	7.29	9.5	9.5
7.05	7.33	19.9	24.4
7.24	7.3	24	24.2
7.12	7.61	26.4	28.9
7.12	7.27	31.7	31.7
7.06	8.06	26.3	30
7.16	7.23	22.6	22.6
7.08	7.35	17.8	19.7
7.19	7.21	10.5	10.6

表 8-6　2014 年宜兴监测站 pH 值和水温数据

宜兴			
pH 值		水温/℃	
最小值	最大值	最小值	最大值
7.27	7.9	3.1	3.4
7.35	7.73	7.9	8.7
7.22	7.46	11.9	12.2
7.26	7.56	14.6	15.3

流域地表水环境质量基准技术手册

宜兴			
pH 值		水温/℃	
最小值	最大值	最小值	最大值
7.03	7.48	20.6	22.8
7.32	7.65	22.6	23.6
7.16	8.12	26.3	29.1
7.12	8.3	31.8	33.5
7.15	8.46	27.8	29.6
7.26	7.48	22.1	22.4
7.05	7.58	18.1	18.4
7.3	7.48	10.4	10.5

表 8-7　三种土著生物氨氮暴露 96h-LC$_{50}$ 值　　　　单位：mg/L

毒性物质	受试生物	横山水库水	大浦河水	太湖水	南京自来水（比对）	WER 值		
						横山水库水	大浦河水	太湖水
氨氮	白鲢	41.03	37.65	45.25	37.65	1.09	1.00	1.20
	白鱼苗	38.35	20.83	23.03	32.08	1.20	0.65	0.72
	青虾	112.3	258.4	243.9	182.5	0.62	1.42	1.34

注：表中数值均来自南京大学环境学院王遵尧课题组实验室。

2）SSR 法　本部分采用水生生物 SSR 法对标准值进行计算。具体计算方法如下：

$$S^2 = \frac{\sum(\ln GMAV)^2 - (\sum \ln GMAV)^2/4}{\sum P - (\sum \sqrt{P})^2/4} \tag{8-15}$$

$$L = \frac{\sum(\ln GMAV) - S(\sum \sqrt{P})}{4} \tag{8-16}$$

$$A = S(\sqrt{0.05}) + L \tag{8-17}$$

$$FAV = e^A \tag{8-18}$$

$$CMC = FAV/2 \tag{8-19}$$

式中　FAV（即 HC$_5$）——5％物种受危险浓度；

　　　　　S——平方根；

　　GMAV——属急性毒性平均值；

　　　　　P——选择 4 个属毒性数据的排序百分数（先将获得的毒性数据按照毒性大小进行排序，基于最靠近排序百分数 5％处 4 个生物属的毒性值及排序百分数，代入公式而得到相应的基准值）。

应用时应注意，如果所得生物属的毒性数据量少于 59 个，那么靠近排序百分数 5％处的四个属则是 4 个最敏感生物属。

根据上述公式和数据，计算得出的结果如表8-8所列。

表 8-8 太湖流域 NH_3-N 水生生物 CMC/CCC 值及初步确定的基准值 单位：mg/L

等级	太湖 CMC 值	太湖 CCC 值
Ⅰ级	3.079	0.616
Ⅱ级	4.003	0.801
Ⅲ级	5.243	1.049
Ⅳ级	8.053	1.611

注：1. 上述计算中所用到的数据，详见表8-9。

2. 计算中Ⅰ级采用最敏感四个生物属；Ⅱ级去掉了最敏感的一个生物属，采用之后的四个敏感生物属数值；Ⅲ级去掉了最敏感的四个生物属，采用之后的四个敏感生物属数值；Ⅳ级为去掉了最敏感的五个生物属，采用之后的四个敏感生物属数值。以上去除的敏感生物属数值均根据国家地表水水域环境功能和保护目标的定义。

依据地表水水域环境功能和保护目标，按功能高低依次划分为五类。

Ⅰ类：主要适用于源头水、国家自然保护区。

Ⅱ类：主要适用于集中式生活饮用水地表水源地一级保护区、珍稀水生生物栖息地、鱼虾类产卵场、仔稚幼鱼的索饵场等。

Ⅲ类：主要适用于集中式生活饮用水地表水源地二级保护区、鱼虾类越冬场、洄游通道、水产养殖区等渔业水域及游泳区。

Ⅳ类：主要适用于一般工业用水区及人体非直接接触的娱乐用水区。

Ⅴ类：主要适用于农业用水区及一般景观要求水域。

3. 以上值均进行了 WER 值校正，为 0.984。

表 8-9 NH_3-N 生物敏感性排序

敏感性排序	生物名	生物 NH_3-N GMAV/(mg/L)
1	河蚬	6.02
2	中华鲟	10.40
3	静水椎实螺	13.63
4	中华绒螯蟹	14.30
5	孔雀鱼	17.38
6	模糊网纹溞	20.64
7	克氏原螯虾	21.23
8	老年低额溞	21.98
9	林蛙	22.45
10	大型溞	24.25
11	鲤鱼	24.74
12	圆形盘肠溞	25.01
13	霍甫水丝蚓	26.17
14	亚东鲑	31.83
15	正颤蚓	33.30
16	夹杂带丝蚓	33.64
17	欧洲鳗鲡	51.94
18	无鳞甲三刺鱼	65.53
19	黄鳝	809.60

3）SSD 法 本方法采用物种敏感度分布法，即根据筛选毒性数据的频数分布拟合出某种概率分布模型。采用本方法推导水质基准的步骤为：

① 将污染物对生物的毒性值（LC_{50}、EC_{50} 或 NOEC 等）拟合成未知参数的频数分

布模型（对数-正态分布）；

② 计算保护 95％、85％、70％和 50％以上种群时对应的浓度 HC_p（p 值分别为 5、15、30 和 50）；

③ 由于 HC_p 具有不确定性，水质基准值等于模型计算出的 HC_p 除以 2。

筛选出的太湖本土种毒性数据拟合出的急慢性物种敏感度分布曲线如图 8-12 所示。对应的太湖流域保护水生生物 NH_3-N 四级水质基准如表 8-10 所列。

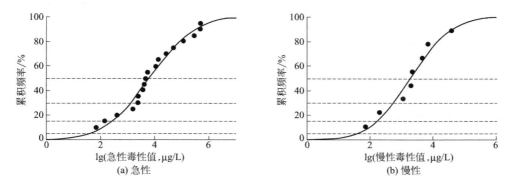

图 8-12 氨氮对太湖水生生物毒性的物种敏感度分布曲线

表 8-10 太湖流域保护 95％、85％、70％和 50％水生生物 NH_3-N 基准值

单位：mg/L

分级		CMC	CCC
Ⅰ	保护 95％水生生物	0.02	0.02
Ⅱ	保护 85％水生生物	0.13	0.08
Ⅲ	保护 70％水生生物	0.64	0.28
Ⅳ	保护 50％水生生物	3.22	0.96

8.4.1.3 拟采用太湖流域 NH_3-N 水生生物基准值

结合以上 3 种方法，拟采用的太湖流域 NH_3-N 水生生物基准值和推荐值如表 8-11 所列。

表 8-11 二级四类氨氮基准值和推荐值 单位：mg/L

项目		太湖地表水基准 CMC	太湖地表水基准 CCC	太湖水生生物基准推荐值
5～11 月	Ⅰ类	0.79	0.12	0.1
	Ⅱ类	1.98	0.27	0.25
	Ⅲ类	6.83	0.64	0.5
	Ⅳ类	13.39	1.0	1.0
12 月至翌年 4 月	Ⅰ类	8.0	1.0	0.1
	Ⅱ类	14.0	1.5	1.0
	Ⅲ类	18.0	2.0	2.0
	Ⅳ类	22.0	2.5	2.0

8.4.1.4 经济技术可行性分析

（1）太湖 NH_3-N 污染初步核算

2007～2014 年期间，江苏、浙江境内环太湖河流出入湖 NH_3-N 负荷量变化及其总量变化见表 8-12。NH_3-N 入湖负荷年平均值为 1.487（0.943～1.829）$\times 10^4$ t，出湖负荷年平均值为 0.1473（0.093～0.228）$\times 10^4$ t。

表 8-12　2007～2014 年间环太湖河流出入湖 NH_3-N 负荷量变化　　单位：10^4 t

年份	项目	江苏	浙江	总计
2007	入湖负荷	1.656	0.120	1.777
	出湖负荷	0.163	0.048	0.211
2009	入湖负荷	1.528	0.188	1.716
	出湖负荷	0.147	0.080	0.228
2010	入湖负荷	1.711	0.118	1.829
	出湖负荷	0.153	0.047	0.200
2011	入湖负荷	1.455	0.097	1.552
	出湖负荷	0.064	0.035	0.099
2012	入湖负荷	1.249	0.149	1.398
	出湖负荷	0.059	0.034	0.093
2013	入湖负荷	0.840	0.104	0.943
	出湖负荷	0.051	0.049	0.100
2014	入湖负荷	1.133	0.058	1.191
	出湖负荷	0.050	0.049	0.100

（2）太湖 NH_3-N 环境容量

实行湖泊污染物总量控制主要的依据就是湖泊允许负荷量的核算，其技术要点为：a. 建立湖泊水质浓度与其影响因素之间的定量关系；b. 确定湖泊水质标准和设计水情，确定容量核算模型；c. 计算太湖 NH_3-N 允许负荷量。

容量核算模型因研究对象不同区别为营养盐容量模型和有机污染物容量模型。水质内部变化过程极其复杂，有些甚至难以描述，有些即使理论上可以实现详尽合理的描述，在实际应用中，基础数据的获得和模型不确定性的降低仍是很大的挑战。湖泊富营养化管理中应用较多的模型主要基于污染物进入湖泊后，通过湖流和风浪的作用，大多数湖泊所具有的停留时间足够使污染物横向混合的考虑。由此，湖泊中污染物分布基本均匀。本章中，根据目前水质模型研究现状和基础数据获得情况，类似于 N、P 环境容量模型的选择，分别采用美国学者 Vollenweider、日本学者合田健、国际经济协作与开发组织（OECD）提出的均匀混合条件下湖库水中污染物浓度和水环境容量模型。

美国学者提出的 Dillon 模型、OECD 模型和合田健模型的详细内容如下。

① 美国学者 Dillon 模型：

$$C=\frac{L(1-R)}{\bar{Z}}\ ;\ L=\frac{\bar{Z}}{1-R}C_s\left(\frac{Q_入}{V}\right) \tag{8-20}$$

② OECD 模型

$$C=C_i\left[1+2.27(V/Q_出)^{0.056}\right]^{-1};$$
$$L=q_sC_s\left[1+2.27(V/Q_出)^{0.586}\right] \qquad (8\text{-}21)$$

③ 合田健模型

$$C=\dfrac{L}{\bar{Z}\left(\dfrac{Q_出}{V}+\dfrac{10}{\bar{Z}}\right)}$$

$$L=C_s\bar{Z}\left(\dfrac{Q_出}{V}+\dfrac{10}{\bar{Z}}\right)$$

$$R=1-\dfrac{W_出}{W_入}$$

$$q_s=\dfrac{Q_入}{A} \qquad (8\text{-}22)$$

式中　　L——污染物单位允许负荷量，g/(m²·a)；

C_s——污染物水环境质量标准，mg/L；

C_i——流入湖库水按流量加权的年平均污染物浓度，mg/L；

C——湖库水中平均污染物浓度，mg/L；

$\bar{Z}$——平均水深，m；

R——NH₃-N 滞留系数，1/a；

$W_入,W_出$——NH₃-N 年入、出湖库量，g/a；

$Q_入,Q_出$——年入、出湖库水量，m³/a；

q_s——湖库单位面积的水量负荷，m/a；

V——湖库库容，这里指太湖湖体库容，m³；

A——湖库面积，这里指太湖水面面积，m²。

由上述可知，要想计算太湖 NH₃-N 环境容量，需确定模型所涉及的参数值，根据水利部太湖流域管理局发布的太湖健康状况报告，确定模型所需参数值，分别计算夏秋季和冬春季Ⅰ、Ⅱ、Ⅲ类水条件下太湖 NH₃-N 标准推荐值对应的湖泊中均匀混合条件下 NH₃-N 浓度和 NH₃-N 水环境容量。所需参数值见表 8-13。

表 8-13　用于模型计算的 2009～2014 年太湖和 NH₃-N 参数值

参数	2009 年	2010 年	2011 年	2012 年	2013 年	2014 年
$A/(10^9\text{m}^2)$	2.338	2.338	2.338	2.338	2.338	2.338
$q_s/(\text{m/a})$	3.957	5.224	4.849	4.818	3.838	4.344
$V/(10^9\text{m}^3)$	4.720	5.050	4.790	5.096	5.003	5.189
Z/m	1.95	1.95	1.95	1.95	1.95	1.95
$R/(1/\text{a})$	0.8671	0.8907	0.9362	0.9335	0.8940	0.9160
$Q_出/(10^8\text{m}^3/\text{a})$	67.40	103.33	84.29	92.25	83.88	104.06
$Q_入/(10^8\text{m}^3/\text{a})$	92.51	122.13	113.36	112.64	89.73	101.56
$W_出/(10^{10}\text{g/a})$	0.228	0.200	0.099	0.093	0.100	0.100
$W_入/(10^{10}\text{g/a})$	1.716	1.829	1.552	1.398	0.943	1.191

分别运用美国学者提出的 Dillon 模型、OECD 模型和合田健模型计算不同年份以 Ⅰ、Ⅱ、Ⅲ 类水为目标，太湖 NH₃-N 推荐标准值下的环境容量，其结果见表 8-14。OECD 计算所得环境容量最为严格，合田健次之，最宽松的为 Dillon 模型。为了给水生生物最大限度的保护，在削减量的核算中采用 OECD 模型计算结果。

表 8-14　3 种模型不同水质标准下太湖 NH₃-N 环境容量　单位：$g/(m^2 \cdot a)$

年份	Dillon 模型						OECD 模型						合田健模型					
	冬春			夏秋			冬春			夏秋			冬春			夏秋		
	Ⅰ	Ⅱ	Ⅲ	Ⅰ	Ⅱ	Ⅲ	Ⅰ	Ⅱ	Ⅲ	Ⅰ	Ⅱ	Ⅲ	Ⅰ	Ⅱ	Ⅲ	Ⅰ	Ⅱ	Ⅲ
2009	14.382	28.765	57.530	2.876	7.191	14.382	3.645	7.290	14.579	0.729	1.822	3.645	6.392	12.785	25.569	1.278	3.196	6.392
2010	21.564	43.127	86.254	4.313	10.782	21.564	3.897	7.795	15.589	0.779	1.949	3.897	6.995	13.990	27.980	1.399	3.497	6.995
2011	36.173	72.346	144.692	7.235	18.087	36.173	3.952	7.903	15.807	0.790	1.976	3.952	6.716	13.431	26.863	1.343	3.358	6.716
2012	32.396	64.792	129.584	6.479	16.198	32.396	3.862	7.724	15.448	0.772	1.931	3.862	6.765	13.530	27.060	1.353	3.382	6.765
2013	16.490	32.980	65.960	3.298	8.245	16.490	3.218	6.436	12.872	0.644	1.609	3.218	6.635	13.269	26.539	1.327	3.317	6.635
2014	22.728	45.455	90.911	4.546	11.364	22.728	3.279	6.559	13.117	0.656	1.640	3.279	6.955	13.911	27.821	1.391	3.478	6.955

（3）经济技术评估方法

1）削减量确定　污染物应削减负荷量是指为达一定的水质目标，至少应削减的污染物负荷量。其表达式为：

$$X = P - W \tag{8-23}$$

式中　X——污染物应削减量，t/a；

　　　P——污染物入湖量，t/a；

　　　W——环境容量，t/a。

其中污染物入湖量主要为江苏、浙江两省入湖总负荷，可追溯不同污染源排放量，并考虑入湖系数进行确定。排放量主要是依托于污染源调查分析，而入湖系数的取值更是取决于很多因素，往往是根据已有研究成果进行估算。为简化计算，仅以冬春、夏秋季Ⅱ类水为目标的太湖 NH₃-N 削减量以及 2009～2014 年 NH₃-N 入湖量和环境容量实际负荷进行计算。

以Ⅱ类水质为管理目标，OECD 模型获得的夏秋季 NH₃-N 环境容量为 3.196～3.497g/(m²·a)，冬春季为 12.785～13.990g/(m²·a)，太湖湖面面积约为 2338km²，计算获得太湖 NH₃-N 负荷夏秋季为 (0.383～0.462)×10⁴t，冬春季为 (1.505～1.848)×10⁴t。考虑 NH₃-N 入湖负荷，2007～2014 年波动范围 (0.943～1.829)×10⁴t。考虑最坏的情况，夏秋季入湖负荷高于太湖 NH₃-N 负荷，应削减量为 (1.829－0.383)×10⁴t＝1.446×10⁴t，而对冬春季太湖 NH₃-N 而言还有一定的环境容量。

2）经济技术评估　环境标准的经济技术可行性分析主要是为了评估标准的实施是否适合当前国情，是否能够以最恰当的技术措施和最少的经济代价有效地控制和预防污染，以达到环境效益、经济效益和社会效益的统一，实现可持续发展。

就夏秋季 NH_3-N 削减成本而言，最主要的就是处理过程中的电耗成本。王佳伟等[6]对国内 12 个城市污水处理厂 COD 和 NH_3-N 总量削减所需单位成本进行调研，结果显示在给定范围内，削减 NH_3-N 单位电耗为 5.4～12.8kW·h/kg，所需运行成本为 3.7～14.6 元/kg。李烨楠等[7] 分析了工业废水 COD 和 NH_3-N 削减成本，指出总成本中折旧费和日常运行费各占 35% 和 65%，NH_3-N 削减成本为 2433～46560 元/t，考虑最大成本，将 NH_3-N 削减成本定为 46560 元/t；但不同企业和行业中，NH_3-N 削减成本差异明显。

太湖周围有无锡、湖州、苏州等著名城市，同时也是工业集聚地。城市生活污水与工业污水共存，而工业污水的削减成本往往要远高于城市污水，一方面是由于工业废水成分复杂，另一方面还和工业污水厂的规模效益以及运行管理水平低于城市污水厂有关。研究表明城市污水 NH_3-N 削减成本为 3700～14600 元/t。为简化计算，取城市污水削减成本的中间值和工业污水削减成本加权均值的几何平均值估算太湖 NH_3-N 削减所需运行成本，结果为 12745.91 元/t。为达 Ⅱ 类标准所需 NH_3-N 削减成本为 46560 元/t $\times$ 1.446 $\times$ 10^4t $\approx$ 6.73 亿元。

水质标准的经济评估的变量选取，主要用于评估新标准实施后，产生的效益是否大于成本，对于企业发展和居民生活是否造成严重影响。基于可获得调查数据的有限性，本章主要从评估 NH_3-N 削减对居民生活影响角度即对居民实质性影响角度进行评估。

居民实质性影响评估指标主要有初级评估指标和二级评估指标。一级评估主要以污染物削减成本指数为指标，其计算公式为：

$$污染物削减成本指数 = 湖泊污染物削减成本 / 湖泊流域 GDP \times 100\%$$

当污染物控制成本指数大于 1% 时，需用污染物控制的人均成本和支付能力指数进一步评估。其计算公式为：

$$污染物削减的人均成本 = 污染物削减成本 / 流域人口总数$$
$$支付能力指数 = 污染物削减人均成本 / 区域人均收入 \times 100\%$$

据太湖健康状况报告，截至 2013 年，流域内人口约达 6000 万，GDP 约 5.8 万亿元，结合上述所得的为达 Ⅱ 类标准所需 NH_3-N 削减成本 6.73 亿元，计算获得太湖 NH_3-N 削减成本指数约为 0.013%，<0.2%，故对居民生活影响较小。

（4）试应用效果评估

1）试应用地环境监测工作情况　本次试应用地为江苏省宜兴市。2014 年，宜兴经济社会发展保持平稳健康态势，全年实现地区生产总值 1248 亿元，可比价增长 8.5%。

宜兴市现有水质自动监测站 32 个，其中国建、市建水站由地方站负责运行维护，省建水站实行第三方运行维护。宜兴市环境监测站受省中心委托，负责水站的质量控制。32 个水质自动站的详细资料见表 8-15。

监测频次：按照国家环境监测总站和江苏省环境监测中心要求每 4h 采样分析 1 次，即 6 次/d。

环境监测站严格按照"敬业、指南、精准、透明、奉献"的科学监测精神要求，创新理念，务实工作，很好地完成了各项环境监测工作任务。按照监测工作计划，开展水环境质量监测，准确反映宜兴市的水环境质量实际状况。

表 8-15　宜兴水质自动站基础资料

站点名称	乡镇村	所在河流	断面名称	断面功能	控制目的	建设年份	投资主体
江步桥	新建镇	中干河	江步桥	交界断面	交界断面（上游溧阳金坛）	2008	省
山前桥	杨巷镇	北溪河	山前桥	交界断面	交界断面（上游溧阳）	2008	省
钟溪大桥	和桥镇	武宜运河	钟溪大桥	交界断面	交界断面（上游武进）	2008	省
分水	周铁镇	太滆运河	分水	交界断面	交界断面（上游武进）	2008	省
和桥水厂	和桥镇	滆湖	和桥水厂	交界断面	交界断面（上游武进）	2008	省
裴家	万石镇	漕桥河	裴家	交界断面	交界断面（上游武进）	2008	省
丰义	官林镇	孟津河	丰义	交界断面	交界断面（上游武进）	2008	省
塘东桥	徐舍镇	邮芳堂河	塘东桥	交界断面	交界断面（上游溧阳）	2008	省
潘家坝	徐舍镇	南溪河	潘家坝	交界断面	国控断面	2008	省
沙塘港	周铁镇	横塘河	沙塘港	入湖河流	国控断面	2008	省
殷村港	周铁镇	殷村港	殷村港	入湖河流	国控断面	2008	省
菱滨河	新庄街道	菱滨河	菱滨河	入湖河流	国控断面	2008	省
社渎港	新庄街道	社渎河	社渎港	入湖河流	国控断面	2008	省
官渎港	丁蜀镇	官渎港	官渎港	入湖河流	国控断面	2008	省
陈东港	丁蜀镇	陈东港	陈东港	入湖河流	国控断面	2008	省
大港桥	丁蜀镇	大港河	大港桥	入湖河流	国控断面	2008	省
乌溪口	丁蜀镇	乌溪港河	乌溪口	入湖河流	国控断面	2009	省
黄渎港桥	丁蜀镇	黄渎港	黄渎港桥	入湖河流	国控断面	2009	省
林庄港	丁蜀镇	林庄港河	林庄港	入湖河流	国控断面	2009	省
双桥港	丁蜀镇	双桥港	双桥港	入湖河流	国控断面	2009	省
大浦港桥	丁蜀镇	大浦港	大浦港桥	入湖河流	国控断面	2009	省
百渎港	周铁镇	百渎港	百渎港	入湖河流	国控断面	2008	省
北准渎	周铁镇	北准渎	北准渎	入湖河流	巡测断面	2009	省
大港口	丁蜀镇	向阳河	大港口	入湖河流	巡测断面	2009	省
朱渎港	丁蜀镇	朱渎港	朱渎港	入湖河流	入湖河流	2008	省
庙渎港	丁蜀镇	庙渎港	庙渎港	入湖河流	入湖河流	2008	省
八房港	丁蜀镇	八房港	八房港	入湖河流	入湖河流	2008	省
洪巷桥	新庄街道	洪巷河	洪巷桥	入湖河流	入湖河流	2008	省
兰山嘴	丁蜀镇	太湖	兰山嘴	湖体	湖体	2002	国
横山水库	西渚镇	横山水库	横山水库	湖体	饮用水源	2008	市
楼新桥	太华镇	横山水库	楼新桥	河流	饮用水源	2009	市
油车水库	湖㳇镇	油车水库	油车水库	湖体	饮用水源	2013	市

　　2）试应用地 NH_3-N 监测数据　宜兴市 32 条主要河流共设置例行监测断面 38 个，其中国控断面 6 个，省控断面 19 个。按要求国控断面每月监测 1 次，省控、市控断面每单月监测 1 次。

　　根据宜兴环境监测站提供的数据，2015 年上半年各监测断面的 NH_3-N 数据见表 8-16。

表 8-16 宜兴 2015 年 1~7 月 NH₃-N 含量　　　　　　单位：mg/L

断面名称	1月	2月	3月	4月	5月	6月	7月
百渎口	2.33	2.82	2.12	2.66	1.69	1.34	0.60
殷村口	2.08	2.91	2.44	2.87	1.46	1.03	0.60
社渎口	1.14	3.83	2.74	2.67	1.30	1.31	0.85
官渎桥	2.00	3.37	2.79	1.91	1.32	1.15	0.81
大浦口	1.34	1.75	1.80	1.69	0.57	0.87	0.55
乌溪口	2.00	4.46	2.24	1.68	1.28	1.14	0.58
大港桥	0.53	0.28	0.05	0.06	0.07	0.03	0.08
周铁桥	2.38	—	3.44	—	2.06	—	0.53
沙塘港桥	1.92	—	1.97	—	0.94	—	0.99
荚渎桥	1.67	—	2.49	—	1.08	—	0.55
洪巷桥	1.42	2.62	2.67	2.69	1.18	1.05	0.84
陈东桥	1.24	1.77	1.73	2.38	0.63	0.84	0.63
黄渎桥	0.59	—	2.86	—	0.42	—	0.53
潘家坝	1.44	1.46	1.94	1.34	0.59	0.39	0.57
闸口	1.31	0.30	2.34	2.25	1.35	1.47	0.03
西氿大桥	0.92	—	1.40	—	0.38	—	0.58
芳泉村	5.50	1.51	1.50	2.49	1.05	1.85	0.34
南新桥	1.14	0.47	1.48	0.09	0.15	1.54	0.03
陶都大桥(丁山水厂)	2.62	—	1.48	—	0.50	—	0.42
方溪大桥	1.03	—	3.27	—	0.09	—	0.51
张师桥	1.38	—	1.65	—	0.35	—	0.58
五洞桥	2.14	—	0.34	—	0.67	—	0.56
棉堤桥	2.00	—	3.35	—	0.85	—	0.51
王婆大桥	2.30	—	1.42	—	1.15	—	1.05
王母桥(和桥水厂)	1.00	—	1.08	—	0.10	0.32	0.03
世纪大桥	0.77	—	1.62	—	0.34	—	0.56
荆溪中桥	0.98	—	1.45	—	0.43	—	0.53
荆邑大桥	1.46	—	1.60	—	0.56	—	0.58

断面名称	1 月	2 月	3 月	4 月	5 月	6 月	7 月
和桥桥	4.78	—	0.06	—	0.35	—	0.30
分水新桥	2.42	2.85	2.24	2.61	1.74	1.37	0.64
静塘大桥	3.01	—	0.12	—	0.34	—	0.11
山前桥	0.86	1.46	2.07	0.92	0.34	0.55	0.48
钟溪大桥	1.29	0.32	2.38	2.32	1.23	0.29	0.04
裴家	0.93	0.52	1.90	2.74	0.47	1.54	0.33
杨巷桥	0.81	1.50	2.14	0.93	0.50	0.47	0.39
塘东桥	0.60	1.51	2.04	1.00	0.59	0.36	0.42
东氿大桥	1.52	—	1.65	—	0.39	—	0.55
横山水库(取水口)	0.03	0.04	0.03	0.04	0.04	0.03	0.03
横山水库(泄洪口)	0.04	0.04	0.03	0.04	0.09	0.04	0.03
油车水库	0.03	0.06	0.03	0.04	0.25	0.06	0.04
龙珠水库	0.03	0.06	0.03	0.04	0.09	0.04	0.05
丰义	0.93	1.48	1.52	3.74	0.35	3.31	1.09
江步桥	2.64	1.51	1.43	1.67	1.04	0.66	0.35
西仓桥	0.99	0.48	1.76	2.57	1.88	1.49	1.06
漕桥	0.92	0.45	1.76	2.58	1.70	1.66	0.26
分庄桥	0.92	0.42	1.87	2.67	1.75	1.54	0.35
黄渎桥(M)	0.55	—	0.45	—	1.47	—	—
空白 K	0.03	0.04	0.03	0.03	0.03	0.03	0.03

注："—"表示没有监测数据。

现如今，全国水质评价标准统一采用《地表水环境质量标准》(GB 3838—2002)，该标准中 NH_3-N 的水质标准限值如表 8-17 所列。

表 8-17　国家地表水标准中 NH_3-N 限值　　　　　单位：mg/L

项目	I 类	II 类	III 类	IV 类	V 类
NH_3-N 限值	≤0.15	≤0.5	≤1.0	≤1.5	≤2.0

本指南中，考虑到 NH_3-N 标准值的界定与温度有一定的相关性，经过一系列的计算与评估，提出了 NH_3-N 的两级四类标准推荐值，具体推荐值如表 8-17 所列。

3) NH_3-N 试应用效果评估　根据宜兴环境监测站提供的数据发现（图 8-13～图 8-19），2015 年 1 月份中，芳泉村监测点的 NH_3-N 含量最高，而横山水库、龙泉水库等水源地的 NH_3-N 含量最低，其余各监测站点的 NH_3-N 含量大部分在 2.0 mg/L 以下。2015 年 2 月中，乌溪口监测站点的 NH_3-N 含量最高，而水源地的 NH_3-N 含量最低。相对于 2 月来说，宜兴市 3 月的 NH_3-N 含量普遍升高，大部分监测站点的 NH_3-N 含量在 1.0mg/L 以上。4 月的 NH_3-N 含量大体比较稳定，NH_3-N 含量值在 1.0～2.5mg/L 之间。5 月宜兴市的 NH_3-N 含量整体比较低，除了极个别监测站点的值超过 2.0mg/L 外，大部分监测站点的值均在 1.5mg/L 以下。6 月宜兴市的 NH_3-N 含量与 5 月类似，只有丰义监测站点的 NH$_3$-N 含量偏高，超过 3.0mg/L。相比较前面 6 个月，7 月宜兴市的 NH$_3$-N 含量总体水平良好，大部分监测站点的 NH$_3$-N 含量均在 1.0mg/L 以下。

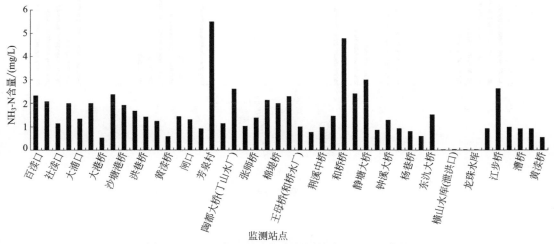

图 8-13　2015 年 1 月宜兴各监测站点 NH$_3$-N 含量

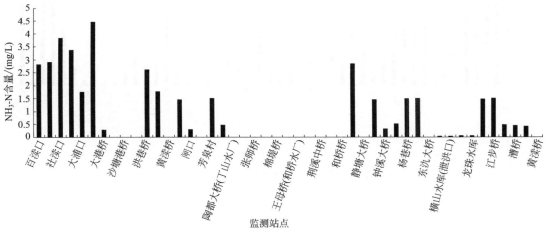

图 8-14　2015 年 2 月宜兴各监测站点 NH$_3$-N 含量

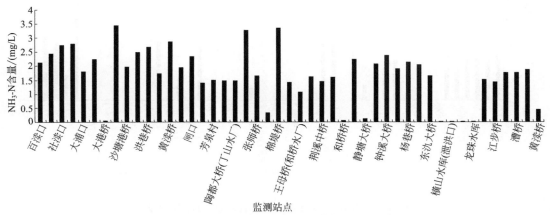

图 8-15　2015 年 3 月宜兴各监测站点 NH$_3$-N 含量

第 8 章　水质基准向水质标准转化技术

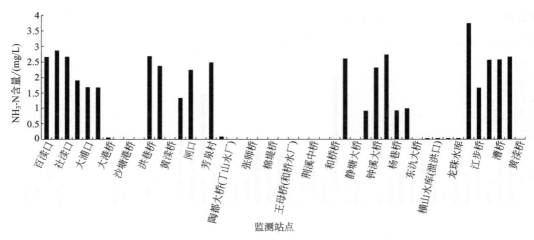

图 8-16　2015 年 4 月宜兴各监测站点 NH$_3$-N 含量

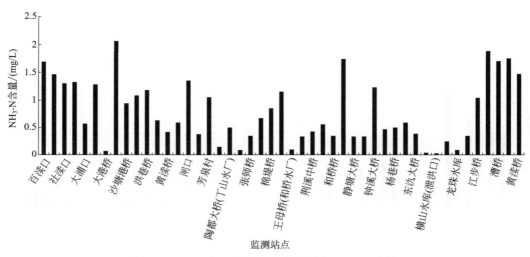

图 8-17　2015 年 5 月宜兴各监测站点 NH$_3$-N 含量

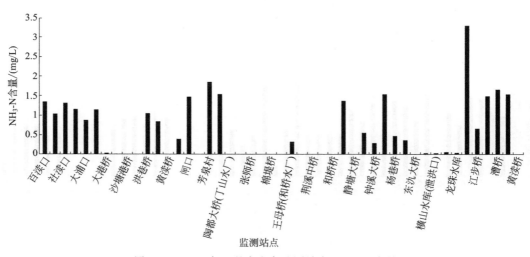

图 8-18　2015 年 6 月宜兴各监测站点 NH$_3$-N 含量

流域地表水环境质量基准技术手册

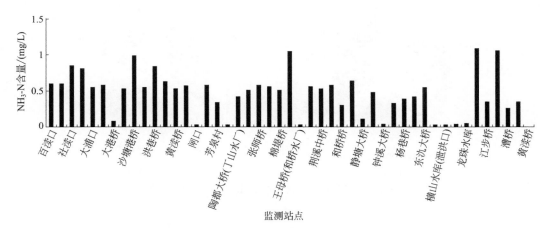

图 8-19　2015 年 7 月宜兴各监测站点氨氮含量

　　鉴于本章推荐的水生生物标准值（以下均称推荐标准值）与现行的国家标准略有差异，宜兴市 2015 年 1～7 月各监测站点的 NH_3-N 含量值分别用以上两种标准进行了水质分类，具体的分类结果见图 8-20～图 8-26。从图 8-20～图 8-26 中可以看出，不同标准进行的分类结果有明显的差异。

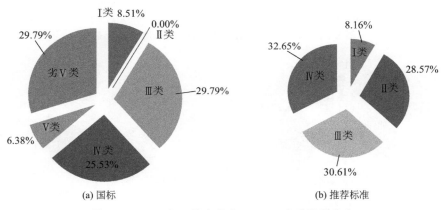

(a) 国标　　　　　　　　　　　　　(b) 推荐标准

图 8-20　2015 年 1 月宜兴市 NH_3-N 水质类别分布

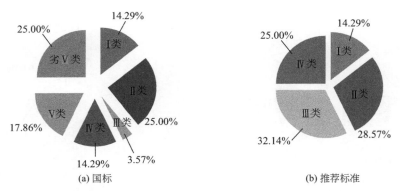

(a) 国标　　　　　　　　　　　　　(b) 推荐标准

图 8-21　2015 年 2 月宜兴市 NH_3-N 水质类别分布

第 8 章　水质基准向水质标准转化技术

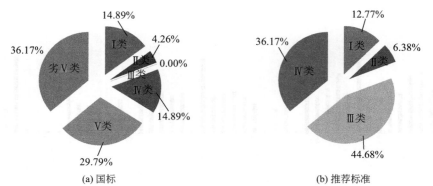

(a) 国标   (b) 推荐标准

图 8-22   2015 年 3 月宜兴市 NH$_3$-N 水质类别分布

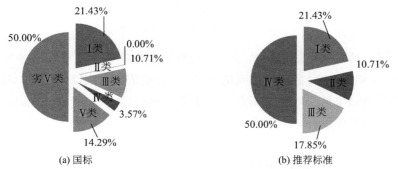

(a) 国标   (b) 推荐标准

图 8-23   2015 年 4 月宜兴市 NH$_3$-N 水质类别分布

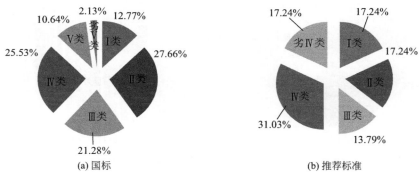

(a) 国标   (b) 推荐标准

图 8-24   2015 年 5 月宜兴市 NH$_3$-N 水质类别分布

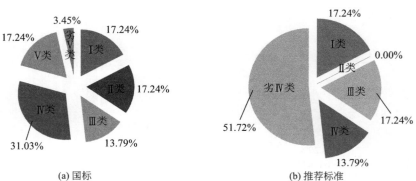

(a) 国标   (b) 推荐标准

图 8-25   2015 年 6 月宜兴市 NH$_3$-N 水质类别分布

流域地表水环境质量基准技术手册

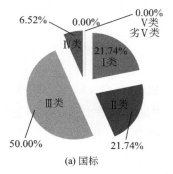
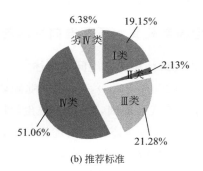

图 8-26　2015 年 7 月宜兴市 NH_3-N 水质类别分布

　　从 2015 年 1 月的监测结果来看，Ⅰ类水质的比例接近，都是 8% 左右；但是采用推荐标准值则Ⅱ类水的比例大大增加，从 0% 增长到接近 29%，造成这种结果的主要原因是：推荐标准值充分考虑了 NH_3-N 对水生生物的毒性与水体温度的关系，在较低的水体温度下，NH_3-N 对水生生物的毒性明显下降，所以应在水体温度较低的秋冬季节（12 月至翌年 4 月），适当对水体的 NH_3-N 标准放宽，但是作为水源保护地的Ⅰ类水质标准则严格控制，不得放宽。相对来说，两种标准的Ⅲ类水比例相对持平，没有明显差异。而在推荐标准（只有四类）分类下，Ⅳ类、Ⅴ类以及劣Ⅴ类水的比例相对来说有细微的下降。

　　从图 8-21 可以看出，Ⅰ类水质所占的比例完全一样；推荐标准的Ⅱ类、Ⅲ类、Ⅳ类水比例比国标的多，这主要是由于推荐标准适当放宽了标准。

　　从 2015 年 3 月宜兴市的 NH_3-N 含量水质分类可以看出（图 8-22），除了Ⅲ类水，两种分类体系下的水质比例大体相同。按照国标来分，Ⅲ类水比例为 0%；推荐标准情况下，Ⅲ类水质比例则为 45%。

　　从图 8-23 可以看出，推荐标准分类下的Ⅳ类水与国标分类下的劣Ⅴ类水比例相当，而别的水质类别则比较相当。

　　从 2015 年 5 月开始，推荐 NH_3-N 标准则进入到夏天（标准适当收紧）部分，从图 8-24 可以看出，相对国标分类来说，除了Ⅰ类水质比例有所升高外，其余类别水质比例则都相应的下降，这对于 NH_3-N 温度较高毒性较大的特性来说，对保护水生生物是非常有利的。对于 6 月的 NH_3-N 水质分类来说，在推荐标准分类下，水质类别较差的水体占的比例有所升高（图 8-25）。

　　2015 年 7 月宜兴市的 NH_3-N 水质类别在两种分类体系下有较大的区别（图 8-26），Ⅰ类水所占的比例降低，Ⅱ类水质比例略微有所升高，Ⅲ类水质比例降低 50% 以上，Ⅳ类水质比例则升高将近 10 倍。严格的水质分类标准对水生生物保护将起到巨大的作用，但是也会对社会经济技术产生一定的压力。推荐标准的实施需要社会各界的共同努力。

　　从以上各图表可以得到，推荐标准中的 12 月至翌年 4 月 NH_3-N 标准相比国家标准有一定的放宽，而 5～11 月的 NH_3-N 标准则在一定程度上收紧。这主要是根据 NH_3-N 对水生生物的毒性随着温度的变化而变化，一定程度上温度高时毒性越大。通过两种不同标准下的水质分类比较发现，12 月至翌年 4 月推荐标准分类下水质达标的比例更大，而 5～11 月的水质达标率虽然有所降低，但并没有太大的改变。推荐标准充分考虑了温度，水生生物以及水质等影响因素，尤其对保护水生生物方面具有重要意义。

8.4.2 全国毒死蜱水质基准向标准转化案例

8.4.2.1 毒死蜱污染的环境问题概述

毒死蜱（Chlorpyrifos），又称氯吡硫磷，其有效成分为 O,O-二乙基-O-（3,5,6-三氯-2-吡啶基）硫代磷酸酯，是世界卫生组织 Class Ⅱ 中度危害杀虫剂，欧洲委员会水框架指令中用于保护水生生态系统的优控物质，属于有机磷农药。1965 年由陶氏化学公司在美国登记，具有高效、广谱特点，对标靶动物具有良好的触杀、胃毒和熏蒸作用，在我国广泛用于防治多种作物上的蟥虫、介壳虫、蚜虫、棉铃虫、蓟马、叶蝉和螨类等害虫。毒死蜱通过抑制乙酰胆碱酯酶的活性影响神经系统，导致生物死亡[8]。因此，对非靶标生物甚至人类存在潜在毒性[9,10]。而且，施用的毒死蜱只有不到 1% 能作用于靶标生物[11]，大部分将进入大气、土壤、水体环境[12-14]。

（1）水体中毒死蜱的来源及现状

毒死蜱广泛用于农业和城市的害虫防治，在许多国家和地区的土壤、大气、雨水、地下水等环境中均已检测到其残留。毒死蜱在田间喷洒后容易在植物表面残留，之后经过雨水的冲刷并通过地表径流输送到水环境中。因其大量使用，广泛存在于湖泊、河流等水体中，对水生生物产生危害[15,16]。

与其他有机磷农药相比，毒死蜱在自然界中相对持久，在水中的半衰期为 29~74d[17]。毒死蜱在 1980 年投入美国的白蚁防治市场，到 1985 年，毒死蜱对市场的占有率已达到了 64.1%，1988 年增加到 80.3%[18]。随着高效高毒农药如（甲胺磷、水胺硫磷）等在农业上的禁用，毒死蜱逐渐代替高效高毒的农药[19]，其使用范围越来越广，用量越来越大，2005 年广西的销售量约为 80~90t。虽然我国自 2017 年开始限制毒死蜱在农业中的使用，农业部公告（第 2032 号）已经将毒死蜱列入国家禁用和限用农药，且禁止使用在蔬菜上，但是仍被大量使用在核桃树等其他经济作物上。

20 世纪 90 年代末到 21 世纪初，地表水中的毒死蜱浓度可达 4.3μg/L[20]。研究学者利用中宇宙实验推导出的毒死蜱对浮游动物群落的 NOEC（无显著观察效应浓度）为 0.1μg/L[21]，毒死蜱在环境中的浓度已远远超过安全阈值。在农业集中地区，毒死蜱在水体中的浓度可达到 1~30μg/L。

（2）毒死蜱对生物的危害

毒死蜱进入生物机体后，在 CYP2B6（细胞色素 P450 酶的一种）的作用下被氧化[22]，其氧化产物与乙酰胆碱酯酶（AChE）结合使其磷酸化，从而抑制乙酰胆碱酯酶活性，使乙酰胆碱（ChE）分解受阻，过度刺激神经末梢（胆碱受体）导致神经毒性[23]。此外，毒死蜱蓄积在生物体内，通过食物链作用进行生物放大导致慢性生物毒性[24]。有关毒死蜱的生态风险研究表明，其对水生无脊椎动物尤其是甲壳类和昆虫幼虫的毒性影响最为显著[25]。同时，当毒死蜱存在于水中一段时间，其在水中的初级代谢产物 3,5,6-Trichloropyndinol（TCP）会与毒死蜱产生联合毒性效应，增加或降低毒死蜱对枝角类的毒性[26]。

毒死蜱通过氧化胁迫机制对鲤鱼受精卵具有一定的致死、致畸效应[27]，发现对斑马鱼幼鱼具有雌激素内分泌干扰效应[28]，在研究毒死蜱对虹鳟大脑 AChE 活性的影响时，发现毒死蜱可直接引起脑内细胞损伤[29]。在急性和亚慢性接触毒死蜱时，淡水斑点硬骨鱼的大脑（视顶盖）的组织病理学会发生改变[30]。在一项针对市中心母亲和儿童的纵向出生队列研究中（哥伦比亚儿童环境健康中心），发现母亲产前暴露于毒死蜱环境中，会导致孩子 3 岁时的神经发育产生问题[31]。

8.4.2.2　我国毒死蜱保护水生生物水质基准计算

环境基准决定着环境标准的科学性和合理性，不同的环境基准可能会对环境保护管理行为和结果产生巨大的影响，环境基准的科学性决定了环境管理决策的正确性。水生生物水质基准是以保护水生生物为目标的水质基准，防止污染物对重要的商业和娱乐水生生物、以及其他重要物种如河流湖泊中的鱼、底栖无脊椎动物和浮游生物造成不可接受的长期和短期的危害。从生态学的观点来看，不同的生态系统有不同的生物区系，如我国的淡水渔业生产中占有重要地位的四大家鱼（青鱼、草鱼、鲢鱼和鳙鱼）以及鲫鱼、鲤鱼等都属鲤科，而美国的鱼类主要属鲑科，这两科鱼在对生活环境的适应性和要求及对毒物的耐受性上有很大的差异。我国地域广大，不同地区的水体无论从水质上还是从水生态系统的结构特征上都有着明显的差异，因此从维护我国水生态系统的长远利益来看，应根据区域水体的实际水质特性与水生态系统的结构特征，制定相应的区域性水生生物水质基础。

由于我国的水质标准基本上参照国外的水质标准制定，而我国无论是从水质还是水生态系统的结果特征上都与国外有着明显的差异，这样很难为不同区域的生物提供全面的保护。因此，制定我们国家自己的水质基准势在必行。

流域水质基准的制定是国家水质基准的补充，尤其是我国幅员辽阔，水生生物种类多，不同区域水生生物的种类和数量具有差异，甚至水环境生态特征和水环境承载力也有很大的差异。因此，单单制定国家尺度的水质基准是不够的，需要通过对具体流域水体实际环境、生物等状况的调查与分析，筛选出符合流域特征的水生生物毒性数据，依据 USEPA 技术指南，推导相对应流域的水生生物毒理学基准值。

综上所述，本章从大量文献和实验中获得的水生生物物种（包括我国本地种及引进物种等）的毒死蜱毒性数据进行统计分析，并基于 USEPA 水生生物双值基准推导计算方法，进行我国毒死蜱保护水生生物水质基准计算。

本节中采取 SSD 方法进行水生生物水质基准计算。

（1）毒性数据的搜集

毒死蜱水生生物毒性数据获取主要来源于 USEPA 的 ECOTOX 毒性数据库和中国知网的中国期刊全文数据库相关文献信息。

（2）毒性数据的筛选

水质基准是根据许多水生生物的毒性数据推导所得，为了获得科学可靠的水质基准，USEPA 规定水生生物至少分别来自"3 门 8 科"，本节基于 US EPA 规定的物种选择原则，选用的受试水生生物至少是来自 3 门 8 科的中国土著物种或者已在本土引种多年并广泛分布的养殖物种。根据保护水生生物及其用途的水质基准推导的最少数据原则：我国推导基准选择的水生生物测试种应涵盖绿藻/初级生产者、小型甲壳类/初级消费者，以及鱼类/次级消费者。3 个营养级物种选择具体如下：

① 硬骨鱼纲中的鲤科；

② 硬骨鱼纲中除鲤科以外的第 2 个科，在商业或者娱乐上重要的物种，例如银鱼科、鲑科、鲈科等的多种鱼类；

③ 脊索动物门中的第 3 个科，可以是硬骨鱼纲，或者是两栖动物纲如蛙科、蟾蜍科等；

④ 浮游动物中节肢动物门的一科，如枝角类、桡足类等；

⑤ 浮游动物中轮虫动物门的一科，如臂尾轮科等；

⑥ 底栖动物中节肢动物门的另一科，如介形亚纲动物、长臂虾科的青虾等；

⑦ 昆虫，如蜻蜓、石蛾、蜉蝣类、摇蚊等；

⑧ 在其他昆虫类或其他门中的上述未涉及的科，如软体动物或环节动物等；

⑨ 至少一种最敏感的水生植物或浮游植物。

数据收集后，应对所获得的数据进行评价和筛选，弃用一些有问题或有疑点的数据，如未设立对照组的、对照组的试验生物表现不正常的、稀释用水为蒸馏水的、试验用化合物的理化状态不符合要求的或试验生物曾经暴露于污染物中的，类似的试验数据都不能采用，至多用来提供辅助的信息。将不符合水质基准计算要求的试验数据剔除，其中包括非中国物种的试验数据、实验设计不科学或者不符合要求的试验数据等。如果可同时获取同一物种不同生命阶段（例如卵、幼体和成熟体）的毒性数据，应选择该物种最敏感生命阶段数据，因为水质基准的目的是保护所有的生命阶段。另外，对于一些具有高度挥发性、水解或降解的物质，只有流水式试验的结果可以采纳，而且在试验过程中还要对试验物质的浓度进行监控。具体的数据筛选要求如下：

① 所选数据的实验方法要求与标准实验方法一致，并具有明确的测试终点、测试时间、测试阶段、暴露类型、数据来源出处等。例如实验中不能将去离子水或蒸馏水作为实验用水，实验过程中的各个理化参数需要严格控制。

② 根据物种拉丁名和英文名等检索物种的中文名称和区域分布情况，剔除非中国物种的数据（例如白鲑、美国旗鱼等）以及只在实验室养殖用于试验的生物数据（例如黑头软口鲦、斑马鱼等）。

③ 在急性毒性试验中，当受试生物为水蚤类动物时，试验水蚤的年龄应该小于 24 h，试验用摇蚊幼虫应该是二龄或三龄。当既有 24h 又有 48h 实验数据时，保留 48h-LC_{50} 或 EC_{50} 急性毒性试验指标；鱼类及其他生物是以 96h-LC_{50} 或 EC_{50} 表示，也可以使用 48h 或 72h 的 LC_{50} 或 EC_{50} 来表示，同一个鱼类实验如果有 96h 数据时弃用 24h、48h 及 72h 数据。急性毒性试验期间不能喂食。

④ 在慢性毒性试验中，慢性毒性指标保留数据为 14d 以上 EC_{50} 或 LC_{50} 毒性测试终点值以及 NOEC 或 LOEC 慢性毒性测试终点值。如大型溞有 21d 标准测试时间数据时候，弃用 14d 和其他非标准测试时间的数据。

⑤ 当实验物种为藻类时，应该采用急性毒性试验，试验结果应以 96h-LC_{50} 或 EC_{50} 来表示；当实验物种为水生维管束植物时，应该采用慢性毒性试验，试验结果应用长期的 LC_{50} 或 EC_{50} 来表示；

⑥ 生物富集实验必须在流水条件下进行，并且试验时间至少持续到明显的稳定阶段

或 28d，试验结果用生物富集因子（BCF）或生物累积因子（BAF）表示。

⑦ 同一物种或终点有多个毒性数据时，用算术平均值；同属间用几何平均值。同种或同属的急性毒性数据如果差异过大，应被判断为有疑点的数据而谨慎使用。若相同种或属间的数据相差 10 倍以上，则需舍弃部分或全部数据。

⑧ 按急性和慢性测试终点值进行分类，分别对急性、慢性毒性测试终点值进行数据筛选，按物种进行分类，去除相同物种测试终点值中的异常数据点，即偏离平均值 1~2 个数量级的离群数据。如相同物种的测试终点值有 3 个以上，其中 1 个大于其他数据 10 倍以上，那么则剔除此数据。

⑨ 如果一个重要物种的种平均急性值（SMAV）比计算的 FAV 还低，SMAV 将代替 FAV 以保护该重要物种。

（3）毒性数据收集结果

本节按上述筛选原则对获取的毒性数据进行筛选处理，剔除不满足要求的毒性数据，最终得到毒死蜱的毒性数据。毒死蜱的淡水生物急性毒性数据见列表 8-18。

表 8-18　我国毒死蜱的水生生物的属平均急性值排序（GMAV）与急慢性比率（SACRs）值

R	GMAV/(ng/L)	属	种	拉丁名	SMAV/(ng/L)	SACRs	备注
25	5500000	水丝蚓属	霍甫水丝蚓	*Limnodrilus hoffmeisteri*	5500000.0		[32]
24	1700000	鱲属	宽鳍鱲	*Zacco platypus*	1700000.0		[33]
23	1300000	田螺属	中华圆田螺	*Cipangopaludina cahayensis*	1300000.0		本研究
22	701535	林蛙属	黄腿林蛙	*Rana boylii*	1605120.0	8.03	[34]
			中国林蛙	*Rana chensinensis*	77000.0		本研究
			泽蛙	*Rana limnocharis*	78000.0		[35]
21	549007	鳢属	乌鳢	*Opiocephalus argus*	101000.0		
			翠鳢	*Opiocephalus punctata*	2984245.0	80.66	[36]
20	340000	绒螯蟹属	中华绒螯蟹	*Eriocheir sinensis Milne-Edwards*	340000.0		[37]
19	314000	虾属	绿虾	*Neocaridina denticulata*	314000.0		[38]
18	236000	原螯虾属	克氏原螯虾	*Procambarus clarkii*	236000.0	9.83	[39]
17	182000	黄颡鱼属	黄颡鱼	*Pelteobagrus fulvidraco*	182000.0		本研究
16	94000	茴香属	漩涡茴香	*Anisus vortex*	94000.0		[40]
15	94000	椎实螺属	静水椎实螺	*Lymnaea stagnalis*	94000.0		[40]
14	87300	按蚊属	中华按蚊	*Anopheles sinensis*	4700000.0		[41]
			黄尾按蚊	*Anopheles stephensi*	1620.0		[43]
13	45000	丁鱥属	丁鱥	*Tinca tinca*	45000		[42]
12	29900	摇蚊属	摇蚊属	*Chironomus*	29900.0		[43]
11	25800	库蚊属	尖音库蚊	*Culex pipiens*	127000.0		[46]
			致乏库蚊	*Culex quinquefasciatus*	556000.0		[44]
			口渴库蚊	*Culex sitiens*	240.0		[45]
			三带喙库蚊	*Culex tritaeniorhynchus*	26100.0		[45]

R	GMAV/(ng/L)	属	种	拉丁名	SMAV/(ng/L)	SACRs	备注
10	13023	太阳鱼属	蓝腮太阳鱼	*Lepomis macrochirus*	13023.0	3.62	[45]
9	7320	真剑水蚤属	锯齿真剑水蚤	*Eucyclops serrulatus*	7320.0		[46]
8	3500	脉毛蚊属	环节脉毛蚊	*Culiseta annulata*	3500.0		[47]
7	3300	狗鱼属	白斑狗鱼	*Esox lucius*	3300		
6	1900	伊蚊属	埃及伊蚊	*Aedes aegypti*	118000.0		[48]
			黑须伊蚊	*Aedes atropalpus*	600.0		[44]
			刺痛伊蚊	*Aedes excrucians*	3300.0		[44]
			穿刺伊蚊	*Aedes punctor*	2700.0		[47]
			叮刺伊蚊	*Aedes sticticus*	500.0		[47]
			带喙伊蚊	*Aedes taeniorhynchus*	403.0		[49]
			三列伊蚊	*Aedes triseriatus*	693.0		[50]
5	1050	溞属	隆线溞	*Daphnia carinata*	276.0		[51]
			长刺溞	*Daphnia longispina*	300.0	2.38	[52]
			大型溞	*Daphnia magna*	51600.0	516.00	
			圆水溞	*Daphnia pulex*	282.0	4.34	[53]
4	402	沼虾属	拉尔沼虾	*Macrobrachium lar*	540.0		
			罗氏沼虾	*Macrobrachium rosenbergii*	300.0		[54]
3	198	裸腹溞属	多刺裸腹溞	*Moina macrocopa*	198.0	1.98	[16]
2	185	低额溞属	老年低额溞	*Simocephalus vetulus*	185.0		[40]
1	96.5	网纹溞属	模糊网纹溞	*Ceriodaphnia dubia*	96.5	1.6	[55]

注：SMAV 为种急性毒性平均值；GMAV 为属急性毒性平均值，即同一属的 SMAV 几何平均值。

由于慢性毒性试验周期长，实施困难，相应的数据较少。慢性毒性数据以无可见效应浓度（NOEC）、最低可见效应浓度（LOEC）等为测试终点，慢性毒性数据列于表 8-19。

表 8-19　我国毒死蜱水生生物的属平均慢性值排序（GMCV）

R	GMCV/(μg/L)	属	种	拉丁名	SMCV/(μg/L)	备注
11	1250000	蟾蜍属	黑框蟾蜍	*Duttaphrynus melanostictus*	1250000	[56]
10	500000	浮萍属	浮萍	*Lemna minor*	500000	[57]
9	141000	林蛙属	黄腿林蛙	*Rana boylii*	200000	[34]
			敏林蛙	*Rana dalmatina*	100000	[58,59]
8	37000	鳢属	翠鳢	*Channa punctata*	37000	[60]
7	24000	原螯虾属	克氏原螯虾	*Procambarus clarkii*	24000	[61,62]
6	20000	非鲋属	非鲫	*Oreochromis mossambicus*	20000	
5	3600	太阳鱼属	蓝腮太阳鱼	*Lepomis macrochirus*	3600	[63]
4	1000	菱形藻属	谷皮菱形藻	*Nitzschia palea*	1000	[64]
3	100	裸腹溞属	微型裸腹溞	*Moina micrura*	100	[16]
2	93.6	溞属	长刺溞	*Daphnia longispina*	126	[65]
			大型溞	*Daphnia magna*	100	
			圆水蚤	*Daphnia pulex*	65	[66]
1	60.0	网纹溞属	模糊网纹溞	*Ceriodaphnia dubia*	60	[67]

注：SMCV 为种慢性毒性平均值；GMCV 为属慢性毒性平均值，即同一属的 SMCV 几何平均值。

（4）利用 SSD 法推导水质基准

该方法采用物种敏感度分布法进行水质基准推导，即根据筛选毒性数据的频数分布拟合出某种概率分布模型。采用本方法推导水质基准的步骤为：将污染物对生物的毒性值（LC_{50}、EC_{50} 或 NOEC 等）拟合成合适的频数分布模型（Log-logistic 和 Log-normal 模型）；计算保护 95%、85%、70% 和 50% 以上种群时对应的浓度 HC_p（p 值分别为 5、15、30 和 50）；为更好地保护水生生物，水质基准值等于模型计算出的 HC_p 除以相应的评价因子。

拟合出的急性物种敏感度分布曲线如图 8-27 所示。

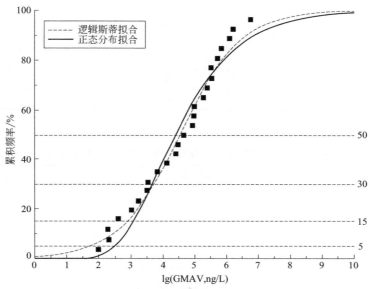

图 8-27　毒死蜱对我国水生生物急性毒性的物种敏感度分布曲线

（拟合系数：逻辑斯蒂拟合-$R^2 = 0.985$ 和正态分布拟合-$R^2 = 0.996$）

根据 SSD 拟合得到各级的 HC_p，除以评价因子 2 以后得到毒死蜱最终的急性水质基准（CMC），具体数值如表 8-20 所列。

表 8-20　利用 SSD 法推导毒死蜱保护水生生物的 CMC　　　　单位：ng/L

分级	模型	lg HC_p	HC_p	CMC
I		1.76	57.54	28.77
II	逻辑斯蒂拟合	2.90	794.33	397.16
III		3.74	5495.41	2747.70
IV		4.53	33884.42	16942.21
I		2.50	316.23	158.11
II	正态分布拟合	3.08	1202.26	601.13
III		3.67	4677.35	2338.68
IV		4.40	25118.86	12559.43

由于慢性毒性试验周期长，实施困难，相应的数据较少，无法满足 USEPA 规定水质

基准推导需要的水生生物要求，即至少分别来自"3 门 8 科"。在此，采用 FACR 外推慢性水质基准，即慢性 HC_p＝急性 HC_p/FACR。

FACR 的计算过程及结果如表 8-21 所列。

表 8-21 毒死蜱最终急慢比（FACR）的计算   单位：ng/L

物种(种)	急性毒性数据	慢性毒性数据	ACR	FACR
黄腿林蛙	1605120	200000	8.03	
翠鳢	2984245	37000	80.66	
克氏原螯虾	236000	24000	9.83	
蓝腮太阳鱼	13023	3600	3.62	
长刺溞	300	126	2.38	9.00
大型溞	51600	100	516.00	
圆水蚤	282	65	4.34	
多刺裸腹溞	198	100	1.98	
模糊网纹溞	96.5	60	1.60	

经上述计算得到毒死蜱的慢性基准值（CCC），如表 8-22 所列。

表 8-22 利用急慢比法推导毒死蜱保护水生生物的 CCC   单位：ng/L

分级	模型	急性 HC_p	慢性 HC_p	CCC
I		57.54	6.39	6.39
II	逻辑斯蒂拟合	794.33	88.26	88.26
III		5495.41	610.60	610.60
IV		33884.42	3764.94	3764.94
I		316.23	35.14	35.14
II	正态分布拟合	1202.26	133.58	133.58
III		4677.35	519.71	519.71
IV		25118.86	2790.98	2790.98

8.4.2.3 我国毒死蜱保护水生生物水质标准选择

根据上述计算结果，我们选取拟合程度较好的 Log-normal 模型的结果作为全国保护水生生物的毒死蜱实际水质标准，具体数值详见表 8-23。

表 8-23 全国保护水生生物的毒死蜱四级水质标准   单位：ng/L

分级	保护目标	CMC	CCC
I	保护 95% 水生生物	158.11	35.14
II	保护 85% 水生生物	601.13	133.58
III	保护 70% 水生生物	2338.68	519.71
IV	保护 50% 水生生物	12559.43	2790.98

根据我国《生活饮用水卫生标准》（GB 5749—2006），集中式生活饮用水地表水源地中规定毒死蜱的浓度不超过 $30\mu g/L$，远不能达到急性 IV 级的标准。因此，原标准可能导致对敏感物种、珍稀物种及生态位重要物种的欠保护。且本研究提出的标准值将原标准的

单一标准值更改为了双重标准值，这能更好地按照时段且更高效地保护水生生物。

8.4.2.4 经济技术可行性分析

虽然《农业部公告 第 2032 号》规定，自 2016 年 12 月 31 日起，禁止毒死蜱在蔬菜上使用。但是，近几年来毒死蜱一直稳居杀虫剂国内销售榜首，2012 年市场调查显示，仅在 1 月，毒死蜱的国内销售已高达 2312.47t[68]。由于近几年来毒死蜱的大量使用，且又因其难以降解，使得毒死蜱在环境中残留量很高。因此，应加强对毒死蜱使用的控制。

8.4.3 太湖毒死蜱水质基准向标准转化案例

8.4.3.1 太湖毒死蜱保护水生生物水质基准计算

我国地表水质量标准（WQS）主要包括无机污染物的标准，而有机污染物的标准却很少。在这个长期的 WQS 修订计划中，太湖被选为第一个示范区。太湖对水稻生产很重要，而且它拥有商业和渔业。除此之外，被用作中国人口最多、经济最发达地区之一的主要饮用水水源。

综上所述，本章从大量文献和实验中获得的水生生物物种（包括我国本地种及引进物种等）的毒死蜱毒性数据进行统计分析，并基于 USEPA 水生生物双值基准推导计算方法，进行太湖毒死蜱保护水生生物水质基准计算。

8.4.3.2 利用水效应比值法进行太湖毒死蜱保护水生生物水质基准校验

采用 US EPA 推荐的第二种国家基准的修订方法——水效应比值法利用太湖地区点的物种在本地的原水和配置水中进行毒性暴露平行试验，然后利用污染物在原水中的毒性终点值除以在配置水中的同一毒性终点，得到水效应比值（WER）。因此，在全国的水质基准的前提下采用水效应比法推导适合太湖的水质基准。

根据"十二五"期间所做的《土著敏感生物现场校验》报告，得出水效应比值（WER），如表 8-24 所列。

表 8-24　太湖流域水效应比值（WER）

受试物种	区域原水			WER 平均值	最终 WER 值
	横山水库水	大浦河水	太湖水		
白鲢	0.85	1.98	2.17	1.67	
白鱼苗	0.59	0.47	0.62	0.56	1.18
青虾	1.37	1.76	2.12	1.75	

进行校验后得到太湖毒死蜱保护水生生物水质标准值如表 8-25 所列。

表 8-25　太湖保护水生生物的毒死蜱四级水质基准校验值　　　　单位：ng/L

分级	模型	CMC	CCC
I	逻辑斯蒂拟合	33.95	7.54
II		468.65	104.15
III		3242.29	720.51
IV		19991.81	4442.63
I	正态分布拟合	186.57	41.46
II		709.33	157.62
III		2759.64	613.26
IV		14820.13	3293.36

8.4.3.3 太湖毒死蜱保护水生生物水质标准选择

根据上述计算结果，我们选取拟合程度较好的 Log-normal 模型的结果作为太湖保护水生生物的毒死蜱实际水质标准，具体数值详见表 8-26。

表 8-26　太湖保护水生生物的毒死蜱四级水质标准　　　　　　　　单位：ng/L

分级	保护目标	CMC	CCC
I	保护 95％水生生物	186.57	41.47
II	保护 85％水生生物	709.33	157.62
III	保护 70％水生生物	2759.64	613.26
IV	保护 50％水生生物	14820.13	3293.36

8.4.3.4 经济技术可行性分析

在太湖的北部地区，如梅梁湾、珠山湾等，水污染最严重。这些地区的周围陆地景观是农田，农业废水是污染物的主要来源。2009 年 5 月、7 月和 10 月，在这两个区域进行采样分析。检测发现，毒死蜱的浓度最高可达 179ng/L，无法达到此标准的 II 级慢性毒性标准，从而会导致太湖流域中的敏感生物受到潜在危害。

对此，相关管理部门应加强对毒死蜱的控制，并及时对污染较为严重的流域进行监测。

8.4.4 我国林丹水质基准向标准转化案例

8.4.4.1 林丹污染的环境问题概述

林丹（lindane，＞90％的 γ-HCH）是一种应用非常广泛的有机氯农药，具有一定的疏水性（$\lg K_{ow}=3.7\pm0.5$）[69]，在环境样品尤其是土壤、沉积物样品中广泛检出[70-73]，并可通过食物链富集[74]，最终对生态环境造成危害。虽然我国于 2000 年停止林丹生产[75]，但 γ-HCH 仍在水体环境中频繁被检出[76-78]；同时林丹作为唯一具有杀虫活性的 HCHs 异构体，在许多国家和地区的水体、土壤中仍广泛存在。林丹具有难以降解、出现频率高、毒性较大且有生物累积性等特点，被 USEPA 列为水体优先控制污染物。现行的我国相关水质标准规定林丹限值为 2 μg/L，主要是参考国外的标准制定的，但生态学上不同的生态系统有不同的生物区系，对一个生物区系无害的浓度水平，也许会对其他区系的生物产生不可逆转的毒性效应[79]。

（1）水体中林丹的来源及现状

水体和沉积物是林丹聚集的主要场所之一，由于其具有环境持久的特点，因此研究水体和沉积物中的林丹含量显得尤为重要。到目前为止，我国七大水系和沉积物中均有林丹被检出的报道，表明七大水系及沉积物均受到了不同程度的林丹污染[80]。

水体中林丹的主要来源有：

① 林丹作为农药，其生产过程中存在污染。如林丹制造和加工厂等未经处理的废水排入江河湖泊，这些废水一般含有很高浓度的林丹，如果长期不断地排入水体，会直接影响水质，造成严重污染；

② 林丹使用过程中的污染，例如，为了防止森林害虫、农田害虫，向空中及地面喷洒的林丹；

③ 为控制蚊虫、水生杂草等向水面施药；

④ 施用过程中大气中的雾滴的沉降，携带林丹的颗粒的干沉降、湿沉降；

⑤ 降雨造成的地表径流侵蚀被林丹污染的土壤。

进入水环境系统后，大多数有机氯农药在水环境中最终被吸附到悬浮颗粒物表面并进入沉积物中。影响水环境中林丹持久性的因素包括水的组成、pH 值、温度、水生生物以及悬浮的有机和无机物质的数量[81]。

（2）林丹对生物的危害

从对环境污染的角度看，急性中毒与亚急性中毒，只要稍加注意，是完全可以避免的；值得高度注意的是林丹具有稳定性强，溶于脂肪，很难代谢分解，在体内具有毒性作用。中毒是潜移默化进行的，因此对人的危害很大。人体中毒时，对神经系统主要表现为头痛、头晕、多汗、无力、震颤、上下肢呈癫痫状抽搐、站立不稳、运动失调、意识迟钝、甚至昏迷、并可因呼吸中枢抑制而引起呼吸衰竭。对消化系统会产生流涎、恶心、呕吐、上腹不适疼痛及腹泻等症状。对呼吸及循环系统可以造成咽、喉、鼻黏膜因吸入农药而充血，喉部有异物感，吐出泡沫痰、带血丝、呼吸困难、肺部有水肿，脸色苍白，血压下降，体温上升，心律不齐，心动过速甚至心室颤动。对皮肤、眼部刺激症状，有皮肤潮红、产生丘疹、水疱、皮炎、甚至糜烂有渗出、发生过敏性皮炎；眼部有流泪，眼睑痉挛和剧烈疼痛[82]。

吴迪等[83] 发现经林丹暴露 14 d 后，0.05μg/L 和 0.5μg/L 处理组斑马鱼平均产卵量和受精率与空白和溶剂对照组相比均极显著降低（$p < 0.01$），并且随着林丹暴露浓度的升高呈逐步降低趋势。林丹对斑马鱼产卵量和受精率表现出明显的抑制作用；0.5μg/L 处理组雄性和雌性斑马鱼肝脏指数均显著增加（$p < 0.05$），表明肝脏功能受到一定损害；在低浓度暴露条件下，林丹对斑马鱼的生长和繁殖产生一定影响，表现出内分泌干扰物特性。

邓惜汝等[84] 通过藻类生长抑制实验，发现林丹对淡水藻类具有毒性效应，能抑制藻细胞的生长，影响藻细胞中蛋白质的合成，破坏藻细胞的抗氧化酶系统，并在藻细胞内具有较高的富集作用，且易在铜绿微囊藻细胞中累积。

邵向东等[85] 提出林丹对生物的毒性因种类和个体差异而不同，但其基本趋势为在低浓度时对某些生物有刺激生长的作用；在高浓度情况下对生长繁殖有抑制作用或致死作用。

Geyer 等[86] 发现鱼类的脂质含量（基于湿重的%）与其对 γ-HCH 的毒性之间存在显著的正线性关系。结论是水生生物的脂质作为保护性储库，可以对抗林丹和其他亲脂性相对持久性有机化学物质的毒性作用。在具有高脂质含量的生物体中，仅相对小部分的疏水性化学物质可以到达靶器官（神经、肝脏等）。

Terngu 等[87] 使用静态生物测定法测定双背鳍异鳃鲶幼体暴露于林丹的急性毒性，表明林丹与双背鳍异鳃鲶的死亡率之间存在很强的关系。鱼的死亡可能是由于林丹的毒性造成的。通过这项研究，发现林丹在水生环境中具有很强的毒性和持久性，因此极其不鼓励使用。

331

8.4.4.2 我国林丹保护水生生物水质基准计算

本节广泛搜集了我国淡水水生生物的林丹急慢性毒性数据，并依据 SSD 方法对林丹的保护水生生物水质基准值进行了计算。

（1）毒性数据的搜集与筛选

与毒死蜱的毒性数据搜集与筛选相同。

（2）毒性数据收集结果

由于林丹对我国土著水生生物毒性研究较少，本文中少数毒性数据来自课题组的研究和中国知网（http：//www.cnki.net）相关文献，其他数据主要源于 USEPA 的 ECO-TOX 毒性数据库（http：//cfpub.epa.gov/ecotox/），数据收集截至 2018 年 9 月。经搜集并选取我国本土及引入我国并稳定繁殖的淡水水生生物毒性数据，筛选得到林丹急性生物毒性效应数据 30 个，慢性数据 8 个。

本研究选取"十二五"水专项的 30 个急性毒性数据包括 16 种鱼类、13 种无脊椎动物和 1 种两栖类，SMAV 值的变化范围从最敏感物种蚤状钩虾（*Gammarus pulex*）的 21.63μg/L 到最不敏感物种栉水虱（*Asellus aquaticus*）9502.63μg/L。30 个 GMAV 值按照顺序排列如表 8-27 所列。7 个慢性毒性数据包括 3 种鱼类、4 种无脊椎动物，由于慢性毒性试验周期长，实施困难，相应的数据较少。慢性毒性数据以无可见效应浓度（NO-EC）、最低可见效应浓度（LOEC）等为测试终点，SMCV 值的变化范围从最敏感物种摇蚊幼虫（*Chironomus riparius*）的 5μg/L 到最不敏感物种龟壳攀鲈（*Anabas testudineus*）56μg/L。7 个 GMCV 值按照顺序排列如表 8-28 所列。

表 8-27　我国林丹的水生生物的属平均急性值排序（GMAV）与急慢性比率（SACRs）值

R	GAMV/(μg/L)	属	种	拉丁名	SMAV/(μg/L)	SACRs	备注
30	9502.63	栉水虱属	栉水虱	*Asellus aquaticus*	9502.63		ECOTOX
29	8220	水栖蛙属	林蛙蝌蚪	*Rana chensinensis*	8220		本实验室
28	8100	膀胱螺属	尖膀胱螺	*Physella acuta*	8100		ECOTOX
27	7300	椎实螺属	静水椎实螺	*Lymnaea stagnalis*	7300		ECOTOX
26	7227.21	水丝蚓属	霍甫水丝蚓	*Limnodrilus hoffmeisteri*	7227.21		本实验室
25	7100	印度扁卷螺属	扁卷螺	*Indoplanorbis exustus*	7100		ECOTOX
24	6200	川蜷属	川蜷	*Semisulcospira libertina*	6200		ECOTOX
23	4305.23	田螺属	田螺	*Cipangopaludina malleata*	4305.23		ECOTOX
22	4222.22	仙女虫属	仙女虫科	*Tubificidae*	4222.22		ECOTOX
21	3694.59	颤蚓属	正颤蚓	*Tubifex tubifex*	3694.59		ECOTOX
20	2057.46	溞属	大型溞	*Daphnia magna*	2057.46	137.16	本实验室
19	604.8	口孵非鲫属	奥尼罗非鱼	*Oreochromis niloticus*	604.8		ECOTOX
18	520	低额溞属	锯顶低额溞	*Simocephalus serrulatus*	520		ECOTOX
17	415.07	食蚊鱼属	食蚊鱼	*Gambusia affinis*	415.07		ECOTOX
16	395.21	攀鲈属	攀鲈	*Anabas scandens*	395.21		ECOTOX
15	318.22	摇蚊属	摇蚊幼虫	*Chironomus riparius*	318.22	63.64	本实验室
14	209.65	鲤属	鲤鱼	*Cyprinus carpio*	209.65		ECOTOX

R	GAMV/(μg/L)	属	种	拉丁名	SMAV/(μg/L)	SACRs	备注
13	170	鲢属	鳙鱼	*Hypophthalmichthys nobilis*	170		ECOTOX
12	128.65	鲫属	金鱼	*Carassius auratus*	128.65		ECOTOX
11	125	鱥属	真鱥	*Phoxinus phoxinus*	125		ECOTOX
10	122.72	真鮰属	斑点叉尾鮰	*Ictalurus punctatus*	122.72		ECOTOX
9	119.36	太阳鱼属	蓝鳃太阳鱼	*Lepomis macrochirus*	119.36	11.05	ECOTOX
8	115	鳠属	斑鳠	*Mystus vittatus*	115		ECOTOX
7	89.43	鳢属	翠鳢	*Channa punctata*	89.43		ECOTOX
6	80.18	花鳉属	孔雀鱼	*Poecilia reticulata*	80.18		ECOTOX
5	57	丽鲷属	莫桑比罗非鱼	*Oreochromis mossambicus*	57		ECOTOX
4	47.38	鲈属	黄鲈	*Perca flavescens*	47.38		ECOTOX
3	42	齿缘龙虱属	齿缘龙虱	*Eretes sticticus*	42		ECOTOX
2	32.93	罗非鱼属	罗非鱼	*Tilapia zillii*	32.93		ECOTOX
1	21.63	白虾属	蚤状钩虾	*Gammarus pulex*	21.63		ECOTOX

注：SMAV 为种急性毒性平均值；GMAV 为属急性毒性平均值，即同一属的 SMAV 几何平均值。

由于慢性毒性试验周期长，实施困难，相应的数据较少。慢性毒性数据以无可见效应浓度（NOEC）、最低可见效应浓度（LOEC）等为测试终点，慢性毒性数据列于表 8-28。

表 8-28　我国林丹的水生生物的属平均慢性值排序（GMCV）

R	GMCV/(μg/L)	属	种	拉丁名	SMCV/(μg/L)	备注
7	56	攀鲈属	龟壳攀鲈	*Anabas testudineus*	56	ECOTOX
6	15	溞属	大型溞	*Daphnia magna*	15	ECOTOX
5	14.9	网纹溞属	模糊网纹溞	*Ceriodaphnia dubia*	14.9	ECOTOX
4	12.5	青鳉属	青鳉	*Oryzias latipes*	12.5	ECOTOX
3	12	臂尾轮属	角突臂尾轮虫	*Brachionus angularis*	12	ECOTOX
2	10.8	太阳鱼属	蓝鳃太阳鱼	*Lepomis macrochrus*	10.8	ECOTOX
1	5	摇蚊属	摇蚊幼虫	*Chironomus riparius*	5	ECOTOX

注：SMCV 为种慢性毒性平均值；GMCV 为属慢性毒性平均值，即同一属的 SMCV 几何平均值。

3）利用 SSD 法推导水质基准

该方法采用物种敏感度分布法进行水质基准推导，即根据筛选毒性数据的频数分布拟合出某种概率分布模型。采用本方法推导水质基准的步骤详见毒死蜱部分。

收集筛选出适合我国的物种毒性数据后，拟合出的急性物种敏感度分布曲线如图 8-28 所示。

根据 SSD 拟合得到各级的 HC_p，除以评价因子 2 后得到最终五氯酚的急性水质基准（CMC），具体数值如表 8-29 所列。

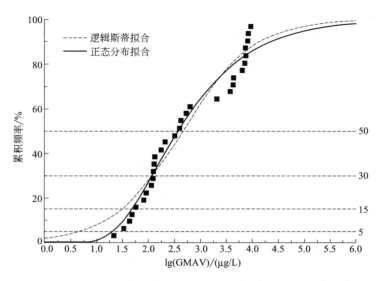

图 8-28 林丹对我国水生生物急性毒性的物种敏感度分布曲线

（拟合系数：逻辑斯蒂拟合-R^2＝0.94616 和正态分布拟合-R^2＝0.96469）

表 8-29 利用 SSD 法推导林丹保护水生生物的 CMC 单位：μg/L

分级	模型	lgHC$_p$	HC$_p$	CMC
Ⅰ	逻辑斯蒂拟合	0.67	4.68	2.34
Ⅱ		1.48	30.20	15.1
Ⅲ		2.08	120.22	60.11
Ⅳ		2.65	446.68	223.34
Ⅰ	正态分布拟合	1.30	19.95	9.97
Ⅱ		1.67	46.77	23.38
Ⅲ		2.06	114.81	58.40
Ⅳ		2.56	363.08	181.54

由于慢性毒性试验周期长，操作较为烦琐，故可获得的相应数据较少，无法满足 US EPA 规定水质基准推导需要的水生生物至少分别来自"3 门 8 科"的要求。在此采用 FACR 外推慢性水质基准，即慢性 HC$_p$＝急性 HC$_p$/FACR。

FACR 的计算过程及结果如表 8-30 所列。

表 8-30 林丹的最终急慢比（FACR）的计算 单位：μg/L

物种（种）	急性毒性数据	慢性毒性数据	ACR	FACR
大型溞	2057.46	15	137.16	45.86
蓝鳃太阳鱼	119.36	10.8	11.05	
摇蚊幼虫	318.22	5	63.64	

经上述计算得到林丹的慢性基准值（CCC），如表 8-31 所列。

表 8-31　利用急慢比法推导林丹保护水生生物的 CCC　　　　　单位：μg/L

分级	模型	急性 HC_p	慢性 HC_p	CCC
Ⅰ	逻辑斯蒂拟合	2.34	0.05	0.05
Ⅱ		15.1	0.33	0.33
Ⅲ		60.11	1.31	1.31
Ⅳ		223.34	4.84	4.84
Ⅰ	正态分布拟合	9.97	0.22	0.22
Ⅱ		23.38	0.51	0.51
Ⅲ		57.40	1.25	1.25
Ⅳ		181.54	3.96	3.96

8.4.4.3　我国林丹保护水生生物水质标准选择

根据上述计算结果，我们选取模型拟合程度较好的结果作为全国保护水生生物的林丹实际水质标准，具体数值详见表 8-32。

表 8-32　全国保护水生生物的林丹四级水质标准　　　　　单位：μg/L

分级	保护目标	CMC	CCC
Ⅰ	保护 95% 水生生物	2.34	0.05
Ⅱ	保护 85% 水生生物	15.1	0.33
Ⅲ	保护 70% 水生生物	57.40	1.25
Ⅳ	保护 50% 水生生物	181.54	3.96

现行标准《地表水环境质量标准》（GB 3838—2002）中，林丹仅在集中式生活饮用水地表水源地补充项目标准限值中被提出，标准为 2μg/L。根据本节所绘制的曲线发现，2μg/L 的标准值无法达到慢性Ⅰ级的保护目标，故原标准可能导致对敏感物种、珍稀物种及生态位重要物种的欠保护。且本节提出的标准值将原标准的单一标准值更改为了双重标准值，这能更好地按照时段且更高效的保护水生生物。

8.4.4.4　经济技术可行性分析

根据文献调查，现如今我国主要河流中林丹的浓度水平如表 8-33 所列，收集数据主要包括样品数和平均浓度。

表 8-33　我国主要河流中林丹的浓度水平汇总　　　　　单位：ng/L

水系名称	具体流域	样品数	林丹浓度平均值	参考文献
长江水系	成都市柏木河	7	ND	
	苏州河	6	16.8	[88]
	巢湖	8	5.52	[89]
	汉江	18	0.17	[90]
黄河水系	渭河	37	3.85	[91]
	黄河三角洲	26	1.97	[92]
	孟津段滩区	8	ND	[93]
珠江水系	南沙红树林湿地	10	4.987	[94]
	珠江口	8	1.56	[95]

335

水系名称	具体流域	样品数	林丹浓度平均值	参考文献
辽河水系	辽河中下游	24	2.11	[96]
淮河水系	江苏段	12	0.45	[97]
松花江水系	上游肇源江段水	10	4.82	[98]
	闽江	9	0.998	[99]
	孔雀河	10	ND	[100]
	乌江	60	5.19	[101]

注:ND表示未检出。

由此可以发现,我国主要河流中林丹的环境浓度水平远低于标准值,故不需要进行削减,无经济支出,不需要进行经济技术可行性分析。

8.4.5 我国铜基准向标准转化案例

8.4.5.1 铜污染的环境问题概述

铜(Cu)是一种紫红色金属,密度 $8.96g/cm^3$,熔点 $1083.4℃$。铜是生物体内必需的微量营养素之一,也广泛存在于各种岩石和矿物中,常见有黄铜矿、斑铜矿和孔雀石[102,103]。随着工业化和城市化的发展,铜应用范围和市场的增加,铜的需求量也随之增加,铜被广泛用于电子、建筑、机械、电镀、能源、通信等行业,是需求量最大的有色金属之一[104-109];还可用来制作轴承、轴瓦、油管、阀门、泵体,以及高压蒸汽设备、医疗器械、光学仪器、装饰材料及金属艺术品和各种日用器具等[110,111]。我国精铜消费量约从1990年的 $7.3×10^5t$ 增加至2013年的 $8.10×10^6t$。尽管铜是维持生命所必需的微量元素,但过量的铜会对人体健康和生态环境带来一定的风险[103,107],在我国,人们对铜污染土壤和淡水环境的危害已耳熟能详,例如,含铜酸性废水造成大量鱼虾死亡等事件。因此由含铜"三废"排放所导致的生态环境和人类健康问题越来越引起人们的广泛关注。

(1)水体中铜的存在形式与分布

自然环境中的铜主要是以零价铜(Cu,固体金属)、一价铜[Cu(Ⅰ),亚铜离子]和二价铜[Cu(Ⅱ),铜离子]三种氧化状态存在[112]。由于自然变化和人为活动导致大量铜元素进入水环境,导致不同水环境中(包括海洋环境)的铜离子浓度往往达到 $ng/L\sim\mu g/L$ 级,甚至 mg/L 级别,这意味着铜污染对海洋环境的影响是不可以被忽略的。内陆排放的铜污染物可以通过河流、大气沉降等方式最终汇入大海,对海洋生态环境造成影响。海水中溶解态铜或以自由离子存在,或与有机配体(如腐殖酸、溶解有机碳等),或与无机配体(OH^-、Cl^-、SO_4^{2-}、HCO_3^- 等)结合。其中自由铜离子的生物有效性最强,也是决定铜毒性的最主要形态。一般而言,海洋中溶解态铜(指总溶解态铜浓度,包含自由离子和螯合物态铜)的浓度约为 $0.03\sim0.4\mu g/L$。污染程度较小的海域中,溶解态铜浓度以 $0.1\sim0.5\mu g/L$ 较为常见。以中国香港为例,有研究报道香港近岸海水的总铜浓度为 $0.8\sim2.2\mu g/L$,其中溶解态铜和颗粒铜浓度为 $0.56\sim0.86\mu g/L$,总铜浓度与溶解态比例为 $1.4\sim2.6$,铜污染程度处于轻微水平[113]。

有大量文献已经报道铜元素广泛存在于土壤和水体环境中，例如世界上许多地区土壤和水体环境中铜的含量已经大量报道，包括地表水和沉积物等[114]。研究发现淡水中 Cu 的环境浓度小于 $5\mu g/L$[115]。一般情况下淡水系统中 Cu 的平均浓度为 $3\mu g/L$（其波动范围为 $0.2\sim 30\mu g/L$），表层海水中 Cu 的浓度为 $0.03\sim 0.23\mu g/L$，而深层海水中则能达到 $0.2\sim 0.69\mu g/L$[116]，由于自然净化过程，包括化学络合、沉淀和吸附，湖泊水体中的铜含量通常较低，通过上述这些过程将 Cu 从水体中转移到沉积物中[117-119]，因此湖泊或者河流沉积物被认为是重金属重要的汇。调查发现沉积物中的铜含量差异也很大，一般情况下淡水沉积物中 Cu 浓度范围为 $0.8\sim 50\mu g/g$（沉积物干重）[120,121]，土壤中铜的平均浓度为 $30\mu g/g$（其范围为 $2\sim 250\mu g/g$）[122,123]。

（2）水体中铜的来源

铜是生命体的必需微量元素，对维持生命正常生长发育和新陈代谢有着重要的作用，但其也是水体重金属污染中的主要元素之一。由于人类活动的影响，进入水体环境中的重金属污染物质越来越多，这些污染物给环境和人体健康造成了许多问题[124-126]。特别是随着采矿、冶炼、化工、电镀、电子、制革等行业的发展，以及民用固体废弃物不合理填埋和堆放，重金属污染物事故性排放以及大量化肥、农药的施用，使得各种重金属污染物进入水体[127,128]。水体中的重金属污染主要是冶金、金属加工、机器制造、有机合成及其他工业排放含重金属废水造成的，存在于岩石以及黏土矿物中的重金属，也可通过风化、火山爆发、风暴、生物转化等自然作用进入土壤、大气、水体及生物体中。未经处理的电镀废水直接排入环境中也是重金属污染的一个重要来源。当铜在水体中的含量达到 0.01mg/L 时，水体的自净能力明显受到抑制；当含量达到 3mg/L 时会产生异味；含量超过 15mg/L 时将无法饮用。

环境水体中的铜主要来自于工农业生产废水的直接排放，或者通过岩石风化、降水、生物转化等自然活动进入水体中。环境中的铜是不易被分解的，它只能被转移或改变其价位和存在形态，或者通过富集过程进行迁移。水体通过物理、化学和生物等共同作用对铜离子及其化合物有一定的净化作用。进入水环境中的铜可以被水体中的悬浮颗粒物等沉降物质沉积到水体底泥中，可以被藻类吸收，被贝类和鱼类的体表所吸附，并进入到生物体的组织内部，对水生态系统中的生物种群产生危害；而且还可以通过富集于人类食用的蔬菜水果、水产和粮食中或者被直接饮用等进入人体内，最终危害人体健康。铜对人体健康的危害是多方面的，主要表现在降低人体免疫力、损害人体生殖系统功能以及影响胎儿发育产生不良影响等方面。近年来我国发生的铜污染事件，不仅造成经济上的损失，还给生态系统带来了严重危害。如 2010 年 7 月福建紫金矿业发生铜酸水渗漏事故，造成汀江的部分水域严重污染，导致大量网箱养鱼死亡。

（3）铜对生物的危害

铜离子在水中被鱼吸收后，可随血液循环到达各组织从而损伤鱼的组织结构。例如损害鱼鳃，增加鱼鳃的渗透性从而加快污染物的吸收速率；损伤神经系统，造成脑机能障碍，尤其是小脑，使中毒的鱼失去平衡；损伤肝脏，降低肝脏中的酶活性，还可以引起脂肪肝，并且呈现病理损伤状态。而这些组织细胞结构的损伤会影响鱼正常的新陈代谢，从而导致鱼的死亡。铜还会影响水生生物的生长、发育和遗传。很小剂量的铜离子就可以延长胚胎发育的时间，而且铜离子可以穿过绒毛膜进入胚胎，在胚胎内不断的积累，对胚胎造成比较强的致畸作用，如初孵仔鱼不能出膜、胚胎尾巴弯曲和胚胎死亡等。有研究表明微量的铜就会影响到鲤鱼幼体的离子动态平衡与骨骼发育。铜离子不仅可以通过破坏细胞膜和抑制细胞分裂导致水生生物的生长和繁殖异常、生物体的畸变甚至是死亡，而且还可以通过延缓其性成熟、减少产卵、降低受精率和降低繁殖中雌性的数量来抑制水产动物的繁殖。研究表明，铜的暴露可以使被暴露生物产生大量的活性氧、超氧阴离子自由基和氢基自由基等，从而引起细胞膜、蛋白质、各种酶以及其他大分子严重的超氧化损伤。铜对不同免疫细胞的影响差异也较大，即白细胞、嗜酸性粒细胞、嗜碱性粒细胞以及吞噬细胞的数量和比例都会随着铜浓度的变化而产生较大的差异。铜还会诱导金属硫蛋白的产生，金属硫蛋白的生物学功能主要包括参与微量元素的储存、参与应激反应、运输和代谢、自由基的消除以及重金属中毒的解毒作用等。有研究表明金属硫蛋白的浓度与铜的浓度在一定浓度之上会呈现出线性相关关系，但是超过一定浓度时就会达到极限，那么这个时候金属硫蛋白与铜就会达到饱和，因此超出的铜就会产生毒性作用。

8.4.5.2　我国铜水质基准标准计算

目前针对我国水域的水质基准研究较少，我国现行水质标准主要依据国外水质基准数值确定，例如我国颁布的《地表水环境质量标准》（GB 3838—2002）中 Ⅰ 类和 Ⅱ 类 Cu 水质标准限值分别为 $10\mu g/L$ 和 $1000\mu g/L$。该标准还缺乏可靠的科学的理论依据，主要是借鉴国外水质基准值得到相应的水质标准值，这可能不适合我国目前的情况。目前我国已经得到大量不同流域的水质基准数据，因此依据我国国情开展水质基准研究已经成为我国水环境管理的迫切需求。

（1）计算依据

本节广泛搜集了我国淡水生物的铜急性毒性数据，并测定了铜在我国太湖流域对太湖土著生物以及普适生物的急性毒性，并依据不同的方法对铜的水生生物水质基准值进行了计算。

（2）计算方法

1）毒性数据筛选　通过搜集国内外已公开发表的关于水生生物的铜水质基准中包括急性、慢性（生殖毒性、发育毒性、遗传毒性、生活史毒性试验）并同时测定试验水样中 Ca^{2+}、Mg^{2+}、Na^+、K^+、SO_4^{2-}、Cl^-、硫化物、温度、pH 值、碱度、腐殖酸（HA）、溶解性有机碳（DOC）12 项水质参数的毒性数据，剔除不存在于我国即非本土物种或未对水体水质参数进行测定的毒性数据。数据主要来源于 USEPA 的 ECOTOX 数据库、美国铜水质基准文件、中国知网及已公开发表的文献。筛选结果包括三门五科六属的水生生物见表 8-34。

表 8-34　筛选获得铜对我国淡水水生生物的急性毒性试验生物

门	科	属	种	拉丁名	参考文献
环节动物门	带丝蚓科	带丝蚓属	夹杂带丝蚓	*Lumbriculus variegatus*	[129]
节肢动物门	溞科	网纹溞属	模糊网纹溞	*Ceriodaphnia dubia*	[130-133]
节肢动物门	溞科	溞属	大型溞	*Daphnia magna*	[134,135]

门	科	属	种	拉丁名	参考文献
脊索动物门	鲑科	大马哈鱼属	驼背大麻哈鱼	*Oncorhynchus gorbuscha*	[136]
脊索动物门	鲑科	大马哈鱼属	银鲑	*Oncorhynchus kisutch*	[137-139]
脊索动物门	鲑科	大马哈鱼属	虹鳟鱼	*Oncorhynchus mykiss*	[140]
脊索动物门	太阳鱼科	太阳鱼属	蓝鳃太阳鱼	*Lepomis macrochirus*	[140,141]
脊索动物门	异鳉科	青鳉属	青鳉	*Oryzias latipes*	[142]

本转化选取"十二五"水专项的 17 个毒性数据包括 9 种鱼类、5 种无脊椎动物和 1 种两栖类，由于其 LC_{50} 值受水质因素影响，因此采用 USEPA 推荐的水质参数 BLM 配体模型进行 LC_{50} 的标准化。SMAV 值的变化范围从最敏感物种大型溞（*Daphnia magnia*）的 5.927μg/L 到最不敏感物种摇蚊幼虫（*Chironomus plumosus*）846845.855μg/L。15 个 GMAV 值按照顺序排列如表 8-35 所列。

表 8-35　我国 Cu 的水生生物 GMAV 与急慢性比率（SACRs）

R	GMAV/(μg/L)	属	种	拉丁名	SMAV/(μg/L)	SACRs
15	＞846845.855	摇蚊属	羽摇蚊幼虫	*Chironomus plumosus*	＞846845.855	
14	2231.410	太阳鱼属	蓝鳃太阳鱼	*Lepomis macrochirus*	2231.410	
13	1112.011	蛙属	泽蛙	*Rana limnocharis*	1112.011	
12	846.846	鲫属	金鲫鱼	*Carassius auratus*	846.846	20.87
11	594.896	鲤属	锦鲤	*Cryprinus carpiod*	594.896	
10	310.449	青鳉属	青鳉	*Oryzias latipes*	310.449	
9	310.106	沼虾属	青虾	*Macrobrachium nipponense*	310.106	
8	259.195	麦穗鱼属	麦穗鱼	*Pseudorasbora parva*	259.195	
7	223.852	草鱼属	草鱼	*Ctenopharyngodon idellus*	223.852	
6	86.414	鳙属	鳙属	*Hypophthalmichtys molitrix*	86.414	
5	48.413	带丝蚓属	夹杂带丝蚓	*Lumbriculus variegatus*	48.413	
4	34.646	泥鳅属	泥鳅	*Misgurnus anguillicaudatus*	34.646	9.56
3	31.848	大马哈鱼属	银鲑	*Oncorhynchus gorbuscha*	40.130	2.88
		大马哈鱼属	虹鳟鱼	*Oncorhynchus mykiss*	22.930	
		大马哈鱼属	驼背大马哈鱼	*Oncorhynchus gorbuscha*	35.104	
2	5.934	网纹溞属	模糊网纹溞	*Ceriodaphnia dubia*	5.934	2.85
1	5.927	溞属	大型溞	*Daphnia magna*	5.927	3.42

注：SMCV 为种慢性毒性平均值；GMCV 为属慢性毒性平均值，即同一属的 SMCV 几何平均值。

2）物种敏感度排序法（SSR 法）　　USEPA 在 1985 年"保护水生生物水质基准制定技术指南（以下简称"指南"）"中提出了一种统计外推方法，有时也被称为毒性百分数排序法，毒性百分数排序法其实是一种基于三角分布的物种敏感度分布法。本研究采用毒性百分数排序法得到 CMC 和 CCC，如图 8-29 所示。

采用 SSR 法计算得到我国 Cu 一级标准值，如表 8-36 所列。

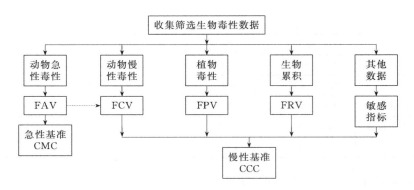

图 8-29 美国 1985 "指南" 推导水生生物基准方法

表 8-36 采用 SSR 法计算得到我国 Cu 一级标准值

R	属名	GMAV/(μg/L)	lnGMAV	$[\ln(\text{GMAV})]^2$	P=R/(n+1)	SQRT(P)
\multicolumn{7}{c}{共有 15 个属,选择排序最低的 4 个属}						
4	泥鳅属	34.646	3.545	12.568	0.250	0.5000
3	大马哈鱼属	32.721	3.488	12.166	0.188	0.4330
2	网纹溞属	5.934	1.781	3.171	0.125	0.3536
1	溞属	5.927	1.780	3.167	0.063	0.2500
SUM:			10.593	31.072	0.625	1.5366
S^2	L	A	FAV	CMC	FACR	CCC
86.844	−0.9315	1.152	3.166	1.583	5.620	0.5633

3）SSD 法 本方法采用物种敏感度分布法，即根据筛选毒性数据的频数分布拟合出某种概率分布模型。收集筛选出适合我国的物种毒性数据后，拟合出的急性物种敏感度分布曲线如图 8-30 所示。

由于慢性试验数据不够充足，因此应采用 3 种方法进行推导：a. 直接采用现有的慢性试验数据进行拟合，计算保护 95%、85%、70% 和 50% 以上种群时对应的浓度 HC_p；b. 利用 FACR 计算缺少的慢性毒性数据后再进行曲线拟合，计算保护 95%、85%、70% 和 50% 以上种群时对应的浓度 HC_p；c. 采用 FACR 直接外推慢性基准值，即 CCC=CMC/FACR。

本章采用第 3 种方法直接推导出慢性标准值。汇总采用 SSD 法推导铜对水生生物的 CMC 和 CCC 值如表 8-37 所列，逻辑斯蒂拟合与正态分布拟合所得到的 CMC 值非常接近，因此建议采用较小的数值作为标准值，以有效的保护水生生物。

表 8-37 利用 SSD 法推导铜保护水生生物的 CMC/CCC 标准值　　单位：μg/L

\multicolumn{2}{c}{分级目标}	\multicolumn{2}{c}{CMC}		\multicolumn{2}{c}{CCC}	
		逻辑斯蒂拟合	正态分布拟合	逻辑斯蒂拟合	正态分布拟合
I	保护 95% 水生生物	8.60	10.72	1.53	1.91
II	保护 85% 水生生物	21.91	23.46	3.90	4.17
III	保护 70% 水生生物	55.47	55.22	9.87	9.82
IV	保护 50% 水生生物	172.19	168.78	30.64	30.03

流域地表水环境质量基准技术手册

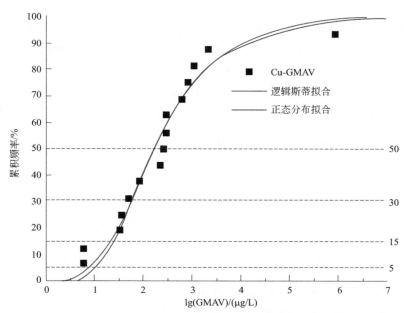

图 8-30　铜对我国水生生物急性毒性的物种敏感度分布曲线

（拟合系数：逻辑斯蒂拟合-R^2=0.9606 和正态分布拟合-R^2=0.9562）

8.4.5.3　我国铜保护水生生物水质标准值的选择

在上述基准计算中我们发现 SSR 法得到的四级基准值不符合实际规律，基准值从一级到四级呈现递减趋势。这是因为 SSR 法的设计初衷是用于计算保护 95％水生生物的水质基准值。用此推导保护 85％、70％、50％水生生物的水质基准值并不合适，故在后续铜的水生生物水质标准的选择当中只考虑 SSR 法计算的保护 95％水生生物的水质基准值，其余参考 SSD 法计算得到的基准值。

对比 SSD 法和 SSR 法计算获得的保护 95％水生生物的水质基准值，为保护更多的水生生物，选取 SSR 法计算获得的保护 95％水生生物水质基准值为Ⅰ级标准值。为保护更多的生物，将 SSD 法计算获得的保护 95％水生生物水质基准值为Ⅱ级，保护 85％水生生物水质基准为Ⅲ级，保护 75％水生生物水质基准为Ⅳ级。以相同的保护目的为前提，由于不同拟合模型之间差距较小，则选择较小的值作为最终标准值。

综上所述，全国保护水生生物的铜四级水质标准详见表 8-38。

表 8-38　全国保护水生生物的铜四级水质标准　　　　　　单位：$\mu g/L$

分级	保护目标	CMC	CCC
Ⅰ	保护 95％水生生物	8.60	1.53
Ⅱ	保护 85％水生生物	21.91	3.90
Ⅲ	保护 70％水生生物	55.47	9.87
Ⅳ	保护 50％水生生物	172.19	30.64

现行标准《地表水环境质量标准》（GB 3838—2002）中，铜在Ⅰ类源头水、国家自然保护区水体中标准限值为 0.01mg/L（表 8-39），根据本节保护 95％的水生生物的目标，

341

从所拟合的 SSD 曲线得到的Ⅰ级水体标准值是 8.6μg/L（表 8-39），其与现行标准的 10μg/L 比较接近。但是现行标准中Ⅱ类、Ⅲ类、Ⅳ类和Ⅴ类水体均采用同一标准值 1.0mg/L，这是Ⅰ类水标准值的 100 倍，故原标准可能导致对敏感物种、珍稀物种及生态位重要物种的欠保护。而本节中根据保护 85%、70%、和 50% 的水生生物得到Ⅱ、Ⅲ、和Ⅳ类水体的水质标准值为 21.91μg/L、55.47μg/L、和 172.19μg/L，明显低于现行标准值，这能更好地按照时段且更高效的保护水生生物。

表 8-39　我国现行地表水环境质量标准（GB 3838—2002）中铜标准值

单位：μg/L

分级	水域功能	铜标准值
Ⅰ	源头水、国家自然保护区	10
Ⅱ	集中式生活饮用水地表水源地一级保护区、珍稀水生生物栖息地、鱼虾类产卵场、仔稚幼鱼的索饵场等	1000
Ⅲ	集中式生活饮用水地表水源地二级保护区、鱼虾类越冬场、洄游通道、水产养殖区等渔业水域及游泳区	1000
Ⅳ	一般工业用水区及人体非直接接触的娱乐用水区	1000
Ⅴ	农业用水区及一般景观要求水域	1000

8.4.5.4　经济技术可行性分析

根据文献调查，调查了在 2005～2015 年期间全国水体中重金属铜含量的分布。检索的结果包含了我国主要河流以及海河的铜浓度水平，其具体的取样位点、浓度范围以及均值浓度如表 8-40 所列。

表 8-40　我国主要海河中铜的浓度水平汇总　　　单位：μg/L

河流名称	具体位点	浓度范围	均值	参考文献
京杭大运河	雨季	2.99～6.59		[143]
	枯水期	3.43～7.17		[144]
太湖	住宅区	0.37～0.53	0.43	[145]
	混合区	0.41～1.59	0.74	[145]
	农业区	0.40～0.62	0.52	[145]
太湖	水体总铜	2.64～78.29	10.07	[146]
	水体溶解态铜	2.30～20.00	5.81	[146]
	间隙水	2.29～135.78	11.66	[146]
渤海		1.23～8.24		[147]
渤海湾		1.60～5.69		[148]
辽东湾北部		1.04～25.49		[149]
锦州湾		0.18～13.2		[149]
黄河口		0.10～4.46		[149]
胶州湾		3.48		[150]
北黄海		0.8		[150]
南黄海		1.41		[150]

河流名称	具体位点	浓度范围	均值	参考文献
南海		0.1		[150]
长江口河段		1.99		[150]

从表 8-40 中可以发现，京杭大运河、渤海、渤海湾、黄河口、胶州湾、北黄海、南黄海、南海和长江口河段的铜含量均低于铜的一级标准推荐值 8.60μg/L。另外，对于太湖水体总铜和底泥的间隙水中铜的平均含量均大于 8.60μg/L，可见太湖流域部分水体铜含量超标，可以对相关行业进行管控，很容易使其水体铜含量达标。对于辽东湾北部和锦州湾也均超标，这可能与东北重工业的发展有关，需要进一步进行管制。

8.4.6　太湖铜基准向标准转化案例

8.4.6.1　太湖流域铜水生生物水质标准值计算

实际环境水体的物理、化学、生物特征、物质成分等特征与实验室水体截然不同，这导致在不同的水体状况下获得的毒性数据也会有所不同，从而推导出不同的水质基准。因此，在全国的水质基准前提下，应采用水效应比法推导适合太湖的水质基准。即使用太湖流域的水体进行毒性测试，水效应比＝环境水体毒性数据/实验水体毒性数据。故利用水效应比校验后的太湖水质基准值＝全国水质基准值×水效应比。

（1）水样前处理

2014 年 7～8 月，笔者课题组在太湖流域进行了特定水体的现场采样，包括 3 个采样地点：

① 宜兴市大浦港自动站自来水，即横山水库水；

② 宜兴市大浦港河水；

③ 宜兴市距离大浦港 20km 处太湖水。

并且进行了水质物理化学特性的测定，包括现场测定指标：温度、电导率、电阻率、总固体溶解度、总盐分、浊度、叶绿素、溶解氧、pH 值，以及其他分析测定指标如硬度、氨氮、硝基苯以及重金属含量等，为后续进行基准校正及区域化差异研究提供了重要的基础信息。

考虑到湖水与河水中存在着各种游离物、微生物体及其他水质干扰因素，采用 3～6 m/h 的小型活性炭吸附过滤器装置进行预处理，可有效净化水体中异味、胶体，降低水体浊度、色度。

3 处采样点水样及南京自来水的水质参数测定［德国（型号：YSI 6600 V2）多参数水质测定仪］的数据结果如表 8-41 所列。

表 8-41　现场水质参数测定数据表

检测项目	横山水库水	宜兴大浦河水	宜兴太湖水	南京自来水
东经	119°55′58″	119°55′58″	120°1′38″	118°56′53″
北纬	30°18′57″	30°18′57″	31°17′6″	32°07′152″

343

检测项目	横山水库水	宜兴大浦河水	宜兴太湖水	南京自来水
水温/℃	25.89	26.32	26.35	22.71
电导率/(μS/cm)	249	588	576	352
电阻/(Ω/cm)	3940.94	1657.98	1692.72	3373.14
TDS/(g/L)	0.162	0.382	0.374	0.229
盐度/ppt	0.12	0.28	0.28	0.17
pH 值	6.72～6.82	6.78～6.84	7.32～7.37	7.28
浊度/NTU	0	36.6	20.4	0
叶绿素/(μg/L)	0.1	11.3	7.8	0
叶绿素相对荧光	0	2.7	1.9	0
溶解氧/(mg/L)	7.35	5.88	7.3	9.61

注:$1ppt = 10^{-12}$。

(2) 生物驯养

将上述 3 种土著生物分别在 4 种水中进行驯养,其要求选自同一驯养池中并且其规格大小一致,在连续曝气的水中至少驯养两周,直到观察到无死亡个体为止。试验前这 3 种生物应在与试验时相同的环境条件下驯养。试验前 24h 停止喂食,每天清除粪便及食物残渣。驯养期间死亡率不得超过 10%,并且试验生物无明显的疾病和肉眼可见的畸形。

生物驯养和试验开展的地点是在宜兴市环境监测局大浦港自动站。

(3) 校正实验方法

1) 限度试验　以受试生物在试验液中的最大溶解度作为限度试验浓度(若该物质的最大溶解度>100mg/L,则以 100mg/L 作为试验浓度),试验结束时,如果生物的致死率<10%则不需进行下一步试验,否则要按照分析步骤进行完整试验。

2) 预试验　正式试验之前,为确定试验浓度范围,必须先进行预试验。预试验浓度间距可宽一些(如 0.1mg/L、1mg/L、10mg/L),每个浓度放 5 个生物,通过预试验找出被测物使 100% 生物致死的浓度和最大耐受浓度的范围,然后在此范围内设计出正式试验各组的浓度。在预试验中,实时了解毒物的稳定性、pH 值等理化性质的改变,以便确定正式试验更换试验液等。

3) 正式试验　根据预试验的结果确定正式试验的浓度范围,按几何级数的浓度系列(等比级数间距)设计 6～10 个浓度。试验用 500mL、1000mL、2000mL 烧杯,生物 10 个。每个浓度 3 个平行。以不添加样品的空白处理作为对照,内装相等体积的现场水体,如图 8-31 所示为实验现场。

试验开始后于 24h、48h、72h 和 96h 定期进行观察,记录每个容器中仍能活动的生物数,并且实时取出死亡生物个体,测定 0～100% 生物致死的浓度范围,并记录它们不正常的行为。将受试生物在水库原水和实验室配置水中进行急性毒性暴露平行试验,将污染物在原水的毒性终点值除以在配置水体中的同一毒性终点值得到 WER 值。

(4) 现场生物校验数据结果

通过对太湖流域土著生物中的白鲢(脊索动物门、鲤科、鲢属)、白鱼(脊索动物门、

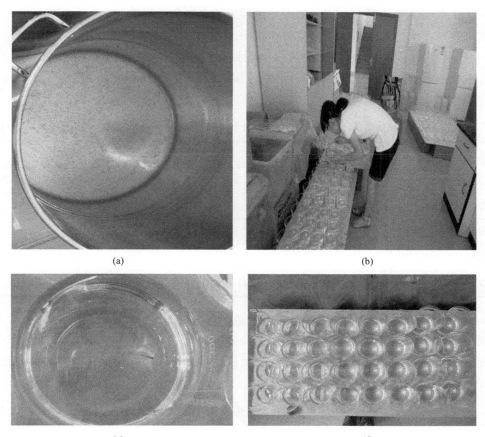

(a)　　　　　　　　　　　　　　　(b)

(c)　　　　　　　　　　　　　　　(d)

图 8-31　宜兴市环境监测局大浦港自动站实验现场

鲤科、白鱼属）、青虾（节肢动物门、长臂虾科、青虾属）进行实验 3 种不同生物，测定其急性毒性数据，观察水体的物理化学特性对生物在 6 个铜浓度梯度下的毒性影响。结合不同的水质，进行土著敏感生物的现场校验，得到相应的 WER 值。

利用对应的四种现场水体分别配制 6 个铜的浓度梯度，测定其半致死效应浓度 96h-LC_{50}，结果如表 8-42 所列。结合南京大学环境学院实验室自来水（南京自来水）测得的毒性实验结果进行比对，分别计算出不同土著水生生物不同水体的 WER 值，如表 8-42 所列，从而得到太湖铜的 WER 值的几何平均值为 1.39，该数值可以作为太湖流域水质基准修订和校正的基础。

表 8-42　太湖土著生物（白鲢、白鱼和青虾）96h-LC_{50} 值　　　　单位：mg/L

毒性物质	受试生物	横山水库水	大浦河水	太湖水	南京自来水（比对）	WER 值		
						横山水库水	大浦河水	太湖水
铜	白鲢	2.651	6.445	6.652	3.264	0.81	1.97	2.04
	白鱼苗	0.147	0.195	0.172	0.147	1.00	1.33	1.17
	青虾	0.119	0.133	0.155	0.087	1.37	1.53	1.78
WER 几何平均值						1.39		

345

从保护水生生物的目的来说，基于上述得到的全国基准标准值进行水效应比校正，得到太湖流域的基准标准值，如下公式所示：

$$太湖水质基准值＝全国水质基准值×水效应比$$

选取铜的水效应比值 1.39 来作为太湖流域的水效应比进行校验。校验后的太湖铜保护水生生物水质标准值如表 8-43 所列。

表 8-43 利用太湖流域水效应比校验后的铜 CMC/CCC 标准值　　单位：$\mu g/L$

分级目标		CMC		CCC	
		逻辑斯蒂拟合	正态分布拟合	逻辑斯蒂拟合	正态分布拟合
Ⅰ	保护 95％水生生物	11.95	14.90	2.13	2.65
Ⅱ	保护 85％水生生物	30.45	32.61	5.42	5.80
Ⅲ	保护 70％水生生物	77.10	76.76	13.72	13.65
Ⅳ	保护 50％水生生物	239.34	234.60	42.59	41.74

8.4.6.2 太湖流域铜保护水生生物水质标准值的选择

根据上述计算结果，以相同的保护目的为前提，由于不同拟合模型之间差距较小，则选择较小的值作为最终标准值。综上所述，太湖流域保护水生生物的铜四级水质标准具体数值详见表 8-44。

表 8-44 太湖流域保护水生生物的铜四级水质标准　　单位：$\mu g/L$

分级	保护目标	CMC	CCC
Ⅰ	保护 95％水生生物	11.95	2.13
Ⅱ	保护 85％水生生物	30.45	5.42
Ⅲ	保护 70％水生生物	77.10	13.72
Ⅳ	保护 50％水生生物	239.34	42.59

现行标准《地表水环境质量标准》（GB 3838—2002）中，铜在Ⅰ类源头水、国家自然保护区水体中标准限值为 0.01mg/L，根据本章保护太湖流域 95％的水生生物的目标，从所得到的Ⅰ级水体标准值是 11.95$\mu g/L$（表 8-44），其与现行标准的 10$\mu g/L$ 比较接近。但是现行标准中Ⅱ类、Ⅲ类、Ⅳ类、和Ⅴ类水体均采用同一标准值 1.0mg/L，这是Ⅰ类水标准值的 100 倍，故原标准可能导致对敏感物种、珍稀物种及生态位重要物种的欠保护。而本章中根据保护 85％、70％、和 50％的水生生物得到Ⅱ、Ⅲ、和Ⅳ类水体的水质标准值为 30.45$\mu g/L$、77.10$\mu g/L$ 和 239.34$\mu g/L$，明显低于现行标准值，这能更好按照时段且更高效的保护太湖流域的水生生物。

8.4.6.3 经济技术可行性分析

经检测获得 2005～2015 年期间太湖水体中重金属铜含量的分布，见表 8-45。

表 8-45　我国太湖流域水体中铜的浓度水平汇总　　　　　　　　　单位：μg/L

河流名称	具体位点	浓度范围	均值
太湖	住宅区	0.37～0.53	0.43
	混合区	0.41～1.59	0.74
	农业区	0.40～0.62	0.52
太湖	水体总铜	2.64～78.29	10.07
	水体溶解态铜	2.30～20.00	5.81
	间隙水	2.29～135.78	11.66

从表 8-45 中可以发现，Bo 等[145] 在 2015 年对太湖水体的三个区域（住宅区、混合区和农业区）进行了水体铜浓度的测定，发现太湖水体中铜的浓度均小于推荐值 11.95μg/L；而研究者也调查了水体中总铜浓度（包括溶解态铜和其他络合形态的铜），发现水体总铜、溶解态铜和间隙水铜的平均含量也均小于推荐值 11.95μg/L，但部分区域的铜含量严重超标，这可能与个别区域水体中有机质和底泥成分过高导致，因此仅需要对个别区域的铜排放量进行管制即可。

8.4.7 全国 PCP 基准向标准转化案例

8.4.7.1 PCP 污染的环境问题概述

五氯酚（Pentachlorophenol，PCP）是一种持久性优先污染物，曾作为杀菌、防螺、除草及木材防腐的重要药剂大量使用，在环境中无处不在[151,152]。PCP 在环境中性质稳定，不易被氧化，易积累，有很强的致癌、致畸、致突变性，可以通过食物链被人类摄入体内，是 IARC 界定的 2B 类致癌物[153,154]。PCP 在动物体内富集，会导致动物肺、肝、肾脏以及神经系统损伤[155]，已先后被美国和我国列为优先控制污染物[156]。

（1）水体中 PCP 的来源及现状

水环境 PCP 主要来源于工业排放，PCP 及其钠盐的生产过程中会产生大量含有 PCP 和其他酚类的废气、废水排入环境。此外，PCP 作为杀菌剂、防螺剂、除草剂被人们大量使用而投入环境，这也是其一大来源。因此，PCP 在我国水环境中广泛存在。

在水环境中，PCP 一般以其共轭盐 PCP 钠的形态存在，PCP 钠亲水性较强，进入到人体内后生成 PCP[157]。据相关文献报道，水体中 PCP 的最高浓度检出是在地下水中。目前，我国太湖已有不同浓度水平的 PCP 被检出[158]。

（2）PCP 对生物的危害

PCP 具有氧化损伤、发育毒性、内分泌毒性、遗传毒性、细胞毒性、基因毒性，影响人类和野生动物的繁殖[159,160]。

Owens 等[161] 研究发现 PCP 会导致青鳉心血管发育畸形，1250ng 每颗卵剂量的 PCP 就会导致 90% 的胚胎死亡。类似研究表明，PCP 会在大马哈鱼组织中蓄积，从而改变大马哈鱼胚胎的生理生化指标[162]。郑敏等[163] 研究发现 PCP 暴露（0.025～5mg/L）对斑马鱼胚胎发育具有较强的毒性效应，可导致胚胎孵化率显著下降，死亡率、畸形率显著上升。

此外，PCP 可以氧化人体淋巴细胞 DNA 碱基[164]，引起细胞凋亡[165] 及形态学的变化[164]。PCP 还可以抑制 L929 细胞的生长，凋亡甚至坏死[166]。肾上腺皮质腺癌 H295R 细胞暴露在 PCP 的暴露下，细胞色素 P450、3βHSD2、17βHSD4 和 StAR 在内的类固醇基因发生了显著下调，睾酮（T）和 17β-雌二醇（E2）的含量也显著下降[167,168]，并影响斑马鱼的繁殖[169]。此外，PCP 及其主要代谢物还可以诱导人体和老鼠的肝癌细胞系的氧化损伤和肝脏毒性[170]。乌鳢的微核试验表明：PCP 暴露可以显著诱导细胞微核频率，产生基因毒性[171]。

PCP 对水生生物造成一定的毒害作用，进而对生态系统造成一定的风险。PCP 也可以抑制 *Chlorella pyrenoidosa* 的生长，降低光合色素、可溶性蛋白含量，增加硝酸还原酶的活性，从而降低 ATP 含量[170]。研究还发现 PCP 诱导脂质过氧化和改变小麦叶片中的抗氧化参数，引起氧化损伤[171]。

罗茜等[157] 对 PCP 的水生生物急性及亚急性毒性做过详细综述，PCP 对水生生物急性毒性范围为 0.032～1.12mg/L，对 PCP 最敏感的是蓝鳃太阳鱼，最不敏感的是紫背浮萍。研究还表明，对 PCP 而言鱼类最为敏感，无脊椎动物次之，水生植物最不敏感。Jin 等[172-174] 研究了 PCP 对我国本土水生生物的影响，PCP 的预测无效应浓度（PNEC）为 0.006mg/L。PCP 对水生生物有一定的毒性作用，进而生态系统造成一定的风险，被美国 EPA 列为优先检测污染物和潜在致癌物，也是我国优先监测污染物之一。

8.4.7.2 我国 PCP 保护水生生物水质基准计算

（1）计算依据

在过去的几十年里，SSD 理论在水质基准的制定过程中得到了广泛的应用。水质基准的制定一般是根据获得的实验毒性数据来推导，然而，化合物的毒性一般会受环境因素（如水体的物理、化学性质、生物区系及其他）的影响。PCP 在我国地表水中广泛存在，其毒性受 pH 值影响，随 pH 值的升高而下降。因此，不同水体状况下的 PCP 毒性不同。在制定 PCP 水质基准时应考虑 pH 值对其毒性的影响。

本节广泛搜集了我国淡水水生生物的 PCP 急慢性毒性数据，并依据 SSD 方法对 PCP 保护水生生物水质基准值进行了计算。

（2）计算方法

PCP 毒性受 pH 值影响，根据文献中搜索的有关 pH 值对氯酚毒性影响的研究，结合笔者课题组的研究结果[175]，拟合 PCP 对数毒性值 $[\ln(EC_{50}/LC_{50})]$ 关于 pH 值的函数，具体函数详见下式：

$$\ln(EC_{50}/LC_{50})=0.7330\times pH-6.3261 \quad (R^2=0.3310, p=0.00020) \quad (8-24)$$

1）毒性数据的搜集与筛选　与毒死蜱的毒性数据搜集与筛选相同。

2）毒性数据收集结果　水生动物实验方法分为静态法（S）、半静态法（R）和流水式（F）三种。PCP 的化学性质稳定，对于 PCP 采用以上 3 种实验方法获得的数据都是可以接受的。数据主要来源于 ECOTOX 数据库、美国铜水质基准文件、中国知网及已公开发表的文献。经过筛选，PCP 淡水水生物急性毒性见列表 8-46。

表 8-46　我国 PCP 水生生物的属平均急性值排序（GMAV）与急慢性比率（SACRs）值

R	GMAV/(μg/L)	属	种	拉丁名	SMAV/(μg/L)	SACRs	备注
32	29622.83	小球藻属	小球藻	*Chlorella kessleri*	29622.83		[176]
31	14806.23	线虫属	小杆线虫	*Rhabditis sp.*	34376.66		[177]
		线虫属	垫刃线虫	*Tylenchus elegans*	6377.13		[177]
30	2060.72	摇蚊属	摇蚊幼虫	*Chironomus riparius*	2060.72		[178]
29	1983.67	栅藻属	斜生栅藻	*Scenedesmus obliquus*	1983.67		本研究
28	1632.2	轮虫属	萼花臂尾轮虫	*Brachionus calyciflorus*	1632.2	2.18	[179]
27	1459.04	圆田螺属	田螺	*Viviparus bengalensis*	1459.04		[180]
26	1370.55	颤蚓属	霍甫水丝蚓	*Limnodrilus hoffmeisteri*	1370.55		[181]
25	736.98	莱茵衣藻属	莱茵衣藻	*Chlamydomonas reinhardtii*	736.98		[182]
24	605.94	端足属	端足类动物	*Crangonyx pseudogracilis*	605.94		[183]
23	537.38	花鳉属	孔雀鱼	*Ictalurus punctatus*	537.38		[184-187]
22	384.32	涡虫属	三角涡虫	*Lugesia japonica Ichikawa et kawakatsu*	384.32		本研究
21	346.73	河蚬属	河蚬	*Corbicula fluminea*	346.73	6.57	[175]
20	337.12	念珠藻属	念珠藻	*Anabaena inaequalis*	337.12		[176]
19	329.46	黑鲈属	大口黑鲈	*Micropterus salmoides*	329.46		[188]
18	290.38	对虾属	对虾	*Gammarus pseudolimnaeus*	290.38		[183]
17	262.9	溞属	大型溞	*Daphnia magna*	262.9	54.89	本研究
16	242.36	低额溞属	老年低额溞	*Simocephalus vetulus*	242.36	7.35	[189]
15	239.53	网纹溞属	模糊网纹溞	*Ceriodaphnia dubia*	265.14	3.61	[189]
		网纹溞属	棘爪网纹溞	*Ceriodaphnia reticulata*	216.4		[189]
14	238.18	食蚊鱼属	食蚊鱼	*Gambusia affinis*	238.18		[190]
13	222.91	中剑水蚤属	广布中剑水蚤	*Mesocyclops leuckarti*	222.91	2.97	[191]
12	211.89	椎实螺属	椎实螺	*Lymnaea acuminata*	211.89		[187]
11	211.06	沼虾属	细螯沼虾	*Macrobrachium superbum*	211.06	23.33	[175]
10	195.98	红鲌属	翘嘴红鲌	*Erythroculter ilishaeformis*	195.98	10.4	[175]
9	160.64	林蛙属	林蛙蝌蚪	*Rana tadpole*	160.64		本研究
8	146.82	鲢属	鲢鱼	*Hypophthalmichthys molitrix*	146.82		本研究
7	143.22	青鱼属	青鱼	*Mylopharyngodon piceus*	143.22	13.57	[175]
6	135.68	鲴属	细鳞斜颌鲴	*Plagiognathops microlepis*	135.68	12.86	[175]
5	124.63	太平洋鲑属	虹鳟鱼	*Oncorhynchus mykiss*	124.63	3	[190, 192-195]
4	104.39	鮰属	斑点叉尾鮰	*Ictalurus punctatus*	104.39		[190,192]
3	92.45	鲫属	鲫鱼	*Carassius auratus*	92.45		[190,196]
2	85.92	太阳鱼属	蓝鳃太阳鱼	*Lepomis macrochirus*	85.92		[190, 192,196]
1	8.64	黄颡鱼属	黄颡鱼	*Pelteobagrus fulvidraco*	8.64		本研究

注：SMAV 为种急性毒性平均值；GMAV 为属急性毒性平均值，即同一属的 SMAV 几何平均值。

由于慢性毒性试验周期长，实施困难，相应的数据较少。慢性毒性数据以无可见效应浓度（NOEC）、最低可见效应浓度（LOEC）等为测试终点，慢性毒性数据列于表 8-47。

表 8-47 我国 PCP 水生生物的属平均慢性值排序（GMCV）

R	GMCV/(μg/L)	属	种	拉丁名	SMCV/(μg/L)	备注
17	7470.48	小球藻属	小球藻	*Chlorella kessleri*	7470.48	ECOTOX
16	955.92	栅藻属	斜生栅藻	*Scenedesmus obliquus*	955.92	ECOTOX
15	747.57	轮虫属	萼花臂尾轮虫	*Brachionus calyciflorus*	747.57	ECOTOX
14	647.1	莱茵衣藻属	莱茵衣藻	*Chlamydomonas reinhardtii*	647.1	ECOTOX
13	263.82	浮萍属	紫背浮萍	*Soirodela polyrhiza*	263.82	ECOTOX
12	95	间银鱼属	银鱼胚胎	*Hemisalanx prognathus Regan Embryo*	95	ECOTOX
11	75.02	中剑水蚤属	广布中剑水蚤	*Mesocyclops leuckarti*	75.02	ECOTOX
10	73.42	网纹溞属	模糊网纹溞	*Ceriodaphnia dubia*	73.42	ECOTOX
9	52.76	河蚬属	河蚬	*Corbicula fluminea*	52.76	ECOTOX
8	41.59	太平洋鲑属	虹鳟鱼	*Oncorhynchus mykiss*	41.59	ECOTOX
7	32.99	低额溞属	老年低额溞	*Simocephalus vetulus*	32.99	ECOTOX
6	28.07	溞属	隆线溞	*Daphnia carinata*	164.49	ECOTOX
		溞属	大型溞	*Daphnia magna*	4.79	ECOTOX
5	24.92	念珠藻属	念珠藻	*Anabaena inaequalis*	24.92	ECOTOX
4	18.84	红鲌属	翘嘴红鲌	*Erythroculter ilishaeformis*	18.84	ECOTOX
3	10.55	青鱼属	青鱼	*Mylopharyngodon piceus*	10.55	ECOTOX
2	10.55	鲴属	细鳞斜颌鲴	*Plagiognathops microlepis*	10.55	ECOTOX
1	9.05	沼虾属	细螯沼虾	*Macrobrachium superbum*	9.05	ECOTOX

注：SMCV 为种慢性毒性平均值；GMCV 为属慢性毒性平均值，即同一属的 SMCV 几何平均值。

3）利用 SSD 法推导水质基准　该方法采用物种敏感度分布法进行水质基准推导，即根据筛选毒性数据的频数分布拟合出某种概率分布模型。采用本方法推导水质基准的步骤与毒死蜱部分相同。

收集筛选出适合我国的物种毒性数据后，为确保所有毒性值具有可比性，参考 US EPA 对 PCP 的基准值制定，应将所有毒性数据通过 PCP 毒性与 pH 值的定量关系式（8-24）校验为 pH＝7.8 下的毒性值后再进行基准值推导。拟合出的急性物种敏感度分布曲线如图 8-32 所示。

根据 SSD 拟合得到各级的 HC_p，除以评价因子 2 以后得到 PCP 最终的急性水质基准（CMC），具体数值如表 8-48 所列。

表 8-48 利用 SSD 法推导 PCP 保护水生生物的 CMC　　　　单位：μg/L

分级	模型	$lgHC_p$	HC_p	CMC
I		1.62	41.41	20.71
II	逻辑斯蒂拟合	1.98	94.65	47.32
III		2.24	173.54	86.77
IV		2.49	309.61	154.81

分级	模型	lgHC$_p$	HC$_p$	CMC
I		1.78	60.90	30.45
II	正态分布拟合	2.02	104.14	52.07
III		2.24	172.64	86.32
IV		2.49	306.72	153.36

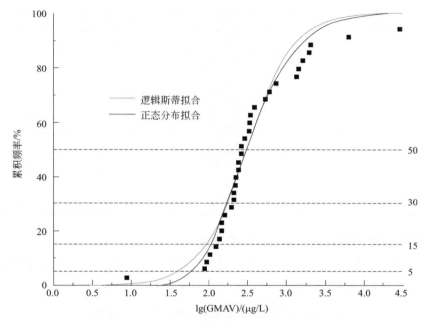

图 8-32　PCP 对太湖水生生物急性毒性的物种敏感度分布曲线

(拟合系数：逻辑斯蒂拟合-R^2＝0.9534 和正态分布拟合-R^2＝0.9652)

　　由于慢性毒性试验周期长，操作较为烦琐，故可获得的相应数据较少，无法满足 USEPA 规定水质基准推导需要的水生生物要求，即至少分别来自"3 门 8 科"。在此采用 FACR 外推慢性水质基准，即慢性 HC$_p$＝急性 HC$_p$/FACR。

　　FACR 的计算过程及结果如表 8-49 所列。

表 8-49　PCP 最终急慢比（FACR）的计算　　　　　　单位：μg/L

物种(种)	急性毒性数据	慢性毒性数据	ACR	FACR
大型溞	262.90	4.79	54.89	
细螯沼虾	211.06	9.05	23.33	
细鳞斜颌鲴	135.68	10.55	12.86	
青鱼	143.22	10.55	13.57	7.94
翘嘴红鲌	195.98	18.84	10.40	
老年低额溞	242.36	32.99	7.35	
虹鳟鱼	124.63	41.59	3.00	
河蚬	346.73	52.76	6.57	

物种(种)	急性毒性数据	慢性毒性数据	ACR	FACR
模糊网纹溞	265.14	73.42	3.61	
广布中剑水蚤	222.91	75.02	2.97	7.94
萼花臂尾轮虫	1632.20	747.57	2.18	

经上述计算得到 PCP 的慢性基准值（CCC）如表 8-50 所列。

表 8-50　利用急慢比法推导 PCP 保护水生生物的 CCC　　　单位：μg/L

分级	模型	急性 HC_p	慢性 HC_p	CCC
I		41.41	5.22	5.22
II	逻辑斯蒂拟合	94.65	11.92	11.92
III		173.54	21.86	21.86
IV		309.61	38.99	38.99
I		60.90	7.67	7.67
II	正态分布拟合	104.14	13.12	13.12
III		172.64	21.74	21.74
IV		306.72	38.63	38.63

8.4.7.3　我国 PCP 保护水生生物水质标准选择

根据上述计算结果，我们选取模型拟合程度较好的结果作为全国保护水生生物的 PCP 实际水质标准，具体数值详见表 8-51。

表 8-51　全国保护水生生物的 PCP 四级水质标准　　　单位：μg/L

分级	保护目标	CMC	CCC
I	保护 95％水生生物	30.45	7.67
II	保护 85％水生生物	52.07	13.12
III	保护 70％水生生物	86.32	21.74
IV	保护 50％水生生物	153.36	38.63

现行标准《地表水环境质量标准》（GB 3838—2002）中，PCP 仅在集中式生活饮用水地表水源地补充项目标准限值中被提出，标准为 9μg/L。根据本节发现 9μg/L 的标准值无法达到慢性 I 级的保护目标，故原标准可能导致对敏感物种、珍稀物种及生态位重要物种的欠保护。且本节提出的标准值将原标准的单一标准值更改为了双重标准值，这能更好地按照时段且更高效的保护水生生物。

8.4.7.4　经济技术可行性分析

早在 2001 年中华人民共和国农业部已发布文件将 PCP 禁用，相应的其产量也逐年下降。据检测我国主要河流中氯酚的浓度水平如表 8-52 所列，收集数据主要包括：环境中位值浓度和环境最大值浓度两类：

表 8-52　我国主要河流中 PCP 的浓度水平汇总　　　　单位：ng/L

河流名称	样品数	PCP	
		中位值	最大值
松花江	40	0.55	70
辽河	58	50	60
海河	39	50	70
黄河	50	50	70
长江	150	63	594
淮河	39	60	351
珠江	150	31.5	396
东南河流流域	74	1.8	32.4
西北河流流域	18	50	60
西南流域流域	5	<1.1	<1.1
钱塘江	35	ND	ND
太湖	59	12	63
洞庭湖	9	60.53	284.24

注：表 ND 表示未检出。

由此可以发现，我国主要河流中 PCP 的环境浓度水平远低于标准值，故不需要进行容量削减，无经济支出，不需要进行经济技术可行性分析。

8.4.8　太湖 PCP 基准向标准转化案例

（1）太湖 PCP 保护水生生物水质基准计算

在全国的水质基准的前提下，应采用水效应比法推导适合太湖的水质基准。

（2）利用水效应比法的太湖 PCP 保护水生生物水质基准校验

对太湖而言，选取黄埝桥、分水桥、大浦港、陈东港的 4 个河流断面。各采样点采集水样的深度保持一致为 0.5 m，每个采样点采集的水样均为 20 L，用于毒性试验的水样用棕色广口瓶收集，贴上标签，运回，4℃冰箱保存。在实验室针对 4 门 9 种水生生物［霍甫水丝蚓（*Limnodrilus hoffmeisteri*）、大型溞（*Daphnia magna*）、多齿新米虾（*Neocaridina denticulate*）、斜生栅藻（*Scenedesmus obliquus*）、中国林蛙蝌蚪（*Rana chensinensis*）、黄颡鱼（*Pelteobagrus fulvidraco*）、鲢鱼（*Hypophthalmichthy smolitrix*）、鳙鱼（*Hypophthalmichthys nobilis*）、草鱼（*Ctenopharynodon idellus*）］进行急性毒性测试，以此计算水效应比。结果显示，黄埝桥、分水桥、大浦港、陈东港的水效应比分别为 5.81、7.21、4.72、5.98。从保护水生生物的目的来说，应选择毒性最大的点即大浦港的水效应比值 4.72 来作为太湖流域的水效应比进行校验[198]。

校验后的太湖 PCP 保护水生生物水质基准校验值如表 8-53 所列。

表 8-53　太湖保护水生生物的 PCP 四级水质基准校验值　　　　　单位：$\mu g/L$

分级	模型	CMC	CCC
I	逻辑斯蒂拟合	97.73	24.62
II		223.37	56.27
III		409.55	103.16
IV		730.69	184.05
I	正态分布拟合	143.72	36.20
II		245.77	61.91
III		407.43	102.63
IV		723.86	182.33

（3）太湖 PCP 保护水生生物水质标准选择

根据上述计算结果，我们选取模型拟合程度较好的结果作为太湖保护水生生物的 PCP 实际水质标准，具体数值详见表 8-54。

表 8-54　太湖保护水生生物的 PCP 四级水质标准　　　　　单位：$\mu g/L$

分级	保护目标	CMC	CCC
I	保护 95% 水生生物	143.72	36.20
II	保护 85% 水生生物	245.77	61.91
III	保护 70% 水生生物	407.43	102.63
IV	保护 50% 水生生物	723.86	182.33

（4）经济技术可行性分析

根据文献调查，有研究测定了 59 个太湖水体样本，发现太湖中的 PCP 浓度中位值达到 12ng/L，最大值达到 63ng/L[244,248]。由此可以发现，太湖中 PCP 的环境浓度水平远低于标准值，故不需要进行容量削减，无经济支出，不需要进行经济技术可行性分析。

8.4.9　太湖流域镉基准向标准转化案例

8.4.9.1　镉污染的环境问题概述

镉（cadmium，Cd）是银白色有光泽的有毒重金属，具有韧性和延展性，其在潮湿空气中会缓慢氧化进而失去金属光泽，加热时表面会形成棕色的氧化物层，若加热至沸点以上，则会产生氧化镉烟雾，属于动植物正常生长、繁殖的非必需元素，其氧化态镉一般为 +1 价和 +2 价，在自然界中常以化合物状态存在，且含量较低，在正常环境状态下不会影响动植物健康，然而当环境受到镉污染后其可在生物体内富集，最后通过食物链进入人体引起慢性中毒。20 世纪初以来，镉的产量逐年增加，其广泛应用于电镀工业、化工业、电子业和核工业等领域。同时，镉也是炼锌业的副产品，主要应用于电池、燃料或塑料稳定剂，它比其他重金属更易被作物吸收。相当数量的镉通过废气、废水、废渣排入环境。污染源主要是铅锌矿、有色金属冶炼、电镀和用镉化合物作原料或催化剂的工厂。

（1）水体中镉的来源及现状

水体中镉的污染主要来自地表径流和工业废水。硫铁矿石制取硫酸和由磷矿石制取磷肥时排出的废水中含镉较高，每升废水含镉可达数十至数百微克，大气中的铅锌矿以及有色金属冶炼、燃烧、塑料制品的焚烧形成的镉颗粒都可能进入水中；用镉作原料的触媒、颜料、塑料稳定剂、合成橡胶硫化剂、杀菌剂等排放的镉也会对水体造成污染，在城市用水过程中，往往由于容器和管道的污染也可使饮用水中镉含量增加。工业废水的排放使近海海水和浮游生物体内的镉含量高于远海，工业区地表水的镉含量高于非工业区[199]。我国水体中镉污染问题由来已久，20 世纪 80～90 年代，长江流域镉的污染浓度就已达 $0.008\sim0.329\mu g/L$，珍珠港湾镉污染浓度为 $0\sim2.50\mu g/L$。2010 年太湖流域水体 Cd 的平均含量 $0.93\mu g/L$，且表层水中 Cd 主要以颗粒相为主，占总 Cd 的 94.3%[145]。

（2）镉对生物的危害

镉对生物体有一定危害，具体表现为：植物在遭受轻度 Cd 胁迫后会出现叶片枯黄、茎间缩短、根系生物量减少等现象，在遭受重度 Cd 胁迫时植物体内酶的活性、植物叶片叶绿素含量、光合作用效率都会降低，抑制对养分的吸收甚至引起植物死亡[200]。植物各器官对其富集能力不同，通常是根＞茎＞叶＞花＞果实，且通过食物链进入人体后会引起慢性中毒甚至是诱发癌症等伤害[201,202]。Cd 污染引发人类疾病最著名的为 1931 年日本富山县神通川流域的痛痛病（也叫骨痛病），痛痛病实际就是典型的慢性镉中毒，最终造成当地 200 多人死亡[203]。

8.4.9.2　太湖镉保护水生生物水质基准计算

本节拟检索大量文献，并结合毒性实验中获得的水生生物物种（包括中国本地种及引进物种等）的镉毒性数据，进行统计分析，并基于 USEPA 水生生物双值基准推导计算方法（简化公式法、SSR 法和 SSD 法），进行太湖镉保护水生生物水质基准计算。

（1）简化公式法

本方法采用《水生生物水质基准理论与应用》一书中的简化公式进行标准值的计算，该方法中水生生物的标准值与水体的硬度值密切相关，具体计算方法如下：

$$\text{CMC}_s = (1.136672 - 0.041838\ln H) \times e^{1.1530\ln H - 4.6612} \tag{8-25}$$

$$\text{CCC} = (1.101672 - 0.041838\ln H) \times e^{0.6172\ln H - 4.3143} \tag{8-26}$$

式中，H 表示硬度，mg/L。

根据上述公式和水利部太湖流域管理局编著的《太湖流域水资源及其开发利用》中的附图三：太湖流域地表水总硬度分布图，对镉的水生生物标准进行了计算，将标准值划分为四级，四级分别为水体总硬度为 50mg/L、100mg/L、200mg/L、300mg/L。计算结果如表 8-55 所列。

表 8-55　太湖流域镉水生生物 CMC/CCC 值及初步确定的标准值　　单位：$\mu g/L$

项目	太湖 CMC 值	太湖 CCC 值
Ⅰ	0.9616	0.1140
Ⅱ	2.0747	0.1694
Ⅲ	4.4719	0.2516
Ⅳ	7.0049	0.3169

注：表中的数据均进行了太湖流域 WER 值的校正，WER 值采用的是太湖流域 3 种土著生物在 3 种不同水体中值的几何平均值，为 1.149；WER 值原始数据见表 8-56。

第 8 章　水质基准向水质标准转化技术

表 8-56   3 种土著生物镉的 96h-LC₅₀ 值   单位：mg/L

毒性物质	受试生物	横山水库水	大浦河水	太湖水	南京自来水（比对）	WER 值		
						横山水库水	大浦河水	太湖水
镉	白鲢	3.392	5.387	5.507	3.816	0.89	1.41	1.44
	白鱼苗	0.338	0.294	0.354	0.485	0.70	0.61	0.73
	青虾/ppb	1.431	11.16	4.652	2.286	0.63	4.86	2.03

注：1. 表中数值均来自南京大学环境学院王遵尧课题组实验室；

2. 1ppb$=10^{-9}$

（2）SSR 法

根据 SSR 法，得出结果见表 8-57。

表 8-57   太湖流域镉 CMC/CCC 值及初步确定的标准值   单位：μg/L

项目	太湖 CMC 值	太湖 CCC 值
Ⅰ	1.0814	0.2163
Ⅱ	2.3847	0.4769
Ⅲ	3.1267	0.6253
Ⅳ	10.1785	2.0357

注：1. 上述计算中所用到的数据，详见表 8-58。

2. 计算中Ⅰ级采用最敏感四个生物属；Ⅱ级去掉了最敏感的一个生物属，采用之后的四个敏感生物属数值；Ⅲ级为去掉了最敏感的二个生物属，采用之后的四个敏感生物属数值；Ⅳ级为去掉了最敏感的三个生物属，采用之后的四个敏感生物属数值。以上去除的敏感生物属数值均根据国家地表水分类标准的定义。

3. 以上值均进行了 WER 值校正，为 1.149。

表 8-58   镉生物敏感性排序

敏感性排序	生物名	镉生物 GMAV/(μg/L)
1	亚东鲑	1.62
2	青鳉	8.92
3	大型溞	14.34
4	模糊网纹溞	31.25
5	锯顶低额溞	33.75
6	多刺裸腹溞	40.31
7	灰水蜈	43.4400
8	夹杂带丝蚓	102.8000
9	近亲尖额溞	222.3000
10	正颤蚓	386.1000
11	草鱼	463.2000
12	泽蛙蝌蚪	633.7000
13	霍甫水丝蚓	666.0000
14	鲫鱼	866.8000
15	克氏原螯虾	1526.0000
16	鲤鱼	1934.0000

敏感性排序	生物名	镉生物 GMAV/(μg/L)
17	孔雀鱼	2326.0000
18	红裸须摇蚊	2774.0000
19	无鳞甲三刺鱼	4897.0000
20	苏氏尾鳃蚓	12836.0000

（3）SSD 法

SSD 指在结构复杂的生态系统中，不同的物种对某一胁迫因素的敏感程度服从一定的（累积）概率分布，通过概率或者经验分布函数来描述不同物种样本对胁迫因素的敏感度差异[204]。该方法整合了不同物种的毒性数据，由于物种选择的随机性，一定程度上能够代表生态系统的群落结构，可以评估基于特定比例受影响物种的被保护水平，广泛应用于生态风险评价和水质标准的制定[205]。根据此种原则，筛选出的太湖本土种毒性数据拟合出的急慢性物种敏感度分布曲线如图 8-33 所示；对应的太湖流域保护水生生物镉四级水质基准如表 8-59 所列，并补充了镉对大型溞的急性毒性数据。

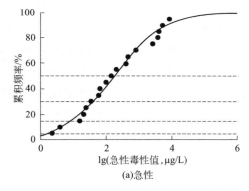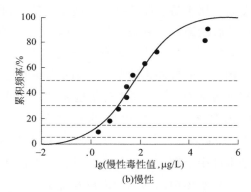

图 8-33　镉对太湖水生生物毒性的物种敏感度分布曲线

表 8-59　太湖流域保护 95%、85%、70%和 50%水生生物镉四级水质基准值

单位：μg/L

分级		CMC	CCC
Ⅰ	保护 95%水生生物	0.71	0.17
Ⅱ	保护 85%水生生物	4.22	1.36
Ⅲ	保护 70%水生生物	18.92	6.48
Ⅳ	保护 50%水生生物	87.80	32.00

8.4.9.3　拟采用太湖流域镉水生生物标准值

结合以上 3 种方法，拟采用的太湖流域镉水生生物标准值如表 8-60 所列。

表 8-60　镉四类基准和标准值推荐值　　　　单位：μg/L

分级	太湖地表水基准 CMC	太湖地表水基准 CCC	国家地表水标准	太湖地表水标准推荐值
Ⅰ	1.0814	0.2	1	0.2
Ⅱ	2.3847	0.5	5	0.5

分级	太湖地表水基准 CMC	太湖地表水基准 CCC	国家地表水标准	太湖地表水标准推荐值
Ⅲ	3.1267	0.6	5	1
Ⅳ	10.1785	2.0	5	2
Ⅴ			10	

根据我国《生活饮用水卫生标准》（GB 5749—2006），集中式生活饮用水地表水源地中规定镉的浓度不超过 5μg/L，镉属于稳定的、易在水生生物体内富集的污染物，且残留时间较长，其半衰期长达 10～35 年[206]，对水生生物危害较大。显然，原标准可能导致对敏感物种、珍稀物种及生态位重要物种的欠保护。

8.4.10 太湖流域硝基苯基准向标准转化案例

8.4.10.1 硝基苯污染的环境问题概述

硝基苯（Nitrobenzene，又称密斑油、杏仁油）是一种有机化合物，化学式为 $C_6H_5NO_2$，无色或微黄色且具有苦杏仁味的油状液体，难溶于水，遇明火、高热会燃烧和爆炸，属于易制爆药品。其由苯经硝酸和硫酸混合硝化制成，是有机合成中间体及用作生产苯胺的原料，有报道称，美国 97% 的硝基苯被用来生产苯胺[207]；另外，其还可用于生产染料、香料、炸药等有机合成工业。2017 年 10 月 27 日，世界卫生组织国际癌症研究机构公布的致癌物清单中，硝基苯就位于 2B 类致癌物一类，也被美国 USEPA 列为优先控制污染物[208]。在炸药制造废水、有机化品和塑料制造厂排水等常常能检测出高浓度的硝基苯[209]。在中国的松花江[210]、官厅水库[211]、永定河[212]、淮河[212]、海河[213]、黄河[214,215]、长江[216] 等淡水水域均检出了不同程度的硝基苯，2005 年松花江污染事件中个别点的硝基苯含量曾一度高达 1.47mg/L[217]。

（1）水体中硝基苯的来源及现状

硝基苯是一种难降解有毒污染物，其主要存在于肥皂、染料、杀虫剂、除草剂、香料、炸药和树脂等产品制造过程中产生的废水中，尤其是苯胺染料厂排出的污水中含有大量硝基苯，该类废水若不经处理直接排放，会造成环境的严重污染，威胁水生动植物的安全[218]。另外，储运过程中的意外事故，也会造成硝基苯的严重污染。硝基苯在水中具有极高的稳定性。由于其密度大于水，进入水体的硝基苯会沉入水底，长时间保持不变。又由于其在水中有一定的溶解度，所以造成的水体污染会持续相当长的时间。硝基苯的沸点较高，自然条件下的蒸发速度较慢，与强氧化剂反应生成对机械震动很敏感的化合物，能与空气形成爆炸性混合物。倾翻在环境中的硝基苯，会散发出刺鼻的苦杏仁味。80℃以上其蒸气与空气的混合物具爆炸性。倾倒在水中的硝基苯，以黄绿色油状物沉在水底，当浓度为 5mg/L 时，被污染水体呈黄色，有苦杏仁味；当浓度达 100mg/L 时，水几乎是黑色，并分离出黑色沉淀。

（2）硝基苯对生物的危害

大量的研究表明，进入环境中的硝基苯较难降解，并能在生物体内积累，产生生物放大效应，且不仅可造成水生生物直接伤害外，还对植物的生长发育产生影响，进而通过食物链迁移至人体，严重威胁人体健康[219]。硝基苯可增加小鼠癌症发生率，影响精子生成，影响睾丸、附睾和输精管[220,221]。可诱导公鸭肾脏细胞凋亡[219]，当水体中硝基苯浓度超过 33mg/L 时可造成鱼类及水生生物死亡。吸入、摄入或皮肤吸收均可引起人员中毒，中毒的典型症状是气短、眩晕、恶心、昏厥、神志不清、皮肤发蓝，最后会因呼吸衰竭而死亡。另外，硝基苯遇明火、高热或与氧化剂接触时还可能引起燃烧爆炸的危险。

8.4.10.2 太湖硝基苯保护水生生物水质基准计算

本节从大量文献和实验中获得的水生生物物种（包括我国本地种及引进物种等）的硝基苯毒性数据进行统计分析，采用 SSR 法进行我国硝基苯保护水生生物水质基准计算。所得结果如表 8-61 所列。

表 8-61　太湖流域硝基苯 CMC/CCC 值及初步确定的标准值　　　　单位：μg/L

分级	太湖 CMC 值	太湖 CCC 值
Ⅰ	68.5964	13.72
Ⅱ	149.1453	29.83

注：1. 上述计算中所用到的数据，详见表 8-62。
2. 计算中Ⅰ级采用最敏感四个生物属；Ⅱ级去掉了最敏感的一个生物属，采用之后的四个敏感生物属数值。
3. 以上值均进行了 WER 值校正，为 0.684，具体数据见表 8-63。

表 8-62　硝基苯生物敏感性排序

敏感性排序	生物名	硝基苯 GMAV/(μg/L)
1	日本沼虾	337.00
2	鲤鱼	1907.00
3	青虾(本课题组数据)	21743.00
4	蹄形藻	22234.80
5	虹鳟鱼	24231.00
6	舟形藻	24800.00
7	斜生栅藻	34942.81
8	蛋白核小球藻	35208.66
9	蓝腮太阳鱼	43000.00
10	黄颡鱼	81570.00
11	中国林蛙蝌蚪	82816.33
12	中华圆田螺	104230.00
13	纤细裸藻	121231.20
14	剑尾鱼	123472.60
15	稀有鮈鲫	133000.00
16	孔雀鱼	135000.00

表 8-63　三种土著生物硝基苯 96h-LC$_{50}$ 值　　　　单位：mg/L

毒性物质	受试生物	横山水库水	大浦河水	太湖水	南京自来水(比对)	WER 值		
						横山水库水	大浦河水	太湖水
硝基苯	白鲢	—	—	—	—	—	—	—
	白鱼苗	23.74	39.28	32.2	27.63	0.86	1.42	1.17
	青虾	35.25	10.94	19.04	46.67	0.76	0.23	0.41

8.4.10.3 拟采用太湖流域硝基苯水生生物标准值

由于硝基苯相关数据的缺乏，本次只采用一种方法对其进行计算。拟采用的太湖流域硝基苯水生生物标准值如表 8-64 所列。

表 8-64 硝基苯的二类基准和标准值推荐值   单位：$\mu g/L$

分级	太湖地表水基准 CMC	太湖流域应急标准值	太湖地表水基准 CCC	国家饮用水标准值	太湖地表水标准推荐值
I	68	50	14	17	10
II	150	150	30		30

我国《地表水环境质量标准》（GB 3838—2002）中集中式生活饮用水地表水源地中特定项目硝基苯的标准限值为 0.017mg/L；吴丰昌等[222] 采用 SSR 法得到的我国硝基苯急性水质基准为 0.572mg/L，慢性水质基准较国标标准限值低，为 0.114mg/L。因此，原标准可能导致对敏感物种、珍稀物种及生态位重要物种的欠保护，且长期饮用太湖流域的饮用水源地水，可能会威胁到人类健康。

8.4.11 全国三氯生基准向标准转化案例

8.4.11.1 三氯生污染的环境问题概述

（1）水体中三氯生的来源及现状

三氯生作为一种广谱抗菌剂，早在 20 世纪 70 年代就开始用于香皂，目前被广泛应用于个人护理产品（如牙膏、化妆品）、日用消费类产品（如纤维织品）、医疗用品（如牙科类耗材、医用杀菌剂等）以及家居清洁用品[223]。三氯生的大量应用使其在各种环境介质中广泛存在，其主要通过污水厂出水排放进入水体，最终进入到地表水、土壤和地下水。现已在污水处理厂进出水、污泥、河流、河口及沉积物中检测到三氯生[224,225]。研究调查显示，三氯生在水生植物（如刚毛藻 *Cladophora*、宽叶香蒲 *Typhalatifolia* L. 等）、水生动物（如海豚），甚至人类血浆和母乳中均有较高的检出率[226]。

三氯生属氯代酚类物质，它可以通过多种途径降解产生其他氯代酚、醌类和二噁英类物质，相当一部分三氯生在生产、焚烧以及阳光和紫外线的照射过程中会转化为二噁英[227,228]。此外，三氯生可被自由氯离子氧化，生成有毒化合物，如氯仿、四氯化合物、五氯化合物、2,4-二氯苯酚和 2,4，6-三氯苯酚等[229]。在较高的 pH 值条件下，通过紫外光的照射，水样中的三氯生会发生光解生成 2，7/2，8-DCDD（2，7/2，8-二氯二苯并-对-二噁英）[230]。在水温 30～40 ℃、氯离子质量浓度 1mg/L、反应时间 1 min 的条件下，1 mol 的三氯生可生成 0.37～0.50 mol 的氯仿[231]。在充足的氯离子条件下，加入痕量的溴化物，污水中的三氯生可生成 3-Cl-TC（2,4，3′，4′-四氯-2′-羟基二苯醚）等物质[232]。

在北得克萨斯州某河流的藻类中检测出三氯生，其富集量达到 50～400 ng/g（以湿重计）[233]。人奶中发现的三氯生，其质量浓度为 0.07～300 ng/g（以湿重计），同时在哺乳期的母亲血液中发现大约有 0.06～16 ng/g（以湿重计）的三氯生。在污水中饲养的鱼类中（虹鳟鱼、鲶鱼类和鲈鱼）发现，鱼类身体中富集了 710～120000 ng/g（以湿重计）的三氯生[234]。河流和海水中均已检测到三氯生的存在，其质量浓度在 4～1023ng/L[235-241]。

超过 95％含三氯生的消费产品使用后随污水排放系统进入污水处理厂[242]，在进水中检出三氯生浓度为 3800～16600ng/L；而出水中三氯生浓度为 200～2700ng/L[243]。污水处理过程中，三氯生的去除率可达 90％，其中污泥吸附作用对三氯生的去除率约为 30％。此外，残留的三氯生部分形成结合残留物，而部分则从经氢氧化钠处理后的污泥中释放出来[244]。

三氯生在环境中的迁移一部分被生物降解，一部分通过光解等因素转化成了其他物质，还有一部分被污泥吸附。吸附在污泥中的三氯生降解很慢，将长期存在，这对水生生物及其他各种生物的生存繁殖造成了潜在的威胁[245]。土壤中的三氯生在有氧条件下可发生生物降解反应，半衰期约为 20～58d，而在缺氧条件下其稳定存在的时间较长[246]。

（2）三氯生对生物的危害

随着三氯生在环境介质和生物体内检出率的逐年升高，其对生态环境和人类健康的潜在威胁越来越受到关注。研究发现，三氯生可使污水处理系统产生大量抗性细菌，这些抗性细菌随出水排放到环境中可能对生态环境造成较大的危害[247]。此外，TCS 由于具有亲脂性，可长期在生物体内累积，对生物具有潜在的威胁[245]。目前，已有大量研究探索了 TCS 对生物可能产生的毒性效应，发现 TCS 对生物体在个体水平乃至分子水平均可产生毒性效应。

三氯生能在细胞水平上妨碍肌肉收缩，降低鱼的游泳速度，减弱小鼠肌肉强度，损害活体动物心脏和骨骼肌的收缩功能。三氯生通过皮肤表层进入血液后，可与体内的葡萄糖醛酸和硫酸盐发生共轭反应[248,249]；三氯生可对人类乳腺癌细胞产生雌激素和雄激素效应，可导致人体正常干细胞的 DNA 断裂损伤[250]；其对水生生物的毒性也不容小觑，它可抑制鱼腥藻（*Anabaena flos-aquae*）、羊角月牙藻（*Selenastrum capricornutum*）和舟形藻（*Navicula pelliculosa*）等海洋藻类的生长，且浓度越高，抑制作用越强[251]。藻类作为水生生态系统的主要初级生产者，三氯生对其所产生的抑制作用可能会导致水生生态系统失衡[251,252]。此外，三氯生对发光细菌（费氏弧菌）、浮游动物（模糊网纹溞）和鱼类（斑马鱼和日本青鳉）等水生生物的生长均有抑制作用，相应的 IC25 值（25％抑制浓度）分别为 0.07mg/L、0.17mg/L、0.0034mg/L 和 0.29mg/L[252]。三氯生还可对水生生物产生内分泌干扰效应，研究证实，三氯生对处于生命早期阶段的日本雄性青鳉体内肝脏卵黄原蛋白的合成具有潜在的诱导作用[253]；还有研究发现，三氯生具有弱雄性激素作用，可改变成年鱼的鳍长和性别比例。近年来又发现，三氯生可改变蝌蚪的甲状腺激素受体的基因表达，并导致其体重下降，后肢增长，游动行为减少[254]。

8.4.11.2 我国三氯生保护水生生物基准计算

（1）毒性数据的搜集和筛选

依据 SSD 方法对三氯生的保护水生生物水质基准值进行计算，毒性数据的搜集与筛选与毒死蜱相同。

由于三氯生对我国土著水生生物毒性研究较少，本章中少数毒性数据来自课题组的研究和中国知网（http：//www.cnki.net）相关文献，其他数据主要源于 USEPA 的 ECO-TOX 毒性数据库（http：//cfpub.epa.gov/ecotox/），数据收集截至 2019 年 10 月。经搜集并选取我国本土及引入我国并稳定繁殖的淡水水生生物毒性数据，筛选得到林丹急性生物毒性效应数据 18 个，慢性数据 9 个。

本转化选取"十二五"水专项的 18 个急性毒性数据包括 9 种鱼类、6 种无脊椎动物、2 种甲壳类和 1 种两栖类，SMAV 值的变化范围从最敏感物种泥鳅（*Misgurnus. anguillicaudatus*）45μg/L 到最不敏感物种斑马鱼（*Danio rerio*）6204.17μg/L。18 个 GMAV 值按照顺序排列如表 8-65 所列。9 个慢性毒性数据包括 4 种鱼类、4 种无脊椎动物和 1 种两栖类。由于慢性毒性试验周期长，实施困难，相应的数据较少。慢性毒性数据以无可见效应浓度（NOEC）、最低可见效应浓度（LOEC）等为测试终点，SMCV 值的变化范围从最敏感物种牛蛙（*Lithobates catesbeiana*）的 21.9μg/L 到最不敏感物种斑马鱼（*Danio rerio*）2130μg/L。9 个 GMCV 值按照顺序排列如表 8-66 所列。

表 8-65 我国三氯生的水生生物的属平均急性值排序（GMAV）与急慢性比率（SACRs）值

R	GAMV/(μg/L)	属	种	拉丁名	SMAV/(μg/L)	SACRs	备注
18	6204.17	鱼丹属	斑马鱼	*Danio rerio*	6204.17	2.91	ECOTOX
17	3659.78	太阳鱼属	蓝鳃太阳鱼	*Lepomis macrochirus*	3659.78		ECOTOX
16	2890	摇蚊属	摇蚊	*C. plumosus*	2890	28.9	ECOTOX
15	2596	太平洋鲑属	虹鳟鱼	*Oncorhynchus mykiss*	2596	78.67	ECOTOX
14	2046	水丝蚓属	霍甫水丝蚓	*Limnodrilus hoffmeisteri*	2046		ECOTOX
13	1839	鲫属	鲫鱼	*Carassius. auratus*	1839		ECOTOX
12	889	唐鱼属	唐鱼	*T. albonubes*	889		ECOTOX
11	772	新米虾属	中华锯齿米虾	*N. denticulata sinensis*	772		ECOTOX
10	518	陆蛙属	泽蛙	*R. limnocharis*	518		ECOTOX
9	470	丰年虫属	丰年虫	*Thamnocephalus platyurus*	470		ECOTOX
8	474.59	青鳉属	日本青鳉	*Oryzias latipes*	474.59	2.98	ECOTOX
7	391.41	溞属	大型溞	*Daphnia magna*	391.41	2.8	ECOTOX
6	328.89	胖头鲦属	黑头呆鱼	*Pimephales promelas*	328.89		ECOTOX
5	223.6	白虾属	美洲钩虾	*Hyalella azteca*	223.6		ECOTOX
4	203.96	旋轮属	轮虫	*Plationus patulus*	203.96	7.03	ECOTOX
3	167.5	溞属	模糊网纹溞	*Ceriodaphnia dubia*	167.5	2.54	ECOTOX
2	71	麦穗鱼属	麦穗鱼	*Pseudorasbora parva*	71		ECOTOX
1	45	泥鳅属	泥鳅	*Misgurnus. anguillicaudatus*	45		ECOTOX

注：SMAV 为种急性毒性平均值；GMAV 为属急性毒性平均值，即同一属的 SMAV 几何平均值。

由于慢性毒性试验周期长，实施困难，相应的数据较少。慢性毒性数据以无可见效应浓度（NOEC）、最低可见效应浓度（LOEC）等为测试终点，慢性毒性数据列于表 8-66。

表 8-66　我国三氯生的水生生物的属平均慢性值排序 (GMCV)

R	GMCV/(μg/L)	属	种	拉丁名	SMCV/(μg/L)	备注
9	2130	鱼丹属	斑马鱼	*Danio rerio*	2130	ECOTOX
8	159	青鳉属	日本青鳉	*Oryzias latipes*	159	ECOTOX
7	140	溞属	大型溞	*Daphnia magna*	140	ECOTOX
6	100	摇蚊属	摇蚊幼虫	*Chironomus plumosus*	100	ECOTOX
5	77	食蚊鱼属	食蚊鱼	*Gambusia affinis*	77	ECOTOX
4	66	溞属	模糊网纹溞	*Ceriodaphnia dubia*	66	ECOTOX
3	33	太平洋鲑属	虹鳟鱼	*Oncorhynchus mykiss*	33	ECOTOX
2	29	旋轮属	轮虫	*Plationus patulus*	29	ECOTOX
1	21.9	蛙属	牛蛙	*Lithobates catesbeiana*	21.9	ECOTOX

注:SMCV 为种慢性毒性平均值;GMCV 为属慢性毒性平均值,即同一属的 SMCV 几何平均值。

(2) 利用 SSD 法推导水质基准

该方法采用物种敏感度分布法进行水质基准推导,即根据筛选毒性数据的频数分布拟合出某种概率分布模型。采用本方法推导水质基准的步骤详见毒死蜱部分。

收集筛选出适合我国的物种毒性数据后,收集筛选出适合我国的物种毒性数据后,拟合出的急性物种敏感度分布曲线如图 8-34 所示。

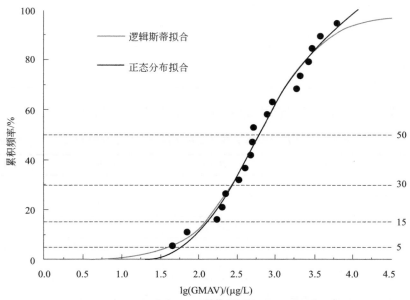

图 8-34　三氯生对我国水生生物急性毒性的物种敏感度分布曲线

(拟合系数：逻辑斯蒂拟合-R^2=0.9833 和正态分布拟合-R^2=0.9845)

根据 SSD 拟合得到各级的 HC_p,除以评价因子 2 后得到最终三氯生的急性水质基准 (CMC),具体数值如表 8-67 所列。

表 8-67　利用 SSD 法推导三氯生保护水生生物的 CMC　　　　单位：$\mu g/L$

分级	模型	lgHC$_p$	HC$_p$	CMC
I	逻辑斯蒂拟合	1.59	39.35	19.68
II		2.08	120.72	60.36
III		2.44	275.42	137.71
IV		2.78	608.79	304.40
I	正态分布拟合	1.78	60.68	30.34
II		2.11	129.21	64.60
III		2.43	268.31	134.15
IV		2.78	608.74	304.37

由于慢性毒性试验周期长，操作较为烦琐，故可获得的相应数据较少，无法满足USEPA 规定水质基准推导需要的水生生物至少分别来自"3 门 8 科"的要求。在此采用FACR 外推慢性水质基准，即慢性 HC$_p$＝急性 HC$_p$/FACR。

FACR 的计算过程及结果如表 8-68 所列。

表 8-68　三氯生的最终急慢比（FACR）的计算　　　　单位：$\mu g/L$

物种（种）	急性毒性数据	慢性毒性数据	ACR	FACR
斑马鱼	6204.17	2130	2.91	
摇蚊幼虫	2890	100	28.9	
虹鳟鱼	2596	33	78.67	
日本青鳉	474.59	159	2.98	7.18
大型溞	391.41	140	2.8	
轮虫	203.96	29	7.03	
模糊网纹溞	167.5	66	2.54	

经上述计算得到三氯生的慢性基准值（CCC），如表 8-69 所列。

表 8-69　利用急慢比法推导三氯生保护水生生物的 CCC　　　　单位：$\mu g/L$

分级	模型	急性 HC$_p$	慢性 HC$_p$	CCC
I	逻辑斯蒂拟合	39.35	5.48	5.48
II		120.72	16.81	16.81
III		275.42	38.36	38.36
IV		608.79	84.79	84.79
I	正态分布拟合	60.68	8.45	8.45
II		129.21	18.00	18.00
III		268.31	37.37	37.37
IV		608.74	84.78	84.78

8.4.11.3　我国三氯生保护水生生物水质标准选择

根据上述计算结果，我们选取模型拟合程度较好的结果作为全国保护水生生物的三氯生实际水质标准，具体数值详见表 8-70。

表 8-70 全国保护水生生物的三氯生四级水质标准　　　　　单位：$\mu g/L$

分级	保护目标	CMC	CCC
I	保护 95％水生生物	19.68	5.48
II	保护 85％水生生物	60.36	16.81
III	保护 70％水生生物	134.15	37.37
IV	保护 50％水生生物	304.37	84.78

许多国家对食品和个人护理品中三氯生的添加量进行了限制[255]，却很少有国家对三氯生在水体中的浓度设定安全阈值。近些年 TCS 在我国水体中的暴露潜势逐渐上升，显示出较高的生态风险[231]。然而相关的基准标准研究并不完善，对水质管理造成了一定的困难。

鉴于我国现行标准《地表水环境质量标准》（GB 3838—2002）中，没有提出关于三氯生的标准限值。根据本节所绘制曲线提出的标准值为我国确定三氯生标准限值提供了理论依据，且本节提出的标准值具有急性和慢性的双重标准，能更好更高效地按照时段保护水生生物。

8.4.11.4 经济技术可行性分析

根据文献调查，现如今我国主要河流中三氯生的浓度水平如表 8-71 所列，收集数据主要包括样品数和平均浓度。

表 8-71 我国主要河流中三氯生的浓度水平汇总　　　　　单位：ng/L

水系名称	具体流域	样品数	三氯生浓度平均值	参考文献
长江水系	湘江	86	6.2	[256]
	长江	60	4.62	[257]
	太湖	5	6.43	[258]
辽河水系	辽河	84	23.3	[259]
海河水系	永定河	12	3.14	[260]
	大清河	22	8.11	[260]
珠江水系	流溪河	9	13.7	[261]
	珠江	21	16.8	[261]
	石井河	12	242	[261]
	东江	114	7.24	[262]
	沙河	18	233.32	[263]
九龙江	九龙江	93	16.71	[264]
黄河水系	黄河	45	4.2	[265]

由此可以发现，我国主要河流中三氯生的环境浓度水平远低于标准值，故不需要进行削减，无经济支出，不需要进行经济技术可行性分析。

8.4.12 全国 2,4-二氯酚基准向标准转化案例

8.4.12.1 2,4-二氯酚污染的环境问题概述

2,4-二氯酚（2,4-dichlorophenol, 2,4-DCP）是一种常见的氯酚类化合物，曾作为杀菌、防螨、除草及木材防腐的重要药剂大量使用，在环境中无处不在[266,267]。因其广泛性、持久性、潜在的生物积累性和对水生生物的不利影响而受到越来越多的关注[268,269]，已先后被美国和我国列为优先控制污染物[270]。

（1）水体中 2,4-二氯苯的来源及现状

环境中 2,4-DCP 来源广泛，既有自然源也有人为活动产生，是最普遍的污染物之一。腐殖酸等物质的氯化反应过程是自然界中形成氯酚的主要来源之一，酚类物质及腐殖物质在氯过氧化物酶的催化下可以形成 2,4-DCP、2，5-DCP、2，6-DCP 和 2,4，5-TCP 等氯酚[269]。此外，2,4-DCP 还被广泛应用于药品合成、农药、溶剂、纺织添加剂、木材防腐剂和各种化学品[271]，是煤炭和石油炼制行业的重要中间产品，如 2,4-DCP 是造纸工业重要漂白中间产物，也是常见除草剂 2,4-二氯苯氧基乙酸的主要代谢产物[272]，饮用自来水在氯化消毒过程中也会产生一定量的 2,4-DCP[269,273]。

据相关文献报道，水体中 2,4-DCP 的最高浓度检出是在地下水。Gao 等[274] 对我国主要河流（包括松花江、辽河、海河、黄河、长江、淮河、珠江等）中 2,4-DCP 的浓度水平进行了调查研究，发现浓度水平大部分处于 μg/L 级以下，所调查的区域范围内最大值达 20μg/L，主要位于黄河和长江。此外，我国太湖和洞庭湖也有不同浓度水平的 2,4-DCP 检出[275,276]，在太湖表层水中 2,4-DCP 的最大浓度为 143ng/L[277]。

（2）2,4-二氯酚对生物的危害

2,4-DCP 具有氧化损伤、发育毒性、内分泌毒性、遗传毒性、细胞毒性、基因毒性，影响人类和野生动物的繁殖[278-281]。

2,4-DCP 可以氧化人体淋巴细胞 DNA 碱基[282]；引起细胞凋亡[283] 及形态学的变化[282]；还可以抑制 L929 细胞的生长，凋亡甚至坏死[280]。肾上腺皮质腺癌 H295R 细胞在 2,4-DCP 的暴露下，细胞色素 P450、3βHSD2、17βHSD4 和 StAR 在内的类固醇基因发生了显著下调，睾酮（T）和 17β-雌二醇（E2）的含量也显著下降[284,285]，并影响斑马鱼的繁殖[285]。此外，2,4-DCP 还可以诱导人体和老鼠的肝癌细胞系的氧化损伤和肝脏毒性[286]。乌鳢的微核试验表明：2,4-DCP 暴露可以显著诱导细胞微核频率，产生基因毒性[281]。

2,4-DCP 还对水生生物造成一定的毒害作用，进而对生态系统造成一定的风险。2,4-DCP 可以抑制蛋白核小球藻（*Chlorella pyrenoidosa*）的生长，降低光合色素、可溶性蛋白含量，增加硝酸还原酶的活性，从而降低 ATP 含量[287]。研究还发现 2,4-DCP 诱导脂质过氧化和改变小麦叶片中的抗氧化参数，引起氧化损伤[288]。2,4-DCP 对钩虾（*Gammarus pulex*）的 96h 急性毒性为 15.19μmol/L[289]。

Yin 等[290] 报道出 2,4-DCP 的 CMC 和 CMC 分别为 1.25mg/L、0.21mg/L。Jin 等[291-293] 研究了 2,4-DCP 对我国本土水生生物的影响，预测无效应浓度（PNEC）为 0.044mg/L。同时，鱼类对氯酚也有富集作用，青鳉（*Oryzias latipes*）从胚胎开始暴露

在低浓度的 2,4-DCP 浓度 60d 后，计算所得到的生物富集因子（BCF）值为 100 左右并随暴露浓度的增加而下降[294]。

此外，2,4-DCP 对蚯蚓（*Eisenia fetida*）也有一定的毒害作用，其 48h 的急性毒性分别为 $170\mu mol/m^2$[295]。

因此，2,4-DCP 被美国 EPA 列为优先检测污染物和潜在致癌物，也是我国优先监测污染物之一。

8.4.12.2 我国 2,4-二氯酚保护水生生物水质基准计算

（1）计算依据

正如之前介绍，化合物的毒性一般会受环境因素（如水体的物理、化学性质、生物区系及其他）的影响。2,4-DCP 在我国地表水中广泛存在，其毒性受 pH 值影响，随 pH 值的升高而下降。因此，不同水体状况下的 2,4-DCP 毒性不同。在制定 2,4-DCP 水质基准时，应考虑 pH 值对其毒性的影响。

本节广泛搜集了我国淡水水生生物的 2,4-DCP 急慢性毒性数据，并依据 SSD 方法对 2,4-DCP 保护水生生物水质基准值进行了计算。

（2）研究方法

2,4-DCP 毒性受 pH 值影响，根据文献中搜索的有关 pH 值对氯酚毒性影响的研究，结合笔者课题组的研究结果，拟合 2,4-DCP 对数毒性值（$\ln EC_{50}/LC_{50}$）关于 pH 值的函数，具体函数详见下式：

$$\ln EC_{50}/LC_{50} = 0.640 \times pH - 0.030 \quad (R^2 = 0.84, p < 0.01) \quad (8-27)$$

1）毒性数据的搜集与筛选　与毒死蜱的毒性数据搜集与筛选相同。

2）毒性数据收集结果　水生动物实验方法分为静态法（S）、半静态法（R）、流水式（F）三种。2,4-DCP 的化学性质稳定，对于 2,4-DCP 采用以上三种实验方法获得的数据都是可以接受的。数据主要来源于 ECOTOX 数据库、美国铜水质基准文件、中国知网及已公开发表的文献。经过筛选以后，满足基准推导要求的 2,4-DCP 淡水水生生物急性毒性数据见表 8-72。

表 8-72　我国 2,4-DCP 水生生物的属平均急性值排序（GMAV）

R	GMCV/(μg/L)	属	种	拉丁名	SMCV/(μg/L)	备注
1	1773.41	叉尾鮰属	斑点叉尾鮰	*Ietalurus punctatus*	1773.41	[296]
2	2743.79	溞属	大型溞	*Daphnia magna*	2743.79	[290,297,298]
3	2815.53	黄颡鱼属	黄颡鱼	*Pelteobagrus fulvidraco*	2815.53	本研究
4	2871.68	摇蚊属	摇蚊幼虫	*Chironomus* sp.	2871.68	[290]
5	3234.06	鲫属	鲫鱼	*Carassius auratus*	3234.06	[296]
6	3440.23	林蛙属	中华林蛙蝌蚪	*Rana chensinensis*	3440.23	本研究
7	3548.97	鳡属	细鳞斜颌鲴	*Plagiognathops microlepis*	3548.97	[299]
8	3941.74	鲢属	白鲢	*Hypophthalmichtys molitrix*	3941.74	本研究
9	5461.60	草鱼属	草鱼	*Ctenopharyngodon idellus*	5461.60	[300]
10	5623.27	萝卜螺属	褶叠萝卜螺	*Radix plicatula*	5623.27	[290]

R	GMCV/(μg/L)	属	种	拉丁名	SMCV/(μg/L)	备注
11	5738.46	青鱼属	青鱼	*Mylopharyngodon piceus*	5738.46	[292]
12	7276.02	鲑属	虹鳟鱼	*Oncorhynchus mykiss*	7276.02	[301-304]
13	7794.00	花鳉属	孔雀鱼	*Poecilia reticulate*	7794.00	[305,306]
14	8305.62	罗非鱼属	罗非鱼	*Tilapia mossambica*	13933.02	[290]
			吉利罗非鱼	*Tilapia zilli*	4951.07	[307]
15	9713.58	三角涡虫属	三角涡虫	*Dugesia japonica*	9713.58	本研究
16	15785.19	蟾蜍属	中华大蟾蜍	*Bufo bufo gargarizans*	15785.19	[290]
17	16435.96	蛙属	黑斑蛙	*Rana nigromaculata*	16435.96	[290]
18	17349.32	颤蚓属	霍普水丝蚓	*Limnodrilus hoffmeisteri*	17349.32	[290]
19	27547.48	蚬属	河蚬	*Corbicula fluminea*	27547.48	[308]
20	40323.43	栅藻属	斜生栅藻	*Scenedesmus obliquus*	40323.43	[298]
21	332133.65	浮萍属	浮萍	*Lemna minor*	332133.65	[309]

由于慢性毒性试验周期长，实施困难，相应的数据较少。慢性毒性数据以无可见效应浓度（NOEC）、最低可见效应浓度（LOEC）等为测试终点，慢性毒性数据列于表8-73。

表 8-73　我国 2,4-DCP 水生生物的属平均慢性值排序（GMCV）

序号	GMCV/(μg/L)	属	种	拉丁名	SMCV/(μg/L)	备注
1	37.06	摇蚊属	摇蚊幼虫	*Chironomus* sp.	37.06	[310]
2	50.09	沼虾属	细螯沼虾	*Macrobrachium superbum*	50.09	[310]
3	82.69	鲫属	鲫鱼	*Carassius auratus*	82.69	[290,296]
4	100.68	青鱼属	青鱼	*Mylopharyngodon piceus*	100.68	[291,310]
5	104.43	林蛙属	中华林蛙	*Rana chensinensis*	104.43	本研究
6	201.36	鲴属	细鳞斜颌鲴	*Plagiognathops microlepis*	201.36	[299]
7	292.30	黄颡鱼属	黄颡鱼	*Pelteobagrus fulvidraco*	292.30	本研究
8	350.60	鲌属红鲌属	翘嘴红鲌	*Erythroculter ilishaeformis*	350.60	[306,310]
9	463.88	溞属	大型溞	*Daphnia. magna*	463.88	本研究
10	589.86	蟾蜍属	中华大蟾蜍	*Bufo bufo gargarizans*	589.86	[290]
11	625.31	草鱼属	草鱼	*Ctenopharyngodon idellus*	625.31	[290]
12	1008.88	河蚬属	河蚬	*Corbicula fluminea*	1008.88	[298]
13	1664.59	鲢属	白鲢	*Hypophthalmichtys molitrix*	1664.59	本研究
14	1788.80	浮萍属	紫背浮萍	*Soirodela polyrhiza*	1788.80	[292]
15	2585.92	三角涡虫属	三角涡虫	*Dugesia japonica*	2585.92	本研究
16	5471.10	颤蚓属	霍甫水丝蚓	*Limnodribus hoffmeisteri*	5471.10	本研究
17	21246.98	栅藻属	斜生栅藻	*Scenedesmus obliquus*	21246.98	[298]

（3）利用 SSD 法推导水质基准

该方法采用物种敏感度分布法进行水质基准推导，即根据筛选毒性数据的频数分布拟合出某种概率分布模型。采用本方法推导水质基准的步骤详见毒死蜱部分。

收集筛选出适合我国的物种毒性数据后，为确保所有毒性值具有可比性，参考 USE-

PA 对 2,4-DCP 的基准值制定，应将所有毒性数据通过 2,4-DCP 毒性与 pH 值的定量关系校验为 pH＝7.8 下的毒性值后再进行基准值推导（表 8-74 和表 8-75）。拟合出的急性、慢性物种敏感度分布曲线如图 8-35 和图 8-36 所示。

表 8-74　利用 SSD 法推导 2,4-DCP 保护水生生物的 CMC　　　　单位：μg/L

分级	模型	lgHC$_p$	HC$_p$	CMC
I	逻辑斯蒂拟合	3.09	1230.27	615.13
II		3.37	2344.23	1172.11
III		3.59	3890.45	1945.23
IV		3.81	6456.54	3228.27
I	正态分布拟合	3.30	1995.26	997.63
II		3.42	2630.27	1315.13
III		3.58	3801.89	1900.95
IV		3.79	6165.95	3082.98

表 8-75　利用 SSD 法推导 2,4-DCP 保护水生生物的 CCC　　　　单位：μg/L

分级	模型	lgHC$_p$	HC$_p$	CCC
I	逻辑斯蒂拟合	1.43	26.70	13.35
II		1.84	69.10	34.55
III		2.21	162.85	81.42
IV		2.63	422.97	211.49
I	正态分布拟合	—	—	—
II		1.37	23.27	11.64
III		2.21	160.55	80.27
IV		2.60	394.59	197.30

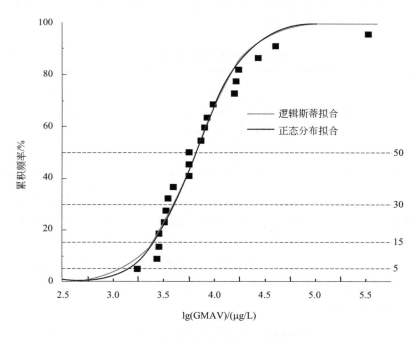

图 8-35　2,4-DCP 对我国水生生物急性毒性的物种敏感度分布曲线

（拟合系数：逻辑斯蒂拟合-R^2＝0.9753 和正态分布拟合-R^2＝0.9996）

第 8 章　水质基准向水质标准转化技术

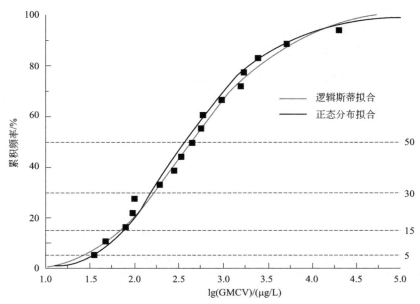

图 8-36　2,4-DCP 对我国水生生物慢性毒性的物种敏感度分布曲线

(拟合系数：逻辑斯蒂拟合-$R^2=0.9921$ 和正态分布拟合-$R^2=0.9847$)

根据 SSD 拟合得到各级的 HC_p，除以评价因子 2 以后得到 2,4-DCP 最终的急性水质基准（CMC）和慢性水质基准值（CCC），具体数值如表 8-74、表 8-75 所列。

8.4.12.3　我国 2,4-二氯酚保护水生生物水质标准选择

根据上述计算结果，我们选取模型拟合程度较好的结果作为全国保护水生生物的 2,4-DCP 实际水质标准，具体数值详见表 8-76。

表 8-76　全国保护水生生物的 2,4-DCP 四级水质标准　　　　单位：$\mu g/L$

分级	保护目标	CMC	CCC
I	保护 95% 水生生物	997.63	13.35
II	保护 85% 水生生物	1315.13	34.55
III	保护 70% 水生生物	1900.95	81.42
IV	保护 50% 水生生物	3082.98	211.49

现行标准《地表水环境质量标准》（GB 3838—2002）中，2,4-DCP 仅在集中式生活饮用水地表水源地补充项目标准限值中被提出，标准为 $93\mu g/L$。根据本节发现 $93\mu g/L$ 的标准值无法达到慢性III级的保护目标，故原标准可能导致对敏感物种、珍稀物种及生态位重要物种的欠保护。为了能够更好地保护水生生物，现提出 4 个水生生物保护等级的双重标准，能按照时段且更高效的保护水生生物。

8.4.12.4　经济技术可行性分析

早在 2001 年中华人民共和国农业部已发布文件将 2,4-DCP 禁用，相应的其产量也逐年下降。根据文献调查，现如今我国主要河流中 2,4-DCP 的浓度水平如表 8-77 所列，收集数据主要包括环境中位值浓度和环境最大值浓度两类。

表 8-77　我国主要河流中 2,4-DCP 的浓度水平汇总　　　　　　　　单位：ng/L

河流名称	样品数	2,4-DCP		参考文献
		中值	最大值	
松花江	40	0.55	250	[274]
辽河	58	40.2	170	[274]
海河	39	20	40	[274]
黄河	50	20	19960	[274]
长江	150	0.55	380	[274]
淮河	39	20.2	246	[274]
珠江	150	0.55	264	[274]
东南河流流域	74	0.55	26.6	[274]
西北河流流域	18	20.1	55	[274]
西南流域流域	5	<1.1	<1.1	[274]
钱塘江	35	585	3690	[311]
太湖	59	19.6e	143.1	[276,277]
洞庭湖	8	ND	ND	[312]

注：ND 表示未检出。

由此可以发现，我国主要河流中 2,4-DCP 的环境浓度水平远低于标准值，故不需要进行容量削减，无经济支出，不需要进行经济技术可行性分析。

8.4.13　全国马拉硫磷基准向标准转化案例

8.4.13.1　马拉硫磷污染的环境问题概述

马拉硫磷（malathion），又称 O,O-二甲基-硫-(1,2)-二乙氧羰基乙基-二硫代磷酸酯，分子式为 $C_{10}H_{19}O_6PS_2$，是一种低毒高效的有机磷广谱杀虫剂，广泛应用于农业生产、住宅防护和卫生防疫等领域[313]。2017 年 10 月 27 日，世界卫生组织国际癌症研究机构公布的致癌物清单初步整理参考，马拉硫磷在 2A 类致癌物清单中。马拉硫磷是 20 世纪 50 年代初问世的第一个低毒的有机磷杀虫、杀螨剂。马拉硫磷作为重要的有机磷农药在世界范围内被广泛使用，占到了有机磷农药使用总量的 32%～34%[314]。目前我国登记的马拉硫磷有近 700 个制剂产品，大部分为乳油和粉剂，广泛应用于防治水稻、小麦、大豆、花生、蔬菜、棉花、茶树、柑橘树、苹果树等作物害虫及仓储粮食害虫[315]。马拉硫磷是我国粮食储藏中使用较早的一类谷物保护剂，在我国的保粮减损方面起到了巨大的作用，直到现在马拉硫磷也一直是粮食储藏中使用较多的谷物保护剂之一[316]。但是，马拉硫磷大量使用后会通过迁移和地表径流途径进入水体环境中，对水生动物的生长、繁殖及生存造成威胁[317]。Gao 等[318] 研究人员采集并检测了我国七大流域及其三个主要流域内流河共计超过 600 个位置点的水样，其中马拉硫磷的检出率为 43.5%。

（1）水体中马拉硫磷的来源及现状

马拉硫磷广泛用于植物保护，特别是在保护水果、蔬菜和种子/谷物等免受各种害虫的侵害[319]。由于其对哺乳动物的毒性较低和对昆虫的特异选择性，因而比其他有机磷农药使用量更多[320]。马拉硫磷在田间喷洒后容易在植物表面残留，后经过雨水的冲刷并通过地表径流输送到水环境中。

在受污染的地表水或地下水中检测到的马拉硫磷浓度通常为纳克到微克每升[321,322]。在伊朗，Karyab 等[323] 检测了加兹温省水源地的马拉硫磷含量，竟高达 18.12μg/L。

（2）马拉硫磷对生物的危害

马拉硫磷对生物的毒性一般主要包括神经毒性、生殖毒性、遗传毒性以及一般毒性作用。

马拉硫磷通过抑制 AChE 而引起严重的神经健康疾病。从毒理学研究来看，马拉硫磷可引起人类的 DNA 和染色体损伤，并对哺乳动物产生细胞毒性和遗传毒性作用[324,325]。此外，鱼的某些生长因子、行为模式（如游泳能力）、血液和生化参数会在马拉硫磷的暴露下而发生不利的变化[326]。陈应康等[327] 在对小鼠吸入马拉硫磷致肺损伤的病理学观察时，发现暴露于马拉硫磷中均出现轻重不等的肺损伤，表现为肺充血、水肿、炎细胞浸润，高剂量组小鼠肺组织可见坏死灶等病理变化。在妊娠和哺乳时期，即使低剂量的马拉硫磷（被定义为安全的浓度水平），也会导致小鼠的大脑与神经行为之间发生变化[328]。马拉硫磷也会对雄性大鼠产生生殖毒性，可降低睾丸、附睾、前列腺和精囊重量[329]。罗鸣钟等[330] 在研究有机磷农药对黄鳝幼鱼的急性毒性时，发现马拉硫磷会对黄鳝幼鱼造成中等毒性效应。将罗非鱼连续暴露于 17mg/kg 低剂量的马拉硫磷 120d 后发现，罗非鱼性激素水平降低，且其性腺和精子质量发生退行性变化[331]。连续 15d 100mg/kg 剂量的马拉硫磷暴露，会对海马的空间记忆力和辨别能力造成损伤，同时海马线粒体酶活性受到抑制，星形胶质细胞活力降低。此外，研究者将实验结果外推到人群发现，长期接触马拉硫磷会抑制人的胆碱酯酶水平并产生认知障碍[332]。

8.4.13.2 计算方法

（1）毒性数据的搜集和筛选

马拉硫磷水生生物毒性数据获取主要来源于 USEPA 的 ECOTOX 毒性数据库和中国知网的中国期刊全文数据库相关文献信息。数据筛选与毒死蜱相同。最终得到马拉硫磷的毒性数据。其淡水生物急性毒性数据见列表 8-78。

表 8-78　我国马拉硫磷的水生生物的属平均急性值排序（GMAV）与急慢性比率（SACRs）值

R	GAMV/(μg/L)	属	种	拉丁名	SMAV/(μg/L)	SACRs	备注
35	36000	颤蚓属	正颤蚓	*Tubifex tubifex*	36000		
34	33720	臂尾轮虫属	萼花臂尾轮虫	*Brachionus calyciflorus*	33720		[333]
33	19700	鲫属	金鱼	*Carassius auratus*	19700		
32	18680	福寿螺属	福寿螺	*Pomacea canaliculata*	18680		[334]
31	18000	水丝蚓属	霍甫水丝蚓	*Limnodrilus hoffmeisteri*	18000		
30	14500	麦穗鱼属	麦穗鱼	*Pseudorasbora parva*	14500		[335]
29	13900	攀鲈属	攀鲈	*Anabas testudineus*	13900		[336]
28	13300	椎实螺属	静水椎实螺	*Lymnaea stagnalis*	13300		[337]

R	GAMV/(μg/L)	属	种	拉丁名	SMAV/(μg/L)	SACRs	备注
27	11000	鳗鲡属	鳗鲡	*Anguilla japonica*	11000		
26	10000	鳢属	翠鳢	*Channa punctata*	10000	40	[338,339]
25	9700	鱲属	宽鳍鱲	*Zacco platypus*	9700		
24	9650	鮰属	斑点叉尾鮰	*Ictalurus punctatus*	9650	16.08	
23	8920	鲤属	鲤鱼	*Cyprinus carpio*	8920	1.78	
22	6590	小鲃属	斑尾小鲃	*Puntius sophore*	6590		[340]
21	4594	拟丝足鲈属	拟丝足鲈	*Pseudosphromenus cupanus*	4594		[341]
20	4570	尾鳃蚓属	苏氏尾鳃蚓	*Branchiura sowerbyi*	4570		
19	2800	青鳉属	青鳉	*Oryzias latipes*	2800		
18	2271	陆蛙属	泽蛙	*Rana limnocharis*	2271		
17	2180	月牙藻属	羊角月牙藻	*Pseudokirchneriella subcapitata*	2180		[342]
16	1545	原螯虾属	克氏原螯虾	*Procambarus clarkii*	1545		[343,344]
15	1500	303属	无尾目	*Anura*	1500		[334]
14	984.38	库蚊属	致倦库蚊	*Culex quinquefasciatus*	1020		[345]
			致乏库蚊	*Culex fatigans*	950		[346]
13	520	齿缘龙虱属	齿缘龙虱	*Eretes sticticus*	520		
12	516.91	罗非鱼属	尼罗罗非鱼	*Oreochromis niloticus*	500	2.94	
			罗非鱼	*Oreochromis mossambicus*	534.4		
11	500	食蚊鱼属	大肚鱼	*Gambusia affinis*	500		[335,344]
10	405.37	伊蚊属	埃及伊蚊	*Aedes aegypti*	373.89		[347-351]
			白纹伊蚊	*Aedes albopictus*	439.5		[352,353]
9	368	黑鲈属	大口黑鲈	*Micropterus salmoides*	368		
8	250	胡鲶属	胡鲶	*Clarias batrachus*	250	6.25	
7	77	驼背鱼属	弓背鱼	*Notopterus notopterus*	77		[354]
6	44.7	网纹溞属	模糊网纹溞	*Ceriodaphnia dubia*	44.7		[355]
5	24.5	脉毛蚊属	环跗脉毛蚊	*Culiseta annulata*	24.5		[356]
4	16.5	沼虾属	罗氏沼虾	*Macrobrachium rosenbergii*	16.5		
3	3.5	低额溞属	锯顶低额溞	*Simocephalus serrulatus*	4.23		
			老年低额溞	*Simocephalus vetulus*	2.9		[357]
2	2.51	溞属	大型溞	*Daphnia magna*	3.31	1.17	[358-362]
			溞状溞	*Daphnia pulex*	1.9		
1	1.2	钩虾属	溞状钩虾	*Gammarus pulex*	1.2		[363]

　　由于慢性毒性试验周期长，实施困难，相应的数据较少。慢性毒性数据以无可见效应浓度（NOEC）、最低可见效应浓度（LOEC）等为测试终点，慢性毒性数据列于表8-79。

表 8-79 我国马拉硫磷水生生物的属平均慢性值排序（GMCV）

R	GMCV/(μg/L)	属	种	拉丁名	SMCV/(μg/L)	备注
9	100000	鱼腥藻属	多变鱼腥藻	*Anabaena variabilis*	100000	[364]
8	5000	鲤属	鲤鱼	*Cyprinus carpio*	5000	[365]
7	2750	蛙属	牛蛙	*Rana catesbeiana*	2750	[366]
6	600	鮰属	斑点叉尾鮰	*Ictalurus punctatus*	600	
5	250	鳢属	翠鳢	*Channa punctata*	250	
4	170	罗非鱼属	尼罗罗非鱼	*Oreochromis niloticus*	170	
3	141.42	胡鲶属	尖齿胡鲶	*Clarias gariepinus*	500	
			胡鲶	*Clarias batrachus*	40	
2	66	尖额溞属	点滴尖额溞	*Alona guttata*	66	[367]
1	2.83	溞属	大型溞	*Daphnia magna*	2.83	

（2）利用物种敏感度分布法（SSD）推导水质基准

该方法采用物种敏感度分布法进行水质基准推导，即根据筛选毒性数据的频数分布拟合出某种概率分布模型。采用本方法推导水质基准的步骤与毒死蜱部分相同。

拟合出的急性物种敏感度分布曲线如图 8-37 所示。

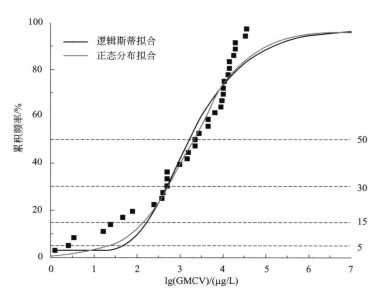

图 8-37 马拉硫磷对我国水生生物急性毒性的物种敏感度分布曲线

（拟合系数：逻辑斯蒂拟合-R^2＝0.998 和正态分布拟合-R^2＝0.939）

根据 SSD 拟合得到各级的 HC_p，除以评价因子 2 以后得到马拉硫磷最终的急性水质基准（CMC），具体数值如表 8-80 所列。

表 8-80　利用 SSD 法推导毒死蜱保护水生生物的 CMC　　　单位：ng/L

分级	模型	lgHC$_p$	HC$_p$	CMC
I	逻辑斯蒂拟合	1.35	22.39	11.20
II		2.15	141.25	70.63
III		2.74	549.54	274.77
IV		3.31	2041.74	1020.87
I	正态分布拟合	1.68	47.86	23.93
II		2.23	169.82	84.91
III		2.69	489.78	244.89
IV		3.23	1698.24	849.12

由于慢性毒性试验周期长，实施困难，相应的数据较少，无法满足 USEPA 规定水质基准推导需要的水生生物要求，即至少分别来自"3 门 8 科"。在此，采用 FACR 外推慢性水质基准，即慢性 HC$_p$＝急性 HC$_p$/FACR。

FACR 的计算过程及结果如表 8-81 所列。

表 8-81　马拉硫磷最终急慢比（FACR）的计算　　　单位：ng/L

物种（种）	急性毒性数据	慢性毒性数据	ACR	FACR
翠鳉	10000	250	40	5.39
斑点叉尾鲴	9650	600	16.08	
鲤鱼	8920	5000	1.78	
尼罗罗非鱼	500	170	2.94	
胡鲶	250	40	6.25	
大型溞	3.31	2.83	1.17	

经上述计算得到马拉硫磷的慢性基准值（CCC），如表 8-82 所列。

表 8-82　利用急慢比法推导马拉硫磷保护水生生物的 CCC　　　单位：ng/L

分级	模型	急性 HC$_p$	慢性 HC$_p$	CCC
I	逻辑斯蒂拟合	22.39	4.15	4.15
II		141.25	26.21	26.21
III		549.54	101.96	101.96
IV		2041.74	378.80	378.80
I	正态分布拟合	47.86	8.88	8.88
II		169.82	31.51	31.51
III		489.78	90.87	90.87
IV		1698.24	315.07	315.07

8.4.13.3　我国马拉硫磷保护水生生物水质标准选择

根据上述计算结果，我们选取拟合程度较好的逻辑斯蒂模型的结果作为全国保护水生生物的马拉硫磷实际水质标准，具体数值详见表 8-83。

375

表 8-83   全国保护水生生物的马拉硫磷四级水质标准   单位：ng/L

分级	保护目标	CMC	CCC
Ⅰ	保护 95% 水生生物	11.20	4.15
Ⅱ	保护 85% 水生生物	70.63	26.21
Ⅲ	保护 70% 水生生物	274.77	101.96
Ⅳ	保护 50% 水生生物	1020.87	378.80

根据我国《生活饮用水卫生标准》（GB 5749—2006）中规定，马拉硫磷的浓度不超过 $250\mu g/L$，远不能达到慢性基准的Ⅲ级指标。因此，原标准可能导致对敏感物种、珍稀物种及生态位重要物种的欠保护。且本节提出的标准值将原标准的单一标准值更改为了双重标准值，这能更好地按照时段且更高效的保护水生生物。

8.4.14   太湖流域水生态功能区的 COD 生态学标准

以太湖流域水生态功能分区作为空间单元，选取区域内 6 个国控水质站位 2004~2014 年 COD 调查数据，其中 3 个站位属于湖体水质调查站位，另外 3 个属于入库河流调查站位。湖体和河流水质的累积频率分布如图 8-38 所示，存在明显差异，但季节差异不明显，因此分别计算湖体区域和入库河流区域的 COD 生态学标准。

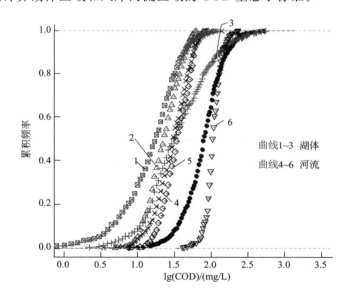

图 8-38   湖体和河流水质的累积频率分布

样品各种理化指标的分析按照表 8-84 中所列相关方法开展。

表 8-84   理化指标分析方法

指标	分析方法	选则依据
pH 值（海水）	pH 计	GB/T 12763.4—2007
pH 值（淡水）	玻璃电极法	GB/T 6920—1986
DO（海水）	碘量滴定法	GB/T 12763.4—2007

指标	分析方法	选则依据
DO（淡水）	电化学探头法	HJ 506—2009
盐度	盐度计	GB/T 12763.4—2007
悬浮颗粒物（SPM）	重量法	GB/T 12763.4—2007
COD（海水）	碱性高锰酸钾法	GB/T 12763.4—2007
COD（淡水）	快速消解分光光度法	HJ/T 399—2007
硝酸盐（海水）	Cu-Cd 还原法	［368］
硝酸盐（淡水）	紫外分光光度法	HJ/T 346—2007
亚硝酸盐（海水）	重氮偶氮法	［368］
亚硝酸盐（淡水）	分光光度法	GB/T 7493—1987
氨氮（海水）	水杨酸钠法	［368］
氨氮（淡水）	水杨酸分光光度法	HJ 536—2009
DON	碱性过硫酸钾氧化法	［368］
PN	碱性过硫酸钾氧化法	［368］
磷酸盐	磷钼蓝法	［368］
DOP	碱性过硫酸钾氧化法	［368］
PP	碱性过硫酸钾氧化法	［368］
硅	硅钼蓝法	［368］
石油烃	紫外法	GB/T 12763.4—2007
Cu	原子吸收或 ICP-MS	［368］ GB/T 7475—1987
Pb	原子吸收或 ICP-MS	［368］ GB/T 7475—1987
Zn	原子吸收或 ICP-MS	［368］ GB/T 7475—1987
Cd	原子吸收或 ICP-MS	［368］ GB/T 7471—1987
Cr	原子吸收或 ICP-MS	GB/T 12763.4—2007 GB/T 7467—1987
Hg	原子荧光法	GB/T 12763.4 HJ/T 341—2007
叶绿素	荧光法	GB/T 12763.4 DB43/T 432—2009
浮游植物	显微镜计数	GB/T 12763.4 DB43/T 432—2009
浮游动物	显微镜计数	GB/T 12763.4 DB43/T 432—2009

指标	分析方法	选则依据
底栖动物	分拣鉴定	[369]
鱼类	野外调查	[369]

采用基于频数分布方法的标准定值技术进行分析得到该太湖流域湖体区域和入库河流区域的各个分布频数值如表 8-85 所列。

表 8-85　太湖流域 COD 频数分布法统计分析表

项目	百分位数/%						
	5	10	25	50	75	90	95
湖体	2.1	2.5	3.2	3.9	4.9	6.2	7.5
河流	3.3	3.6	4.2	5.1	6.2	7.5	8.6

按照五级标准，分别以 5％、10％、25％、50％及 95％频数值作为 5 级标准建议值。得到太湖流域 COD 生态学一级至五级标准分别为：

① 湖体区域　2.0mg/L、2.5mg/L、3.5mg/L、4.0mg/L、8mg/L；

② 入库河流区域　3.0mg/L、3.5mg/L、4.0mg/L、5.0mg/L、8mg/L。

8.4.15　人体健康水质基准向标准转化案例

8.4.15.1　邻苯二甲酸酯污染的环境问题概述

塑化剂（Plasticizer），又称增塑剂、可塑剂，是一种通过降低高分子材料的转变温度而使其变得更加柔软或者直接液化的塑料助剂。塑化剂的种类非常多，其中以邻苯二甲酸酯类用量最多。邻苯二甲酸酯类化合物（PAEs）又称酞酸酯，一般是挥发性很低、稳定性高且无色具有芳香气味或无气味的黏稠油状液体，在水中溶解度很小，易溶于甲醇、乙醇、乙醚等有机溶剂，其与塑料分子的相容性较好，但二者之间不是以共价化学键结合，而是以氢键或者范德华力连接，彼此保留着各自相对独立的化学性质，因此随着时间的推移，PAEs 容易从其载体中溶出转移至外界环境，造成空气、水、土壤和生物的污染，可通过呼吸、饮食和皮肤接触直接进入人和动物体内，且持久存在而不易分解。工业上，PAEs 主要用作塑料制品的改性添加剂，随着工业生产的发展及塑料制品的大量使用，其已成为全球性最普遍的一类污染物。邻苯二甲酸二乙基己基酯（DEHP）是十分常见的 PAEs 种类，因此，本研究以邻苯二甲酸二乙基己基酯为例，说明了人体健康水质基准向水质标准转化的流程。

（1）水体中 DEHP 的来源及现状

2012 年 11 月，有新闻报道称，某品牌酒中塑化剂中邻苯二甲酸二丁酯（DBP）严重超标，高达 260％，进而引发了一次重大的公共安全事件。其实，早在 2011 年中国台湾塑化剂事件之后，大众已了解到这个名词，并把它与三聚氰胺的毒性联系起来。台湾大学教授孙璐西指出，塑化剂中 DEHP 的毒性远超过三聚氰胺甚至是三聚氰胺的 20 倍。塑化剂超标是又一影响食品和环境安全的重要因素。

有学者研究我国非职业人群 PAEs 的暴露风险，结果表明，总 PAEs 和 DEHP 浓度在 2000~2010 年这 10 年里逐年增长，不同区域其浓度的变化不同，广东和我国东北部地区的污染最严重，并用克拉克方程计算珠江三角洲、长江三角洲地区居民通过食物、饮水和空气途径吸收的总 PAEs 和 DEHP 量，结果显示：对于珠江三角洲成年人来说，总 PAEs 和 DEHP 的日摄入量分别是 $128.63\mu g/(kg \cdot d)$ 和 $61.29\mu g/(kg \cdot d)$，显著高于长江三角洲成人的日摄入量 [$33.87\mu g/(kg \cdot d)$ 和 $24.68\mu g/(kg \cdot d)$]。另有学者用污水处理厂剩余污泥作为 PAEs 的载体或者来源来阐明人类和环境之间 PAEs 的迁移过程和迁移量，结果表明，在 16 种 PAEs 中，DEHP 和地乐酚（又名 2-仲丁基-4,6-二硝基苯酚，DnBP）的浓度最高，分别是 $97.4\mu g/g$ 和 $22.4\mu g/g$，均在全球范围内处于最高水平。

农田里农用薄膜中塑化剂的挥发、驱虫剂使用、塑料制品焚烧后产物转移至水、空气和土壤，这些都使得塑化剂成为最为广泛的环境污染物，许多国家的大气、湖泊、河流和土壤中已检测出不同浓度的塑化剂。各种加工食品的原料从被污染了的环境中吸收塑化剂，随加工而进入制成品中，如大豆、菜籽等油料农作物带入使塑化剂溶解在油脂中。有专家调查了我国不同省份、不同区域空气中塑化剂的总量，发现其在 $5.2~1153.0\mu g/mL$ 范围内变化，其中重庆市和黑龙江省最高。我国农田土壤的塑化剂污染也相当严重，不同地区 23 块耕地土壤调查显示，其质量浓度为 $0.89~10.03$ mg/kg。

（2）DEHP 对生物的危害

1995 年，PAEs 被世界卫生组织（WHO）确定为内分泌干扰物，它能对动物生殖系统造成危害的环境污染物，属类雌激素，干扰人体内分泌，可导致畸形、内分泌失调、生殖系统病变等不良后果，对人体、生物体及植物均有较大的毒性。

PAEs 为一类影响较严重的环境激素，其对动物具有一定的急性毒性，在动物体内有一定的富集作用，对脊椎动物的性腺分泌和发育有较大的干扰作用。有研究表明，PAEs 可造成生物体内分泌失调，阻碍其生殖机能，包括生殖率降低、流产、天生缺陷等，还会引发恶性肿瘤。肝脏毒理学方面研究较多的是 DEHP 和 DBP，主要发现 DBP 能够对体外大鼠肝脏细胞造成氧化损伤，DEHP 对小鼠肝脏的毒性作用机制可产生脂质过氧化反应，可引起肝脏过氧化物酶体的增生，导致过氧化物酶体积和数量的增加，最终可能导致肝癌。

PAEs 主要靶器官是雄性生殖系统，DEHP 的生殖毒性机制主要有与睾丸 Leydig 细胞、Ser-toli 细胞、germ 细胞等作用干扰雄激素合成，也可通过干扰芳香酶活性及与激素合成运输有关的基因及蛋白的表达，从而影响激素的合成、分泌及运输。有学者用 DNA 检测仪分析了 DEHP 对人体细胞链 MCF-7 基因表达的破坏作用，显示 DEHP 主要改变基因 PAFAH1B1 和 FGD1，这两种基因主要对婴儿的大脑发育起决定作用，怀孕妇女如果长期受 DEHP 的污染，可能导致婴儿先天发育缺陷。通过测定 168 名男性精液质量参数和尿液中的 DBP 含量，得到尿中的 DBP 水平与精子活力和精子密度呈正相关。精子数量、活动能力和形态是决定生育力的重要因素，暴露在 DBP 和 DEHP 环境中，会产生雄激素依赖的生殖系统畸形，与其他抗雄激素物质的效应相同，可导致大鼠精子活动率降低，精子畸形率升高。

PAEs 还可能对生物体神经系统存在毒性，如可使男性雌性化，或对幼儿造成影响，可能会造成幼儿性别错乱，女童性早熟风险。DEHP还具有心脏毒性，并可能会导致肥胖。国外动物试验研究表明，增塑剂可导致动物存活率降低，体重减轻，肝肾功能下降，血中红细胞减少，具有致突变性和致癌性，增加女性患乳腺癌、子宫内膜癌的概率。研究还发现，增塑剂还导致动物仔胎的腭裂、脊柱畸形、心脏变形、眼睛缺陷、指或趾畸形、肢变形等严重后果。

8.4.15.2 DEHP的人体健康水质基准的制定

（1）DEHP的人体健康水质基准制定参数说明

1）危害参数 采用美国IRIS系统中关于DEHP的毒性效应数据，指出邻苯二甲酸乙基己基酯DEHP分类为B2级可能的人类致癌物，其癌症斜率因子CSF为0.014mg/(kg·d)。致癌风险水平选择10^{-6}。

2）人体健康暴露参数 人体健康水质基准所用到的体重、饮用水摄入量、鱼虾贝类摄入量等暴露参数可根据《中国居民营养与健康状况调查报告之一：2002综合报告》、《中国人群暴露参数手册（成人卷）》和《中国人群暴露参数手册（儿童卷）》获得，其中饮水摄入量（DI）、人体体重（BW）和水产品摄入量（FI）（儿童）可选用75百分位数，FI（成人）选用均值。

（2）DEHP的人体健康水质基准制定

DEHP的人体健康水质基准参数见表8-86，制定的人体健康基准值见表6-87，同时摄入饮用水和鱼类等水生生物的人体健康水质基准是0.204μg/L，摄入鱼类等水生生物的人体健康水质基准是0.231μg/L，低于现有饮用水地表水源地的相关限值（8μg/L），表明采用现有标准值可能会对人体健康产生危害。

表8-86 DEHP人体健康水质基准参数汇总

指标		数值	输入参数的描述
CSF		0.014 mg/(kg·d)	致癌斜率因子
BW		69 kg	《中国人群暴露参数手册（成人卷）》中第75分位数
DI		2.785 L/d	《中国人群暴露参数手册（成人卷）》中第75分位数
FCR	TL2	0.0126kg/d	《中国居民营养与健康状况调查报告之一：2002综合报告》
	TL3	0.0100 kg/d	
	TL4	0.0075 kg/d	
BAF	TL2	710 L/kg	USEPA人体健康水质基准中DEHP的生物累积系数
	TL3	710 L/kg	
	TL4	710 L/kg	

表8-87 DEHP的人体健康水质基准值

人体健康水质基准分类	美国WQC	中国AWQC
同时摄入饮用水和鱼类等水生生物	0.32μg/L	0.204μg/L
仅摄入水生生物	0.37μg/L	0.231μg/L
现行集中式生活饮用水地表水源地特定项目标准值《地表水环境质量标准》（GB 3838—2002）		8μg/L

8.4.15.3 DEHP 的人体健康水质基准向标准转化

（1）饮用水地表水源地的 DEHP 水质基准向水质标准转化

依据本标准中饮用水地表水源地对人体健康的保护目标，制定与保护目标相匹配的人体健康水质标准，采用方法 1 进行转化。

方法 1（同时摄入饮用水地表水源地的饮用水和鱼类等水生生物）：化学物质的水质标准应同时考虑各类集中、分散式供水设施对化学物质的处理效率和人体健康水质基准值，计算该化学物质的水质标准。

$$饮用水地表水源地人体健康水质标准 = WQC_{W校+F} = 0.215 \mu g/L \qquad (8\text{-}28)$$

式中，$WQC_{W校+F}$ 为对摄入的饮用水进行校正（依据供水设施对化学物质的处理效率）后的 WQC_{W+F} 人体健康水质基准值。

DI 校正方法：$DI_{校正} = DI \times (1-R) = 2.785 \times 0.547 = 1.523 L/d$，然后代入式（8-3）计算得出 DEHP 的线性致癌效应的 $WQC_{W校+F} = 0.215 \mu g/L$。

WQC_{W+F} 为 $0.204 \mu g/L$；R 为吴贤格采用活性炭-臭氧联合去除 DEHP，其 2h 后 DEHP 的去除效率为 45.3%。

（2）地表水-渔业水域的水质基准向水质标准转化

方法 2：地表水-渔业水域化学物质的水质标准计算（仅摄入该水域的鱼类等水生生物）。

$$地表水\text{-}渔业水域人体健康水质标准 = WQC_F = 0.231 \mu g/L$$

式中，WQC_F 取值 $0.231 \mu g/L$。

8.4.16 5 种重金属的沉积物质量基准向标准转化应用案例

8.4.16.1 物种敏感度分布法制定重金属的沉积物质量基准

通过毒性数据筛选原则对收集的 5 种重金属（Cu、Cd、Ni、Pb、Zn）沉积物毒性数据进行筛选，慢性毒性数据结果如表 8-88 所列。

表 8-88 重金属沉积物慢性毒性数据

金属	物种名	生物学分类	毒性终点	浓度/(mg/kg)	文献
Cd	*Menippe mercenaria*（哲蟹科）	节肢动物门哲蟹科	10d-LC$_{50}$	2.50	[286]
	Tubifex tubifex（颤蚓）	环节动物门颤蚓科	28d-EC$_{50}$	2.80	[286]
	Macoma balthica（双壳纲）	软体动物门双壳纲	10d-LC$_{50}$	4.80	[286]
	Palaemonetes pugio（长臂虾科）	节肢动物门长臂虾科	10d-LC$_{50}$	15.1	[286]
	Chironomus tentans（伸展摇蚊）	节肢动物门摇蚊科	21d-LC$_{50}$	29.2	[287]
	Hyalella azteca（钩虾）	节肢动物门钩虾科	28d-LC$_{50}$	33.0	[288]
Cd	*Misgurnus anguillicaudatus*（泥鳅）	脊索动物门鳅科	21d-LC$_{50}$	37.0	[289]
	Chironomus kiiensis（花翅摇蚊）	节肢动物门摇蚊科	10d-LC$_{50}$	39.0	[288]
	Amphiascus tenuiremis（甲壳类）	节肢动物门甲壳类	10d-LC$_{50}$	45.0	[286]

金属	物种名	生物学分类	毒性终点	浓度/(mg/kg)	文献
Cd	*Lumbriculus variegatus*（夹杂带丝蚓）	环节动物门带丝蚓科	10d-EC$_{50}$	50.0	[286]
	Corbicula fluminea（河蚬）	软体动物门蚬科	14d-EC$_{50}$	151	[290]
	Monopylephorous limosus（淡水单孔蚓）	环节动物门颤蚓科	21d-LC$_{50}$	281	[291]
	Hexagenia sp.（蜉蝣目）	节肢动物门蜉蝣目	21d-LC$_{50}$	815	[288]
Cu	*Hexagenia* sp.（蜉蝣目）	节肢动物门蜉蝣目	21d- LC$_{50}$	93.0	[288]
	Eohaustorius estuarius（端足类）	节肢动物门端足类	14d-LC$_{50}$	97.0	[292,293]
	Gammarus pulex（潘状钩虾）	节肢动物门钩虾科	35d-EC$_{50}$	151	[293]
	Chironomus tentans（伸展摇蚊）	节肢动物门摇蚊科	14d-EC$_{50}$	209	[294]
	Lumbriculus variegatus（夹杂带丝蚓）	环节动物门带丝蚓科	28d-EC$_{50}$	211	[293]
	Chironomus kiiensis（花翅摇蚊）	节肢动物门摇蚊科	28d-EC$_{50}$	320	[293]
	Potamopyrgus antipodarum（螺科）	软体动物门螺科	42d-LC$_{50}$	364	[295]
	Neanthes arenaceodentata（刺沙蚕）	环节动物门沙蚕科	28d-EC$_{50}$	409	[296]
	Melita plumulosa（端足目）	节肢动物门端足目	42d-EC$_{20}$	420	[297]
	Tubifex tubifex（颤蚓）	环节动物门颤蚓科	28d-LC$_{50}$	524	[288]
	Ampelisca abdita（片脚类）	节肢动物门片脚类	14d-LC$_{50}$	534	[292]
	Physella acuta（囊螺）	软体动物门囊螺科	42d-EC$_{50}$	823	[295]
	Monopylephorous limosus（淡水单孔蚓）	环节动物门颤蚓科	21d-LC$_{50}$	830	[294]
Zn	*Macoma balthica*（双壳纲）	软体动物门双壳纲	Chronic-death	162	[298]
	Hyalella azteca（钩虾）	节肢动物门钩虾科	10d-toxicity	175	[299]
	Branchiura sowerbyi（苏氏尾鳃蚓）	环节动物门颤蚓科	14d-LC$_{10}$	269	[300]
	Macrochium rosenbergii（罗氏沼虾）	节肢动物门长臂虾科	Chronic-death	290	[301]
	Hexagenia limbata（蜉蝣幼虫）	节肢动物门蜉蝣目	Chronic-death	310	[302]
	Daphnia magna（大型溞）	节肢动物门溞科	Chronic-LC$_{20}$	570	[302]
	Tubifex tubifex（颤蚓）	环节动物门颤蚓科	14d-LC$_{10}$	675	[300]
	Monopylephorous limosus（淡水单孔蚓）	环节动物门颤蚓科	21d-LC$_{50}$	1320	[301]
	Chironomus tentans（伸展摇蚊）	节肢动物门摇蚊科	14d-LC$_{50}$	1400	[299]
	Melita plumulosa（端足目）	节肢动物门端足目	10d-LC$_{50}$	3420	[297]

金属	物种名	生物学分类	毒性终点	浓度/(mg/kg)	文献
Pb	*Daphnia magna*（大型溞）	节肢动物门溞科	Chronic-LC$_{50}$	54.0	[303]
	Lumbriculus variegatus（夹杂带丝蚓）	环节动物门带丝蚓科	10d-EC$_{10}$	200	[286]
	Chironomus tentans（伸展摇蚊）	节肢动物门摇蚊科	14d-LC$_{50}$	248	[294]
	Misgurnus anguillicaudatus（泥鳅）	脊索动物门鳅科	21d-LC$_{50}$	391	[289]
	Corbicula fluminea（河蚬）	软体动物门蚬科	14d-EC$_{50}$	519	[290]
	Rana sphenocephala（楔头蛙）	脊索动物门蛙科	60d-EC$_{50}$	579	[304]
	Monopylephorous limosus（淡水单孔蚓）	环节动物门颤蚓科	21d-LC$_{50}$	1040	[294]
	Leptocheirus plumulosus（片脚类）	节肢动物门片脚类	10d-LOEC	4540	[305]
Ni	*Macoma balthica*（双壳纲）	软体动物门双壳纲	Chronic-biomass	44.0	[298]
	Macrochium rosenbergii（罗氏沼虾）	节肢动物门长臂虾科	Chronic-death	110	[291]
	Gammarus pseudolimnaeus（端足目）	节肢动物门端足目	28d-EC$_{20}$	197	[306]
	Hexagenia sp.（蜉蝣目）	节肢动物门蜉蝣目	28d-EC$_{20}$	503	[306]
	Tubifex tubifex（颤蚓）	环节动物门颤蚓科	28d-EC$_{20}$	605	[306]
	Lumbriculus variegatus（夹杂带丝蚓）	环节动物门带丝蚓科	28d-EC$_{20}$	878	[306]
	Hyalella azteca（钩虾）	节肢动物门钩虾科	28d-EC$_{20}$	1177	[306]
	Chironomus tentans（伸展摇蚊）	节肢动物门摇蚊科	56d-EC$_{20}$	2998	[306]
	Chironomus kiiensis（花翅摇蚊）	节肢动物门摇蚊科	28d-EC$_{20}$	5809	[306]

应用物种敏感度分布法推导 5 种重金属沉积物质量基准低值（SQG$_{low}$）（表 8-89）。由于 5 种重金属的沉积物急性毒性数据较为缺乏，不能满足直接利用 SSD 法推导基准值的要求，因此应用急慢性比推导沉积物质量基准高值（SQG$_{high}$）。采用文献中报道的 Ni、Cu、Zn、Pb、Cd 对应的水质急慢性比，分别为 9.00、3.23、5.21、10.0、8.01。

表 8-89　重金属沉积物质量基准值 SQG$_{low}$ 和 SQG$_{high}$

重金属	SQG$_{low}$/(mg/kg)	SQG$_{high}$/(mg/kg)
Cu	69.9	226
Pb	38.4	384
Zn	107	556
Ni	18.6	167
Cd	1.26	10.1

最终得到的 SQG$_{high}$ 如图 8-39 所示。5 种重金属对底栖生物慢性毒性的物种敏感度分布曲线如图 8-40 所示。

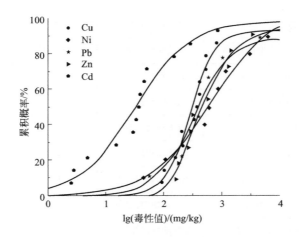

图 8-39 5 种重金属慢性毒性的物种敏感度分布曲线

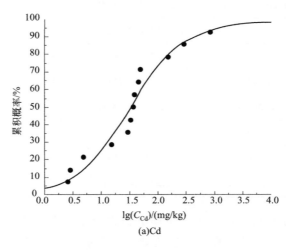

(a)Cd

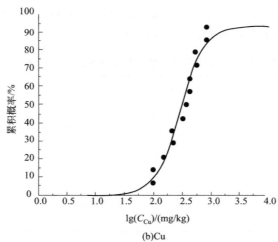

(b)Cu

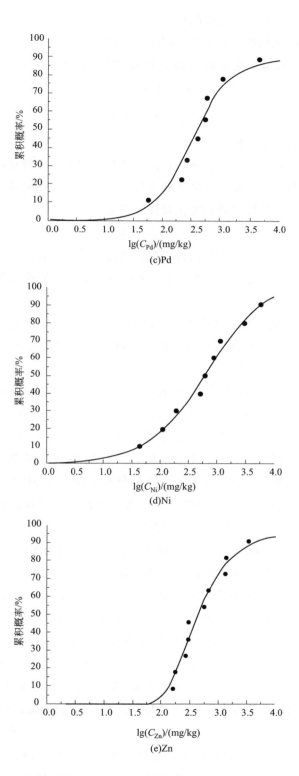

图 8-40　5 种重金属物种敏感度分布

8.4.16.2　重金属沉积物质量基准值的校验

利用采集自太湖的沉积物，对生物效应法推导的 TEL 和 PEL 进行了校验。根据沉积物基准值 TEL 和 PEL 计算风险商值 QTEL 和 QPEL，公式为：

$$QTEL = \sum(C/TEL)$$

$$QPEL = \sum(C/PEL)$$

式中　C——沉积物中重金属浓度。

同时将沉积物进行处理，在沉积物中添加活性炭、沸石等活性材料，吸附或螯合有机污染物、氨氮等干扰物质，屏蔽干扰物质的毒性，保留重金属的毒性。

沉积物质量基准校验的样品处理方法具体如下所述。

（1）活性炭

加入 15%粗颗粒和 5%中等颗粒活性炭粉，屏蔽有机物的影响。粉末状活性炭加入高纯水，在真空条件下饱和渗透 18h，然后离心去除多余的水分后投加到沉积物中。

（2）沸石

加入 20%沸石（研磨过筛）屏蔽 NH_3-N 的影响。沸石经研磨过筛后，先用蒸馏水清洗后再用高纯水清洗，然后与高纯水充分混合，在黑暗中静置 24h。沸石浆以湿沉积物 20%的比例添加到沉积物原样中。

对处理之后的沉积物利用淡水单孔蚓（*Monopylephorus limosus*）、花翅摇蚊（*Chironomus kiiensis*）和伸展摇蚊（*Chironomus tentans*）进行沉积物毒性测试，沉积物毒性与沉积物中重金属的风险商值有显著相关性（$p < 0.01$）。利用沉积物质量基准对沉积物的毒性进行预测，总准确率达到 77%，沉积物质量基准通过校验。

利用采自海河流域的沉积物，对物种敏感度分布法推导的 SQG_{low} 和 SQG_{high} 进行了校验。结果表明：推导的 SQG_{low} 和 SQG_{high} 对海河水系沉积物重金属毒性风险预测准确率为 74.6%，其中当 $Q_{high} > 1$ 时，验证准确率为 71.4%；$Q_{high} < 1 < Q_{low}$ 时，验证准确率为 76.2%。表明推导的基准值能够较准确地预测沉积物的毒性。

8.4.16.3　重金属沉积物质量基准值的审核和评估

收集了加拿大和澳大利亚的重金属沉积物质量基准值（表 8-90），通过与推导的我国沉积物质量基准进行比较，对基准值进行审核和评估。结果表明，5 种重金属 SQG_{low} 与临时沉积物质量基准（ISQGs）和沉积物质量基准（SQGVs）差别不大。其中铜、镉、镍 3 种重金属 SQG_{low} 与 SQGVs 相对偏差在 20%之内，锌、铅 2 种重金属 SQG_{low} 与 ISQG 相对偏差在 20%之内。铜、镉两种重金属 SQG_{high} 与沉积物质量基准高值（SQG-HIGH）更为接近，相对偏差在 20%之内，与 PEL 有一定的差别，但均属于同一数量级。铅、锌两种重金属 SQG_{high} 与 SQG-HIGH 和 PEL 均有一定的差别，但都在可接受范围内。镍的 SQG_{high} 大约是 SQG-HIGH 的 3.2 倍，相差比较大，但是由于当前加拿大没有重金属镍 PEL，只选择 SQG-HIGH 进行比较。总体上，推导的重金属沉积物质量基准值与国外的基准值具有可比性。

表 8-90 其他国家的重金属沉积物质量基准值 单位：mg/kg

重金属	加拿大		澳大利亚	
	ISQG[①]	PEL[②]	SQGVs[③]	SQG-HIGH[④]
Cu	35.7	197	65	270
Pb	35.0	91.3	50	220
Zn	123	315	200	410
Ni	—	—	21	52
Cd	0.60	3.50	1.5	10

① 临时沉积物质量基准。
② 可能效应水平。
③ 沉积物质量基准。
④ 沉积物质量基准高值。

收集 5 种重金属的方法检出限数据和我国水体沉积物中 5 种重金属的背景值数据，通过与推导的我国沉积物质量基准进行比较，对基准值进行审核和评估。

根据《土壤和沉积物 12 种金属元素的测定王水提取-电感耦合等离子体质谱法》（HJ 803—2016），当沉积物取样量为 0.10g，以电热板消解或微波消解为前处理方法，消解后定容体积为 50mL 时 5 种重金属元素的检出限如表 8-91 所列。根据《多沙河流污染化学与生态毒理研究》，我国主要水系背景值站沉积物中的重金属的背景值如表 8-91 所列。

表 8-91 5 种重金属的检出限和背景值

重金属	检出限/(mg/kg)	背景值/(mg/kg)
Cd	0.07	0.057
Cu	0.5	14.99
Pb	2	45.13
Ni	1	18.84
Zn	0.08	56.69

8.4.16.4 重金属的沉积物质量标准值

根据 5 种重金属的物种敏感度分布曲线（图 8-41），选择生物物种保护比例 95%、85%、70% 和 50%，即累积数率 5%、15%、30% 和 50% 对应的污染物浓度作为不同级别的沉积物质量标准（表 8-92）。

表 8-92 保护不同比例生物物种的沉积物质量基准 单位：mg/kg

项目	95%	85%	70%	50%
Cd	1.26	4.93	13.0	32.9
Cu	69.9	97.3	209	364
Ni	18.6	78.3	222	590
Pb	38.4	95.9	192	382
Zn	107	167	257	443

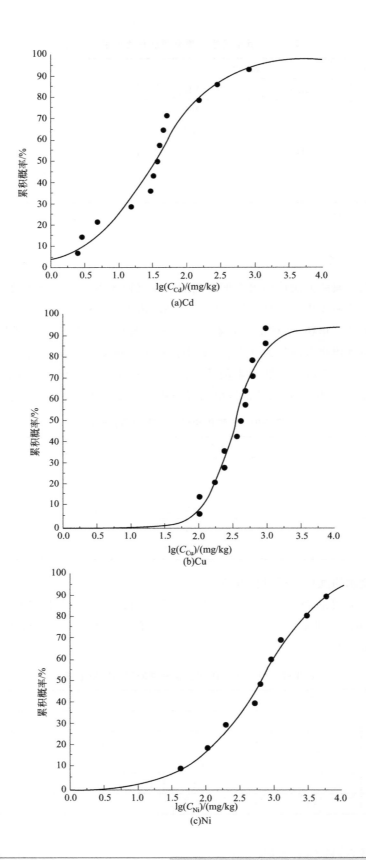

(a)Cd

(b)Cu

(c)Ni

流域地表水环境质量基准技术手册

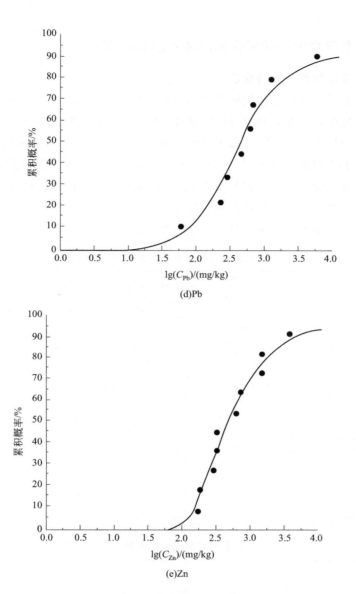

(d)Pb

(e)Zn

图 8-41 5 种重金属物种敏感度分布

按照水生态系统的保护目标，参照对沉积物质量基准值进行审核和评估的结果，最终转化得到的四级沉积物质量标准值见表 8-93。

表 8-93 沉积物质量标准值

单位：mg/kg

项目	I 级	II 级	III 级	IV 级
Cd	1.26	4.93	13.0	32.9
Cu	69.9	97.3	209	364
Ni	18.9	78.3	222	590
Pb	45.2	95.9	192	382
Zn	107	167	257	443

8.4.17　辽河流域六价铬和无机汞应急水质标准案例

8.4.17.1　急性毒性数据搜集与筛选

急性毒性数据是推算应急水质标准的基础，针对辽河流域水生生物搜集了六价铬和无机汞的急性毒性数据，数据来源为毒性数据库（ECOTOX）、Web of Science 和中国知网。参照水生生物基准技术指南对毒性数据进行筛选，数据终点为半致死浓度（LC_{50}）、半效应浓度（EC_{50}）和半抑制浓度（IC_{50}）等，剔除不合格毒性数据（如试验设计不科学、没有对照试验、暴露时间不适宜、稀释水及试验用水不合格、相对不敏感数据以及同种之间差异过大的可疑数据等）及非辽河物种数据。

搜集获得的六价铬和无机汞的急性毒性数据分别见表 8-94 和表 8-95。

表 8-94　六价铬对辽河流域水生动物的急性毒性

R	SMAV/(μg/L)	物种	拉丁名	文献
1	22.0	透明溞	Daphnia hyalina	[374]
2	24.2	大型溞	Daphnia magna	[375]
3	36.3	溞状溞	Daphnia pulex	[375]
4	61.3	隆线溞	Daphnia carinata	[376]
5	2241	青虾	Macrobrachium	[377]
6	2463	正颤蚓	Tubifex tubifex	[378]
7	3820	粗糙棘猛水蚤	Attheyella crassa	[379]
8	10700	鳙鱼	Aristichthys nobilis	[380]
9	12095	夹杂带丝蚓	Lumbriculus variegatus	—
10	28810	中国林蛙蝌蚪	Rana chensiensis	[381]
11	33985	三刺鱼	Gasterosteus aculeatus	[382]
12	60550	黄鳝	Monopterus albus	[383]
13	83150	隆线溞	Daphnia carinata	[384]
14	171149	鲫鱼	Carassius auratus	—
15	346700	鲤鱼	Cyprinus carpio	[385]

注：SMAV 为种平均急性值；"—"表示该毒性值为同一物种多个毒性数据的几何平均值，原始数据未展示。

表 8-95　无机汞对辽河流域水生动物的急性毒性

R	SMAV/(μg/L)	物种	拉丁名	文献
1	0.30	河鲶	Ictalurus punctatus	[386]
2	0.70	鲫鱼	Carassius auratus	[386]
3	1.00	多刺裸腹溞	Moina macrocopa	[387]
4	5.48	大型溞	Daphnia magna	—
5	5.50	透明溞	Daphnia hyalina	[370]
6	13.1	青虾	Macrobrachium	[373]
7	24.6	溞状溞	Daphnia pulex	[388]
8	27.0	模糊裸腹溞	Moina dubia	[389]
9	100	夹杂带丝蚓	Lumbriculus variegatus	[390]
10	180	霍甫水丝蚓	Limnodrilu hoffmeisteri	[391]
11	244	麦穗鱼	Pseudorasbora parva	[392]
12	362	草鱼	Ctenopharyngodon idellus	[393]
13	418	正颤蚓	Tubifex tubifex	—
14	442	中华绒螯蟹	Eriocheir sinensis	[394]
15	488	中国林蛙蝌	Rana chensinensis	[395]

R	SMAV/(μg/L)	物种	拉丁名	文献
16	500	尼氏癫颤蚓	*Spirosperma nikolskyi*	[391]
17	528	鲤鱼	*Cyprinus carpio*	—
18	670	黄鳝	*Monopterus albus*	[383]
19	693	泥鳅	*Misgurnus bipartitus*	[396]
20	2000	小蜉	*Ephemerella subvaria*	[397]
21	3057	羽摇蚊幼虫	*Chironomus plumosus*	—

利用筛选获得的六价铬和无机汞急性毒性数据，通过数据分析，以保护 95％ 水生生物的胁迫浓度（HC_5）为终点，对国际主流的 4 种 SSD 拟合方法（基于对数-三角函数的美国方法：SSD-US[370]；基于对数-逻辑斯蒂的欧盟方法：SSD-EU[371]；基于对数-正态分布的荷兰方法：SSD-RIVM[372]；基于 Burr Ⅲ 函数的澳大利亚和新西兰方法：SSD-AU&NZ[373]）进行评价；基于评价结果，综合考虑各方法推算。

8.4.17.2　六价铬和无机汞应急水质标准推算与分析

采用 8.3.5 建立的应急水质标准方法学，利用表 8-94 和表 8-95 中的生物毒性数据，推算六价铬和无机汞的应急水质标准，SSD 拟合结果见图 8-42，推算结果示于表 8-96。

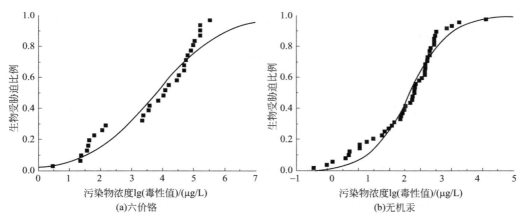

图 8-42　六价铬和无机汞 SSD 拟合曲线

表 8-96　六价铬和无机汞应急水质标准限值

标准等级	风险描述	受胁迫生物比例/%	应急标准限值/(μg/L)	
			六价铬	无机汞
Ⅳ	有严重风险	>50	797	15.6
Ⅲ	有明显风险	>30	161	6.25
Ⅱ	有一定风险	>15	21.0	2.32
Ⅰ	有潜在风险	>5	2.85	0.59

应用提出的应急标准限值进行情景分析，结果如下。以现行地表水环境质量标准（GB 3838—2002）中规定的Ⅳ类标准为例，六价铬和总汞的标准限值分别为 $50\mu g/L$ 和 $1\mu g/L$，参照表 8-93 可知，在突发性污染事故中，相对于Ⅳ类标准，汞或六价铬超标 16 倍左右时均进入严重风险级别；汞超标 6 倍，六价铬超标 3 倍左右时，水体进入明显风险级别。

对于六价铬，当污染事故中常见溞类开始死亡时，表明污染开始具有一定风险；青虾开始死亡时，进入明显风险级别；鳙鱼或蝌蚪开始死亡时，污染进入严重风险级别．对于汞的突发性污染，当鲫鱼和溞类开始死亡时开始出现一定风险；青虾开始死亡时进入明显风险级别。底栖生物水丝蚓和蟹类开始死亡时，汞污染开始进入严重风险级别。

参 考 文 献

[1] 杨玉珍，王婷，马文鹏．水环境中氨氮危害和分析方法及常用处理工艺 [J]．山西建筑，2010，36（20）：362-363.

[2] N. M. V. Straalen, C. A. J. Denneman, Ecological Evaluation of Soil Quality Criteria [J]. Ecotoxicology & Environmental Safety, 1990, 18：241-251.

[3] X. N. Wang, Z. T. Liu, Z. G. Yan, et al. Development of aquatic life criteria for triclosan and comparison of the sensitivity between native and non-native species., Journal of Hazardous Materials. , 2013, 260：1017-1022.

[4] J. Wheeled, E. Grist, K. Leung, et al. Species sensitivity distributions：Data and model choice [J], Marine Pollution Bulletin, 2002, 45：192-202.

[5] 刘征涛．中国水环境质量基准绿皮书 [M]．北京：科学出版社，2014.

[6] 王佳伟，张天柱，陈吉宁．污水处理厂 COD 和氨氮总量削减的成本模型 [J]．中国环境科学，2009，29（4）：443-448.

[7] 李烨楠，卢培利，宋福忠，等．排污权交易定价下的 COD 和氨氮削减成本分析研究 [J]．环境科学与管理，2014，39（3）：50-53.

[8] G. Berenstein, S. Nasello, É. Beiguel, et al. Human and soil exposure during mechanical chlorpyrifos, myclobutanil and copper oxychloride application in a peach orchard in Argentina [J]. Science of The Total Environment, 2017, 586, 1254-1262.

[9] G. A. Dominah, R. A. McMinimy, S. Kallon, et al. Acute exposure to chlorpyrifos caused NADPH oxidase mediated oxidative stress and neurotoxicity in a striatal cell model of Huntington's disease [J]. NeuroToxicology, 2017, 60, 54-69.

[10] Q. Li, M. Kobayashi, T. Kawada. Chlorpyrifos induces apoptosis inhuman T cells, Toxicology [J]. 2009, 255：53-57.

[11] D. Pimentel. Amounts of pesticides reaching target pests：Environmental impacts and ethics, Journal of Agricultural and Environmental Ethics [J]. 1995, 8 (1)：19-25.

[12] G. Kulshrestha, A. Kumari. Fungal degradation of chlorpyrifos by Acremonium sp. strain (GFRC-1) isolated from a laboratory-enriched red agricultural soil, Biology and Fertility of Soils [J]. 2011, 47：219-225.

[13] M. Dutta, D. Sardar, R. Pal, et al. Effect of chlorpyrifos on microbial biomass and activities in tropical clay loam soil, Environmental Monitoring and Assessment [J]. 2010, 160：385-391.

[14] S. Pandey, D. K. Singh, Soil dehydrogenase, phosphomonoesterase and arginine deaminase activities in an insecticide treated groundnut (Arachishypogaea L.) field, Chemosphere. , 2006, 63：869-880.

[15] 吴长兴，赵学平，吴声敢，等．丘陵地区水稻田使用毒死蜱对水体的污染及其生态风险 [J]．生态与农村环境学报，2011，27（3）：108-112.

[16] 徐吉洋，张文萍，李少南，等．毒死蜱对六种淡水节肢动物的毒性与风险评价 [J]．生态毒理学报，2014，9：563-568.

[17] S. Bondarenko, J. Gan, D. L. Haver, et al. Persistence of selected organophosphate and carbamate insecticides in waters from a coastal watershed, Environmental Toxicology and Chemistry, 2004, 23：2649-2654.

[18] 李少南，孙扬，杨挺等，白蚁预防药剂的环境行为 [J]．农药，2006，45：158-161.

[19] 徐锦松，陈轶，朱炳浩，毒死蜱取代甲胺磷防治桑园害虫效果探讨 [J]．蚕桑通报，2003，34：20-22.

[20] B. Wood，J. D. Stark，Acute Toxicity of Drainage Ditch Water from a Washington State Cranberry-Growing Region to Daphnia pulex in Laboratory Bioassays［J］. Ecotoxicol Environ Saf，2002，53：273-280.

[21] P. López-Mancisidor，G. Carbonell，A. Marina，et al. Zooplankton community responses to chlorpyrifos in mesocosms under Mediterranean conditions，Ecotoxicology and Environmental Safety［J］. 2008，71：16-25.

[22] E. Hodgson，In vitrohuman phase I metabolism of xenobiotics I：Pesticides and related compounds used in agriculture and publichealth，may 2003，Journal of Biochemical and Molecular Toxicology［J］. 2003，17：201-206.

[23] L. G. Costa，Current issues in organophosphate toxicology，Clinica Chimica Acta［J］. 2006，366：1-13.

[24] 吴振斌. 有机磷农药毒死蜱研究进展，环境科学与技术［J］. 2011，7：123-127.

[25] J. P. Giesy，K. R. Solomon，J. R. Coats，et al. Chlorpyrifos：Ecological Risk Assessment in North American Aquatic Environments，in：G. W. Ware（Ed.）Reviews of Environmental Contamination and Toxicology：Continuation of Residue Reviews，Springer New York，New York，NY［R］. 1999，1-129.

[26] T. Cáceres，W. He，R. Naidu，et al. Toxicity of chlorpyrifos and TCP alone and in combination to Daphnia carinata：The influence of microbial degradation in natural water［J］. Water Research，2007，41：4497-4503.

[27] H. Xing，X. Wang，G. Sun，et al. Effects of atrazine and chlorpyrifos on activity and transcription of glutathione S-transferase in common carp（Cyprinus carpio L.），Environmental Toxicology and Pharmacology［J］. 2012，33：233-244.

[28] L. I. Jian，G. Yang，H. Zhao，et al. Combined effects of chlorpyrifos and chlorothalonil on early development stage of zebrafish［J］. Acta Agriculture Zhejiangensis，2018.

[29] A. Topaz. Commuting-Liftable Subgroups of Galois Groups II［J］. Journal Für Die Reine Und Angewandte Mathematik，2017，730，65-133.

[30] D. L. Zhang，C. X. Hu，D. H. Li，et al. Zebrafish locomotor capacity and brain acetylcholinesterase activity is altered by Aphanizomenon flos-aquae DC-1 aphantoxins［J］. Aquatic Toxicology，2013：138-149.

[31] V. A. Rauh，R. Garfinkel，R. Perera，et al. Impact of Prenatal Chlorpyrifos Exposure on Neurodevelopment in the First Three Years of Life Among Inner-City Children［J］. Epidemiology，2006，17：1845-1859.

[32] 常晓丽. 农业面源水污染对水生昆虫的波动性不对称的影响［M］. 南京农业大学，2007.

[33] T. Tsuda，S. Aoki，M. Kojima，et al. Pesticides in water and fish from rivers flowing into Lake Biwa［J］. Toxicological & Environmental Chemistry Reviews，1991，34：39-55.

[34] D. W. Sparling，G. Sparling. Comparative toxicity of chlorpyrifos，diazinon，malathion and their oxon derivatives to larval Rana boylii［J］. Environmental Pollution，2007，147：535-539.

[35] 赵华，李康，吴声敢，等，毒死蜱对环境生物的毒性与安全性评价，浙江农业学报，2004，16：0-298.

[36] P. Singh，A. Dabas，R. Srivastava，et al. Evaluation of Genotoxicity Induced by Medicinal Plant Jatropha gossypifolia in Freshwater Fish *Channa punctatus*（Bloch）［J］. Turkish Journal of Fisheries & Aquatic Sciences，2014，14：1-8.

[37] 李康，阿特拉津和毒死蜱对中华绒螯蟹（*Eriocheir sinensis*）的毒性效应研究［M］. 华东师范大学，2005.

[38] L. I. Dian-Bao，W. Zhang，L. Q. Wang，et al. Physiological Response of Neocaridina denticulate to the Toxicity of Cu～（2+）and Chlorpyrifos［J］. Environmental Science，2015，36：727-735.

[39] A. Vioque-Fernández，E. A. de Almeida，J. López-Barea. Biochemical and proteomic effects in *Procambarus clarkii* after chlorpyrifos or carbaryl exposure under sublethal conditions［J］. Biomarkers，2009，14：299-310.

[40] R. Van Wijngaarden，P. Leeuwangh，W. G. H. Lucassen. et al. Acute toxicity of chlorpyrifos to fish，a newt，and aquatic invertebrates［J］. Bulletin of environmental contamination and toxicology，1993，51：716-723.

[41] K. S. Chang，J. S. Jung，C. Park，et al. Insecticide susceptibility and resistance of larvae of the Anopheles sinensis Group（Diptera：Culicidae）from Paju［J］. Republic of Korea，2010，39：196-200.

[42] L. Gómez，E. Durán，A. Gázquez. et al. Lesions induced by 2,4-d and chlorpyrifos in tench（tinca TINCA L.）：implication in toxicity studies［J］. Journal of Environmental Science andhealth，Part B，2002，37：43-51.

[43] 张义超，周霞萍，胞外聚合物和腐殖质对毒死蜱于摇蚊属生物利用率的影响 [J]. 腐植酸，2011，35-42.

[44] B. V. Helson，G. A. Surgeoner，W. E. Ralley. Susceptibility of Culex spp. and Aedes spp. larvae (Diptera：Culicidae) to temephos and chlorpyrifos in southern Ontario [R]，1979，110：79-83.

[45] W. T. Mehler，L. J. Schuler，M. J. Lydy. Examining the joint toxicity of chlorpyrifos and atrazine in the aquatic species：Lepomis macrochirus, Pimephales promelas and Chironomus tentans [J]. Environ. Pollut. ，2008，152：217-224.

[46] 徐吉洋. 毒死蜱对小型组合系统中浮游动物的影响 [M]. 浙江大学，2015.

[47] F. Rettich，The susceptibility of mosquito larvae to eighteen insecticides in Czechoslovakia [Insect pests] [J]. Mosquito News，1977，3：51-54.

[48] D. M. Dorta，M. C. Rodríguez，S. S. Delgado，et al. State of the resistance to insecticides in adult Aedes aegypti mosquitoes from playa municipality [J]. Havana City，Cuba，2005，57：137-142.

[49] R. C. Axtell，J. C. Dukes，T. D. Edwards. Field tests of diflubenzuron, methoprene, Flit MLO and chlorpyrifos for the control of Aedes taeniorhynchus larvae in diked dredged spoil areas [in coastal North Carolina] [R]，1979，39：520-527.

[50] J. W. Beehler，T. C. Quick，G. R. DeFoliart，Residual toxicity of four insecticdes to Aedes triseriatus in scrap tires [J]. Journal of the American Mosquito Control Association，1991，7：121-122.

[51] P. Palma，V. L. Palma，R. M. Fernandes，et al. Acute Toxicity of Atrazine，Endosulfan Sulphate and Chlorpyrifos toVibrio fischeri，Thamnocephalus platyurusandDaphnia magna，Relative to Their Concentrations in Surface Waters from the Alentejo Region of Portugal [J]. Bulletin of Environmental Contamination & Toxicology，2008，81：485-489.

[52] M. I. Zafar，R. P. A. V. Wijngaarden，Roessink I. et al. Effects of time-variable exposure regimes of the insecticide chlorpyrifos on freshwater invertebrate communities in microcosms [J]. Environmental Toxicology & Chemistry，2011，30：1383-1394.

[53] N. V. D. Hoeven，A. A. M. Gerritsen，Effects of chlorpyrifos on individuals and populations of Daphnia pulex in the laboratory and field [J]. Environmental Toxicology & Chemistry，1997，16：2438-2447.

[54] K. Satapornvanit，D. J. Baird，D. C. Little，Laboratory toxicity test and post-exposure feeding inhibition using the giant freshwater prawn Macrobrachium rosenbergii [J]. Chemosphere，2009，74：1209-1215.

[55] M. Woods，A. Kumar，R. Correll，Acute Toxicity of Mixtures of Chlorpyrifos，Profenofos，and Endosulfan to Ceriodaphnia dubia [J]. 2002，68：801-808.

[56] M. R. Wijesinghe，M. G. D. K. Bandara，W. D. Ratnasooriya，et al. Chlorpyrifos-Induced Toxicity in Duttaphrynus melanostictus (Schneider 1799) Larvae [J]. Arch Environ Con Tox，2011，60：690-696.

[57] P. Prasertsup，N. Ariyakanon，Removal of Chlorpyrifos by Water Lettuce (Pistia stratiotes L.) and Duckweed (Lemna minor L.) [J]. International Journal of Phytoremediation，2011，13：383-395.

[58] I. Bernabo，L. Gallo，E. Sperone，et al. Survival，Development，and Gonadal Differentiation in Rana dalmatina Chronically Exposed to Chlorpyrifos [J]. Journal of Experimental Zoology Part a-Ecological Genetics and Physiology，2011，315A：314-327.

[59] I. Bernabo，E. Sperone，S. Tripepi，et al. Toxicity of Chlorpyrifos to Larval Rana dalmatina：Acute and Chronic Effects on Survival，Development，Growth and Gill Apparatus [J]. Arch Environ Con Tox，2011，61：704-718.

[60] P. Singh，A. Dabas，R. Srivastava，et al. Evaluation of Genotoxicity Induced by Medicinal Plant Jatropha gossypifolia in Freshwater Fish Channa punctatus (Bloch) [J]. Turkish Journal of Fisheries and Aquatic Sciences，2014，14：421-428.

[61] V. C. S. Chang，W. H. Lange，Laboratory and Field Evaluation of Selected Pesticides for Control of the Red Crayfish in California Rice Fields [J]. Journal of Economic Entomology，1967，60：473-477.

[62] C. Cebrián, E. S. Andreu-Moliner, A. Fernández-Casalderrey, et al. Acute toxicity and oxygen consumption in the gills of Procambarus clarkii in relation to chlorpyrifos exposure [J]. Bull Environ Contam Toxicol, 1992, 49: 145-149.

[63] W. T. Mehler, L. J. Schuler, M. J. Lydy, Examining the joint toxicity of chlorpyrifos and atrazine in the aquatic species: Lepomis macrochirus, Pimephales promelas and Chironomus tentans [J]. Environmental Pollution, 2008, 152: 217-224.

[64] H. Roussel, L. Ten-Hage, S. Joachim, et al. A long-term copper exposure on freshwater ecosystem using lotic mesocosms: Primary producer community responses [J]. Aquatic Toxicology, 2007, 81: 168-182.

[65] M. I. Zafar, R. P. A. Van Wijngaarden, I. Roessink, et al. effects of time-variable exposure regimes of the insecticide chlorpyrifos on freshwater invertebrate communities in microcosms [J]. Environ Toxicol Chem, 2011, 30: 1383-1394.

[66] N. V. D. Hoeven, A. A. M. Gerritsen, Effects of chlorpyrifos on individuals and populations of Daphnia pulex in the laboratory and field [J]. Environmental Toxicology & Chemistry, 2011, 16: 2438-2447.

[67] M. Woods, A. Kumar, R. Correll, Acute toxicity of mixtures of chlorpyrifos, profenofos, and endosulfan to Ceriodaphnia dubia [J]. B Environ Contam Tox, 2002, 68: 801-808.

[68] 1 月份国内销售前 20 产品中杀虫剂产品排名情况, 农药市场信息 [R]. 2012, (7): 35.

[69] K. L. Willett, E. M. Ulrich, R. A. Hites, Differential Toxicity and Environmental Fates of Hexachlorocyclohexane Isomers [J]. Environmental Science & Technology, 1998, 32: 2197-2207.

[70] D. C. G. Muir, N. P. Grift, W. L. Lockhart, et al. Spatial trends andhistorical pofiles of oganochlorine pesticides in Arctic lake sediments [J]. Science of the Total Environment, 1995, 160/161: 447-457.

[71] A. Sarkar, R. Nagarajan, S. Chaphadkar, et al. Contamination of organochlorine pesticides in sediments from the Arabian Sea along the west coast of India [J]. Water Research, 1997, 31: 194-200.

[72] W. Z. Wu, K. -W. Schramm, B. Henkelmann, et al. PCDD/Fs, PCBs, HCHs andhCB in sediments and soils of Ya-Er Lake area in China: Results on residual levels and correlation to the organic carbon and the particle size [J]. Chemosphere, 1997, 34: 191-202.

[73] K. Magnusson, R. Ekelund, G. Dave, et al. Contamination and correlation with toxicity of sediment samples from the Skagerrak and Kattegat [J]. Journal of Sea Research, 1996, 35: 228-234.

[74] Z. Zhao, Y. Jiang, Q. Li, et al. Spatial correlation analysis of polycyclic aromatichydrocarbons (PAHs) and organochlorine pesticides (OCPs) in sediments between Taihu Lake and its tributary rivers [J]. Ecotoxicol Environ Saf, 2017, 142: 117-128.

[75] X. Gong, S. Qi, Y. Wang, E. B. et al. Historical contamination and sources of organochlorine pesticides in sediment cores from Quanzhou Bay, Southeast China [J]. Marine Pollution Bulletin, 2007, 54: 1434-1440.

[76] L. Yang, X. Xia, L. Hu, Distribution andhealth Risk Assessment ofhCHs in Urban Soils of Beijing, China [J]. Environmental Monitoring & Assessment, 2012, 184: 2377-2387.

[77] R. Zhou, L. Zhu, Y. Chen, et al. Concentrations and characteristics of organochlorine pesticides in aquatic biota from Qiantang River in China [J]. Environmental Pollution, 2008, 151: 0-199.

[78] J. Sun, J. Feng, Q. Liu, et al. Distribution and sources of organochlorine pesticides (OCPs) in sediments from upper reach ofhuaihe River, East China [J]. Journal ofhazardous Materials, 2010, 184: 141-146.

[79] L. Maltby, N. Blake, T. C. M. Brock, et al. Insecticide species sensitivity distributions: Importance of test species selection and relevance to aquatic ecosystems [J]. Environmental Toxicology & Chemistry, 2005, 24: 379-388.

[80] 杨晓梅, 塔娜, 徐永明, 等. 中国有机氯农药的监测现状. 化工环保 [J], 2013, 33: 123-128.

[81] 石媛: 太湖地区 HCH 污染特征研究 [M]. 大连海事大学, 2008.

[82] 马忠祥. 浅谈六六六对人的危害 [J]. 粮食储藏, 1983, 6: 22-26.

[83] 吴迪，单正军，韩志华，等.林丹短期暴露对斑马鱼生长发育和繁殖的影响，生态与农村环境学报［J］. 2011，27：49-53.

[84] 邓惜汝，鲜啟鸣，孙成.林丹、毒死蜱对淡水藻类毒性效应的比较研究［J］. 生态环境学报，2014，472-476.

[85] 邵向东，姜志毅，林丹对微生物及水生生物的毒性［J］. 国外农业环境保护，1993，1：13-17.

[86] H. J. Geyer, I. Scheunert, R. Bruggemann, et al. The Relevance of Aquatic Organisms' Lipid Content to the Toxicity of Lipophilic Chemicals：Toxicity of Lindane to Different Fish Species ［J］. Ecotoxicology & Environmental Safety，1994，28：0-70.

[87] J. A. Terngu, T. A. Emmanuel, M. O. Funke, Studies on acute toxicity of lindane（gamalin 20）exposed to Hetrobrancus bidorsalis juveniles. Jouurnal of Environment & Biotechnology Research，2017，6，117-122.

[88] Federal Register：Part Ⅱ；Environmental Protection Agency：40 CFR Parts 122 et al. Water Quality Guidance for The Great Lakes System and Correction；Proposed Rules ［R］. 1993.

[89] 雷炳莉，金小伟，黄圣彪，等.太湖流域3种氯酚类化合物水质基准的探讨［J］. 生态毒理学报，2009，4：40-49.

[90] 李文菊，梁英，王庆国.成都市柏木河水源地六六六、滴滴涕类内分泌干扰物初步研究［J］. 科技创新导报，2012，0-5.

[91] 胡雄星，夏德祥，韩中豪，等.苏州河水及沉积物中有机氯农药的分布与归宿［J］. 中国环境科学，2005，25（1）：124-128.

[92] 姜珊，孙丙华，徐彪，等.巢湖主要湖口水体和表层沉积物中有机氯农药的残留特征及风险评价［J］. 环境化学，2016，35：1228-1236.

[93] 张小辉，贾海燕，祁士华，等.汉江水体和鱼体内有机氯农药残留水平及积累特征分析［J］. 安全与环境工程，2014，21：40-45.

[94] H. Wei, D. Hu, K. b. Li, Sediments contamination levels of organochlorine pesticides in Weihe River, Northwestern China ［J］. Environmental Earth Sciences，2016，75：797.

[95] J. Li, F. Li, Q. Liu, Sources, concentrations and risk factors of organochlorine pesticides in soil, water and sediment in the Yellow River estuary ［J］. Marine Pollution Bulletin，2005，100（1）：516-522.

[96] 肖春艳，邰超，赵同谦，等.黄河湿地孟津段水体及沉积物中有机氯农药的分布特征［J］. 环境科学，2009.3016：55-61.

[97] 广州南沙红树林湿地水体和沉积物中有机氯农药的残留特征 ［J］. 环境科学.2017，38（4）：1431-1440.

[98] 谢文平，朱新平，陈昆慈，等.珠江口水体、沉积物及水生动物中 HCHs 和 DDTs 的含量与生态风险评价［J］. 环境科学学报，2009，29：1984-1994.

[99] 张秀芳，董晓丽，辽河中下游水体中有机氯农药的残留调查［J］. 大连工业大学学报，2002，21：102-104.

[100] 胡小键，许宁，张森，等.淮河江苏段水中有机氯农药污染特征分析［J］. 环境与健康杂志，2016，33（4）：332-338.

[101] 安娜，富英群，王艳梅，等.松花江肇源段水和沿岸土壤及作物中六六六和 DDT 的残留水平［J］. 环境与健康杂志，2010，27（4）：57-60.

[102] C. A. Flemming, J. T. Trevors, Copper toxicity and chemistry in the environment：a review ［J］. Water，Air，and Soil Pollution. 1989，44：143-158.

[103] 李剑，王立杰，王联军.我国铜矿资源短缺的约束程度分析研究——以对铜工业及国民经济的影响为例 ［J］. 中国国土资源经济，2008，16-17，25，48.

[104] 张文毓，氧化铝弥散强化铜应用进展［J］. 世界有色金属，2008，(7)：60-61.

[105] 张良，田庄，太阳能电池、光催化中的氧化亚铜应用［J］. 山东工业技术，2018，5：92-94.

[106] 余仲兴．"氯化亚铜水电冶金回收废杂铜应用研究"通过鉴定［J］. 上海有色金属，1995，6：358.

[107] 许倩，许萌，我国精铜需求与相关行业固定投资额关系研究［J］. 科技创新与生产力，2011，(9)：62-64.

[108] 王君．冰箱两器行业铝代铜应用进展［J］. 世界有色金属，2012，5：53-54.

[109]　齐丽娟，张维，郑珊，等．应用于纺织品中的纳米铜皮肤刺激性和致敏性的研究 [J]．毒理学杂志，2017，6：415-420.

[110]　S. Panwar, D. B. Goel, O. P. Pandey, Effect of cold work and aging on mechanical properties of a copper bearinghSLA-100 steel [J]. Bulletin of Materials Science, 2005, 28：259-265.

[111]　张国光．铜包钢线和铜包铝线的新用途 [J]．大众用电，2009，3：37-38.

[112]　R. Chester, F. G. Voutsinou, The initial assessment of trace metal pollution in coastal sediments [J]. Marine Pollution Bulletin, 1981, 12：84-91.

[113]　Z. Li, Z. Ma, T. J. V. D. Kuijp, et al. A Review of Soilheavy Metal Pollution From Mines in China：Pollution andhealth Risk Assessment [J]. Science of the Total Environment, 2013, (468-469C)：843-853.

[114]　H. Ghrefat, N. Yusuf, Assessing Mn, Fe, Cu, Zn, and Cd pollution in bottom sediments of Wadi Al-Arab Dam, Jordan [J]. Chemosphere, 2006, 65：2114-2121.

[115]　J. R. Holan, C. K. King, B. J. Sfiligoj, et al. Toxicity of copper to three common subantarctic marine gastropods [J]. Ecotoxicology & Environmental Safety, 2017, 136：70-77.

[116]　R. K. Mishra, V. Sharma, Biotic Strategies for Toxicheavy Metal Decontamination [J]. Recent Pat Biotechnol, 2017, 11 (3) 218-228.

[117]　C. Tu, Y. Liu, J. Wei, et al. Characterization and mechanism of copper biosorption by ahighly copper-resistant fungal strain isolated from copper-polluted acidic orchard soil [J]. Environmental Science & Pollution Research, 2018, 25：24965-24974.

[118]　K. Kumar, S. S. Patavardhan, S. Lobo, et al. Equilibrium study of dried orange peel for its efficiency in removal of cupric ions from water [J]. International Journal of Phytoremediation, 2018, 20 (6)：593-598.

[119]　D. Pradeep, K. Anil, D. Shruti, B. Hemlata, C. Rohit, K. Abhishek, D. Poonam, C. Vinod, B. Vikas, Biosorption ofheavy Metals from Aqueous Solution by Bacteria Isolated from Contaminated Soil [J]. Water Environment Research 2018, 90 (5)：424-430.

[120]　A. Jaiswal, A. Verma, P. Jaiswal, Detrimental effects of heavy metals in soil, plants, aquatic ecosystem as well as inhumans [J]. Journal of Environmental Pathology, Toxicology and Oncology, 2018, 37：183-197.

[121]　B. Bi, X. Liu, X. Guo, S. Lu, Occurrence and risk assessment ofheavy metals in water, sediment, and fish from Dongting Lake, China [J]. Environmental Science and Pollution Research. 2018, 25 (34)：34076-34090.

[122]　H. Thouin, F. Battaglia-Brunet, P. Gautret, L. Le Forestier, D. Breeze, F. Séby, M. -P. Norini, S. Dupraz, Effect of water table variations and input of natural organic matter on the cycles of C and N, and mobility of As, Zn and Cu from a soil impacted by the burning of chemical warfare agents：A mesocosm study [J]. Science of the Total Environment, 2017, 595：279-293.

[123]　G. M. Gadd, The Geomycology of Elemental Cycling and Transformations in the Environment [J]. Microbiol Spectr, 2017, 5 (1)：28128071.

[124]　H. Zhao, B. Xia, C. Fan, et al. Humanhealth risk from soilheavy metal contamination under different land uses near Dabaoshan Mine [J]. Southern China, 2012,417-418：45-54.

[125]　Ruan Y. L., Li X. D., Li T. Y., et al. Heavy Metal Pollution in Agricultural Soils of the Karst Areas and Itsharm tohumanhealth [J]. Earth & Environment, 2015, 43 (1)：92-97.

[126]　S. Chowdhury, M. A. J. Mazumder, O. Al-Attas, T. Husain, Heavy metals in drinking water：Occurrences, implications, and future needs in developing countries [J]. Science of the Total Environment, 2016, 569-570：476-488.

[127]　秦延文，韩超南，张雷，等．湘江衡阳段重金属在水体、悬浮颗粒物及表层沉积物中的分布特征研究 [J]．环境科学学报，2012，32：2836-2844.

[128]　A. D. Chaturvedi, D. Pal, S. Penta, et al. Ecotoxicheavy metals transformation by bacteria and fungi in aquatic

ecosystem [J]. World Journal of Microbiology & Biotechnology, 2015, 31: 1595-1603.

[129] J. A. Kubitz, E. C. Lewek, J. M. Besser, J. B. D. Iii, J. P. Giesy, Effects of copper-contaminated sediments on hyalella azteca, Daphnia magna, and Ceriodaphnia dubia: Survival, growth, and enzyme inhibition [J]. Archives of Environmental Contamination & Toxicology, 1995, 29: 97-103.

[130] A. R. Carlson, H. Nelson, D. Hammermeister, Development and validation of site - specific water quality criteria for copper [J]. Environmental Toxicology & Chemistry, 2011, 5: 997-1012.

[131] S. E. Belanger, J. L. Farris, D. S. Cherry, Effects of diet, waterhardness, and population source on acute and chronic copper toxicity to Ceriodaphnia dubia [J]. Archives of Environmental Contamination & Toxicology, 1989, 18: 601-611.

[132] S. E. Belanger, D. S. Cherry, Interacting effects of pH acclimation, pH, andheavy metals on acute and chronic toxicity to Ceriodaphnia dubia (Cladocera) [J]. Journal of Crustacean Biology, 1990, 10: 225-235.

[133] J. T. Oris, R. W. Winner, M. V. Moore, A four-day survival and reproduction toxicity test for ceriodaphnia dubia [J]. Environmental Toxicology & Chemistry, 2010, 10: 217-224.

[134] A. V. Nebeker, M. A. Cairns, S. T. Onjukka, R. H. Titus, Effect of age on sensitivity of Daphnia Magna to cadmium, copper and cyanazine [J]. Environ. Toxicol. Chem., 1986, 5: 527-530.

[135] 余海静, 张深, 邹国防. 生物配体模型预测太湖水体中 Cu 的形态分布和生物有效性 [J]. 环境化学, 2014, 33: 1107-1114.

[136] USEPA. Aquatic Life Criteria - Copper [R]. 2007, Washingtan D. C.: USEPA.

[137] J. A. Buckley, Complexation of copper in the effluent of a sewage treatment plant and an estimate of its influence on toxicity to coho salmon [J]. Water Res., 1983, 17: 1929-1934.

[138] GaryA. Chapman, DonaldG. Stevens, Acutely Lethal Levels of Cadmium, Copper, and Zinc to Adult Male Coho Salmon and Steelhead [J]. Transactions of the American Fisheries Society, 1978, 107: 837-840.

[139] J. E. Mudge, T. E. Northstrom, G. S. Jeane, et al. Risk Assess. Effect of Varying Environmental Conditions on the Toxicity of Copper to Salmon [J]. Environ. Toxicol. 1993, 2: 19-33.

[140] 吕怡兵, 李国刚, 宫正宇, 等, 应用 BLM 模型预测我国主要河流中 Cu 的生物毒性 [J]. 环境科学学报, 2006, 26: 2080-2085.

[141] N. Flint, M. R. Crossland, R. G. Pearson, Sublethal effects of fluctuatinghypoxia on juvenile tropical Australian freshwater fish [J]. Marine & Freshwater Research, 2014, 66: 293.

[142] 王春艳. 生物配体模型预测中国典型河流水体铜毒性及其水质基准指标应用研究 [M]. 武汉: 武汉大学, 2012.

[143] S. D. Dyer, D. J. Versteeg, S. E. Belanger, et al. Interspecies Correlation Estimates Predict Protective Environmental Concentrations [J]. Environmental Science & Technology, 2006, 40: 3102-3111.

[144] X. Wang, H. Jingyi, X. Ligang, et al. Spatial and seasonal variations of the contamination within water body of the Grand Canal, China [J]. Environmental Pollution, 2010, 158: 1513-1520.

[145] L. Bo, D. Wang, T. Li, et al. Accumulation and Risk Assessment ofheavy Metals in Water, Sediments, and Aquatic Organisms in Rural Rivers in the Taihu Lake Region, China [J]. Environmental Science & Pollution Research, 2015, 22: 6721-6731: .

[146] X. Jiang, W. Wang, S. Wang, et al. Initial identification ofheavy metals contamination in Taihu Lake, a eutrophic lake in China [J]. Journal of Environmental Sciences, 2012, 24 (9): 1539-1548.

[147] Y. Wang, L. Liang, J. Shi, et al. Study on the contamination ofheavy metals and their correlations in mollusks collected from coastal sites along the Chinese Bohai Sea [J]. Environment International, 2005, 31: 1103-1113.

[148] W. Meng, Y. QIN, B. ZHENG, et al. Heavy metal pollution in Tianjin Bohai Bay, China [J]. Journal of Environmental Sciences, 2008, 20 (7): 814-819.

[149] L. Wan, N. B. Wang, Q. B. Li, et al. Estival Distribution of Dissolved Metal Concentrations in Liaodong Bay [J]. Bullentin of Environmental Contarnination & Toxicology, 2008, 80: 311-314.

[150] X. Gao, F. Zhou, C. T. Chen, Pollution status of the Bohai Sea: An overview of the environmental quality assessment related trace metals [J]. Environment International, 2014, 62: 12-30.

[151] 倪芳, 周斯芸, 张瑛, 等. 不同浓度的五氯酚对斑马鱼运动行为的影响 [J]. 生态毒理学报, 2013, 8: 763-771.

[152] 熊力, 马永鹏, 毛思予, 等. 五氯酚对稀有鮈鲫胚胎毒性效应研究 [J]. 中国环境科学, 2012, 32 (2): 337-344.

[153] I. Gerhard, A. Frick, B. Monga, B. Runnebaum, Pentachlorophenol Exposure in Women with Gynecological and Endocrine Dysfunction [J]. Environ. Res., 1999, 80: 383-388.

[154] K. Du. Z. Lwo, P. Guo, et al. Preparation and evaluation of a molecularly imprinted sol-gel material as the solid-phase extraction adsorbents for the specific recognition of cloxacilloic acid in cloxacillin [J]. Journal of Separation Science, 2016, 39: 483-489.

[155] Z. W. Tang, Z. F. Yang, Z. Y. Shen, et al. Pentachlorophenol Residues in Suspended Particulate Matter and Sediments from the Yangtze River Catchment of Wuhan, China, Bull [J]. Environ. Contam. Toxicol. 2007, 78: 158-162.

[156] Y. X. Chen, H. L. Chen, Y. T. Xu, et al. Irreversible sorption of pentachlorophenol to sediments: experimental observations [J]. Environment International, 2004, 30: 31-37.

[157] 罗茜, 查金苗, 雷炳莉, 等. 三种氯代酚的水生态毒理和水质基准 [J]. 环境科学学报, 2009: 29: 2241-2249.

[158] 张兵, 郑明辉, 刘芃岩, 等. 五氯酚在洞庭湖环境介质中的分布 [J]. 中国环境科学, 2001, 21: 165-167.

[159] B. Wang, B. Huang, W. Jin, et al. Seasonal distribution, source investigation and vertical profile of phenolic endocrine disrupting compounds in Dianchi Lake, China [J]. Journal of Environmental Monitoring, 2012, 14: 1275-1282.

[160] T. T. Liao, R. W. Jia, Y. L. Shi, et al. Propidium iodide staining method for testing the cytotoxicity of 2,4, 6-trichlorophenol and perfluorooctane sulfonate at low concentrations with Vero cells [J]. Environmental Letters, 2011, 46: 1769-1775.

[161] K. D. Owens, K. N. Baer, Modifications of the Topical Japanese Medaka (Oryzias latipes) Embryo Larval Assay for Assessing Developmental Toxicity of Pentachlorophenol and p, p'-Dichlorodiphenyltrichloroethane [J]. Ecotoxicology & Environmental Safety, 2000, 47: 87-95.

[162] K. A. Maenpaa, O. P. Penttinen, J. V. Kukkonen, Pentachlorophenol (PCP) bioaccumulation and effect on heat production on salmon eggs at different stages of development [J]. Aquatic Toxicology, 2004, 68: 75-85.

[163] 郑敏, 朱琳, 五氯酚对斑马鱼胚胎的毒性效应研究 [J]. 应用生态学报, 2005, 16: 1967-1971.

[164] J. Michatowicz, P. Sicińska, Chlorophenols and chlorocatechols in duce apoptosis in human lymphocytes (in vitro) Toxicology Letters, 2009, 191: 246-252.

[165] J. Michatowicz, Pentachlorophenol and its derivatives induce oxidative damage and morphological changes inhuman lymphocytes (in vitro) [J]. Archives of Toxicology, 2010, 84: 379-387.

[166] J. Chen, J. Jiang, F. Zhang, et al. Cytotoxic effects of environmentally relevant chlorophenols on L929 cells and their mechanisms [J]. Cell Biology & Toxicology, 2004, 20: 183-196.

[167] Y. Ma, C. Liu, P. K. S. Lam, et al. Modulation of steroidogenic gene expression andhormone synthesis inh295R cells exposed to PCP and TCP [J]. Toxicology, 2011, 282: 146-153.

[168] Y. Ma, J. Han, Y. Guo, et al. Disruption of endocrine function in in vitroh295R cell-based and in in vivo assay in zebrafish by 2,4-dichlorophenol [J]. Aquatic Toxicology. 2012, 106-107: 173-181.

[169] Y. J. Wang, C. C. Lee, W. C. Chang, et al. Oxidative stress and liver toxicity in rats andhumanhepatoma cell

line induced by pentachlorophenol and its major metabolite tetrachlorohydroquinone [J]. Toxicology Letters, 2001, 122: 157-169.

[170]   H. C. Hong, H. Y. Zhou, C. Y. Lan, et al. Pentachlorophenol induced physiological-biochemical changes in Chlorella pyrenoidosa culture [J]. Chemosphere, 2010, 81: 1184-1188.

[171]   J. Micha? Owicz, M. g. Posmyk, W. Duda, Chlorophenols induce lipid peroxidation and change antioxidant parameters in the leaves of wheat (*Triticum aestivum L.*) [J]. 2009, 166: 559-568.

[172]   X. Jin, J. Zha, Y. Xu, et al. Derivation of predicted no effect concentrations (PNEC) for 2,4, 6-trichlorophenol based on Chinese resident species [J]. Chemosphere, 2012, 86: 17-23.

[173]   X. Jin, J. Zha, Y. Xu, et al. Toxicity of pentachlorophenol to native aquatic species in the Yangtze River [J]. Environ, Pullut. Res Int, 2012, 19: 609-618.

[174]   X. W. Jin, J. M. Zha, Y. P. Xu, et al. Derivation of aquatic predicted no-effect concentration (PNEC) for 2,4-dichlorophenol: comparing native species data with non-native species data, [J]. Chemosphere. 2011, 84: 1506-1511.

[175]   邢立群，基于本土水生生物的氯代酚类污染物水质基准研究及其风险评估 [M]. 南京：南京大学，2012.

[176]   F. I. Mostafa, C. S. Helling, Impact of four pesticides on the growth and metabolic activities of two photosynthetic algae [J]. Journal of Environmental Science andhealth, Part B, 2002, 37: 417-444.

[177]   J. Kammenga, C. Van Gestel, J. Bakker, Patterns of sensitivity to cadmium and pentachlorophenol among nematode species from different taxonomic and ecological groups [J]. Archives of Environmental Contamination and Toxicology, 1994, 27: 88-94.

[178]   S. W. Fisher, R. W. Wadleigh, Effects of pH on the acute toxicity and uptake of [14C] pentachlorophenol in the midge, Chironomus riparius [J]. Ecotoxicology and environmental safety, 1986, 11: 1-8.

[179]   P. Radix, M. Léonard, C. Papantoniou, et al. Comparison of four chronic toxicity tests using algae, bacteria, and invertebrates assessed with sixteen chemicals [J]. Ecotoxicology and Environmental Safety, 2000, 47: 186-194.

[180]   P. Gupta, V. Durve, Evaluation of the toxicity of sodium pentachlorophenate, pentachlorophenol and phenol to the snail Viviparus bengalensis (L.) [J]. Archiv furhydrobiologie. Stuttgart, 1984, 101: 469-475.

[181]   P. M. Chapman, M. A. Farrel, R. O. Brinkhurst, Relative tolerances of selected aquatic oligochaetes to combinations of pollutants and environmental factors [J]. Aquatic Toxicology, 1982, 2: 69-78.

[182]   H. Schafer, H. Hettler, U. Fritsche, et. al. Biotests using unicellular algae and ciliates for predicting long-term effects of toxicants [J]. Ecotoxicology and environmental safety, 1994, 27: 64-81.

[183]   R. Spehar, H. Nelson, M. Swanson, et al. Pentachlorophenol toxicity to amphipods and fathead minnows at different test pH values [J]. Environmental Toxicology and Chemistry: An International Journal, 1985, 4: 389-397.

[184]   B. Khangarot, Acute toxicity of pentachlorophenol and antimycin to common guppy (Lebistes reticulatus Peters) [J]. Indian J. Phys. Nat. Sci, 1983, 3: 25-29.

[185]   J. Saarikoski, M. Viluksela, Influence of pH on the toxicity of substituted phenols to fish [J]. Archives of environmental contamination and toxicology, 1981, 10: 747-753.

[186]   M. Salkinoja-Salonen, M. Saxelin, J. Pere, et al. Analysis of Toxicity and Biodegradability of Organochlorine Compounds Released into the Environment in Bleaching Effluents of Kraft Pumping [J]. Advances in the Identification and Analysis of Organic Rollutants in Water. 2: 1131-1164. 1981.

[187]   P. Gupta, V. Mujumdar, P. Rao, V. Durve, Toxicity of phenol, pentachlorophenol and sodium pentachlorophenolate to a freshwater teleost Lebistes reticulatus (Peters) [J]. Actahydrochimica et hydrobiologica, 1982, 10: 177-181.

[188]   P. Johansen, R. Mathers, J. Brown, et al. Mortality of early life stages of largemouth bass, Micropterus salmoides due to pentachlorophenol exposure [J]. Bulletin of environmental contamination and toxicology, 1985, 34: 377-384.

[189] S. F. Hedtke, C. W. West, K. N. Allen, et al. Toxicity of pentachlorophenol to aquatic organisms under naturally varying and controlled environmental conditions [J]. Environmental Toxicology and Chemistry: An International Journal, 1986, 5: 531-542.

[190] R. V. Thurston, T. A. Gilfoil, E. L. Meyn, et al. Comparative toxicity of ten organic chemicals to ten common aquatic species [J]. Water Research, 1985, 19: 1145-1155.

[191] K. J. Willis, Acute and chronic bioassays with New Zealand freshwater copepods using pentachlorophenol [J]. Environmental Toxicology and Chemistry: An International Journal, 1999, 18: 2580-2586.

[192] S. E. Dominguez, G. A. Chapman, Effect of pentachlorophenol on the growth and mortality of embryonic and juvenile steelhead trout [J]. Archives of Environmental Contamination and Toxicology, 1984, 13: 739-743.

[193] F. L. Mayer, M. R. Ellersieck, Manual of acute toxicity: interpretation and data base for 410 chemicals and 66 species of freshwater animals, US Department of the Interior [R], Fish and Wildlife Service Washington, DC. 1986.

[194] L. C. Sappington, F. L. Mayer, F. J. Dwyer, et al, Contaminant sensitivity of threatened and endangered fishes compared to standard surrogate species [J]. Environmental Toxicology & Chemistry, 2010, 20: 2869-2876.

[195] C. J. Kennedy, Toxicokinetic studies of chlorinated phenols and polycyclic aromatichydrocarbons in rainbow trout (*Oncorhynchus mykiss*) [R]. 1990, 4: 487-514.

[196] A. Inglis, E. Davis, Effects of waterhardness on the toxicity of several organic and inorganicherbicides to fish [R]. U. S. Fish and Wildlife Service, 1972.

[197] F. I. Y. Mostafa, C. S. Helling, impact of four pesticides on the growth and metabolic activities of two photosynthetic algae [J]. Journal of Environmental Science andhealth, Part B, 2002, 37: 417-444.

[198] 陈怡. 太湖流域五氯酚水质基准校验方法研究 [M]. 南京大学. 2014.

[199] S. Cheng, Heavy metal pollution in China: Origin [M]. pattern and control, 2003, 10: 192-198.

[200] 王晓娟, 王文斌, 杨龙, 等. 重金属镉 (Cd) 在植物体内的转运途径及其调控机制 [J]. 生态学报. 2015, (35): 338-346.

[201] M. Llugany, R. Miralles, I. Corrales, et al. Cynara cardunculus a potentially useful plant for remediation of soils polluted with cadmium or arsenic [J]. Journal of Geochemical Exploration, 2012, 123: 122-127..

[202] 杨卓, 陈婧. 重金属污染土壤植物修复的 EDTA 调控效果 [J]. 江苏农业科学, 2017, 45 (2): 258-261.

[203] 莫若斌, 曲伯华. 1931 年日本发生富山 "痛痛病" 事件 [J]. 环境导报, 2003, 20-20.

[204] 陈波宇, 郑斯瑞, 牛希成, 等. 物种敏感度分布及其在生态毒理学中的应用 [J]. 生态毒理学报, 2010, 5: 491-497.

[205] 张瑞卿, 吴丰昌, 李会仙, 等. 应用物种敏感度分布法研究中国无机汞的水生生物水质基准 [J]. 环境科学学报, 2012, 32 (2): 440-449.

[206] 张翠, 翟毓秀, 宁劲松, 等. 镉在水生动物体内的研究概况 [J]. 水产科学, 2007, 26: 465-470.

[207] J. Beunink, H. -J. Rehm, Coupled reductive and oxidative degradation of 4-chloro-2-nitrophenol by a co-immobilized mixed culture system [J]. Applied Microbiology & Biotechnology, 1990: 34: 108-115.

[208] L. Keiiher, W. Telliard, Priority pollutants. I. A perspective view [J]. Environ. Sci. Technol, 1979, 13: 416-423.

[209] P. H. Howard, W. Jarvis, G. Sage, et al. Handbook of Environmental Fate and Exposure Data for Organic Chemicals [J]. Journal of Testing and Evalution. 1989, 18 (6): DOI: 10.1520/JTE12517J.

[210] 郎佩珍, 龙凤山, 袁星, 等. 松花江中游 (哨口-松花江村段) 水中有毒有机物污染研究 [J]. 环境工程学报, 1993, 1 (6): 47-56.

[211] 康跃惠, 宫正宇, 王子健, 等. 官厅水库及永定河水中挥发性有机物分布规律 [J]. 环境科学学报, 2001, 21: 338-343.

[212] 王子健, 吕怡兵, 王毅, 等. 淮河水体取代苯类污染及其生态风险 [J]. 环境科学学报, 2002, 22: 300-304.

[213] 王宏，杨霓云，沈英娃，等. 海河流域几种典型有机污染物环境安全性评价 [J]. 环境科学研究，2003，16：35-36.

[214] 胡国华，赵沛伦. 黄河孟津——花园口区间有机污染分析及防治对策 [J]. 人民黄河，1995，17：6-9.

[215] M. C. He，Y. Sun，X. R. Li，et al. Distribution patterns of nitrobenzenes and polychlorinated biphenyls in water，suspended particulate matter and sediment from mid-and down-stream of the Yellow River (China) [J]. Chemosphere，2006，65：365-374.

[216] 田怀军，舒为群，张学奎，等. 嘉陵江（重庆段）源水有机污染物的研究 [J]. 长江流域资源与环境，2003，12：118-123.

[217] L. Bingli，S. HUANG，Q. Min，et al. Prediction of the environmental fate and aquatic ecological impact of nitrobenzene in the Songhua River using the modified AQUATOX model [J]. Journal of Environmental Sciences，2008，20：769-777.

[218] 唐萍，周集体，王竞，等. 硝基苯废水治理的研究进展 [J]. 工业水处理，2003，23：16-19.

[219] 王之磊，刘丰，周晓玲，等. 氧化应激在硝基苯致公鸭肾毒性中的作用 [J]. 畜牧兽医科技信息，2017，11：20-22.

[220] R. C. Cattley，J. I. Everitt，E. A. Gross，et al. Carcinogenicity and toxicity of inhaled nitrobenzene in B6C3F1 mice and F344 and CD rats [J]. Fundamental and Applied Toxicology，1994，22：328-340.

[221] J. W. Holder，Nitrobenzene carcinogenicity in animals andhumanhazard evaluation [J]. Toxicology & Industrial Health，1999，15 (5)：445-457.

[222] 吴丰昌，孟伟，张瑞卿，等. 保护淡水水生生物硝基苯水质基准研究 [J]. 环境科学研究，2011，24：1-10.

[223] C. G. Daughton，T. A. Ternes，Pharmaceuticals and personal care products in the environment：agents of subtle change? [J]. Environmental health perspectives，1999，107：907-938.

[224] S. Chu，C. D. Metcalfe，Simultaneous determination of triclocarban and triclosan in municipal biosolids by liquid chromatography tandem mass spectrometry [J]. Journal of Chromatography A，2007，1164：212-218.

[225] T. E. Chalew，R. U. Halden，Environmental exposure of aquatic and terrestrial biota to triclosan and triclocarban 1 [J]. Journal of the American Water Resources Association，2009，45：4-13.

[226] K. Magnusson，R. Ekelund，G. Dave，et al. Contamination and correlation with toxicity of sediment samples from the Skagerrak and Kattegat [J]. Journal of Sea Research，1996，35：223-234.

[227] J. Menoutis，A. Parisi，Testing for dioxin and furan contamination in triclosan [J]. Cosmetics and toiletries，2002，117：75-78.

[228] D. E. Latch，J. L. Packer，W. A. Arnold，et al. Photochemical conversion of triclosan to 2，8-dichlorodibenzo-p-dioxin in aqueous solution [J]. Journal of Photochemistry and Photobiology A：Chemistry，2003，158：63-66.

[229] K. L. Rule，V. R. Ebbett，P. J. Vikesland，Formation of chloroform and chlorinated organics by free-chlorine-mediated oxidation of triclosan [J]. Environmental Science & Technology，2005，39：3176-3185.

[230] M. Mezcua，M. J. Gómez，I. Ferrer，et al. Evidence of 2，7/2，8-dibenzodichloro-p-dioxin as a photodegradation product of triclosan in water and wastewater samples [J]. Analytica Chimica Acta，2004，524：241-247.

[231] E. M. Fiss，K. L. Rule，P. J. Vikesland，Formation of Chloroform and Other Chlorinated Byproducts by Chlorination of Triclosan-Containing Antibacterial Products [J]. Environmental Science & Technology，2007，41：2387-2394.

[232] K. Inaba，T. Doi，N. Isobe，et al. Formation of bromo-substituted triclosan during chlorination by chlorine in the presence of trace levels of bromide [J]. Water research，2006，40：2931-2937.

[233] M. A. Coogan，R. E. Edziyie，T. W. La Point，et al. Algal bioaccumulation of triclocarban，triclosan，and methyl-triclosan in a North Texas wastewater treatment plant receiving stream [J]. Chemosphere，2007，67：1911-1918.

[234] M. Adolfsson-Erici，M. Pettersson，J. Parkkonen，et al. Triclosan，a commonly used bactericide found inhuman

milk and in the aquatic environment in Sweden [J]. Chemosphere, 2002,46: 1485-1489.

[235] D. Sabaliunas, S. F. Webb, A. Hauk, et al. Environmental fate of triclosan in the River Aire Basin, UK [J]. Water Research, 2003, 37: 3145-3154.

[236] T. Y. Jim, E. J. Bouwer, M. Coelhan, Occurrence and biodegradability studies of selected pharmaceuticals and personal care products in sewage effluent [J]. Agricultural water management, 2006, 86: 72-80.

[237] G. -G. Ying, R. S. Kookana, Triclosan in wastewaters and biosolids from Australian wastewater treatment plants [J]. Environment international, 2007, 33: 199-205.

[238] P. Canosa, I. Rodriguez, E. Rubí, et al Optimization of solid-phase microextraction conditions for the determination of triclosan and possible related compounds in water samples [J]. Journal of Chromatography A, 2005, 1072: 107-115.

[239] J. -L. Wu, N. P. Lam, D. Martens, et al. Triclosan determination in water related to wastewater treatment [J]. Talanta, 2007, 72: 1650-1654.

[240] L. Lishman, S. A. Smyth, K. Sarafin, et al. Occurrence and reductions of pharmaceuticals and personal care products and estrogens by municipal wastewater treatment plants in Ontario, Canada [J]. Science of the Total Environment, 2006, 367: 544-558.

[241] G. Winkler, A. Thompson, R. Fischer, et al. Mass flow balances of triclosan in small rural wastewater treatment plants and the impact of biomass parameters on the removal [J]. Engineering in Life Sciences, 2007, 7: 42-51.

[242] R. Reiss, N. Mackay, C. Habig, et al. An ecological risk assessment for triclosan in lotic systems following discharge from wastewater treatment plants in the United States [J]. Environmental Toxicology and Chemistry: An International Journal, 2002, 21: 2483-2492.

[243] D. C. McAvoy, B. Schatowitz, M. Jacob, et al. Measurement of triclosan in wastewater treatment systems [J]. Environmental Toxicology and Chemistry: An International Journal, 2002, 21: 1323-1329.

[244] K. Bester, Triclosan in a sewage treatment process—balances and monitoring data [J]. Water research, 2003, 37: 3891-3896.

[245] 周世兵, 周雪飞, 张亚雷, 等. 三氯生在水环境中的存在行为及迁移转化规律研究进展 [J]. 环境污染与防治, 2008, 30: 71-74.

[246] G. G. Ying, X. -Y. Yu, R. S. Kookana, Biological degradation of triclocarban and triclosan in a soil under aerobic and anaerobic conditions and comparison with environmental fate modelling [J]. Environmental Pollution, 2007, 150: 300-305.

[247] A. Pruden, Balancing Water Sustainability and Publichealth Goals in the Face of Growing Concerns about Antibiotic Resistance [J]. Environmental Science & Technology, 2014, 48: 5-14.

[248] G. P. Bodey, R. Ebersole, H. S. Chung Hong, randomized trial of ahexachlorophene preparation and p-300 bacteriostatic soaps [J]. Journal of Investigative Dermatology, 1976, 67: 532-537.

[249] M. TD, D. Howes, F. M. Williams, Percutaneous penetration and dermal metabolism of triclosan (2,4, 4′-trichloro-2′-hydroxydiphenyl ether) [J]. Food & Chemical Toxicology, 2000, 38: 361-370.

[250] 李林朋, 马慧敏, 胡俊杰, 等. 三氯生和三氯卡班对人体肝细胞 DNA 损伤的研究 [J]. 生态环境学报, 2010, 12: 2897-2901.

[251] D. R. Orvos, D. J. Versteeg, J. Inauen, et al. Aquatic toxicity of triclosan [J]. Environmental Toxicology & Chemistry, 2002, 21: 1338-1349.

[252] N. Tatarazako, H. Ishibashi, K. Teshima, et al. Effects of triclosan on various aquatic organisms [J]. Environ, 2004, 11: 133-140.

[253] H. Ishibashi, N. Matsumura, M. Hirano, et al. Effects of triclosan on the early life stages and reproduction of medaka Oryzias latipes and induction ofhepatic vitellogenin [J]. Aquatic Toxicology, 2004, 67: 167-179.

[254] S. L. Fraker, G. R. Smith, Direct and interactive effects of ecologically relevant concentrations of organic wastewater contaminants on Rana pipiens tadpoles [J]. Environmental Toxicology, 2004, 19: 250-256.

[255] M. Mezcua，M. J. Gómez，I. Ferrer，et al. Evidence of 2，7/2，8-dibenzodichloro-p-dioxin as a photodegradation product of triclosan in water and wastewater samples [J]．Analytica Chimica Acta，2004，524：241-247.

[256] J. Lu，L. Haipu，L. Zhoufei，et al. Occurrence，distribution，and environmental risk of four categories of personal care products in the Xiangjiang River，China [J]．Environmental Science & Pollution Research. 2018，25 (27)：27524-27534.

[257] X. Ma，Y. Wan，M. Wu，et al. Occurrence of benzophenones，parabens and triclosan in the Yangtze River of China，and the implications forhuman exposure [J]．Chemosphere，2018，213：517-525.

[258] S. Zhu，H. Chen，J. Li，Sources，distribution and potential risks of pharmaceuticals and personal care products in Qingshan Lake basin，Eastern China [J]．Ecotoxicology & Environmental Safety，2013，96：154-159.

[259] L. Wang，G. -G. Ying，J. -L. Zhao，et al. Assessing estrogenic activity in surface water and sediment of the Liao River system in northeast China using combined chemical and biological tools [J]．Environmental Pollution，2011，159：148-156.

[260] L. Wang，G. -G. Ying，J. -L. Zhao，et al. Occurrence and risk assessment of acidic pharmaceuticals in the Yellow River，Hai River and Liao River of north China [J]．Science of the Total Environment，2010，408：3139-3147.

[261] J. L. Zhao，G. -G. Ying，Y. -S. Liu，et al. Occurrence and risks of triclosan and triclocarban in the Pearl River system，South China：From source to the receiving environment [J]．Journal ofhazardous Materials，2010，179：215-222.

[262] Q. Q. Zhang，J. -L. Zhao，Y. -S. Liu，et al，Multimedia modeling of the fate of triclosan and triclocarban in the Dongjiang River Basin，South China and comparison with field data [J]．Environ Sci Process Impacts，2013，15 (11)：2142-2152.

[263] S. S. Mang，Y. G. Yu. Experiments and Numerical Simulation on the Expanding Processes ofhigh Pressurehot Gas Jet in Bulk-Loaded Liquid [J]．International Symposium on Ballistics. 2017.

[264] M. Ashfaq，Q. Sun，C. Ma，et al. Occurrence，seasonal variation and risk evaluation of selected endocrine disrupting compounds and their transformation products in Jiulong river and estuary，China [J]．Marine Pollution Bulletin，2019，145：370-376.

[265] L. Wang，G. -G. Ying，F. Chen，et al. Monitoring of selected estrogenic compounds and estrogenic activity in surface water and sediment of the Yellow River in China using combined chemical and biological tools [J]．Environ. Pollut. 2012，165：241-249.

[266] H. Aoyama，H. Hojo，K. L. Takahashi，et al. A two-generation reproductive toxicity study of 2,4-dichlorophenol in rats [J]．The Journal of Toxicological Sciences，2005，30：S59-78.

[267] D. Huang，X. Zhang，C. Zhang，et al. 2,4-Dichlorophenol induces DNA damage through ROS accumulation and GSH depletion in goldfish Carassius auratus [J]．Environmental and molecular mutagenesis，2018，59：798-804.

[268] 姜东生，石小荣，崔益斌，等 . 3种典型污染物对水生生物的急性毒性效应及其水质基准比较 [J]．环境科学 2014，1：279-285.

[269] M. Czaplicka，Sources and transformations of chlorophenols in the natural environment [J]．Science of the Total environment，2004，332：21-39.

[270] B. L. Lei，X. W. Jin，S. B. Huang，et al. Discussion of quality criteria for three chlorophenols in Taihu Lake [J]．Asian Journal of Ecotoxicology，2009，4：40-49.

[271] A. O. Olaniran，E. O. Igbinosa，Chlorophenols and other related derivatives of environmental concern：properties，distribution and microbial degradation processes [J]．Chemosphere，2011，83：1297-1306.

[272] A. E. Smith，A. J. Aubin，Metabolites of [14C] -2,4-dichlorophenoxyacetic acid in Saskatchewan soils [J]．Journal of Agricultural and Food Chemistry，1991，39：2019-2021.

[273] M. L. Daví, F. Gnudi, Phenolic compounds in surface water [J]. Water Research, 1999, 33: 3213-3219.

[274] J. Gao, L. Liu, X. Liu, et al. Levels and spatial distribution of chlorophenols - 2,4-dichlorophenol, 2,4,6-trichlorophenol, and pentachlorophenol in surface water of China [J]. Chemosphere, 2008, 71: 1181-1187.

[275] B. Zhang, M. H. Zheng, P. Y. Liu, et al. Distribution of pentachlorophenol in Dongting Lake environmental medium [J]. China Environmental Science, 2001, 21: 165-167.

[276] L. Qu, Q. Xian, H. Zou, Determination of chlorophenols in drinking water and water resource by solid phase microextraction and gas chromatography [J]. Environmental Pollution and Control, 2004, 26: 154-155.

[277] W. Zhong, D. Wang, X. Xu, et al. Screening level ecological risk assessment for phenols in surface water of the Taihu Lake [J]. Chemosphere, 2010, 80: 998-1005.

[278] B. Wang, B. Huang, W. Jin, et al. Seasonal distribution, source investigation and vertical profile of phenolic endocrine disrupting compounds in Dianchi Lake, China [J]. Journal of Environmental Monitoring, 2012, 14: 1274-1281.

[279] T. T. Liao, R. W. Jia, Y. L. Shi, et al. Propidium iodide staining method for testing the cytotoxicity of 2,4,6-trichlorophenol and perfluorooctane sulfonate at low concentrations with Vero cells [J]. Journal of Environmental Science andhealth, Part A, 2011, 46: 1769-1775.

[280] J. Chen, J. Jiang, F. Zhang, et al. Cytotoxic effects of environmentally relevant chlorophenols on L929 cells and their mechanisms [J]. Cell biology and toxicology, 2004, 20: 183-196.

[281] M. A. Farah, B. Ateeq, M. N. Ali, et al. Evaluation of genotoxicity of PCP and 2,4-D by micronucleus test in freshwater fish Channa punctatus [J]. Ecotoxicology and Environmental Safety, 2003, 54: 25-29.

[282] J. Michałowicz, P. Sicińska, Chlorophenols and chlorocatechols induce apoptosis inhuman lymphocytes (in vitro) [J]. Toxicology letters, 191 (2009) 246-252.

[283] J. Michałowicz, Pentachlorophenol and its derivatives induce oxidative damage and morphological changes inhuman lymphocytes (in vitro) [J]. Archives of toxicology, 2010, 84: 379-387.

[284] Y. Ma, C. Liu, P. K. Lam, R. S. et al. Modulation of steroidogenic gene expression andhormone synthesis inh295R cells exposed to PCP and TCP [J]. Toxicology, 2011, 282: 146-153.

[285] Y. Ma, J. Han, Y. Guo, et al. Disruption of endocrine function in in vitroh295R cell-based and in in vivo assay in zebrafish by 2,4-dichlorophenol [J]. Aquatic toxicology, 2012, 106: 173-181.

[286] Y. -J. Wang, C. -C. Lee, W. -C. Chang, et al. Oxidative stress and liver toxicity in rats andhumanhepatoma cell line induced by pentachlorophenol and its major metabolite tetrachlorohydroquinone [J]. Toxicology letters, 2001, 122: 157-169.

[287] H. Hong, H. Zhou, C. Lan, et al. Pentachlorophenol induced physiological - biochemical changes in Chlorella pyrenoidosa culture [J]. Chemosphere, 2010, 81: 1184-1188.

[288] J. Michałowicz, M. Posmyk, W. Duda, Chlorophenols induce lipid peroxidation and change antioxidant parameters in the leaves of wheat (Triticum aestivum L.) [J]. Journal of plant physiology, 2009, 166: 559-568.

[289] R. Ashauer, A. Hintermeister, E. Potthoff, et al. Acute toxicity of organic chemicals to Gammarus pulex correlates with sensitivity of Daphnia magna across most modes of action [J]. Aquatic toxicology, 2011, 103: 38-45.

[290] D. Yin, H. Jin, L. Yu, et al. Deriving freshwater quality criteria for 2,4-dichlorophenol for protection of aquatic life in China [J]. Environmental Pollution, 2003, 122: 217-222.

[291] X. Jin, J. Zha, Y. Xu, et al. Derivation of predicted no effect concentrations (PNEC) for 2,4,6-trichlorophenol based on Chinese resident species [J]. Chemosphere, 2012, 86: 17-23.

[292] X. Jin, J. Zha, Y. Xu, et al. Toxicity of pentachlorophenol to native aquatic species in the Yangtze River [J]. Environmental Science and Pollution Research, 2012, 19: 609-618.

[293] X. Jin, J. Zha, Y. Xu, et al. Derivation of aquatic predicted no-effect concentration (PNEC) for 2,4-dichlorophenol: comparing native species data with non-native species data [J]. Chemosphere, 2011, 84: 1506-1511.

[294] T. Kondo, H. Yamamoto, N. Tatarazako, et al. Bioconcentration factor of relatively low concentrations of chlo-

405

rophenols in Japanese medaka [J]. Chemosphere，2005，61：1299-1304.

[295]　A. Miyazaki，T. Amano，H. Saito，et al. Acute toxicity of chlorophenols to earthworms using a simple paper contact method and comparison with toxicities to fresh water organisms [J]. Chemosphere，2002,47：65-69.

[296]　W. J. Birge，J. Black，D. Bruser，Toxicity of organic chemicals to embryo-larval stages of fish [J]. Citeseer. 1979.

[297]　K. T. Kim，Y. G. Lee，S. D. Kim，Combined toxicity of copper and phenol derivatives to Daphnia magna：effect of complexation reaction [J]. Environment international，2006，32：487-492.

[298]　L. Xing，H. Liu，J. P. Giesy，et al. pH-dependent aquatic criteria for 2,4-dichlorophenol，2,4，6-trichlorophenol and pentachlorophenol [J]. Science of the Total Environment，2012,441：125-131.

[299]　金小伟，查金苗，许宜平，等 . 氯酚类化合物对青鱼和细鳞斜颌鲴幼鱼的毒性，2010.30（6）：1235-1242.

[300]　Y. Zhang，W. Zang，L. Qin，et al. Water quality criteria for copper based on the BLM approach in the freshwater in China [J]. PloS one，2017，12：70-105.

[301]　S. E. Dominguez，G. A. Chapman，Effect of pentachlorophenol on the growth and mortality of embryonic juvenile steelhead trout [J]. Archives of Environmental Contamination & Toxicology，1984，13：739-743.

[302]　R. V. Thurston，T. A. Gilfoil，E. L. Meyn，et al. Comparative toxicity of ten organic chemicals to ten common aquatic species [J]. Water Research，1985；19：1145-1155.

[303]　L. C. Sappington，F. L. Mayer，F. J. Dwyer，et al. Contaminant sensitivity of threatened and endangered fishes compared to standard surrogate species [J]. Environmental Toxicology and Chemistry：An International Journal，2001，20：2869-2876.

[304]　C. J. Kennedy，Toxicokinetic studies of chlorinated phenols and polycyclic aromatichydrocarbons in rainbow trout (*Oncorhynchus mykiss*) [M]. Thesis (Dept. of Biological Sciences) /Simon Fraser University，1990.

[305]　J. Saarikoski，M. Viluksela，Influence of pH on the toxicity of substituted phenols to fish [J]. Archives of Environmental Contamination & Toxicology，1981，10：747-753.

[306]　P. K. Gupta，V. S. Mujumdar，P. S. Rao，et al. Toxicity of Phenol，Pentachlorophenol and Sodium Pentachlorophenolate to a Freshwater Teleost Lebistes reticulatus (Peters) [J]. Actahydrochimica ethydrobiologica，1982，10：177-181.

[307]　J.-H. Yen，K.-H. Lin，Y.-S. Wang，Acute lethal toxicity of environmental pollutants to aquatic organisms [J]. Ecotoxicology and Environmental Safety，2002，52：113-116.

[308]　金小伟，查金苗，许宜平，等 .3 种氯酚类化合物对河蚬的毒性和氧化应激 [J]. 环境科学学报，2009，4（6）：816-822.

[309]　G. Blackman，M. Parke，G. Garton，The physiological activity of substituted phenols. I. Relationships between chemical structure and physiological activity [J]. Archives of biochemistry and biophysics，1955，54：45-54.

[310]　X. Jin，J. Zha，Y. Xu，et al. Derivation of aquatic predicted no-effect concentration (PNEC) for 2,4-dichlorophenol：Comparing native species data with non-native species data [J]. Chemosphere，2011，84：1506-1511.

[311]　G. A. Kulkybaev，B. Zha，Z. E. Balganbaeva，The effect of alimentary factors on the status of nicotinamide nucleotides in acute phosphorus poisoning [J]. Voprosy Pitaniia，1990，2：59-62.

[312]　冯敏 . 洞庭湖区氯酚类污染物的分布特征，生态效应及健康风险评估研究 [M]. 北京：中国地质大学（北京），2014.

[313]　N. V. S. Venugopal，B. Sumalatha，Syedabano，Spectrophotometric Determination of Malathion in Environmental Samples [J]. E-Journal of Chemistry，2012，9：857-862.

[314]　Y. Zhang，K. Pagilla，Treatment of malathion pesticide wastewater with nanofiltration and photo-Fenton oxidation [J]. Desalination，2010，263：36-44.

[315]　杨华铮，邹小毛，朱有全 .《现代农药化学》[M]. 北京：化工出版社，2013.

[316]　张国楩 . 储粮害虫防护剂应用展望粮食储藏 [J]. 粮食储藏，2006，35（1）10-12.

[317]　S. Kashiwada，H. Tatsuta，M. Kameshiro，et al. Stage-dependent differences in effects of carbaryl on population

growth rate in japanese medaka (oryzias latipes) [J]. Environmental Toxicology and Chemistry, 2008. 27: 2397-2402.

[318] J. Gao, L. Liu, X. Liu, et al. The Occurrence and Spatial Distribution of Organophosphorous Pesticides in Chinese Surface Water [J]. Bulletin of Environmental Contamination and Toxicology, 2009, 82: 223-229.

[319] S. J. Alavinia, A. Mirvaghefi, H. Farahmand, et al. DNA damage, acetylcholinesterase activity, andhematological responses in rainbow trout exposed to the organophosphate malathion [J]. Ecotoxicology and Environmental Safety, 2019, 182: 109311.

[320] S. Pandey, R. Kumar, S. Sharma, et al. Acute toxicity bioassays of mercuric chloride and malathion on air-breathing fish Channa punctatus (Bloch) [J]. Ecotoxicology and Environmental Safety, 2005, 61: 114-120.

[321] R. Meffe, I. de Bustamante, Emerging organic contaminants in surface water and groundwater: A first overview of the situation in Italy [J]. Science of the Total Environment, 2014, 481: 280-295.

[322] R. J. Gilliom, Pesticides in U. S. streams and groundwater [J]. Environmental Science & Technology, 2007, 41: 3407-3413.

[323] H. Karyab, A. H. Mahvi, S. Nazmara, et al. Determination of Water Sources Contamination to Diazinon and Malathion and Spatial Pollution Patterns in Qazvin, Iran [J]. Bulletin of Environmental Contamination and Toxicology, 2013, 90: 126-131.

[324] J. Cortes-Eslava, S. Gomez-Arroyo, M. C. Risueno, et al. The effects of organophosphorus insecticides and heavy metals on DNA damage and programmed cell death in two plant models [J]. Environmental Pollution, 2018, 240. 77-86.

[325] P. D. Moore, C. G. Yedjou, P. B. Tchounwou, Malathion-Induced Oxidative Stress, Cytotoxicity, and Genotoxicity inhuman Liver Carcinoma (HepG (2)) Cells [J]. Environmental Toxicology, 2010, 25: 221-226.

[326] R. Huculeci, D. Dinu, A. C. Staicu, et al. Malathion-Induced Alteration of the Antioxidant Defence System in Kidney, Gill, and Intestine of Carassius auratus gibelio [J]. Environmental Toxicology, 2009, 24: 523-530.

[327] 陈应康, 汪敏, 田培燕. 小鼠吸入马拉硫磷致肺损伤的病理学观察 [J]. 黔南民族医专学报, 2017, 30: 80-81＋99.

[328] F. Z. Ouardi, H. Anarghou, H. Malqui, et al. Gestational and Lactational Exposure to Malathion Affects Antioxidant Status and Neurobehavior in Mice Pups and Offspring [J]. Journal of Molecular Neuroscience, 2019, 69: 17-27.

[329] N. Choudhary, R. Goyal, S. C. Joshi, Effect of malathion on reproductive system of male rats [J]. Journal of Environmental Biology, 2008, 29: 259-262.

[330] 罗鸣钟, 杨曼绮, 郭坤, 等. 4种有机磷农药对黄鳝幼鱼的急性毒性研究 [J]. 淡水渔业, 2018, 48. 66-72.

[331] F. G. Uzun, S. Kalender, D. Durak, et al. Malathion-induced testicular toxicity in male rats and the protective effect of vitamins C and E [J]. Food and Chemical Toxicology, 2009, 47: 1903-1908.

[332] A. A. dos Santos, A. A. Naime, J. de Oliveira, et al. Long-term and low-dose malathion exposure causes cognitive impairment in adult mice: evidence ofhippocampal mitochondrial dysfunction, astrogliosis and apoptotic events [J]. Archives of Toxicology, 2016, 90: 647-660.

[333] A. Fernandezcasalderry, M. D. Ferrando, E. Andreumoliner, Acute toxicity of several pesticides to rotifer (brachionus-calyciflorus) [J]. Bulletin of Environmental Contamination and Toxicology, 1992, 48: 14-17.

[334] A. W. Tejada, C. M. Bajet, M. G. Magbauna, et al. toxicity of pesticides to target and non-target fauna of the lowland rice ecosystem [M]. Rroceedings Paper of International Conference on Environmental Toxicology in South East Asia. VU University Press, 1994. 89-103.

[335] S. N. Li, D. F. Fan, Correlation between biochemical parameters and susceptibility of freshwater fish to malathion [J]. Journal of Toxicology and Environmental Health, 1996, 48: 413-418.

[336] S. K. Mishra, J. Padhi, L. Sahoo, Effect of malathion on lipid content of liver and muscles of Anabas testudineus [J]. Journal of Applied Zoological Researches, 2004, 15: 81-82.

[337] G. T. Frumin, G. M. Chuiko, D. F. Pavlov, et al. New rapid method to evaluate the median effect concentrations of xenobiotics inhydrobionts [J]. Bulletin of Environmental Contamination and Toxicology, 1992,49: 361-367.

[338] J. P. Shukla, M. Banerjee, K. Pandey, Deleterious effects of malathion on survivability and growth of the fingerlings of channa-punctatus (bloch), a fresh-water murrel [J]. Actahydrochimica Ethydrobiologica, 1987, 15: 653-657.

[339] S. Haider, R. M. Inbaraj, Relative toxicity of technical material and commercial formulation of malathion and endosulfan to a fresh-water fish, Channa-punctatus (bloch) [J]. Ecotoxicology and Environmental Safety, 1986, 11: 347-351.

[340] B. S. Khangarot, P. K. Ray, Studies on the toxicity of malathion to fresh-water teleosts, channa-punctatus (bloch) and puntius-sophore (hamilton) [J]. Archiv Furhydrobiologie,: 1988, 113. 465-469.

[341] S. S. Jacob, N. B. Nair, N. K. Balasubramanian, Toxicity of certain pesticides found in thehabitat to the larvivorous fishes aplocheilus-lineatus (cuv and val) and macropodus-cupanus (cuv and val) [J]. Proceedings of the Indian Academy of Sciences-Animal Sciences, 1982, 91: 323-328.

[342] H. J. Yeh, C. Y. Chen, Toxicity assessment of pesticides to Pseudokirchneriella subcapitata under air-tight test environment [J]. Journal of Hazardous Materials, 2006, 131: 6-12.

[343] A. Jimenez, E. Cano, M. E. Ocete, Mortality and survival of Procambarus clarkii Girard, 1852 upon exposure to different insecticide products [J]. Bulletin of Environmental Contamination and Toxicology,: 2003, 70: 31-137.

[344] E. Cano, A. Jimenez, J. A. Cabral,: et al. Acute toxicity of malathion and the new surfactant " genapol OXD 080" on species of rice basins [J]. Bulletin of Environmental Contamination and Toxicology, 1999, 63: 133-138.

[345] V. L. Low, C. D. Chen, H. L. Lee, et al. Current Susceptibility Status of Malaysian Culex quinquefasciatus (Diptera: Culicidae) Against DDT, Propoxur, Malathion, and Permethrin [J]. Journal of Medical Entomology, 2013, 50: 103-111.

[346] S. N. H. Naqvi, R. Tabassum, M. A. Azmi,: et al. Comparative toxicities of DDT and malathion against fourth instar larvae of Culex fatigans from different localities of Karachi, in: M. Ahmad [J]. A. R. Shakoori (Eds.) Proceedings of Pakistan Congress of Zoology, 1995, 15: 1-9.

[347] M. M. R. Coto, J. A. B. Lazcano, D. M. De Fernandez, et al. Malathion resistance in Aedes aegypti and Culex quinquefasciatus after its use in Aedes aegypti control programs [J]. Journal of the American Mosquito Control Association, 2000, 16: 324-330.

[348] S. N. Tikar, A. Kumar, G. B. K. S. Prasad,: et al. Temephos-induced resistance in Aedes aegypti and its cross-resistance studies to certain insecticides from India [J]. Parasitology Research, 2009, 105: 57-63.

[349] H. Hidayati, W. A. Nazni, H. L. Lee, M. et al. Insecticide resistance development in Aedes aegypti upon selection pressure with malathion [J]. Tropical Biomedicine, 2011, 28: 425-437.

[350] A. Ponlawat, J. G. Scott, L. C. Harrington, Insecticide susceptibility of Aedes aegypti and Aedes albopictus across Thailand [J]. Journal of Medical Entomology, 2005, 42: 821-825.

[351] D. V. Canyon, J. L. K. Hii, Insecticide susceptibility status of Aedes aegypti (Diptera : Culicidae) from Townsville [J]. Australian Journal of Entomology,: 1999, 38: 40-43.

[352] H. Liu, E. W. Cupp, A. G. Guo, et al. Insecticide resistance in Alabama and Florida mosquito strains of Aedes albopictus [J]. Journal of Medical Entomology, 2004, 41: 946-952.

[353] A. Ali, J. K. Nayar, R. D. Xue, Comparative toxicity of selected larvicides and insect growth-regulators to a florida laboratory population of aedes-albopictus [J]. Journal of the American Mosquito Control Association,: 1995, 11: 72-76.

[354] A. K. Gupta, D. Dutt, M. Anand, et al. Combined toxicity of chlordane, malathion and furadan to a test fish notopterus-notopterus (mor) [J]. Journal of Environmental Biology, 1994, 15: 1-6.

[355] M. W. Toussaint, T. R. Shedd, W. H. Vanderschalie, et al. A comparison of standard acute toxicity tests with rapid-screening toxicity tests [J]. Environmental Toxicology and Chemistry, 1995, 14: 907-915.

[356] F. Rettich, Susceptibility of mosquito larvae to 18 insecticides in czechoslovakia [J]. Mosquito News, 1977, 37: 252-257.

[357] E. Olvera-Hernandez, L. Martinez-Tabche, F. Martinez-Jeronimo, Bioavailability and effects of malathion in artificial sediments on Simocephalus vetulus (Cladocera: Daphniidae) [J]. Bulletin of Environmental Contamination and Toxicology, 2004, 73: 197-204.

[358] D. G. Crosby, R. K. Tucker, N. Aharonson, The detection of acute toxicity with Daphnia magna [J]. Food and cosmetics toxicology, 1966, 4: 503-514.

[359] C. V. Rider, G. A. LeBlanc, An integrated addition and interaction model for assessing toxicity of chemical mixtures [J]. Toxicological Sciences, 2005, 87: 520-528.

[360] H. -H. Zeng, C. -W. Lei, Y. -H. Zhang, et al. Prediction of the joint toxicity of five organophosphorus pesticides to Daphnia magna [J]. Ecotoxicology, 2014, 23: 1870-1877.

[361] C. Barata, A. Solayan, C. Porte, Role of B-esterases in assessing toxicity of organophosphorus (chlorpyrifos, malathion) and carbamate (carbofuran) pesticides to Daphnia magna [J]. Aquatic Toxicology, 2004, 66: 125-139.

[362] W. R. Brogan, III, R. A. Relyea, Mitigating with macrophytes: Submersed plants reduce the toxicity of pesticide-contaminated water to zooplankton [J]. Environmental Toxicology and Chemistry, 2013, 32: 699-706.

[363] R. Ashauer, I. Caravatti, A. Hintermeister, et al. Bioaccumulation kinetics of organic xenobiotic pollutants in the freshwater invertebrate gammarus pulex modeled with prediction intervals [J]. Environmental Toxicology and Chemistry, 2010, 29: 1625-1636.

[364] M. Ningthoujam, K. Habib, F. Bano, et al. Exogenous osmolytes suppresses the toxic effects of malathion on Anabaena variabilis [J]. Ecotoxicology and Environmental Safety, 2013, 94: 21-27.

[365] M. Soltani, V. R. Mikryakov, T. B. Lapirova, et al. Assessment of some immune response variables of immunized common carp (*Cyprinus carpio*) following exposure to organophosphate, malathion [J]. Bulletin of the European Association of Fish Pathologists, 2003, 23: 18-24.

[366] C. L. Fordham, J. D. Tessari, H. S. Ramsdell, et al. Effects of malathion on survival, growth, development, and equilibrium posture of bullfrog tadpoles (Rana catesbeiana) [J]. Environmental Toxicology and Chemistry, 2001, 20: 179-184.

[367] C. Vicente Garza-Leon, M. A. Arzate-Cardenas, R. Rico-Martinez, Toxicity evaluation of cypermethrin, glyphosate, and malathion, on two indigenous zooplanktonic species [J]. Environmental Science and Pollution Research, 2017, 24: 18123-18134.

[368] K. Grasshoff, K. Kremling, M. G. Ehrhardt. Methods of Seawater Analysis, (3rd edition), VCH Publishers. 1999.

[369] M. T. Barbour, C. Faulkner, B., Rapid Bioassessment Protocols For Use in Streams and Wadeable Rivers, EPA841-B-99-002 [R]. 1989.

[370] USEPA, Guidelines for deriving numerical national water quality criteria for the protection of aquatic organisms and their uses (PB 85-227049) [R]. Washington DC: USEPA; Springfield VA: NTIS 1985.

[371] Aldenberg, T., W. Solb, Confidence limits for hazardous concentrations based on logistically distributed NOEC toxicity data [J]. Ecotoxicol Environ Saf, 1993, 25 (1): 48-63.

[372] Van Vlaardingen, P. L. A., T. P. Traas, A. M. Wintersen, et al. ETX2.0-A program to calculatehazardous concentration and fraction affected, based on normally distributed toxicity data. Report 601501028. National Institute for Public Health and the Environment (RIVM) [M]. Bilthoven, the Netherlands, 2004.

[373] Australia's Commonwealth Scientific and Industrial Research Organisation, A flexible approach to species protection [OL]. http://www.cmis.csiro.au/envir/burrlioz/ 2008.

[374] Baudouin, M F P. Scoppa, Acute toxicity of various metals to freshwater zooplankton [J]. Bull. Environ. Contam. Toxicol. 1974 12

(6)：745-751.

[375] Mount，D. I. ，Description of the toxicity tests performed on Cr^{6+} using cladocerans. U. S. EPA，Duluth，MN
    (Memo to C. Stephan，U. S. EPA，Duluth，MN)：1982.

[376] 吴永贵，黄建国，袁玲 . 利用隆线趋光行为评价铬的生物毒性 ［J］. 应用生态学报，2005，16 (1)：171-174.

[377] 吕耀平，李小玲，贾秀英 . Cr^{6+}、Mn^{7+} 和 Hg^{2+} 对青虾的毒性和联合毒性研究 ［J］. 上海水产大学学报，
    2007，16 (6)：549-554.

[378] Maestre，Z. ，M. Martinez-Madrid，P. Rodriguez，Monitoring the sensitivity of the oligochaete *Tubifex tubifex*
    in laboratory cultures using three toxicants. Ecotoxicol ［J］. Environ. Saf. 2009，72：2083-2089.

[379] Di Marzio，W. D. ，D. Castaldo，A. C. Pantani，et al. Relative sensitivity ofhyporheic copepods to chemicals. Bu
    ll ［J］. Environ. Contam. Toxicol. 2009，82 (4)：488-491.

[380] 叶素兰，余治平 . Cu^{2+}、Pb^{2+}、Cd^{2+}、Cr^{6+} 对鳙胚胎和仔鱼的急性致毒效应 ［J］. 水产科学，2009，28 (5)：
    263-267.

[381] 王维君 . 铬对中国林蛙 (*Rana chensiensis*) 幼体的毒性效应 ［M］. 陕西师范大学，2006.

[382] Jop，K. M. ，T. F. Parkerton，J. H. Rodgers Jr. et al. Compartive toxicity and speciation of twohexavalent chro-
    mium salts in acute toxicity tests. Environ ［J］. Toxicol. Chem. 1987，6 (9)：697-703.

[383] 陈细香，谢嘉华，卢昌义，等 . 汞和铬对黄鳝的急性毒性研究 ［J］. 水利渔业，2008 28 (2)：103-104.

[384] Mukhopadhyay，M. K. ，B. B. Ghosh，M. M. Bacchi，Toxicity ofheavy metals to fish，prawn and fish food or-
    ganisms ofhooghly estuarine system ［J］. Geobios，1994 21 (1)：13-17

[385] Thatheyus，A. J. ，Behavioral Alterations induced by nickel and chromium in common carp *Cyprinus carpio* var
    communis (Linn) ［J］. Environ. Ecol. 1992，10 (4)：911-913.

[386] Birge，W. J. ，J. A. Black，A. G. Westerman，et al. The effects of mercury on reproduction of fish and amphibi-
    ans. In：O. Nriagu (Ed.) ［M］. The Biogeochemistry of Mercury in the Environment，chapter 23，Elsevier/
    North-Holland Biomedical Press，1979，629-655.

[387] Pokethitiyook，P. ，E. S. Upatham，O. Leelhaphunt，Acute toxicity of various metals to *Moina macrocopa*.
    Nat. Hist ［J］. Bull. Siam. Soc. 1987 35 (1-2)：47-56.

[388] Jindal，R. ，A. Verma，Heavy metal toxicity to *Daphnia pulex*. Indian J. Environ. Health，1996，32 (3)：289-292.

[389] Paulose，P. V. ，Comparative study of inorganic and organic mercury poisoningon selected freshwater organisms
    ［J］. J. Environ. Biol. 1988，9 (2)：203-206.

[390] Bailey，H. C. ，D. H. W. Liu，*Lumbriculus variegatus*，a benthic oligochaete，as a bioassay organism. In：
    J. C. Eaton，P. R. Parrish，A. C. Hendricks (Eds.)，Aquatic Toxicology andhazard Assessment，3rd Sympos-
    ium，ASTM STP 707，Philadelphia，PA ［R］. 1980，205-215.

[391] Chapman，P. M. ，M. A. Farrell，R. O. Brinkhurst，Relative tolerances of selected aquatic oligochaetes to indi-
    vidual pollutants and environmental factors ［J］. Aquat. Toxicol. 1982，2：47-67.

[392] 宋维彦，辛荣，李慷均 . Hg^{2+} 对 3 种水生生物的急性毒性作用研究 ［J］. 现代农业科技，2009，(18)：
    264-265.

[393] 温茹淑，郑清梅，方展强，等 . 汞、铅对草鱼的急性毒性及安全浓度评价 ［J］. 安徽农业科学，2007，35
    (16)：4863-4864，4914.

[394] 赵艳民 . 水体 Hg^{2+} 对中华绒螯蟹毒性作用研究 ［M］. 南开大学 . 2009.

[395] 徐纪芸，潘奕陶，池振新，等 . 汞对中国林蛙蝌蚪的毒性效应 ［J］. 东北师大学报 (自然科学版)，2010，42 (4)：
    138-143.

[396] 高晓莉，齐凤生，罗胡英，等 . 铜、汞、铬对泥鳅的急性毒性和联合毒性实验 ［J］. 水利渔业，2003，23 (2)：
    63-64.

[397] Warnick，S. L. ，H. L. Bell，The acute toxicity of someheavy metals to different species of aquatic insects.
    J. Water Pollut. Control Fed. 1969 41 ［R］. 280-284.